同步视频+实例文件+配套资源+在线服务

AutoCAD 2022中文版 建筑设计一本通

韩 哲 · 编著

人 民 邮 电 出 版 社
北 京

图书在版编目（CIP）数据

AutoCAD 2022中文版建筑设计一本通 / 韩哲编著
. -- 北京 : 人民邮电出版社, 2022.7
ISBN 978-7-115-58630-8

Ⅰ. ①A… Ⅱ. ①韩… Ⅲ. ①建筑设计－计算机辅助
设计－AutoCAD软件 Ⅳ. ①TU201.4

中国版本图书馆CIP数据核字(2022)第015476号

内 容 提 要

本书依据AutoCAD认证考试大纲编写，重点介绍了AutoCAD 2022中文版的新功能及其在建筑设计应用方面的各种基本操作方法和技巧。全书分为13章，分别介绍了AutoCAD 2022入门、二维绘制命令、基本绘图工具、编辑命令、复杂二维绘图命令、文字与标注、辅助工具、建筑设计基本知识、绘制建筑总平面图、绘制建筑平面图、绘制建筑立面图、绘制建筑剖面图、绘制建筑详图的内容。

本书可作为AutoCAD初学者的入门参考书，也可作为参加AutoCAD认证考试人员的辅导与自学参考书。本书随书附送配套电子资源包含全书实例源文件和操作教学视频文件等，供读者学习参考。

◆ 编　　著　韩　哲
责任编辑　李　强
责任印制　马振武

◆ 人民邮电出版社出版发行　　北京市丰台区成寿寺路11号
邮编　100164　　电子邮件　315@ptpress.com.cn
网址　https://www.ptpress.com.cn
固安县铭成印刷有限公司印刷

◆ 开本：787×1092　1/16
印张：21.25　　　　2022年7月第1版
字数：543千字　　　2022年7月河北第1次印刷

定价：89.80元

读者服务热线：(010)81055493　印装质量热线：(010)81055316
反盗版热线：(010)81055315
广告经营许可证：京东市监广登字20170147号

前 言
PREFACE

AutoCAD 是美国 Autodesk 公司推出的集二维绘图、三维设计、渲染及通用数据库管理和互联网通信功能为一体的计算机辅助绘图软件包。它自 1982 年被推出以来，从初期的 1.0 版本，经多次更新和性能完善，其不仅在机械、电子和建筑等工程设计领域，而且在地理、气象、航海等需要特殊图形绘制的领域，甚至乐谱、灯光、幻灯和广告等领域都得到了多方面的应用，已成为 CAD 系统中应用广泛的图形设计软件之一。本书以 AutoCAD 2022 版本为基础，讲解 AutoCAD 在建筑设计中的应用方法和技巧。

一、本书特点

1．编者专业性强，经验丰富

本书的著作责任者是 Autodesk 中国认证考试中心（ACAA）的首席技术专家，负责 AutoCAD 认证考试大纲的制定和考试题库建设。本书编者具有丰富的工程实践经验，前期出版的一些 AutoCAD 相关图书经过市场检验很受读者欢迎。编者总结多年的设计经验，结合 AutoCAD 认证考试大纲要求编写本书，本书具有很强的专业性和针对性。

2．实例丰富，循序渐进

作为讲解 AutoCAD 在建筑设计领域应用的图书，编者力求避免空洞的介绍和描述，而是循序渐进，多数知识点配有工程实例，既有知识点讲解的小实例，也有结合几个知识点或全章知识点的综合实例，还有练习提高的上机实例。各种实例交错讲解，从而帮助读者加深理解，巩固学习成效。

3．工程案例，潜移默化

AutoCAD 是一个侧重应用的工程软件，所以本书最后的落脚点还是工程应用。为了体现这一点，本书采用巧妙的处理方法：在读者基本掌握各个知识点后，练习住宅建筑设计综合实例，体验软件在建筑设计实践中的具体应用方法，对建筑设计能力进行最后的“淬火”处理。“随风潜入夜，润物细无声”，案例学习潜移默化地提升读者的建筑设计能力。

4．认证试题训练，模拟考试环境

本书大部分章最后给出了上机实验和模拟考试的环节，其中所有的模拟试题都来自 AutoCAD 认证考试题库，具有真实性和针对性。所以，本书特别适合作为参加 AutoCAD 认证考试人员的辅导书。

二、本书配套电子资源

1．45 段高清教学视频（动画演示）

为了方便读者学习，本书针对大多数实例，专门制作了 45 段教学视频（动画演示），可扫描右侧云课二维码观看，轻松愉悦地学习本书内容。

云课

2．AutoCAD 绘图技巧、快捷命令速查手册等辅助学习资料

本书配套电子资源包含了 AutoCAD 绘图技巧集、快捷命令速查手册、常用工具按钮速查手册、常用快捷键速查手册、疑难问题汇总等多种学产资料，方便读者使用。

3．建筑设计常用图块

本书配套电子资源包含大量建筑设计常用图块，读者可直接或稍加修改后使用，大大提高绘图效率。

4．大型图纸设计方案及同步教学视频

为了帮助读者拓宽视野，本书电子资料中特意赠送了某别墅电气综合设计和龙门刨床建筑设计两套设计图纸集、图纸源文件和视频文件（动画演示）。

5．全书实例的源文件和素材

本书配套资源包括全书实例源文件和素材。

6．提供认证考试相关资料

本书配套资源提供了 AutoCAD 认证考试大纲和 AutoCAD 认证考试样题，可以帮助读者有的放矢地进行复习。

三、本书服务

1．AutoCAD 2022 安装软件的获取

在学习本书前，请先在计算机中安装 AutoCAD 2022 软件（视频文件中不附带软件安装程序），读者可在 Autodesk 官网下载其试用版本，也可在当地电脑商城、软件经销商处购买软件。安装完成后，即可按照本书上的实例进行操作练习。

2．关于本书和配套电子资料的技术问题或有关本书信息的发布

读者遇到有关本书的技术问题，可以加入 QQ 群 597056765 进行咨询，也可以将问题发送到邮箱 2243765248@qq.com，编者将及时回复。另外，也可以扫描下面的二维码下载本书配

套电子资料。

本书主要由韩哲老师编写，解江坤对本书进行了全面的审校。本书是编者的一点心得，疏漏之处在所难免，敬请各位读者批评指正。

编 者

关注公众号，输入
关键词58630，获
取配套电子资源

目 录
CONTENTS

第 1 章

AutoCAD 2022 入门

本章介绍 AutoCAD 2022 绘图的基本知识，帮助读者了解如何设置图形的系统参数、绘制样板图，熟悉创建新的图形文件、打开已有文件的方法等。

【内容要点】

☑ 操作环境简介
☑ 文件管理
☑ 基本绘图参数设置
☑ 基本输入操作

【案例欣赏】

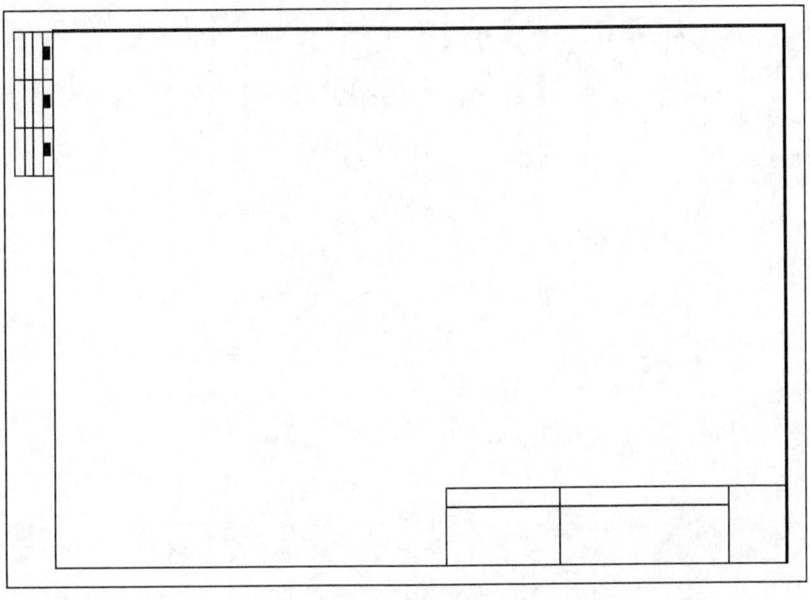

1.1 操作环境简介

操作环境是指和软件相关的操作界面、绘图系统设置等一些涉及软件的界面和参数。本节将对 AutoCAD 2022 操作环境进行简要介绍。

【预习重点】

☑ 安装软件，熟悉软件界面。

☑ 观察光标大小与绘图区颜色。

1.1.1 操作界面

AutoCAD 2022 的操作界面是显示和编辑图形的区域。一个完整的 AutoCAD 2022 操作界面如图 1-1 所示，包括标题栏、菜单栏、快速访问工具栏、交互信息工具栏、绘图区、功能区、坐标系图标、命令行窗口、状态栏、布局标签和十字光标等。

1. 标题栏

在 AutoCAD 2022 操作界面的最上端是标题栏。在标题栏中，显示了系统当前正在运行的应用程序和用户正在使用的图形文件。在第一次启动 AutoCAD 2022 时，在标题栏中，将显示 AutoCAD 2022 在启动时创建并打开的图形文件的名称“Drawing1. dwg”，如图 1-1 所示。

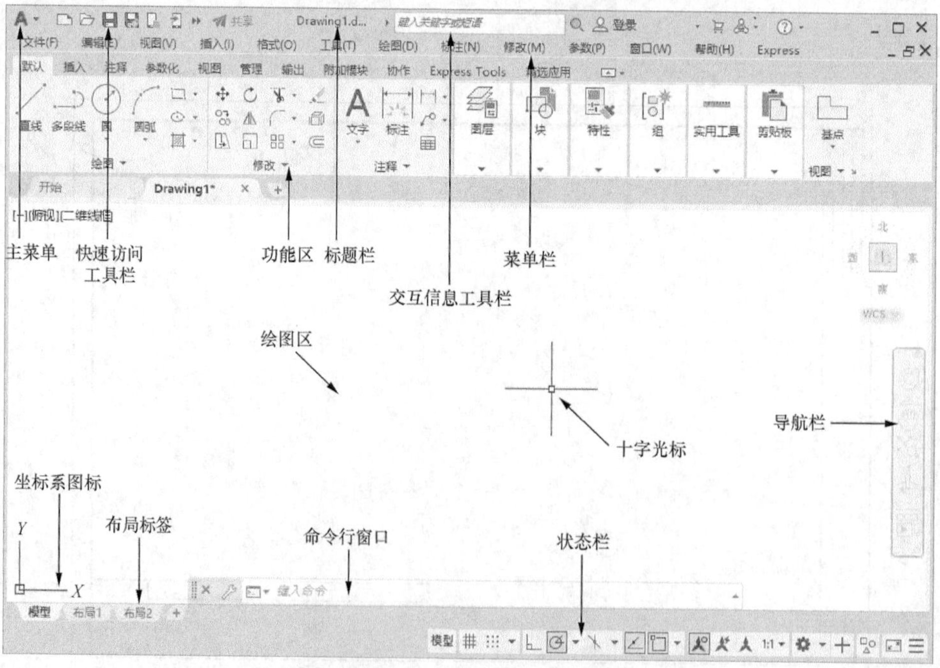

图 1-1　AutoCAD 2022 中文版的操作界面

注意 需要将 AutoCAD 的工作空间切换到“草图与注释”模式（单击操作界面右下角的“切换工作空间”按钮，在弹出的菜单中选择“草图与注释”命令）下，才能显示图 1-1 所示的操作界面。本书中的所有操作均在“草图与注释”模式下进行。

2. 菜单栏

通过 AutoCAD 2022 的快速访问工具栏调出菜单栏。单击快速访问工具栏中向下的三角形按钮，然后在打开的下拉菜单中选择“显示菜单栏”选项，如图 1-2 所示，调出后的菜单栏显示界面如图 1-3 所示。同其他 Windows 程序一样，AutoCAD 2022 的菜单也是下拉形式的，菜单中包含子菜单。AutoCAD 2022 的菜单栏包含 13 个菜单：“文件”“编辑”“视图”“插入”“格式”“工具”“绘图” “标注”“修改”“参数”“窗口”“帮助”“Express”。这些菜单几乎包含了 AutoCAD 2022 所有绘图命令，后面的章节将对这些菜单功能进行详细的讲解。

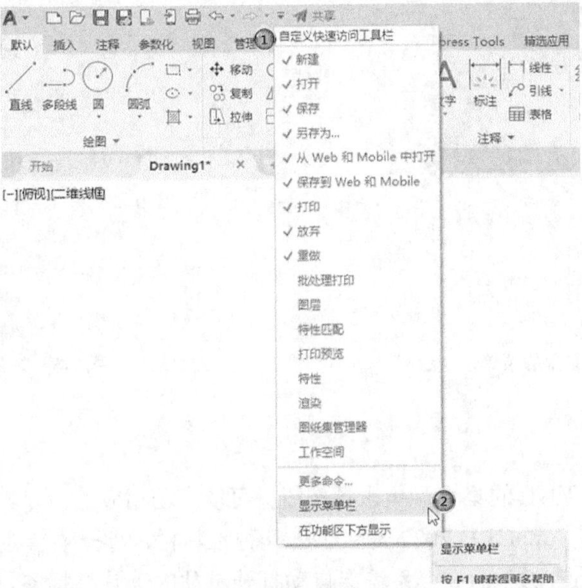

图 1-2 调出菜单栏示例

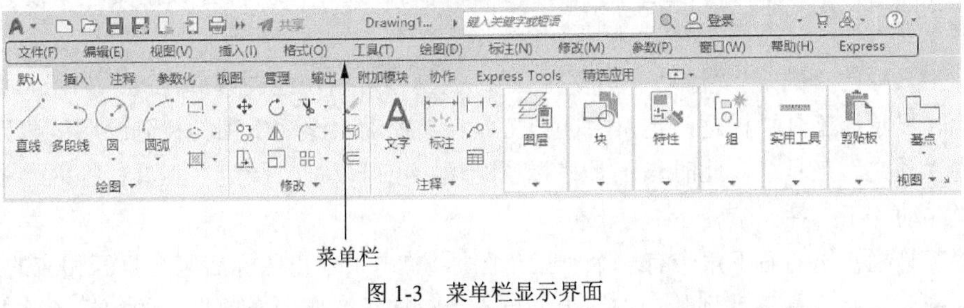

图 1-3 菜单栏显示界面

一般来讲，AutoCAD 2022 下拉菜单中的命令有以下 3 种。

（1）带有子菜单的菜单命令。这种类型的菜单命令后面带有类似大于号的右尖角图标。例如，①选择菜单栏中的“绘图”命令，②指向其下拉菜单中的“圆”命令，③系统就会进一步显示“圆”子菜单中所包含的命令，如图 1-4 所示。

（2）打开对话框的菜单命令。这种类型的命令后面带有省略号。例如，①选择菜单栏中的“格式”→“表格样式”命令，如图 1-5 所示，②系统就会打开“表格样式”对话框，如图 1-6 所示。

（3）直接执行操作的菜单命令。这种类型的命令后面既不带右尖角图标，也不带省略号。选择该命令将直接进行相应的操作。例如，选择菜单栏中的“视图”→“重画”命令，系统将刷新显示所有视口。

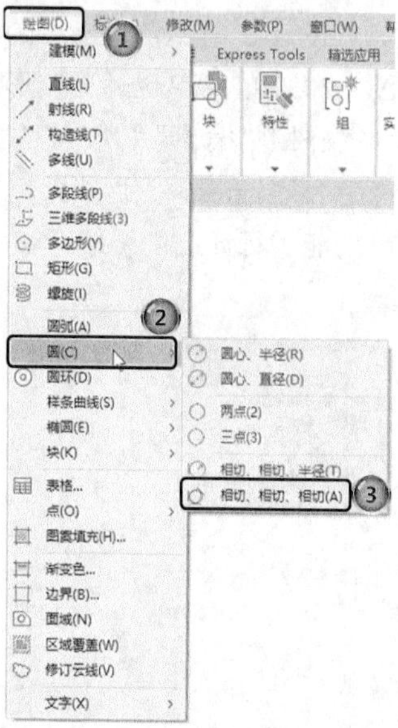

图 1-4　带有子菜单的菜单命令示例

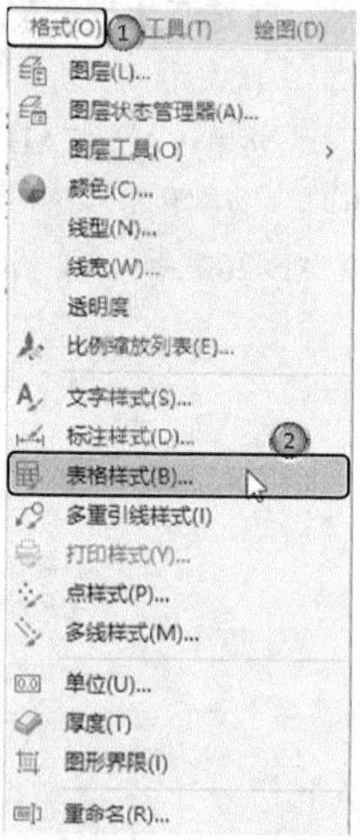

图 1-5　打开对话框的菜单命令示例

3. 工具栏

工具栏是一组按钮工具的集合，单击各按钮就可以启动相应的命令。

（1）设置工具栏。AutoCAD 2022 提供了十几种工具栏，选择菜单栏中的①“工具”→②“工具栏”→③“AutoCAD”命令，系统会自动打开单独的工具栏标签，如图 1-7 所示。④单击某一个未在操作界面显示的工具栏名称，系统自动在操作界面打开该工具栏；反之，关闭该工具栏。

（2）工具栏的“固定”“浮动”与“打开”。工具栏可以在绘图区“浮动”显示，如图 1-8 所示，此时显示该工具栏标题，也可关闭该工具栏；拖动“浮动”工具栏到绘图区边界，可以使它变为“固定”工具栏，此时该工具栏标题隐藏；也可以把“固定”工具栏拖入绘图区，使它成为“浮动”工具栏。

有些工具栏按钮的右下角带有一个小三角图标，单击小三角图标后则会打开相应的工具栏，如图 1-9 所示。将光标移动到某一按钮上并单击，该按钮就变为当前显示的按钮。单击当前显示的按钮，即可执行相应的命令。

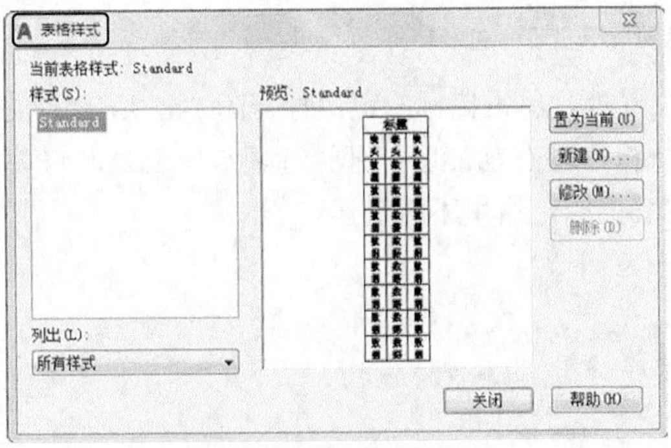

图1-6 “表格样式”对话框

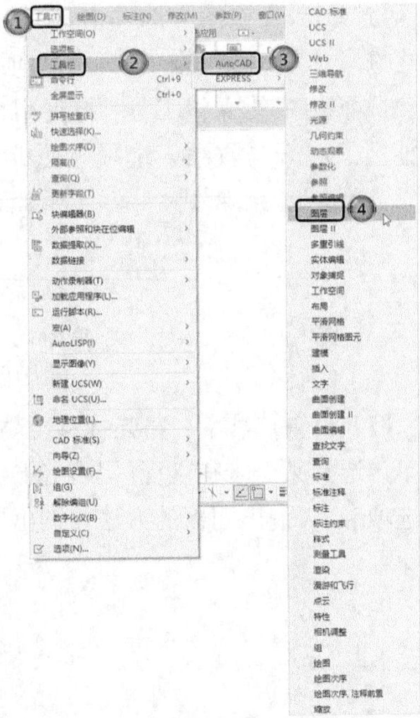

图1-7 调出工具栏

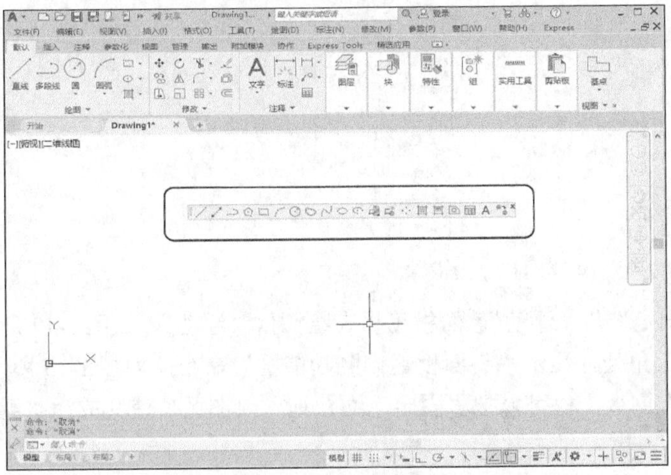

图1-8 工具栏浮动显示

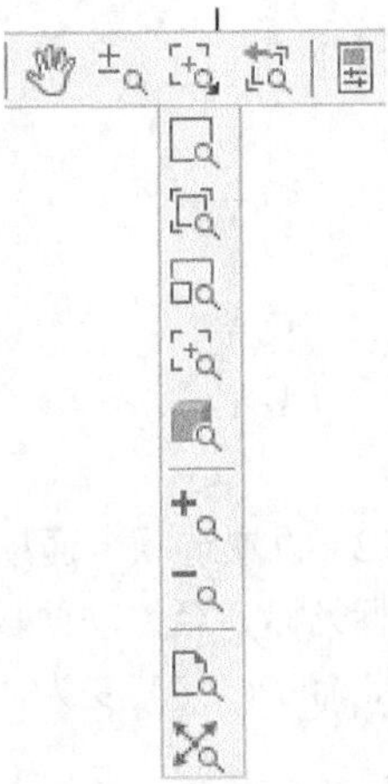

图1-9 打开工具栏

4．快速访问工具栏和交互信息工具栏

（1）快速访问工具栏。该工具栏包括“新建”“打开”“保存”“另存为”“从Web和Mobile中打开”“保存到Web和Mobile”“打印”“放弃”“重做”等几个常用的工具按钮。用户也可以单击此工具栏后面的三角下拉按钮选择并设置需要的常用工具。

（2）交互信息工具栏。该工具栏包括“搜索”“Autodesk Account”“Autodesk App Store”“保持连接”和“单击此处访问帮助”等几个常用的数据交互访问工具按钮。

5．功能区

在默认情况下，功能区包括“默认”选项卡、“插入”选项卡、“注释”选项卡、“参数化”选项卡、“视图”选项卡、“管理”选项卡、“输出”选项卡、“附加模块”选项卡、“协作”选项卡、“Express Tools”选项卡和“精选应用”选项卡等，如图 1-10 所示。每个选项卡集成了相关的操作工具，方便用户使用。用户可以单击功能区选项卡后面的 按钮控制功能区的展开与收缩，选项卡面板也可以被单独调出。

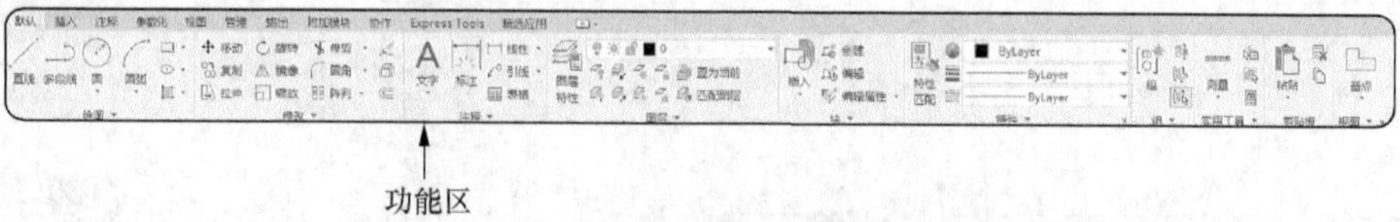

图 1-10　功能区默认情况下显示的选项卡

（1）设置选项卡。将光标移至功能区任意位置处，单击鼠标右键，打开图 1-11 所示的快捷菜单。选择某个未在功能区显示的选项卡，系统将自动在功能区打开该选项卡；反之，将关闭该选项卡。（调出面板的方法与调出选项卡的方法类似，这里不再赘述。）

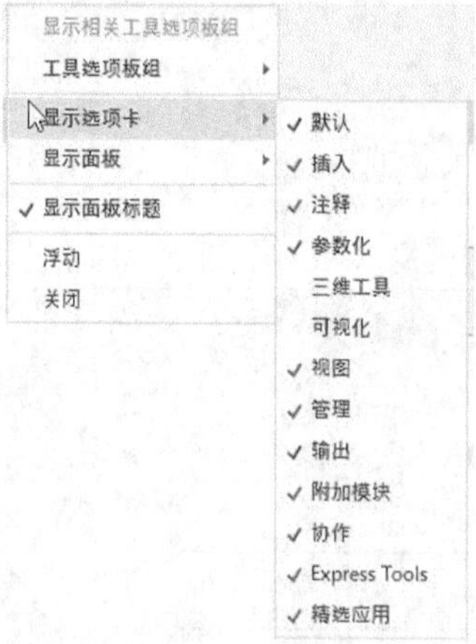

图 1-11　快捷菜单

（2）设置选项卡面板的“固定”与“浮动”。面板可以在绘图区“浮动”，如图 1-12 所示，将鼠标光标移至浮动面板的右上角处，显示“将面板返回到功能区”命令，如图 1-13 所示，单击此命令，使其变为“固定”面板。也可以把“固定”面板拖入绘图区，使其成为“浮动”面板。

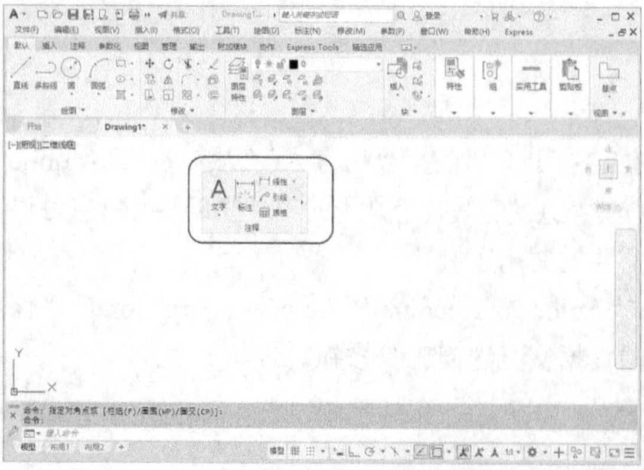

图 1-12　面板“浮动”显示

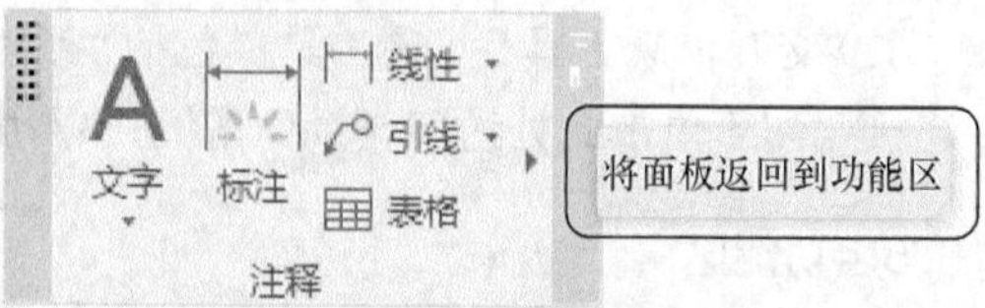

图 1-13　“将面板返回到功能区”命令

【执行方式】

☑　命令行：RIBBON（或 RIBBONCLOSE）。

☑　菜单栏：选择菜单栏中的“工具”→“选项板”→“功能区”命令。

6．绘图区

绘图区是指在标题栏下方的大片空白区域，是用户使用 AutoCAD 2022 绘制图形的区域。用户要完成一幅设计图形，主要工作是在绘图区中完成的。

7．坐标系图标

在绘图区的左下角，有一个直线组成的图标，称之为坐标系图标，它表示用户绘图时正在使用的坐标系样式。坐标系图标的作用是为点的坐标确定一个参照系。根据实际情况，用户也可以将其关闭。

【执行方式】

☑　命令行：UCSICON。

☑　菜单栏：选择菜单栏中的①“视图”→②“显示”→③“UCS 图标”→④“开”命令，如图 1-14 所示。

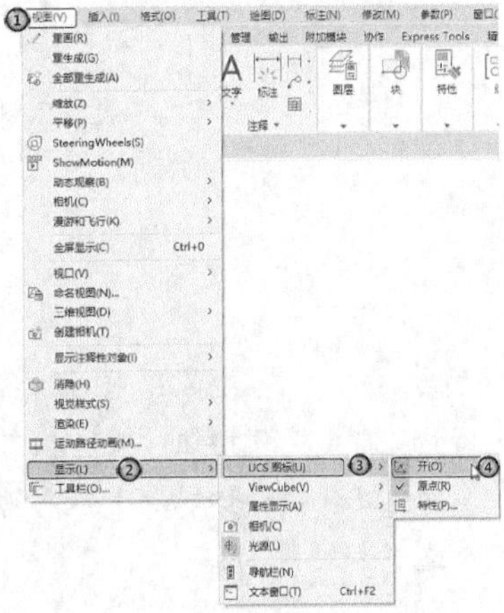

图 1-14　“视图”菜单

8．命令行窗口

命令行窗口是输入命令名和显示命令提示的区域。默认命令行窗口布置在绘图区下方，由若干文本行构成。对命令行窗口，有以下几点需要说明。

（1）移动拆分条可以扩大和缩小命令行窗口。

（2）可以拖动命令行窗口，将其布置在绘图区的其他位置。

（3）对当前命令行窗口中输入的内容，可以按 F2 键打开文本窗口，在其中用文本编辑的方法进行编辑，如图 1-15 所示。

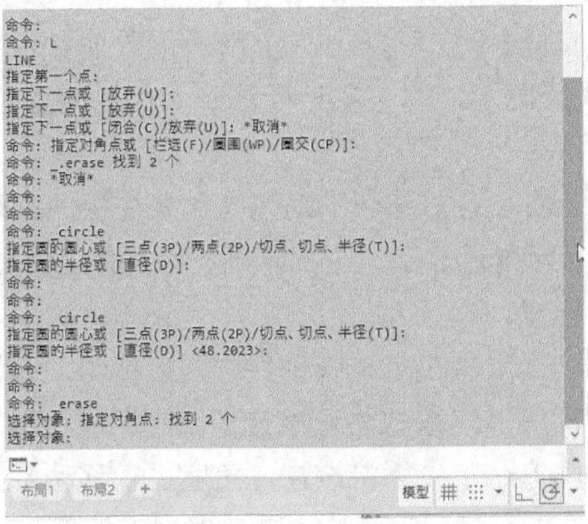

图 1-15　文本窗口

AutoCAD 文本窗口和命令行窗口相似，可以显示当前 AutoCAD 进程中命令的输入和执行过程。AutoCAD 在执行某些命令时，会自动切换到文本窗口，列出有关信息。

（4）AutoCAD 通过命令行窗口，反馈各种信息，其中也包括出错信息。因此，用户要时刻关注在命令行窗口中出现的信息。

9．状态栏

状态栏在操作界面的底部，依次有“坐标”“模型空间“栅格”“捕捉模式”“推断约束”“动态输入”“正交模式”“极轴追踪”“等轴测草图”“对象捕捉追踪”“二维对象捕捉”“线宽”“透明度”“选择循环”“三维对象捕捉”“动态 UCS”“选择过滤”“小控件”“注释可见性”“自动缩放”“注释比例”“切换工作空间”“注释监视器”“单位”“快捷特性”“锁定用户界面”“隔离对象”“图形性能”“全屏显示”和“自定义”30 个功能按钮，如图 1-16 所示。单击部分功能按钮，可以实现这些功能的开/关。通过部分功能按钮可以控制图形或绘图区的状态。

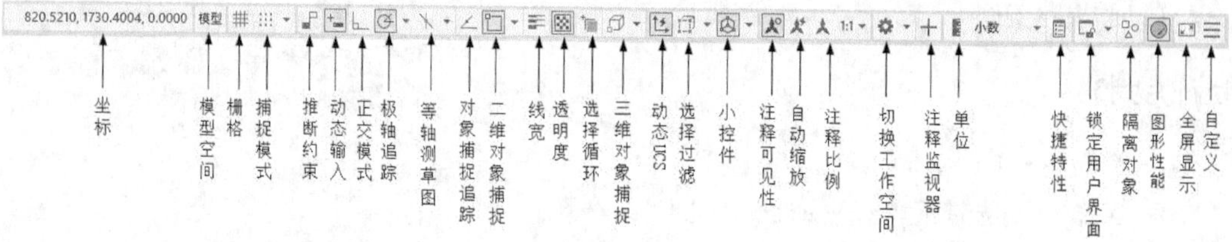

图 1-16　状态栏

注意　默认情况下，状态栏不会显示所有功能按钮，用户可以通过状态栏上最右侧的“自定义”按钮，从列表中选择要显示的功能按钮。状态栏上显示的功能按钮可能会发生变化，具体取决于当前的工作空间以及当前显示的是“模型”选项卡还是“布局”选项卡。

下面对部分状态栏上的功能按钮做简单介绍。

（1）坐标：显示工作区十字光标放置点的坐标。

（2）模型空间：在模型空间与布局空间之间进行转换。

（3）栅格：栅格是覆盖整个用户坐标系统（UCS）*XOY* 平面的由直线或点组成的矩形图案。使用栅格类似于在图形下放置一张坐标纸。利用栅格可以对齐对象并直观地显示对象之间的距离。

（4）捕捉模式：对象捕捉对于在对象上指定精确位置非常重要。不论何时提示输入点，都可以指定对象捕捉。默认情况下，当十字光标移到对象的对象捕捉位置时，将显示标记和工具提示。

（5）推断约束：自动在正在创建或编辑的对象与对象捕捉的关联对象或点之间应用约束。

（6）动态输入：在十字光标附近显示一个提示框（称之为工具提示），工具提示中显示对应的命令提示和光标的当前坐标值。

（7）正交模式：将十字光标限制在水平或垂直方向上移动，以便精确创建和修改对象。当创建或移动对象时，可以使用“正交”模式将十字光标限制在相对于 UCS 的水平或垂直方向上。

（8）极轴追踪：使用极轴追踪，光标将按指定角度进行移动。创建或修改对象时，可以使用“极轴追踪”来显示由指定的极轴角度所定义的临时对齐路径。

（9）等轴测草图：通过设定“等轴测捕捉/栅格”，可以很容易地沿三个等轴测平面之一对齐对象。尽管等轴测图形看似三维图形，但它实际上是由二维图形表示的。因此，不能期望提取三维距离和面积、从不同视点显示对象或自动消除隐藏线。

（10）对象捕捉追踪：使用对象捕捉追踪，可以沿着基于对象捕捉点的对齐路径进行追踪。已获取的点将显示一个加号（+），一次最多可以获取 7 个追踪点。获取点之后，在绘图路径上移动十字光标，将显示相对于获取点的水平、垂直或极轴对齐路径。例如，可以基于对象端点、中点或者对象的交点，沿着某个路径选择一点。

（11）二维对象捕捉：执行对象捕捉设置（也称为对象捕捉），可以在对象上的精确位置指定捕捉点。选择多个对象后，将应用选定的捕捉模式，以返回距离靶框中心最近的点。按 Tab 键可以在这些对象之间循环。

（12）线宽：分别显示对象所在图层中设置的不同线宽，而不是统一线宽。

（13）透明度：使用该命令，调整绘图对象显示的明暗程度。

（14）选择循环：当一个对象与其他对象彼此接近或重叠时，准确地选择某一个对象是很困难的，使用选择循环命令，单击鼠标左键，弹出“选择集”列表框，列表里面列出了鼠标单击位置处周围的图形，然后选择所需的对象。

（15）三维对象捕捉：三维中的对象捕捉与在二维中工作的方式类似，不同之处在于，在三维中可以投影对象捕捉。

（16）动态 UCS：在创建对象时使 UCS 的 *XOY* 平面自动与实体模型上的平面临时对齐。

（17）选择过滤：根据对象特性或对象类型对选择集进行过滤。当该按钮为选中状态，只选择满足指定条件的对象，其他对象将被排除在选择集之外。

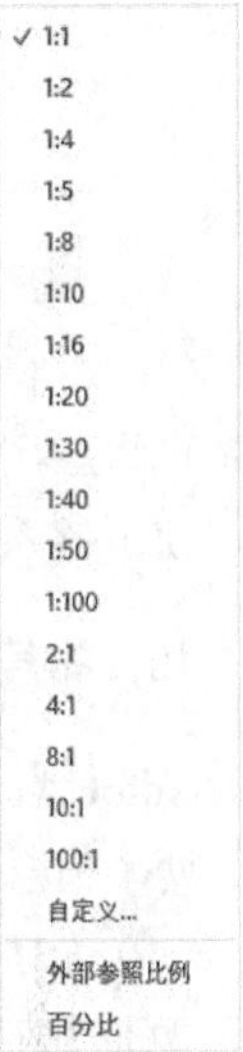

图 1-17 注释比例列表

（18）小控件：帮助用户沿三维轴或平面移动、旋转或缩放一组对象。

（19）注释可见性：当按钮亮显时，表示显示所有比例的注释性对象；当按钮变暗时，表示仅显示当前比例的注释性对象。

（20）自动缩放：注释比例更改时，自动将更改后的注释比例应用于注释对象。

（21）注释比例：单击注释比例右下角小三角符号弹出注释比例列表，如图 1-17 所示，可以根据需要选择适当的注释比例。

（22）切换工作空间：进行工作空间转换。

（23）注释监视器：打开用于所有事件或仅用于模型文档事件的注释监视器。

（24）单位：指定线性和角度单位的格式和小数位数。

（25）快捷特性：控制快捷特性面板的使用与禁用。

（26）锁定用户界面：该按钮为选中状态，锁定工具栏、面板和可固定窗口的位置和大小。

（27）隔离对象：当选择隔离对象时，在当前视图中显示选定对象，所有其他对象都暂时隐藏；当选择隐藏对象时，在当前视图中暂时隐藏选定对象，所有其他对象都可见。

（28）图形性能：设定图形卡的驱动程序及设置硬件加速的选项。

(29)全屏显示：该选项可以清除窗口中的标题栏、功能区和选项板等界面元素，使 AutoCAD 的绘图窗口全屏显示，如图 1-18 所示。

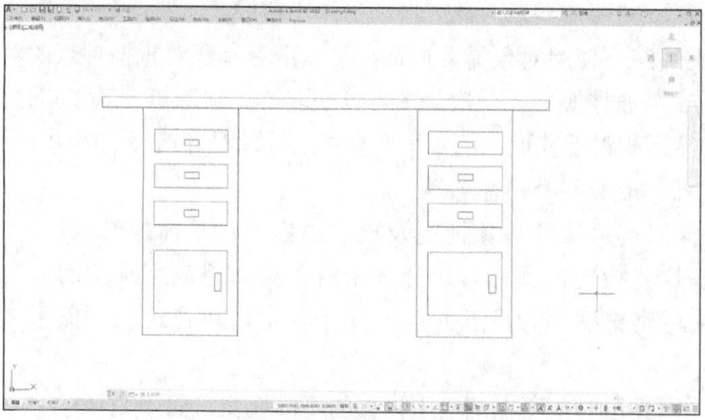

图 1-18　绘图窗口全屏显示

（30）自定义：状态栏可以提供重要信息，而无须中断工作流。使用 MODEMACRO 系统变量可将应用程序能识别的大多数数据显示在状态栏中。并可以完全按照用户的要求构造状态栏，使用该系统变量的计算、判断和编辑功能。

10．布局标签

AutoCAD 系统默认设定一个“模型”空间及“布局 1”和“布局 2”两个图样空间布局标签。两个概念解释如下。

（1）布局：布局是系统为绘图设置的一种环境，包括图样大小、尺寸单位、角度设定、数值精确度等，在系统预设的 3 个标签中，这些环境变量都按默认设置。用户可根据实际需要改变这些变量的值，用户也可以根据需要设置符合自己要求的新标签。

（2）模型：AutoCAD 2022 的空间分为模型空间和图样空间两种。通常模型空间是绘图的环境；而在图样空间中，用户可以创建叫作“浮动视口”的区域，以不同视图显示所绘图形。用户可以在图样空间中调整浮动视口并决定其所包含视图的缩放比例。如果用户选择图样空间，可打印多个视图，也可以打印任意布局的视图。AutoCAD 2022 系统默认打开模型空间，用户可以选择操作界面下方的布局标签，选择需要的布局。

11．十字光标

在绘图区中，有一个作用类似光标的“十”字线，其交点坐标反映了光标在当前坐标系中的位置。在 AutoCAD 2022 中，将该“十”字线称为十字光标，如图 1-1 中所示。

贴心小帮手

AutoCAD 2022 通过光标的坐标值显示当前点的位置。光标的方向与当前用户坐标系的 X 轴、Y 轴方向平行，光标的长度系统预设为绘图区大小的 5%，用户可以根据绘图需要修改其大小。

1. 1. 2　操作实例——设置十字光标大小

（1）选择菜单栏中的“工具”→“选项”命令，❶打开“选项”对话框。

（2）❷选择“显示”选项卡，❸在“十字光标大小”文本框中直接输入数值，或拖动文本框后面的滑块，即可对十字光标的大小进行调整。将十字光标的大小设置为 100%，如图 1-19 所示，单击“确定”按钮，返回绘图状态，可以看到十字光标充满了整个绘图区，如图 1-20 所示。

此外，还可以通过设置系统变量 CURSORSIZE 的值，修改十字光标的大小。

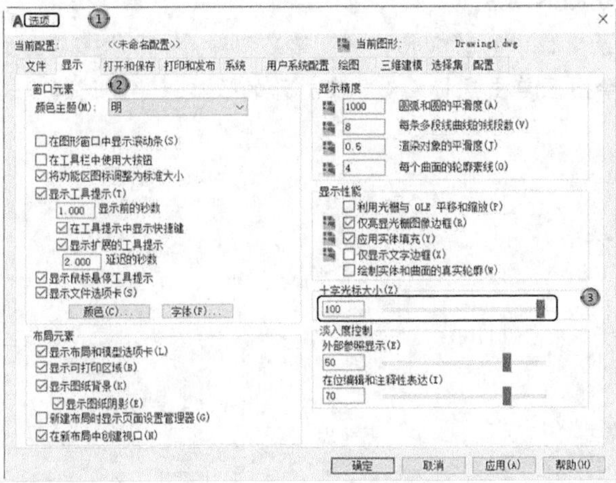

图 1-19　设置十字光标大小

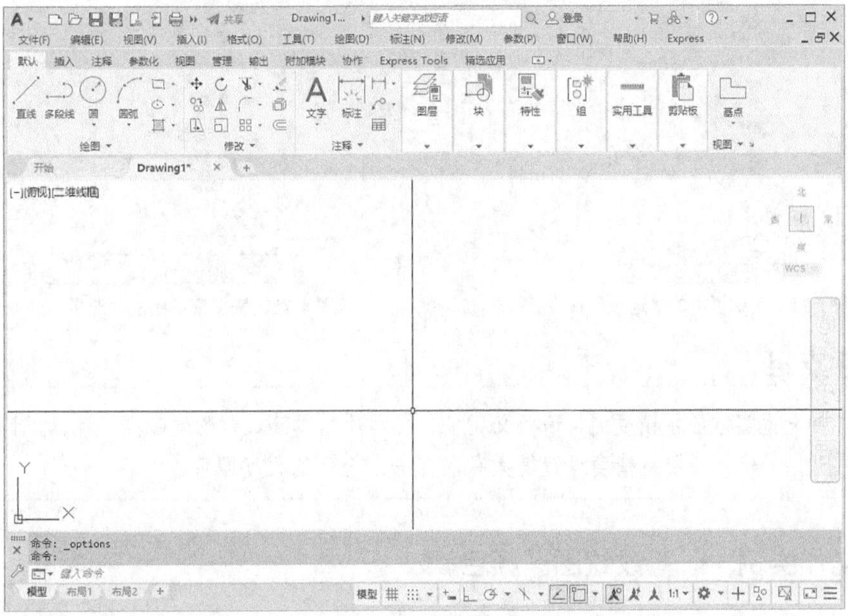

图 1-20　修改后的十字光标

1.1.3 绘图系统

每台计算机所使用的显示器、输入设备和输出设备的类型不同，用户喜好的风格及计算机的目录设置也不同。一般来讲，用户使用 AutoCAD 2022 的默认配置就可以绘图，但为了使用用户的打印机等定点设备，以及提高绘图的效率，推荐用户在开始绘图前进行必要的配置。

【执行方式】

☑ 命令行：PREFERENCES。

☑ 菜单栏：选择菜单栏中的“工具”→“选项”命令，如图 1-21 所示。

☑ 快捷菜单：在绘图区单击鼠标右键，在打开的快捷菜单中选择“选项”命令，如图 1-22 所示。

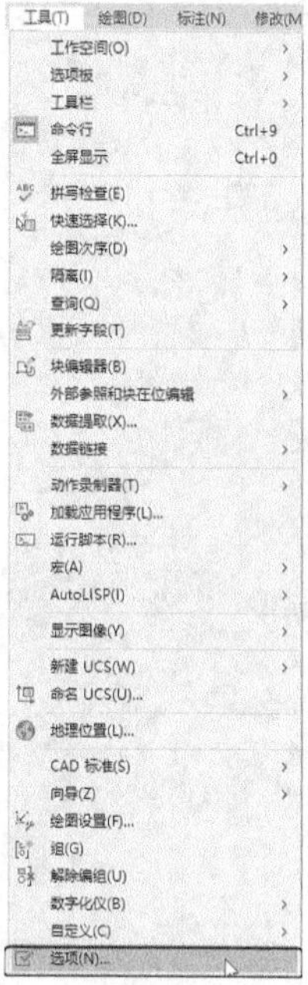

图 1-21 菜单栏中的“选项”命令

图 1-22 快捷菜单中的“选项”命令

高手支招

用户在设置实体显示精度时，请务必记住，显示质量越高，即精度越高，计算机计算的时间越长。因此，建议不要将精度设置得太高，在一个合理的程度即可。

1.1.4 操作实例——修改绘图区颜色

在默认情况下，AutoCAD 2022 的绘图区是黑色背景、白色线条，如图 1-23 所示。但是，根据习惯通常将绘图区设置为白色。

（1）在绘图区中单击鼠标右键，打开快捷菜单，①选择“选项”命令，如图 1-24 所示，打开“选项”对话框，②选择图 1-25（a）所示的“显示”选项卡，③在“窗口元素”选项组中，将“颜色主题”设置为明，④单击该选项组中的“颜色”按钮，打开图 1-25（b）所示的“图形窗口颜色”对话框。

（2）在“界面元素”列表框中选择“统一背景”选项，⑤在“颜色”下拉列表框中选择“白”复选框，⑥单击“应用并关闭”按钮，如图 1-25（b）所示。此时，AutoCAD 的绘图区就变换为习惯性的白色背景色。

（3）返回“选项”对话框的“显示”选项卡，⑦单击“确定”按钮，退出对话框。设置后的白色绘图区界面如图 1-26 所示。

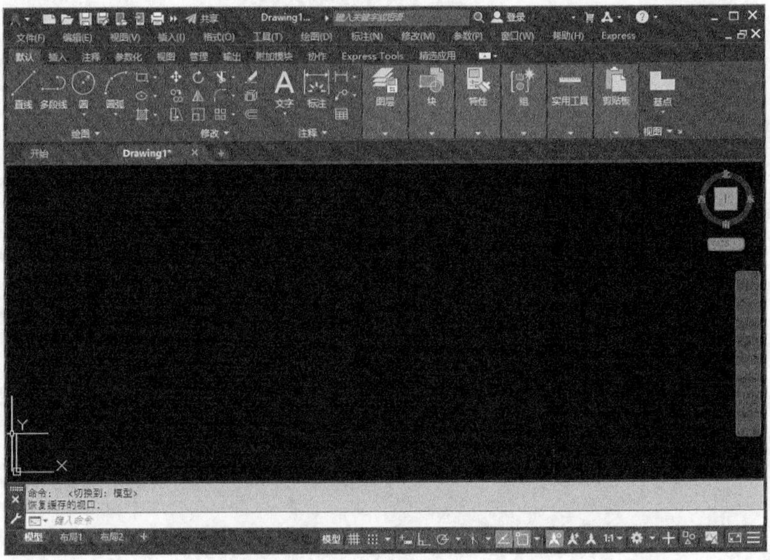

图 1-23　默认下的绘图区

图 1-24　快捷菜单

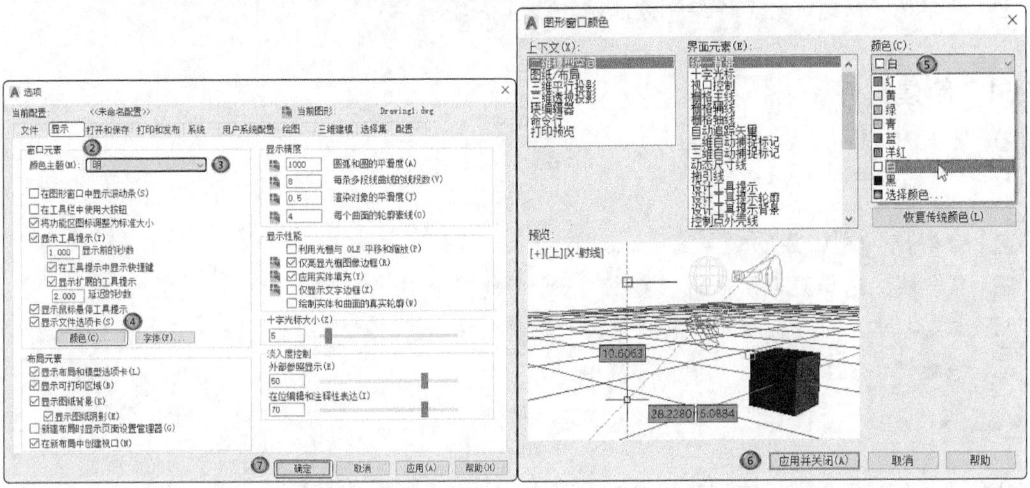

（a）“显示”选项卡　　（b）“图形窗口颜色”对话框

图 1-25　修改绘图区颜色

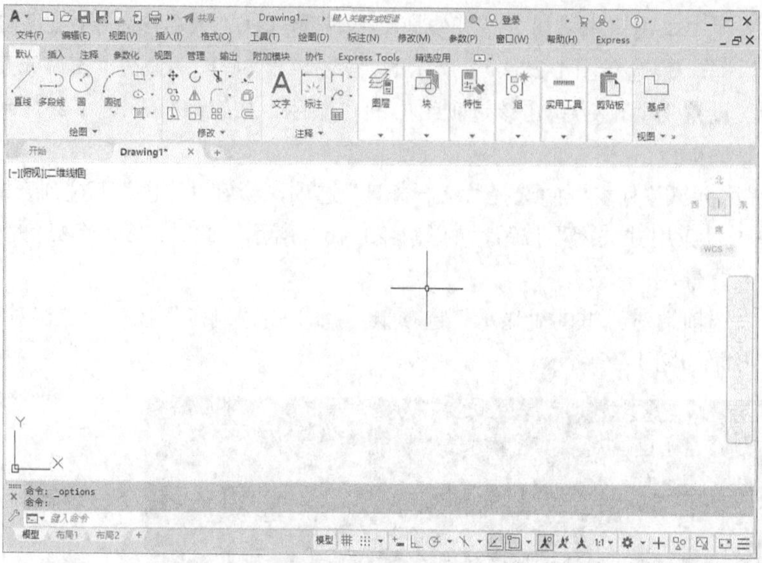

图 1-26 白色绘图区

1.2 文件管理

本节介绍有关文件管理的基本操作方法，包括新建文件、打开已有文件等，这些都是进行 AutoCAD 2022 操作的基础知识。

【预习重点】

☑ 了解几种文件管理命令。

☑ 简单练习新建、打开等绘制方法。

1.2.1 新建文件

【执行方式】

☑ 命令行：NEW 或 QNEW。

☑ 菜单栏：选择菜单栏中的“文件”→“新建”命令。

☑ 工具栏：单击“标准”工具栏中的“新建”按钮。

☑ 快捷键：Ctrl+N。

【操作步骤】

执行上述任一操作，系统打开图 1-27 所示的“选择样板”对话框。

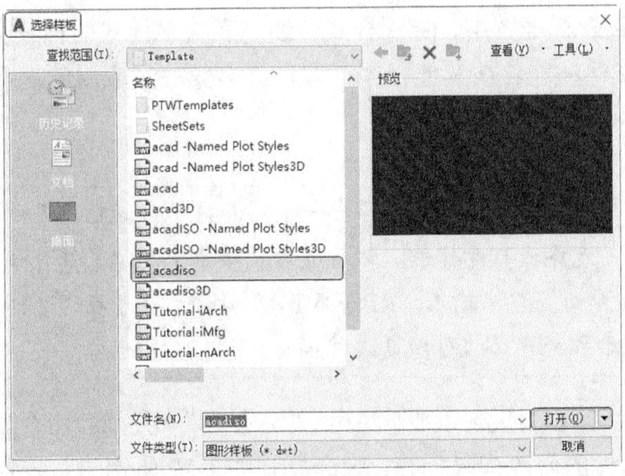

图 1-27　“选择样板”对话框

1.2.2　打开文件

【执行方式】

☑　命令行：OPEN。

☑　菜单栏：选择菜单栏中的“文件”→“打开”命令。

☑　工具栏：单击“标准”工具栏中的“打开”按钮或单击“快速访问”工具栏中的“打开”按钮。

☑　快捷组合键：Ctrl+O。

【操作步骤】

执行上述任一操作，打开“选择文件”对话框，如图 1-28 所示。

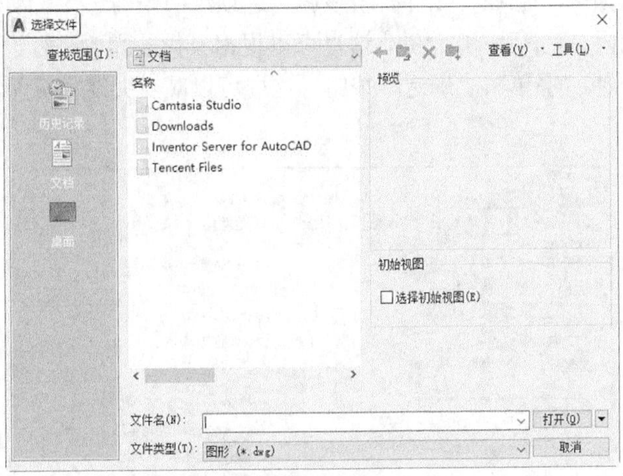

图 1-28　“选择文件”对话框

【选项说明】

在“文件类型”下拉列表框中用户可选“.dwg”文件、“.dwt”文件、“.dxf”文件和“.dws”

文件。“.dws”文件是包含标准图层、标注样式、线型和文字样式的样板文件；“.dxf”文件是用文本形式存储的图形文件，能够被其他程序读取，许多第三方应用软件都支持“.dxf”格式。

高手支招

在打开“.dwg”文件时，系统有时会弹出一个信息提示对话框，提示用户图形文件不能被打开。在这种情况下，先退出打开操作，然后选择菜单栏中的“文件”→“图形实用工具”→“修复”命令，或在命令行窗口中输入“RECOVER”命令，接着在“选择文件”对话框中输入要恢复的文件，确认后系统开始执行恢复文件操作。

另外，用户在文件管理时还会用到“保存”“另存为”“关闭”命令。例如，选择“关闭”命令，若用户对图形所做的修改尚未保存，则会打开图 1-29 所示的系统警告对话框，单击“是”按钮，系统将保存文件，然后退出，单击“否”按钮，系统将不保存文件；若用户对图形所做的修改已经保存，则直接退出。

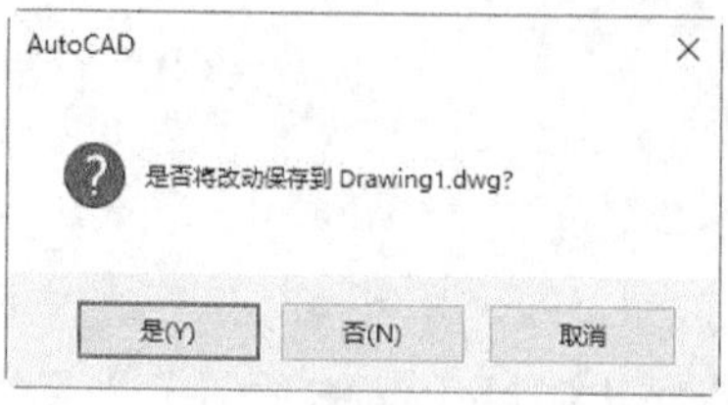

图 1-29　系统警告对话框

1.2.3　操作实例——设置自动保存的时间间隔

选择菜单栏中的“工具”→“选项”命令，①打开“选项”对话框，②选择图 1-30 所示的“打开和保存”选项卡，③在“文件安全措施”选项组中，勾选“自动保存”复选框，并设置自动保存的时间间隔，默认为 10 分钟，这里可以根据具体的需要进行设置，例如设置自动保存的时间间隔为 5 分钟。④单击“确定”按钮，这样可以减少突发状况而造成文件图形丢失的情况。

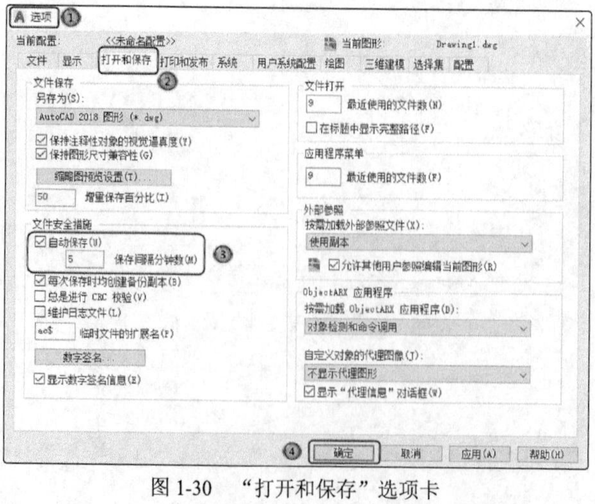

图 1-30　“打开和保存”选项卡

1.3 基本绘图参数设置

绘制一幅图形时，需要设置一些基本参数，如图形单位、图幅界限等，下面进行简要介绍。

【预习重点】

☑ 了解基本绘图参数的概念。

☑ 熟悉绘图参数设置命令的使用方法。

1.3.1 设置图形单位

【执行方式】

☑ 命令行：DDUNITS（或 UNITS，快捷命令为 UN）。

☑ 菜单栏：选择菜单栏中的“格式”→“单位”命令，或选择主菜单中的“图形实用工具”→“单位”命令。

【操作步骤】

执行上述任一操作，系统打开“图形单位”对话框，如图 1-31 所示。该对话框用于定义单位和角度格式。

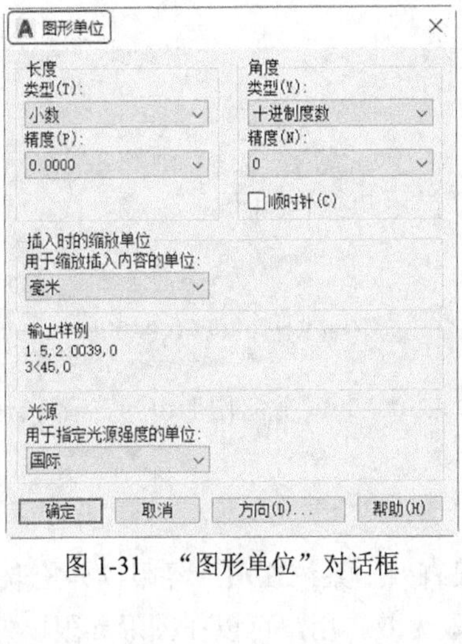

图 1-31　“图形单位”对话框

【选项说明】

（1）“长度”与“角度”选项组：指定测量的长度与角度的单位及精度。

（2）“插入时的缩放单位”选项组：指定插入当前图形中的块和图形的测量单位。如果块或图形创建时使用的单位与该选项指定的单位不同，则在插入这些块或图形时，将对其按比例进行缩放。插入比例是原块或图形使用的单位与目标图形使用的单位之比。若想在插入块时不按指定单位缩放，则在该下拉列表框中选择“无单位”选项。

（3）“输出样例”选项组：显示用当前单位和角度设置的例子。

（4）“光源”选项组：指定当前图形中光源强度的单位。为创建和使用光度控制光源，必须从下拉列表框中指定非“常规”的单位。如果“用于缩放插入内容的单位”设置为“无单位”，则将显示警告信息，通知用户渲染输出可能不正确。

（5）“方向”按钮：单击该按钮，系统打开“方向控制”对话框，如图 1-32 所示。在其中可进行方向控制设置。

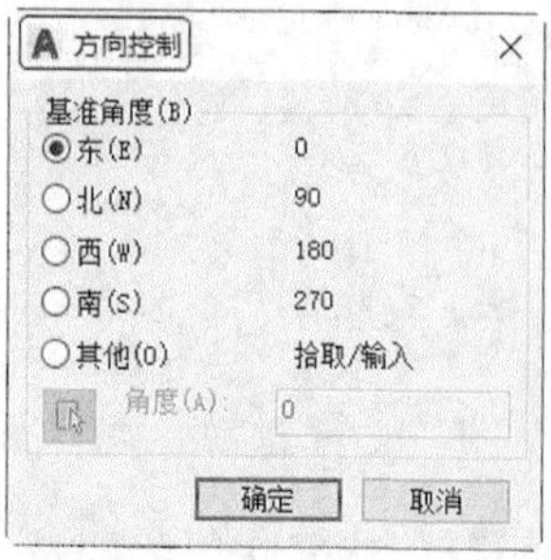

图 1-32 “方向控制”对话框

1.3.2 设置图形界限

【执行方式】

☑ 命令行：LIMITS。

☑ 菜单栏：选择菜单栏中的“格式”→“图形界限”命令。

【操作步骤】

执行上述任一操作，命令行提示与操作如下。

```
命令: LIMITS（不区分大小写）
重新设置模型空间界限:
LIMITS指定左下角点或[开(ON)/关(OFF)]<0. 0000,0. 0000>:（输入图形边界左下角的坐标后按Enter键）
LIMITS指定右上角点<12. 0000,9. 0000>:（输入图形边界右上角的坐标后按Enter键）
```

【选项说明】

（1）开（ON）：使图形界限有效。系统在图形界限以外拾取的点将被视为无效。

（2）关（OFF）：使图形界限无效。用户可以在图形界限以外拾取点或实体。

（3）动态输入角点坐标：可以直接在绘图区的动态文本框中输入角点坐标，输入横坐标值后，按“,”键，接着输入纵坐标值，如图 1-33 所示；也可以移动光标至所需位置单击鼠标右键，确定角点位置。

图 1-33 动态输入

举一反三

在命令行中输入坐标时，请检查此时的输入法是否为英文输入法。如果是中文输入法，如输入“150，20”，由于逗号“,”，系统会认定该坐标输入无效。这时，只需将输入法改为英文输入法即可。

1.4 基本输入操作

绘制图形的要点在于准、快，即图形尺寸绘制准确、绘图时间短。本节主要介绍不同命令的操作方法，读者在学习绘图命令时，尽可能掌握多种方法，从中找出适合自己的方法。

【预习重点】

☑　了解基本输入方法。

1.4.1　命令输入方式

利用 AutoCAD 2022 交互绘图必须输入必要的指令和参数时，有多种命令输入方式，下面以绘制直线为例，介绍几种命令输入方式。

（1）在命令行中输入命令名，例如，命令“LINE”。命令字符可不区分大小写。执行命令时，在命令行提示中经常会出现命令选项。例如，在命令行输入绘制直线命令“LINE”后，命令行提示与操作如下。

```
命令: LINE
指定第一个点:（在绘图区指定一点或输入一个点的坐标）
指定下一点或[放弃(U)]:
```

命令行中不带括号的提示为默认选项，如上面的“指定下一点或”，因此可以直接输入直线段的起点坐标或在绘图区指定一点。如果要选择其他选项，则应该首先输入该选项的标识字符，如“放弃”选项的标识字符“U”，然后按系统提示输入数据即可。在命令选项的后面有时还带有尖括号，尖括号内的数值为默认数值。

（2）在命令行输入快捷命令。例如，L（LINE）、C（CIRCLE）、A（ARC）、Z（ZOOM）、R（REDRAW）、M（MOVE）、CO（COPY）、PL（PLINE）、E（ERASE）等，命令字符不区分大小写。

（3）选择“绘图”菜单栏中对应的命令，在命令行窗口中可以看到对应的命令说明及命令名。

（4）单击“绘图”工具栏中对应的按钮，在命令行窗口中也可以看到对应的命令说明及命令名。

（5）在绘图区打开快捷菜单。如果刚刚已使用过要输入的命令，可以将鼠标光标放置在绘图区中，单击鼠标右键，打开快捷菜单，在“最近的输入”子菜单中选择需要的命令，如图 1-34 所示。“最近的输入”子菜单中存储了最近使用过的命令，如果经常重复使用某个命令，这种方法就比较快速、简单。

（6）在命令行按 Enter 键。如果用户要重复使用上次使用过的命令，可以直接在命令行按 Enter 键，系统立即重复执行上次使用过的命令。这种方法适用于重复执行某个命令。

1.4.2 命令的重复、撤销、重做

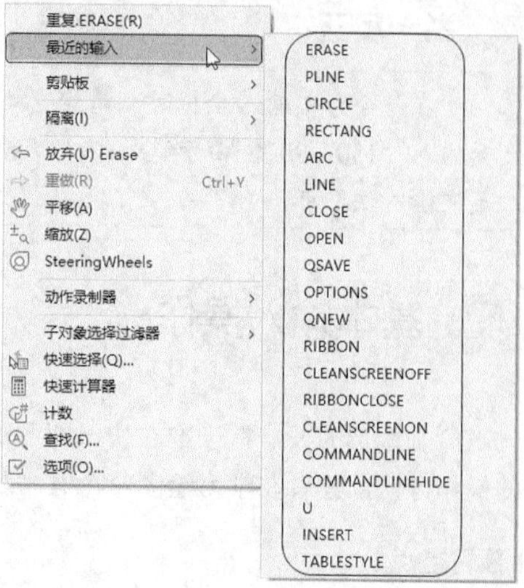

图 1-34　命令行快捷菜单

1．命令的重复

按 Enter 键，可重复调用上一个命令，不管上一个命令是完成的还是被取消的。

2．命令的撤销

在命令执行的任何时刻都可以取消和终止命令的执行。

【执行方式】

☑　命令行：UNDO。
☑　菜单栏：选择菜单栏中的“编辑”→“放弃”命令。
☑　工具栏：单击标准工具栏中的“放弃”按钮，或单击快速访问工具栏中的“放弃”按钮。
☑　快捷键：Esc。

3．命令的重做

已被撤销的命令要恢复重做，可以恢复撤销前的最后一个命令。

【执行方式】

☑　命令行：REDO（快捷命令为 RE）。
☑　菜单栏：选择菜单栏中的“编辑”→“重做”命令。
☑　快捷组合键：Ctrl+Y。
☑　工具栏：单击标准工具栏中的“重做”按钮，或单击快速访问工具栏中的“重做”按钮。

AutoCAD 2022 可以一次执行多重放弃和重做命令。单击快速访问工具栏中的“放弃”按钮或“重做”按钮后面的下三角按钮，在打开的列表框中可以选择要放弃或重做的命令，如图 1-35 所示。

图 1-35　多重放弃选项列表

1.5 综合演练——样板图绘图环境设置

本实例设置图 1-36 所示的样板图绘图环境。

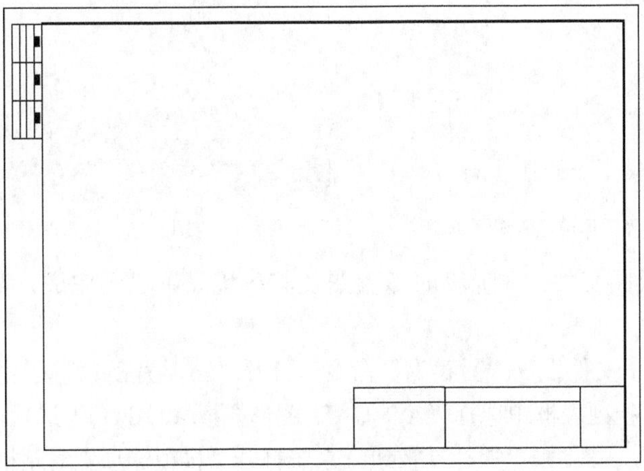

图 1-36 样板图

手把手教你学

绘制的顺序是先打开“.dwg”格式的图形文件，然后设置图形单位与图形界限，最后将设置好的文件保存成“.dwt”格式的样板图文件。绘制过程中要用到打开、设置单位、设置图形界限和保存等命令。

（1）打开文件。单击快速访问工具栏中的“打开”按钮，打开源文件目录下“\第 1 章\A3 图框样板图. dwg”文件。

（2）设置单位。选择菜单栏中的“格式”→“单位”命令，打开“图形单位”对话框，如图 1-37 所示。①设置“长度”栏中的“类型”为“小数”且“精度”为“0”；②“角度”栏中的“类型”为“十进制度数”且“精度”为 0，③系统默认逆时针方向为正；④设置“用于缩放插入内容的单位”为“毫米”。

（3）设置图形边界。国家标准对图纸的幅面做了严格规定，如表 1-1 所示。

表 1-1 图幅的国家标准

幅面代号	A0	A1	A2	A3	A4
宽×长/mm×mm	841×1189	594×841	420×594	297×420	210×297

在这里，按国家标准 A3 图纸幅面设置图形边界。A3 图纸的幅面（宽×长）为 297mm×420mm。选择菜单栏中的“格式”→“图形界限”命令，设置图幅。命令操作如图 1-38 所示。

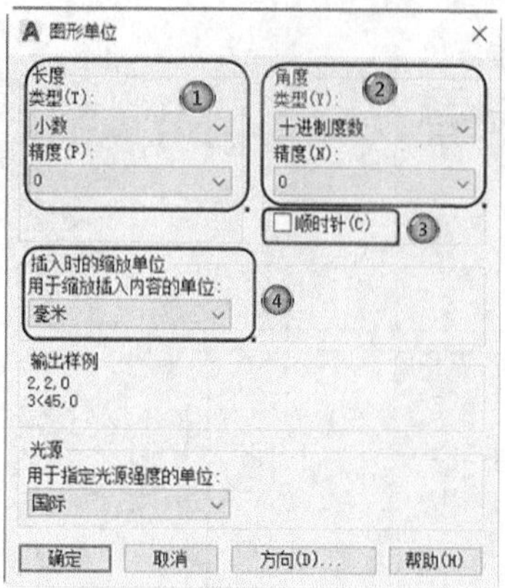

图 1-37 “图形单位”对话框

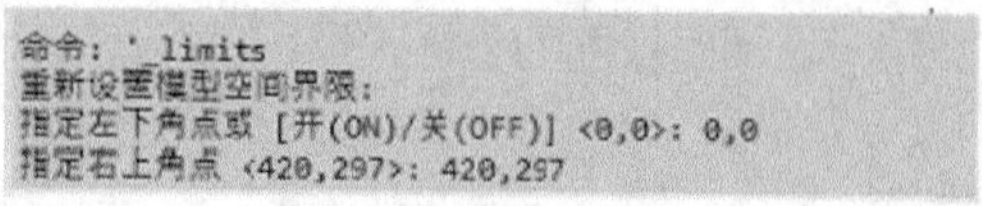

图 1-38 设置图形界限

（4）保存成样板图文件。现阶段的样板图及其环境设置已经完成，先将其保存成样板图文件。

选择菜单栏中的“文件”→“另存为”命令，打开“图形另存为”对话框，如图 1-39 所示。①在“文件类型”下拉列表框中选择“AutoCAD 图形样板（*. dwt）”选项，②输入“文件名”为“A3 建筑样板图”，③单击“保存”按钮，系统打开“样板选项”对话框，如图 1-40 所示，保持默认的设置，单击“确定”按钮，保存文件。

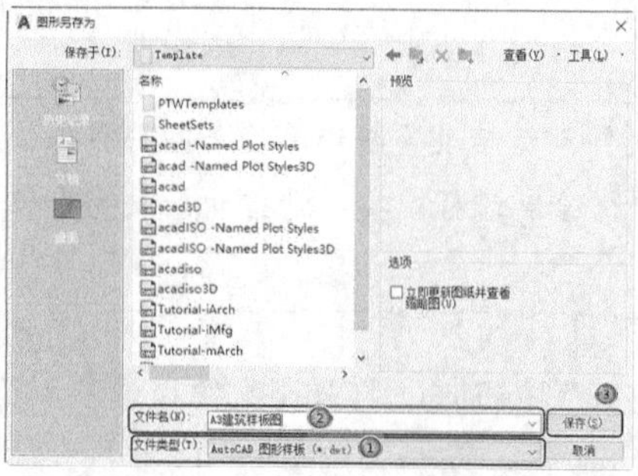

图 1-39 “图形另存为”对话框

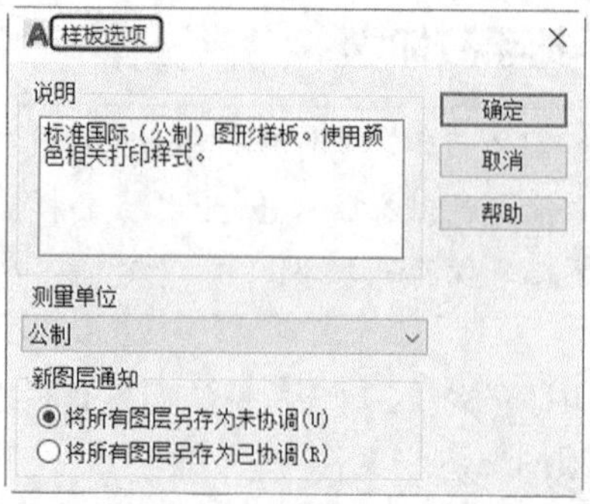

图 1-40 “样板选项”对话框

1.6 名师点拨——图形基本设置技巧

1. 复制图形粘贴后，两个图形总是离得很远怎么办

复制时使用带基点复制：选择菜单栏中的“编辑”→“带基点复制”命令。

2. AutoCAD 中三键还原的方法是什么

如果 AutoCAD 中的系统变量被人无意更改，或一些参数被人有意调整了，可以进行以下设置。

选择“选项”→“配置”→“重置”命令，即可恢复。恢复后，还需要对有些选项做一些调整，例如十字光标的大小等。

3. 文件安全保护具体的设置方法是什么

（1）在绘图区的空白处单击鼠标右键，在弹出的快捷菜单中选择“选项”命令，弹出“选项”对话框，选择“打开和保存”选项卡。

（2）单击“打开和保存”选项卡中的“安全选项”按钮，打开“安全选项”对话框，用户可以在文本框中输入口令进行密码设置，再次打开该文件时系统将出现密码提示。

如果忘记了密码则文件永远也打不开了，所以加密之前最好先备份文件。

1.7 上机实验

【练习 1】设置绘图环境。

【练习 2】熟悉操作界面。

【练习 3】管理图形文件。

1.8 模拟考试

1. 以下（　　）打开方式不存在。
   A. 以只读方式打开　　B. 局部打开
   C. 以只读方式局部打开　　D. 参照打开
2. 正常退出 AutoCAD 的方法有（　　）。
   A. QUIT 命令　　B. EXIT 命令
   C. 单击屏幕右上角的“关闭”按钮　　D. 直接关机
3. 在日常工作中贯彻办公和绘图标准时，下列（　　）方式最为有效。
   A. 应用典型的图形文件　　B. 应用模板文件
   C. 重复利用已有的二维绘图文件　　D. 在“启动”对话框中选取公制
4. 重复使用刚执行的命令，应按（　　）键。
   A. Ctrl　　B. Alt　　C. Enter　　D. Shift
5. 如果想要改变绘图区的背景颜色，应该（　　）。
   A. 在“选项”对话框的“显示”选项卡的“窗口元素”选项组中，单击“颜色”按钮，在弹出的对话框中进行修改
   B. 在 Windows 的“显示属性”对话框的“外观”选项卡中单击“高级”按钮，在弹出的对话框中进行修改
   C. 修改 SETCOLOR 变量的值
   D. 在“特性”面板的“常规”选项组中修改“颜色”值
6. 自动保存文件“D1_1_2_2010. sv$”，其中“2010”表示（　　）。

A．保存的年份　　　　B．保存文件的版本格式
C．随机数字　　　　D．图形文件名

7．如何使用“. bak”文件恢复 AutoCAD 图形？（　　）
A．使用“recover”命令进行修复
B．更改“. bak”扩展名为“. dwg”
C．导出文件为“.dxf”格式，然后再把“.dxf”文件导入一个新文件中
D．以上说法均可以

8．“. bmp”文件是怎么创建的？（　　）
A．文件→保存　　　　B．文件→另存为
C．文件→输出　　　　D．文件→打印

9．默认情况下，软件以（　　）扩展名进行保存。
A．.svs$　　　　B．.svs$
C．.dwg　　　　D．.bak

第2章

二维绘制命令

二维图形是指在二维平面空间绘制的图形，主要由一些图形元素组成，如点、直线、圆弧、圆、椭圆、矩形、多边形等。

本章详细介绍 AutoCAD 2022 提供的绘图工具，帮助读者准确、快捷地完成二维图形的绘制。

【内容要点】

- ☑ 直线类命令
- ☑ 圆类命令
- ☑ 平面图形
- ☑ 点命令

【案例欣赏】

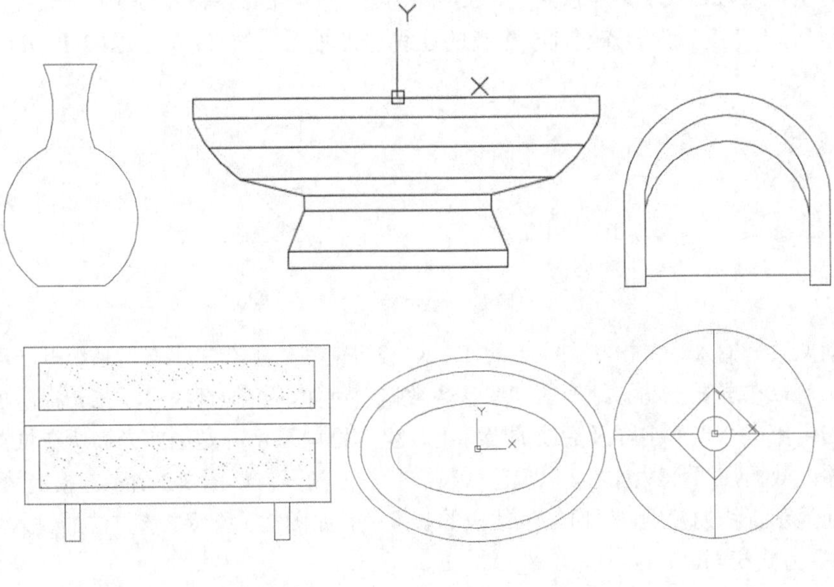

2.1 直线类命令

直线类命令包括直线段、射线和构造线。这几个命令是 AutoCAD 2022 中较简单的绘图命令。

【预习重点】

☑ 了解有几种直线类命令。

☑ 简单练习直线、构造线的绘制方法。

2.1.1 数据的输入方法

在 AutoCAD 中，点的坐标可以用直角坐标、极坐标、球面坐标和柱面坐标表示。每一种坐标又分别具有两种坐标输入方式：绝对坐标和相对坐标。其中，直角坐标和极坐标常用，下面主要介绍它们的输入方法。

（1）直角坐标是用点的 X、Y 坐标值表示的坐标。

例如，在命令行中输入点的坐标提示下，输入“15,18”，则表示输入一个 X、Y 的坐标值分别为 15、18 的点，此为绝对坐标输入方式，表示该点的坐标是相对于当前坐标原点的坐标值，如图 2-1（a）所示。如果输入“@10,20”，则为相对坐标输入方式，表示该点的坐标是相对于前一个点的坐标值，如图 2-1（b）所示。

（2）极坐标是用长度和角度表示的坐标，极坐标只能用来表示二维点的坐标。

在绝对坐标输入方式下，表示为“长度<角度”，如“25<50”。其中，“长度”为该点到坐标原点的距离，“角度”为该点至原点的连线与 X 轴正向的夹角，如图 2-1（c）所示。

在相对坐标输入方式下，表示为“@长度<角度”，如“@25<45”。其中，“长度”为该点到前一点的距离，“角度”为该点至前一个点的连线与 X 轴正向的夹角，如图 2-1（d）所示。

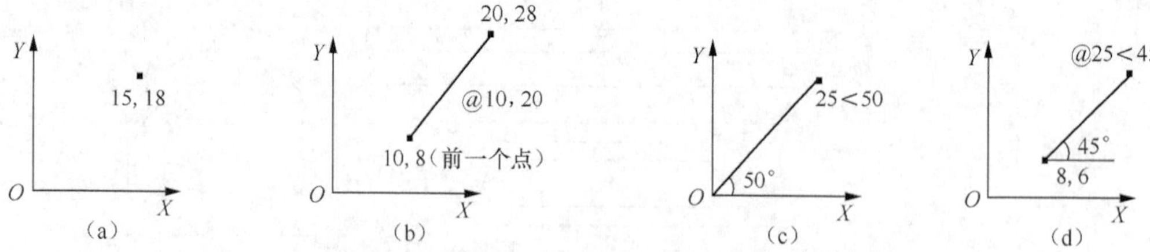

图 2-1 数据输入方法

（3）动态数据输入。单击状态栏上的 DYN 按钮使其处于选中状态，系统打开动态输入功能。此时，可以在屏幕上动态地输入某些参数数据。例如，绘制直线时，在光标附近，会动态地显示“指定第一个点”字样及后面的坐标框，坐标框中显示的是当前光标所在位置。可以在坐标框中输入数据，两个数据之间以逗号（英文状态）隔开，如图 2-2 所示。指定第一个点后，系统动态地显示直线的角度，同时输入线段的长度值，如图 2-3 所示。该方法的输入效果与“@长度<角度”方式相同。

图 2-2 动态输入坐标值

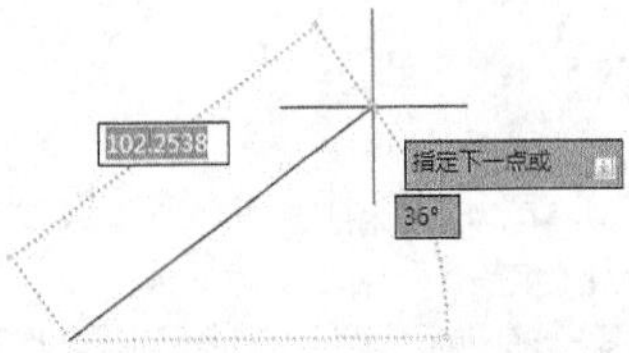

图 2-3 动态输入线段的长度值

下面分别讲述点与距离值的输入方法。

（1）点的输入。在绘图过程中经常需要输入点的位置，AutoCAD 提供如下几种输入点的方式。

① 直接在命令行窗口中输入点的坐标。笛卡尔坐标有两种输入方式：“*X,Y*”（点的绝对坐标值，如“100,50”）和“@*X,Y*”（相对于上一个点的相对坐标值，如“@50,−30”）。坐标值是相对于当前的用户坐标系。

极坐标的输入方式为“长度<角度”（其中，长度为点到坐标原点的距离，角度为原点至该点连线与 *X* 轴的正向夹角，如“20<45”）或“@长度<角度”（相对于上一个点的相对极坐标，如“@50<−30”）。

提示：第二个点和后续点的默认设置为相对极坐标，不需要输入@符号。如果需要使用绝对坐标，须使用“#”符号作为前缀。例如，要将对象移到原点，在提示输入第二个点时，应输入#0,0。

② 用鼠标等定标设备移动光标并单击，在屏幕上直接取点。

③ 用目标捕捉方式捕捉屏幕上已有图形的特殊点（如端点、中点、中心点、插入点、交点、切点、垂足等，详见第 3 章）。

④ 直接输入距离：先用光标拖拉出橡筋线确定方向，然后用键盘输入距离。这样有利于准确控制对象的长度等参数。

（2）距离值的输入。在 AutoCAD 命令中，有时需要提供高度、宽度、半径、长度等距离值。AutoCAD 提供两种输入距离值的方式：一种是用键盘在命令行窗口中直接输入数值；另一种是在屏幕上拾取两点，以两点确定出所需距离值。

2.1.2 直线

【执行方式】

☑ 命令行：LINE（快捷命令为 L）。

☑ 菜单栏：选择菜单栏中的“绘图”→“直线”命令。

☑ 工具栏：单击“绘图”工具栏中的“直线”按钮 ╱。

☑ 功能区：单击“默认”选项卡“绘图”面板中的“直线”按钮 ╱，如图 2-4 所示。

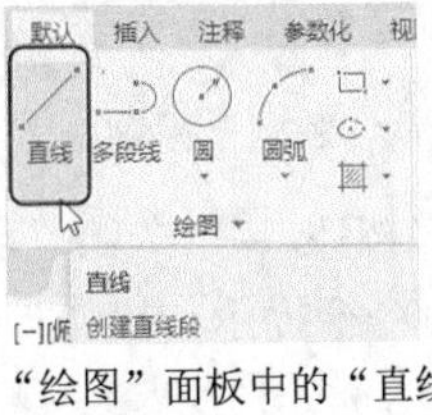

图 2-4 “绘图”面板中的“直线”按钮

【操作步骤】

执行上述任一操作，命令行提示与操作如下。

命令: LINE

指定第一个点:（输入直线段的起点坐标或在绘图区中指定点）

指定下一点或[放弃(U)]:（输入直线段的端点坐标，或利用光标指定一定角度后，直接输入直线的长度）

指定下一点或[放弃(U)]:（输入下一直线段的端点，或输入选项“U”表示放弃前面的输入；输入选项“E”或单击鼠标右键或按Enter键，结束命令）

指定下一点或[闭合(C)/放弃(U)]:（输入下一直线段的端点，或输入选项“C”使图形闭合，或输入选项“X”退出或输入选项“U”表示放弃前面的输入，结束命令）

【选项说明】

（1）若采用按 Enter 键响应“指定第一个点”提示，系统会把上一次绘制图线的终点作为本次图线的起始点。若上一次操作为绘制圆弧，按 Enter 键响应后绘制出通过圆弧终点并与该圆弧相切的直线段，该线段的长度为光标在绘图区指定的一点与切点之间线段的距离。

（2）在“指定下一点或”提示下，用户可以指定多个端点，从而绘制出多条直线段。但是，每一条直线段是一个独立的对象，可以进行单独的编辑操作。

（3）绘制两条以上直线段后，若采用输入选项“C”响应“指定下一点”提示，系统会自动连接起始点和最后一个端点，从而绘制出封闭的图形。

（4）若采用输入选项“U”响应提示，则删除最近一次绘制的直线段。

（5）若想设置正交方式，单击状态栏中的“正交模式”按钮，则只能绘制水平线段或垂直线段。

（6）若想设置动态数据输入方式，单击状态栏中的“动态输入”按钮，如图 2-3 所示，则可以动态输入坐标或长度值，效果与非动态数据输入方式类似。本书除了特别需要，以后不再强调，只按非动态数据输入方式输入相关数据。

2.1.3 操作实例——绘制折叠门

绘制图 2-5 所示的折叠门，操作步骤如下。

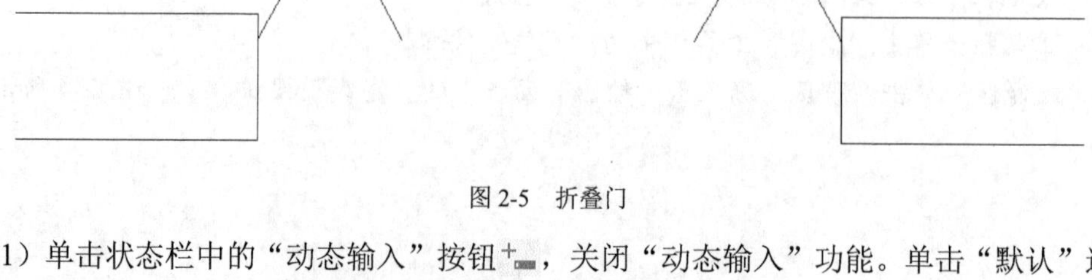

图 2-5 折叠门

（1）单击状态栏中的“动态输入”按钮，关闭“动态输入”功能。单击“默认”选项卡“绘图”面板中的“直线”按钮，命令行提示与操作如下。

命令: LINE（在命令行输入“line”命令，不区分大小写）

指定第一个点: 0,0
指定下一点或[放弃(U)]: 100,0
指定下一点或[放弃(U)]: 100,50
指定下一点或[闭合(C)/放弃(U)]: 0,50
指定下一点或[闭合(C)/放弃(U)]: ↙（结果如图2-6所示）
命令: _line（执行“绘图”→“直线”命令或单击“默认”选项卡“绘图”面板中的“直线”按钮）
指定第一个点: 440,0
指定下一点或[放弃(U)]: @–100,0（使用相对直角坐标输入方式，此方法便于控制线段长度）
指定下一点或[放弃(U)]: @0,50
指定下一点或[闭合(C)/放弃(U)]: @100,0
指定下一点或[闭合(C)/放弃(U)]: ↙（结果如图2-7所示）
命令: ↙（直接按Enter键表示执行上一次执行过的命令）
LINE 指定第一个点: 100,40
指定下一点或[放弃(U)]: @60<60（相对极坐标输入方法，此方法便于控制线段长度和倾斜角度）
指定下一点或[放弃(U)]: @60<–60
指定下一点或[闭合(C)/放弃(U)]: ↙
命令: L（在命令行输入“line”命令的快捷命令“L”）
LINE 指定第一个点: 340,40
指定下一点或[放弃(U)]: @60<120
指定下一点或[放弃(U)]: @60<210
指定下一点或[闭合(C)/放弃(U)]: U（表示上一步执行错误，撤销该操作）
指定下一点或[放弃(U)]: @60<240（也可以单击状态栏上的“动态输入”按钮，移动鼠标位置，当角度为240° 时，输入值为“60”，如图2-8所示）
指定下一点或[闭合(C)/放弃(U)]: ↙（按Enter键结束直线命令）

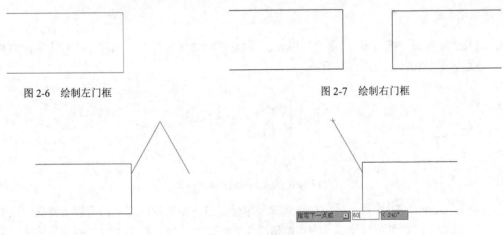

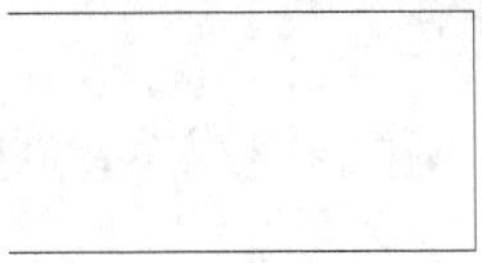

图 2-6　绘制左门框

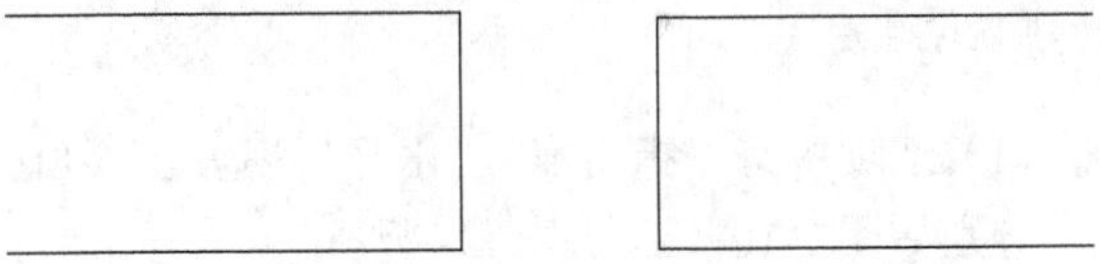

图 2-7　绘制右门框

图 2-8　动态输入

（2）最终结果如图 2-5 所示。

2.1.4　构造线

【执行方式】

☑　命令行：XLINE（快捷命令为 XL）。

☑ 菜单栏：选择菜单栏中的“绘图”→“构造线”命令。

☑ 工具栏：单击“绘图”工具栏中的“构造线”按钮。

☑ 功能区：单击“默认”选项卡“绘图”面板中的“构造线”按钮（如图 2-9 所示）。

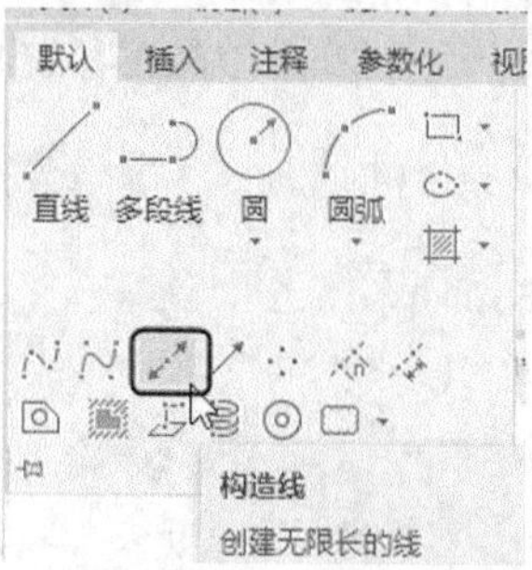

图 2-9 “绘图”面板 中的“构造线”按钮

【操作步骤】

执行上述任一操作，命令行提示与操作如下。

命令: XLINE
指定点或[水平(H)/垂直(V)/角度(A)/二等分(B)/偏移(O)]:（给出根点1）
指定通过点:（给定通过点2，绘制一条双向无限长直线）
指定通过点:（继续给点，继续绘制线，按Enter键结束）

【选项说明】

（1）选项中有“指定点”“水平”“垂直”“角度”“二等分”和“偏移”6 种方式绘制构造线，分别如图 2-10（a）～（f）所示。

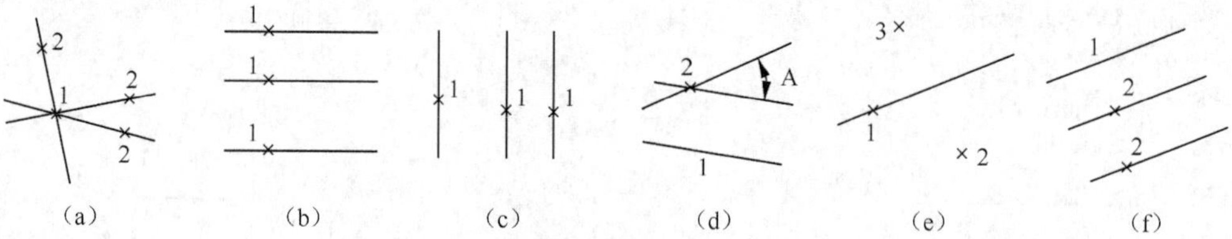

图 2-10 绘制构造线的 6 种方式

（2）在 AutoCAD 中可以使用构造线来模拟手工作图中的辅助线。构造线用特殊的线型显示，在图形输出时它可不做输出。应用构造线作为辅助线绘制机械图中的三视图是构造线的最主要用途，构造线的应用保证了三视图之间“主、俯视图长对正，主、左视图高平齐，俯、左视图宽相等”的对应关系。

2.2 圆类命令

圆类命令主要包括“圆”“圆弧”“圆环”“椭圆”及“椭圆弧”命令，这几个命令是 AutoCAD 中基本的曲线命令。

【预习重点】

☑ 了解圆类命令的绘制方法。
☑ 简单练习各命令操作。

2.2.1　圆

【执行方式】

☑ 命令行：CIRCLE（快捷命令为 C）。
☑ 菜单栏：选择菜单栏中的“绘图”→“圆”命令。
☑ 工具栏：单击“绘图”工具栏中的“圆”按钮。
☑ 功能区：单击①“默认”选项卡“绘图”面板中的②“圆”下拉按钮，打开“圆”下拉菜单如图 2-11 所示。

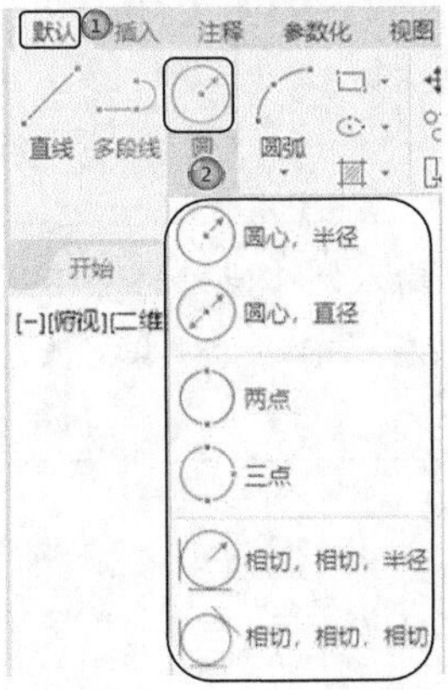

图 2-11　“圆”下拉菜单

【操作步骤】

执行上述任一操作，命令行提示与操作如下。

```
命令: CIRCLE
指定圆的圆心或[三点(3P)/两点(2P)/相切、相切、半径(T)]:（指定圆心）
指定圆的半径或[直径(D)]:（直接输入半径值或在绘图区中单击指定半径长度）
指定圆的直径<默认值>:（输入直径值或在绘图区中单击指定直径长度）
```

【选项说明】

（1）三点（3P）：通过指定圆周上的三点绘制圆。

（2）两点（2P）：通过指定直径的两端点绘制圆。

（3）相切、相切、半径（T）：通过先指定两个相切对象，再指定半径的方法绘制圆。图 2-12（a）～（d）所示给出了以“相切、相切、半径”的方式绘制圆的各种情形（加粗的圆为最后绘制的圆）。

（4）选择菜单栏中的①“绘图”→②“圆”命令，③选择“圆”子菜单中的“相切、相切、相切”的绘制方法，如图 2-13 所示。

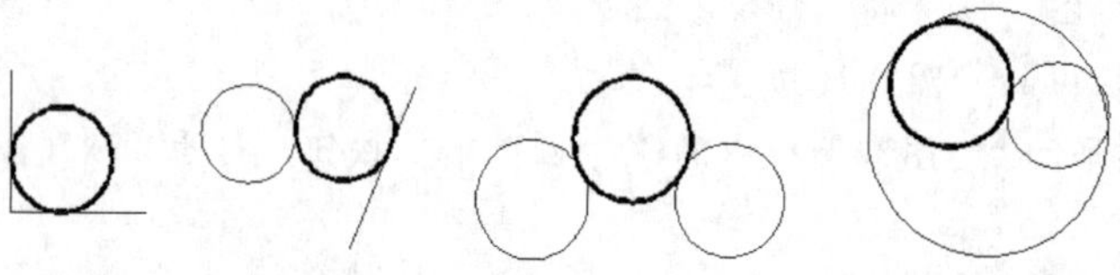

(a)　(b)　(c)　(d)

图 2-12　圆与另外两个对象相切

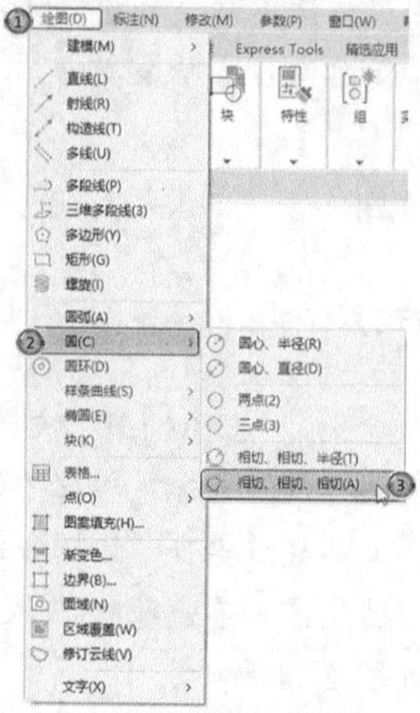

图 2-13　“圆”子菜单

高手支招

对于圆心点的选择，除了直接输入圆心点外，还可以利用圆心点与中心线的对应关系，利用对象捕捉的方法选择。单击状态栏中的“对象捕捉”按钮，命令行中会提示“命令: <对象捕捉 开>”。

2.2.2　操作实例——绘制灯

绘制图 2-14 所示的灯，操作步骤如下。

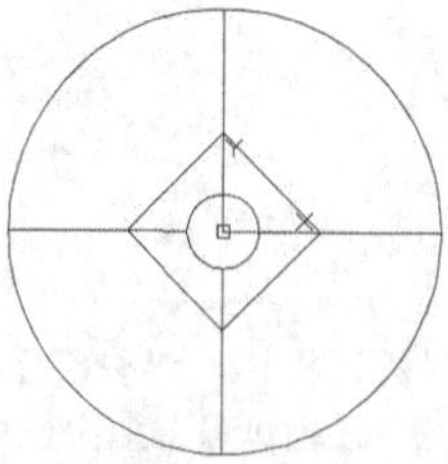

图 2-14　灯

（1）单击“默认”选项卡“绘图”面板中的“圆”按钮，圆心在坐标原点，绘制半径为 180 的圆，命令行提示与操作如下。

```
命令: CIRCLE
指定圆的圆心或[三点(3P)/两点(2P)/切点、切点、半径(T)]:0,0
指定圆的半径或[直径(D)]:180
```

（2）使用同样的方法，绘制半径为 30 的同心圆，最终结果如图 2-15 所示。

（3）单击“默认”选项卡“绘图”面板中的“直线”按钮，绘制直线。命令行提示与操作如下。

```
命令: LINE
指定第一个点: –180,0
指定下一点或[放弃(U)]: –30,0
指定下一点或[放弃(U)]: ↙
命令: ↙（直接按Enter键表示重复执行上次命令）
指定第一个点: 30,0
指定下一点或[放弃(U)]: 180,0
指定下一点或[放弃(U)]:
指定第一个点: 0,–180↙
指定下一点或[放弃(U)]: 0,–30
指定下一点或[放弃(U)]: ↙
指定第一个点: 0,30
指定下一点或[放弃(U)]: 0,180
指定下一点或[放弃(U)]: ↙
```

结果如图 2-16 所示。

（4）单击“默认”选项卡“绘图”面板中的“直线”按钮，绘制直线。命令行提示与操作如下。

```
命令: LINE
指定第一个点: 80,0
指定下一点或[放弃(U)]: 0,80
指定下一点或[放弃(U)]: –80,0
指定下一点或[闭合(C)/放弃(U)]: 0,–80
指定下一点或[闭合(C)/放弃(U)]: C
```

结果如图 2-17 所示。

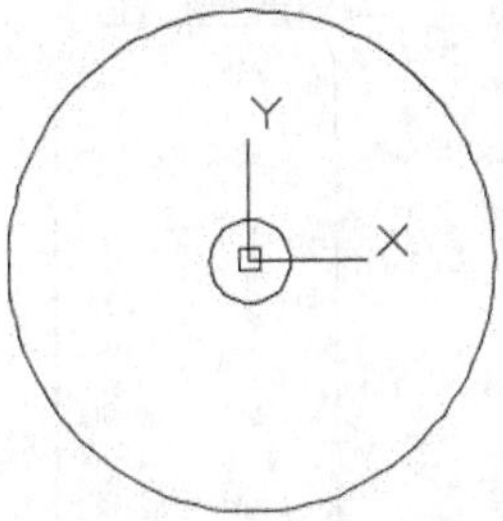

图 2-15　绘制同心圆

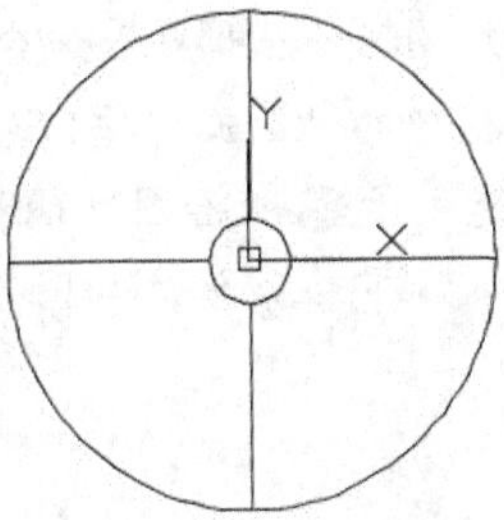

图 2-16　绘制直线

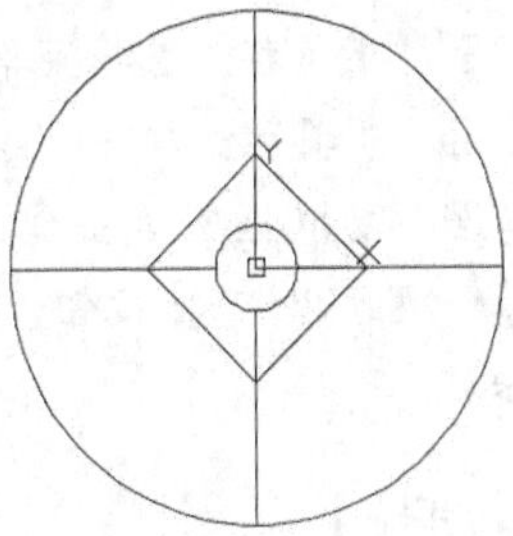

图 2-17　绘制多边形

（5）单击快速访问工具栏中的“保存”按钮，保存图形。将绘制完成的图形以“灯.dwg”为文件名保存在指定的路径中。

举一反三

有时绘制出的圆的圆弧显得很不光滑，这时可以选择菜单栏中的“工具”→“选项”命令，打开“选项”对话框，在其中的“显示”选项卡下的“显示精度”选项组中把各项参数设置得高一些，如图 2-18 所示，但不要超过其最高允许的范围。如果设置超出允许范围，系统会给出提示。

设置完毕后，选择菜单栏中的“视图”→“重生成”命令或在命令行中输入“re”命令，就可以使显示的圆弧更光滑。

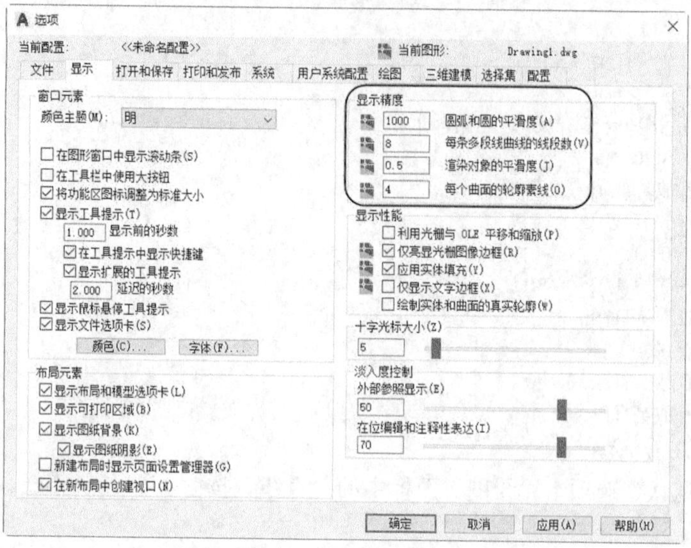

图 2-18 设置显示精度

2.2.3 圆弧

【执行方式】

☑ 命令行：ARC（快捷命令为 A）。

☑ 菜单栏：选择菜单栏中的“绘图”→“圆弧”命令。

☑ 工具栏：单击“绘图”工具栏中的“圆弧”按钮。

☑ 功能区：单击①“默认”选项卡②“绘图”面板中的③“圆弧”下拉按钮，打开“圆弧”下拉菜单，如图 2-19 所示。

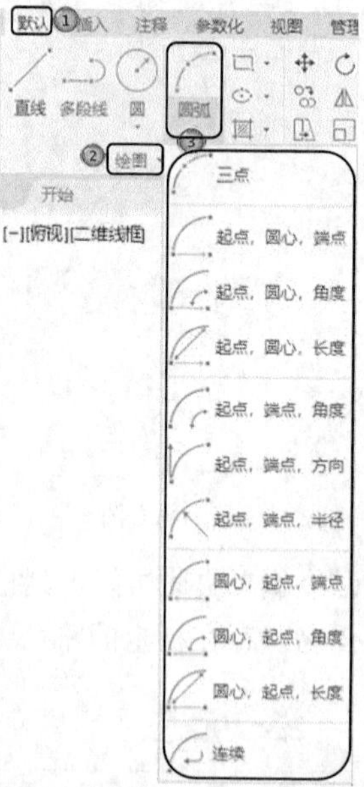

图 2-19 “圆弧”下拉菜单

【操作步骤】

执行上述任一操作，命令行提示与操作如下。

```
命令: ARC
指定圆弧的起点或[圆心(C)]:（指定起点）
指定圆弧的第二个点或[圆心(C)/端点(E)]:（指定第二个点）
指定圆弧的端点:（指定末端点）
```

【选项说明】

（1）用命令行方式绘制圆弧时，可以根据系统提示选择不同的选项，具体功能和菜单栏中的“绘图”→“圆弧”子菜单中提供的 11 种方式相似，用这 11 种方式绘制的圆弧分别如图 2-20（a）～图 2-20（k）所示。

（2）需要强调的是，用“连续”方式绘制的圆弧与上一段圆弧相切。连续绘制圆弧段时，只提供端点即可。

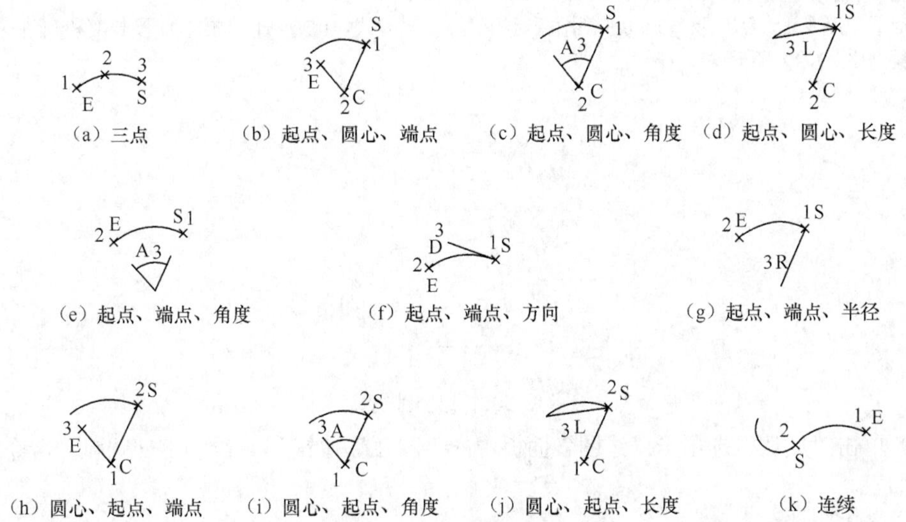

（a）三点　（b）起点、圆心、端点　（c）起点、圆心、角度　（d）起点、圆心、长度

（e）起点、端点、角度　（f）起点、端点、方向　（g）起点、端点、半径

（h）圆心、起点、端点　（i）圆心、起点、角度　（j）圆心、起点、长度　（k）连续

图 2-20　11 种圆弧绘制方式

高手支招

绘制圆弧时，注意圆弧的曲率是遵循逆时针方向的，所以在选择指定圆弧两个端点和半径模式时，需要注意端点的指定顺序，否则有可能导致圆弧的凹凸形状与预期的相反。

2.2.4　操作实例——绘制花瓶

利用“直线”与“圆弧”命令绘制图 2-21 所示的花瓶，操作步骤如下。

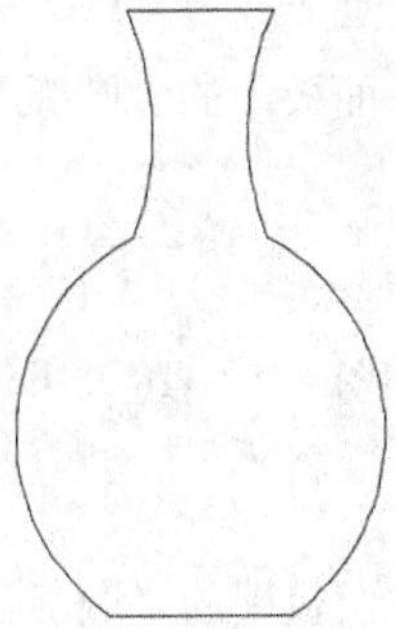

图 2-21　花瓶

（1）单击“默认”选项卡“绘图”面板中的“直线”按钮 ⁄，绘制长度为 40 和 50 的两条水平直线。命令行提示与操作如下。

```
命令: LINE（在命令行输入“直线”命令LINE，不区分大小写）
指定第一个点: 0,0
指定下一点或[放弃(U)]: 40, 0
```

命令: ↙（直接按Enter键表示重复执行与上一次的命令）
LINE 指定第一个点: –5,–160
指定下一点或 [放弃(U)]: @50<0（使用相对极坐标输入方式，此方法便于控制线段长度和倾斜角度）

结果如图 2-22 所示。

图 2-22 绘制直线

（2）单击“默认”选项卡“绘图”面板中的“圆弧”按钮，绘制上部圆弧。命令行提示与操作如下。

命令: ARC
指定圆弧的起点或[圆心(C)]:0,0
指定圆弧的第二个点或[圆心(C)/端点(E)]: 7,–29
指定圆弧的端点:2,–60

结果如图 2-23 所示。

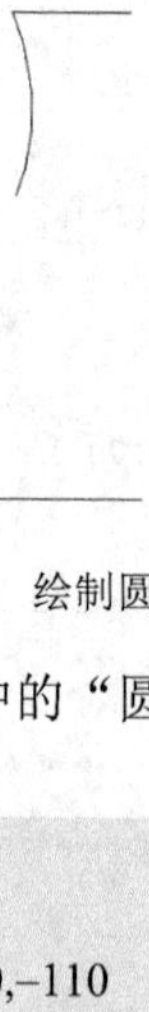

图 2-23 绘制圆弧 1

（3）单击“默认”选项卡“绘图”面板中的“圆弧”按钮，绘制下部圆弧。命令行提示与操作如下。

命令: ARC
指定圆弧的起点或[圆心(C)]:2,–60
指定圆弧的第二个点或[圆心(C)/端点(E)]: –30,–110
指定圆弧的端点: –5,–160

结果如图 2-24 所示。

（4）单击“默认”选项卡“绘图”面板中的“圆弧”按钮，绘制圆弧。命令行提示与操作如下。

命令: ARC
指定圆弧的起点或[圆心(C)]: 40,0
指定圆弧的第二个点或[圆心(C)/端点(E)]: 33,–29
指定圆弧的端点:38,–60

结果如图 2-25 所示。

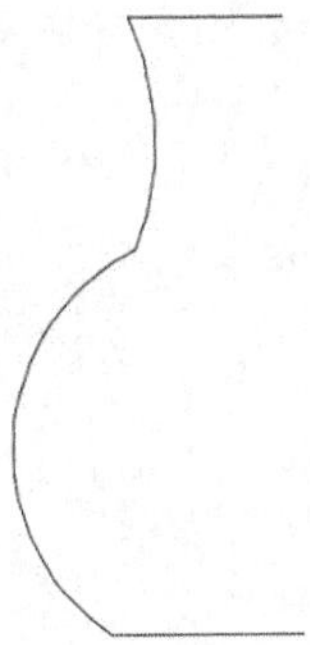

图 2-24　绘制圆弧 2

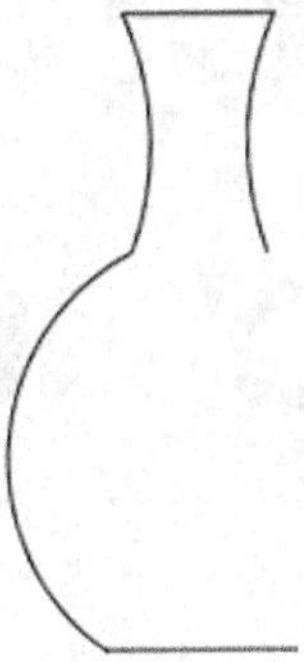

图 2-25　绘制圆弧 3

（5）单击“默认”选项卡“绘图”面板中的“圆弧”按钮，绘制圆弧。命令行提示与操作如下。

```
命令: ARC
指定圆弧的起点或[圆心(C)]:38,–60
指定圆弧的第二个点或[圆心(C)/端点(E)]:70,–110
指定圆弧的端点:45,–160
```

最终绘制结果如图 2-21 所示。

2.2.5　圆环

【执行方式】

☑ 命令行：DONUT（快捷命令为 DO）。
☑ 菜单栏：选择菜单栏中的“绘图”→“圆环”命令。
☑ 功能区：单击“默认”选项卡“绘图”面板中的“圆环”按钮◎。

【操作步骤】

执行上述任一操作，命令行提示与操作如下。

```
命令: DONUT
指定圆环的内径<默认值>:（指定圆环内径）
指定圆环的外径<默认值>:（指定圆环外径）
指定圆环的中心点或<退出>:（指定圆环的中心点）
指定圆环的中心点或<退出>:（继续指定圆环的中心点，则继续绘制相同内外径的圆环。按Enter键、Space键或单击鼠标右键结束命令，如图2-26（a）所示）
```

【选项说明】

（1）指定不相等的内径和外径，画出填充圆环，如图 2-26（a）所示。

（2）若指定内径为零，则画出实心填充圆，如图 2-26（b）所示。

（3）若指定内外径相等，则画出普通圆，如图 2-26（c）所示。

（4）使用命令“FILL”可以控制圆环是否填充。命令行提示与操作如下。

```
命令: FILL
```

```
输入模式[开(ON)/关(OFF)] <开>:
```

选择“开”表示填充，选择“关”表示不填充，如图 2-26（d）所示。

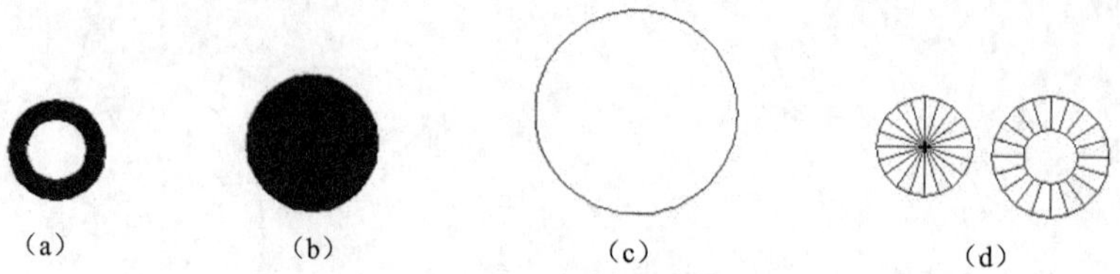

图 2-26　绘制圆环

2.2.6　椭圆与椭圆弧

【执行方式】

☑　命令行：ELLIPSE（快捷命令为 EL）。

☑　菜单栏：选择菜单栏中的“绘图”→“椭圆”→“圆弧”命令。

☑　工具栏：单击“绘图”工具栏中的“椭圆”按钮或“椭圆弧”按钮。

☑　功能区：单击①“默认”选项卡②“绘图”面板中的③“椭圆”下拉按钮，打开“椭圆”下拉菜单如图 2-27 所示。

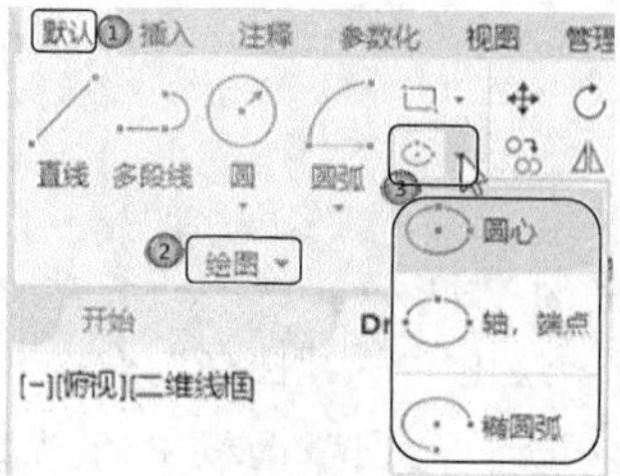

图 2-27　“椭圆”下拉菜单

【操作步骤】

执行上述任一操作，命令行提示与操作如下。

```
命令: ELLIPSE
指定椭圆的轴端点或[圆弧(A)/中心点(C)]:[指定轴端点1，如图2-28（a）所示]
指定轴的另一个端点:[指定轴端点2，如图2-28（a）所示]
指定另一条半轴长度或[旋转(R)]:
```

【选项说明】

（1）指定椭圆的轴端点：根据两个端点定义椭圆的第一条轴，第一条轴的角度确定了整个椭圆的角度。第一条轴既可定义椭圆的长轴，也可定义其短轴。按图 2-28（a）所示的 1—2—3—4 顺序绘制椭圆。

（2）圆弧（A）：用于创建一段椭圆弧，与单击“默认”选项卡“绘图”面板中的“椭圆弧”按钮功能相同。其中第一条轴的角度确定了椭圆弧的角度。第一条轴既可定义椭圆弧长轴，也可定义其短轴。选择该选项，命令行提示与操作如下。

```
指定椭圆弧的轴端点或[中心点(C)]:（指定端点或输入“C”）
指定轴的另一个端点:（指定另一个端点）
指定另一条半轴长度或[旋转(R)]:（指定另一条半轴长度或输入“R”）
指定起点角度或[参数(P)]:（指定起始角度或输入“P”）
指定端点角度或[参数(P)/夹角(I)]:
```

其中各选项含义如下。

① 中心点（C）：通过指定的中心点创建椭圆。

② 旋转（R）：通过绕第一条轴旋转圆来创建椭圆，相当于将一个圆绕椭圆轴翻转一个角度后投影视图。

③ 起点角度：指定椭圆弧端点的两种方式之一，光标与椭圆中心点连线的夹角为椭圆端点位置的角度，如图 2-28（b）所示。

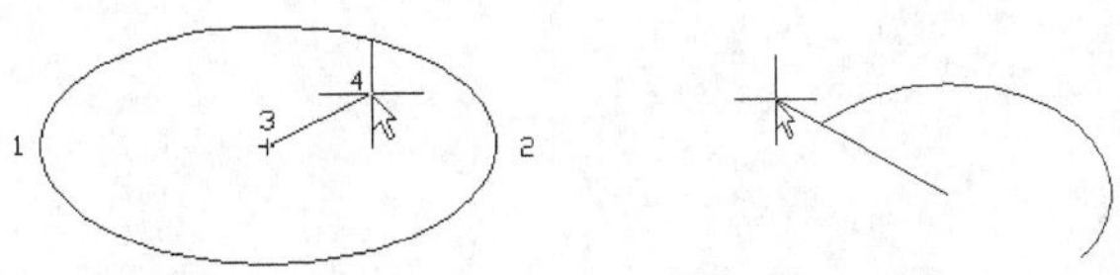

（a）椭圆　　（b）椭圆弧

图 2-28　椭圆和椭圆弧

④ 参数（P）：指定椭圆弧端点的另一种方式，该方式同样是指定椭圆弧端点的角度，但通过以下矢量参数方程式创建椭圆弧。

$$p(u)=c+a\times\cos(u)+b\times\sin(u)$$

其中，c 是椭圆的中心点，a 和 b 分别是椭圆的长轴和短轴，u 为光标与椭圆中心点连线的夹角。

⑤ 夹角（I）：定义从起点角度开始到终点角度的包含角度。

高手支招

用椭圆命令生成的椭圆是以多义线还是以椭圆为实体，是由系统变量 PELLIPSE 决定的，当其为 1 时，生成的椭圆就是以多义线形式存在。

2.2.7　操作实例——绘制洗脸盆

绘制如图 2-29 所示的洗脸盆，操作步骤如下。

（1）单击“默认”选项卡“绘图”面板中的“椭圆”命令。以坐标原点为中心点，轴的端点坐标为（300,0)，另一条半轴的长度为 200，绘制洗脸盆外沿。命令行提示与操作如下。

```
命令: ELLIPSE
指定椭圆的轴端点或[圆弧(A)/中心点(C)]: C
指定椭圆的中心点:0,0
指定轴的端点:300,0
指定另一条半轴长度或 [旋转(R)]:200,0
```

结果如图 2-30 所示。

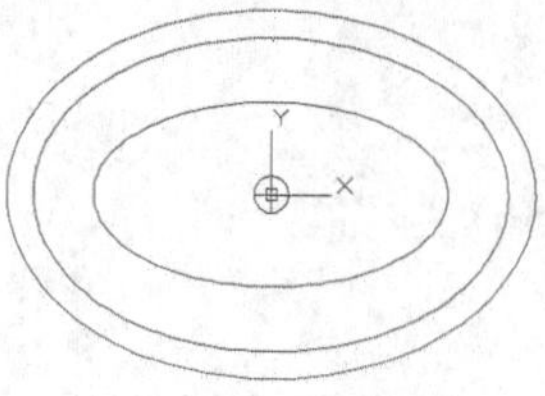

图 2-29　洗脸盆

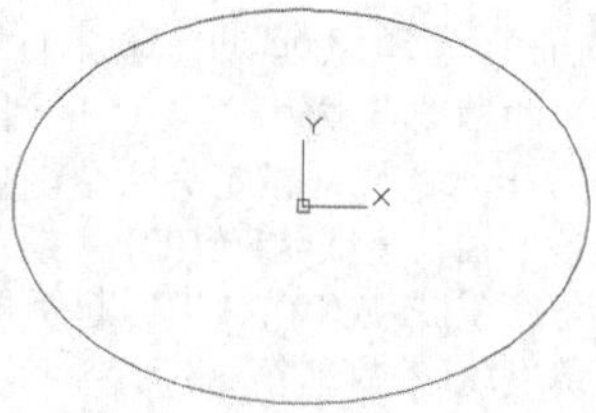

图 2-30　绘制洗脸盆外沿

（2）使用同样的方法，单击“默认”选项卡“绘图”面板中的“椭圆”命令 。以坐标原点为圆心绘制洗脸盆内部椭圆，轴的端点坐标分别为[（270,0）、（170,0）]和[（200,0）、（100,0）]，结果如图 2-31 所示。

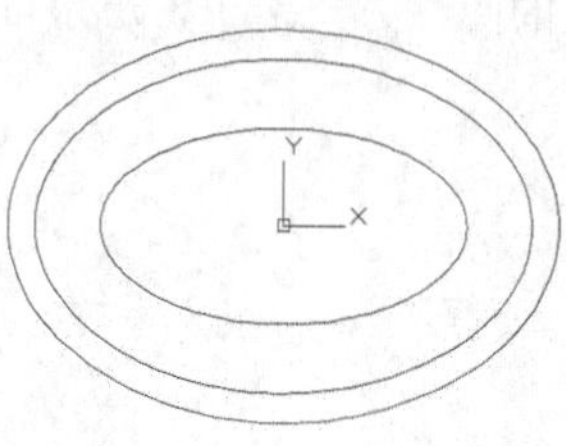

图 2-31　绘制洗脸盆内部椭圆

（3）单击“默认”选项卡“绘图”面板中的“圆”按钮，以椭圆的圆心为圆的圆心，半径为 20，绘制圆。命令行提示与操作如下。

```
命令: CIRCLE
指定圆的圆心或[三点(3P)/两点(2P)切点、切点、半径(T)]: 0,0
指定圆的半径或[直径(D)] <470.5606>: 20
```

结果如图 2-32 所示。

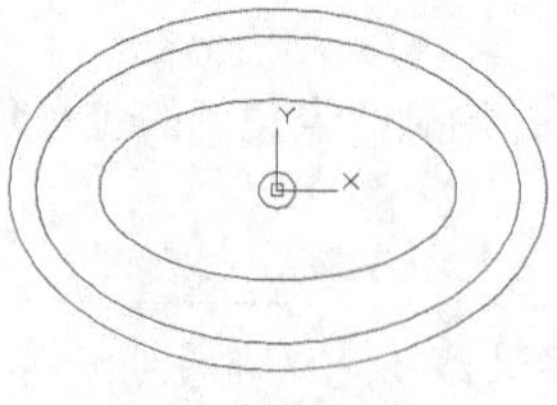

图 2-32　绘制圆

（4）单击“默认”选项卡“绘图”面板中的“直线”按钮，在上一步绘制的圆的内部，分别以[（-20,0）、（20,0）]和[（0,-20）、（0,20）]为端点，绘制十字交叉线。最终结果如图 2-29 所示。

2.3 平面图形

简单的平面图形命令包括“矩形”命令和“多边形”命令。

【预习重点】

☑ 了解平面图形的种类及应用。

☑ 简单练习矩形与多边形的绘制。

2.3.1 矩形

【执行方式】

☑ 命令行：RECTANG（快捷命令为 REC）。
☑ 菜单栏：选择菜单栏中的“绘图”→“矩形”命令。
☑ 工具栏：单击“绘图”工具栏中的“矩形”按钮□。
☑ 功能区：单击“默认”选项卡“绘图”面板中的“矩形”按钮□。

【操作步骤】

执行上述任一操作，命令行提示与操作如下。

```
命令: RECTANG
指定第一个角点或[倒角(C)/标高(E)/圆角(F)/厚度(T)/宽度(W)]:（指定角点）
指定另一个角点或[面积(A)/尺寸(D)/旋转(R)]:
```

【选项说明】

（1）第一个角点：通过指定两个角点确定矩形，如图 2-33（a）所示。

（2）倒角（C）：指定倒角距离，绘制带倒角的矩形，如图 2-33（b）所示。每一个角点的逆时针和顺时针方向的倒角可以相同，也可以不同。其中，第一个倒角距离是指角点逆时针方向的倒角距离，第二个倒角距离是指角点顺时针方向的倒角距离。

（3）标高（E）：指定矩形标高（*Z* 坐标），即把矩形放置在标高为 *Z* 并与 *XOY* 坐标面平行的平面上，作为后续矩形的标高值。

（4）圆角（F）：指定圆角半径，绘制带圆角的矩形，如图 2-33（c）所示。

（5）厚度（T）：指定矩形的厚度，如图 2-33（d）所示。

（6）宽度（W）：指定线宽，如图 2-33（e）所示。

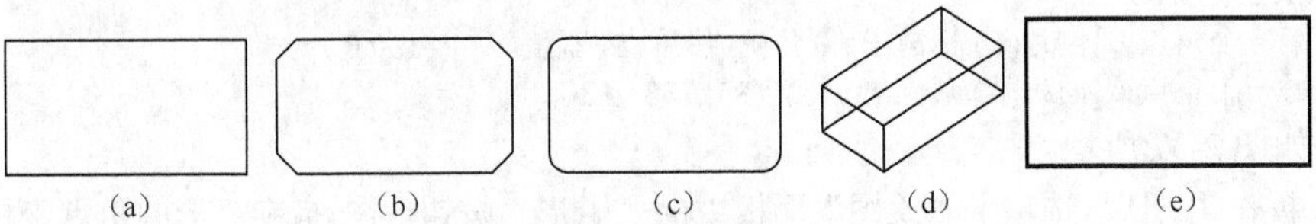

图 2-33　绘制矩形

（7）面积（A）：指定面积和长或面积和宽创建矩形。选择该选项，命令行的提示与操作如下。

```
输入以当前单位计算的矩形面积<20.0000>:（输入面积值）
计算矩形标注时依据[长度(L)/宽度(W)] <长度>:（按Enter键或输入“W”）
输入矩形长度<4.0000>:（指定长度或宽度）
```

指定长度或宽度后，系统自动计算另一个维度，绘制出矩形。如果矩形带倒角或圆角，则长度或面积计算中也会考虑此设置。

（8）尺寸（D）：使用长和宽创建矩形，指定的另一个角点为与第一角点相关的 4 个方位的角点之一。

（9）旋转（R）：使所绘制的矩形旋转一定角度。选择该选项，命令行的提示与操作如下。

```
指定旋转角度或[拾取点(P)] <45>:（指定角度）
指定另一个角点或[面积(A)/尺寸(D)/旋转(R)]:（指定另一个角点或选择其他选项）
```

结果如图 2-34 所示。

指定旋转角度后，系统按指定角度创建矩形，如图 2-35 所示。

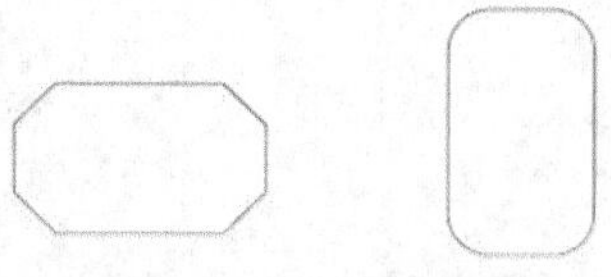

倒角距离为（1,1）　圆角半径为 1.0

面积为 20；长度为 6　面积为 20；宽度为 6

图 2-34　利用“面积”命令绘制矩形

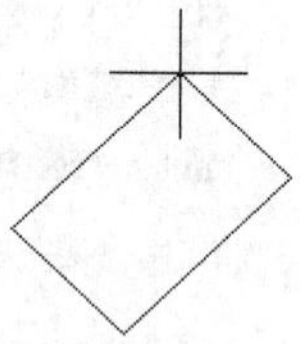

图 2-35　旋转矩形

2.3.2　操作实例——绘制花坛

绘制图 2-36 所示的花坛，操作步骤如下。

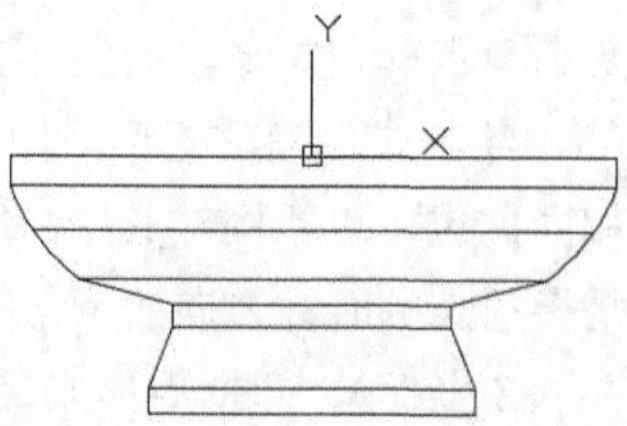

图 2-36　花坛

（1）单击“默认”选项卡“绘图”面板中的“矩形”按钮▭，指定矩形的角点坐标，绘制矩形。命令行提示与操作如下。

```
命令: RECTANG
指定第一个角点或[倒角(C)/标高(E)/圆角(F)/厚度(T)/宽度(W)]:–130,0
指定另一个角点或[面积(A)/尺寸(D)/旋转(R)]:130,–12
```

结果如图 2-37 所示。

（2）单击“默认”选项卡“绘图”面板中的“矩形”按钮▭，指定矩形的角点坐标，继续绘制一系列的矩形。命令行提示与操作如下。

```
命令: RECTANG
指定第一个角点或[倒角(C)/标高(E)/圆角(F)/厚度(T)/宽度(W)]: –60,–60
指定另一个角点或[面积(A)/尺寸(D)/旋转(R)]:60,–70
命令: RECTANG
指定第一个角点或[倒角(C)/标高(E)/圆角(F)/厚度(T)/宽度(W)]: –70,–95
指定另一个角点或[面积(A)/尺寸(D)/旋转(R)]:70,–105
```

结果如图 2-38 所示。

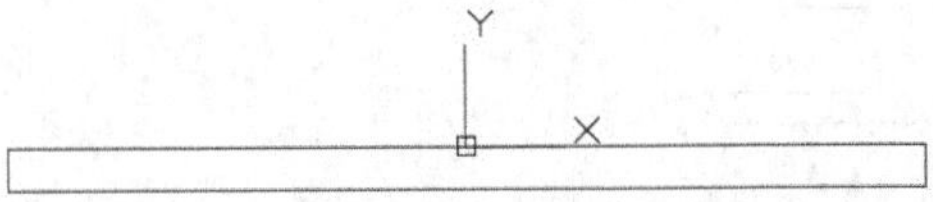

图 2-37 绘制矩形 1

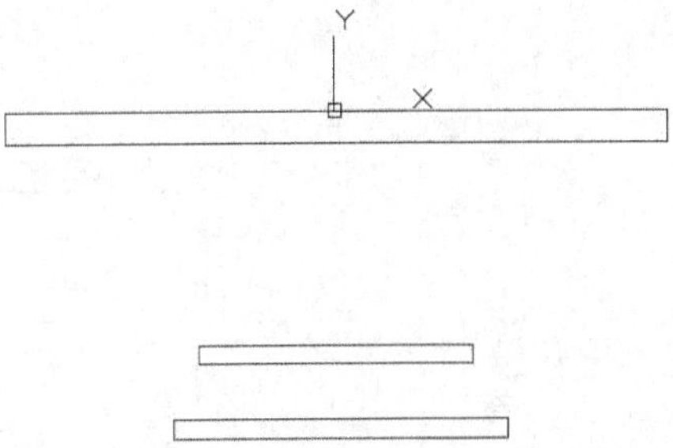

图 2-38 绘制矩形 2

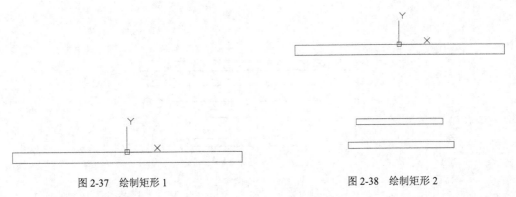

（3）单击“默认”选项卡“绘图”面板中的“直线”按钮╱，指定直线的坐标，绘制两条水平直线。命令行提示与操作如下。

```
命令: LINE
指定第一个点:–120,–30
指定下一点或[放弃(U)]: 120,–30
命令: LINE
指定第一个点: –100,–50
指定下一点或[放弃(U)]: 100,–50（指定直线的长度）
```

结果如图 2-39 所示。

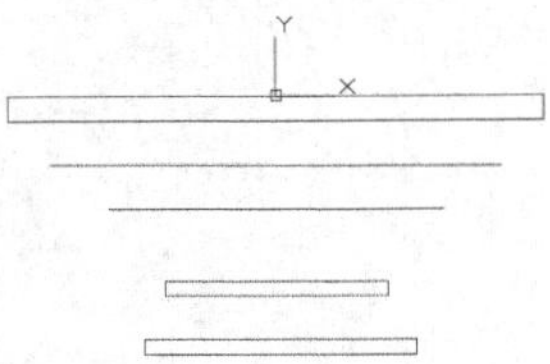

图 2-39 绘制直线

（4）单击“默认”选项卡“绘图”面板中的“圆弧”按钮⌒，绘制圆弧。命令行提示与操作如下。

```
命令: ARC
指定圆弧的起点或[圆心(C)]: –130,–12
指定圆弧的第二个点或[圆心(C)/端点(E)]: –120,–30
指定圆弧的端点: –100,–50
```

结果如图 2-40 所示。

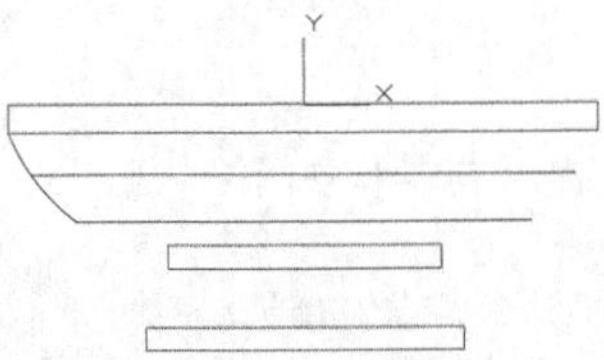

图 2-40 绘制圆弧 1

（5）使用相同的方法绘制花坛右侧的圆弧，圆弧的起点坐标为（130,–12），第二点坐标为（120,–30），端点坐标为（100,–50）。结果如图 2-41 所示。

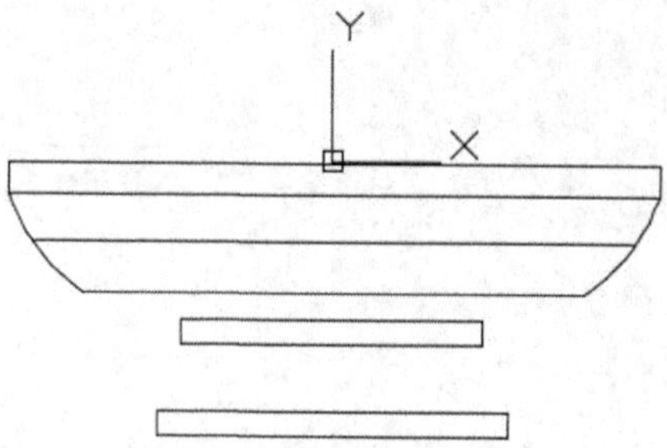

图 2-41　绘制圆弧 2

（6）单击“默认”选项卡“绘图”面板中的直线按钮，指定直线的坐标，绘制多条斜向的直线。命令行提示与操作如下。

```
命令: LINE
指定第一个点: –100,–50
指定下一点或[放弃(U)]: –60,–60
命令: LINE
指定第一个点: –60,–70
指定下一点或[放弃(U)]: –70,–95
命令: LINE
指定第一个点: 100,–50
指定下一点或[放弃(U)]: 60,–60
命令:LINE
指定第一个点: 60,–70
指定下一点或[放弃(U)]:70,–95
```

结果如图 2-36 所示。

2.3.3　多边形

【执行方式】

- ☑ 命令行：POLYGON（快捷命令为 POL）。
- ☑ 菜单栏：选择菜单栏中的“绘图”→“多边形”命令。
- ☑ 工具栏：单击“绘图”工具栏中的“多边形”按钮。
- ☑ 功能区：单击“默认”选项卡“绘图”面板中的“多边形”按钮。

【操作步骤】

执行上述任一操作，命令行提示与操作如下。

```
命令: POLYGON
输入侧面数<4>:（指定多边形的边数，默认值为4）
指定正多边形的中心点或[边(E)]:（指定中心点）
输入选项 [内接于圆(I)/外切于圆(C)] <I>:（指定多边形是内接于圆还是外切于圆）
指定圆的半径:（指定外接圆或内切圆的半径）
```

【选项说明】

（1）边（E）：选择该选项，则只要指定多边形的一条边，系统就会按逆时针方向创建正多边形，如图 2-42（a）所示。

（2）内接于圆（I）：选择该选项，绘制的多边形内接于圆，如图 2-42（b）所示。

（3）外切于圆（C）：选择该选项，绘制的多边形外切于圆，如图 2-42（c）所示。

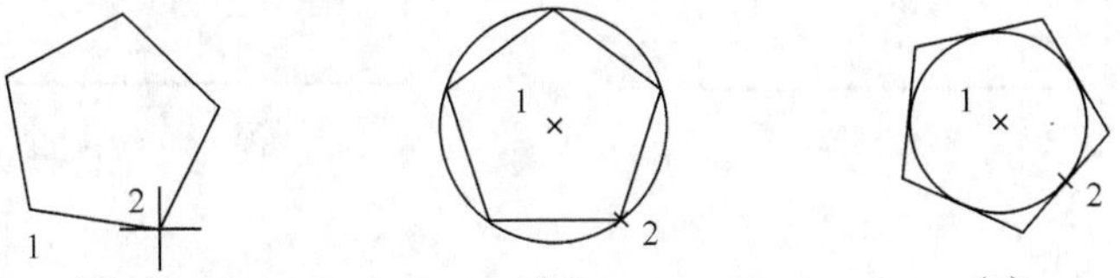

（a）　　　（b）　　　（c）

图 2-42　绘制多边形

2.3.4　操作实例——绘制石雕摆饰

绘制图 2-43 所示的石雕摆饰，操作步骤如下。

（1）单击“默认”选项卡“绘图”面板中的“圆”按钮，绘制圆心坐标为（230,210）、圆半径为 30 的小圆；选择菜单栏中的“绘图”→“圆环”命令，绘制内径为 5、外径为 15、中心点坐标为（230，210）的圆环。

（2）单击“默认”选项卡“绘图”面板中的“矩形”按钮，绘制两个角点坐标分别为（200,122）和（420,88）的矩形。

（3）单击“默认”选项卡“绘图”面板中的“圆”按钮，采用“相切、相切、半径”方式，绘制与图 2-44 中点 1、点 2 相切，半径为 70 的大圆；单击“默认”选项卡“绘图”面板中的“轴、端点”按钮，绘制中心点坐标为（330,222）、轴端点坐标为（360,222）、另一半轴长度为 20 的小椭圆；单击“默认”选项卡“绘图”面板中的“多边形”按钮，命令行提示与操作如下。

```
命令: POLYGON
输入侧面数 <4>: 6
指定正多边形的中心点或[边(E)]: 330,165
输入选项[内接于圆(I)/外切于圆(C)] <I>: I
指定圆的半径: 30
```

（4）单击“默认”选项卡“绘图”面板中的“直线”按钮，绘制坐标分别为（202,221）、（@30<-150）、（@30<-20）的折线；单击“默认”选项卡“绘图”面板中的“圆弧”按钮，绘制起点坐标为（200,122）、端点坐标为（210,188）、半径为 45 的圆弧。

（5）单击“默认”选项卡“绘图”面板中的“直线”按钮，绘制端点坐标为（420,122）、（@68<90）、（@22<180）的折线，结果如图 2-43 所示。

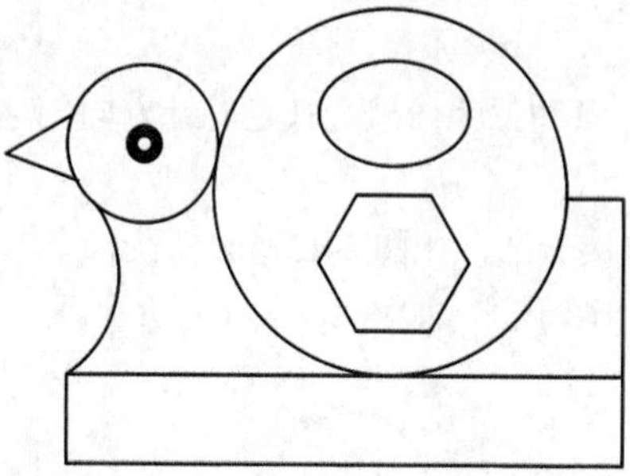

图 2-43 石雕摆饰

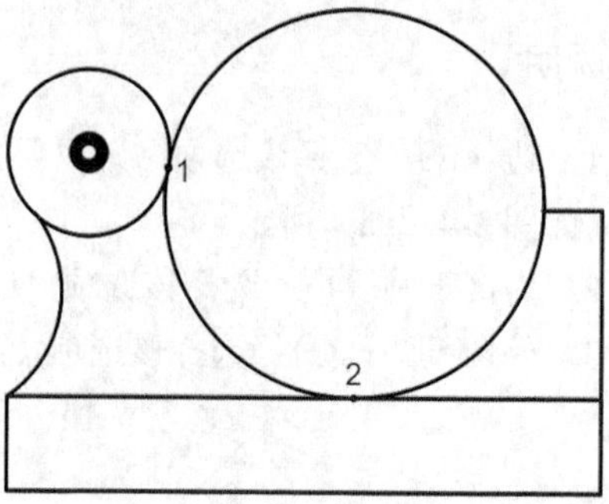

图 2-44 绘制切圆

2.4 点命令

点在 AutoCAD 中有多种不同的表示方式，用户可以根据需要进行设置，也可以设置等分点和测量点。

【预习重点】

☑ 了解点类命令的应用。
☑ 简单练习点命令的基本操作。
☑ 练习等分点应用。

2.4.1 点

【执行方式】

☑ 命令行：POINT（快捷命令为 PO）。
☑ 菜单栏：选择菜单栏中的“绘图”→“单点”或“多点”命令。
☑ 工具栏：单击“绘图”工具栏中的“点”按钮 ⁚。
☑ 功能区：单击“默认”选项卡“绘图”面板中的“多点”按钮 ⁚。

【操作步骤】

执行上述任一操作，命令行的提示与操作如下。

```
命令:POINT
当前点模式: PDMODE=0   PDSIZE=0.0000
指定点:（指定点所在的位置）
```

【选项说明】

（1）通过菜单栏执行命令时（如图 2-45 所示），“单点”命令表示只输入一个点，“多点”命令表示可输入多个点。

（2）可以单击状态栏中的“对象捕捉”按钮⬚，设置点捕捉模式，帮助用户选择点。

（3）点在图形中的表示样式共有 20 种。可通过 DDPTYPE 命令或选择菜单栏中的“格式”→“点样式”命令，在打开的“点样式”对话框中进行设置，如图 2-46 所示。

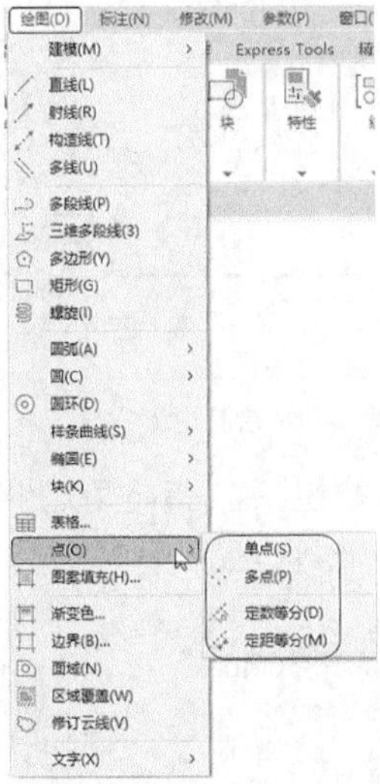

图 2-45　“点”子菜单

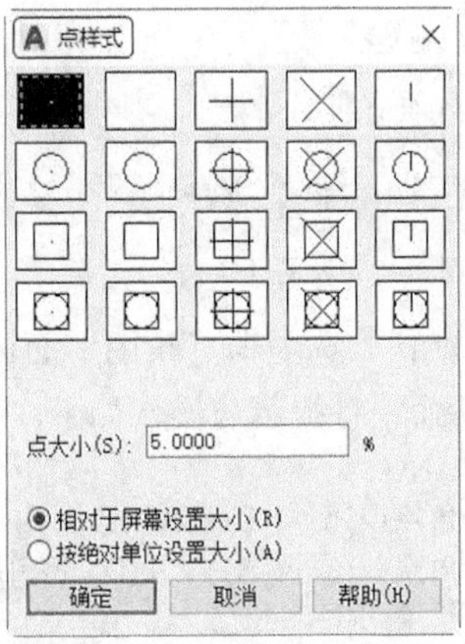

图 2-46　“点样式”对话框

2.4.2　操作实例——绘制柜子

绘制图 2-47 所示的柜子，操作步骤如下。

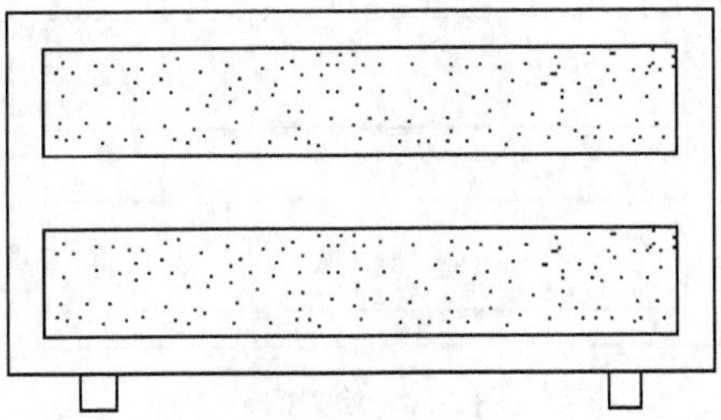

图 2-47　柜子

（1）选择菜单栏中的“格式”→“点样式”命令，在弹出的“点样式”对话框中选择第一种样式，如图 2-48 所示。

（2）绘制轮廓线。

① 单击“默认”选项卡“绘图”面板中的“矩形”按钮▭，绘制柜子和柜子上的抽屉。起点在坐标原点，另一个角点坐标为（600,300）。结果如图 2-49 所示。

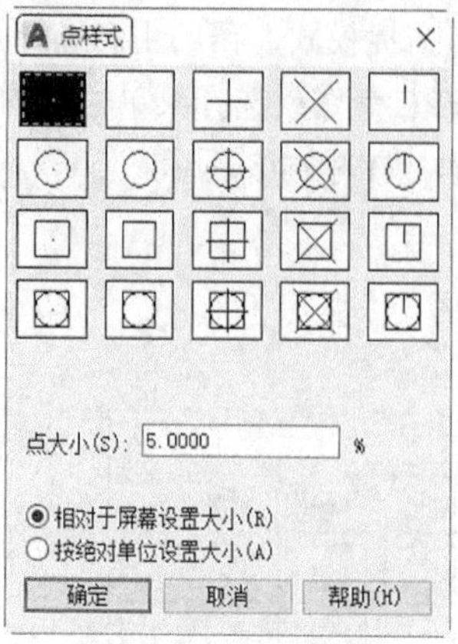

图 2-48　设置点样式

图 2-49　绘制矩形

② 单击“默认”选项卡“绘图”面板中的“矩形”按钮□，指定角点坐标和尺寸，绘制柜子上的抽屉。命令行提示与操作如下。

```
命令: RECTANG
指定第一个角点或[倒角(C)/标高(E)/圆角(F)/厚度(T)/宽度(W)]: 30,30
指定另一个角点或[面积(A)/尺寸(D)旋转(R)]: D
指定矩形的长度<10>: 540
指定矩形的宽度<10>: 90
命令: RECTANG
指定第一个角点或[倒角(C)/标高(E)/圆角(F)/厚度(T)/宽度(W)]: 30,180
指定另一个角点或[面积(A)/尺寸(D)/旋转(R)]: D
指定矩形的长度<10>: 540
指定矩形的宽度<10>: 90
```

结果如图 2-50 所示。

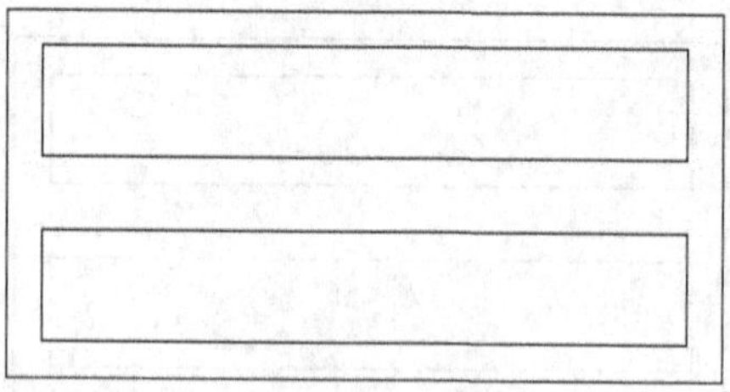

图 2-50　绘制柜子

③ 单击“默认”选项卡“绘图”面板中的“矩形”按钮□，绘制两个矩形作为柜子腿，设置两个矩形的第一个角点坐标分别为（60,0）和（540,0），尺寸为 30×30。结果如图 2-51 所示。

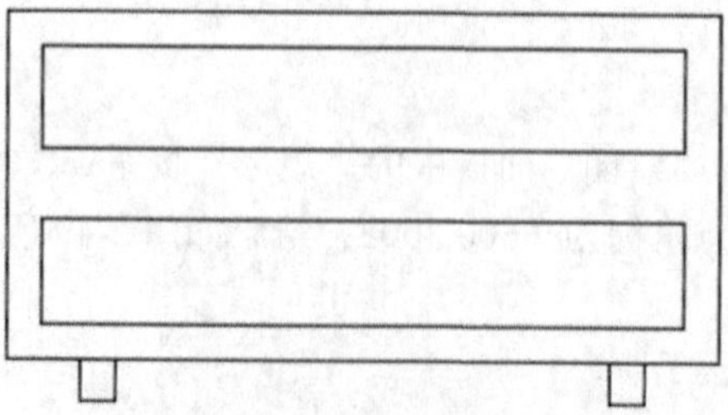

图 2-51　绘制柜子腿

④ 单击“默认”选项卡“绘图”面板中的“多点”按钮 ，绘制抽屉上的装饰点。命令行提示与操作如下。

```
命令: POINT
当前点模式: PDMODE=0  PDSIZE=20.0000
指定点:（在屏幕上单击）
```

绘制结果如图 2-47 所示。

2.4.3　等分点与测量点

1. 等分点

【执行方式】

☑ 命令行：DIVIDE（快捷命令为 DIV）。
☑ 菜单栏：选择菜单栏中的“绘图”→“点”→“定数等分”命令。
☑ 功能区：单击“默认”选项卡“绘图”面板中的“定数等分”按钮 。

【操作步骤】

执行上述任一操作，命令行提示与操作如下。

```
命令: DIVIDE
选择要定数等分的对象:（选择要等分的实体）
输入线段数目或[块(B)]:（指定实体的等分数）
```

【选项说明】

（1）等分数的个数范围为 2～32767。
（2）在等分点处，按当前点样式设置画出等分点。
（3）在第二提示行选择“块（B）”选项时，表示在等分点处插入指定的块。

2. 测量点

【执行方式】

☑ 命令行：MEASURE（快捷命令为 ME）。
☑ 菜单栏：选择菜单栏中的“绘图”→“点”→“定距等分”命令。
☑ 功能区：单击“默认”选项卡“绘图”面板中的“定距等分”按钮 。

【操作步骤】

执行上述任一操作，命令行提示与操作如下。

```
命令: MEASURE
选择要定距等分的对象:（选择要设置测量点的实体）
指定线段长度或[块(B)]:（指定分段长度）
```

【选项说明】

（1）设置测量点的起点一般是指定线的绘制起点。

（2）在第二提示行选择“块（B）”选项时，表示在测量点处插入指定的块。

（3）在等分点处，按当前点样式设置绘制测量点。

（4）最后一个测量段的长度不一定等于指定分段长度。

2.5 名师点拨——大家都来讲绘图

1. 如何解决图形中的圆看起来不圆的情况

圆是由 N 无限大的 N 边形形成的，N 越大，棱边越短，圆越光滑。有时，图形经过缩放或 ZOOM（窗口缩放命令）后，绘制的圆边显示为棱边，图形会变得粗糙。在命令行中输入“RE”，重新生成模型，圆边光滑。

2. 如何利用直线命令提高制图效率

（1）单击操作界面左下角状态栏中的“正交”按钮，根据正交方向提示，直接输入下一点的距离，即可绘制正交直线。

（2）单击操作界面左下角状态栏中的“极轴”按钮，图形自动捕捉所需角度，即可绘制一定角度的直线。

（3）单击操作界面左下角状态栏中的“对象捕捉”按钮，自动进行某些点的捕捉。使用对象捕捉可指定对象上的精确位置。

3. 如何快速继续使用执行过的命令

在默认情况下，按 Space 键或 Enter 键表示重复上一个命令。故在连续采用同一个命令操作时，只需连续按 Space 键或 Enter 键即可，而无须费时费力地连续执行同一个命令。

同时按下←、↑两键，在命令行中则显示上一步执行的命令，松开其中一键，继续按下另外一键，显示倒数第二步执行的命令，继续按键，显示倒数第三步执行的命令，依次类推。反之，则按→、↑两键。

4. 如何等分几何图形

“等分点”命令只能用于直线，不能直接应用到几何图形中，如无法等分矩形。但可以先分解矩形，再等分矩形的两条边线，然后适当连接等分点，即可完成矩形等分。

2.6 上机实验

【练习 1】绘制图 2-52 所示的擦背床。

【练习 2】绘制图 2-53 所示的椅子。

【练习 3】绘制图 2-54 所示的马桶。

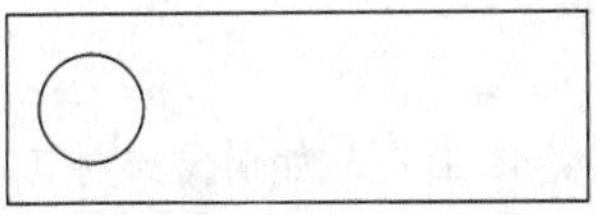

图 2-52　擦背床

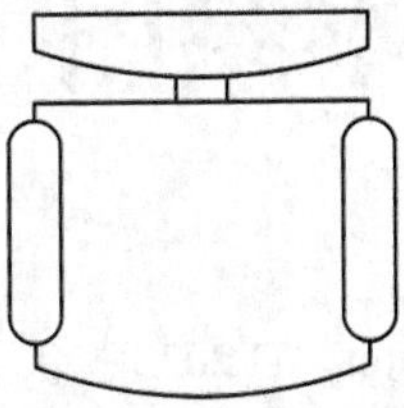

图 2-53　椅子

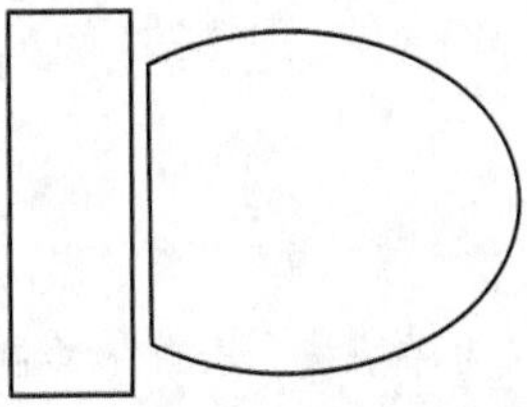

图 2-54　马桶

2.7 模拟考试

1．如图 2-55 所示图形，正五边形的内切圆半径 R=（　　）。

A．64.348　　B．61.937　　C．72.812　　D．45

2．绘制直线，起点坐标为（57,79），直线长度为 173，与 X 轴正向的夹角为 71°。将线 5 等分，从起点开始的第一个等分点的坐标为（　　）。

A．$X = 113.3233, Y = 242.5747$　　B．$X = 79.7336, Y = 145.0233$

C．$X = 90.7940, Y = 177.1448$　　D．$X = 68.2647, Y = 111.7149$

3．在绘制圆时，采用“两点（2P）”选项，两点之间的距离是（　　）。

A．最短弦长　　B．周长　　C．半径　　D．直径

4．绘制图 2-56 所示的图形。

5．绘制图 2-57 所示的图形。其中，三角形是边长为 81 的等边三角形，3 个圆分别与三角形相切。

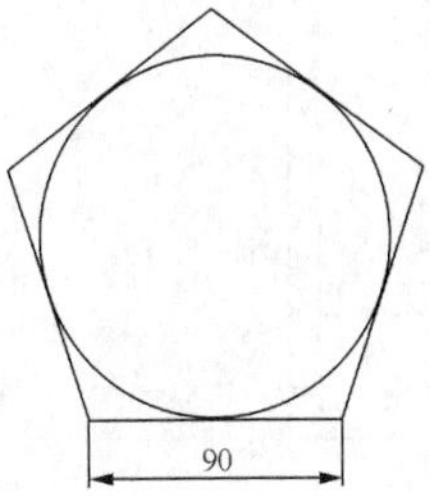

图 2-55　图形 1

图 2-56　图形 2

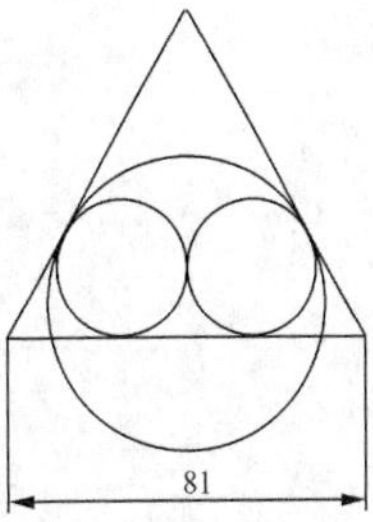

图 2-57　图形 3

第3章

基本绘图工具

为了快捷、准确地绘制图形，AutoCAD 2022提供了多种辅助绘图工具，如对象选择工具、对象捕捉工具、栅格、正交模式、缩放和平移等。利用这些工具不仅可以提高工作效率，而且能更好地保证图形的质量。本章将介绍捕捉、栅格、正交、对象捕捉、对象追踪、极轴、动态输入、缩放和平移等知识。

【内容要点】

- ☑ 精确定位工具
- ☑ 对象捕捉工具
- ☑ 显示控制
- ☑ 图层的操作

【案例欣赏】

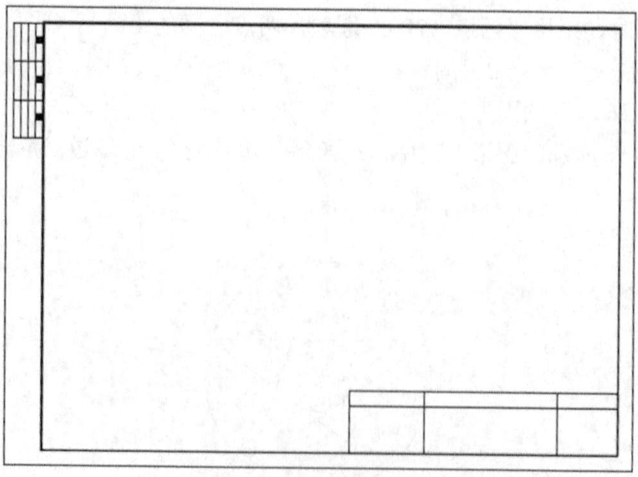

3.1 精确定位工具

精确定位工具是指能够快速、准确地定位某些特殊点（如端点、中点、圆心等）和特殊位置（如水平位置、垂直位置等）的工具，包括“推断约束”“捕捉模式”“栅格显示”“正交模式”“极轴追踪”“对象捕捉”“三维对象捕捉”“对象捕捉追踪”“允许/禁止动态 UCS”“动态输入”“显示/隐藏线宽”“显示/隐藏透明度”“快捷特征”“选择循环”和“注释监视器”15 个功能开关按钮，如图 3-1 所示。

图 3-1 状态栏中的精确定位工具

【预习重点】

☑ 了解定位工具的应用。
☑ 逐个对应各按钮与命令的相互关系。
☑ 练习正交、栅格、捕捉按钮的应用。

3.1.1 正交模式

在 AutoCAD 绘图过程中，经常需要绘制水平直线和垂直直线，但是控制光标选择线段的端点时很难保证两个点严格水平或垂直，为此，AutoCAD 提供了正交功能。当启用正交模式时，只能沿水平方向或垂直方向移动光标，也只能绘制平行于坐标轴的正交线段。

【执行方式】

☑ 命令行：ORTHO。
☑ 状态栏：单击状态栏中的“正交模式”按钮。
☑ 快捷键：F8。

【操作步骤】

执行上述任一操作，命令行提示与操作如下。

```
命令: ORTHO
输入模式[开(ON)/关(OFF)] <开>:（设置开或关）
```

高手支招

正交模式必须依托于其他绘图工具，才能显示其功能效果。

3.1.2 栅格显示

用户可以应用栅格显示工具使绘图区显示网格，它是一个形象的画图工具，就像传统的坐标纸一样。下面介绍控制栅格显示及设置栅格参数的方法。

【执行方式】

☑ 命令行：DSETTINGS。

☑ 菜单栏：选择菜单栏中的“工具”→“绘图设置”命令。

☑ 状态栏：单击状态栏中的“栅格”按钮#（仅限于打开与关闭）。

☑ 快捷键：F7（仅限于打开与关闭）。

【操作步骤】

执行上述任一操作，①系统打开“草图设置”对话框，②选择“捕捉和栅格”选项卡，如图 3-2 所示。

【选项说明】

（1）“启用栅格”复选框：用于控制是否显示栅格。

（2）“栅格 X 轴间距”和“栅格 Y 轴间距”文本框：用于设置栅格在水平与垂直方向的间距。如果将“栅格 X 轴间距”和“栅格 Y 轴间距”设置为 0，则 AutoCAD 系统会自动将捕捉栅格间距应用于栅格，且其原点和角度总是与捕捉栅格的原点和角度相同。另外，还可以通过“GRID”命令在命令行设置栅格间距。

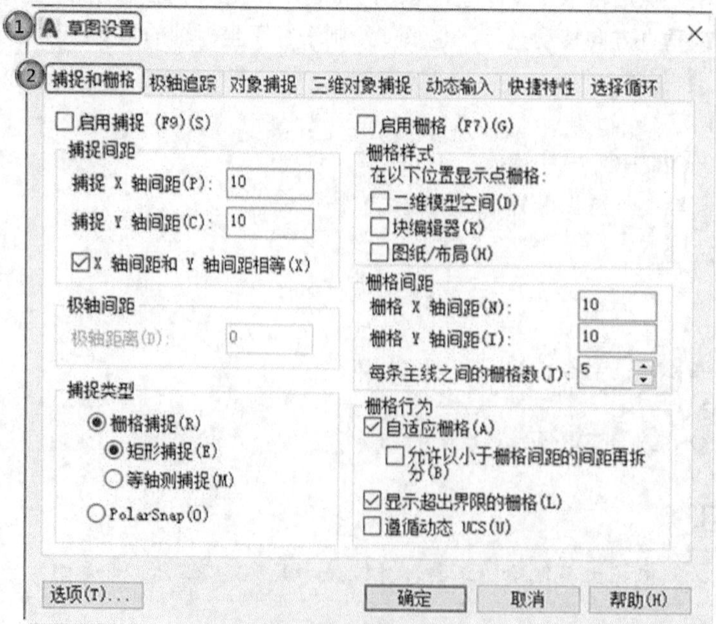

图 3-2 “捕捉和栅格”选项卡

高手支招

在“栅格间距”选项组的“栅格X轴间距”和“栅格Y轴间距”文本框中输入数值时，若在“栅格X轴间距”文本框中输入一个数值后按Enter键，系统将自动传送该值给“栅格Y轴间距”，这样可减少工作量。

3.1.3 捕捉模式

为了准确地在绘图区捕捉点，AutoCAD提供了捕捉工具，可以在绘图区生成一个隐含的栅格（捕捉栅格），这个栅格能够捕捉光标，约束它只能落在栅格的某一个节点上，使用户能够高精确度地捕捉和选择这个栅格的节点。捕捉栅格的参数设置方法如下。

【执行方式】

☑ 命令行：DSETTINGS。
☑ 菜单栏：选择菜单栏中的“工具”→“绘图设置”命令。
☑ 状态栏：单击状态栏中的“捕捉模式”按钮（仅限于打开与关闭）。
☑ 快捷键：F9（仅限于打开与关闭）。

【操作步骤】

选择菜单栏中的“工具”→“绘图设置”命令，打开“草图设置”对话框，选择“捕捉和栅格”选项卡，如图3-2所示。

【选项说明】

（1）“启用捕捉”复选框：控制捕捉功能的开关。勾选此复选框与按F9键或单击状态栏中的“捕捉模式”按钮功能相同。

（2）“捕捉间距”选项组：设置捕捉参数。其中，“捕捉X轴间距”与“捕捉Y轴间距”文本框用于确定捕捉栅格点在水平和垂直两个方向上的间距。

（3）“捕捉类型”选项组：确定捕捉类型和样式。AutoCAD提供了两种捕捉栅格的方式，分别为“栅格捕捉”和“PolarSnap（极轴捕捉）”。“栅格捕捉”是指按正交位置捕捉位置点，“PolarSnap”则可以根据设置的任意极轴角捕捉位置点。

“栅格捕捉”又分为“矩形捕捉”和“等轴测捕捉”两种方式。在“矩形捕捉”方式下的捕捉栅格是标准的矩形；在“等轴测捕捉”方式下的捕捉栅格与光标十字线不再互相垂直，而是成绘制等轴测图时的特定角度，这种方式对于绘制等轴测图十分方便。

（4）“极轴间距”选项组：该选项组只有在选择“PolarSnap”捕捉类型时才可用。可在“极轴距离”文本框中输入距离值，也可以在命令行输入“SNAP”命令，设置捕捉的有关参数。

3.2 对象捕捉工具

在利用AutoCAD画图时经常要用到一些特殊的点，例如圆心、切点、线段或圆弧的端点、中点等，但是如果用鼠标拾取点的话，要准确地找到这些点是十分困难的。为此，AutoCAD 提供了一些识别这些点的工具。使用这些工具可以容易地构造新的几何体，使创建的对象被精确地画出来，其结果比传统手工绘图更精确、更容易维护。在 AutoCAD 中，这种功能被称为对象捕捉功能。

【预习重点】

☑ 熟练掌握对象捕捉工具的运用方法。

3.2.1 特殊位置点捕捉

在绘制 AutoCAD 图形时，需要指定一些特殊位置的点，如圆心、端点、中点、平行线上的点等，这些点如表 3-1 所示。可以通过对象捕捉功能来捕捉这些点。

表 3-1 特殊位置点的捕捉

捕捉模式	功能
临时追踪点	建立临时追踪点
两点之间的中点	捕捉两个独立点之间的中点
自	建立一个临时参考点，作为指出后继点的基点
点过滤器	由坐标选择点
端点	线段或圆弧的端点
中点	线段或圆弧的中点
交点	线、圆弧或圆等的交点
外观交点	图形对象在视图平面上的交点
延长线	指定对象的延长线
圆心	圆或圆弧的圆心
几何中心	捕捉到多段线、二维多段线和二维样条曲线的几何中心
象限点	距光标最近的圆或圆弧上可见部分的象限点，即圆周上 0°、90°、180°、270° 位置上的点
切点	最后生成的一个点到选中的圆或圆弧上引切线的切点位置
垂足	在线段、圆、圆弧或它们的延长线上捕捉一个点，使其同最后生成的点的连线与该线段、圆或圆弧正交
平行线	绘制与指定对象平行的图形对象
节点	捕捉用 POINT 或 DIVIDE 等命令生成的点
插入点	文本对象和图块的插入点
最近点	离拾取点最近的线段、圆、圆弧等对象上的点
无	关闭对象捕捉模式
对象捕捉设置	设置对象捕捉

AutoCAD 提供了命令行、工具栏和右键快捷菜单 3 种执行特殊点对象捕捉的方法。

1. 命令行方式

绘图时，当命令行提示输入一点时，输入相应特殊位置点命令，然后根据提示操作即可。

注意 AutoCAD 对象捕捉功能中的捕捉垂足和捕捉交点选项有延伸捕捉的功能，即如果对象没有相交，AutoCAD 会假想把线或弧延长，从而找出相应的点。表 3-1 中的垂足捕捉模式就使用了延伸捕捉功能。

2. 工具栏方式

使用图 3-3 所示的“对象捕捉”工具栏可以使用户方便地捕捉点。当命令行提示输入一点时，单击“对象捕捉”工具栏中相应的按钮，然后根据提示操作即可。

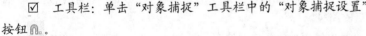

图 3-3 “对象捕捉”工具栏

3. 右键快捷菜单方式

右键快捷菜单可通过同时按 Shift 键和鼠标右键来激活。菜单中列出了 AutoCAD 提供的对象捕捉模式，如图 3-4 所示。其操作方法与工具栏相似，只要在系统提示输入点时，选择右键快捷菜单上相应的命令，然后按提示操作即可。

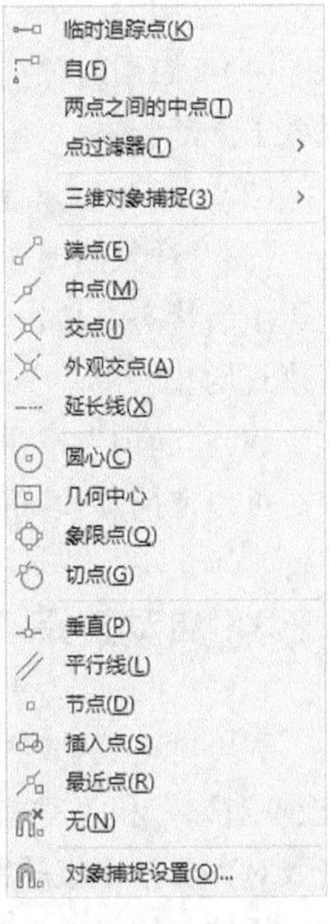

图 3-4 对象捕捉右键快捷菜单

3.2.2 对象捕捉设置

在使用 AutoCAD 绘图之前，可以根据需要，事先开启一些对象捕捉模式，绘图时系统就能自动捕捉这些特殊点，从而加快绘图速度，提高绘图质量。

【执行方式】

☑ 命令行：DDOSNAP。

☑ 菜单栏：选择菜单栏中的“工具”→“绘图设置”命令。

☑ 工具栏：单击“对象捕捉”工具栏中的“对象捕捉设置”按钮。

☑ 状态栏：单击状态栏中的“对象捕捉”按钮（仅限于打开与关闭）。

☑ 快捷键：F3（仅限于打开与关闭）。

☑ 快捷菜单：选择右键快捷菜单中的“对象捕捉”→“对象捕捉设置”命令。

【操作步骤】

执行上述任一操作，系统打开“草图设置”对话框，选择“对象捕捉”选项卡，如图 3-5 所示。在该选项卡中，可对对象捕捉方式进行设置。

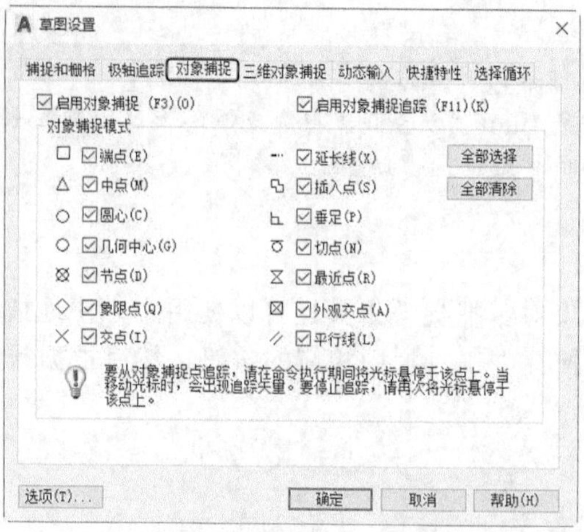

图 3-5 “对象捕捉”选项卡

【选项说明】

（1）“启用对象捕捉”复选框：选中该复选框，在“对象捕捉模式”选项组中选中的捕捉模式处于激活状态。

（2）“启用对象捕捉追踪”复选框：用于打开或关闭自动追踪功能。

（3）“对象捕捉模式”选项组：该选项组中列出了各种捕捉模式的复选框，被选中的复选框处于激活状态。单击“全部清除”按钮，则所有模式均被清除；单击“全部选择”按钮，则所有模式均被选中。

（4）“选项”按钮：单击该按钮，可以打开“选项”对话框的“草图”选项卡，在该对话框中，可决定捕捉模式的各项设置。

3.2.3 自动追踪

利用自动追踪功能，可以对齐路径，有助于以精确的位置和角度创建对象。自动追踪包括“极轴追踪”和“对象捕捉追踪”两种追踪选项。“极轴追踪”是指按指定的极轴角或极轴角的倍数对齐要指定点的路径；“对象捕捉追踪”是指以捕捉到的特殊位置点为基点，按指定的极轴角或极轴角的倍数对齐要指定点的路径。

“对象捕捉追踪”必须配合“对象捕捉”功能一起使用，即同时单击状态栏中的“对象捕捉”按钮和“对象捕捉追踪”按钮。

【执行方式】

☑ 命令行：DDOSNAP。

☑ 菜单栏：选择菜单栏中的“工具”→“绘图设置”命令。

☑ 工具栏：单击“对象捕捉”工具栏中的“对象捕捉设置”按钮。

☑ 状态栏：单击状态栏中的“对象捕捉”按钮和“对象捕捉追踪”按钮，或单击“极轴追踪”右侧的下拉三角按钮，在弹出的下拉菜单中选择“正在追踪设置”命令（见图 3-6）。

☑ 快捷键：F11。

☑ 快捷菜单：选择右键快捷菜单中的“三维对象捕捉”→“对象捕捉设置”命令。

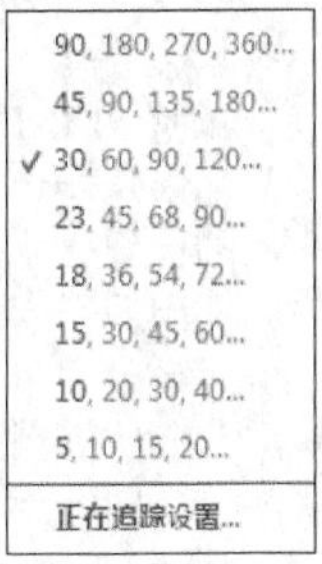

图 3-6　下拉菜单

【操作步骤】

执行上述任一操作，或在“对象捕捉”按钮与“对象捕捉追踪”按钮上单击鼠标右键，在弹出的快捷菜单中选择“设置”命令，系统打开“草图设置”对话框的“对象捕捉”选项卡，选中“启用对象捕捉追踪”复选框，即可完成对象捕捉追踪的设置，如图 3-7 所示。

高手支招

使用右键快捷菜单方式执行“三维对象捕捉”命令，在绘图区中按住 Shift 键的同时单击鼠标右键，弹出的快捷菜单如图 3-8 所示。

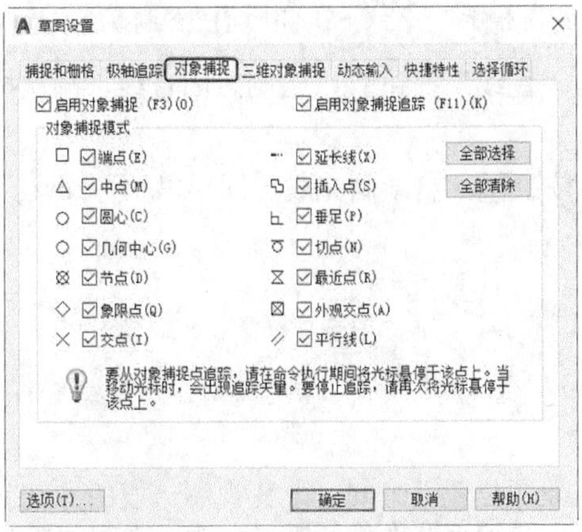

图 3-7　“对象捕捉”选项卡

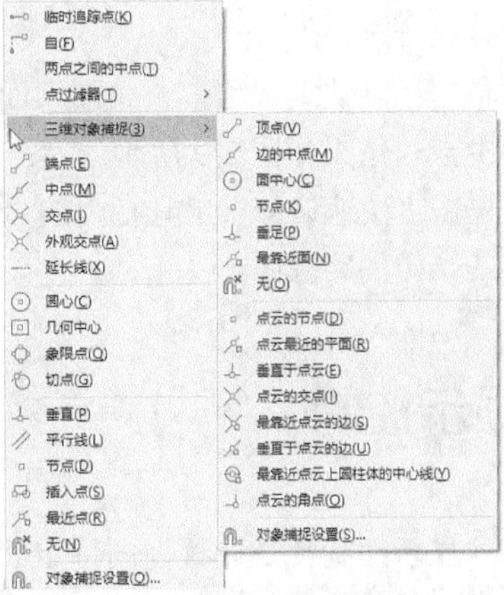

图 3-8　快捷菜单

3.2.4　操作实例——绘制灯

绘制图 3-9 所示的灯，操作步骤如下。

（1）选择菜单栏中的“工具”→“绘图设置”命令，打开“草图设置”对话框。在“对象捕捉”选项卡中单击“全部选择”按钮，并选中“启用对象捕捉”复选框，如图 3-7 所示。

（2）单击“默认”选项卡“绘图”面板中的“圆”按钮，在坐标原点绘制半径分别为 180 和 30 的同心圆。命令行提示与操作如下。

```
命令: CIRCLE
指定圆的圆心或[三点(3P)/两点(2P)/切点、切点、半径(T)]:（用鼠标适当指定一点）
指定圆的半径或[直径(D)]:180
命令: ↙（按Enter键，表示重复执行上一次命令）
指定圆的圆心或[三点(3P)/两点(2P)/切点、切点、半径(T)]:（用鼠标捕捉绘制圆的圆心）
指定圆的半径或[直径(D)]:30
```

结果如图 3-10 所示。

（3）单击“默认”选项卡“绘图”面板中的“直线”按钮，绘制直线。命令行提示与操作如下。

```
命令: LINE
指定第一个点:（捕捉外面圆左象限点）
指定下一点或[放弃(U)]: （捕捉大圆的右象限点）
指定下一点或[放弃(U)]: ↙
命令: ↙（按Enter键表示重复执行上一次命令）
指定第一个点:（捕捉大圆的上象限点）
指定下一点或[放弃(U)]: （捕捉大圆的下象限点）
指定下一点或[放弃(U)]: ↙
```

结果如图 3-11 所示。

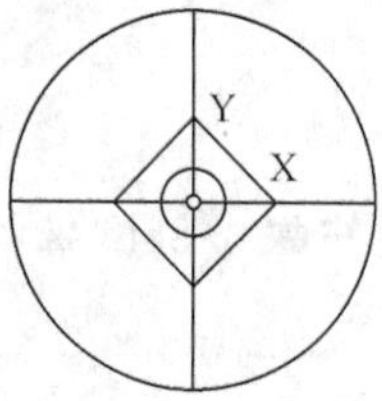

图 3-9　灯

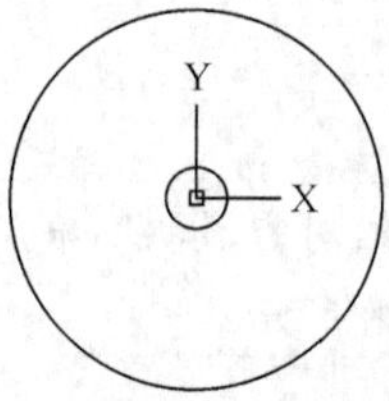

图 3-10　绘制同心圆

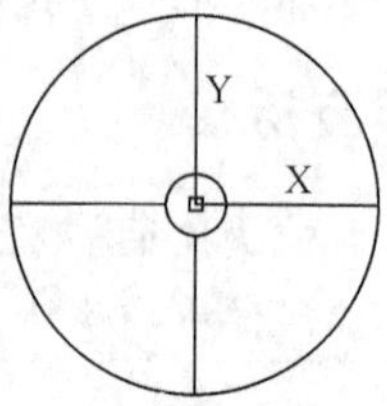

图 3-11　绘制直线

（4）单击“默认”选项卡“绘图”面板中的“直线”按钮，绘制封闭直线，顺次捕捉四条半径的中点。结果如图 3-9 所示。

（5）单击“快速访问”工具栏中的“保存”按钮，将绘制完成的图形以“灯. dwg”为文件名保存在指定的路径中。

3.3 显示控制

图形的显示控制就是设置视图特定的放大倍数、位置及方向。改变视图一般的方法就是利用缩放和平移命令，使用它们可以在绘图区域放大或缩小图像显示，或者改变观察位置。

【预习重点】

☑ 认识图形显示控制工具按钮。
☑ 练习视图设置方法。

3.3.1 图形的缩放

缩放并不改变图形的绝对大小，而是在图形区域内改变视图的大小。AutoCAD 提供了多种缩放视图的方法，本节主要介绍动态缩放的操作方法。

【执行方式】

☑ 命令行：ZOOM。
☑ 菜单栏：选择菜单栏中的“视图”→“缩放”→“动态”命令。
☑ 工具栏：单击“标准”工具栏中的“窗口缩放”按钮。

【操作步骤】

执行上述任一操作，系统打开一个图框，选取动态缩放前的图框呈绿色点线。如果动态缩放的图形显示范围与选取动态缩放前的范围相同，则此框与边线重合而不可见。缩放生成区域的四周有一个蓝色虚线框，用来标记虚拟屏幕。

如果线框中有一个“×”图标，如图 3-12（a）所示，就可以拖动线框并将其平移到另外一个区域。如果要以不同的放大倍数放大图形，单击鼠标右键，“×”就会变成一个箭头，如图 3-12（b）所示。这时，左右拖动边界线就可以重新确定视口的大小。缩放后的图形如图 3-12（c）所示。

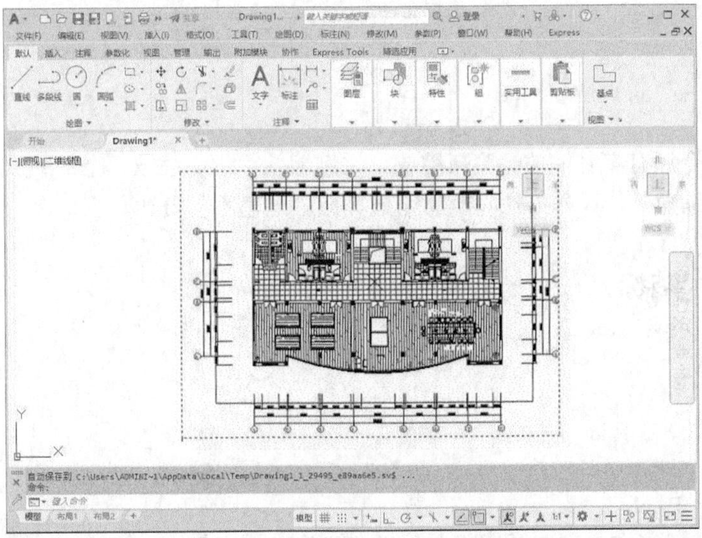

（a）带“×”的线框

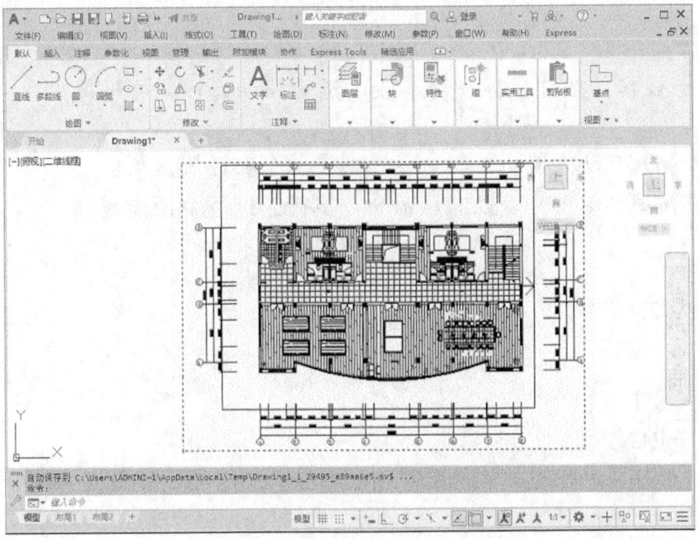

（b）带箭头的线框

图 3-12　动态缩放

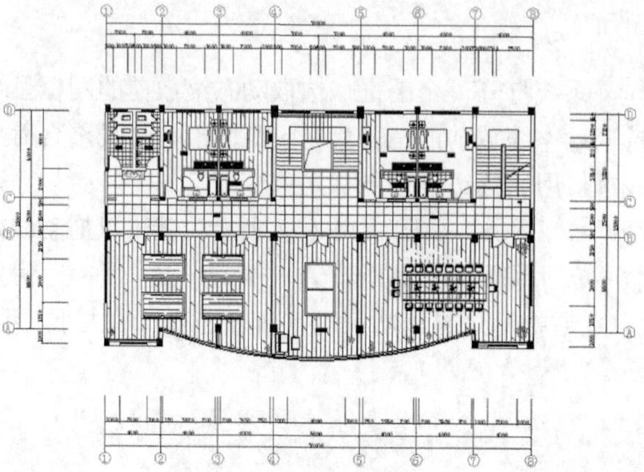

（c）缩放后的图形

图 3-12　动态缩放（续）

视图缩放命令还有实时缩放、窗口缩放、比例缩放、中心缩放、全部缩放、缩放对象、缩放上一个和范围缩放等，操作方法与动态缩放类似，这里不再赘述。

3.3.2　图形的平移

1．实时平移

【执行方式】

☑　命令行：PAN。
☑　菜单栏：选择菜单栏中的“视图”→“平移”→“实时”命令。

【操作步骤】

执行上述任一操作，按住鼠标左键不放，然后移动光标即可平移图形。

另外，AutoCAD 2022 为显示控制命令设置了一个右键快捷菜单，如图 3-13 所示。在该菜单中，可以在显示命令执行的过程中便捷地进行切换。

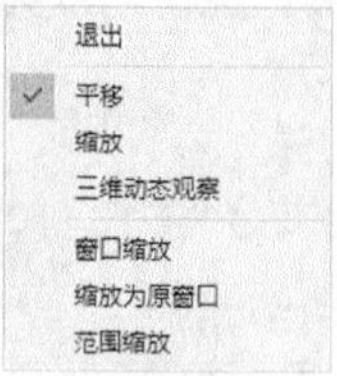

图 3-13　右键快捷菜单

2．定点平移和方向平移

【执行方式】

☑　命令行：-PAN。
☑　菜单栏：选择菜单栏中的“视图”→“平移”→“点”命令。

【操作步骤】

执行上述任一操作，当前图形按指定的位移和方向平移。另外，在“平移”子菜单中还有“左”“右”“上”和“下”4 个平移命令，选择这些命令，图形可按指定的方向平移一定的距离。

3.4 图层的操作

AutoCAD 中的图层如同在手工绘图中使用的重叠透明图纸，如图 3-14 所示，可以使用图层来组织不同类型的信息。在 AutoCAD 中，图形的每个对象都位于一个图层上，所有图形对象都具有图层、颜色、线型和线宽这 4 种基本属性。在绘制图形时，图形对象将创建在当前的图层上。AutoCAD 中图层的数量是不受限制的，每个图层都有名称。

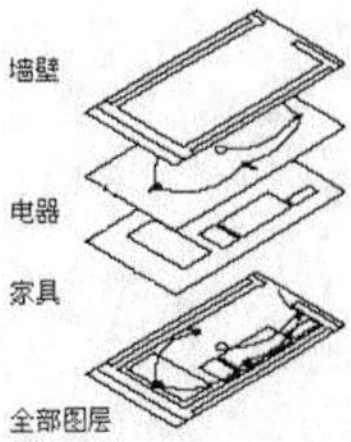

图 3-14　图层示意图

【预习重点】

☑ 建立图层的概念。
☑ 练习图层设置命令。

3.4.1　建立新图层

在 AutoCAD 中，新建的文档只能自动创建一个名为 0 的特殊图层。在默认情况下，图层 0 将被指定使用 7 号颜色、Continuous 线型、默认线宽及 Color-7 打印样式。不能删除或重命名图层 0。通过创建新的图层，可以将类型相似的对象指定给同一个图层，使其相关联。例如，可以将构造线、文字、标注和标题栏置于不同的图层，并为这些图层指定通用特性。通过将对象分类放置到各自的图层中，可以快速、有效地控制对象的显示及对其进行更改。

【执行方式】

☑ 命令行：LAYER。
☑ 菜单栏：选择菜单栏中的“格式”→“图层”命令。
☑ 工具栏：单击“图层”工具栏中的“图层特性管理器”按钮（如图 3-15 所示）。
☑ 功能区：单击“默认”选项卡“图层”面板中的“图层特性”按钮，或单击“视图”选项卡“选项板”面板中的“图层特性”按钮。

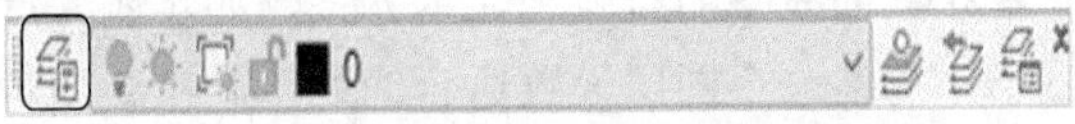

图 3-15　“图层”工具栏

【操作步骤】

执行上述任一操作，系统打开“图层特性管理器”选项板，如图 3-16 所示。

单击“图层特性管理器”选项板中的“新建图层”按钮，建立新图层，默认的图层名为“图层 1”。可以根据绘图需要更改图层名，例如改为实体层、中心线层或标准层等。

图层属性设置包括图层名称、关闭/打开图层、冻结/解冻图层、锁定/解锁图层、图层线条颜色、图层线条线型、图层线条宽度、图层打印样式及图层是否打印等参数。

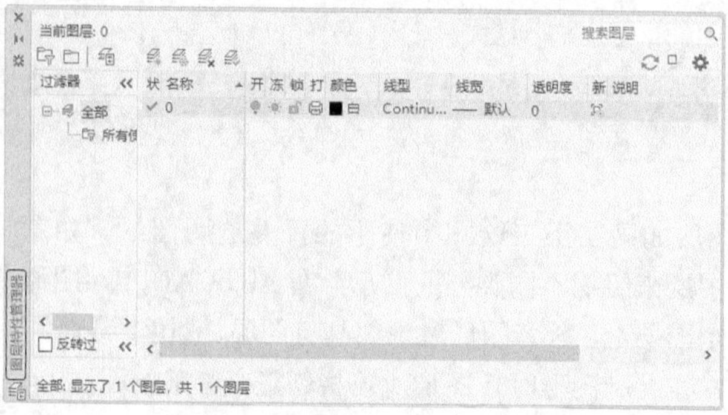

图 3-16 “图层特性管理器” 选项板

1. 设置图层线条颜色

在工程制图中，整个图形包含多种不同功能的图形对象，例如实体、剖面线与尺寸标注等，为了便于直观地区分它们，有必要针对不同的图形对象使用不同的颜色，例如实体层使用白色、剖面线层使用青色等。

需要改变图层的颜色时，可单击图层所对应的颜色图标，打开“选择颜色”对话框，如图 3-17 所示。它是一个标准的颜色设置对话框，可以使用“索引颜色”“真彩色”和“配色系统” 3 个选项卡来设置颜色。

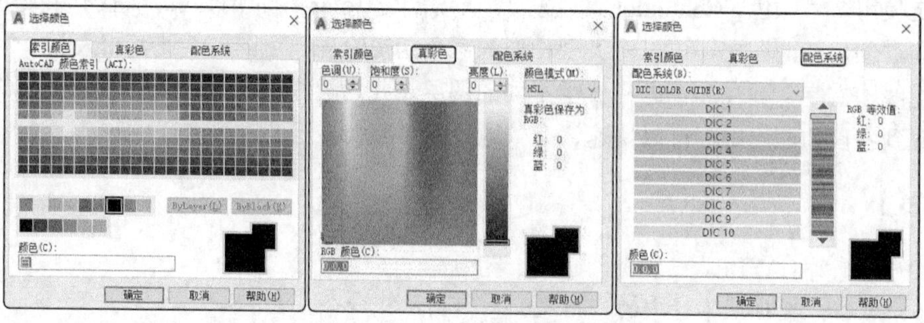

图 3-17 “选择颜色”对话框

2. 设置图层线型

线型是指作为图形基本元素的线条的组成和显示方式，如实线、点划线等。在许多绘图工作中，常常以线型划分图层，为某一个图层设置适合的线型。在绘图时，只需将该图层设为当前工作层，即可绘制出符合线型要求的图形对象，极大地提高了绘图的效率。

单击图层所对应的线型图标，打开“选择线型”对话框，如图 3-18 所示。默认情况下，在“已加载的线型”列表框中，系统只添加了 Continuous 线型。单击“加载”按钮，打开“加载或重载线型”对话框，如图 3-19 所示，可以看到 AutoCAD 还提供了许多其他的线型，选择所需线型，单击“确定”按钮，即可把该线型加载到“已加载的线型”列表框中（也可以按住 Ctrl 键选择几种线型同时加载）。

3. 设置图层线宽

线宽设置就是改变线条的宽度。使用不同宽度的线条表现图形对象的类型，这样可以提高图形的表达能力和可读性，例如绘制外螺纹时，大径使用粗实线，小径使用细实线。

单击图层所对应的线宽图标，打开“线宽”对话框，如图 3-20 所示。选择一种线宽，单击“确定”按钮即可完成对图层线宽的设置。

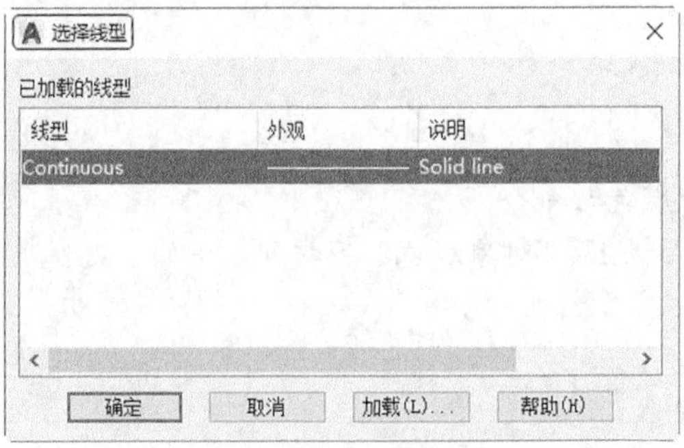

图 3-18　“选择线型”对话框

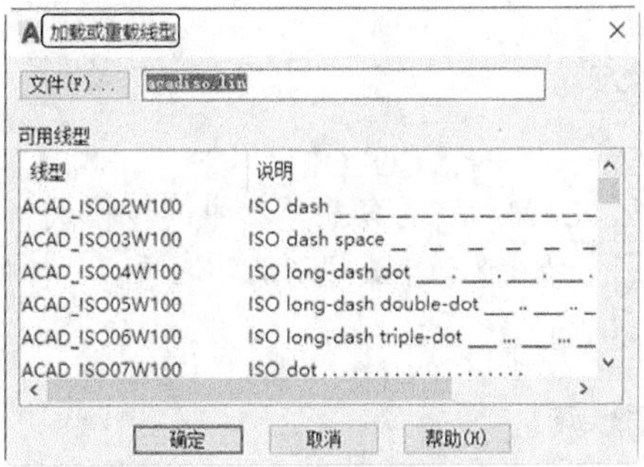

图 3-19　“加载或重载线型”对话框

图层线宽的默认值为 0.25mm。当状态栏中的“模型”按钮被激活时，显示的线宽与计算机的像素有关，线宽为零时，显示为一个像素的线宽。单击状态栏中的“线宽”按钮，屏幕上显示图形的线宽，显示的线宽与实际线宽成比例，如图 3-21 所示，但线宽不随着图形的放大和缩小而变化。将状态栏中的“线宽”功能关闭时，屏幕上不显示图形的线宽，图形的线宽以默认的宽度值显示，可以在“线宽”对话框中选择需要的线宽。

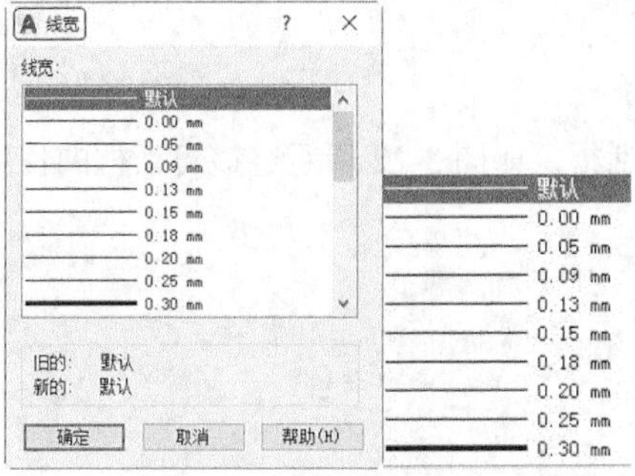

图 3-20　“线宽”对话框

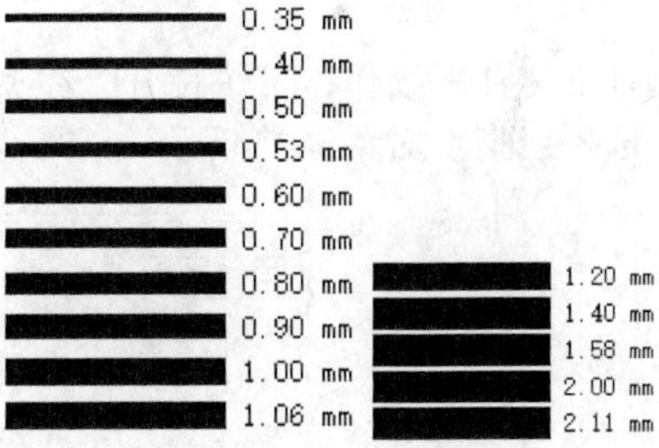

图 3-21　线宽显示效果图

高手支招

有的用户设置了线宽，但在图形中显示不出效果，出现这种情况一般有两种原因。

（1）没有打开状态栏中的“显示线宽”按钮。

（2）设置的线宽宽度不够，AutoCAD 只能显示 0.30mm 以上的线宽的宽度，如果宽度低于 0.30mm，就无法显示线宽的效果。

3.4.2　设置图层

除了上面讲述的通过图层管理器设置图层的方法，还有其他的简便方法设置图层的颜色、线宽、线型等参数。

1. 直接设置图层

可以直接通过命令行或菜单设置图层的颜色、线型、线宽。

（1）颜色设置

【执行方式】

☑ 命令行：COLOR。

☑ 菜单栏：选择菜单栏中的“格式”→“颜色”命令。

☑ 功能区：单击“默认”选项卡“特性”面板上 “对象颜色”下拉列表中的“更多颜色”按钮。

【操作步骤】

执行上述任一操作，系统打开“选择颜色”对话框，可对颜色进行设置。

（2）线型设置

【执行方式】

☑ 命令行：LINETYPE。

☑ 菜单栏：选择菜单栏中的“格式”→“线型”命令。

☑ 功能区：单击“默认”选项卡“特性”面板上 “线型”下拉列表中的“其他”选项。

【操作步骤】

执行上述任一操作，系统打开“线型管理器”对话框，如图 3-22 所示。该对话框的使用方法与“选择线型”对话框类似。

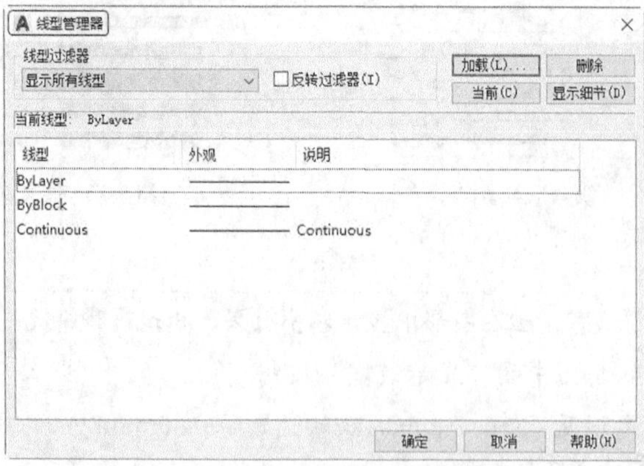

图 3-22 “线型管理器”对话框

（3）线宽设置

【执行方式】

☑ 命令行：LINEWEIGHT 或 LWEIGHT。

☑ 菜单栏：选择菜单栏中的“格式”→“线宽”命令。

☑ 功能区：选择“默认”选项卡“特性”面板上 “线宽”下拉列表中的“线宽设置”选项。

【操作步骤】

执行上述任一操作，系统打开“线宽设置”对话框，如图 3-23 所示。该对话框的使用方法与“线宽”对话框类似。

2. 利用“特性”面板设置图层

AutoCAD 提供了一个“特性”面板，如图 3-24 所示。用户能够使用该面板快速地查看和改变所选对象的图层、颜色、线型和线宽等特性。在绘图区选择任何对象都将在“特性”面板上自动显示它所在的图层、颜色、线型等属性。也可以在“特性”面板上的“颜色”“线型”“线宽”和“打印样式”下拉列表中选择需要的参数值。如果在“颜色”下拉列表中选择“更多颜色”选项，如图 3-25 所示，系统就会打开“选择颜色”对话框；同样，如果在“线型”下拉列表中选择“其他”选项，如图 3-26 所示，系统就会打开“线型管理器”对话框。

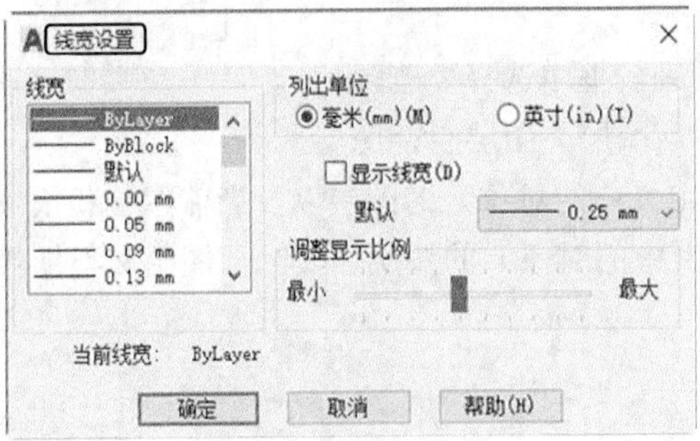

图 3-23 “线宽设置”对话框

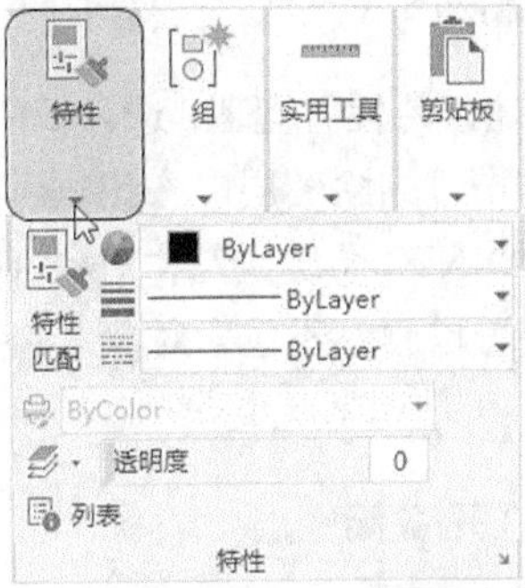

图 3-24 “特性”面板

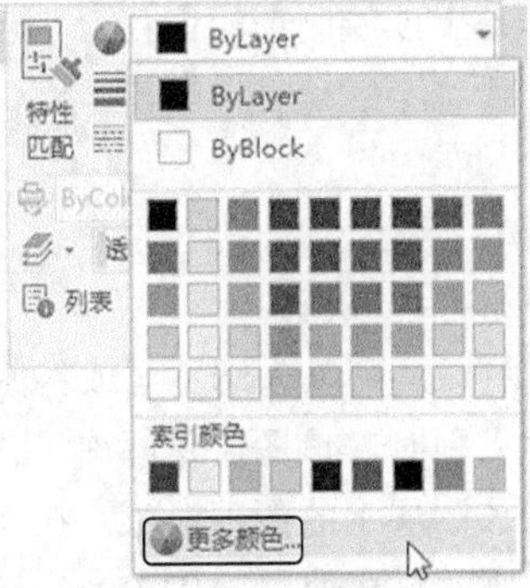

图 3-25 “选择颜色”选项

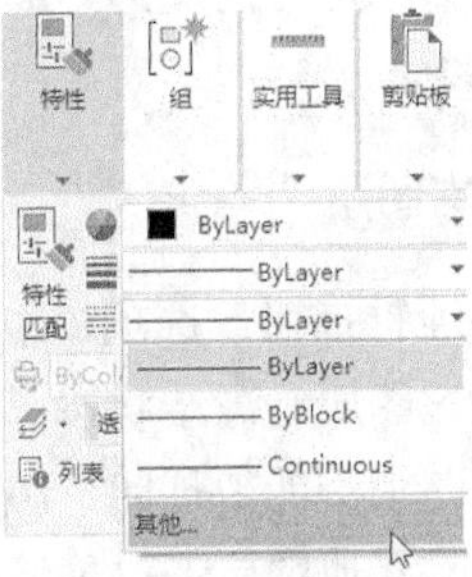

图 3-26 “其他”选项

3. 利用“特性”选项板设置图层

【执行方式】

☑ 命令行：DDMODIFY 或 PROPERTIES。

☑ 菜单栏：选择菜单栏中的“修改”→“特性”命令。

☑ 工具栏：单击“标准”工具栏中的“特性”按钮。

【操作步骤】

执行上述任一操作，系统打开“特性”选项板，如图 3-27 所示。在其中可以方便地设置或修改图层、颜色、线型、线宽等属性。

图 3-27　“特性”选项板

3.4.3　控制图层

1．切换当前图层

不同的图形对象需要在不同的图层中绘制。在绘制前，需要将工作图层切换到所需的图层上。打开“图层特性管理器”选项板，选择图层，单击“置为当前”按钮，即可使该图层成为当前图层。

2．删除图层

在“图层特性管理器”选项板中的图层列表框中选择要删除的图层，单击“删除图层”按钮即可删除该图层。图层包括图层0、DEFPOINTS 图层、包含对象（包括块定义中的对象）的图层以及当前图层和依赖外部参照的图层。可以删除不包含对象（包括块定义中的对象）的图层、非当前图层和不依赖外部参照的图层。

3．打开/关闭图层

在“图层特性管理器”选项板中，单击图标，可以控制图层的可见性。打开图层时，图标呈现鲜艳的颜色，该图层上的图形可以显示在屏幕上或绘制在绘图仪上。当单击该图标后，图标呈灰暗色，该图层上的图形不显示在屏幕上，而且不能被打印输出，但仍然作为图形的一部分保留在文件中。

4．冻结/解冻图层

在“图层特性管理器”选项板中，单击/图标，可以冻结图层或将图层解冻。图标呈灰暗色雪花时，该图层是冻结状态；图标呈鲜艳色太阳时，该图层是解冻状态。冻结图层上的对象不能被显示，也不能被打印，同时也不能编辑该图层上的图形对象。在冻结图层后，该图层上的对象不影响其他图层上对象的显示和打印。例如，在使用 HIDE 命令消隐时，被冻结图层上的对象不隐藏其他的对象。

5．锁定/解锁图层

在“图层特性管理器”选项板中，单击/图标，可以锁定图层或将图层解锁。锁定图层后，该图层上的图形依然显示在屏幕上，并可被打印输出，而且还可以在该图层绘制新的图形对象，但不能对该图层上的图形进行编辑。即使锁定当前层，也可以再对锁定图层上的图形进行查询和执行对象捕捉命令。锁定图层可以防止图形被意外修改。

6. 打印样式

打印样式控制对象的打印特性，包括颜色、抖动、灰度、笔号、虚拟笔、淡显、线型、线宽、线条端点样式、线条连接样式和填充样式。使用打印样式非常便捷、灵活，因为用户可以设置打印样式来替代其他对象特性，也可以按用户的需要关闭这些设置。

7. 打印/不打印

在“图层特性管理器”选项板中，单击🖨图标，可以设定该图层是否被打印，以在保证图形显示可见不变的条件下，控制图形的打印特征。打印功能只对可见的图层起作用，对已经被冻结或被关闭的图层不起作用。

8. 冻结新视口

控制当前视口中图层的冻结和解冻。不解冻图形中设置为“关”或“冻结”的图层，该功能对于模型空间视口不可用。

9. 透明度

在“图层特性管理器”选项板中，透明度用于选择或输入要应用于当前图形中选定图层的透明度级别。

举一反三

合理利用图层，可以事半功倍。在开始绘制图形时，预先设置一些基本图层，对每个图层指定专门用途，并将其锁定。这样做只需绘制一份图形文件，就可以组合许多需要的图纸，需要修改时也可针对各个图层进行。

3.5 综合演练——样板图图层设置

本节主要讲解图 3-28 所示建筑样板图的图层设置知识。

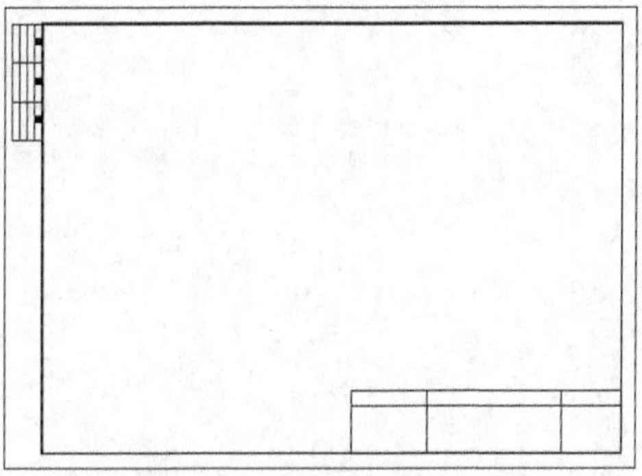

图 3-28　建筑样板图

手把手教你学

本例准备绘制一个建筑制图样板图，图层设置如表 3-2 所示，结果如图 3-29 所示。

表 3-2　图层设置

图层名	颜色	线型	线宽	用途
0	7（白色）	Continuous	默认	图框线
轴线	1（红色）	CENTER	0.09mm	绘制轴线
构造线	7（白色）	Continuous	0.25mm	可见轮廓线
注释	7（白色）	Continuous	0.09mm	一般注释
图案填充	5（蓝色）	Continuous	0.09mm	填充剖面线或图案
尺寸标注	3（绿色）	Continuous	0.09mm	尺寸标注

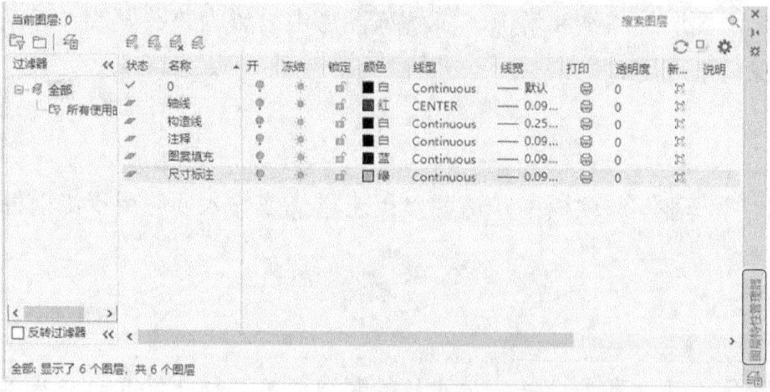

图 3-29　样板图图层设置

操作步骤如下。

（1）打开文件。单击“快速访问”工具栏中的“打开”按钮，打开源文件目录下“\第 3 章\建筑 A3 样板图.dwg”文件。

（2）设置图层名。单击“默认”选项卡“图层”面板中的“图层特性”按钮，打开“图层特性管理器”选项板，如图 3-30 所示。在该选项板中①单击“新建图层”按钮；②在图层列表框中出现一个默认名为“图层 1”的新图层，如图 3-31 所示；③单击该图层名，将其命名为“轴线”，如图 3-32 所示。

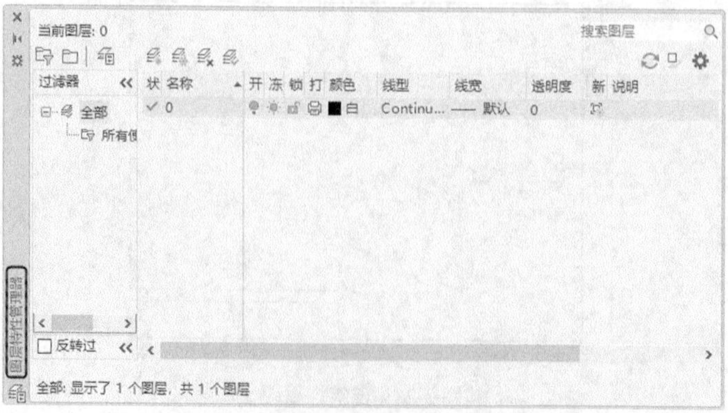

图 3-30　“图层特性管理器”选项板

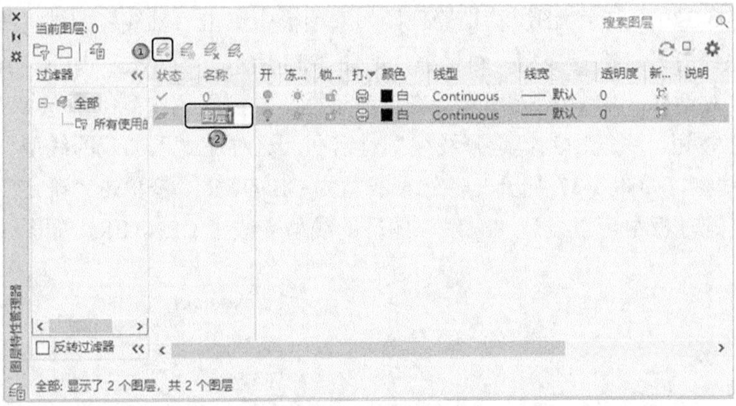

图 3-31　新建图层

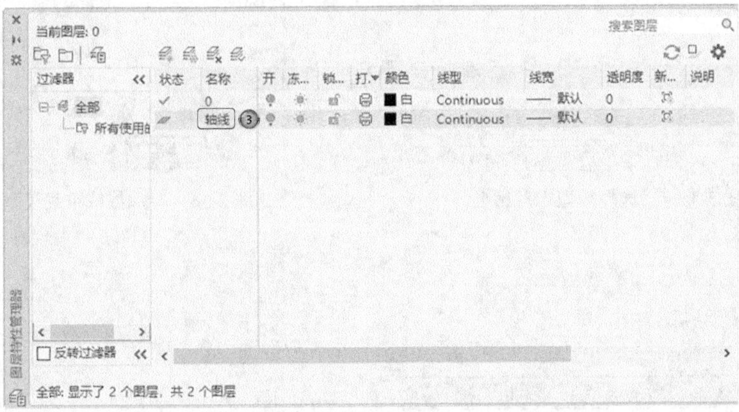

图 3-32　更改图层名

（3）设置图层颜色。为了区分不同图层上的图线，增加图形不同部分的对比性，可以为不同的图层设置不同的颜色。在图 3-32 所示的选项板中，单击刚建立的“轴线”图层“颜色”标签下的颜色色块，①系统打开“选择颜色”对话框，如图 3-33 所示。在该对话框中②选择红色，③单击“确定”按钮。在“图层特性管理器”选项板中可以发现“轴线”图层的颜色变成了红色，如图 3-34 所示。

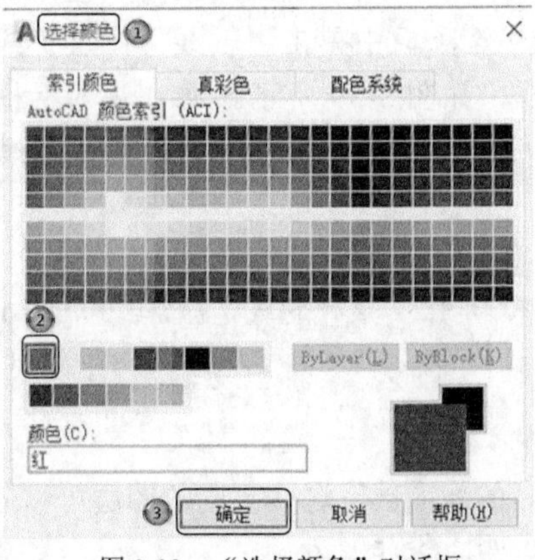

图 3-33　“选择颜色”对话框

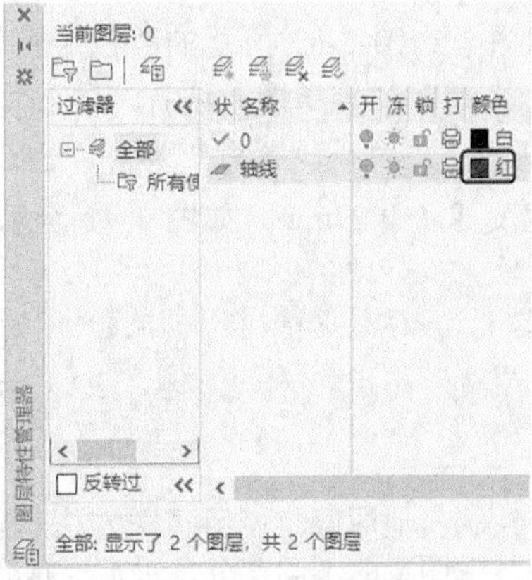

图 3-34　更改颜色

（4）设置线型。在绘制工程图纸时，通常要用到不同的线型，这是因为不同的线型表示不同的含义。在图 3-32 所示的“图层特性管理器”选项板中单击“轴线”图层“线型”标签下的线型选项，①系统打开“选择线型”对话框，如图 3-35 所示。②单击“加载”按钮，打开“加载或重载线型”对话框，如图 3-36 所示。在该对话框“线型”列中③选择“CENTER”选项，④单击“确定”按钮。系统回到“选择线型”对话框，这时在“已加载的线型”列表框中就出现了 CENTER 线型，如图 3-37 所示。⑤选择线型为 CENTER，⑥单击“确定”按钮，在“图层特性管理器”选项板中可以发现“轴线”图层的线型变成了 CENTER，如图 3-38 所示。

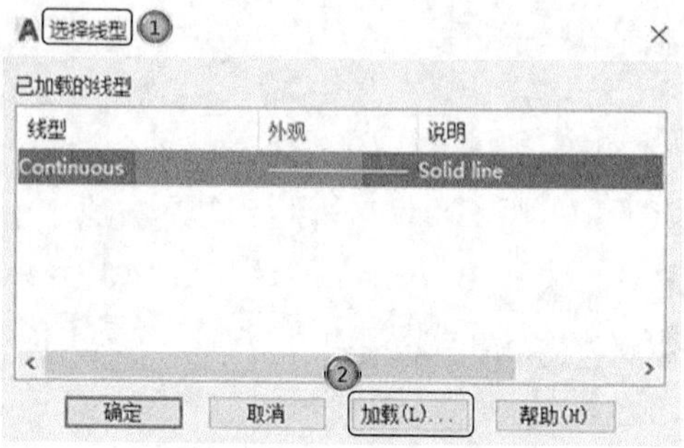

图 3-35 “选择线型”对话框

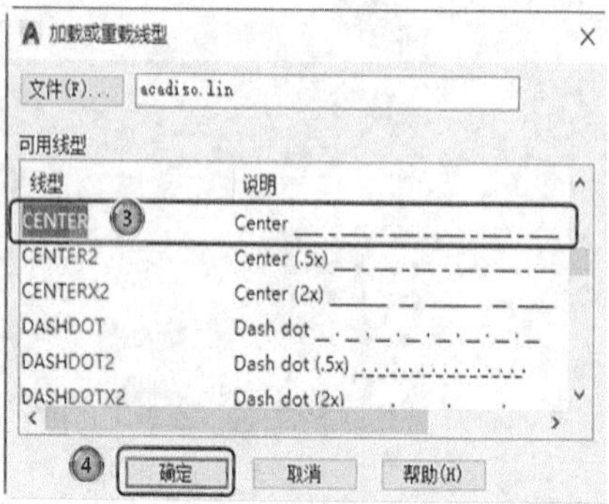

图 3-36 “加载或重载线型”对话框

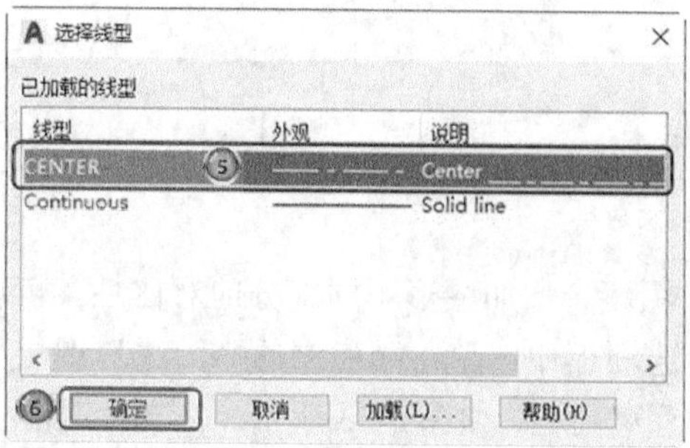

图 3-37 加载线型

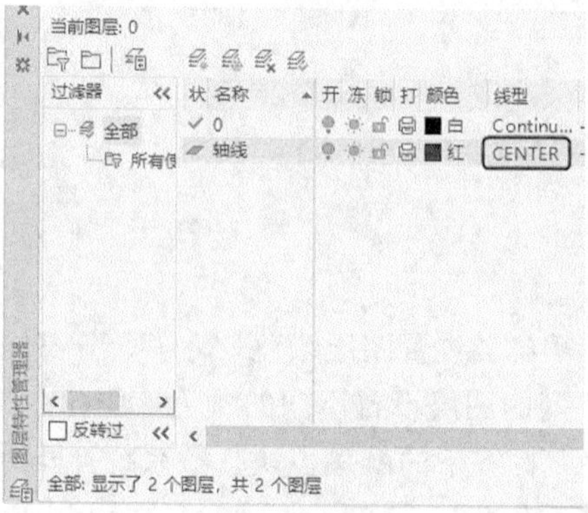

图 3-38 更改线型

（5）设置线宽。在工程图中，不同的线宽也表示不同的含义，因此要对不同的图层的线宽进行设置。在图 3-32 所示的“图层特性管理器”选项板中单击“轴线”图层“线宽”标签下的“线宽”选项，①系统打开“线宽”对话框，如图 3-39 所示。②在该对话框中选择适当的线宽。③单击“确定”按钮，在“图层特性管理器”选项板中可以发现“轴线”图层的线宽变成了 0.09mm，如图 3-40 所示。

注意 应尽量保持细线与粗线之间的比例，大约为 1:2。这样的线宽符合国家标准的相关规定。

（6）绘制其他图层。使用同样方法建立不同层名的新图层，这些不同的图层可以分别存放不同的图线或图形的不同部分。最后完成设置的图层如图 3-28 所示。

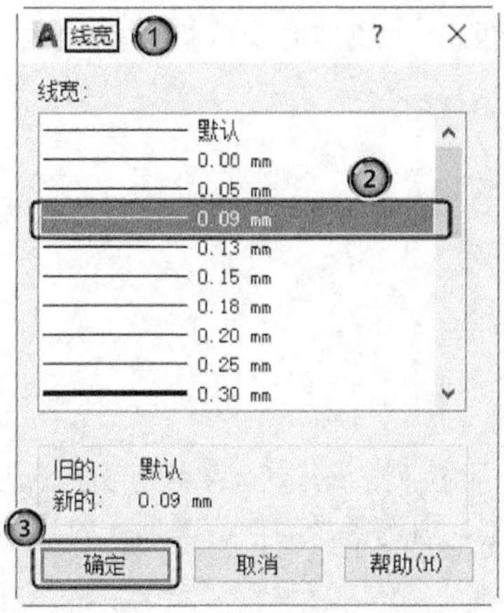

图 3-39 “线宽”对话框

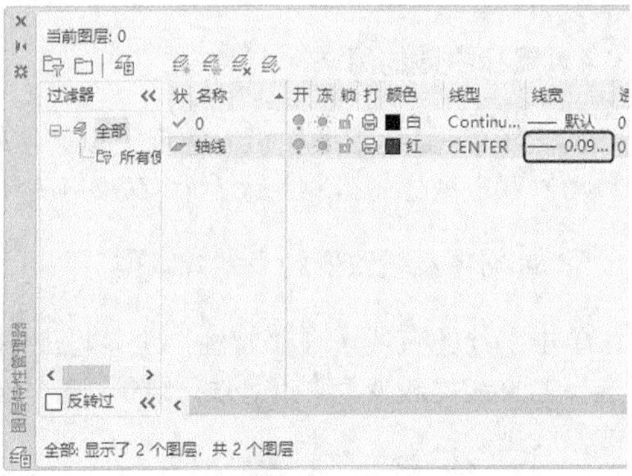

图 3-40 更改线宽

3.6 名师点拨——绘图助手

1．对象捕捉的作用

绘图时，可以使用新的对象捕捉修饰符来查找任意两点之间的中点。例如，在绘制直线时，可以按住 Shift 键并单击鼠标右键来显示“对象捕捉”快捷菜单。选择“两点之间的中点”命令之后，在图形中指定两点。该直线将以这两点之间的中点为起点。

2．文件占用空间大，计算机运行速度慢怎么办

当图形文件经过多次的修改，特别是插入多个图块以后，文件所占空间会越来越大，这时，计算机运行的速度会变慢，图形处理的速度也会变慢。此时，可以通过选择“文件”→“绘图实用程序”→“清除”命令，清除无用的图块、字型、图层、标注型式、复线型式等，这样，图形文件所占空间也会随之变小。

3．如何删除多余图层

方法 1：将使用的图层关闭，复制绘图区域中所有图形，将它们粘贴至一个新文件中，那些多余无用的图层就不会被粘贴过去。但若在一个图层中定义图块，又在另一个图层中插入这些图块，那么这个多余的插入图块的图层是不能用这种方法删除的。

方法 2：打开一个 AutoCAD 文件，先把需要删除的层关闭，在图面上只留下必要图层中的可见图形，选择菜单栏中的“文件”→“另存为”命令，确定文件名，在“文件类型”下拉列表框中选择“*.dxf”格式，在弹出的对话框中选择“工具”→“选项”→DXF 选项，再选中“选择对象”复选框，单击“确定”按钮，然后单击“保存”按钮，即可保存可见、要用的图形。打开刚保存的文件，需要删除的图层已被删除。

方法 3：在命令行中输入“LAYTRANS”，弹出“图层转换器”对话框，在“转换自”选项组中选择要删除的图层，在“转换为”选项组下单击“加载”按钮，在弹出的对话框中选择图形文件，完成加载文件后，在“转换为”选项组中显示加载的文件中的图层，选择要转换为的图层，例如图层 0，单击“映射”按钮，在“图层转换映射”选项下显示图层映射信息，单击

"转换"按钮，将需删除的图层映射为 0 层。这个方法可以删除具有实体对象或被其他块嵌套定义的图层。

4．鼠标中键的用法

（1）"Ctrl+鼠标中键"可以实现类似其他软件的对象平移。
（2）双击鼠标中键相当于执行 ZOOM 命令。

5．如何将直线改变为点划线线型

单击所绘的直线，在"特性"工具栏上的"线型控制"下拉列表中选择"点划线"选项，所选择的直线将改变为"点划线"线型。若还未加载此种线型，则选择"其他"选项，加载"点划线"线型。

3.7 上机实验

【练习】查看图 3-41 所示的建筑图细节。

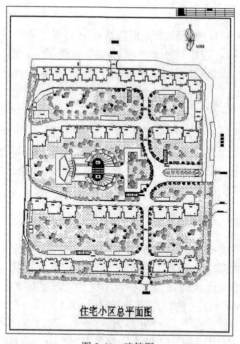

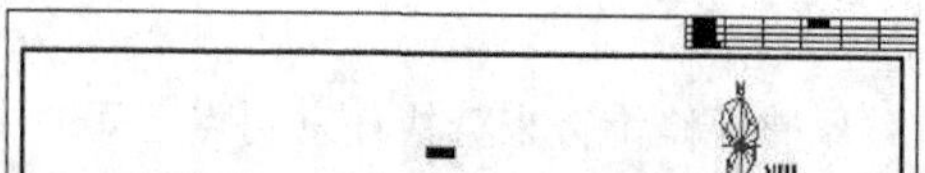

图 3-41 建筑图

3.8 模拟考试

1．下面（　　）选项中的命令将图形进行动态放大。

A．ZOOM/(D)　　B．ZOOM/(W)

C．ZOOM/(E)　　D．ZOOM/(A)

2．当捕捉设定的间距与栅格所设定的间距不同时，（　　）。

A．捕捉仍然只按栅格进行　　B．捕捉时按照捕捉间距进行

C．捕捉既按栅格，又按捕捉间距进行　　D．无法设置

3．如果某图层的对象不能被编辑，但能在屏幕上可见，且能捕捉该对象的特殊点和标注尺寸，该图层的状态为（　　）。

A．冻结　　B．锁定　　C．隐藏　　D．块

4．在图 3-42 所示的“特性”选项板中，不可以修改矩形的（　　）属性。

A．面积　　B．线宽

C．顶点位置　　D．标高

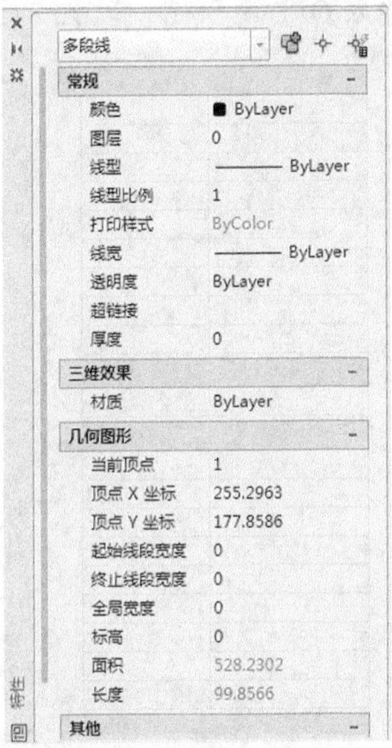

图 3-42　“特性”选项板

5．展开图形修复管理器顶层节点，最多可显示 4 个文件，其中不包括（　　）。

A．程序失败时保存的已修复图形文件

B．原始图形文件（DWG 和 DWS）

C．自动保存的文件

D．图层状态文件（LAS）

6．对某图层进行锁定后，则（　　）。

A．不可编辑图层中的对象，但可添加对象

B．不可编辑图层中的对象，也不可添加对象

C．可编辑图层中的对象，也可添加对象

D．可编辑图层中的对象，但不可添加对象

7．不可以通过“图层过滤器特性”对话框过滤的特性是（　　）。

A．图层名、颜色、线型、线宽和打印样式

B．打开还是关闭图层

C．锁定还是解锁图层

D．图层是 ByLayer 还是 ByBlock

8．临时代替键 F10 的作用是（　　）。

A．打开或关闭栅格　　B．打开或关闭对象捕捉

C．打开或关闭动态输入　　D．打开或关闭极轴追踪

9．关于自动约束，下面说法正确的是（　　）。

A．相切对象必须共用同一交点　　B．垂直对象必须共用同一交点

C．平滑对象必须共用同一交点　　D．以上说法均不对

10．栅格状态默认为开启，以下（　　）方法无法关闭该状态。

A．单击状态栏上的“栅格”按钮　　B．将 GRIDMODE 变量设置为 1

C．输入 GRID 命令然后输入 OFF 命令　　D．以上均不正确

第4章

编辑命令

本章学习 AutoCAD 2022 的编辑命令，了解删除及恢复类命令、复制类命令、改变位置类命令、改变几何特性类命令、对象编辑等。

【内容要点】

- ☑ 选择对象
- ☑ 删除及恢复类命令
- ☑ 复制类命令
- ☑ 改变位置类命令
- ☑ 改变几何特性类命令
- ☑ 对象编辑

【案例欣赏】

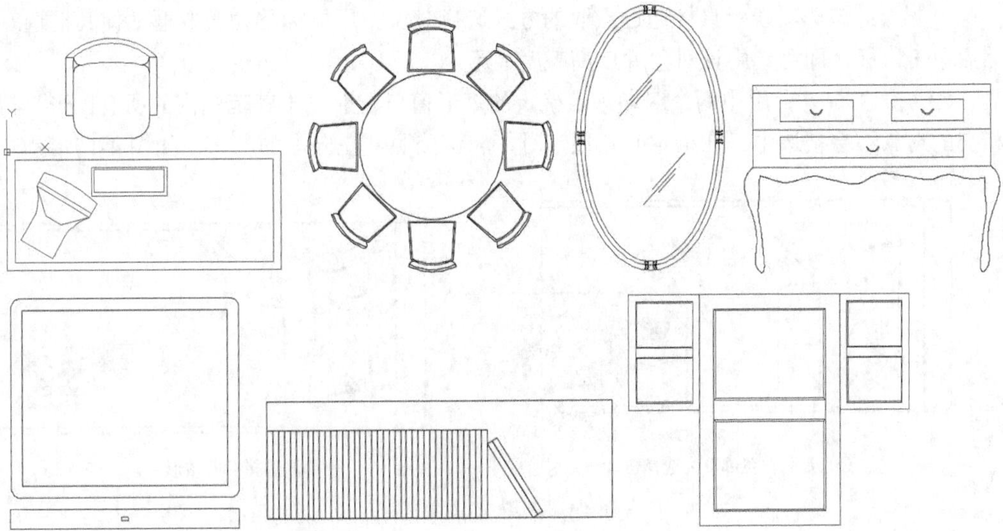

4.1 选择对象

【预习重点】

☑ 了解选择对象的途径。

【操作步骤】

AutoCAD 2022 提供了两种编辑图形的途径。

（1）先执行编辑命令，然后选择要编辑的对象。

（2）先选择要编辑的对象，然后执行编辑命令。

这两种途径的执行效果是相同的，但选择对象是进行编辑的前提。AutoCAD 2022 提供了多种对象选择方法，如用点取方法选择对象、用选择窗口选择对象、用选择线选择对象、用对话框选择对象等。AutoCAD 2022 可以把选择的多个对象组成整体，如利用选择集和对象组，进行对象的整体编辑与修改。

下面结合 SELECT 命令说明选择对象的方法。

SELECT 命令可以被单独使用，也可以在执行其他编辑命令时被自动调用。命令行提示与操作如下。

命令: SELECT

选择对象:（等待用户以某种方式选择对象作为回答。AutoCAD 2022提供多种选择方式，可以输入“?”查看这些选择方式）

需要点或窗口(W)/上一个(L)/窗交(C)/框(BOX)/全部(ALL)/栏选(F)/圈围(WP)/圈交(CP)/编组(G)/添加(A)/删除(R)/多个(M)/前一个(P)/放弃(U)/自动(AU)/单个(SI)/子对象(SU)/对象(O)

【选项说明】

（1）点：该选项表示直接通过点取的方式选择对象。用鼠标移动拾取框，使其框选对象，然后单击鼠标，即可选中该对象并以高亮度显示。

（2）窗口（W）：用由两个对角顶点确定的矩形窗口选取位于其范围内的所有图形，与边界相交的对象不会被选中。在指定对角顶点时，应该按照从左向右的顺序，如图 4-1 所示。

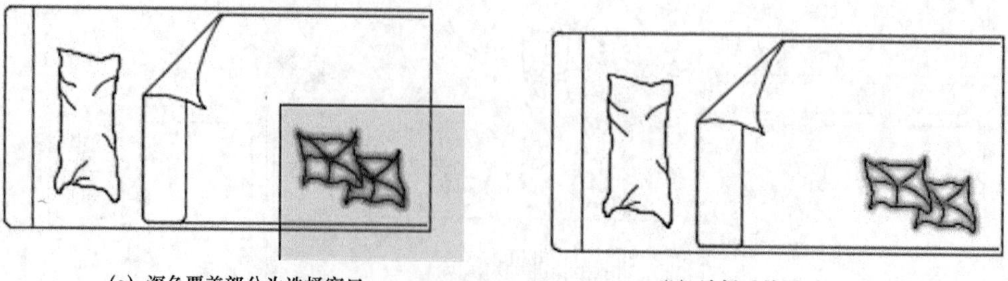

(a) 深色覆盖部分为选择窗口　　(b) 选择后的图形

图 4-1 “窗口”对象选择方式

（3）上一个（L）：在“选择对象”提示下在命令行中输入“L”，按 Enter 键，系统会自动选择最后绘制的一个对象。

（4）窗交（C）：该方式与“窗口”方式类似，区别在于，该方式不但选中矩形窗口内部的对象，而且选中与矩形窗口边界相交的对象。选择的对象如图 4-2 所示。

（5）框（BOX）：使用该方式时，系统根据用户在屏幕上给出的两个对角点的位置而自动引用“窗口”或“窗交”方式。若从左向右指定对角点，则为“窗口”方式；反之，则为“窗交”方式。

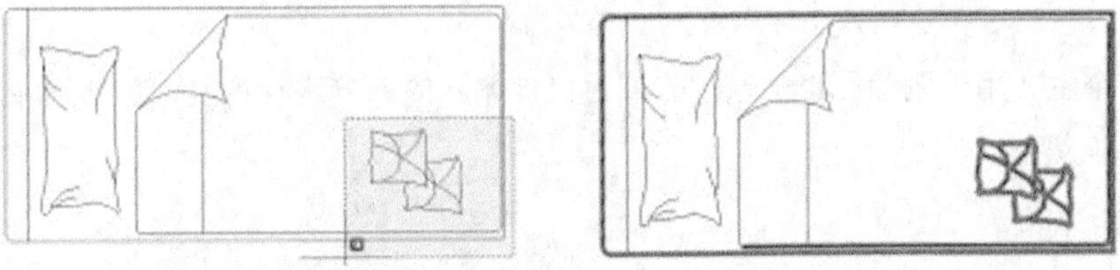

(a) 深色覆盖部分为选择窗口　　(b) 选择后的图形

图 4-2　“窗交”对象选择方式

（6）全部（ALL）：选择图面上的所有对象。

（7）栏选（F）：用户临时绘制一些直线，这些直线不构成封闭图形，凡是与这些直线相交的对象均被选中。选择的对象如图 4-3 所示。

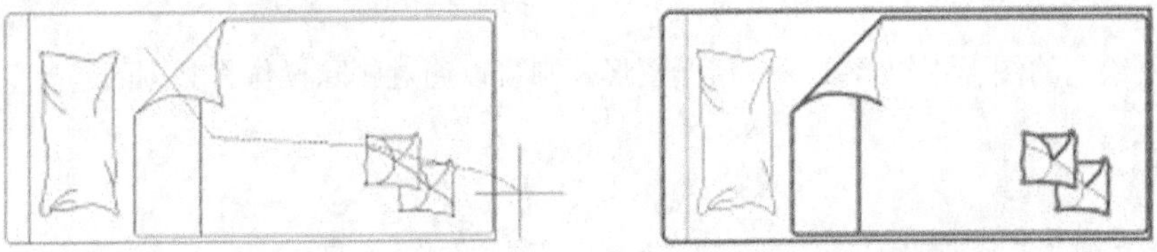

(a) 虚线为选择栏　　(b) 选择后的图形

图 4-3　“栏选”对象选择方式

（8）圈围（WP）：使用一个不规则的多边形来选择对象。根据提示，用户顺次输入构成多边形的所有顶点的坐标，最后按 Enter 键结束操作，系统将自动连接第一个顶点到最后一个顶点，形成封闭的多边形。凡是被多边形围住的对象均被选中（不包括边界）。选择的对象如图 4-4 所示。

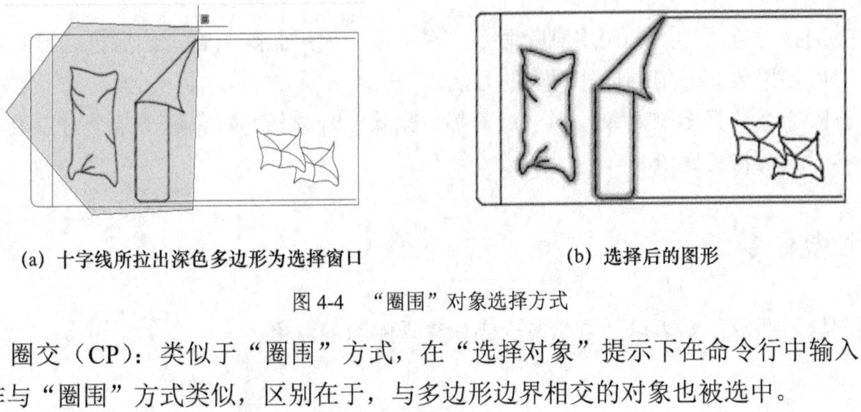

(a) 十字线所拉出深色多边形为选择窗口　　(b) 选择后的图形

图 4-4　“圈围”对象选择方式

（9）圈交（CP）：类似于“圈围”方式，在“选择对象”提示下在命令行中输入“CP”，后续操作与“圈围”方式类似，区别在于，与多边形边界相交的对象也被选中。

高手支招

若从左向右定义矩形框，即第一个选择的对角点为左侧的对角点，矩形框内部的对象被选中，矩形框外部及与矩形框边界相交的对象不会被选中。若从右向左定义矩形框，矩形框内部及与矩形框边界相交的对象都会被选中。

4.2 删除及恢复类命令

该类命令主要用于删除图形的某部分或对已被删除的部分进行恢复，包括删除、回退、重做、清除等命令。

【预习重点】

☑ 了解删除图形的几种方法。
☑ 练习使用删除图形的方法。
☑ 了解恢复命令的使用方法。

4.2.1 删除命令

如果所绘制的图形不符合要求或错绘图形，则可以通过删除操作将其删除。

【执行方式】

☑ 命令行：ERASE。
☑ 菜单栏：选择菜单栏中的“修改”→“删除”命令。
☑ 快捷菜单：在绘图区选择要删除的对象，单击鼠标右键，从弹出的快捷菜单中选择“删除”命令。
☑ 工具栏：单击“修改”工具栏中的“删除”按钮。
☑ 功能区：单击“默认”选项卡“修改”面板中的“删除”按钮。

【操作步骤】

可以先选择对象，然后再调用删除命令；也可以先调用删除命令，然后再选择对象。选择对象时，可以使用前面介绍的选择对象的方法。

使用删除命令选择多个对象，多个对象都被删除；若选择的对象属于某个对象组，则该对象组的所有对象都将被删除。

4.2.2 恢复命令

若误删除了图形，则可以通过恢复操作恢复误删除的对象。

【执行方式】

☑ 命令行：OOPS 或 U。
☑ 工具栏：单击“快速访问”工具栏中的“放弃”按钮。
☑ 快捷键：Ctrl+Z。

4.3 复制类命令

本节将详细介绍 AutoCAD 2022 的复制类命令。利用这些复制类命令，可以方便地编辑、绘制图形。

【预习重点】

☑ 了解复制类命令有几种。
☑ 简单练习复制操作的方法。
☑ 对比使用哪种复制方法更简便。

4.3.1 复制命令

【执行方式】

☑ 命令行：COPY。
☑ 菜单栏：选择菜单栏中的“修改”→“复制”命令。
☑ 工具栏：单击“修改”工具栏中的“复制”按钮。
☑ 功能区：单击“默认”选项卡“修改”面板中的“复制”按钮（如图 4-5 所示）。
☑ 快捷菜单：在绘图区选择要复制的对象，单击鼠标右键，从弹出的快捷菜单中选择“复制选择”命令。

图 4-5　“修改”面板中的“复制”按钮

【操作步骤】

执行上述任一操作，命令行提示与操作如下。

```
命令: COPY
选择对象:（选择要复制的对象）
```

用前面介绍的选择对象的方法选择一个或多个对象，按 Enter 键结束选择。命令行提示与操作如下。

```
当前设置: 复制模式=多个
指定基点或[位移(D)/模式(O)] <位移>:（指定基点或位移）
指定第二个点或[阵列(A)] <使用第一个点作为位移>:
```

【选项说明】

（1）指定基点：指定一个坐标点后，系统将该点作为复制对象的基点。指定第二个点后，系统将根据这两点确定的位移矢量把选择的对象复制到第二点处。如果此时直接按 Enter 键，即选择默认的“用第一点作位移”，则第一个点被当作相对于 *X*、*Y*、*Z* 的位移。例如，如果指定基点为（2,3）并在下一个提示下按 Enter 键，则该对象从它当前的位置开始，在 *X* 方向上移动 2 个单位，在 *Y* 方向上移动 3 个单位。一次复制完成后，可以不断指定新的第二点，从而实现多重复制。

（2）位移（D）：直接输入位移值，表示以选择对象时的拾取点为基准，沿纵横比的方向移动指定位移后所确定的点为基点。例如，选择对象时的拾取点坐标为（2,3），输入位移为 5，则表示以（2,3）点为基准，沿纵横比为 3 : 2 的方向移动 5 个单位所确定的点为基点。

（3）模式（O）：控制是否自动重复该命令。确定复制模式是单个还是多个。

（4）阵列（A）：指定在线性阵列中排列的副本数量。

4.3.2 操作实例——绘制车库门

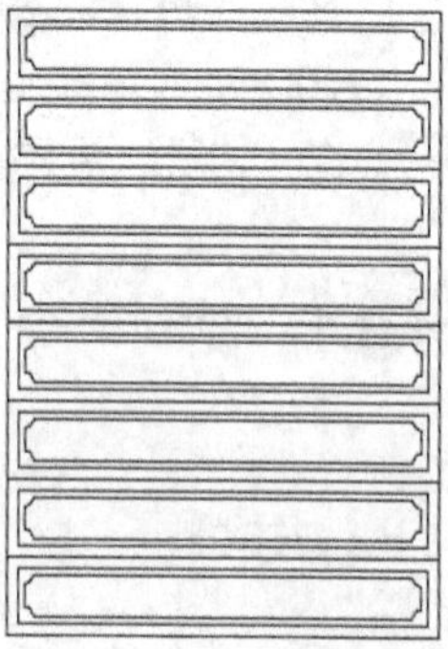

图 4-6 车库门

绘制图 4-6 所示的车库门，操作步骤如下。

（1）单击“默认”选项卡“绘图”面板中的“矩形”按钮，在合适的位置绘制长度为 3000、宽度为 500 的矩形，如图 4-7 所示。

（2）单击“默认”选项卡“绘图”面板中的“直线”按钮，绘制直线。水平直线的长度为 2850，竖直直线的长度为 350。命令行提示与操作如下。

```
命令: LINE
指定第一个点: FROM
基点:（选择矩形的左上角点）
<偏移>: @75,–75
指定下一点或[放弃(U)]: <正交 开> 2850
指定下一点或[放弃(U)]: 350
指定下一点或[闭合(C)/放弃(U)]: 2850
指定下一点或[闭合(C)/放弃(U)]: C
```

结果如图 4-8 所示。

（3）单击“默认”选项卡“绘图”面板中的“圆弧”按钮，绘制半径为 65 的圆弧。命令行提示与操作如下（以左上侧的圆弧为例）。

```
命令: ARC
指定圆弧的起点或[圆心(C)]: C
指定圆弧的圆心:（以水平和竖直直线的交点为圆心）
指定圆弧的起点: <正交 开> 65（将追踪线放置到水平直线上，输入数值）
指定圆弧的端点(按住 Ctrl 键以切换方向)或 [角度(A)/弦长(L)]:（将追踪线放置到竖直直线上）
```

使用相同的方法绘制其余 3 段圆弧，半径均为 65，结果如图 4-9 所示。

（4）利用夹点编辑功能调整内部直线的长度，将水平和竖直直线的起点和端点与绘制的圆弧重合，结果如图 4-10 所示。

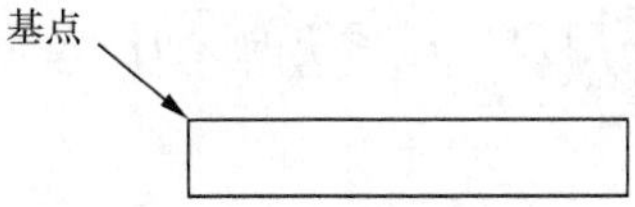

图 4-7　绘制矩形

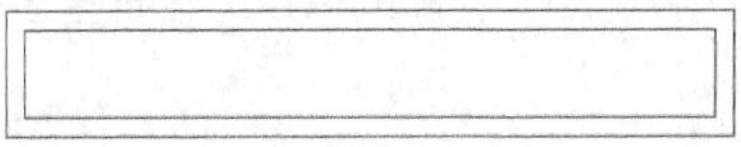

图 4-8　绘制直线

图 4-9　绘制圆弧

图 4-10　调整直线长度

（5）单击“默认”选项卡“修改”面板中的“复制”按钮 ，选择绘制的全部图形，多次连续复制，最终完成车库门的绘制。命令行提示与操作如下。

```
命令: COPY
当前设置: 复制模式=多个
指定基点或[位移(D)/模式(O)] <位移>:（以左上角点为基点，如图4-10所示）
指定第二个点或[阵列(A)] <使用第一个点作为位移>:（以左下角点为第二点，如图4-10所示）
指定第二个点或[阵列(A)/退出(E)/放弃(U)] <退出>:（以复制的矩形左下角点为第二点）
…
指定第二个点或[阵列(A)/退出(E)/放弃(U)] <退出>:（按Esc键取消或按Enter键退出）
```

结果如图 4-6 所示。

4.3.3　镜像命令

镜像对象是指把选择的对象以一条镜像线为对称轴进行镜像。镜像操作完成后，可以保留原对象，也可以将其删除。

【执行方式】

☑　命令行：MIRROR。

☑　菜单栏：选择菜单栏中的“修改”→“镜像”命令。

☑　工具栏：单击“修改”工具栏中的“镜像”按钮 。

☑　功能区：单击“默认”选项卡“修改”面板中的“镜像”按钮 。

【操作步骤】

执行上述任一操作，命令行提示与操作如下。

```
命令: MIRROR
选择对象:（选择要镜像的对象）
选择对象:↙
指定镜像线的第一点:（指定镜像线的第一个点）
指定镜像线的第二点:（指定镜像线的第二个点）
要删除源对象吗？是(Y)/否(N)] <否>:（确定是否删除源对象）
```

选择两点确定一条镜像线，被选择的对象以该镜像线为对称轴进行镜像。包含该线的镜像平面与用户坐标系统的 *XOY* 平面垂直，即镜像操作在与用户坐标系统的 *XOY* 平面平行的平面上。

4.3.4 操作实例——绘制防盗门

本例绘制图 4-11 所示的防盗门，操作步骤如下。

（1）单击“默认”选项卡“绘图”面板中的“矩形”按钮，绘制门轮廓，矩形的左上角点为坐标原点，矩形的尺寸为 900×2100，如图 4-12 所示。

（2）单击“默认”选项卡“绘图”面板中的“矩形”按钮，绘制两个矩形，矩形的尺寸分别为 250×250 和 200×200。命令行提示与操作如下。

```
命令: RECTANG
指定第一个角点或[倒角(C)/标高(E)/圆角(F)/厚度(T)/宽度(W)]: 100,–300
指定另一个角点或[面积(A)/尺寸(D)/旋转(R)]: D
指定矩形的长度<300>: 250
指定矩形的宽度<300>: 250
命令: RECTANG
指定第一个角点或[倒角(C)/标高(E)/圆角(F)/厚度(T)/宽度(W)]: 125,–325
指定另一个角点或[面积(A)/尺寸(D)/旋转(R)]: D
指定矩形的长度<150>: 200
指定矩形的宽度<150>: 200
```

结果如图 4-13 所示。

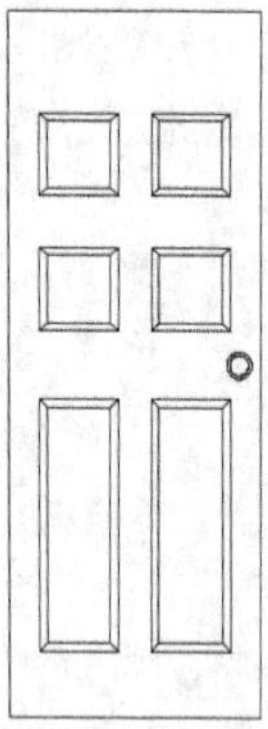

图 4-11 防盗门

图 4-12 绘制门轮廓

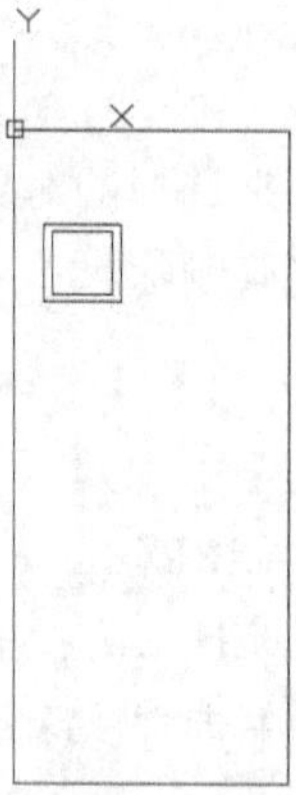

图 4-13 绘制矩形

（3）采用相同的方法绘制剩下的四个矩形，矩形的角点坐标分别为[（100,–700）、（350,–950）]、[（125,–725）、（325,–925）]、[（100,–1150）、（350,–1900）]、[（125,–1175）、（325,–1875）]，结果如图 4-14 所示。

（4）单击“默认”选项卡“绘图”面板中的“直线”按钮，连接矩形的两个角点（打开对象捕捉追踪功能），绘制多条斜向直线，如图 4-15 所示。

（5）单击“默认”选项卡“修改”面板中的“镜像”按钮，镜像图形左侧的矩形和直线。命令行提示与操作如下。

```
命令: MIRROR
选择对象:（选择左侧的矩形和直线，如图4-16所示）
```

选择对象: ↙
指定镜像线的第一点:（矩形上部短边中点，如图4-16所示）
指定镜像线的第二点:（矩形下部短边中点，如图4-16所示）
要删除源对象吗？[是(Y)/否(N)] <否>:↙

最终绘制结果如图 4-16 所示。

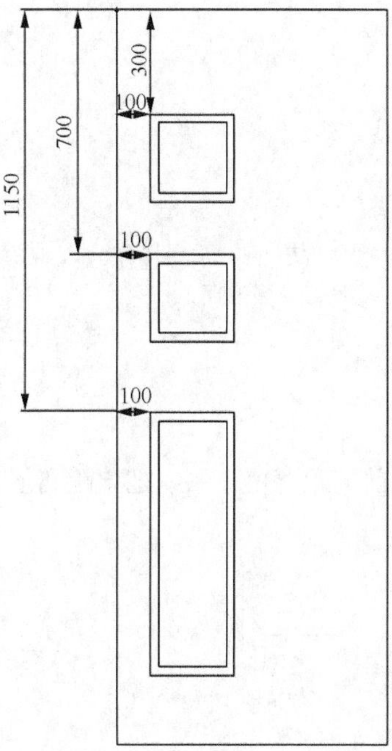

图 4-14 绘制矩形

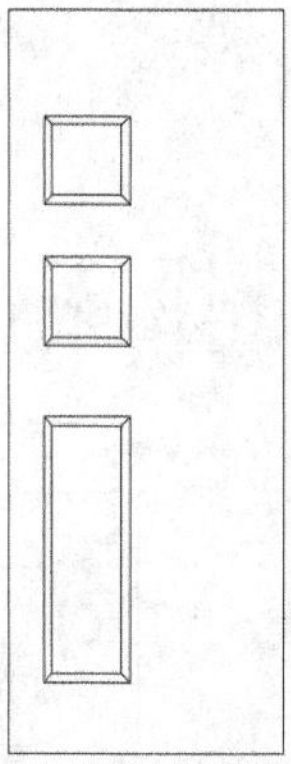

图 4-15 绘制斜向直线

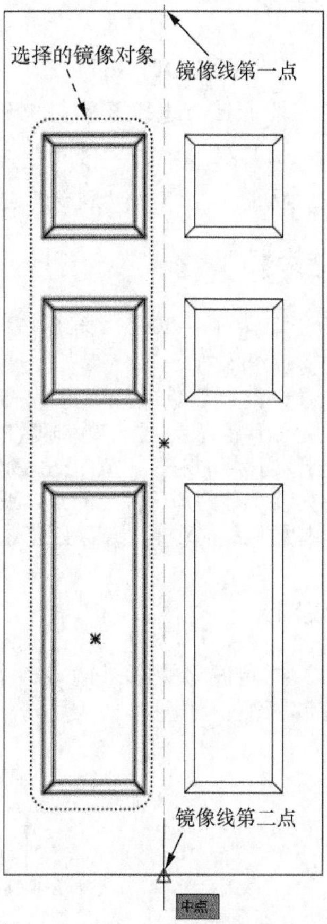

图 4-16 镜像图形

（6）单击“默认”选项卡“绘图”面板中的“圆”按钮，绘制圆，圆的半径分别为 40 和 30，作为门把。命令行提示与操作如下。

命令: CIRCLE
指定圆的圆心或[三点(3P)/两点(2P)/切点、切点、半径(T)]: FROM
基点:（右侧竖直直线的中点）
<偏移>: @–70,0
指定圆的半径或[直径(D)] <90>: 40
命令: CIRCLE
指定圆的圆心或[三点(3P)/两点(2P)/切点、切点、半径(T)]:（选择上一个圆的圆心）
指定圆的半径或[直径(D)] <40>: 30

结果如图 4-11 所示。

4.3.5 偏移命令

偏移命令是指在保持选择对象的形状的情况下，在不同的位置以不同的尺寸大小新建一个对象。

【执行方式】

- ☑ 命令行：OFFSET。
- ☑ 菜单栏：选择菜单栏中的“修改”→“偏移”命令。
- ☑ 工具栏：单击“修改”工具栏中的“偏移”按钮。
- ☑ 功能区：单击“默认”选项卡“修改”面板中的“偏移”按钮。

【操作步骤】

执行上述任一操作，命令行提示与操作如下。

```
命令: OFFSET
当前设置:（删除源=否  图层=源  OFFSETGAPTYPE=0）
指定偏移距离或[通过(T)/删除(E)/图层(L)] <通过>:（指定偏移距离值）
选择要偏移的对象，或[退出(E)/放弃(U)] <退出>:（选择要偏移的对象，按Enter键结束操作）
指定要偏移的那一侧上的点，或[退出(E)/多个(M)/放弃(U)] <退出>:（指定偏移方向）
选择要偏移的对象，或[退出(E)/放弃(U)] <退出>:
```

【选项说明】

（1）指定偏移距离：输入一个距离值，或按 Enter 键使用当前的距离值，系统把该距离值作为偏移距离，如图 4-17 所示。

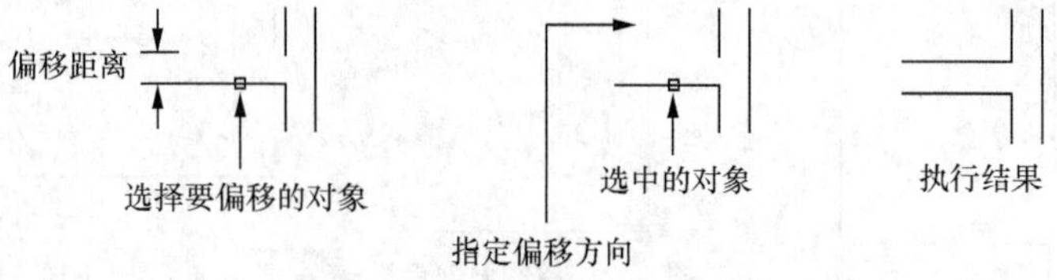

图 4-17　指定偏移对象的距离

（2）通过（T）：指定偏移对象的通过点。选择该选项后出现如下提示。

```
选择要偏移的对象，或[退出(E)/放弃(U)] <退出>:（选择要偏移的对象。按Enter键会结束操作）
指定通过点或[退出(E)/多个(M)/放弃(U)] <退出>:（指定偏移对象的一个通过点）
```

操作完毕后，系统根据指定的通过点绘出偏移对象。结果如图 4-18 所示。

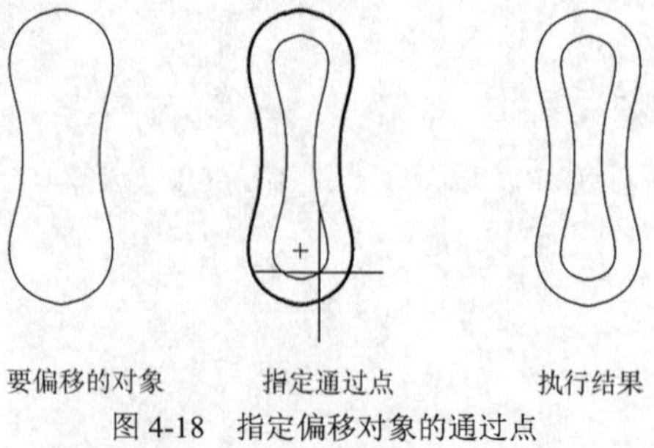

图 4-18　指定偏移对象的通过点

（3）删除（E）：偏移后，将源对象删除。选择该选项后出现如下提示。

要在偏移后删除源对象吗？[是(Y)/否(N)] <否>:

（4）图层（L）：确定将偏移对象创建在当前图层上还是源对象所在的图层上。选择该选项后出现如下提示。

输入偏移对象的图层选项[当前(C)/源(S)] <源>:

4.3.6　操作实例——绘制浴缸

绘制图 4-19 所示的浴缸，操作步骤如下。

（1）单击“默认”选项卡“绘图”面板中的“矩形”按钮，在适当位置绘制一个 700× 1200 的矩形，如图 4-20 所示。

（2）单击“默认”选项卡“修改”面板中的“偏移”按钮，选择第（1）步绘制的矩形为偏移对象向内进行偏移。命令行提示与操作如下。

命令: OFFSET
当前设置: 删除源=否　图层=源　OFFSETGAPTYPE=0
指定偏移距离或 [通过(T)/删除(E)/图层(L)] <通过>: 19
选择要偏移的对象，或[退出(E)/放弃(U)] <退出>:[选取第（1）步绘制的矩形，按Enter键结束操作]
指定要偏移的那一侧上的点，或 [退出(E)/多个(M)/放弃(U)] <退出>:（鼠标在矩形外侧单击确定偏移方向）
选择要偏移的对象，或[退出(E)/放弃(U)] <退出>:

结果如图 4-21 所示。

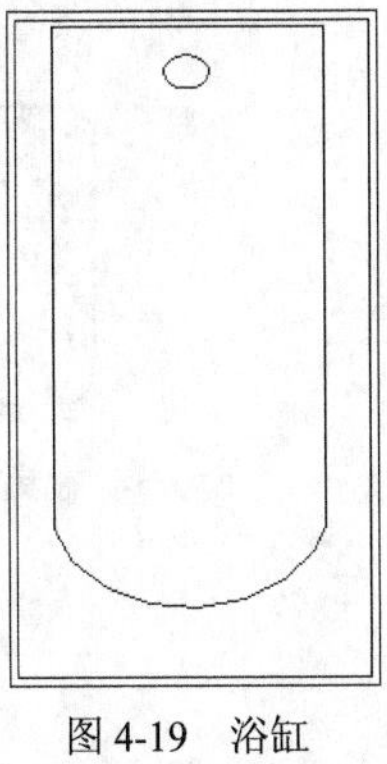

图 4-19　浴缸

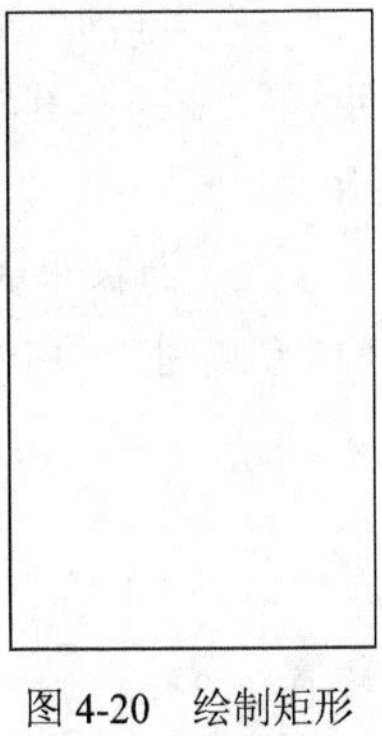

图 4-20　绘制矩形

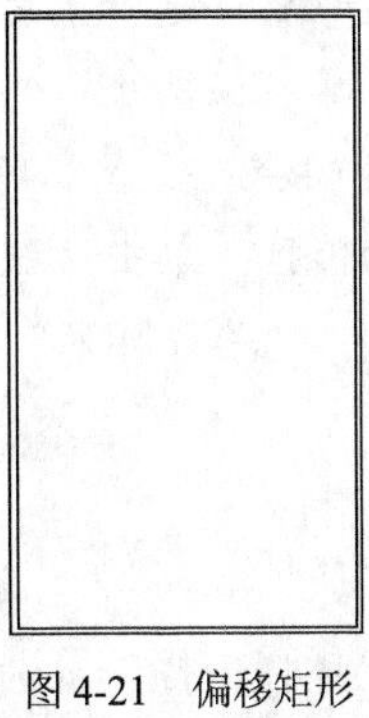

图 4-21　偏移矩形

（3）单击“默认”选项卡“绘图”面板中的“直线”按钮，在第（2）步所绘制的图形内连续绘制线段，如图 4-22 所示。

（4）单击“默认”选项卡“绘图”面板中的“圆弧”按钮，连接第（3）步绘制的多段线下部的两端点，绘制适当半径的圆弧，如图 4-23 所示。

（5）单击“默认”选项卡“绘图”面板中的“椭圆”按钮，在第（4）步绘制的图形顶部位置绘制一个半径适当的椭圆，完成浴缸图形的绘制，如图 4-24 所示。

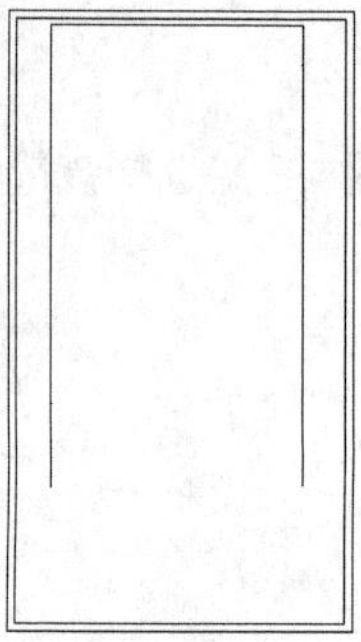

图 4-22　绘制直线

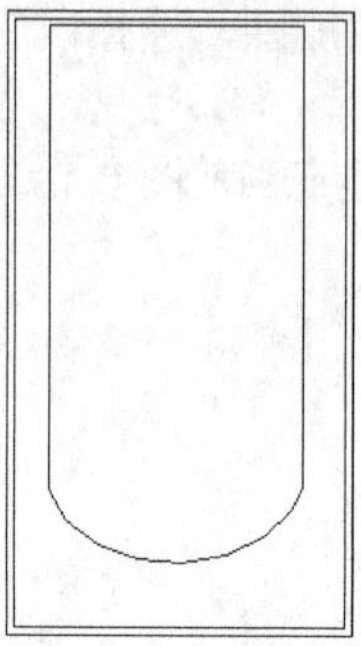

图 4-23　绘制圆弧

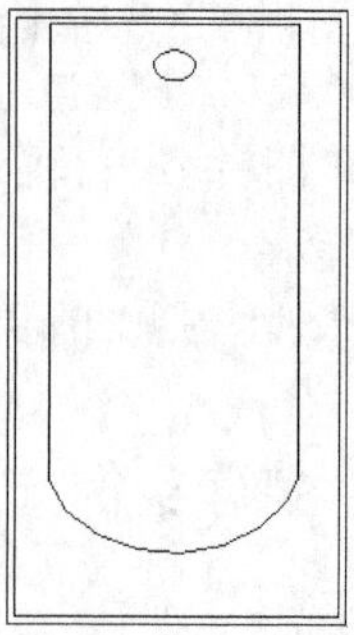

图 4-24　绘制椭圆

4.3.7　阵列命令

阵列命令是指多重复制选择对象并把这些副本按矩形或环形排列。把副本按矩形排列称为建立矩形阵列，把副本按环形排列称为建立极阵列。建立极阵列时，应控制复制对象的次数和设置对象是否被旋转；建立矩形阵列时，应控制行和列的数量以及对象副本之间的距离。

用阵列命令可以建立矩形阵列、极阵列（环形）和旋转的矩形阵列。

【执行方式】

☑　命令行：ARRAY。

☑　菜单栏：选择菜单栏中的“修改”→“阵列”命令。

☑　工具栏：单击“修改”工具栏中的“矩形阵列”按钮、“路径阵列”按钮或“环形阵列”按钮。

☑　功能区：单击“默认”选项卡“修改”面板中的“矩形阵列”按钮、“路径阵列”按钮或“环形阵列”按钮，如图 4-25 所示。

图 4-25　阵列下拉菜单

【操作步骤】

执行上述任一操作，命令行提示与操作如下。

```
命令: ARRAY
选择对象:（使用对象选择方法）
选择对象: ↙
输入阵列类型[矩形(R)/路径(PA)/极轴(PO)]<矩形>:
```

【选项说明】

（1）矩形（R）（命令为 ARRAYRECT）：将选定对象的副本分布到各行、列和层或它们的任意组合。通过夹点，调整阵列间距、列数、行数和层数；也可以分别选择各选项输入数值。

（2）路径（PA）（命令为 ARRAYPATH）：沿路径或部分路径均匀分布选定对象的副本。选择该选项后会出现如下提示。

选择路径曲线:（选择一条曲线作为阵列路径）

选择夹点以编辑阵列或[关联(AS)/方法(M)/基点(B)/切向(T)/项目(I)/行(R)/层(L)/对齐项目(A)/Z 方向(Z)/退出(X)] <退出>:（通过夹点，调整阵列行数和层数；也可以分别选择各选项输入数值）

（3）极轴（PO）：在绕中心点或旋转轴的环形阵列中均匀分布对象副本。选择该选项后会出现如下提示。

指定阵列的中心点或[基点(B)/旋转轴(A)]:（选择中心点、基点或旋转轴）

选择夹点以编辑阵列或[关联(AS)/基点(B)/项目(I)/项目间角度(A)/填充角度(F)/行(ROW)/层(L)/旋转项目(ROT)/退出(X)] <退出>:（通过夹点，调整角度，填充角度；也可以分别选择各选项输入数值）

4.3.8　操作实例——绘制餐桌

绘制图 4-26 所示的餐桌，操作步骤如下。

（1）单击“默认”选项卡“绘图”面板中的“圆”按钮，绘制半径为 750 的圆并将其作为圆桌，如图 4-27 所示。

图 4-26　餐桌

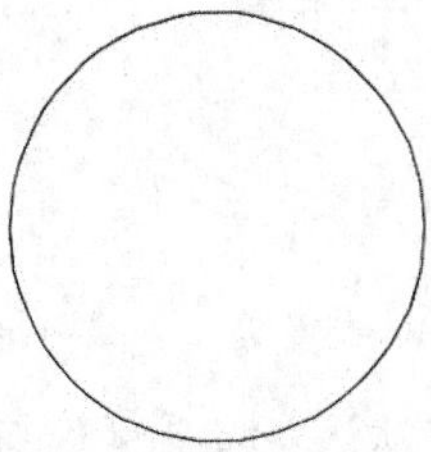

图 4-27　绘制圆桌

（2）①使用鼠标右键单击状态栏中的极轴追踪按钮，打开图 4-28 所示的快捷菜单，②选择“正在追踪设置”命令，将打开图 4-29 所示的“草图设置”对话框中的“极轴追踪”选项卡，③选中“启用极轴追踪”复选框，④将增量角设置为 86°。⑤单击“确定”按钮，返回绘图状态。

（3）单击“默认”选项卡“绘图”面板中的“直线”按钮，在追踪线的提示下绘制直线，如图 4-30 所示，输入直线的长度 376。命令行提示与操作如下。

命令: LINE
指定第一个点:（在圆桌上方指定一点）
指定下一点或[放弃(U)]: 376

（4）单击“默认”选项卡“绘图”面板中的“直线”按钮，以上一步绘制的直线的起点为本条直线的起点，绘制长度为 468 的水平直线，如图 4-31 所示。

（5）单击“默认”选项卡“修改”面板中的“镜像”按钮，以左侧的竖直直线为镜像对象，以水平直线的中点和中点的延长线为镜像的第二点，将直线镜像。然后单击“默认”选项卡“绘图”面板中的“圆弧”按钮，以竖直直线的起点为圆弧的两个端点，绘制距离水平直线中点为 450 的圆弧，结果如图 4-32 所示。

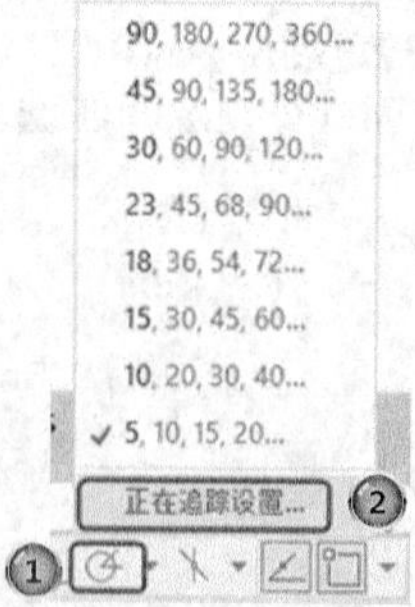

图 4-28　快捷菜单

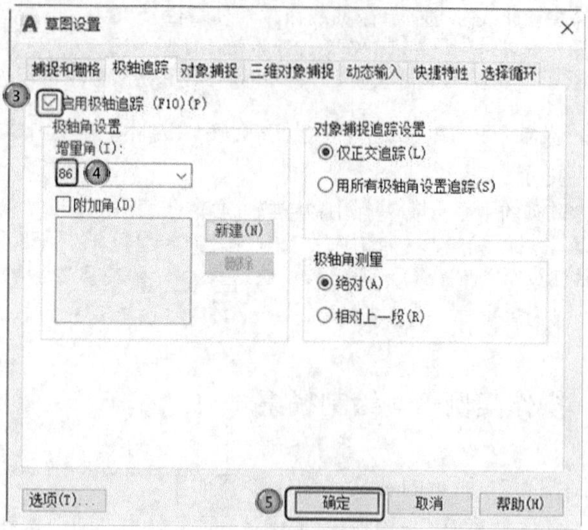

图 4-29　“极轴追踪”选项卡

图 4-30　绘制直线

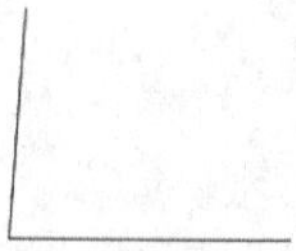

图 4-31　绘制水平直线

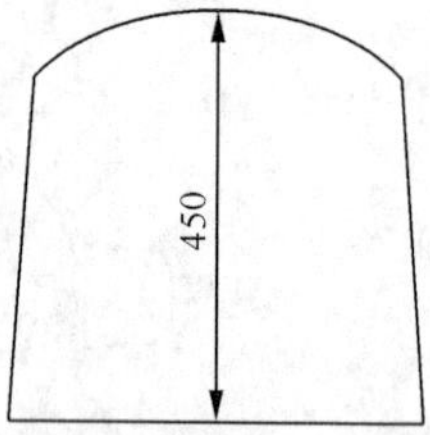

图 4-32　做镜像并绘制圆弧

（6）单击“默认”选项卡“修改”面板中的“偏移”按钮⊆，指定偏移的距离为 15，向外侧偏移图形，结果如图 4-33 所示。

（7）单击“默认”选项卡“绘图”面板中的 “圆弧”按钮◠，连接偏移的图形，结果如图 4-34 所示。

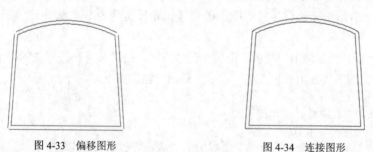

图 4-33　偏移图形

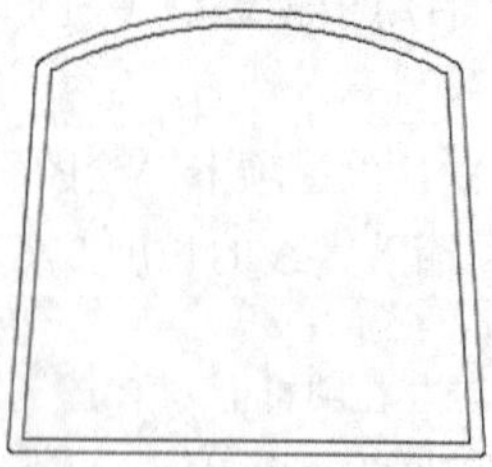

图 4-34　连接图形

（8）单击“默认”选项卡“修改”面板中的“偏移”按钮⊆，将圆弧向外侧偏移，距离分别为 50 和 20，结果如图 4-35 所示。

（9）单击“默认”选项卡“绘图”面板中的“直线”按钮╱和“圆弧”按钮◠，连接偏移的圆弧，完善图形，结果如图 4-36 所示。

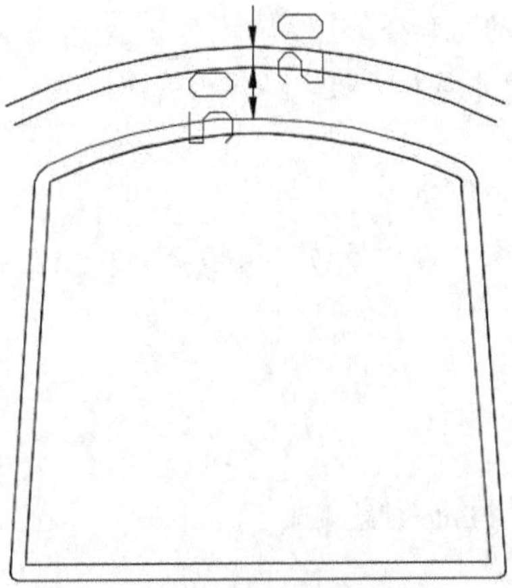

图 4-35　偏移圆弧

图 4-36　连接偏移的圆弧

（10）单击“默认”选项卡“修改”面板中的“环形阵列”按钮，根据命令行提示选择步骤（1）绘制的椅子为阵列对象，设置阵列的中心点为圆心，阵列的项目数为 8，进行环形阵列。命令行提示与操作如下。

命令: ARRAYPOLAR
类型=极轴　关联=否
指定阵列的中心点或[基点(B)/旋转轴(A)]:（指定圆心）
选择夹点以编辑阵列或[关联(AS)/基点(B)/项目(I)/项目间角度(A)/填充角度(F)/行(ROW)/层(L)/旋转项目(ROT)/退出(X)] <退出>: I
输入阵列中的项目数或[表达式(E)] <6>: 8
选择夹点以编辑阵列或[关联(AS)/基点(B)/项目(I)/项目间角度(A)/填充角度(F)/行(ROW)/层(L)/旋转项目(ROT)/退出(X)] <退出>: F
指定填充角度(+=逆时针、－=顺时针)或[表达式(EX)] <360>: 360

最终结果如图 4-26 所示。

4.4 改变位置类命令

该类编辑命令的功能是按照指定要求改变当前图形或图形某部分的位置，主要包括移动、旋转和缩放等命令。

【预习重点】

☑ 了解改变位置类命令有几种。
☑ 练习移动、旋转和缩放命令的使用方法。

4.4.1 移动命令

【执行方式】

☑ 命令行：MOVE。

☑ 菜单栏：选择菜单栏中的“修改”→“移动”命令。

☑ 快捷菜单：在绘图区选择要复制的对象，单击鼠标右键，从弹出的快捷菜单中选择“移动”命令。

☑ 工具栏：单击“修改”工具栏中的“移动”按钮✣。

☑ 功能区：单击“默认”选项卡“修改”面板中的“移动”按钮✣。

【操作步骤】

执行上述任一操作，命令行提示与操作如下。

```
命令: MOVE
选择对象:（使用对象选择方法选择要移动的对象，按Enter键结束选择）
指定基点或<位移>:（指定基点或位移）
指定第二个点或 <使用第一个点作为位移>:
```

移动命令的选项功能与复制命令的类似。

4.4.2 操作实例——绘制单扇平开门

绘制图 4-37 所示的单扇平开门，操作步骤如下。

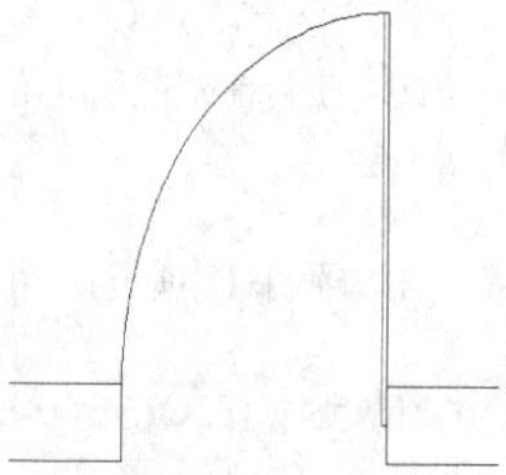

图 4-37 单扇平开门

（1）单击“默认”选项卡“绘图”面板中的“直线”按钮╱，绘制门框，结果如图 4-38 所示。

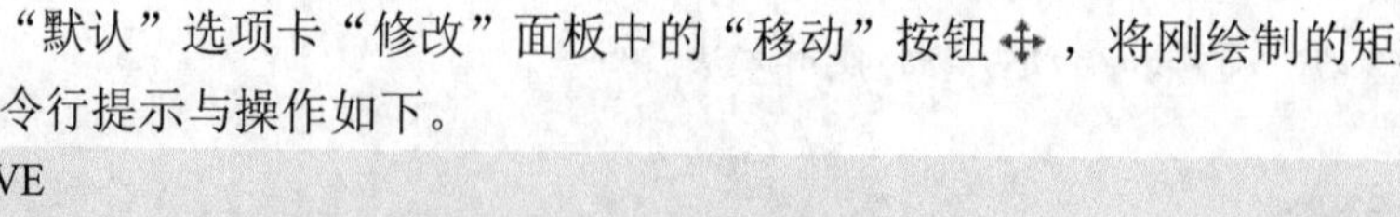

图 4-38 绘制门框

（2）单击“默认”选项卡“绘图”面板中的“矩形”按钮□，以角点（340,25）和（335,290）绘制门。

（3）单击“默认”选项卡“修改”面板中的“移动”按钮✣，将刚绘制的矩形移动到右门框中点处。命令行提示与操作如下。

```
命令: MOVE
选择对象:[选取第（2）步绘制的矩形，按Enter键结束选择]
指定基点或<位移>:（选取矩形右下端点）
指定第二个点或 <使用第一个点作为位移>:（选取右门框的中点）
```

结果如图 4-39 所示。

（4）单击“默认”选项卡“绘图”面板中的“圆弧”按钮⌒，指定圆弧的起点坐标为（335,290），输入端点坐标为（100,50），绘制圆心坐标为（340,50）的圆弧。

（5）单击"默认"选项卡"修改"面板中的"移动"按钮，将刚绘制的圆弧移动到门框处，结果如图4-40所示。

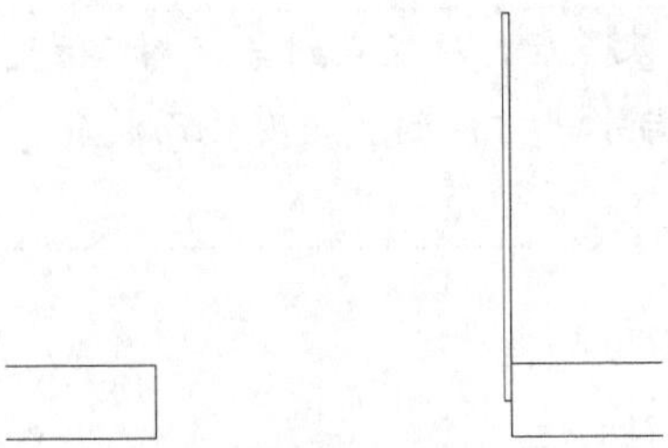

图4-39 绘制门

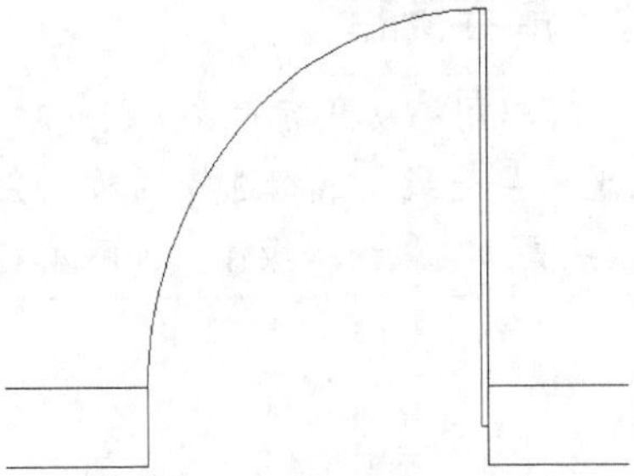

图4-40 移动圆弧

4.4.3 旋转命令

【执行方式】

☑ 命令行：ROTATE。

☑ 菜单栏：选择菜单栏中的"修改"→"旋转"命令。

☑ 快捷菜单：在绘图区选择要旋转的对象，单击鼠标右键，从弹出的快捷菜单中选择"旋转"命令。

☑ 工具栏：单击"修改"工具栏中的"旋转"按钮。

☑ 功能区：单击"默认"选项卡"修改"面板中的"旋转"按钮。

【操作步骤】

执行上述任一操作，命令行提示与操作如下。

```
命令: ROTATE
UCS 当前的正角方向:  ANGDIR=逆时针    ANGBASE=0
选择对象: 选择要旋转的对象
选择对象: ↙
指定基点:（指定旋转基点，在对象内部指定一个坐标点）
指定旋转角度，或[复制(C)/参照(R)] <0>:（指定旋转角度或其他选项）
```

【选项说明】

（1）复制（C）：选择该选项，旋转对象的同时保留原对象，如图4-41所示。

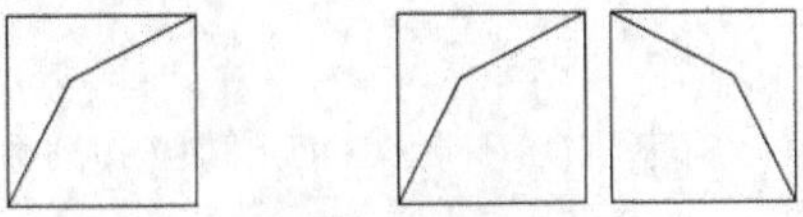

图4-41 复制并旋转对象

（2）参照（R）：采用参照方式旋转对象时，命令行提示与操作如下。

```
指定参照角<0>:（指定要参考的角度，默认值为0）
指定新角度:（输入旋转后的角度值）
```

操作完毕后，对象被旋转至指定的角度位置。

高手支招

可以用拖动鼠标的方法旋转对象。选择对象并指定基点后，从基点到当前光标位置会出现一条连线，鼠标选择的对象会动态地随着该连线与水平方向的夹角变化而旋转，按Enter键，确认旋转操作。如图4-42所示。

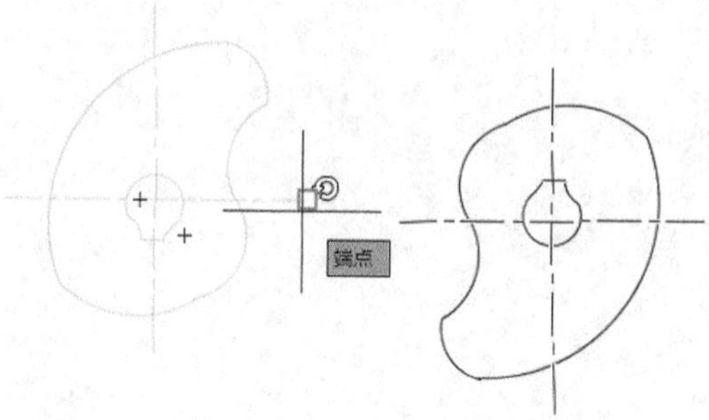

图4-42 用拖动鼠标的方法旋转对象

4.4.4 操作实例——绘制书柜

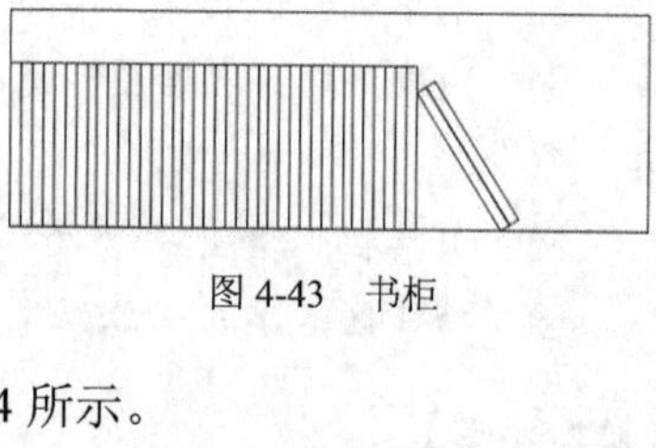

图4-43 书柜

绘制图4-43所示的书柜，操作步骤如下。

（1）单击“默认”选项卡“绘图”面板中的“矩形”按钮，绘制书柜外轮廓，尺寸为1200×400，结果如图4-44所示。

（2）单击“默认”选项卡“绘图”面板中的“矩形”按钮，以大矩形的左下角点为矩形的第一角点，绘制尺寸为20×300的矩形作为图书，结果如图4-45所示。

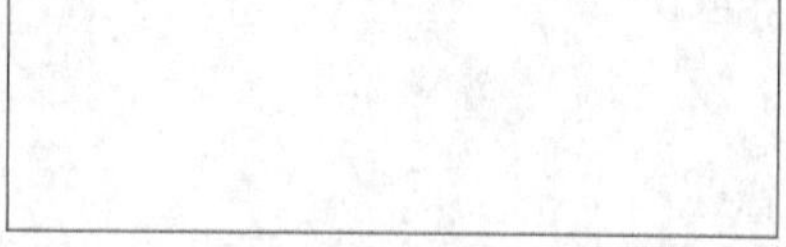

图4-44 绘制书柜外轮廓

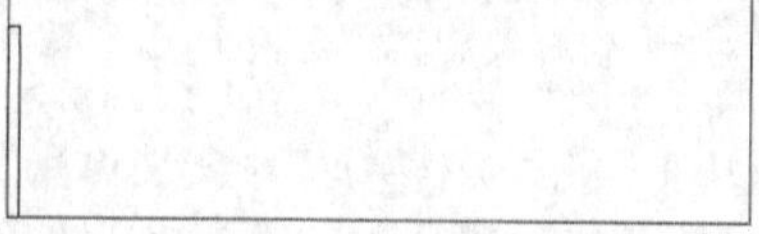

图4-45 绘制书

（3）单击“默认”选项卡“修改”面板中的“矩形阵列”按钮，将矩形进行阵列。命令行提示与操作如下。

```
命令: ARRAYRECT
选择对象:（选择矩形）
类型=矩形  关联=否
选择夹点以编辑阵列或[关联(AS)/基点(B)/计数(COU)/间距(S)/列数(COL)/行数(R)/层数(L)/退出(X)]<退出>: R
输入行数数或[表达式(E)] <3>: 1
指定行数之间的距离或[总计(T)/表达式(E)] <450>:
指定行数之间的标高增量或[表达式(E)] <0>:
```

选择夹点以编辑阵列或 [关联(AS)/基点(B)/计数(COU)/间距(S)/列数(COL)/行数(R)/层数(L)/退出(X)] <退出>: COL
输入列数数或[表达式(E)] <4>: 40
指定列数之间的距离或[总计(T)/表达式(E)] <30>: 20

结果如图 4-46 所示。

（4）单击“默认”选项卡“修改”面板中的“旋转”按钮，旋转阵列的最后两个矩形。命令行提示与操作如下。

命令: ROTATE
UCS 当前的正角方向: ANGDIR=逆时针　ANGBASE=0
选择对象:（选择两个矩形）
选择对象:
指定基点:（选择书的右上角点作为基点，如图4-46所示）
指定旋转角度，或[复制(C)/参照(R)] <0>:25

旋转结果如图 4-47 所示。

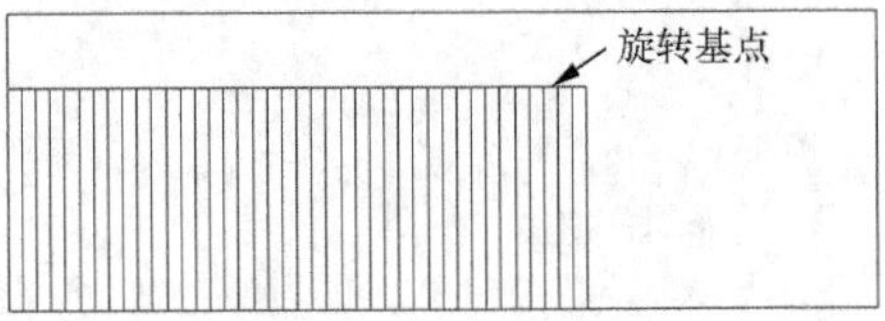

图 4-46　矩形阵列

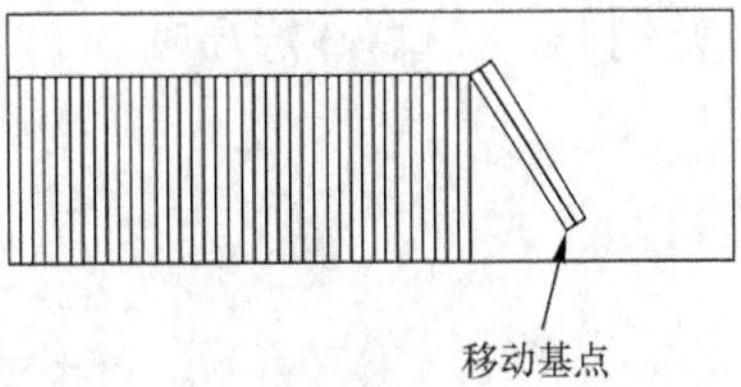

图 4-47　旋转图形

（5）单击“默认”选项卡“修改”面板中的“移动”按钮，将旋转的图形向下侧移动，基点为矩形的左下角点，如图 4-47 所示。命令行提示与操作如下。

命令: MOVE
选择对象:（选择最后绘制的两本图书）
选择对象:
指定基点或[位移(D)] <位移>:（指定矩形的左下角点为基点）
指定第二个点或<使用第一个点作为位移>:（打开正交模式，在追踪线的提示之下，选择追踪线和书柜的交点）

最终结果如图 4-43 所示。

4.4.5　缩放命令

【执行方式】

☑　命令行：SCALE。

☑　菜单栏：选择菜单栏中的“修改”→“缩放”命令。

☑　快捷菜单：在绘图区中选择要缩放的对象，单击鼠标右键，从弹出的快捷菜单中选择“缩放”命令。

☑　工具栏：单击“修改”工具栏中的“缩放”按钮。

☑　功能区：单击“默认”选项卡“修改”面板中的“缩放”按钮。

【操作步骤】

执行上述任一操作，命令行提示与操作如下。

```
命令: SCALE
选择对象:（选择要缩放的对象）
选择对象: ↙
指定基点:（指定缩放基点）
指定比例因子或[复制(C)/参照(R)]:
```

【选项说明】

（1）指定比例因子：选择对象并指定基点后，从基点到当前光标位置会出现一条线段，线段的长度即为比例大小。用鼠标选择的对象会动态地随着该连线长度的变化而缩放，按 Enter 键，确认缩放操作。

（2）复制（C）：选择该选项时，可以复制缩放对象，且缩放对象时保留原对象，如图 4-48 所示。

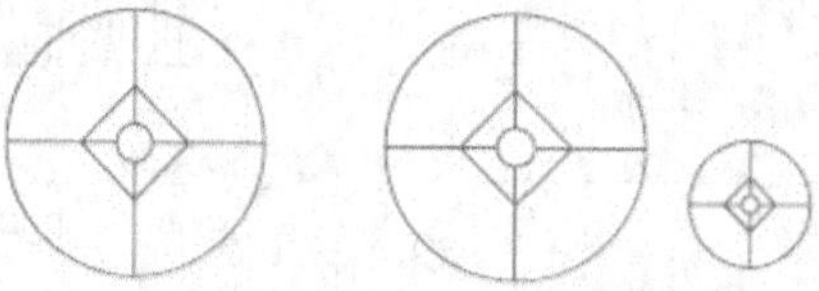

图 4-48　复制缩放对象

（3）参照（R）：采用参考方向缩放对象时，命令行提示与操作如下。

```
指定参照长度<1>:（指定参考长度值）
指定新的长度或[点(P)] <1.0000>:（指定新长度值）
```

若新长度值大于参考长度值，则放大对象；否则，缩小对象。操作完毕后，系统以指定的基点按指定的比例因子缩放对象。如果选择“点（P）”选项，则指定两点来定义新的长度。

4.4.6　操作实例——绘制门联窗

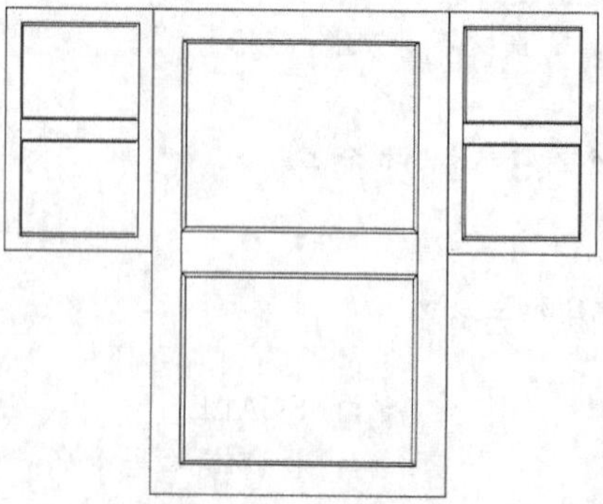

图 4-49　绘制门联窗

绘制图 4-49 所示的门联窗，操作步骤如下。

（1）单击“默认”选项卡“绘图”面板中的“矩形”按钮 ▭，绘制尺寸为 1500×2400 的矩形，结果如图 4-50 所示。

（2）单击“默认”选项卡“修改”面板中的“偏移”按钮 ⊆，将矩形向内偏移 150，结果如图 4-51 所示。

（3）单击“默认”选项卡“绘图”面板中的“直线”按钮 ╱，绘制一条水平直线作为偏移的原对象，直线的两个端点与小矩形的上侧边重合。

（4）单击“默认”选项卡“修改”面板中的“偏移”按钮 ⊆，将直线分别向下侧偏移 20、910、20、200、20 和 910，如图 4-52 所示。

（5）单击“默认”选项卡“绘图”面板中的“直线”按钮，绘制两条竖直直线，直线的两个端点如图 4-52 所示，将绘制的直线作为偏移的原对象。

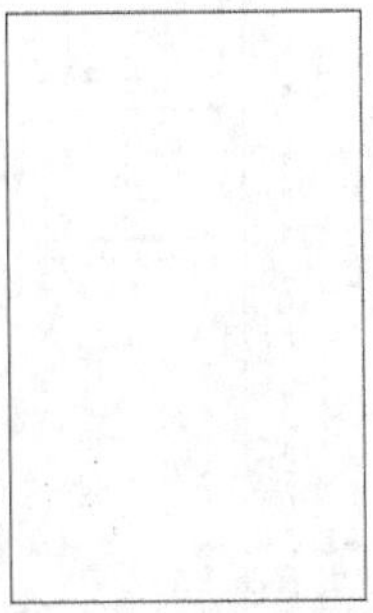
图 4-50 绘制矩形

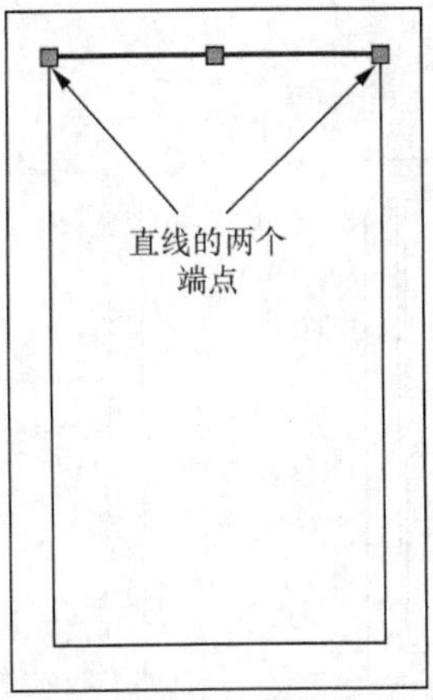

图 4-51 偏移矩形

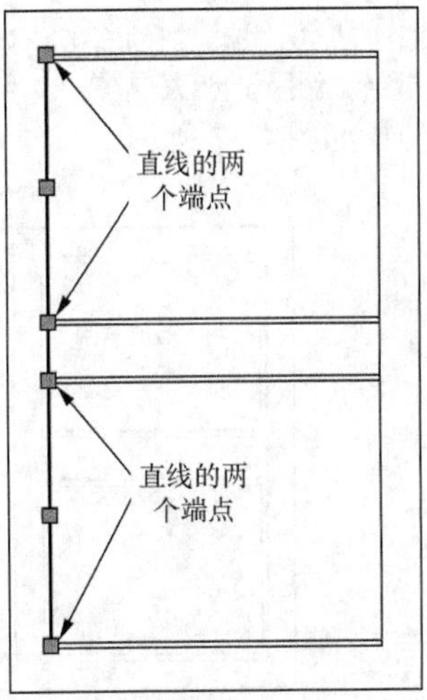

图 4-52 偏移直线 1

（6）单击“默认”选项卡“修改”面板中的“偏移”按钮，将直线向右侧偏移 20 和 1160，结果如图 4-53 所示。

（7）利用夹点编辑功能调整直线的长度。单击“默认”选项卡“绘图”面板中的“直线”按钮，连接直线的角点，绘制多条斜向直线，结果如图 4-54 所示。

（8）使用相同的方法绘制下侧的竖直直线和斜向的直线，如图 4-55 所示。

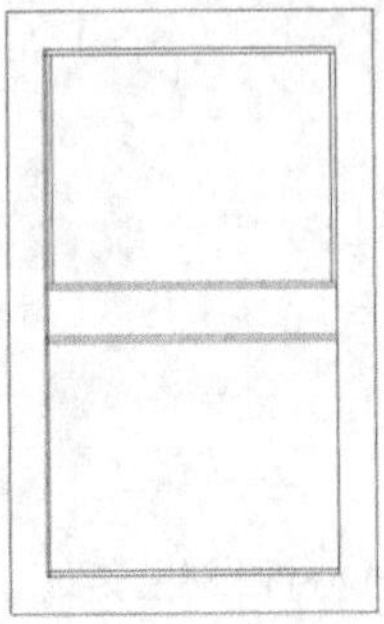
图 4-53 偏移直线 2

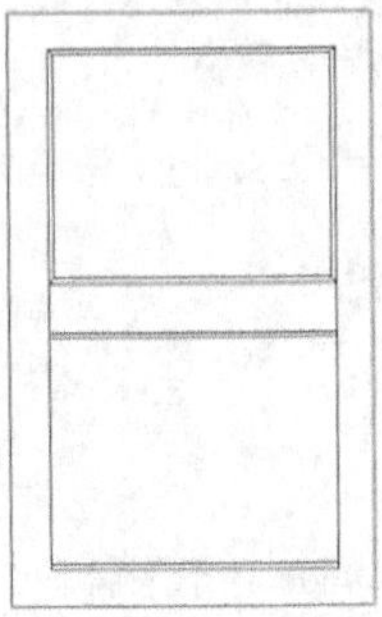
图 4-54 绘制斜向直线

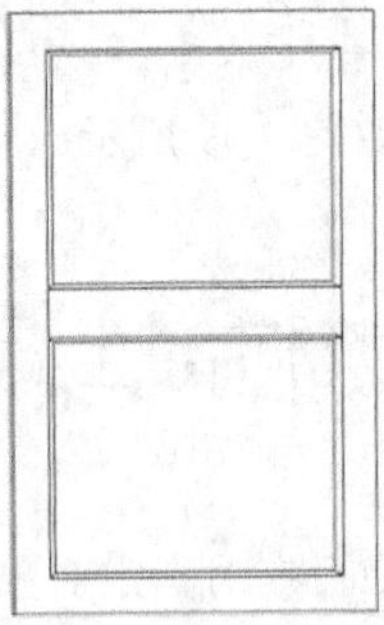
图 4-55 绘制直线

（9）单击“默认”选项卡“修改”面板中的“复制”按钮，将门进行复制。命令行提示与操作如下。

```
命令: COPY
选择对象:（选择门）
选择对象:
当前设置: 复制模式=多个
指定基点或[位移(D)/模式(O)] <位移>:（选择矩形左下角点为基点）
指定第二个点或[阵列(A)] <使用第一个点作为位移>:（选择矩形右下角点）
指定第二个点或[阵列(A)/退出(E)/放弃(U)] <退出>:
```

结果如图 4-56 所示。

（10）单击“默认”选项卡“修改”面板中的“缩放”按钮，将门进行缩放操作，绘制窗。命令行提示与操作如下。

命令: SCALE
选择对象:（框选门）
指定基点:（指定门的右上角为缩放基点，如图4-56所示）
指定比例因子或[复制(C)/参照(R)]: 0.5

结果如图 4-57 所示。

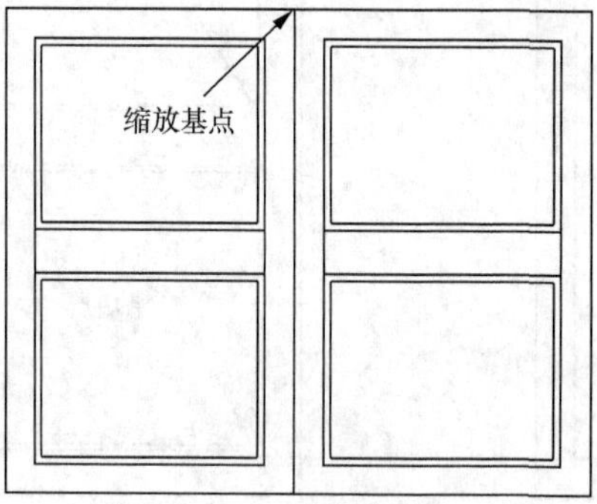

图 4-56　复制图形

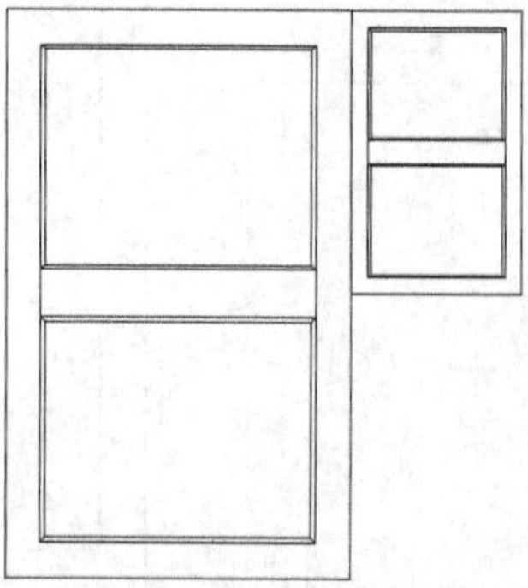

图 4-57　缩放图形

（11）单击“默认”选项卡“修改”面板中的“镜像”按钮 ，将右侧的窗进行镜像操作，得到左侧的窗。命令行提示与操作如下。

命令: MIRROR
选择对象:（选择右侧的窗户图形）
选择对象:
指定镜像线的第一点:（指定门水平直线的中点）
指定镜像线的第二点:（指定门水平直线的中点延长线上的一点）
要删除源对象吗？[是(Y)/否(N)] <否>:↙

最终结果如图 4-49 所示。

4.5 改变几何特性类命令

该类编辑命令在对指定对象进行编辑后，使编辑对象的几何特性发生改变。改变几何特性类命令主要包括圆角、倒角、修剪、延伸、拉伸、拉长、打断等命令。

【预习重点】

☑ 了解改变几何特性类命令有几种。
☑ 比较圆角和倒角命令。
☑ 比较修剪和延伸命令。
☑ 比较拉伸和拉长命令。
☑ 比较打断和打断于点命令。
☑ 比较分解和合并前后对象属性。

4.5.1　圆角命令

圆角是指用指定的半径决定的一段平滑圆弧来连接两个对象。系统规定圆角可以连接一对直线段、非圆弧的多段线段、样条曲线、双向无限长线、射线、圆、圆弧和椭圆，可以在任何时刻用圆角连接非圆弧多段线的每个节点。

【执行方式】

☑　命令行：FILLET。
☑　菜单栏：选择菜单栏中的“修改”→“圆角”命令。
☑　工具栏：单击“修改”工具栏中的“圆角”按钮⌒。
☑　功能区：单击“默认”选项卡“修改”面板中的“圆角”按钮⌒。

【操作步骤】

执行上述任一操作，命令行提示与操作如下。

命令: FILLET
当前设置: 模式=修剪，半径=0.0000
选择第一个对象或[放弃(U)/多段线(P)/半径(R)/修剪(T)/多个(M)]:（选择第一个对象或其他选项）
选择第二个对象，或按住 Shift 键选择对象以应用角点或 [半径(R)]:（选择第二个对象）

【选项说明】

（1）多段线（P）：在一条二维多段线的两段直线段的节点处插入圆滑的弧。选择多段线后，系统会根据指定的圆弧半径把多段线各顶点用圆滑的弧线连接起来。

（2）修剪（T）：决定在使用圆角连接两条边时，是否修剪这两条边，如图 4-58 所示。

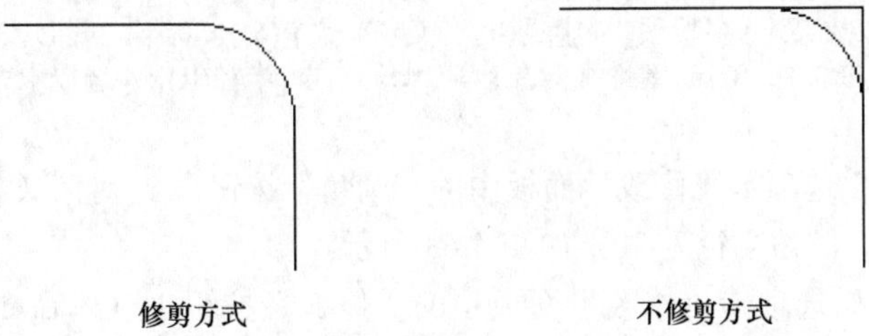

图 4-58　圆角连接

（3）多个（M）：可以同时对多个对象进行圆角编辑，而不必重新启用命令。

（4）按住 Shift 键选择对象以应用角点：可以快速创建零距离倒角或零半径圆角。

4.5.2　操作实例——绘制三人沙发

绘制图 4-59 所示的三人沙发，操作步骤如下。

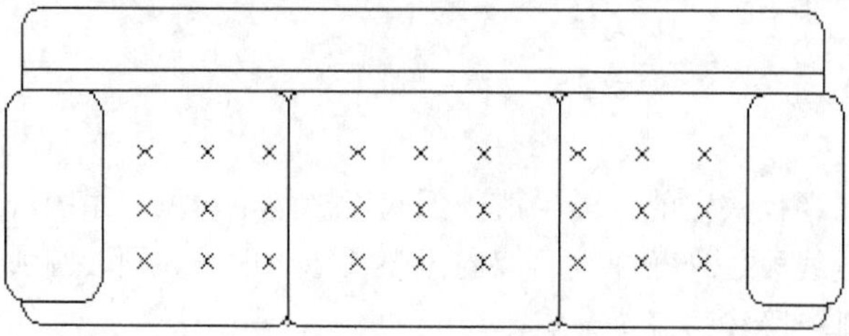

图 4-59　三人沙发

（1）单击“默认”选项卡“绘图”面板中的“矩形”按钮，在适当位置绘制一个 2018× 570 的矩形，结果如图 4-60 所示。

（2）单击“默认”选项卡“修改”面板中的“分解”按钮（本命令会在 4.5.15 节进行介绍），选择第（1）步绘制的矩形为分解对象，按 Enter 键确认进行分解。

（3）单击“默认”选项卡“绘图”面板中的“定数等分”按钮，选择矩形下部水平边为等分对象，将其进行三等分。单击“默认”选项卡“绘图”面板中的“直线”按钮，绘制等分点之间的连接线。结果如图 4-61 所示。

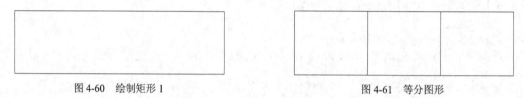

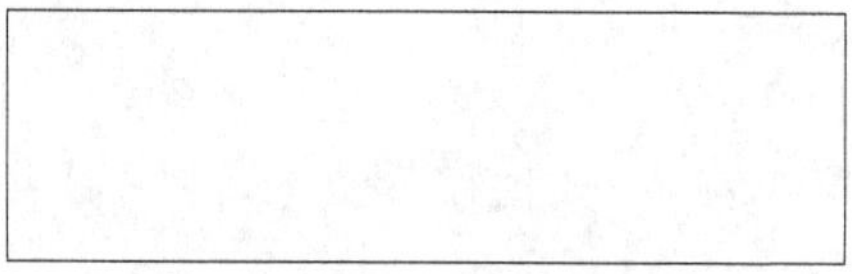

图 4-60　绘制矩形 1

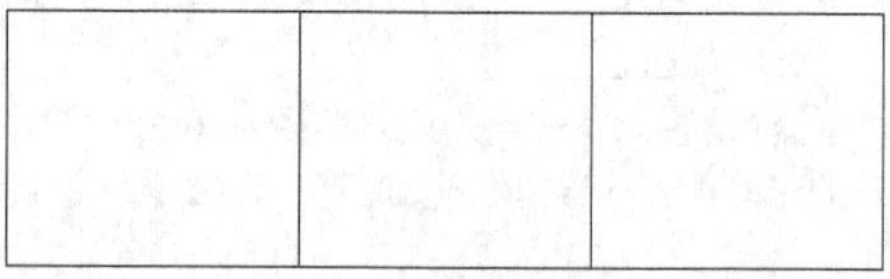

图 4-61　等分图形

（4）单击“默认”选项卡“修改”面板中的“圆角”按钮，对矩形四边进行圆角处理。命令行提示与操作如下。

① 命令: FILLET
当前设置: 模式=修剪，半径=0.0000
选择第一个对象或[放弃(U)/多段线(P)/半径(R)/修剪(T)/多个(M)]: R
指定圆角半径<0.0000>:50
选择第一个对象或[放弃(U)/多段线(P)/半径(R)/修剪(T)/多个(M)]: M
选择第一个对象或[放弃(U)/多段线(P)/半径(R)/修剪(T)/多个(M)]:（选取竖直边）
选择第二个对象，或按住 Shift 键选择对象以应用角点或 [半径(R)]:（选取水平边）

如图 4-62 所示。

（5）单击“默认”选项卡“修改”面板中的“圆角”按钮，对第（4）步绘制的等分线进行不修剪圆角处理，圆角半径为 30，如图 4-63 所示。

（6）单击“默认”选项卡“修改”面板中的“修剪”按钮（本命令会在 4.5.5 节进行详细讲述），选择第（5）步圆角处理后的图形为被修剪对象，对其进行修剪处理，如图 4-64 所示。

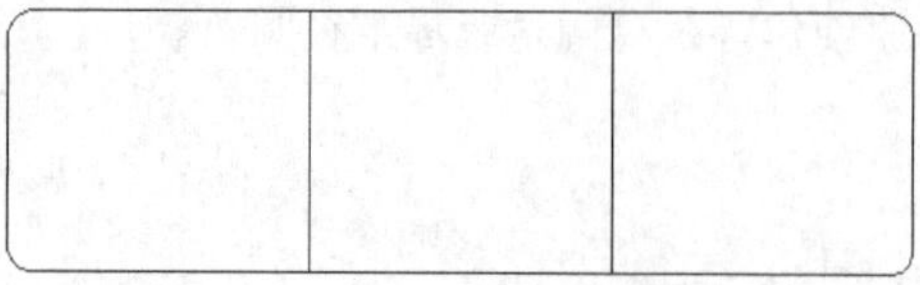

图 4-62　圆角处理 1

图 4-63　不修剪圆角处理

（7）单击“默认”选项卡“绘图”面板中的“矩形”按钮，在第（6）步修剪后的图形的适当位置绘制一个 241×511 的矩形，如图 4-65 所示。

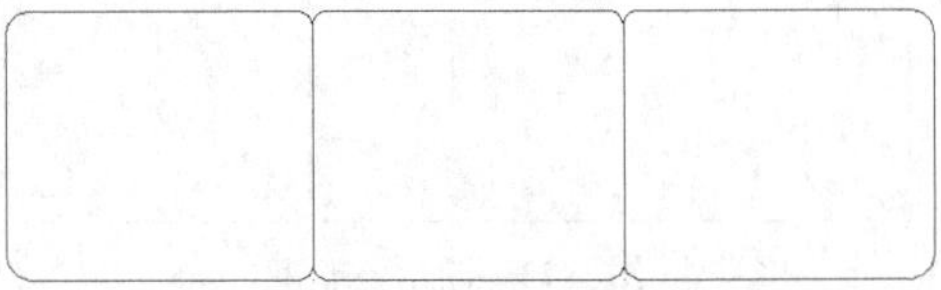

图 4-64　修剪线段

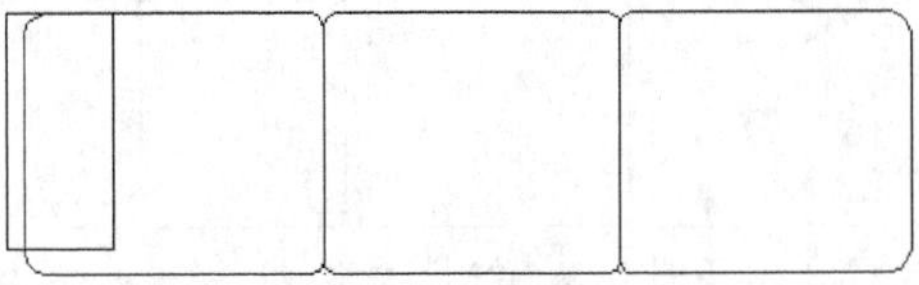

图 4-65　绘制矩形 2

（8）单击“默认”选项卡“修改”面板中的“修剪”按钮，选择第（7）步绘制矩形内的多余线段为被修剪对象，对其进行修剪处理，如图 4-66 所示。

（9）单击“默认”选项卡“修改”面板中的“圆角”按钮，对第（8）步图形中的矩形进行不修剪圆角处理，圆角半径为 50，如图 4-67 所示。

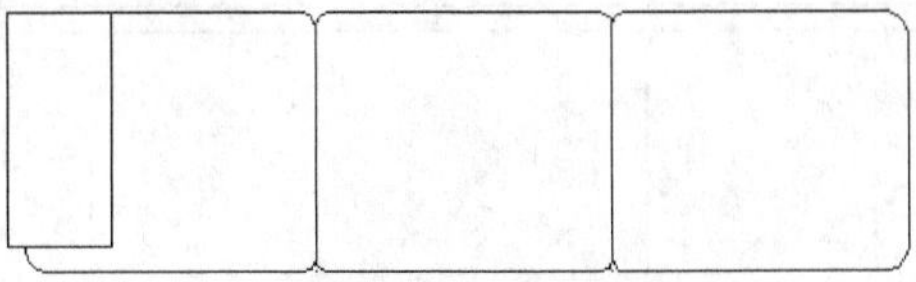

图 4-66　修剪矩形内多余线段

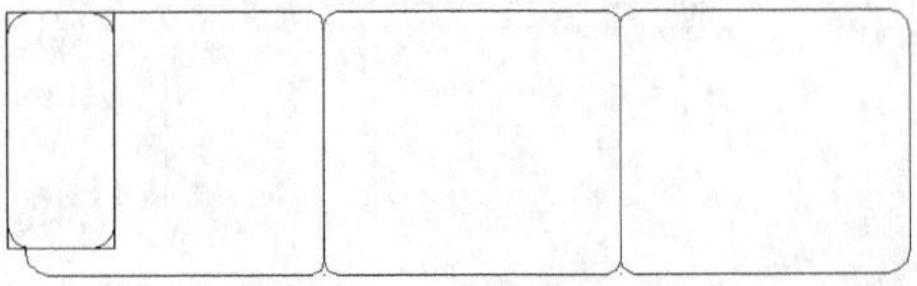

图 4-67　圆角处理 2

（10）单击“默认”选项卡“修改”面板中的“修剪”按钮，对第（9）步圆角处理后的图形进行修剪处理，如图 4-68 所示。

（11）利用上述方法完成右侧相同图形的绘制，如图 4-69 所示。

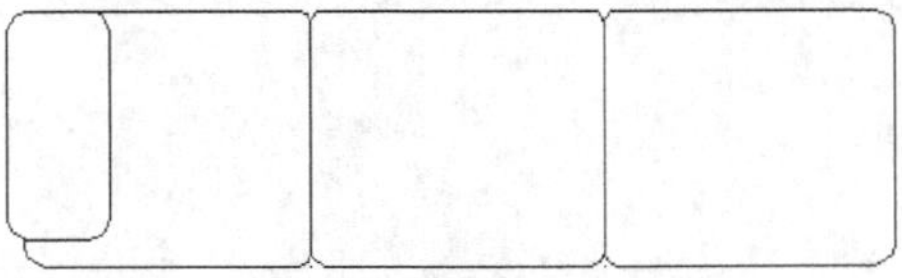

图 4-68　修剪处理

图 4-69　绘制右侧图形

（12）单击“默认”选项卡“绘图”面板中的“直线”按钮，在第（11）步绘制的图形顶部位置绘制一条水平直线，如图 4-70 所示。

（13）单击“默认”选项卡“修改”面板中的“偏移”按钮，选择第（12）步绘制的水平直线为偏移对象，并将其向上进行偏移，偏移距离分别为 50、150，如图 4-71 所示。

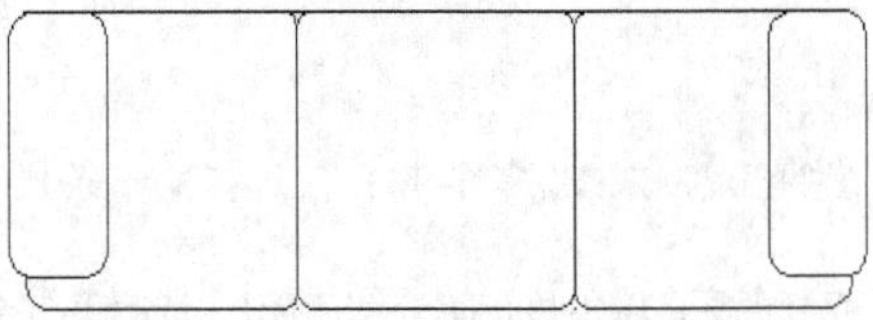

图 4-70　绘制水平直线

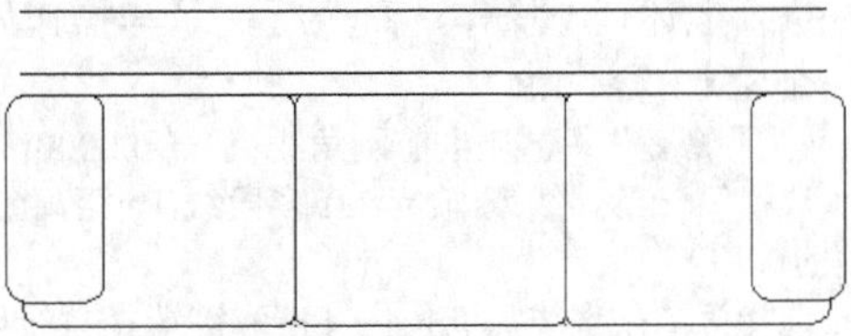

图 4-71　偏移直线

（14）单击“默认”选项卡“绘图”面板中的“直线”按钮，绘制两条竖直直线来连接第（13）步偏移的直线，如图 4-72 所示。

（15）单击“默认”选项卡“修改”面板中的“圆角”按钮，对第（14）步绘制的两条竖直直线进行圆角处理，圆角半径为 50，如图 4-73 所示。

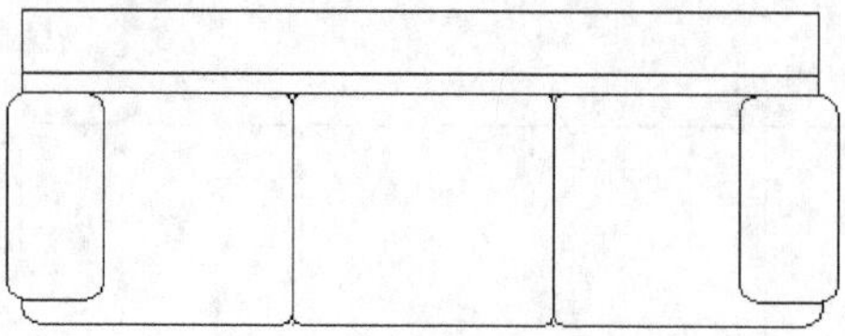

图 4-72　绘制竖直直线

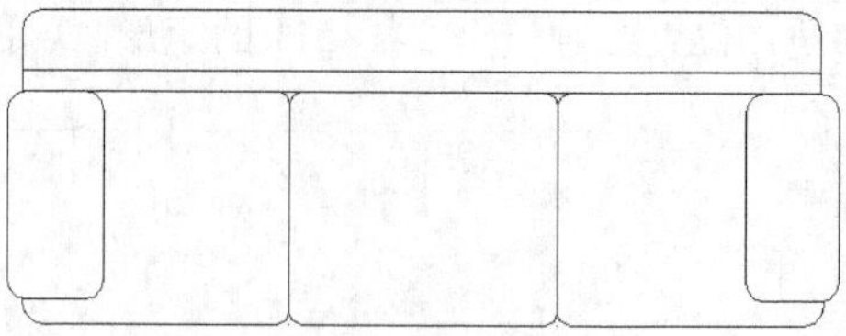

图 4-73　圆角处理 3

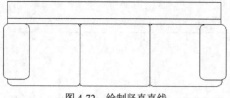

（16）单击“默认”选项卡“绘图”面板中的“直线”按钮，在第（15）步绘制的图形内绘制十字交叉线，如图 4-74 所示。

（17）单击“默认”选项卡“修改”面板中的“复制”按钮，选择第（16）步绘制的十字交叉线为复制对象，对其进行连续复制，如图 4-75 所示。

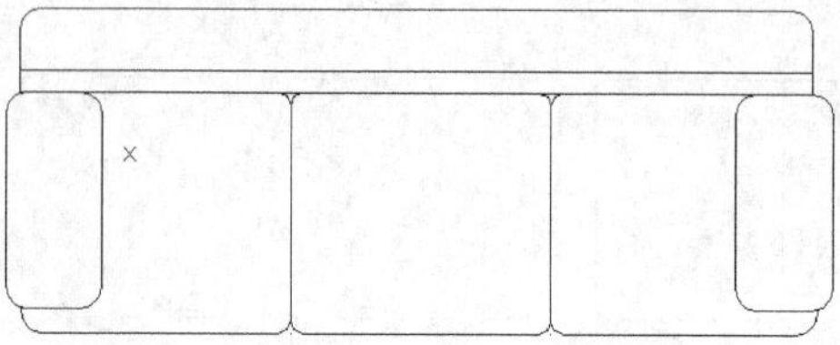

图 4-74　绘制十字交叉线

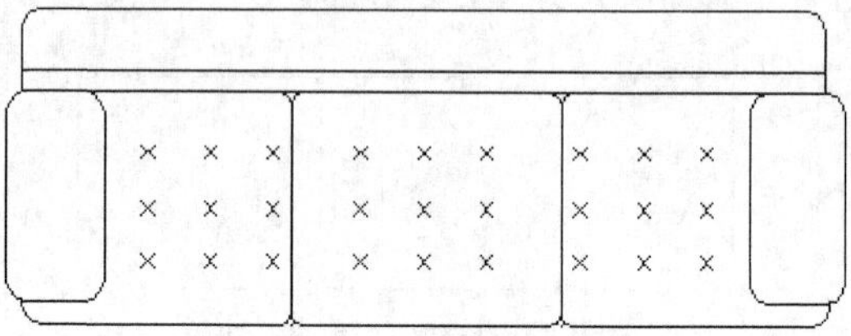

图 4-75　复制十字交叉线

4.5.3　倒角命令

倒角是指用斜线连接两个不平行的线型对象。可以用斜线连接直线段、双向无限长线、射线和多段线。

【执行方式】

☑ 命令行：CHAMFER。
☑ 菜单栏：选择菜单栏中的“修改”→“倒角”命令。
☑ 工具栏：单击“修改”工具栏中的“倒角”按钮。
☑ 功能区：单击“默认”选项卡“修改”面板中的“倒角”按钮。

【操作步骤】

执行上述任一操作，命令行提示与操作如下。

```
命令: CHAMFER
(“不修剪”模式) 当前倒角距离1 = 0.0000，距离 2 = 0.0000
选择第一条直线或[放弃(U)/多段线(P)/距离(D)/角度(A)/修剪(T)/方式(E)/多个(M)]:（选择第一条直线或别的选项）
选择第二条直线，或按住 Shift 键选择直线以应用角点或 [距离(D)/角度(A)/方法(M)]:（选择第二条直线）
```

【选项说明】

（1）多段线（P）：对多段线的各个交叉点进行倒角编辑。为了得到最好的连接效果，一般设置斜线距离为相等的值。系统根据指定的斜线距离把多段线的每个交叉点都作为斜线端点连接，连接的斜线成为多段线新添加的部分，如图 4-76 所示。

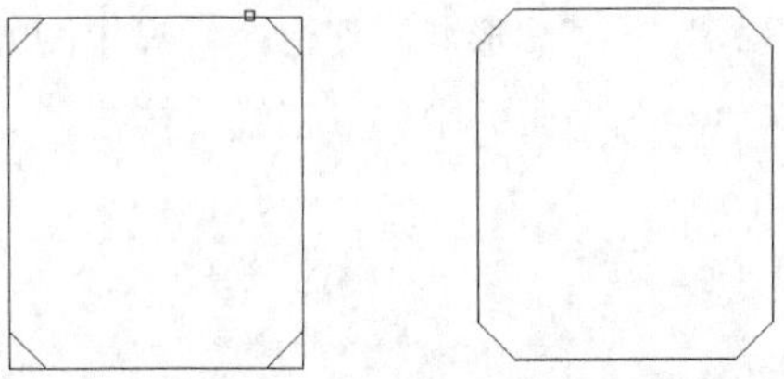

图 4-76　斜线连接多段线图

（2）距离（D）：选择倒角的两个斜线距离。斜线距离是指从被连接的对象与斜线的交点到被连接的两个对象的可能的交点之间的距离，如图 4-77 所示。这两个斜线距离可以相同也可以不相同，若二者均为 0，则系统不绘制连接的斜线，而是把两个对象延伸至相交，并修剪超出的部分。

（3）角度（A）：选择第一条直线的斜线距离和角度。采用这种方法斜线连接对象时，需要输入两个参数，即斜线与一个对象的斜线距离和斜线与该对象的夹角，如图 4-78 所示。

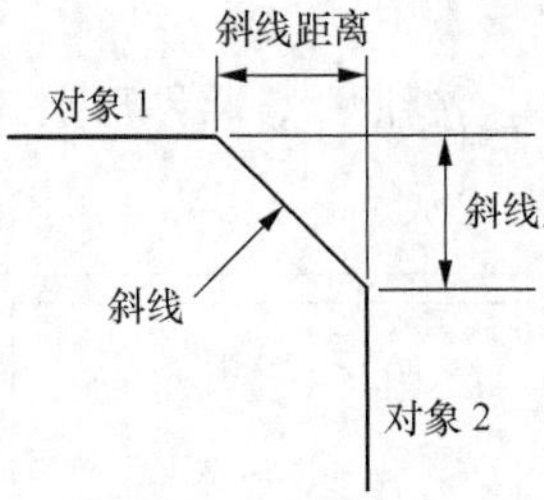

图 4-77　斜线距离

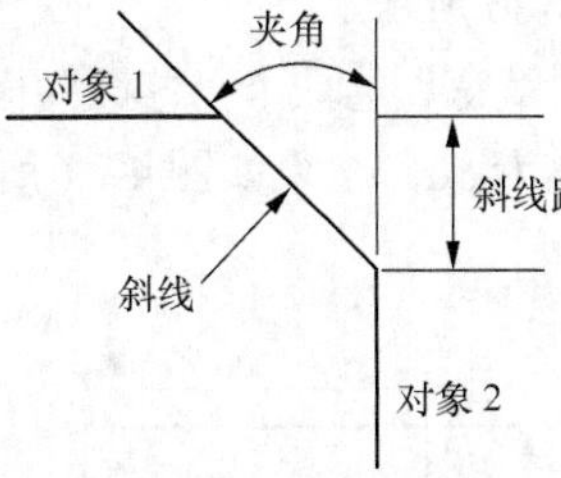

图 4-78　斜线距离与夹角

（4）修剪（T）：与圆角连接命令 FILLET 相同，该选项决定连接对象后，是否修剪原对象。

（5）方式（E）：决定采用“距离”方式还是“角度”方式来倒角。

（6）多个（M）：同时对多个对象进行倒角编辑。

高手支招

有时用户在执行圆角和倒角命令时，发现命令不执行或执行后图形没什么变化，这是因为系统默认圆角半径和斜线距离均为 0，如果不事先设定圆角半径或斜线距离，系统就以默认值执行命令，所以看起来没有变化。

4.5.4　操作实例——绘制电视机

绘制图 4-79 所示的电视机，操作步骤如下。

图 4-79　电视机

（1）选择菜单栏中的“格式”→“图形界限”命令，设置图幅为297×210。

（2）单击“默认”选项卡“绘图”面板中的“直线”按钮╱，绘制直线。命令行提示与操作如下。

```
命令: LINE
指定第一个点: 0,0
指定下一点或[放弃(U)]: 1000,0
指定下一点或[放弃(U)]: @0,-850
指定下一点或[闭合(C)/放弃(U)]: @-1000,0
指定下一点或[闭合(C)/放弃(U)]: C
命令: LINE
指定第一个点0,-900
指定下一点或[放弃(U)]: @1000,0
指定下一点或[放弃(U)]: @0,-80
指定下一点或[闭合(C)/放弃(U)]: @-1000,0
指定下一点或[闭合(C)退出(X)/放弃(U)]: C
```

结果如图4-80所示。

（3）单击“默认”选项卡“修改”面板中的“偏移”按钮⊆，将图形上部直线分别内侧偏移，偏移的距离为50，结果如图4-81所示。

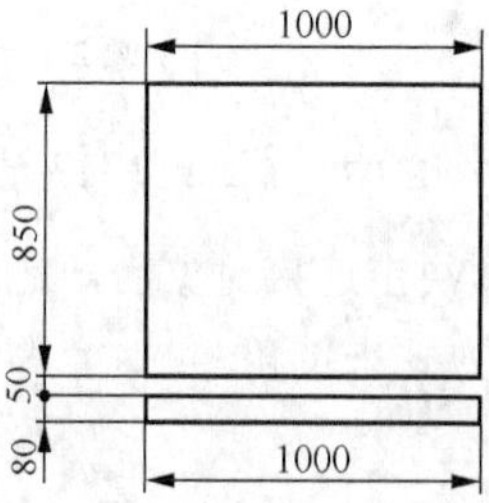

图4-80　绘制直线

图4-81　偏移处理

（4）单击“默认”选项卡“修改”面板中的“圆角”按钮⌐，指定圆角半径为30，对外部矩形的四个角均进行圆角操作，结果如图4-82所示。

（5）单击“默认”选项卡“绘图”面板中的“矩形”按钮□，绘制电视机开关，设置角点坐标为[（485,-930）、（515,-950）]，如图4-83所示。

图4-82　圆角处理

图4-83　绘制开关

（6）单击“默认”选项卡“修改”面板中的“倒角”按钮⌐，将开关进行倒角处理。命令行提示与操作如下。

```
命令: CHAMFER
(“修剪”模式) 当前倒角距离1 = 0.0000，距离 2 = 0.0000
```

选择第一条直线或[放弃(U)/多段线(P)/距离(D)/角度(A)/修剪(T)/方式(E)/多个(M)]: D
指定第一个倒角距离<0.0000>: 2
指定第二个倒角距离<6.0000>:↙
选择第一条直线或[放弃(U)/多段线(P)/距离(D)/角度(A)/修剪(T)/方式(E)/多个(M)]:（选择开关最右侧的线）
选择第二条直线，或按住Shift键选择直线以应用角点或[距离(D)/角度(A)/方法(M)]:（选择开关最下侧的水平线）

重复“倒角”命令，将其他交线进行倒角处理，结果如图 4-79 所示。

4.5.5　修剪命令

【执行方式】

☑　命令行：TRIM。
☑　菜单栏：选择菜单栏中的“修改”→“修剪”命令。
☑　工具栏：单击“修改”工具栏中的“修剪”按钮。
☑　功能区：单击“默认”选项卡“修改”面板中的“修剪”按钮。

【操作步骤】

执行上述任一操作，命令行提示与操作如下。

命令: TRIM
当前设置: 投影=UCS，边=无，模式=标准
选择剪切边...
选择对象或[模式(O)] <全部选择>:（选择用作修剪边界的对象，按Enter键结束对象选择）
选择要修剪的对象，或按住 Shift 键选择要延伸的对象，或[剪切边(T)/栏选(F)/窗交(C)/模式(O)/投影(P)/边(E)/删除(R)/放弃(U)]:（选择需要修剪的对象）

【选项说明】

（1）按住 Shift 键：在选择对象时，如果按住 Shift 键，系统就自动将“修剪”命令转换成“延伸”命令，“延伸”命令将在第 4.5.7 节介绍。

（2）栏选（F）：选择此选项时，系统以栏选的方式选择被修剪对象，如图 4-84 所示。

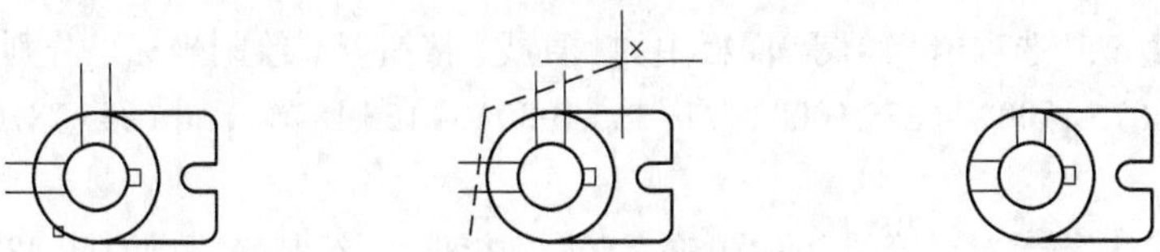

选定剪切边　　使用栏选选定的要修剪的对象　　结果

图 4-84　“栏选”选择被修剪对象

（3）窗交（C）：选择此选项时，系统以窗交的方式选择被修剪对象，如图 4-85 所示。

被选择的对象可以互为边界和被修剪对象，此时系统会在选择的对象中自动判断边界，如图 4-85 所示。

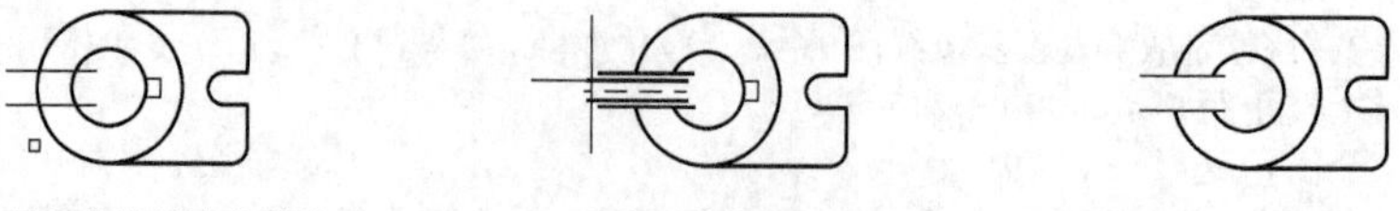

使用窗交选择选定的边　　选定要修剪的对象　　结果

图 4-85　“窗交”选择被修剪对象

（4）边（E）：选择此选项时，可以选择对象的修剪方式，即延伸或不延伸。

① 延伸（E）：延伸边界进行修剪。在此方式下，如果剪切边没有与要修剪的对象相交，系统会延伸剪切边直至与要修剪的对象相交，然后再修剪对象，如图 4-86 所示。

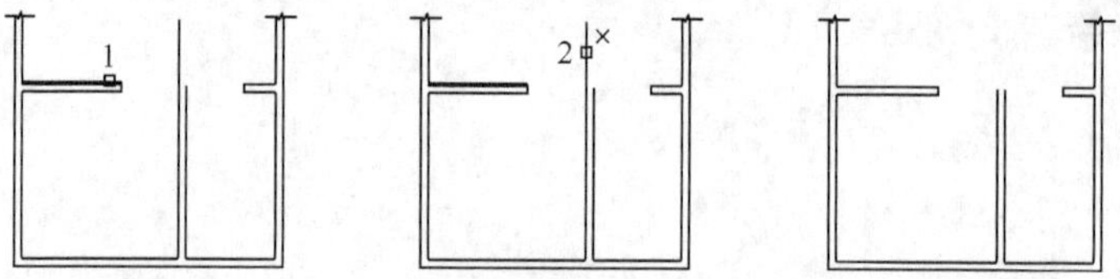

选择剪切边　　选择要修剪的对象　　修剪后的结果

图 4-86　“延伸”方式修剪对象

② 不延伸（N）：不延伸边界去修剪对象。只修剪与剪切边相交的对象。

4.5.6　操作实例——绘制单人床

绘制图 4-87 所示的单人床，操作步骤如下。

（1）单击“默认”选项卡“绘图”面板中的“矩形”按钮，绘制角点坐标为[（0,0）、（@1000,2000）]的矩形，如图 4-88 所示。

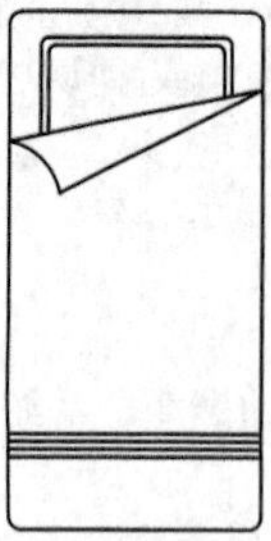

图 4-87　单人床

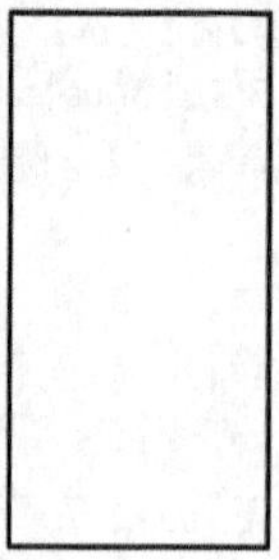

图 4-88　绘制矩形

（2）单击“默认”选项卡“绘图”面板中的“直线”按钮，绘制坐标点分别为[（125,1000）、（125,1900）]、[（875,1900）、（875,1000）]、[（155,1000）、（155,1870）]和[（845,1870）、（845,1000）]的直线。

（3）单击“默认”选项卡“绘图”面板中的“直线”按钮，绘制坐标点为（0,280）和（@1000,0）的直线。绘制结果如图 4-89 所示。

（4）单击“默认”选项卡“修改”面板中的“矩形阵列”按钮，阵列对象为最近绘制的直线，设置行数为 4，列数为 1，行间距为 30。阵列结果如图 4-90 所示。

（5）单击“默认”选项卡“修改”面板中的“圆角”按钮，将外轮廓线的圆角半径设为 50，内衬圆角半径为 40。结果如图 4-91 所示。

（6）单击“默认”选项卡“绘图”面板中的“直线”按钮，绘制坐标点为（0,1500）、

（@1000,200）、（@-800,-400）的折线。

（7）单击“默认”选项卡“绘图”面板中的“圆弧”按钮，绘制起点为（200,1300）、第二点为（130,1430）、圆弧端点为（0,1500）的圆弧。绘制结果如图 4-92 所示。

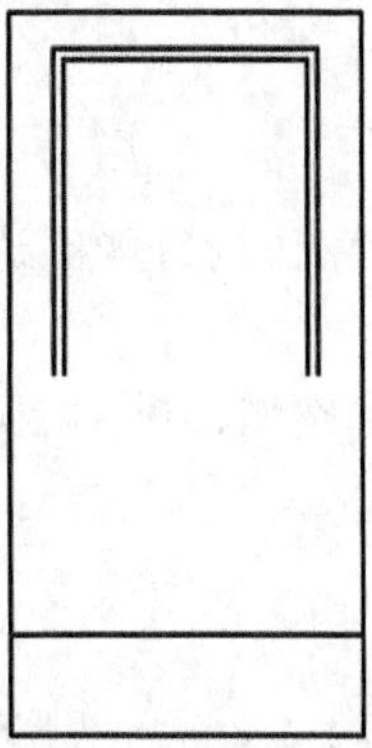

图 4-89　绘制直线

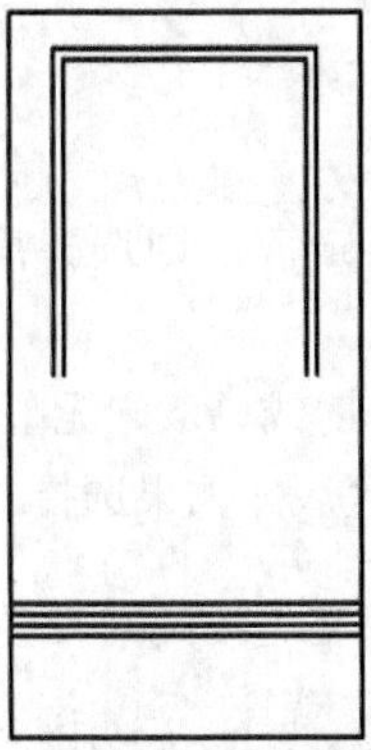

图 4-90　阵列处理

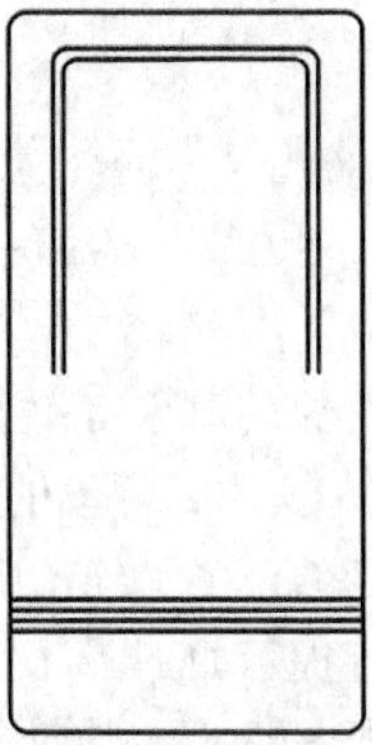

图 4-91　圆角处理

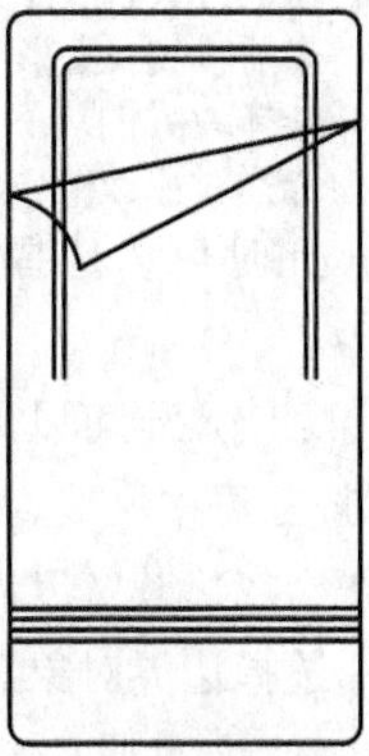

图 4-92　绘制折线与圆弧

（8）单击“默认”选项卡“修改”面板中的“修剪”按钮，修剪多余图线，修剪结果如图 4-87 所示。命令行提示与操作如下。

```
命令: TRIM
当前设置: 投影=UCS，边=无，模式=标准
选择剪切边...
选择对象或[模式(O)] <全部选择>:[选择坐标点为（0,1500）、（@1000,200）的直线]
选择要修剪的对象，或按住 Shift 键选择要延伸的对象，或[剪切线(T)/栏选(F)/窗交(C)/模式(O)/投影(P)/边(E)/删除(R)/放弃(U)]:（选择需要修剪的多余图线）
```

4.5.7　延伸命令

延伸命令是指把要延伸的对象延伸至另一个对象的边界线，如图 4-93 所示。

【执行方式】

☑　命令行：EXTEND。

☑　菜单栏：选择菜单栏中的“修改”→“延伸”命令。

☑　工具栏：单击“修改”工具栏中的“延伸”按钮。

☑　功能区：单击“默认”选项卡“修改”面板“修剪”下拉菜单中的“延伸”按钮。

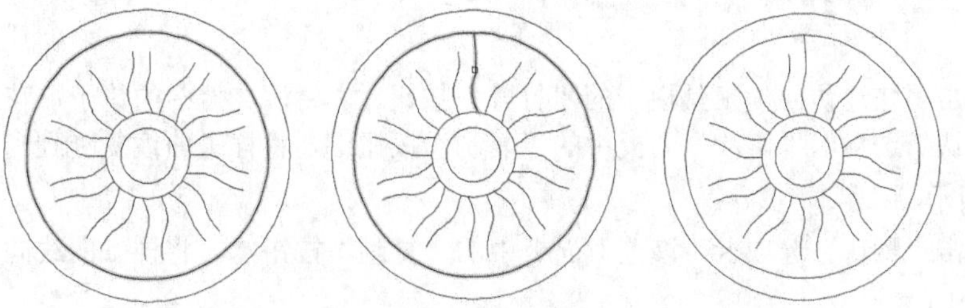

图 4-93　延伸对象

【操作步骤】

执行上述任一操作，命令行提示与操作如下。

```
命令: EXTEND
当前设置: 投影=UCS，边=无，模式=标准
选择边界的边...
选择对象或[模式(O)]<全部选择>:（选择边界对象）
```

此时可以选择对象来定义边界，若直接按 Enter 键，则选择所有对象作为可能的边界对象。

系统规定可以用作边界对象的对象有：直线段、射线、双向无限长线、圆弧、圆、椭圆、二维/三维多义线、样条曲线、文本、浮动的视口、区域。如果选择二维多义线作为边界对象，系统会忽略其宽度而把对象延伸至多义线的中心线。

选择边界对象后，命令行提示如下。

```
选择要延伸的对象，或按住 Shift 键选择要修剪的对象，或[边界边(B)/栏选(F)/窗交(C)/模式(O)/投影(P)/边(E)/放弃(U)]:（选择需要延伸的对象）
```

4.5.8 操作实例——绘制镜子

绘制图 4-94 所示的镜子，操作步骤如下。

（1）单击“默认”选项卡“绘图”面板中的“椭圆”按钮，设置中心点为坐标原点，通过指定轴的端点和另一条半轴的长度，绘制椭圆。命令行提示与操作如下。

```
命令: ELLIPSE
指定椭圆的轴端点或[圆弧(A)/中心点(C)]: C
指定椭圆的中心点: 0,0
指定轴的端点:300
指定另一条半轴长度或[旋转(R)]:520
```

结果如图 4-95 所示。

（2）单击“默认”选项卡“修改”面板中的“偏移”按钮，向内偏移椭圆，连续偏移 2 次，偏移的距离为 20，如图 4-96 所示。

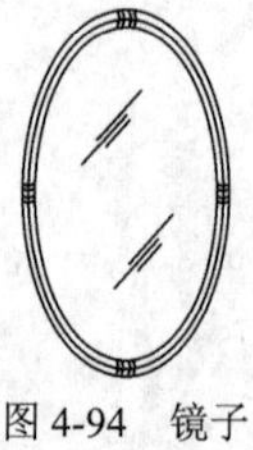
图 4-94 镜子

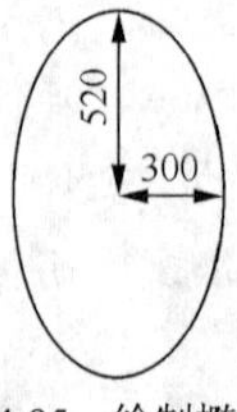

图 4-95 绘制椭圆

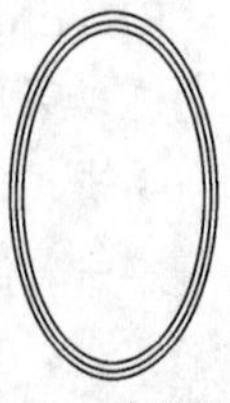
图 4-96 偏移椭圆

（3）单击“快速访问”工具栏中的“打开”按钮，将源文件中的镜子雕花图形打开，然后单击“默认”选项卡“修改”面板中的“复制”按钮，将样条曲线复制到当前的图形中，如图 4-97 所示。

（4）单击“默认”选项卡“修改”面板中的“复制”按钮，将样条曲线向右侧复制，复制的间距为 10。

（5）单击“默认”选项卡“修改”面板中的“镜像”按钮，将样条曲线进行镜像，镜像线为椭圆的中心点和过中心点的竖直延长线上一点的连线。结果如图 4-98 所示。

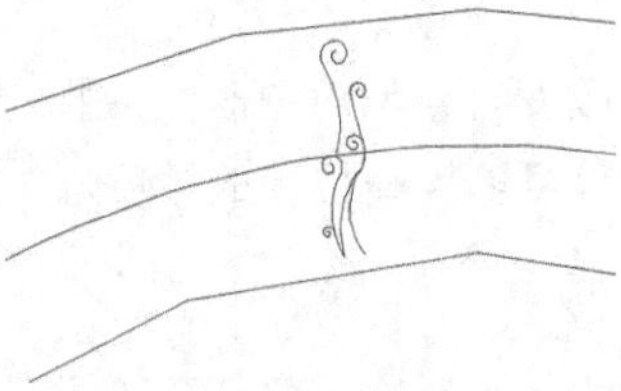

图 4-97　导入样条曲线

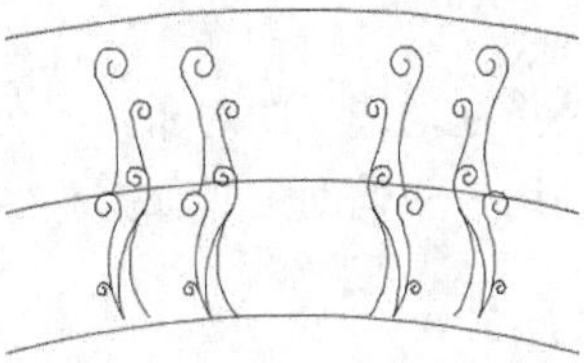

图 4-98　镜像图形

（6）单击“默认”选项卡“修改”面板中的“延伸”按钮，将图形进行细部延伸操作。命令行提示与操作如下。

```
命令: EXTEND
当前设置: 投影=UCS，边=无
选择边界的边...
选择对象或<全部选择>:（选择椭圆）
选择对象:
选择要延伸的对象或按住Shift键选择要修剪的对象或[栏选(F)/窗交(C)/投影(P)/边(E)]:（选择如图4-98所示样条曲线的下侧位置，将样条曲线延伸至椭圆的边上）
选择要延伸的对象或按住Shift键选择要修剪的对象或[栏选(F)/窗交(C)/投影(P)/边(E)]:
```

结果如图 4-99 所示。

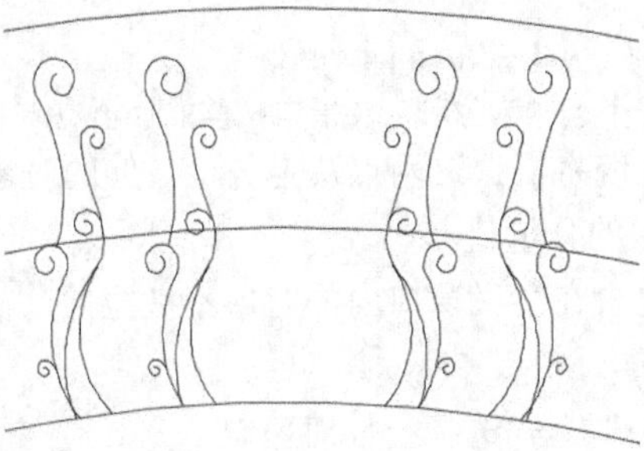

图 4-99　延伸图形

（7）单击“默认”选项卡“修改”面板中的“复制”按钮、“旋转”按钮、“移动”按钮和“镜像”按钮，对绘制的样条曲线进行镜像和复制，绘制装饰如图 4-100 所示。

（8）单击“默认”选项卡“绘图”面板中的“直线”按钮，绘制直线（这里长度可以自行设定，不必跟实例完全一样），完善图形，结果如图 4-101 所示。

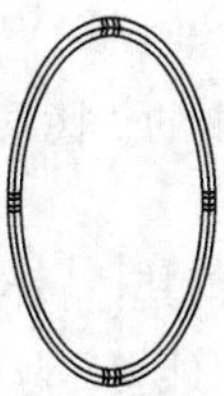

图 4-100　绘制装饰

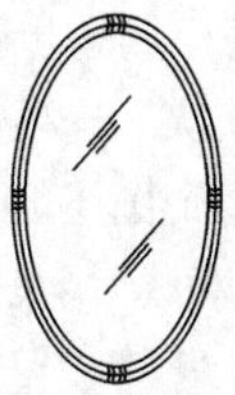

图 4-101　完善图形

4.5.9 拉伸命令

拉伸是指拖动选择的对象，且使对象的形状发生改变。拉伸对象时，应指定拉伸的基点和移至点。利用一些辅助工具如捕捉、钳夹及相对坐标等可以提高拉伸的精度。

【执行方式】

☑ 命令行：STRETCH。
☑ 菜单栏：选择菜单栏中的"修改"→"拉伸"命令。
☑ 工具栏：单击"修改"工具栏中的"拉伸"按钮。
☑ 功能区：单击"默认"选项卡"修改"面板中的"拉伸"按钮。

【操作步骤】

执行上述任一操作，命令行提示与操作如下。

```
命令: STRETCH
以交叉窗口或交叉多边形选择要拉伸的对象...
选择对象: C
指定第一个角点:
指定对角点: 找到2个（采用交叉窗口的方式选择要拉伸的对象）
选择对象: ↙
指定基点或 [位移(D)] <位移>:（指定拉伸的基点）
指定第二个点或 <使用第一个点作为位移>:（指定拉伸的移至点）
```

（1）若指定第二个点，系统将根据这两点决定矢量拉伸的对象；若直接按 Enter 键，系统会把第一个点作为 *X* 轴和 *Y* 轴的分量值。

（2）拉伸命令将使完全包含在交叉窗口内的对象不被拉伸，部分包含在交叉选择窗口内的对象被拉伸。

（3）必须采用"窗交（C）"方式选择拉伸对象。

高手支招

用交叉窗口选择拉伸对象时，在交叉窗口内的端点被拉伸，在外部的端点保持不动。

4.5.10 操作实例——绘制手柄

绘制图 4-102 所示的手柄，操作步骤如下。

（1）设置图层。单击"默认"选项卡"图层"面板中的"图层特性"按钮，弹出"图层特性管理器"选项板，新建两个图层。

① 第一图层命名为"轮廓线"，线宽属性为 0.3mm，其他属性保持默认。

② 第二图层命名为"中心线"，设置"颜色"为红色，"线型"为CENTER，其他属性保持默认。

（2）将"中心线"图层设置为当前图层。单击"默认"选项卡"绘图"面板中的"直线"

按钮，绘制端点坐标分别为（150,150）和（@120,0）的直线，如图 4-103 所示。

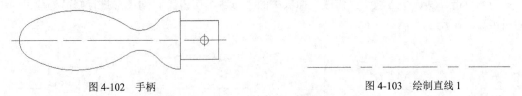

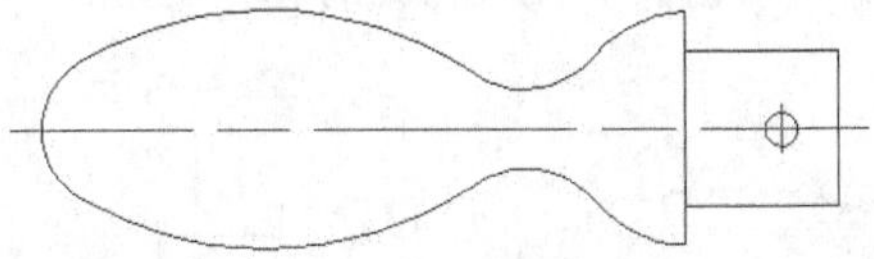

图 4-102　手柄

图 4-103　绘制直线 1

（3）将“轮廓线”图层设置为当前图层。单击“默认”选项卡“绘图”面板中的“圆”按钮，以（160,150）为圆心，绘制半径为 10 的圆。重复“圆”命令，以（235,150）为圆心，绘制半径为 15 的圆。再绘制半径为 50 的圆与前两个圆相切。结果如图 4-104 所示。

（4）单击“默认”选项卡“绘图”面板中的“直线”按钮，绘制坐标为（250,150）、（@10<90）和（@15<180）的两条直线。重复“直线”命令，绘制端点坐标为（235,165）和（235,150）的直线。结果如图 4-105 所示。

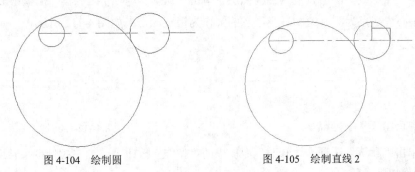

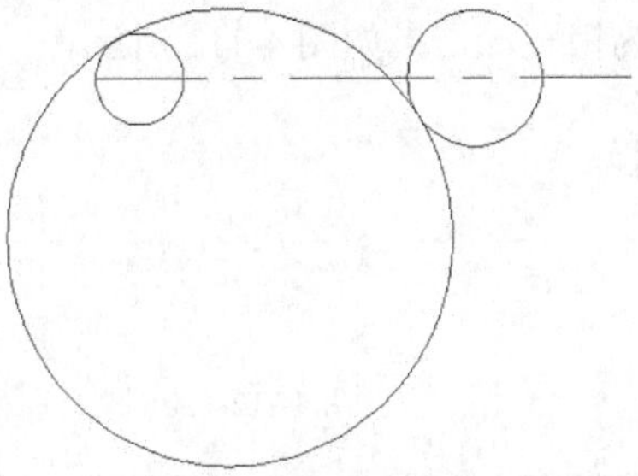

图 4-104　绘制圆

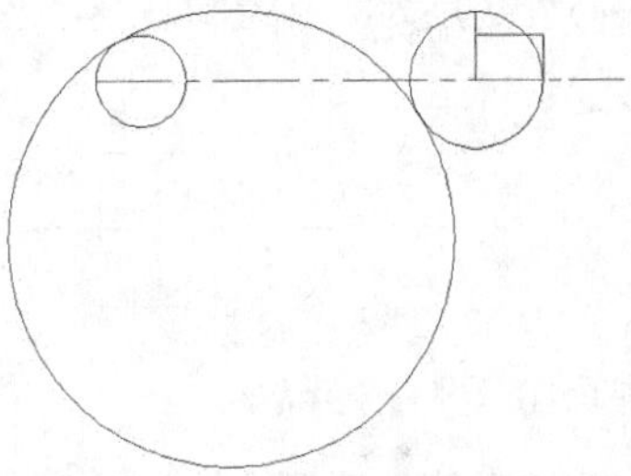

图 4-105　绘制直线 2

（5）单击“默认”选项卡“修改”面板中的“修剪”按钮，对图形进行修剪处理，结果如图 4-106 所示。

（6）单击“默认”选项卡“绘图”面板中的“圆”按钮，绘制半径为 12 且与圆弧 1 和圆弧 2 相切的圆，结果如图 4-107 所示。

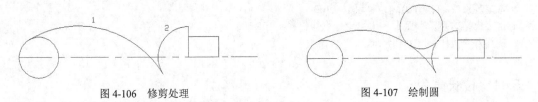

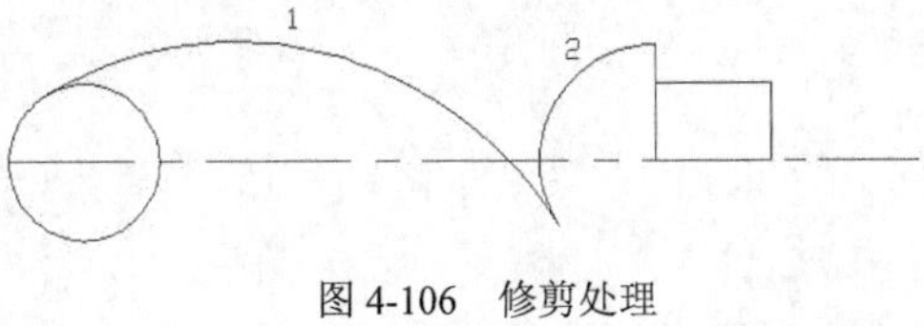

图 4-106　修剪处理

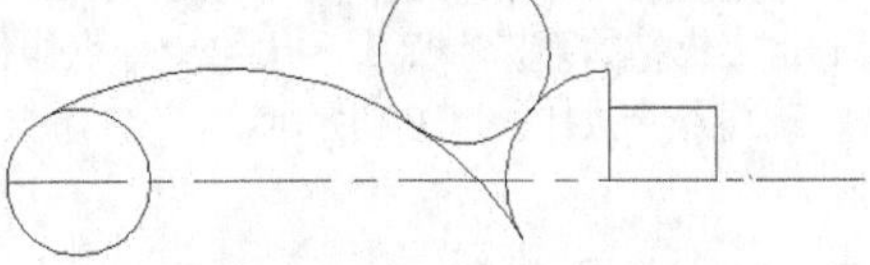

图 4-107　绘制圆

（7）单击“默认”选项卡“修改”面板中的“修剪”按钮，将多余的圆弧进行修剪，结果如图 4-108 所示。

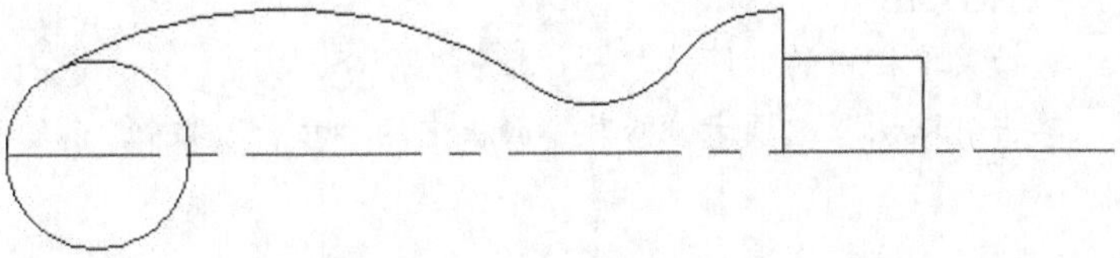

图 4-108　修剪圆弧

（8）单击“默认”选项卡“修改”面板中的“镜像”按钮，以水平中心线为两镜像点对图形进行镜像处理，结果如图 4-109 所示。

（9）单击“默认”选项卡“修改”面板中的“修剪”按钮，对图形进行修剪处理，结果如图 4-110 所示。

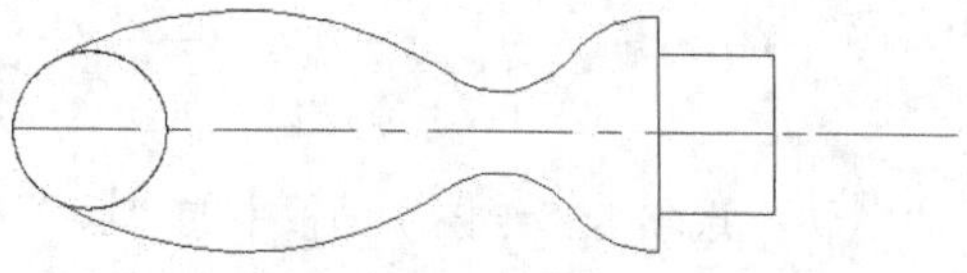

图 4-109　镜像处理

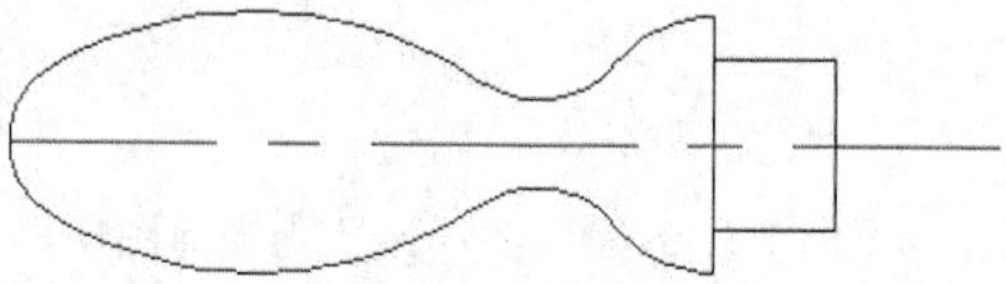

图 4-110　修剪处理

（10）将“中心线”图层设置为当前图层。单击“默认”选项卡“绘图”面板中的“直线”按钮，在把手接头处中间位置绘制适当长度的竖直线段作为销孔定位中心线，结果如图 4-111 所示。

（11）将“轮廓线”图层设置为当前图层。单击“默认”选项卡“绘图”面板中的“圆”按钮，以中心线交点为圆心绘制适当半径的圆作为销孔，结果如图 4-112 所示。

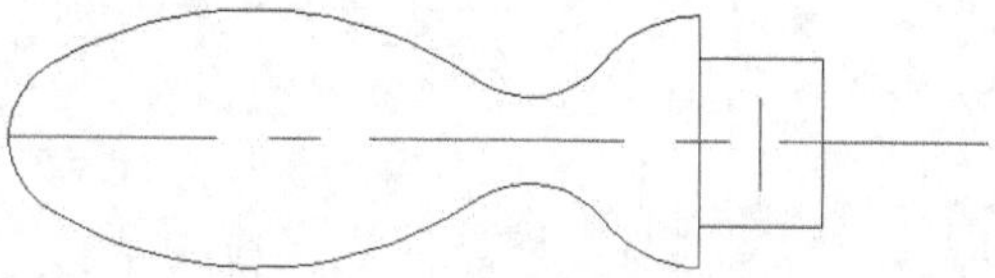

图 4-111　绘制销孔中心线

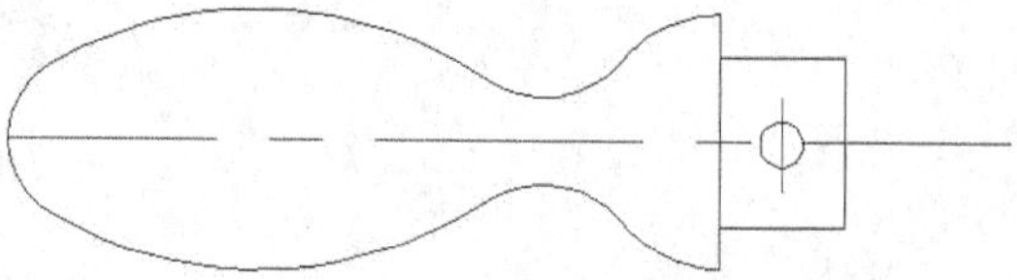

图 4-112　绘制销孔

（12）单击“默认”选项卡“修改”面板中的“拉伸”按钮，向右拉伸接头长度 5。命令行提示与操作如下。

```
命令: STRETCH
以交叉窗口或交叉多边形选择要拉伸的对象...
选择对象: C
指定第一个角点:（框选手柄接头部分）
指定对角点:
指定基点或 [位移(D)] <位移>: 100,100
指定位移的第二个点或 <用第一个点作位移>: 105,100
```

最终结果如图 4-102 所示。

4.5.11　拉长命令

【执行方式】

☑　命令行：LENGTHEN。

☑　菜单栏：选择菜单栏中的“修改”→“拉长”命令。

☑　功能区：单击“默认”选项卡“修改”面板中的“拉长”按钮。

【操作步骤】

执行上述任一操作，命令行提示与操作如下。

```
命令: LENGTHEN
```

选择要测量的对象或[增量(DE)/百分比(P)/总计(T)/动态(DY)] <增量(DE)>: DE（选择拉长或缩短的方式为增量方式）
输入长度增量或[角度(A)] <0.0000>: 10（输入长度增量数值。如果选择圆弧段，则可输入选项“A”，并给定角度增量）
选择要修改的对象或[放弃(U)]:（选定要修改的对象，进行拉长操作）
选择要修改的对象或[放弃(U)]:（继续选择，或按Enter键结束命令）

【选项说明】

（1）增量（DE）：用指定增加量的方法改变对象的长度或角度。

（2）百分比（P）：用指定要修改对象的长度占总长度的百分比的方法改变圆弧或直线段的长度。

（3）总计（T）：用指定新的总长度或总角度值的方法来改变对象的长度或角度。

（4）动态（DY）：在该种模式下，可以通过拖动鼠标的方法动态地改变对象的长度或角度。

4.5.12　操作实例——绘制手表

绘制图 4-113 所示的手表，操作步骤如下。

（1）单击“默认”选项卡“绘图”面板中的“直线”按钮 ，绘制手表的包装盒，坐标点分别为[（0,0）、（73,0）、（108,42）、（108,70）、（35,70）、（0,29）、（0,0）]和[（108,70）、（119,77）、（119,125）、（108,119）、c]，c 指使多边形闭合，如图 4-114 所示。

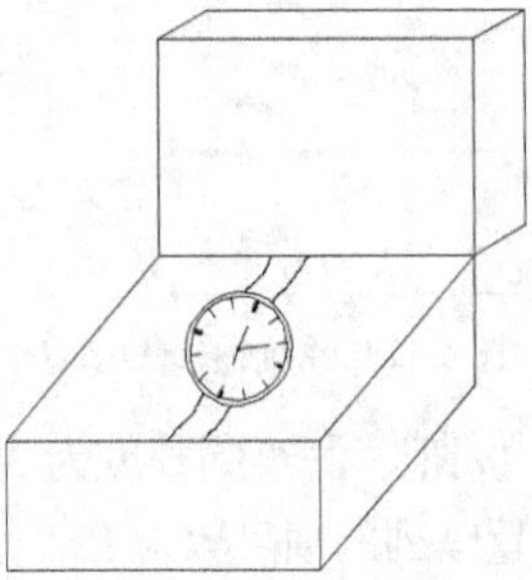

图 4-113　手表

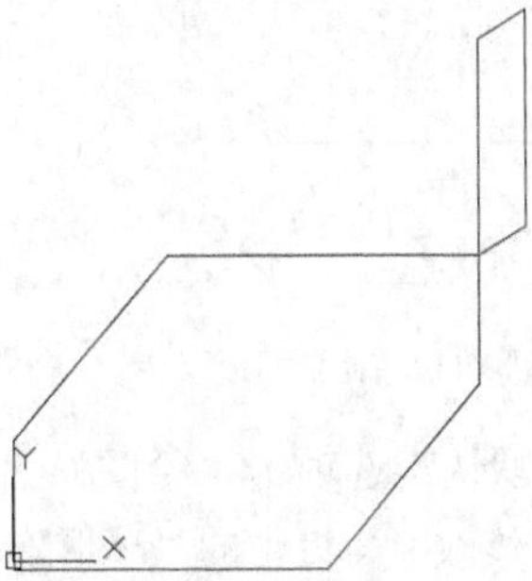

图 4-114　绘制直线

（2）单击“默认”选项卡“修改”面板中的“复制”按钮 ，选择需要复制的直线，对直线进行复制。命令行提示与操作如下。

命令: COPY
选择对象:（选择需要复制的直线）
当前设置: 复制模式 = 多个
指定基点或[位移(D)/模式(O)] <位移>:（选择坐标原点为基点）
指定第二个点或[阵列(A)] <使用第一个点作为位移>:（指定复制间距为72或者使用鼠标单击水平直线的端点）

结果如图 4-115 所示。

（3）使用相同的方法复制图形上侧直线，设置复制间距为 72，结果如图 4-116 所示。

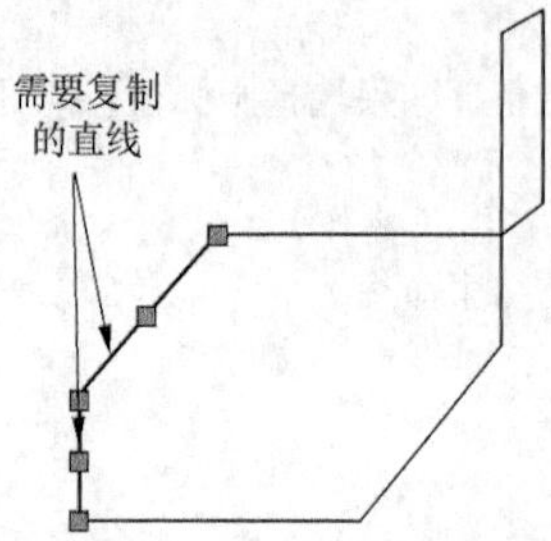

图 4-115　复制直线 1

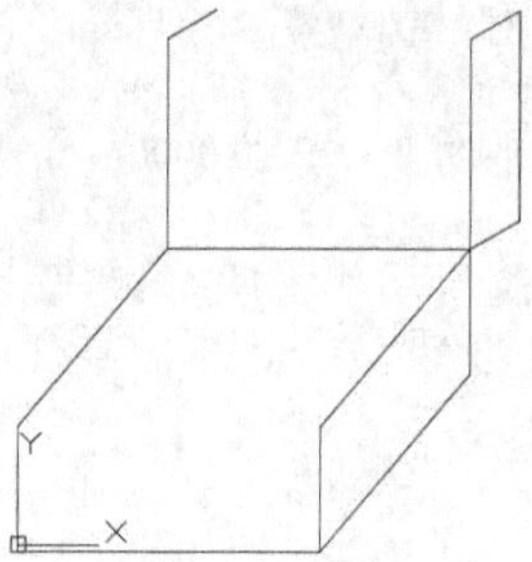

图 4-116　复制直线 2

（4）单击“默认”选项卡“绘图”面板中的“直线”按钮╱，补全图形，完成对表盒的绘制，结果如图 4-117 所示。

（5）单击“默认”选项卡“绘图”面板中的“椭圆”命令⊙，以平行四边形的重心为椭圆的圆心，设置半轴长度为 11 和 10，绘制椭圆。单击“默认”选项卡“修改”面板中的“偏移”按钮⊆，将椭圆向内侧偏移 0.5。绘制手表包装盒，结果如图 4-118 所示。

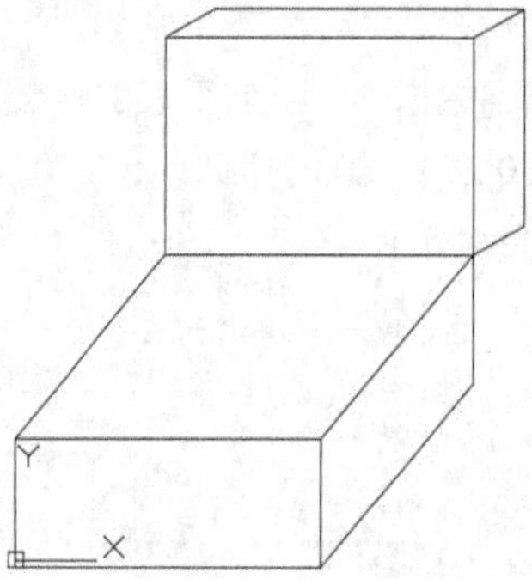

图 4-117　补全图形

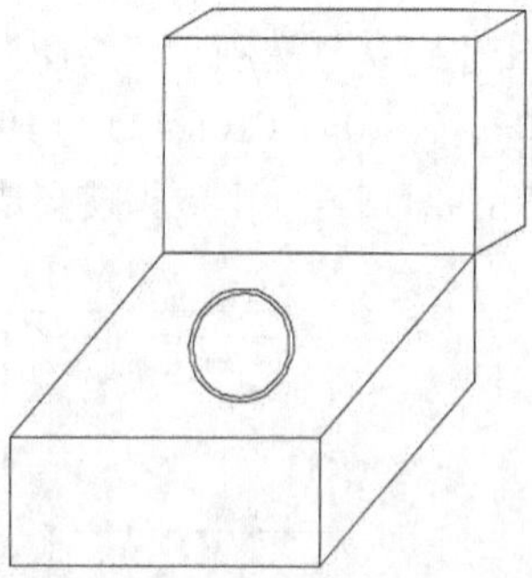

图 4-118　绘制手表包装盒

（6）单击“默认”选项卡“绘图”面板中的“直线”按钮╱，绘制长度为 3 的直线。单击“默认”选项卡“修改”面板中的“环形阵列”按钮⁘，设置阵列的项目数为 12，角度为 360°，阵列后的对象作为时间刻度。结果如图 4-119 所示。

（7）单击“默认”选项卡“修改”面板中的“修剪”按钮✂，修剪表盘上两个椭圆之间多余的线段，结果如图 4-120 所示。

（8）单击“默认”选项卡“绘图”面板中的“圆环”按钮◎，设置内径为 0，外径为 0.3，绘制圆环，结果如图 4-121 所示。

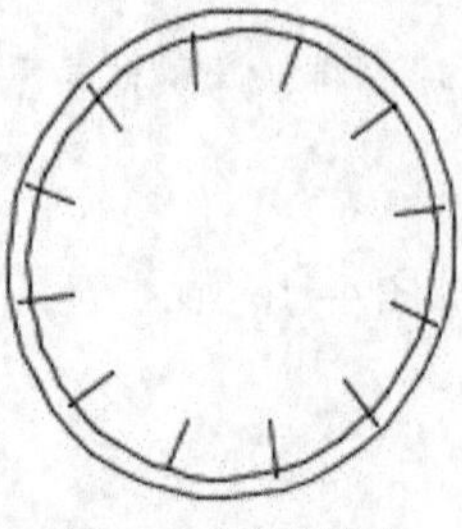

图 4-119　绘制表盘

图 4-120　修剪直线

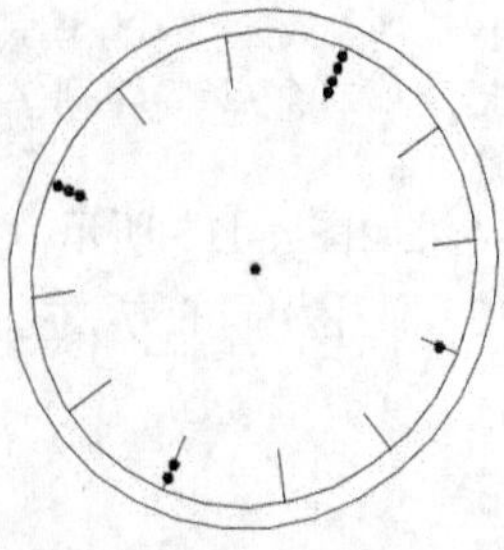

图 4-121　绘制圆环

（9）单击“默认”选项卡“绘图”面板中的“圆”命令，指定绘制中心点在平行四边形的中心，绘制半径为 4 的圆，结果如图 4-122 所示。

（10）单击“默认”选项卡“绘图”面板中的“直线”按钮 ，以圆的中心点和圆上的象限点为两点，绘制时针（不要求直线之间的角度）。这里需要绘制 3 条直线，分别作为分针、时针和秒针，结果如图 4-123 所示。

（11）单击“默认”选项卡“修改”面板中的“偏移”按钮 ，将椭圆进行偏移操作，设置偏移的距离为 2，并将圆向外侧偏移，结果如图 4-124 所示。

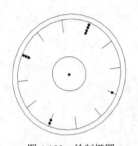

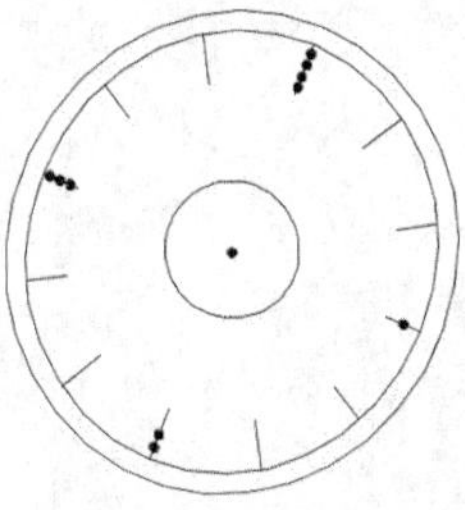

图 4-122　绘制椭圆

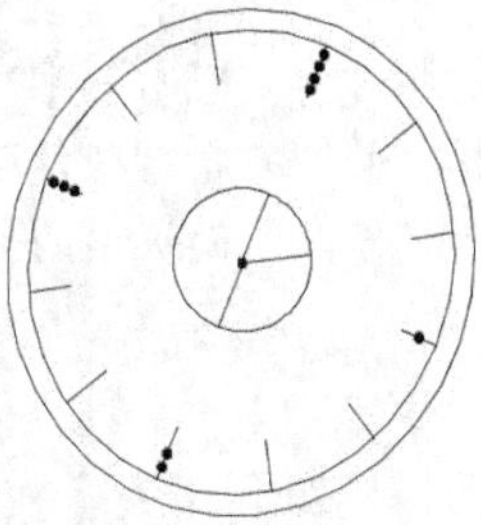

图 4-123　绘制时针

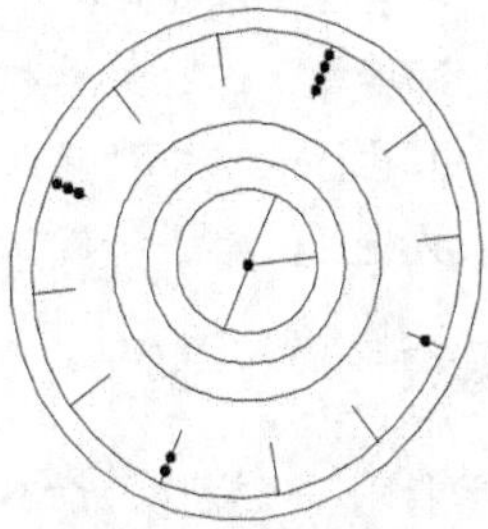

图 4-124　偏移椭圆

（12）单击“默认”选项卡“修改”面板中的“拉长”按钮 ，将分针拉长至椭圆的边缘。命令行的提示与操作如下。

命令: LENGTHEN
选择要测量的对象或[增量(DE)/百分比(P)/总计(T)/动态(DY)] <总计(T)>: T
当前长度: 3.4836
指定总长度或[角度(A)] <5.0697>:（选择分针的起点）
指定第二点:（选择第一次偏移的圆上的点）

使用相同的方法，将右侧的秒针也进行拉长，结果如图 4-125 所示。

（13）单击“默认”选项卡“修改”面板中的“删除”按钮 ，删除绘制的辅助圆。命令行提示与操作如下。

命令: ERASE
选择对象:（选择绘制的辅助椭圆，按键盘上的Enter键进行删除）

结果如图 4-126 所示。

（14）单击“默认”选项卡“绘图”面板中的“样条曲线拟合”按钮 ，绘制表带，结果如图 4-127 所示。

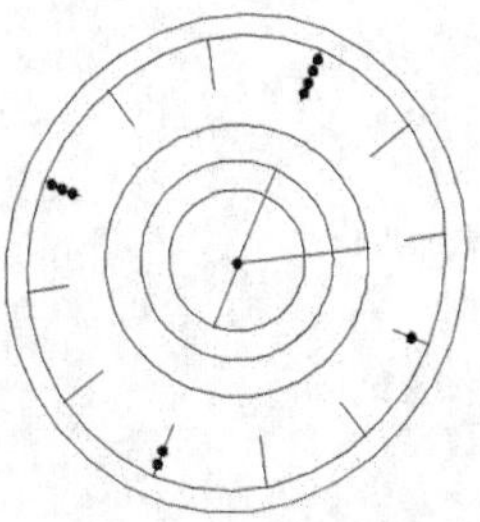

图 4-125　拉长分针和秒针

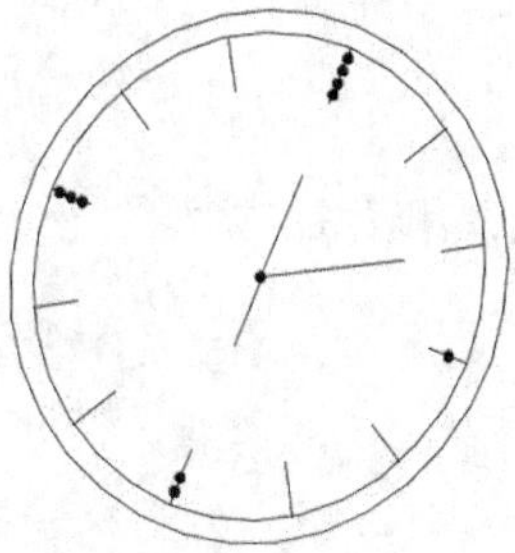

图 4-126　删除辅助圆

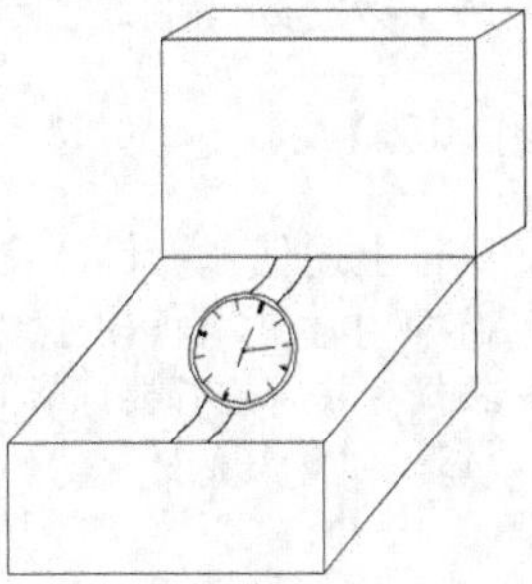

图 4-127　绘制表带

4.5.13　打断命令

打断是指在两点之间打断选定的对象。可以在对象的两个指定点之间创建间隔，从而将对象打断为两个对象。

【执行方式】

☑ 命令行：BREAK。
☑ 菜单栏：选择菜单栏中的“修改”→“打断”命令。
☑ 工具栏：单击“修改”工具栏中的“打断”按钮[′′]。
☑ 功能区：单击“默认”选项卡“修改”面板中的“打断”按钮[′′]。

【操作步骤】

执行上述任一操作，命令行提示与操作如下。

```
命令: BREAK
选择对象:（选择要打断的对象）
指定第二个打断点或[第一点(F)]:（指定第二个断开点或输入“F”）
```

【选项说明】

第一点（F）：若选择该选项，系统将丢弃前面的第一个选择点，重新提示用户指定两个打断点。

4.5.14　打断于点命令

打断于点是指在对象上指定一点，从而把对象在此点拆分成两部分。该命令与打断命令类似。

【执行方式】

☑ 命令行：BREAKATPOINT
☑ 工具栏：单击“修改”工具栏中的“打断于点”按钮[′]。
☑ 功能区：单击“默认”选项卡“修改”面板中的“打断于点”按钮[′]。

【操作步骤】

执行上述任一操作，命令行提示与操作如下。

```
命令: BREAKATPOINT
选择对象:（选择要打断的对象）
选择打断点:
```

4.5.15　分解命令

【执行方式】

☑　命令行：EXPLODE。
☑　菜单栏：选择菜单栏中的“修改”→“分解”命令。
☑　工具栏：单击“修改”工具栏中的“分解”按钮。
☑　功能区：单击“默认”选项卡“修改”面板中的“分解”按钮。

【操作步骤】

执行上述任一操作，命令行提示与操作如下。

```
命令: EXPLODE
选择对象:（选择要分解的对象）
```

选择一个对象后，该对象会被分解。系统继续提示该行信息，允许分解多个对象。

4.5.16　操作实例——绘制欧式书桌

绘制图 4-128 所示的欧式书桌，操作步骤如下。

图 4-128　欧式书桌

（1）单击“默认”选项卡“绘图”面板中的“矩形”按钮，绘制矩形桌面，尺寸为 900×25，如图 4-129 所示。

（2）单击“默认”选项卡“修改”面板中的“分解”按钮，将矩形进行分解。命令行提示与操作如下。

```
命令: EXPLODE
选择对象:（选择矩形）
```

（3）单击“默认”选项卡“修改”面板中的“复制”按钮，将图形下部的水平直线向下侧复制，设置复制的间距为 150 和 300，结果如图 4-130 所示。

图 4-129　绘制矩形桌面

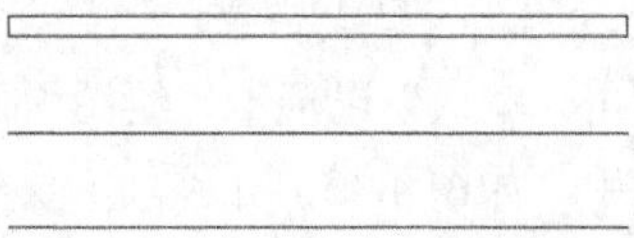

图 4-130　复制直线

（4）单击“默认”选项卡“绘图”面板中的“直线”按钮 ，连接上一步复制的直线，如图 4-131 所示。

（5）单击“默认”选项卡“绘图”面板中的“矩形”按钮 ，绘制矩形作为桌子的抽屉。首先绘制左上侧的抽屉，如图 4-132 所示。命令行提示与操作如下。

```
命令: RECTANG
指定第一个角点或[倒角(C)/标高(E)/圆角(F)/厚度(T)/宽度(W)]: FROM
基点:（指定矩形的左下角点为基点）
<偏移>: @150,–37.5
指定另一个角点或[面积(A)/尺寸(D)/旋转(R)]: D
指定矩形的长度<900>: 250
指定矩形的宽度<25>: 75
指定另一个角点或[面积(A)/尺寸(D)/旋转(R)]:
```

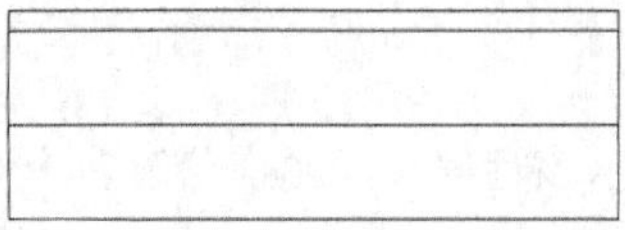

图 4-131　连接直线

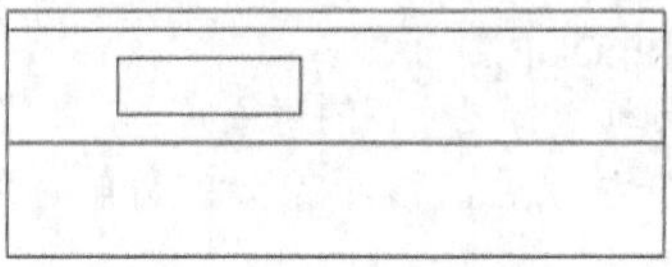

图 4-132　绘制抽屉

（6）单击“默认”选项卡“修改”面板中的“镜像”按钮 ，选择上一步绘制的矩形，以矩形的中点和水平直线的中点为镜像的两点，将矩形进行镜像操作。

（7）单击“默认”选项卡“绘图”面板中的“矩形”按钮 ，以图 4-133 所示的点为基点，设置相对偏移量为（@150,–187.5），绘制长度为 600、宽度为 75 的矩形，如图 4-133 所示。

（8）单击“默认”选项卡“绘图”面板中的“直线”按钮 ，绘制抽屉上的把手，如图 4-134 所示。命令行提示与操作如下。

```
命令: LINE
指定第一个点: FROM
基点:（基点如图4-134所示）
<偏移>: @113,–37
指定下一点或[放弃(U)]:10（利用极轴追踪将增量角设置为–45°，在追踪线的提示之下指定直线的长度）
指定下一点或[放弃(U)]:10（指定水平直线的长度，此时可以打开正交模式）
指定下一点或[闭合(C)/放弃(U)]:10（关闭正交模式，利用极轴追踪将增量角设置为45°，在追踪线的提示之下指定直线的长度）
```

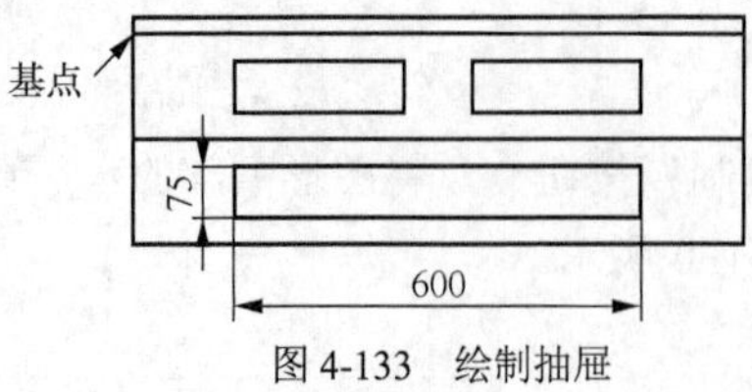

图 4-133　绘制抽屉

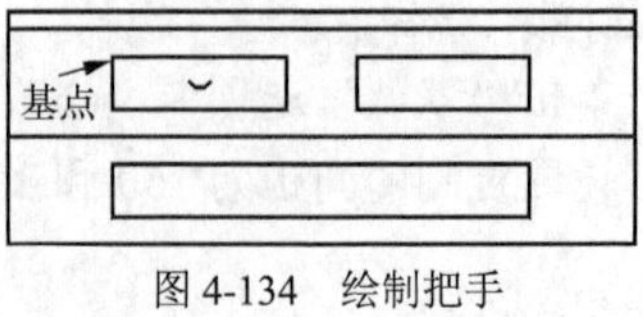

图 4-134　绘制把手

（9）单击“默认”选项卡“绘图”面板中的“圆弧”按钮 ，指定圆弧的三点，继续完善抽屉上的把手，如图 4-135 所示。

（10）单击“默认”选项卡“修改”面板中的“复制”按钮 ，以矩形的中点为基点，将绘制的把手作为复制的对象，指定第二点为另外两个矩形的中点，进行两次复制，绘制其他抽屉的把手。

（11）单击“默认”选项卡“绘图”面板中的“样条曲线拟合”按钮，绘制桌凳（这里长度可以自行指定，不必跟实例完全一样），结果如图 4-136 所示。

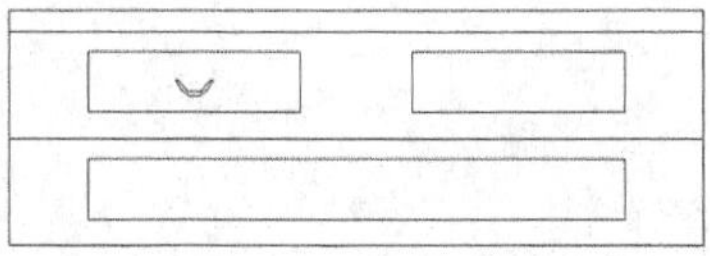

图 4-135 绘制把手

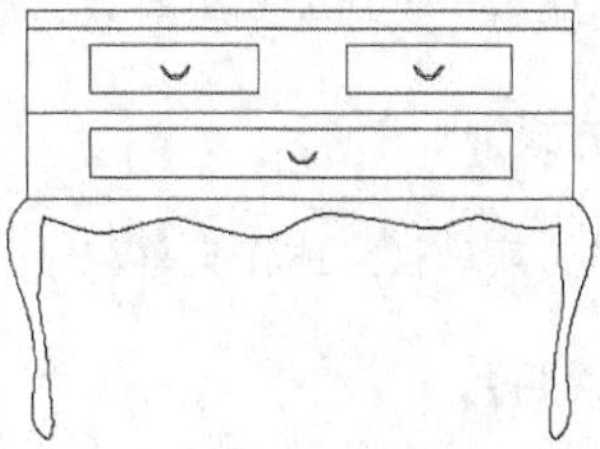

图 4-136 绘制桌凳

4.5.17 合并命令

利用合并命令可以将直线、圆弧、椭圆弧和样条曲线等独立的对象合并为一个对象。

【执行方式】

☑ 命令行：JOIN。
☑ 菜单栏：选择菜单栏中的“修改”→“合并”命令。
☑ 工具栏：单击“修改”工具栏中的“合并”按钮。
☑ 功能区：单击“默认”选项卡“修改”面板中的“合并”按钮。

【操作步骤】

执行上述任一操作，命令行提示与操作如下。

```
命令: JOIN
选择源对象或要一次合并的多个对象:（选择一个对象）
找到1个
选择要合并的对象:（选择另一个对象）
找到1个，总计2个
选择要合并的对象: ↙
2个对象已合并为1条多线段
```

4.6 对象编辑

在对图形进行编辑时，还可以对图形对象的某些特性进行编辑，从而方便进行图形绘制。

【预习重点】

☑ 了解编辑对象的方法有几种。
☑ 观察几种编辑方法结果的差异。

☑ 对比几种编辑方法的适用对象。

4.6.1 钳夹功能

要使用钳夹功能编辑对象，必须先打开钳夹功能。

【执行方式】

☑ 菜单栏：选择菜单栏中的“工具”→“选项”命令。

【选项说明】

执行上述命令后，弹出“选项”对话框，切换到“选择集”选项卡，如图 4-137 所示。在“夹点”选项组中选中“显示夹点”复选框。在该选项卡中，还可以设置代表夹点的小方格的尺寸和颜色。

（1）利用钳夹功能可以快速、方便地编辑对象。AutoCAD 在图形对象上定义了一些特殊点，这些点表示对象的控制位置，称为夹点，如图 4-138 所示。利用夹点可以灵活地控制对象，使用夹点编辑对象，需要选择一个夹点作为基点，这个夹点被称为基准夹点。

（2）也可以通过 GRIPS 系统变量来控制是否打开钳夹功能，1 代表打开，0 代表关闭。

（3）打开钳夹功能后，应该在编辑对象之前先选择对象。

（4）选择一种编辑操作，如删除、移动、旋转和缩放等。使用 Space 键、Enter 键或键盘上的快捷键循环选择这些功能。快捷菜单如图 4-139 所示。

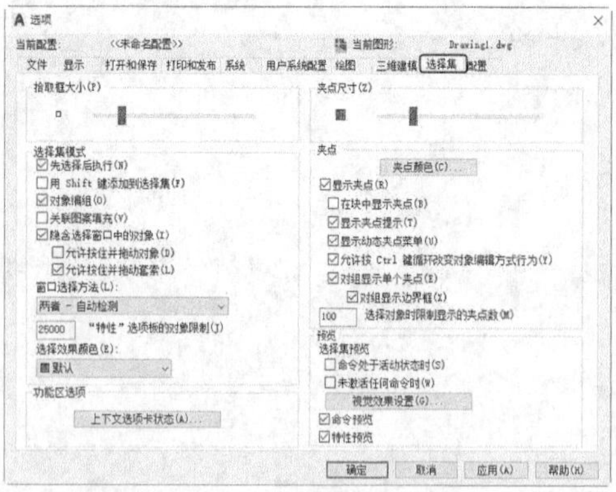

图 4-137 “选择集”选项卡

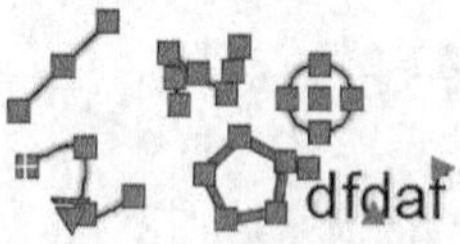

图 4-138 显示夹点图

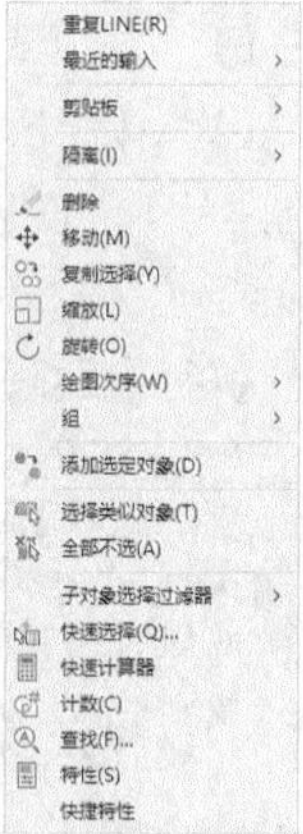

图 4-139 快捷菜单

4.6.2 操作实例——绘制吧椅

本例绘制图 4-140 所示的吧椅，操作步骤如下。

（1）单击“默认”选项卡“绘图”面板中的“直线”按钮 ╱、“圆”按钮 ⊙ 和“圆弧”按钮 ⌒，绘制初步图形。其中，圆弧和圆同心且都为左右对称图形。结果如图 4-141 所示。

（2）单击“默认”选项卡“修改”面板中的“偏移”按钮 ⊆，偏移刚绘制的圆弧，如图 4-142 所示。

（3）单击“默认”选项卡“绘图”面板中的“圆弧”按钮，绘制扶手端部，采用“起点/圆心/端点”的方式，使曲线造型光滑过渡，如图 4-143 所示。

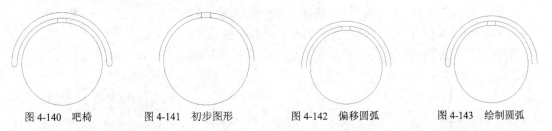

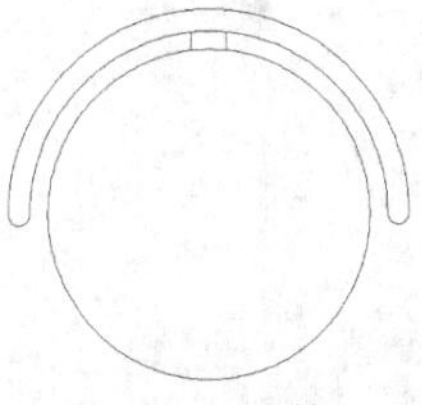
图 4-140　吧椅

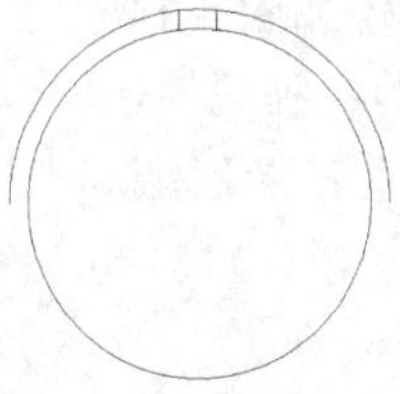
图 4-141　初步图形

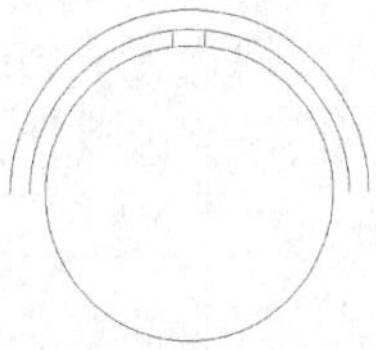
图 4-142　偏移圆弧

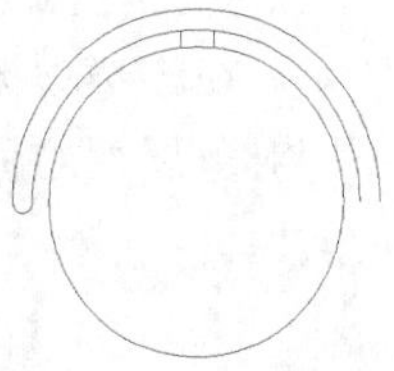
图 4-143　绘制圆弧

（4）在绘制扶手端部圆弧的过程中，由于采用的是粗略的绘制方法，局部放大图形后，可能会发现图线不闭合。这时可用鼠标双击选择对象图线，出现钳夹编辑点后，移动相应编辑点捕捉需要闭合连接的相邻图形端点，如图 4-144 所示。

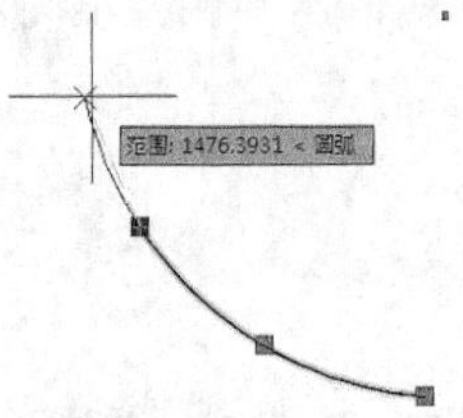

图 4-144　钳夹编辑点

（5）采用相同的方法绘制扶手另一端的圆弧造型，结果如图 4-140 所示。

4.6.3　修改对象属性

【执行方式】

☑　命令行：DDMODIFY 或 PROPERTIES。

☑　菜单栏：选择菜单栏中的“修改”→“特性”命令，或选择菜单栏中的“工具”→“选项板”→“特性”命令。

☑　工具栏：单击“标准”工具栏中的“特性”按钮。

☑　快捷组合键：Ctrl+1。

☑　功能区：单击“视图”选项卡“选项板”面板中的“特性”按钮（如图 4-145 所示），或单击“默认”选项卡“特性”面板中的“对话框启动器”按钮。

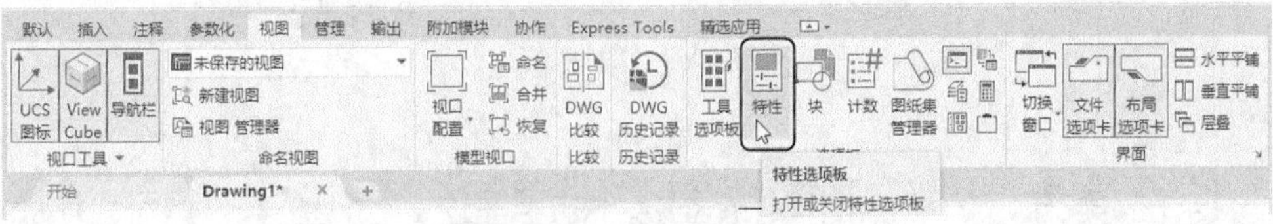

图 4-145　“特性”按钮

【操作步骤】

执行上述操作之一后，系统打开“特性”选项板，如图 4-146 所示。在该选项板中可以方便地设置或修改对象的各种属性。不同对象属性的种类和值不同。修改属性值，则对象改变为新的属性。

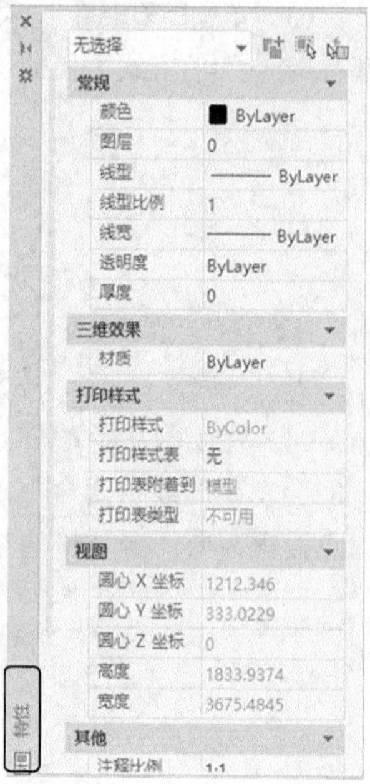

图 4-146 “特性”选项板

4.6.4 特性匹配

利用特性匹配功能可以将目标对象的属性与源对象的属性进行匹配，使目标对象的属性与源对象的属性相同。利用特性匹配功能可以方便、快捷地修改对象属性，并保持不同对象的属性相同。

【执行方式】

- ☑ 命令行：MATCHPROP。
- ☑ 菜单栏：选择菜单栏中的“修改”→“特性匹配”命令。
- ☑ 工具栏：单击“标准”工具栏中的“特性匹配”按钮。
- ☑ 功能区：单击“默认”选项卡“特性”面板中的“特性匹配”按钮。

【操作步骤】

执行上述任一操作，命令行提示与操作如下。

```
命令: MATCHPROP
选择源对象:（选择源对象）
选择目标对象或[设置(S)]:（选择目标对象）
```

图 4-147（a）所示为两个属性不同的对象，以左边的圆为源对象，对右边的矩形进行特性匹配，结果如图 4-147（b）所示。

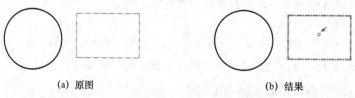

(a) 原图　　(b) 结果

图 4-147 特性匹配

4.7 综合演练——绘制散热器连接详图

绘制图 4-148 所示的散热器连接详图。

手把手教你学

本实例综合运用了本章所学的一些编辑命令。绘制的大体顺序：先设置绘图环境，然后绘制散热片，最后分别绘制散热管、阀和地面剖面图。

操作步骤如下。

1．设置绘图环境

（1）建立新文件。打开 AutoCAD 2022 应用程序，单击“快速访问”工具栏中的“新建”按钮，以“无样板打开-公制”创建一个新的文件，并将其保存为“散热器连接详图.dwg”。

（2）设置图层。单击“默认”选项卡“图层”面板中的“图层特性”按钮，打开“图层特性管理器”选项板，设置“轮廓线层”“剖面线层”和“虚线层”3 个图层，并将“轮廓线层”设置为当前图层。设置好的各图层属性如图 4-149 所示。

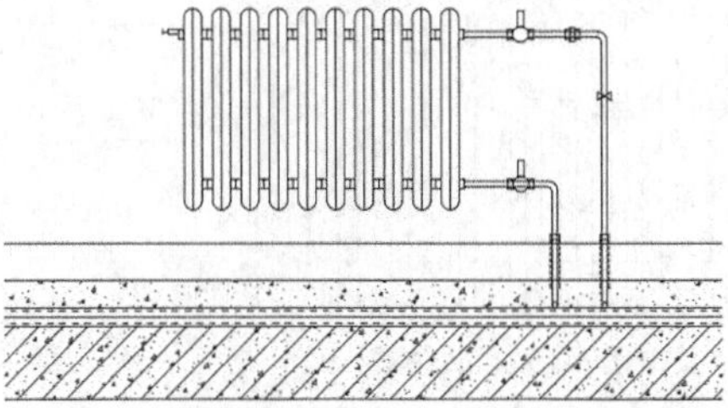

图 4-148　散热器连接详图

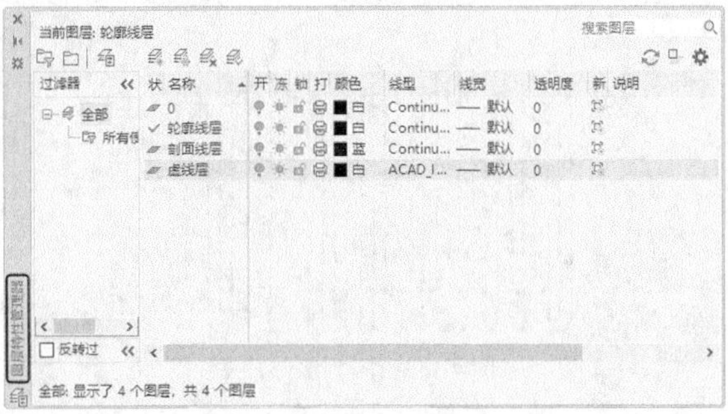

图 4-149　图层设置

2．绘制散热片

（1）单击“默认”选项卡“绘图”面板中的“多段线”按钮，绘制散热片轮廓线，如图 4-150 所示。命令行提示与操作如下。

```
命令: PLINE
指定起点: 0,0
当前线宽为 0.0000
指定下一个点或[圆弧(A)/半宽(H)/长度(L)/放弃(U)/宽度(W)]: 0,450
指定下一点或[圆弧(A)/闭合(C)/半宽(H)/长度(L)/放弃(U)/宽度(W)]: A
指定圆弧的端点(按住 Ctrl 键以切换方向)或
[角度(A)/圆心(CE)/闭合(CL)/方向(D)/半宽(H)/直线(L)/半径(R)/第二个点(S)/放弃(U)/宽度(W)]: 45,450
指定圆弧的端点(按住 Ctrl 键以切换方向)或
[角度(A)/圆心(CE)/闭合(CL)/方向(D)/半宽(H)/直线(L)/半径(R)/第二个点(S)/放弃(U)/宽度(W)]: L
指定下一点或[圆弧(A)/闭合(C)/半宽(H)/长度(L)/放弃(U)/宽度(W)]: 45,0
指定下一点或[圆弧(A)/闭合(C)/半宽(H)/长度(L)/放弃(U)/宽度(W)]: A
指定圆弧的端点(按住 Ctrl 键以切换方向)或
[角度(A)/圆心(CE)/闭合(CL)/方向(D)/半宽(H)/直线(L)/半径(R)/第二个点(S)/放弃(U)/宽度
(W)]: CL
```

（2）单击“默认”选项卡“绘图”面板中的“直线”按钮，绘制直线和连接管，指定直线坐标点为[（22.5,-22.5）、（22.5,472.5）]、[（45,420.5）、（72,420.5）]、[（45,398）、（72,398）]、[（58.5,420.5）、（58.5,398）]。效果如图 4-151 所示。

（3）单击“默认”选项卡“修改”面板中的“镜像”按钮⚠，以坐标点（0,225）、（45,225）为镜像点，镜像连接管，效果如图 4-152 所示。

（4）单击“默认”选项卡“修改”面板中的“矩形阵列”按钮品，选择散热片为阵列对象，不关联的状态下指定行数为 1、列数为 10、列间距为 72，阵列散热片，结果如图 4-153 所示。

（5）单击“默认”选项卡“修改”面板中的“修剪”按钮✂，对散热片右侧进行修剪，得到散热器，如图 4-154 所示。

图 4-150　绘制散热片轮廓线

图 4-151　绘制直线和连接管

图 4-152　镜像连接管

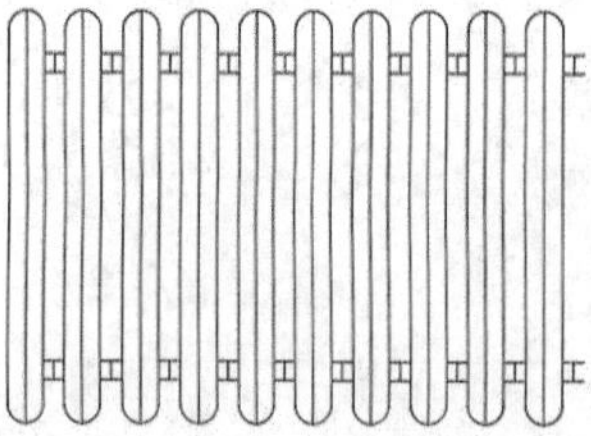

图 4-153　阵列散热片

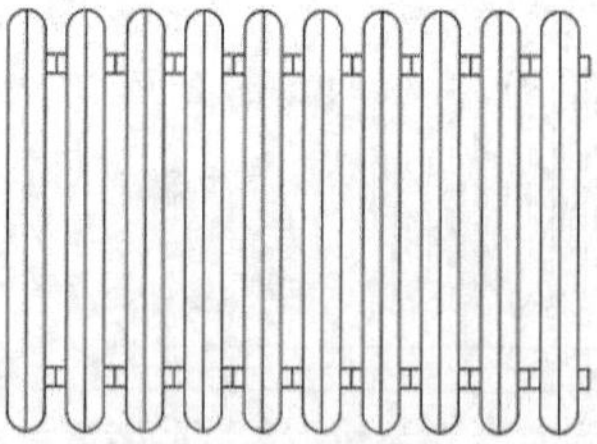

图 4-154　散热器

3．绘制散热管

（1）单击“默认”选项卡“绘图”面板中的“多段线”按钮⊃，绘制热镀锌钢管轮廓线，如图 4-155 所示。命令行提示与操作如下。

```
命令: PLINE
指定起点: 706.5,416
当前线宽为0.0000
指定下一个点或[圆弧(A)/半宽(H)/长度(L)/放弃(U)/宽度(W)]: 1066.25,416
指定下一点或[圆弧(A)/闭合(C)/半宽(H)/长度(L)/放弃(U)/宽度(W)]: 1066.25,-263
指定下一点或[圆弧(A)/闭合(C)/半宽(H)/长度(L)/放弃(U)/宽度(W)]:
命令: PLINE
指定起点: 706.5,47.5
当前线宽为 0.0000
指定下一个点或[圆弧(A)/半宽(H)/长度(L)/放弃(U)/宽度(W)]: 940.25,47.5
指定下一点或[圆弧(A)/闭合(C)/半宽(H)/长度(L)/放弃(U)/宽度(W)]: 940.25,-263
指定下一点或[圆弧(A)/闭合(C)/半宽(H)/长度(L)/放弃(U)/宽度(W)]:
```

（2）单击“默认”选项卡“修改”面板中的“偏移”按钮⊆，将绘制好的两条多段线向内偏移 13.5，如图 4-156 所示。

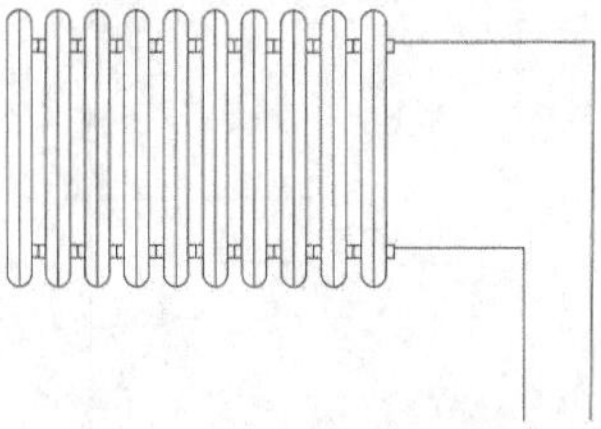

图 4-155 绘制热镀锌钢管轮廓线

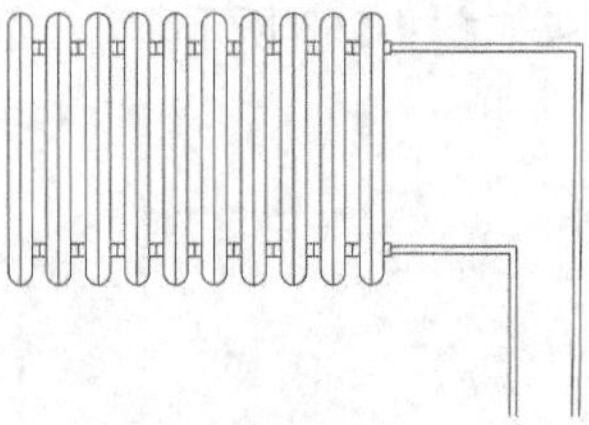

图 4-156 偏移多段线

（3）单击“默认”选项卡“修改”面板中的“圆角”按钮，设置圆角半径为 22.5 和 13.5，分别对散热管转角处的外侧及内侧进行圆角处理，如图 4-157 所示。

（4）单击“默认”选项卡“绘图”面板中的“矩形”按钮，以起点坐标分别为（921.75,-82.5）和（1047.75,-82.5），绘制长度为 23.5、宽度为 13 的两个内螺纹接头。

（5）单击“默认”选项卡“绘图”面板中的“直线”按钮，绘制塑料套管轮廓线，以内螺纹接头的下角点为直线起点，向下绘制长度为 119 的竖直直线，并将塑料套管轮廓线转换到“虚线层”，效果如图 4-158 所示。

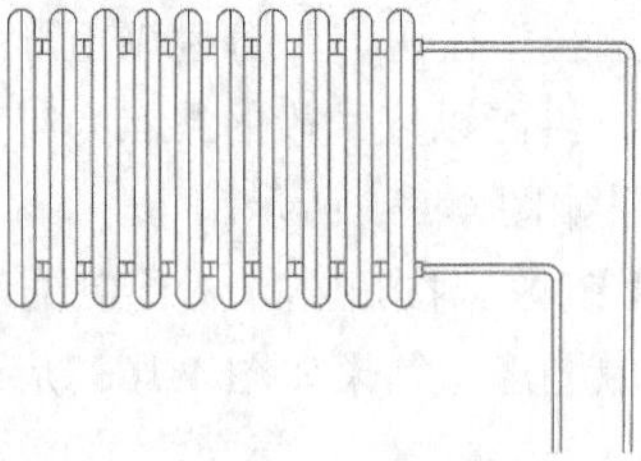

图 4-157 圆角处理

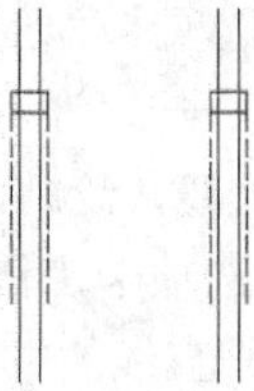

图 4-158 绘制塑料套管轮廓线

（6）单击“默认”选项卡“绘图”面板中的“圆”按钮，圆心坐标点分别为（933.5,-256.25），（1059.5,-256.25），绘制半径为 6.75 的表示丙烯管的小圆形，效果如图 4-159 所示。

（7）单击“默认”选项卡“修改”面板中的“修剪”按钮，修剪掉圆下面多余的直线段，结果如图 4-160 所示。

图 4-159 绘制丙烯管

图 4-160 修剪图形

4．绘制阀

（1）单击“默认”选项卡“绘图”面板中的“矩形”按钮，指定矩形角点坐标分别为 [（-13.5,420.5）、（0,398）]和[（-13.5,420.5）、（-40.5,409.25）]，绘制排气阀，效果如图 4-161 所示。

（2）单击“默认”选项卡“绘图”面板中的“直线”按钮，在“对象捕捉”绘图方式下，通过捕捉左侧矩形的左边中点，确定直线的第一个端点，向左绘制长为 13.5 的水平直线，按 Enter 键重复“直线”命令，继续以坐标点为（-54,420.5）为起点，向下绘制长度为 11.25 的竖直直线，完善排气阀绘制，结果如图 4-162 所示。

（3）单击“默认”选项卡“绘图”面板中的“矩形”按钮，指定矩形角点坐标分别为 [（960.5,421）、（973.5,397.5）]、[（973.5,426）、（985.5,392.5）]、[（998.5,421）、（985.5,397.5）]，

绘制矩形，结果如图 4-163 所示。

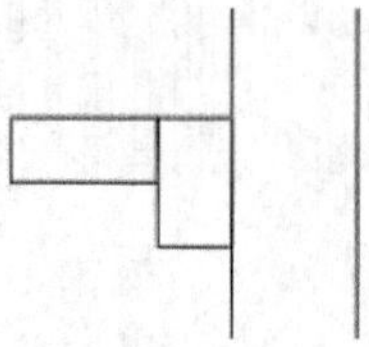

图 4-161　绘制排气阀

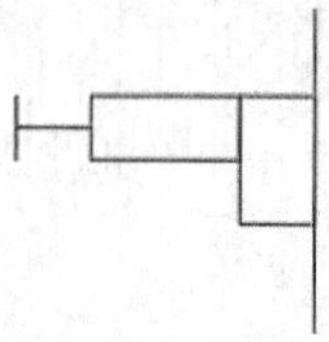

图 4-162　完善排气阀绘制

（4）单击“默认”选项卡“绘图”面板中的“矩形”按钮 ，指定矩形角点坐标为[（815.5,421）、（828.5,397.5）]，绘制调节阀，结果如图 4-164 所示。

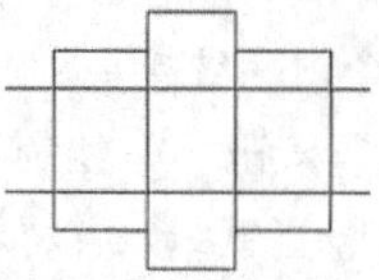

图 4-163　绘制矩形 1

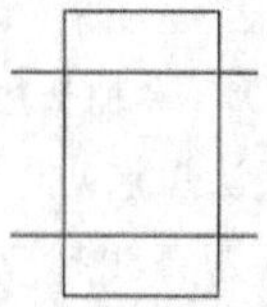

图 4-164　绘制调节阀

（5）单击“默认”选项卡“绘图”面板中的“直线”按钮 ，分别以矩形和钢管的交点为起点，绘制角度为 45°、长度为 16.5mm 的直线段，继续以直线段的终点为起点水平向右绘制长度为 16.5mm 的水平直线，绘制调节阀轮廓，结果如图 4-165 所示。

（6）单击“默认”选项卡“修改”面板中的“镜像”按钮 ，对绘制的两条斜直线和矩形进行镜像处理，以水平直线的中点为镜像线，镜像图形，结果如图 4-166 所示。

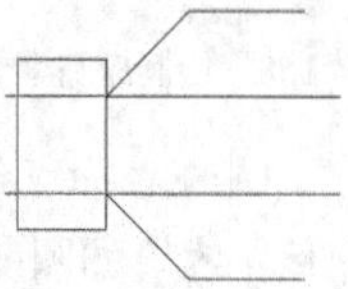

图 4-165　绘制调节阀轮廓

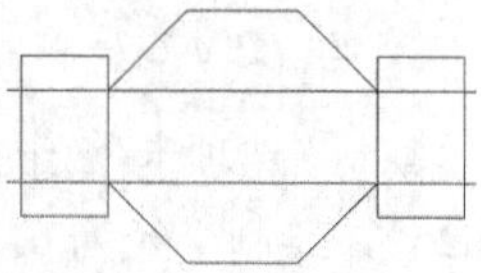

图 4-166　镜像图形

（7）单击“默认”选项卡“修改”面板中的“修剪”按钮 ，修剪多边形内部图形，如图 4-167 所示。

（8）单击“默认”选项卡“绘图”面板中的“矩形”按钮 ，以多边形上边左角点为起点，绘制长为 16.5mm、宽为 40mm 的矩形。结果如图 4-168 所示。

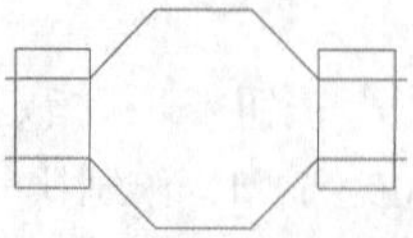

图 4-167　修剪图形

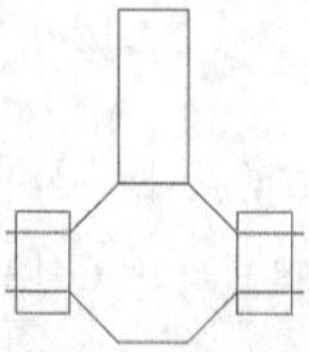

图 4-168　绘制矩形 2

（9）单击“默认”选项卡“修改”面板中的“复制”按钮 ，在“正交”绘图模式下，竖直向下复制绘制好的调节阀，复制距离为 368.5，结果如图 4-169 所示。

（10）单击“默认”选项卡“绘图”面板中的“多边形”按钮 ，绘制管卡，如图 4-170 所示。命令行提示与操作如下。

```
命令: POLYGON
```

```
输入侧面数 <3>:
指定正多边形的中心点或[边(E)]: E
指定边的第一个端点: 1059.5,258.25
指定边的第二个端点: 20（鼠标指向端点左侧）
命令: POLYGON
输入侧面数 <3>:
指定正多边形的中心点或[边(E)]: E
指定边的第一个端点: 1059.5,258.25
指定边的第二个端点: 20（鼠标指向端点右侧）
```

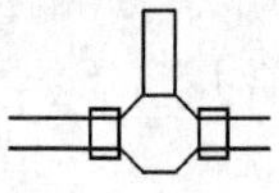

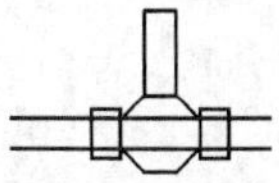

图 4-169 复制调节阀

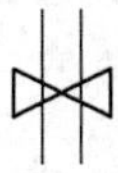

图 4-170 绘制管卡

5. 绘制地面剖面图

（1）单击“默认”选项卡“绘图”面板中的“直线”按钮，以坐标点为（-457,-105.5）、（1358, -105.5）绘制地坪线。

（2）单击“默认”选项卡“修改”面板中的“偏移”按钮，将地坪线向下依次分别偏移 90、67.5、45、180。单击“默认”选项卡“绘图”面板中的“直线”按钮，将偏移图形利用直线相连接，结果如图 4-171 所示。

（3）将“剖面线层”设置为当前图层。单击“默认”选项卡“绘图”面板中的“图案填充”按钮，打开“图案填充创建”选项卡，选择 AR-CONC 图案，设置角度为 0、比例为 0.5，选择填充区域填充图形，结果如图 4-172 所示。

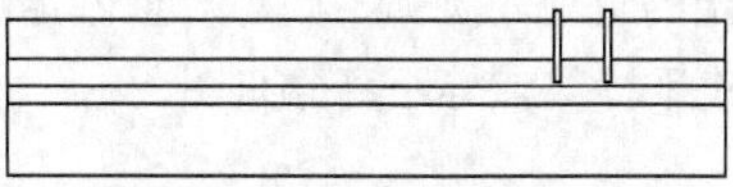

图 4-171 偏移地坪线

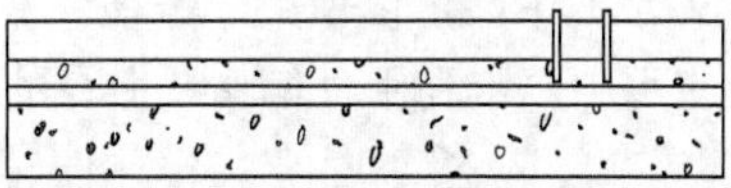

图 4-172 填充图形 1

（4）单击“默认”选项卡“绘图”面板中的“图案填充”按钮，打开“图案填充创建”选项卡，选择 ANSI31 图案，设置角度为 0、比例为 14，选择填充区域填充图形，结果如图 4-173 所示。

（5）单击“默认”选项卡“绘图”面板中的“图案填充”按钮，打开“图案填充创建”选项卡，选择 INSUL 图案，设置角度为 0、比例为 5，选择填充区域填充图形，结果如图 4-174 所示。

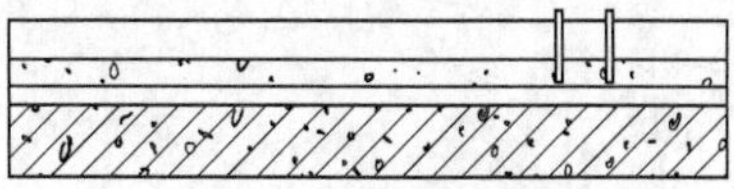

图 4-173 填充图形 2

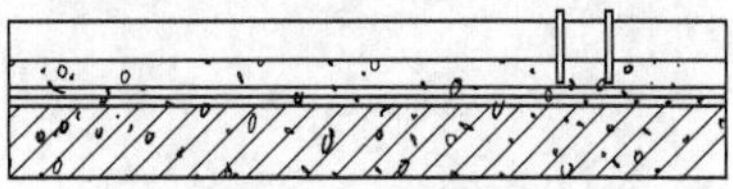

图 4-174 填充图形 3

（6）填充完成后将左、右两侧的辅助线删除，完成散热器连接详图的绘制。最终结果如图 4-148 所示。

4.8 名师点拨——绘图学一学

1. 怎样把多条直线合并为一条

（1）方法 1：在命令行中输入 GROUP 命令，选择直线。
（2）方法 2：选择“默认”选项卡“修改”面板中的“合并”命令，选择直线。
（3）方法 3：在命令行中输入 PEDIT 命令，选择直线。
（4）方法 4：选择“插入”选项卡“块定义”面板中的“创建块”命令，选择直线。

2. 对圆进行打断操作时的方向问题

AutoCAD 会沿逆时针方向将圆上从第一断点到第二断点之间的那段圆弧删除。

3. 旋转命令的操作技巧

可以用拖动鼠标的方法旋转对象。选择对象并指定基点后，从基点到当前光标处会出现一条连线，拖动鼠标，选择的对象会动态地随着该连线与水平方向的夹角的变化而旋转。按 Enter 键确认旋转操作。

4. 镜像命令的操作技巧

“镜像”命令对创建对称的图样非常有用。可以首先绘制半个对象，然后利用镜像命令将其镜像，而不必绘制整个对象。

默认情况下，镜像文字、属性及属性定义时，它们在镜像后所得的图样中不会反转或倒置。文字的对齐和对正方式在镜像图样前后保持一致。如果制图时确实需要反转文字，可将 MIRRTEXT 系统变量设置为 1（默认值为 0）。

5. 偏移命令的作用是什么

在 AutoCAD 中，可以使用“偏移”命令对指定的直线、圆弧、圆等对象做定距离偏移复制。在实际应用中，常利用“偏移”命令的特性创建平行线或等距离分布图。

4.9 上机实验

【练习 1】绘制图 4-175 所示的床头柜。

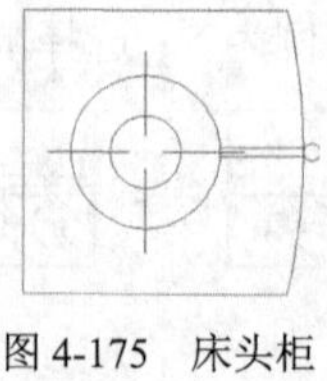

图 4-175　床头柜

【练习 2】绘制图 4-176 所示的电视机。

【练习 3】绘制图 4-177 所示的卡座一角。

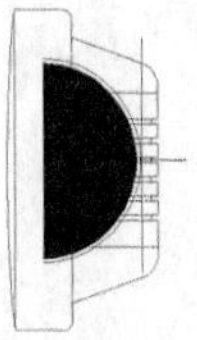

图 4-176　电视机

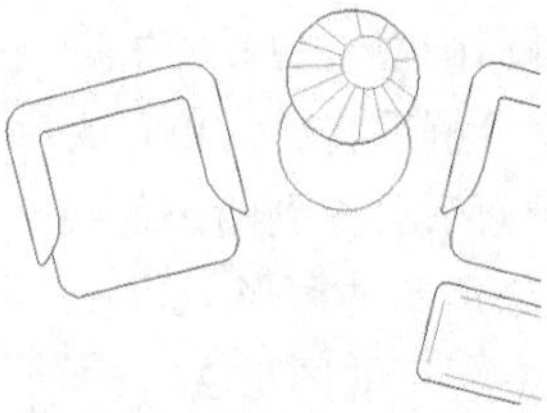

图 4-177　卡座一角

4.10 模拟考试

1．有一根直线原来在 0 层，颜色为 ByLayer，如果通过偏移（　　）。

A．该直线一定会仍在 0 层上，颜色不变
B．该直线一定会在其他层上，颜色不变
C．该直线可能在其他层上，颜色与所在层一致
D．偏移只是相当于复制

2. 如果误删除了某个图形对象，接着又绘制了一些图形对象，现在想恢复被误删除的图形，可以（　　）。

A．单击放弃（Undo）
B．通过输入命令 U
C．通过输入命令 OOPS
D．按 Ctrl+Z 快捷组合键

3．将圆心在（30,30）处的圆移动，移动中指定圆心的第二个点时，在动态文本框中输入"10,20"，其结果是（　　）。

A．圆心坐标为（10,20）
B．圆心坐标为（30,30）
C．圆心坐标为（40,50）
D．圆心坐标为（20,10）

4．无法采用打断于点的对象是（　　）。

A．直线　B．开放的多段线　C．圆弧　D．圆

5．对一个多段线对象中的所有角点进行圆角处理，可以使用圆角命令中的（　　）选项。

A．多段线（P）　B．修剪（T）　C．多个（U）　D．半径（R）

6．已有一个画好的圆，绘制一组同心圆可以用（　　）命令来实现。

A．STRETCH（伸展）
B．OFFSET（偏移）
C．EXTEND（延伸）
D．MOVE（移动）

7．关于偏移，下面说明错误的是（　　）。

A．偏移值为 30
B．偏移值为-30
C．偏移圆弧时，既可以创建更大的圆弧，也可以创建更小的圆弧
D．可以偏移的对象类型有样条曲线

8．如果对图 4-178 中的正方形沿两个点打断，打断之后的长度为（　　）。

A. 150　　B. 100

C. 150 或 50　　D. 随机

9. 关于分解命令（EXPLODE）的描述正确的是（　　）。

A. 对象分解后颜色、线型和线宽不会改变

B. 图案分解后图案与边界的关联性仍然存在

C. 多行文字分解后将变为单行文字

D. 构造线分解后可得到两条射线

10. 绘制图 4-179 所示的图形 1。

11. 绘制图 4-180 所示的图形 2。

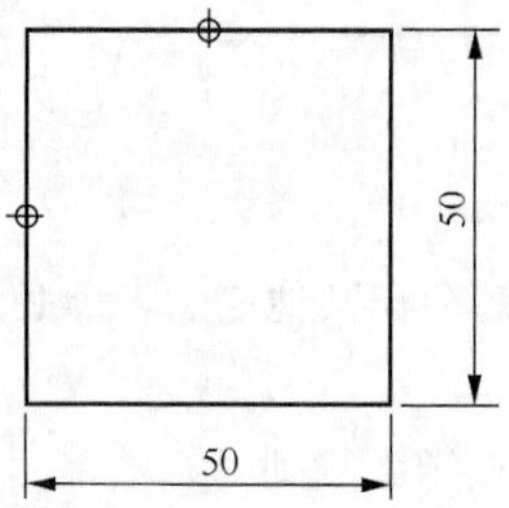

图 4-178　正方形

图 4-179　图形 1

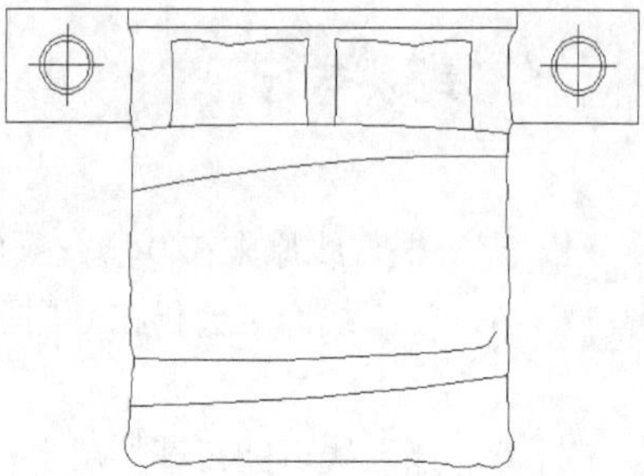

图 4-180　图形 2

第5章

复杂二维绘图命令

复杂二维绘图命令是指一些复合的绘图及其对应的多段线、样条曲线、多线、图案填充等命令。本章介绍 AutoCAD 的复杂二维绘图命令，帮助读者准确、快捷地完成复杂二维图形的绘制。

【内容要点】

☑ 多段线
☑ 样条曲线
☑ 图案填充
☑ 多线

【案例欣赏】

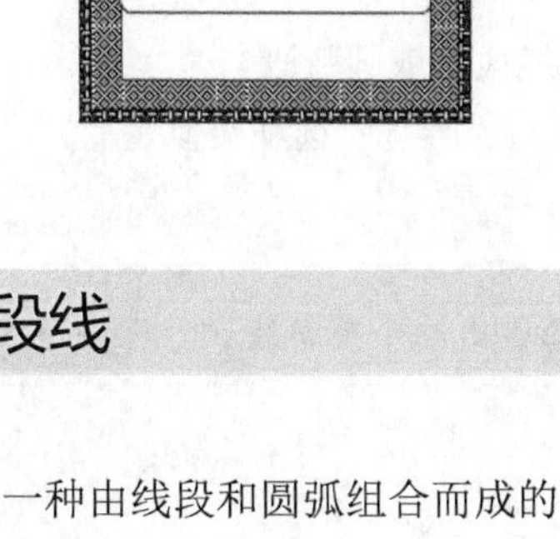

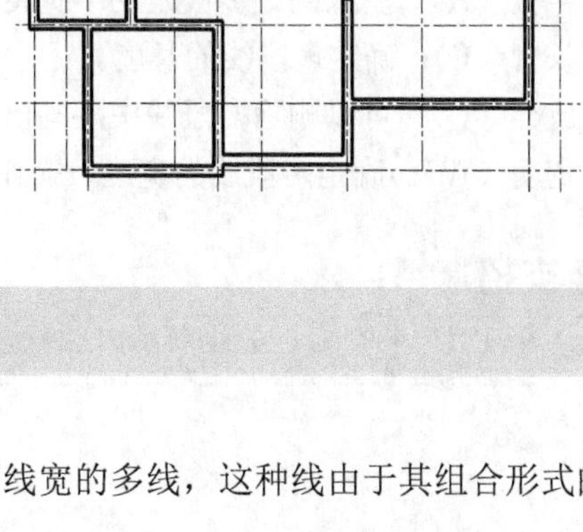

5.1 多段线

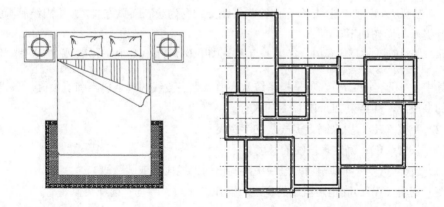

多段线是一种由线段和圆弧组合而成的不同线宽的多线，这种线由于其组合形式的多样和

线宽的不同，弥补了直线或圆弧功能的不足，适合绘制各种复杂的图形轮廓，因而得到了广泛的应用。

【预习重点】

☑ 比较多段线与直线、圆弧组合体的差异。
☑ 了解多段线命令行选项的含义。
☑ 了解如何编辑多段线。

5.1.1 绘制多段线

【执行方式】

☑ 命令行：PLINE（快捷命令为 PL）。
☑ 菜单栏：选择菜单栏中的“绘图”→“多段线”命令。
☑ 工具栏：单击“绘图”工具栏中的“多段线”按钮。
☑ 功能区：单击“默认”选项卡“绘图”面板中的“多段线”按钮。

【操作步骤】

执行上述任一操作，命令行提示与操作如下。

```
命令: PLINE
指定起点:（指定多段线的起点）
当前线宽为 0.0000
指定下一个点或[圆弧(A)/半宽(H)/长度(L)/放弃(U)/宽度(W)]:（指定多段线的下一点）
```

【选项说明】

（1）圆弧（A）：使 PLINE 命令由绘制直线方式变为绘制圆弧方式，并给出绘制圆弧的提示，命令行提示与操作如下。

```
指定圆弧的端点(按住 Ctrl 键以切换方向)或[角度(A)/圆心(CE)/闭合(CL)/方向(D)/半宽(H)/直线(L)/半径(R)/第二个点(S)/放弃(U)/宽度(W)]:
```

其中，“闭合（CL）”选项是指系统从当前点到多段线的起点以当前宽度画一条直线，构成封闭的多段线，并结束 PLINE 命令的执行。

（2）半宽（H）：用来确定多段线的半宽度。

（3）长度（L）：确定多段线的长度。

（4）放弃（U）：可以删除多段线中刚画出的直线段（或圆弧段）。

（5）宽度（W）：确定多段线的宽度，操作方法与“半宽”选项类似。

高手支招

执行“多段线”命令时，若坐标输入错误，不必退出命令重新绘制，可按下面命令行输入。

指定下一点或[圆弧(A)/闭合(C)/半宽(H)/长度(L)放弃(U)宽度(W)]: 0,600（操作出错，但已按Enter键，出现下一行命令）

指定下一点或[圆弧(A)/闭合(C)/半宽(H)/长度(L)放弃(U)宽度(W)]: U（放弃，表示上一步操作出错）

指定下一点或[圆弧(A)/闭合(C)/半宽(H)/长度(L)放弃(U)宽度(W)]: @0,600（输入正确坐标，继续进行下一步）

5.1.2　编辑多段线

【执行方式】

☑　命令行：PEDIT（快捷命令为 PE）。

☑　菜单栏：选择菜单栏中的“修改”→“对象”→“多段线”命令。

☑　工具栏：单击“修改 II”工具栏中的“编辑多段线”按钮。

☑　快捷菜单：在绘图区选择要编辑的多线段，单击鼠标右键，从弹出的快捷菜单中选择“多段线编辑”命令。

☑　功能区：单击“默认”选项卡“修改”面板中的“编辑多段线”按钮。

【操作步骤】

执行上述任一操作，命令行提示与操作如下。

命令: PEDIT

选择多段线或[多条(M)]:（选择一条要编辑的多段线）

输入选项[打开(O)/合并(J)/宽度(W)/编辑顶点(E)/拟合(F)/样条曲线(S)/非曲线化(D)/线型生成(L)/反转(R)/放弃(U)]:

【选项说明】

“编辑多段线”命令的选项中允许用户进行移动、插入顶点和修改任意两点间的线的线宽等操作。具体含义如下。

（1）合并（J）：以选中的多段线为主体，合并其他直线段、圆弧或多段线，使其成为一条多段线。能合并的条件是各段线的端点首尾相连，如图 5-1 所示。

（2）宽度（W）：修改整条多段线的线宽，使其具有同一线宽，如图 5-2 所示。

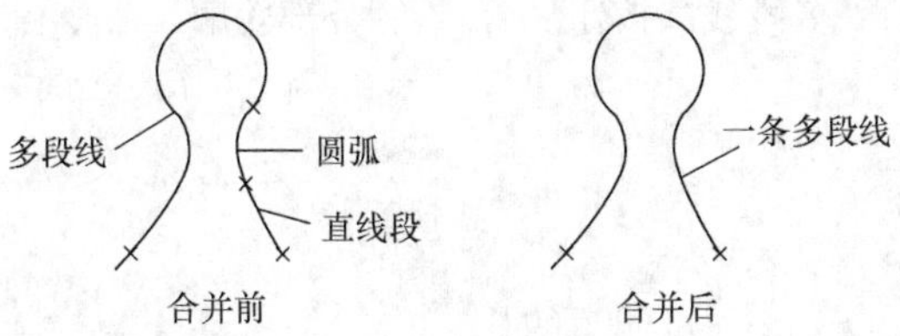

图 5-1　合并多段线

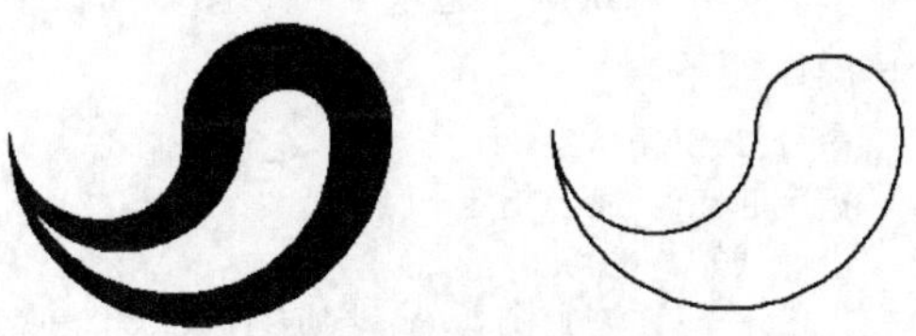

图 5-2　修改整条多段线的线宽

（3）编辑顶点（E）：选择该选项后，在多段线起点处出现一个斜的十字叉“×”，它为当前顶点的标记，命令行提示与操作如下。

[下一个(N)/上一个(P)/打断(B)/插入(I)/移动(M)/重生成(R)/拉直(S)/切向(T)/宽度(W)/退出(X)] <N>:

这些选项允许用户进行移动、插入顶点和修改任意两点间的线宽等操作。

（4）拟合（F）：从指定的多段线生成由光滑圆弧连接而成的圆弧拟合曲线，该曲线经过多段线的各顶点，如图 5-3 所示。

（5）样条曲线（S）：以指定的多段线的各顶点作为控制点生成 B 样条曲线，如图 5-4 所示。

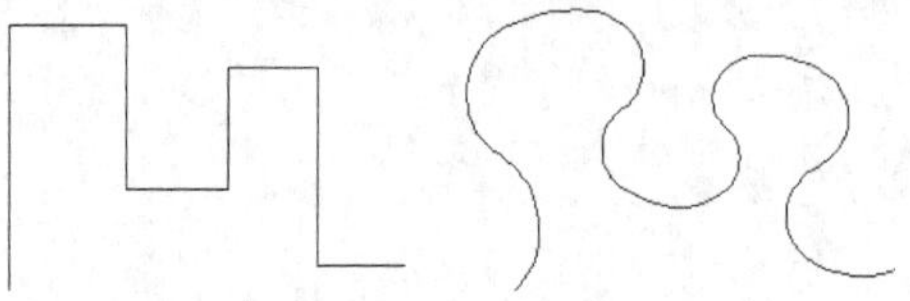

图 5-3　生成圆弧拟合曲线

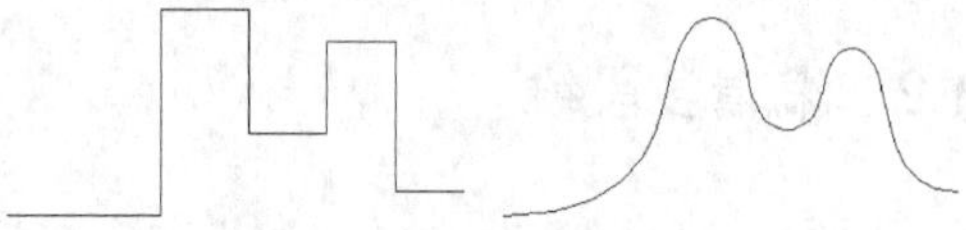

图 5-4　生成 B 样条曲线

（6）非曲线化（D）：用直线代替指定的多段线中的圆弧。对于选择“拟合（F）”选项或“样条曲线（S）”选项后生成的圆弧拟合曲线或样条曲线，删去其生成曲线时新插入的顶点，恢复成由直线段组成的多段线，如图 5-5 所示。

（7）线型生成（L）：当多段线的线型为点划线时，控制多段线的线型生成方式开关。选择该选项，命令行提示与操作如下。

```
输入多段线线型生成选项[开(ON)/关(OFF)] <关>:
```

选择 ON 选项时，将在每个顶点处允许以短划开始或结束生成线型；选择 OFF 选项时，将在每个顶点处允许以长划开始或结束生成线型。“线型生成”不能用于包含带变宽的线段的多段线，如图 5-6 所示。

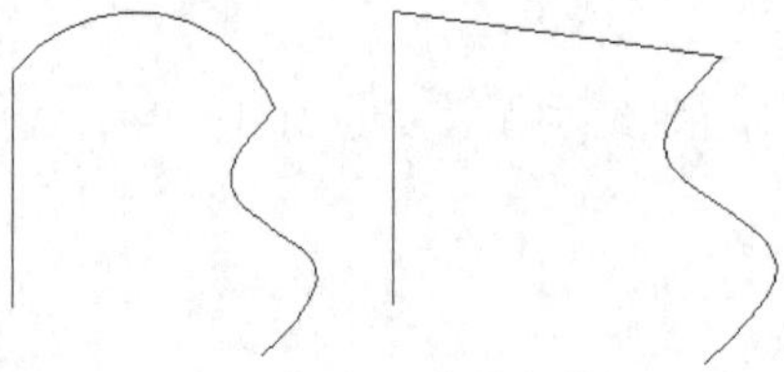

图 5-5　生成直线

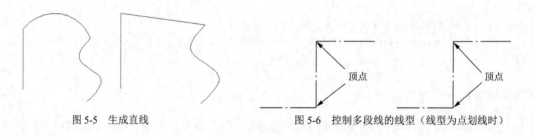

图 5-6　控制多段线的线型（线型为点划线时）

5.1.3　操作实例——绘制圈椅

绘制图 5-7 所示的圈椅，操作步骤如下。

（1）单击“默认”选项卡“绘图”面板中的“多段线”按钮，绘制外部轮廓。命令行提示与操作如下。

```
命令: PLINE
指定起点:（适当指定一点）
当前线宽为0.0000
指定下一个点或[圆弧(A)/半宽(H)/长度(L)/放弃(U)/宽度(W)]: @0,-600
指定下一点或[圆弧(A)/闭合(C)/半宽(H)/长度(L)/放弃(U)/宽度(W)]: @150, 0
指定下一点或[圆弧(A)/闭合(C)/半宽(H)/长度(L)/放弃(U)/宽度(W)]: @0, 600
指定下一点或[圆弧(A)/闭合(C)/半宽(H)/长度(L)/放弃(U)/宽度(W)]: A
指定圆弧的端点(按住Ctrl键以切换方向)或[角度(A)/圆心(CE)/闭合(CL)/方向(D)/半宽(H)/直线(L)/半径(R)/第二个点(S)/放弃(U)/宽度(W)]: R
指定圆弧的半径: 750
指定圆弧的端点(按住Ctrl键以切换方向)或[角度(A)]: A
```

指定夹角: 180
指定圆弧的弦方向(按住Ctrl键以切换方向)<90>: 180
指定圆弧的端点(按住Ctrl键以切换方向)或[角度(A)/圆心(CE)/闭合(CL)/方向(D)/半宽(H)/直线(L)/半径(R)/第二个点(S)/放弃(U)/宽度(W)]: 1
指定下一点或[圆弧(A)/闭合(C)/半宽(H)/长度(L)/放弃(U)/宽度(W)]: @0,-600
指定下一点或[圆弧(A)/闭合(C)/半宽(H)/长度(L)/放弃(U)/宽度(W)]: @150, 0
指定下一点或[圆弧(A)/闭合(C)/半宽(H)/长度(L)/放弃(U)/宽度(W)]: @0, 600
指定下一点或[圆弧(A)/闭合(C)/半宽(H)/长度(L)/放弃(U)/宽度(W)]:

绘制结果如图 5-8 所示。

（2）单击“默认”选项卡“绘图”面板中的“圆弧”按钮，单击状态栏上的“对象捕捉”按钮，绘制内圈。命令行提示与操作如下。

命令: ARC
指定圆弧的起点或[圆心(C)]:（捕捉图5-8中左边竖线上起点）
指定圆弧的第二个点或[圆心(C)/端点(E)]: E
指定圆弧的端点:（捕捉图5-8中右边竖线上端点）
指定圆弧的中心点(按住Ctrl键以切换方向)或[角度(A)方向(D)半径(R)]: D
指定圆弧起点的相切方向(按住Ctrl键以切换方向): 90

绘制结果如图 5-9 所示。

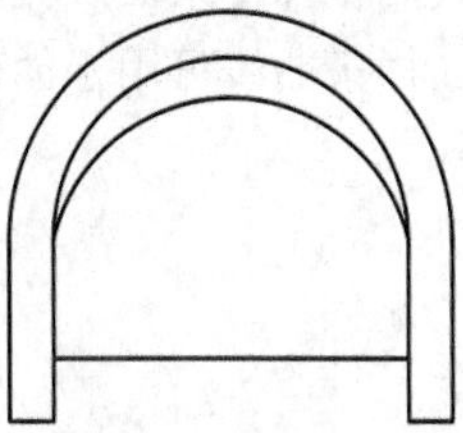
图 5-7　圈椅

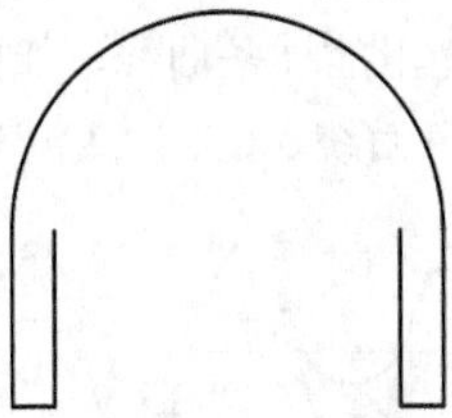
图 5-8　绘制外部轮廓

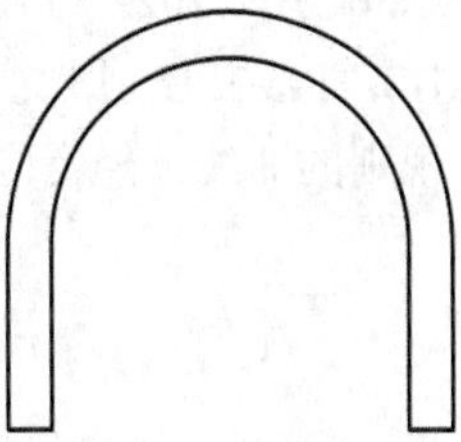
图 5-9　绘制内圈

（3）选择菜单栏中的“修改”→“对象”→“多段线”命令，合并多段线与圆弧。命令行提示与操作如下。

命令: PEDIT
选择多段线或[多条(M)]: M
选择对象:（选择多段线和圆弧）
是否将直线、圆弧和样条曲线转换为多段线？[是(Y)/否(N)]? <Y> Y
输入选项[闭合(C)/打开(O)/合并(J)/宽度(W)/拟合(F)/样条曲线(S)/非曲线化(D)/线型生成(L)/反转(R)/放弃(U)]: J
合并类型 = 延伸
输入模糊距离或[合并类型(J)] <0.0000>: *取消*
多段线已增加 1 条线段

注意　系统将圆弧和原来的多段线合并成一个新的多段线，选择该多段线，可以看出，所有线条都被选中，说明它们已经合并为一体了，如图 5-10 所示。

（4）单击“默认”选项卡“绘图”面板中的“圆弧”按钮，绘制椅垫。命令行提示与操作如下。

命令: ARC
指定圆弧的起点或[圆心(C)]:（捕捉多段线左边竖线上适当一点）
指定圆弧的第二个点或[圆心(C)/端点(E)]:（向右上方适当指定一点）
指定圆弧的端点:（捕捉多段线右边竖线上适当一点，与左边点位置大约平齐）

绘制结果如图 5-11 所示。

（5）单击“默认”选项卡“绘图”面板中的“直线”按钮╱，捕捉适当的点为端点，绘制一条水平线。最终结果如图 5-7 所示。

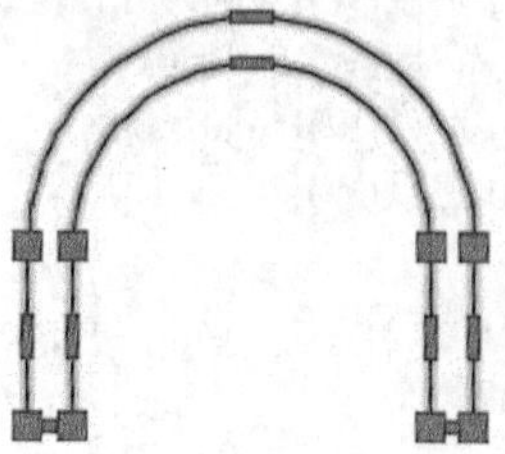

图 5-10　多段线合并后

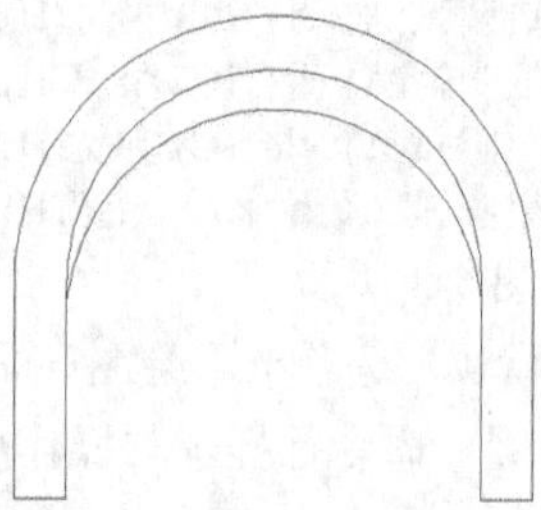

图 5-11　绘制椅垫

5.2 样条曲线

AutoCAD 2022 使用一种称为非一致有理 B 样条（NURBS）曲线的特殊样条曲线类型。NURBS 曲线在控制点之间产生一条光滑的样条曲线，如图 5-12 所示。样条曲线可用于创建形状不规则的曲线，经常应用于地理信息系统（GIS）或汽车设计。

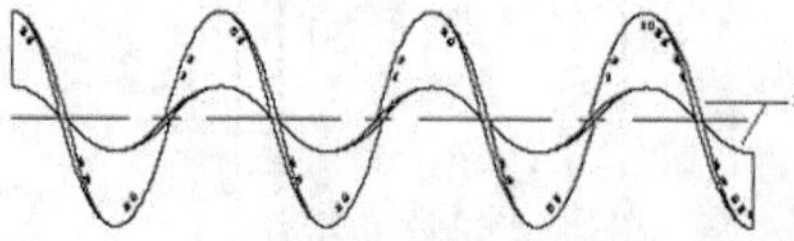

图 5-12　样条曲线

【预习重点】

☑ 观察绘制的样条曲线。

☑ 了解样条曲线命令行中选项的含义。

☑ 练习样条曲线的应用。

【执行方式】

☑ 命令行：SPLINE。

☑ 菜单栏：选择菜单栏中的“绘图”→“样条曲线”命令。

☑ 工具栏：单击“绘图”工具栏中的“样条曲线”按钮。

☑ 功能区：单击“默认”选项卡“绘图”面板中的“样条曲线拟合”按钮（如图 5-13 所示）或“样条曲线控制点”按钮。

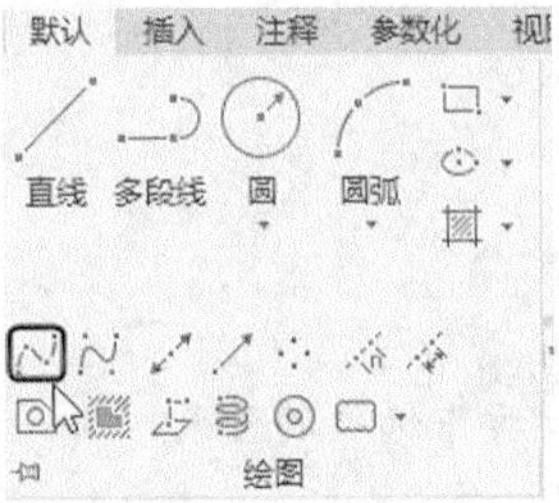

图 5-13　“绘图”面板

【操作步骤】

执行上述任一操作，命令行提示与操作如下。

命令: SPLINE
当前设置: 方式=拟合　节点=弦
指定第一个点或[方式(M)/节点(K)/对象(O)]:（指定一点或选择“对象（O）”选项）
输入下一个点或[起点切向(T)/公差(L)]:
输入下一个点或[端点相切(T)/公差(L)/放弃(U)]:
输入下一个点或[端点相切(T)/公差(L)/放弃(U)/闭合(C)]:

【选项说明】

（1）对象（O）：将二维或三维的二次或三次样条曲线的拟合多段线转换为等价的样条曲线，然后（根据 DelOBJ 系统变量的设置）删除该拟合多段线。

（2）起点切向（T）：定义样条曲线的第一点和最后一点的切向。

如果在样条曲线的两端都指定切向，可以通过输入一个点或者使用“切点”和“垂足”对象来捕捉模式使样条曲线与已有的对象相切或垂直。如果按 Enter 键，AutoCAD 将计算默认切向。

（3）公差（L）：使用新的公差值将样条曲线重新拟合至现有的拟合点。

（4）闭合（C）：将最后一点定义为与第一点一致，并使它在连接处与样条曲线相切，这样可以闭合样条曲线。选择该选项，系统继续提示如下。

指定切向:（指定点或按Enter键）

用户可以指定一点来定义切向矢量，或者通过使用“切点”和“垂足”对象来捕捉模式使样条曲线与现有对象相切或垂直。

5.3　图案填充

当用户需要用一个重复的图案（pattern）填充一个区域时，可以使用 BHATCH 命令，创建一个相关联的填充阴影对象，即所谓的图案填充。

【预习重点】

- ☑ 观察图案填充结果。
- ☑ 了解填充样例对应的含义。
- ☑ 确定边界选择要求。
- ☑ 了解“图案填充创建”选项卡中选项的含义。

5.3.1 基本概念

1．图案边界

当进行图案填充时，首先要确定填充图案的边界。定义边界的对象只能是直线、双向射线、单向射线、多义线、样条曲线、圆弧、圆、椭圆、椭圆弧、面域等对象或用这些对象定义的块，而且作为边界的对象在当前图层上必须全部可见。

2．孤岛

在进行图案填充时，通常把位于总填充区域内的封闭区称为孤岛，如图 5-14 所示。在使用 BHATCH 命令填充时，AutoCAD 系统允许用户以拾取点的方式确定填充边界，即在希望填充的区域内任意拾取一点，系统会自动确定填充边界，同时也确定该边界内的岛。如果用户以选择对象的方式确定填充边界，则必须确切地选取这些岛，有关知识将在 5.3.2 节中介绍。

3．填充方式

在进行图案填充时，需要控制填充的范围，AutoCAD 系统为用户设置了以下 3 种填充方式，以实现对填充范围的控制。

（1）普通方式。如图 5-15（a）所示，该方式从边界开始，从每条填充线或每个填充符号的两端向里填充图案，遇到内部对象与之相交时，填充线或符号断开，直到遇到下一次相交时再继续填充。采用这种填充方式时，要避免剖面线或符号与内部对象的相交次数为奇数。该方式为系统内部的默认方式。

（2）最外层方式。如图 5-15（b）所示，该方式从边界向里填充图案，只要边界内部与对象相交，剖面符号就会断开，而不再继续填充。

（3）忽略方式。如图 5-15（c）所示，该方式忽略边界内的对象，所有内部结构都被剖面符号覆盖。

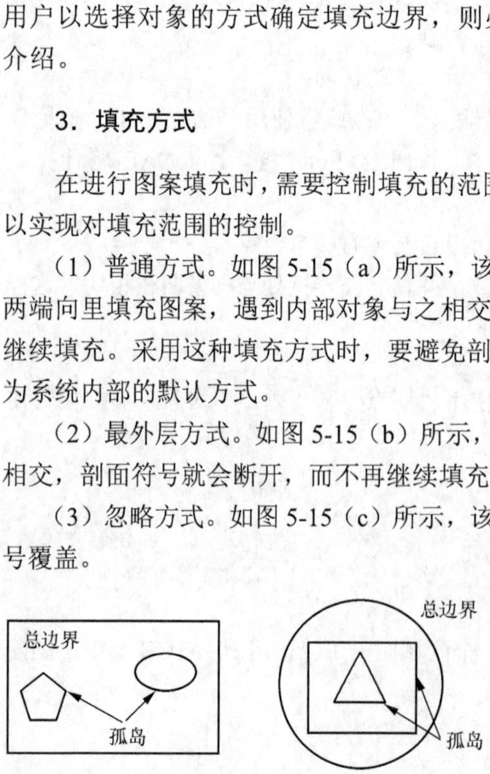

图 5-14　孤岛

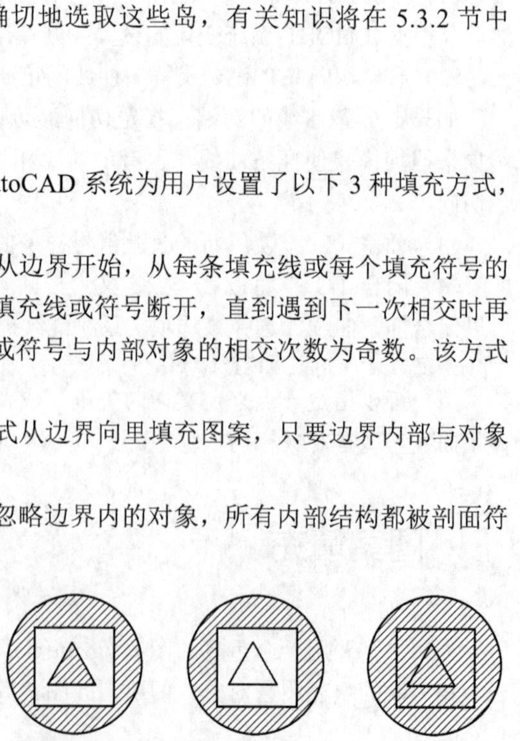

（a）普通方式　（b）最外层方式　（c）忽略方式

图 5-15　填充方式

5.3.2　添加图案填充

【执行方式】

☑　命令行：BHATCH（快捷命令为 BH）。
☑　菜单栏：选择菜单栏中的“绘图”→“图案填充”命令。
☑　工具栏：单击“绘图”工具栏中的“图案填充”按钮。
☑　功能区：单击“默认”选项卡“绘图”面板中的“图案填充”按钮。

【操作步骤】

执行上述任一操作，系统打开图 5-16 所示的“图案填充创建”选项卡。

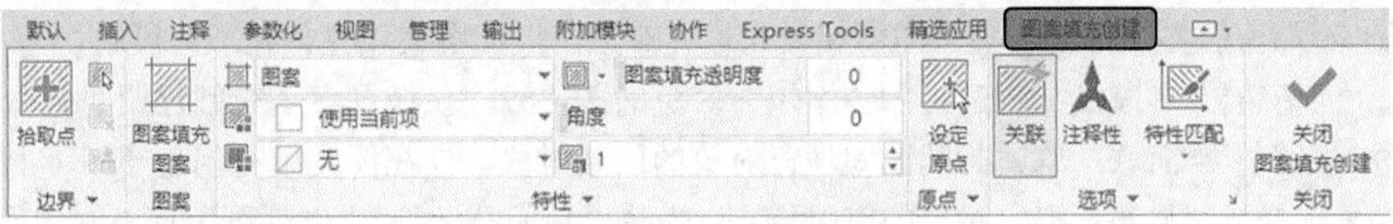

图 5-16　“图案填充创建”选项卡

【选项说明】

1.“边界”面板

（1）拾取点：通过选择由一个或多个对象形成的封闭区域内的点，确定图案填充边界（如图 5-17 所示）。指定内部点时，可以随时在绘图区域中单击鼠标右键，以显示包含多个选项的快捷菜单。

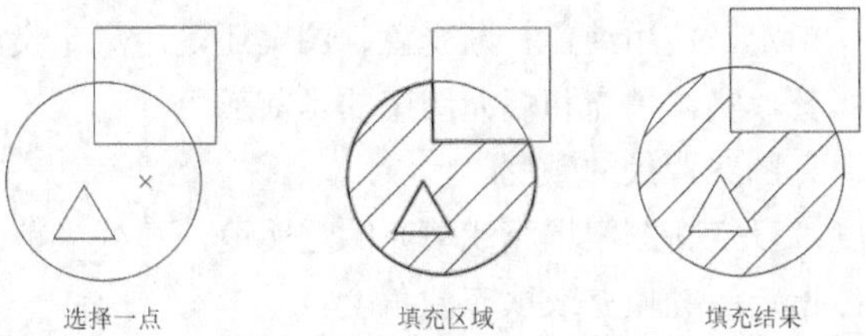

图 5-17　确定图案填充边界

（2）选择边界对象：指定基于选定对象的图案填充边界。使用该选项时，不会自动检测内部对象，必须选择选定边界内的对象，按照当前孤岛检测样式填充对象（如图 5-18 所示）。

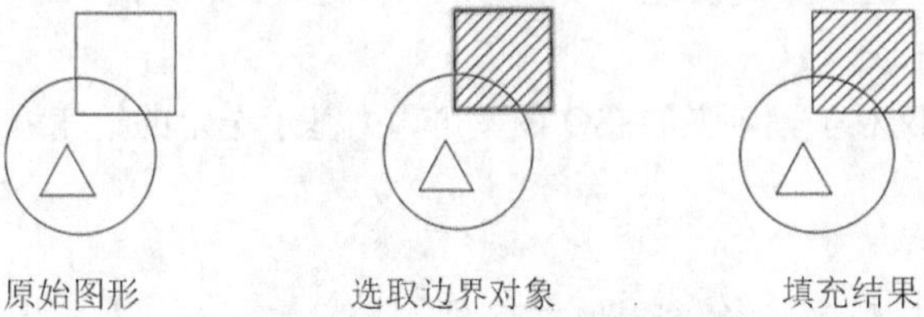

图 5-18　选择边界对象后的图案填充

（3）删除边界对象：从边界定义中删除之前添加的任何对象（如图 5-19 所示）。

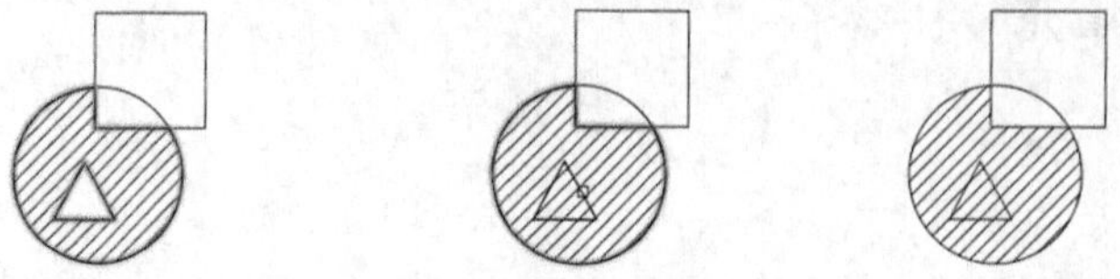

图 5-19　删除边界对象后的图案填充

（4）重新创建边界：围绕选定的图案填充，或填充对象创建多段线或面域，并使其与图案填充对象相关联（可选）。

（5）显示边界对象：选择构成选定关联图案填充对象的边界的对象，使用显示的夹点可修改图案填充边界。

（6）保留边界对象：指定如何处理图案填充边界对象。包括以下几个选项。

① 不保留边界：不创建独立的图案填充边界对象，仅在图案填充创建期间可用。

② 保留边界-多段线：创建封闭图案填充对象的多段线，仅在图案填充创建期间可用。

③ 保留边界-面域：创建封闭图案填充对象的面域对象，仅在图案填充创建期间可用。

（7）选择新边界集：指定对象的有限集（称为边界集），以便通过创建图案填充时的拾取点进行计算。

2.“图案”面板

显示所有预定义和自定义图案的预览图像。

3.“特性”面板

（1）图案填充类型：指定是使用纯色、渐变色、图案还是用户定义的填充。

（2）图案填充颜色：替代实体填充和填充图案的当前颜色。

（3）背景色：指定填充图案背景的颜色。

（4）图案填充透明度：设定新图案填充或填充的透明度，替代当前对象的透明度。

（5）图案填充角度：指定图案填充或填充的角度。

（6）填充图案比例：放大或缩小预定义或自定义填充图案 。

（7）相对图纸空间：（仅在布局中可用）相对于图纸空间单位缩放填充图案。使用该选项，可以很容易地做到以适合于布局的比例显示填充图案。

（8）双向：（仅当“图案填充类型”设定为“用户定义”时可用）绘制第二组直线，与原始直线成 90°，从而构成交叉线。

（9）ISO 笔宽：（仅对于预定义的 ISO 图案可用）基于选定的笔宽缩放 ISO 图案。

4.“原点”面板

（1）设定原点：直接指定新的图案填充原点。

（2）左下：将图案填充原点设定在图案填充边界矩形范围的左下角。

（3）右下：将图案填充原点设定在图案填充边界矩形范围的右下角。

（4）左上：将图案填充原点设定在图案填充边界矩形范围的左上角。

（5）右上：将图案填充原点设定在图案填充边界矩形范围的右上角。

（6）中心：将图案填充原点设定在图案填充边界矩形范围的中心。

（7）使用当前原点：将图案填充原点设定在 HPORIGIN（系统变量）中存储的默认位置。

（8）存储为默认原点：将新图案填充原点的值存储在 HPORIGIN 系统变量中。

5．“选项”面板

（1）关联：指定图案填充或填充为关联图案填充。关联的图案填充或填充在用户修改其边界对象时将会更新。

（2）注释性：指定图案填充为注释性。此特性会自动完成缩放注释过程，从而使注释能够以正确的大小在图纸上打印或显示。

（3）特性匹配。

① 使用当前原点：使用选定图案填充对象（除图案填充原点外）设定图案填充的特性。

② 使用源图案填充的原点：使用选定图案填充对象（包括图案填充原点）设定图案填充的特性。

（4）允许的间隙：设定将对象用作图案填充边界时可以忽略的最大间隙。默认值为 0，使用此值指定的对象必须是一个封闭区域。

（5）创建独立的图案填充：控制当指定了几个单独的闭合边界时，是创建单个图案填充对象，还是创建多个图案填充对象。

（6）孤岛检测。

① 普通孤岛检测：从外部边界向内填充。如果遇到内部孤岛，填充将关闭，直到遇到孤岛中的另一个孤岛。

② 外部孤岛检测：从外部边界向内填充。该选项仅填充指定的区域，不会影响内部孤岛。

③ 忽略孤岛检测：忽略所有内部的对象，填充图案时将通过这些对象。

（7）绘图次序：为图案填充或填充指定绘图次序。选项包括不更改、后置、前置、置于边界之后和置于边界之前。

6．“关闭”面板

关闭“图案填充创建”：关闭“图案填充创建”选项卡，也可以按 Esc 键退出。

5.3.3 渐变色的操作

【执行方式】

☑ 命令行：GRADIENT。

☑ 菜单栏：选择菜单栏中的“绘图”→“渐变色”命令。

☑ 工具栏：单击“绘图”工具栏中的“渐变色”按钮▦。

☑ 功能区：单击“默认”选项卡“绘图”面板中的“图案填充”下拉菜单中的“渐变色”按钮▦。

【操作步骤】

执行上述任一操作，系统打开图 5-20 所示的“图案填充创建”选项卡，各面板中的选项含义与图案填充的类似，这里不再赘述。

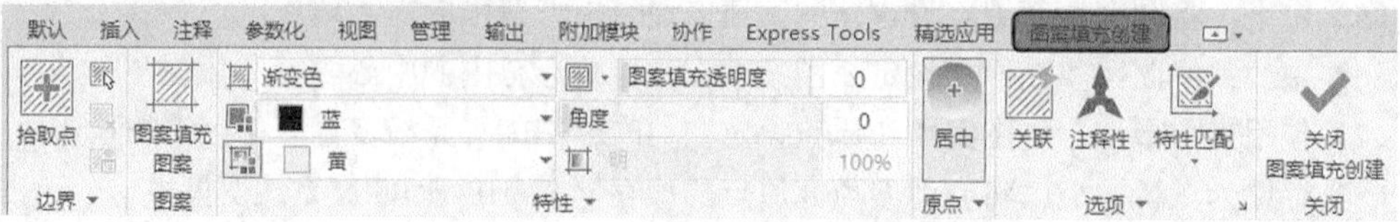

图 5-20 “图案填充创建”选项卡

5.3.4 边界的操作

【执行方式】

☑ 命令行：BOUNDARY。

☑ 功能区：单击“默认”选项卡“绘图”面板 “图案填充”下拉菜单中的“边界”按钮。

【操作步骤】

执行上述任一操作，系统打开图 5-21 所示的“边界创建”对话框。

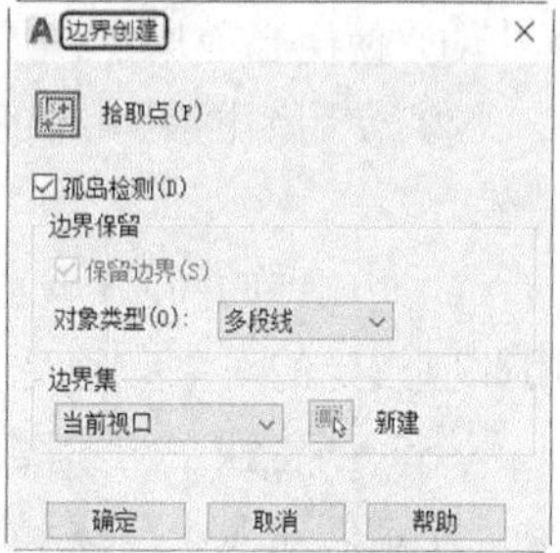

图 5-21 “边界创建”对话框

【选项说明】

（1）拾取点：根据围绕指定点构成封闭区域的现有对象来确定边界。

（2）孤岛检测：控制 BOUNDARY 命令是否检测内部闭合边界（该边界称为孤岛）。

（3）对象类型：控制新边界对象的类型。BOUNDARY 将边界作为面域或多段线对象创建。

（4）边界集：定义通过指定点定义边界时，BOUNDARY 要分析的对象集。

5.3.5 编辑图案填充

利用 HATCHEDIT 命令可以编辑已经填充的图案。

【执行方式】

☑ 命令行：HATCHEDIT（快捷命令为 HE）。

☑ 菜单栏：选择菜单栏中的“修改”→“对象”→“图案填充”命令。

☑ 工具栏：单击“修改Ⅱ”工具栏中的“编辑图案填充”按钮。

☑ 功能区：单击“默认”选项卡“修改”面板中的“编辑图案填充”按钮。

☑ 快捷方法：直接选择填充的图案，打开“图案填充编辑器”选项卡（如图 5-22 所示）。

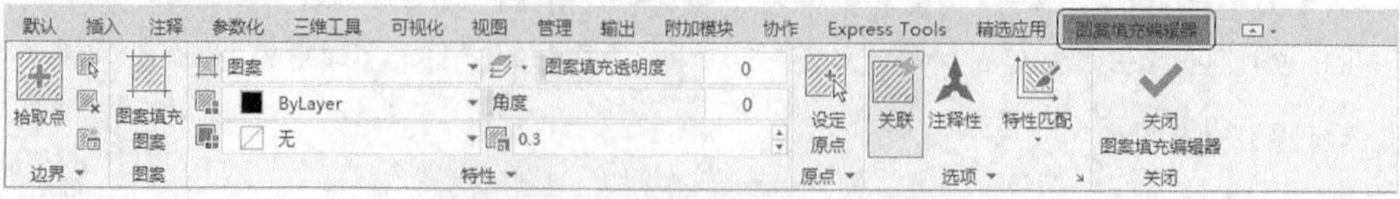

图 5-22 “图案填充编辑器”选项卡

5.3.6　操作实例——绘制双人床

绘制图 5-23 所示的双人床，操作步骤如下。

（1）单击“默认”选项卡“绘图”面板中的“直线”按钮，绘制双人床的四边。其中，水平直线的长度为 1500，竖直直线的长度为 1850。结果如图 5-24 所示。

```
命令: LINE
指定第一个点: 0,0
指定下一点或[放弃(U)]: <正交 开> 1500
指定下一点或[退出(E)/放弃(U)]: 1850
指定下一点或[关闭(C)/退出(X)/放弃(U)]: 1500
指定下一点或[关闭(C)/退出(X)/放弃(U)]: C
```

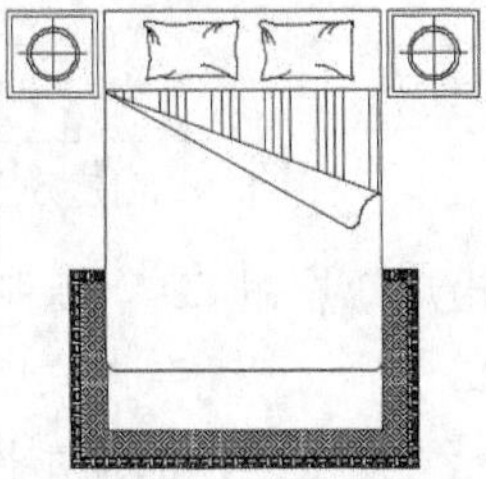

图 5-23　双人床

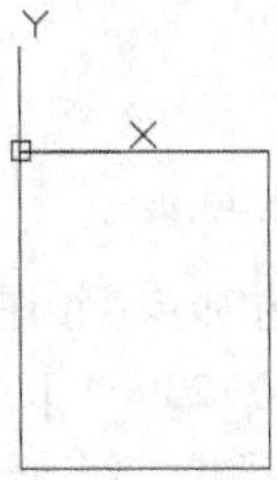

图 5-24　绘制双人床的四边

提示：使用 LINE 命令绘制沙发面的四边时，尺寸选取要适当，注意其相对位置和长度的关系。

（2）单击“默认”选项卡“修改”面板中的“圆角”按钮，圆角半径设置为 50，将双人床进行圆角处理，结果如图 5-25 所示。

（3）单击“默认”选项卡“绘图”面板中的“直线”按钮和“圆弧”按钮，绘制被子的折角。其中，直线的坐标点分别为[（0,-300）、（1500,-300）]、[（0,-300）、（1500,-793）]和[（0,-300）、（1211.69,-968.77）]，两段圆弧的坐标点分别为[（1211.69,-968.77）、（1245.77,-907.30）、（1318.12,-893.77）]和[（1318.12,-893.77）、（1420.62,-867.69）、（1500,-793）]。结果如图 5-26 所示。

（4）单击“快速访问”工具栏中的“打开”按钮，将源文件中的枕头图形打开。单击“默认”选项卡“修改”面板中的“复制”按钮，将枕头图形复制到当前的图形中。结果如图 5-27 所示。

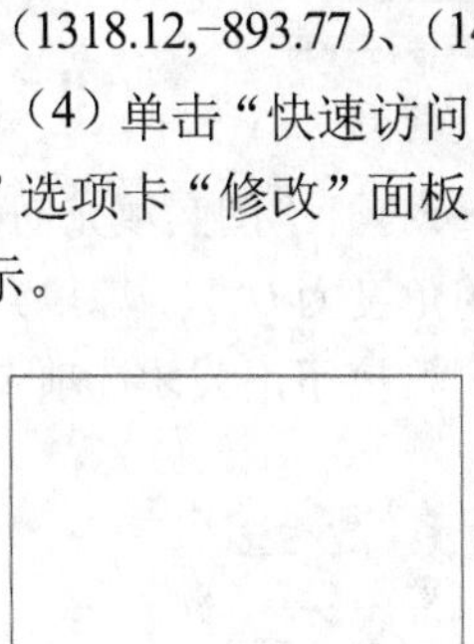

图 5-25　圆角处理

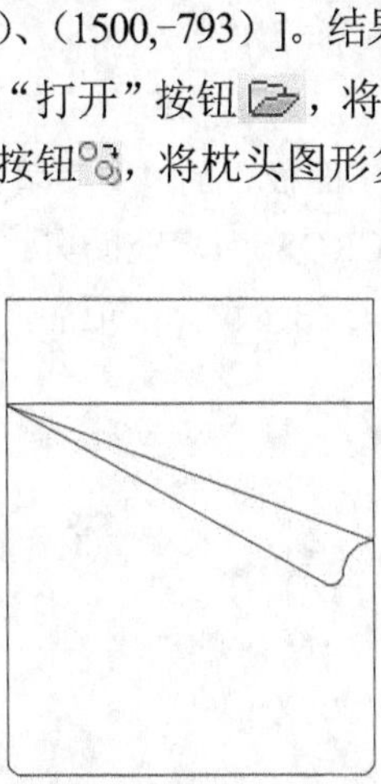

图 5-26　绘制被子折角

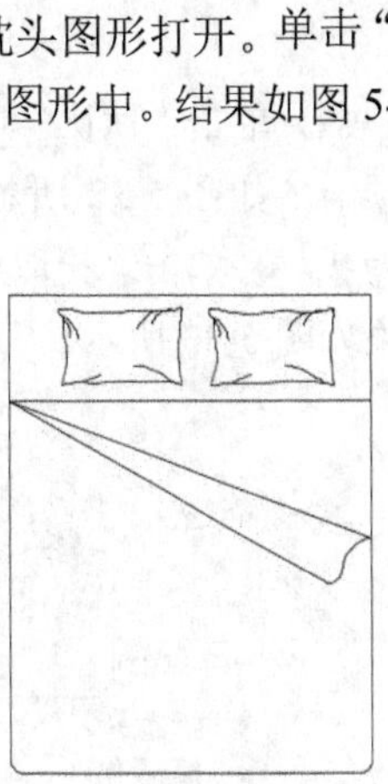

图 5-27　导入枕头

（5）单击“默认”选项卡“绘图”面板中的“矩形”按钮 和“圆”按钮，矩形坐标点分别为[（-10,0）、（-310, -300）]和[（-30,-20）、（-290,-280）]；圆的圆心坐标为（160,-150）、半径为 80；直线坐标点分别为[（-160,-60）、（-160,-240）]和[（-70,-150）、（-250,-150）]，绘制床头柜，结果如图 5-28 所示。

（6）单击“默认”选项卡“修改”面板中的“镜像”按钮 ，以大矩形短边的中点和其延长线上的一点为镜像直线的两点，将绘制的床头柜镜像到另外一侧，如图 5-29 所示。

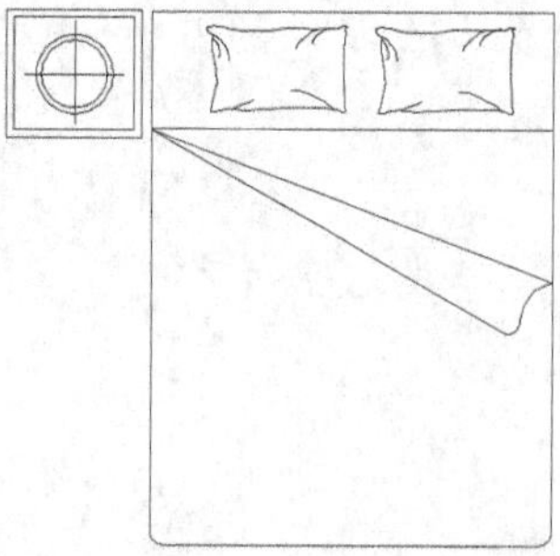

图 5-28　绘制床头柜

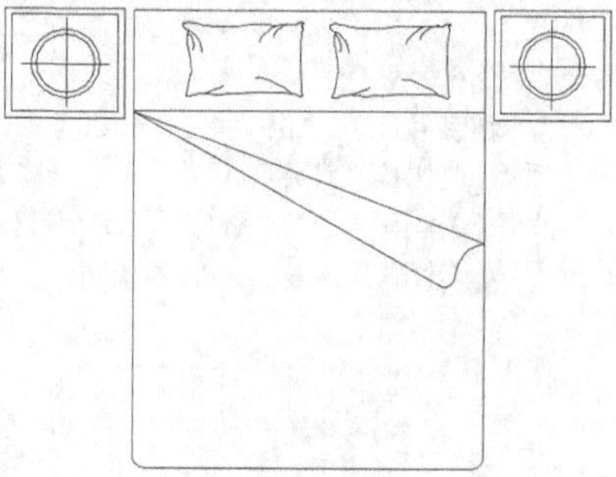

图 5-29　创建另外一侧床头柜

（7）单击“默认”选项卡“绘图”面板中的“矩形”按钮 ，绘制地毯图形，角点坐标为[（-200,-1300）、（1700,-2300）]，如图 5-30 所示。

（8）单击“默认”选项卡“修改”面板中的“偏移”按钮 ，将矩形向内侧偏移 50 和 150，如图 5-31 所示。

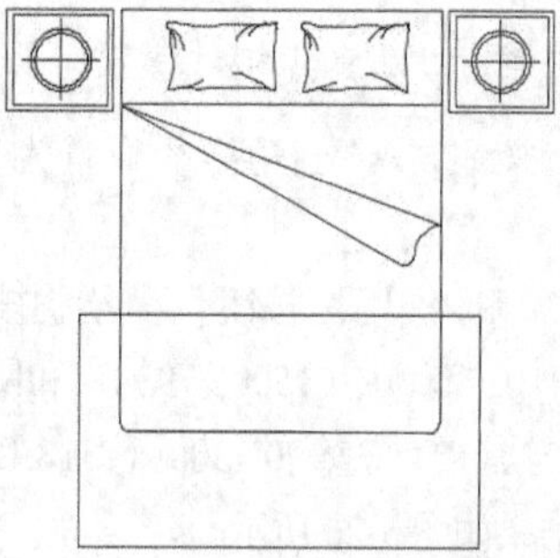

图 5-30　绘制矩形

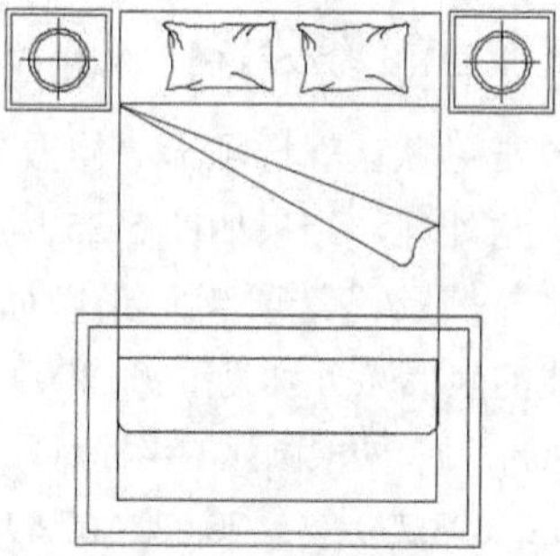

图 5-31　偏移矩形

（9）单击“默认”选项卡“绘图”面板中的“图案填充”按钮 ，①打开“图案填充创建”选项卡，如图 5-32 所示；②选择“CROSS”填充图案；③设置填充的角度为 0°、④填充比例为 2；⑤单击“拾取点”按钮，进行图案填充；最后，⑥单击“关闭”按钮，关闭选项卡。结果如图 5-33 所示。

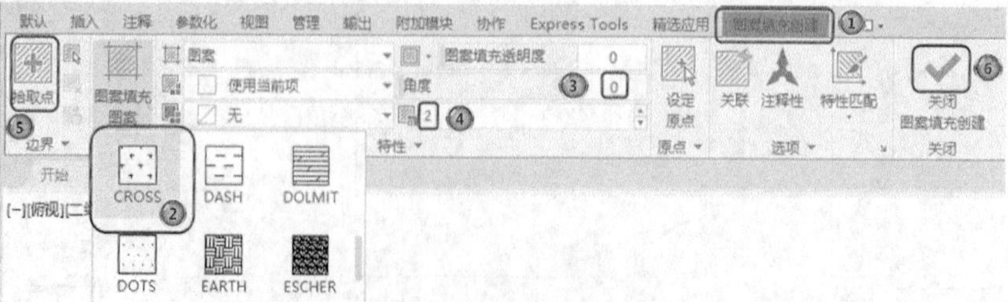

图 5-32　“图案填充创建”选项卡 1

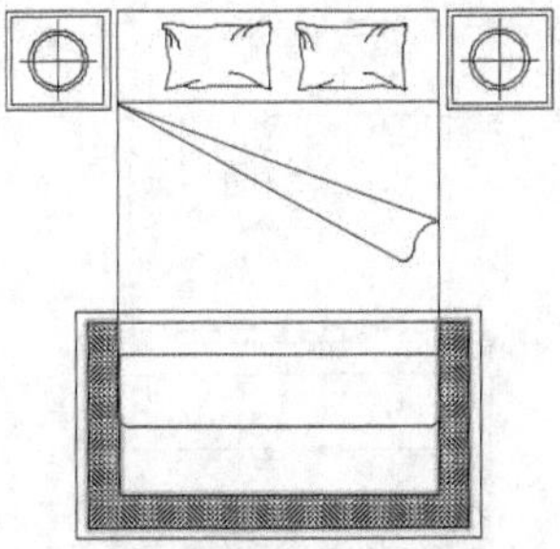

图 5-33　填充图案 1

（10）单击“默认”选项卡“绘图”面板中的“图案填充”按钮，①打开“图案填充创建”选项卡，如图 5-34 所示；②选择“EARTH”填充图案；③设置填充的角度为 0°、④填充比例为 5；⑤单击“拾取点”按钮，进行图案填充；⑥单击“关闭”按钮，关闭选项卡。结果如图 5-35 所示。

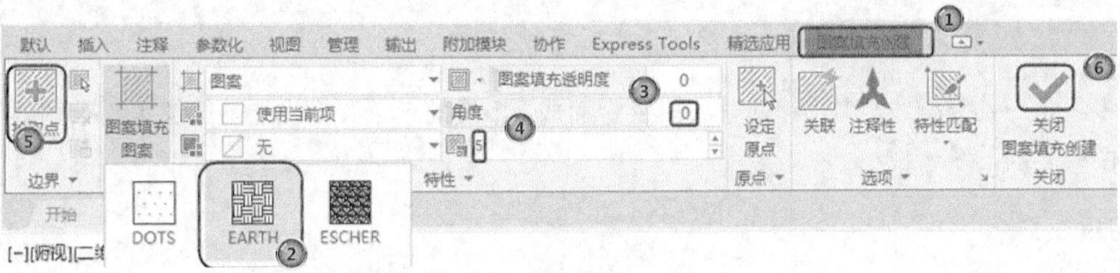

图 5-34　“图案填充创建”选项卡 2

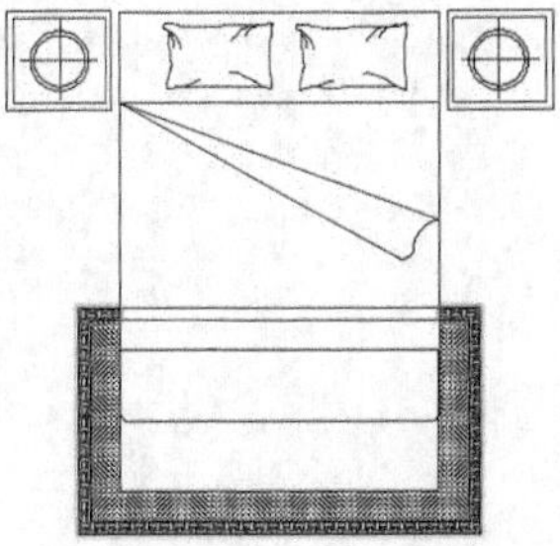

图 5-35　填充图案 2

（11）单击“默认”选项卡“绘图”面板中的“图案填充”按钮，打开“图案填充创建”选项卡，如图 5-36 所示；选择“ANSI34”填充图案；设置填充的角度为 45°、填充比例为 15；单击“拾取点”按钮，进行填充。结果如图 5-37 所示。

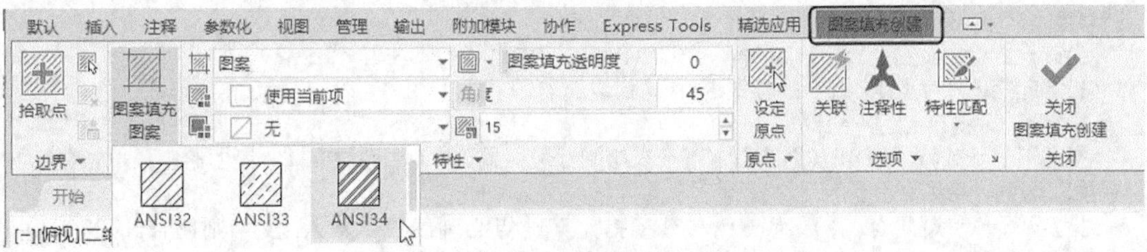

图 5-36　“图案填充创建”选项卡 3

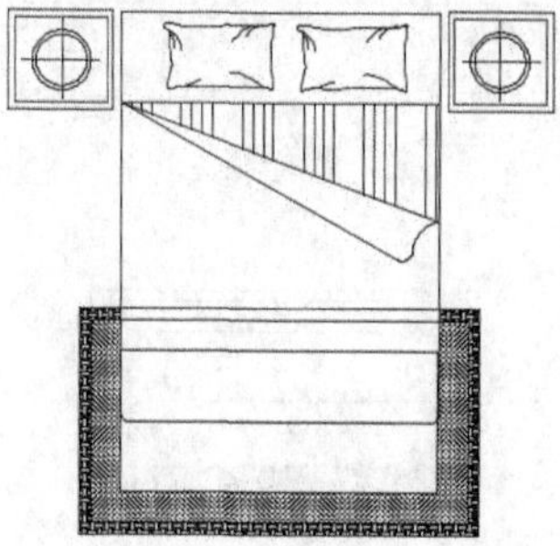

图 5-37　填充图案 3

（12）单击“默认”选项卡“修改”面板中的“修剪”按钮，修剪多余的直线。最终结果如图 5-23 所示。

5.4 多线

多线是一种复合线，由连续的直线段复合而成。多线的一个突出优点是能够提高绘图效率，保证图线之间的统一性。

【预习重点】

☑ 观察绘制的多线。
☑ 了解多线的不同样式。
☑ 观察如何编辑多线。

5.4.1 绘制多线

【执行方式】

☑ 命令行：MLINE。
☑ 菜单栏：选择菜单栏中的“绘图”→“多线”命令。

【操作步骤】

执行上述任一操作，命令行提示与操作如下。

命令: MLINE
当前设置: 对正=上，比例=20.00，样式=STANDARD
指定起点或 [对正(J)/比例(S)/样式(ST)]:（指定起点）
指定下一点:（给定下一点）
指定下一点或[放弃(U)]:（继续指定下一点绘制线段；输入“U”则放弃前一段的绘制；单击鼠标右键或按Enter键，结束命令。）
指定下一点或[闭合(C)/放弃(U)]:（继续指定下一点绘制线段；输入“C”则闭合线段，结束命令。）

【选项说明】

（1）对正（J）：用于给定绘制多线的基准。共有“上”“无”和“下”三种对正类型。其中，“上”表示以多线上侧的线为基准，其他依次类推。

（2）比例（S）：选择该选项，要求用户设置平行线的间距。输入值为零时，平行线重合；值为负时，多线的排列倒置。

（3）样式（ST）：用于设置当前使用的多线样式。

5.4.2 定义多线样式

【执行方式】

☑ 命令行：MLSTYLE。
☑ 菜单栏：选择菜单栏中的“格式”→“多线样式”命令。

5.4.3 编辑多线

【执行方式】

☑ 命令行：MLEDIT。
☑ 菜单栏：选择菜单栏中的“修改”→“对象→“多线”命令。

【操作步骤】

执行上述任一操作，弹出“多线编辑工具”对话框，如图 5-38 所示。

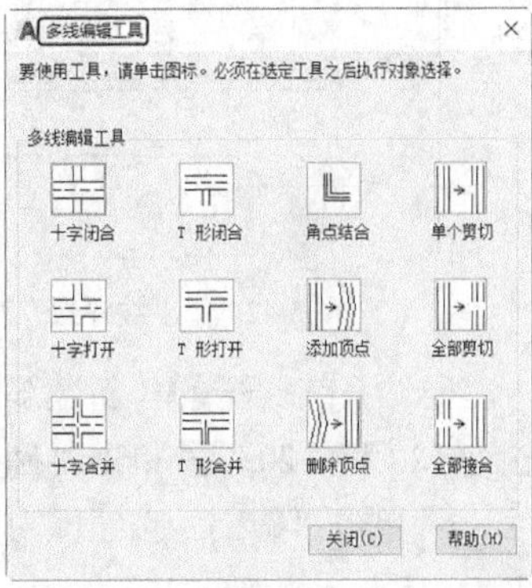

图 5-38 “多线编辑工具”对话框

5.4.4 操作实例——绘制墙体

绘制图 5-39 所示的墙体，作步骤如下。

（1）单击“默认”选项卡“绘图”面板中的“构造线”按钮，绘制出一条水平构造线，指定偏移的间距为 900、3900、4200 和 1500。命令行提示与操作如下。

```
命令: XLINE
指定点或[水平(H)/垂直(V)/角度(A)/二等分(B)/偏移(O)]: H
指定通过点:（指定构造线的位置）
命令: XLINE
指定点或[水平(H)/垂直(V)/角度(A)/二等分(B)/偏移(O)]: O
指定偏移距离或[通过(T)] <通过>: 900
选择直线对象:（选择上一步绘制的构造线）
指定向哪侧偏移:（构造线的下侧指定一点）
```

结果如图 5-40 所示。

（2）单击“默认”选项卡“绘图”面板中的“构造线”按钮，绘制出一条垂直构造线，将垂直构造线依次向右偏移 3300、2400 和 2535，结果如图 5-41 所示。

（3）选择菜单栏中的“格式”→“多线样式”命令，①系统打开“多线样式”对话框，如图 5-42 所示；在该对话框中②单击“新建”按钮，③系统打开“创建新的多线样式”对话框，如图 5-43 所示；④在该对话框的“新样式名”文本框中输入“240 墙”，⑤单击“继续”按钮。

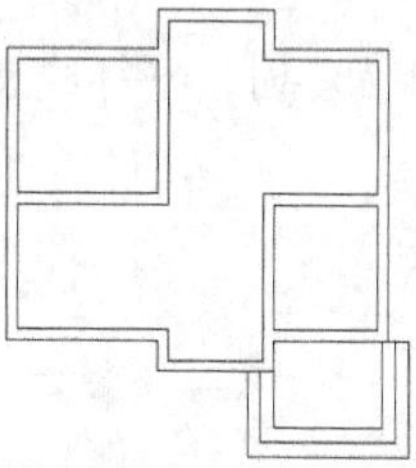

图 5-39　墙体

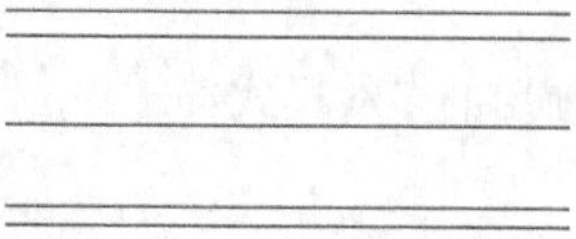

图 5-40　水平构造线

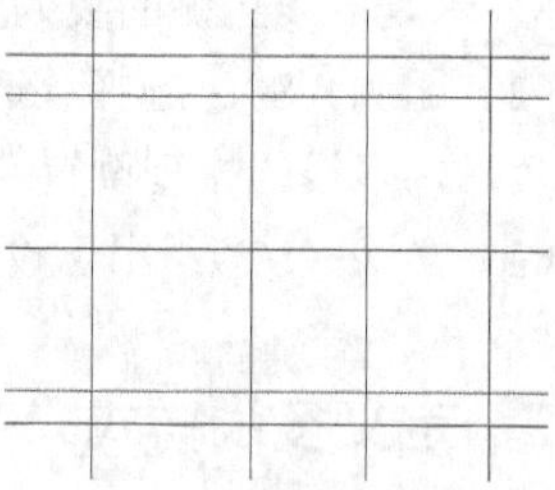

图 5-41　垂直构造线

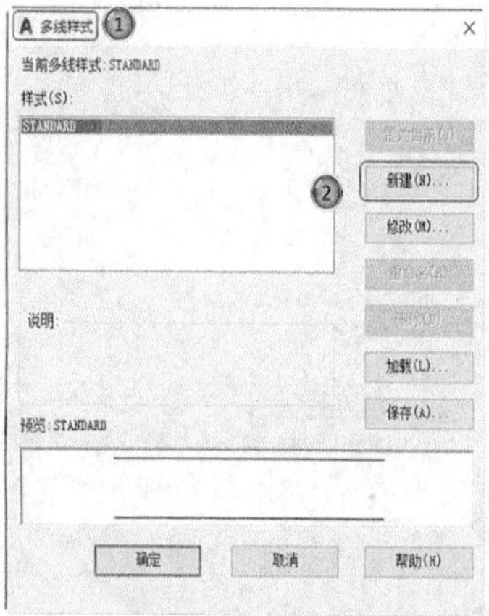

图 5-42　“多线样式”对话框

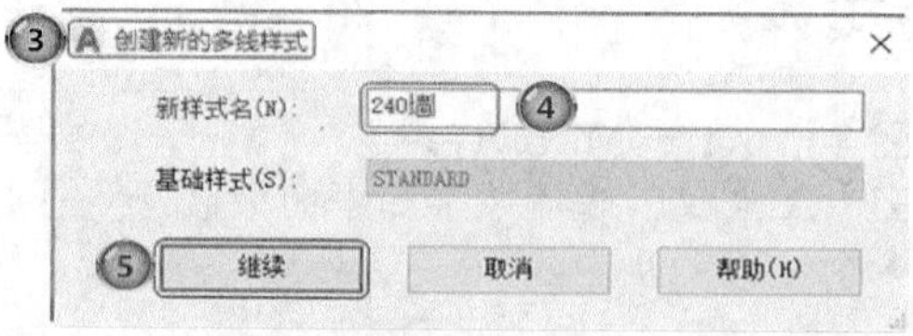

图 5-43　“创建新的多线样式”对话框

（4）系统打开⑥“新建多线样式:240 墙”对话框，参数设置如图 5-44 所示，⑦偏移量设置为 120 和−120；⑧单击“确定”按钮，返回“多线样式”对话框；⑨单击“置为当前”按钮后，⑩单击“确定”按钮即可，如图 5-45 所示。

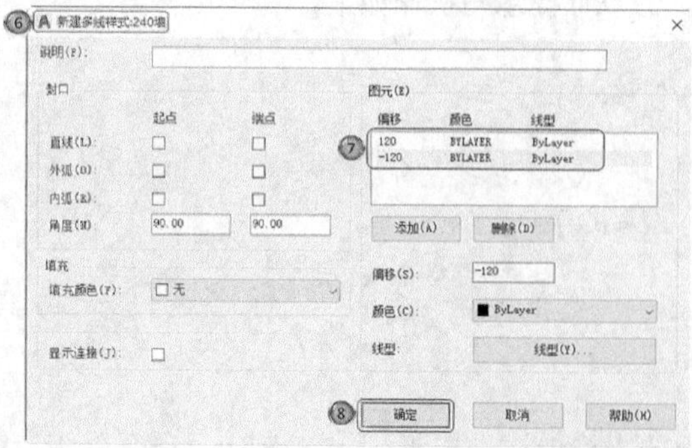

图 5-44　“新建多线样式：240 墙”对话框

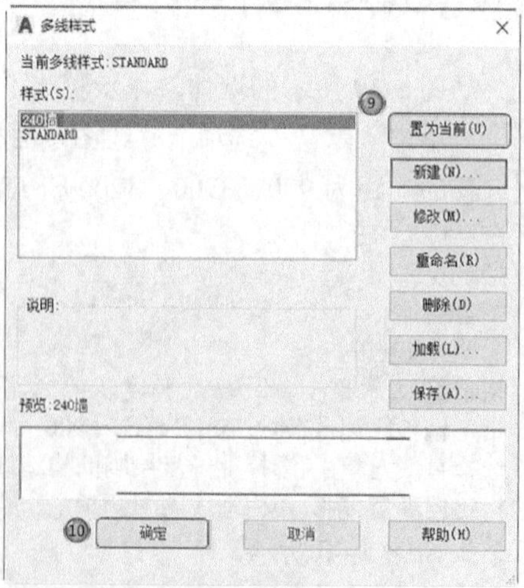

图 5-45　“多线样式”对话框

（5）选择菜单栏中的“绘图”→“多线”命令，绘制多线墙体。命令行提示与操作如下。

```
命令: MLINE
当前设置: 对正=无，比例=240.00，样式=240墙
指定起点或[对正(J)/比例(S)/样式(ST)]: J
输入对正类型 [上(T)/无(Z)/下(B)] <无>: Z
当前设置: 对正=无，比例=240.00，样式=240墙
指定起点或 [对正(J)/比例(S)/样式(ST)]: S
输入多线比例<240.00>: 1
当前设置: 对正=无，比例=1.00，样式=240墙
指定起点或[对正(J)/比例(S)/样式(ST)]:
指定下一点:↙
```

根据辅助线网格，用相同方法绘制多线，绘制结果如图 5-46 所示。

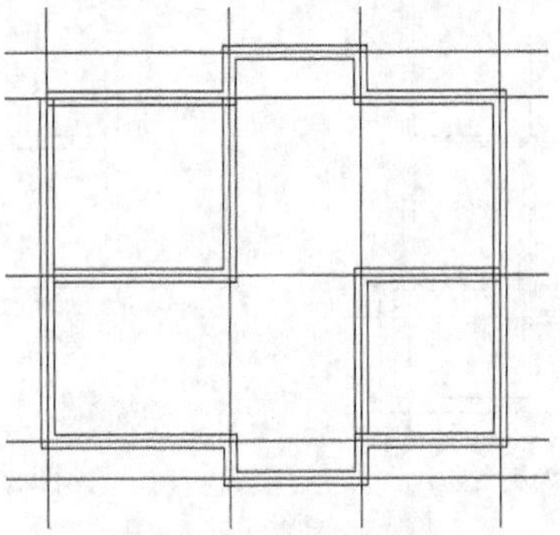

图 5-46　全部多线绘制结果

（6）编辑多线。选择菜单栏中的“修改”→“对象”→“多线”命令，①打开“多线编辑工具”对话框。②选中其中的“T 形合并”选项（如图 5-47 所示），单击“关闭”按钮，命令行提示与操作如下。

```
命令: MLEDIT
选择第一条多线:（选择多线）
选择第二条多线:（选择多线）
选择第一条多线或[放弃(U)]:
```

重复“编辑多线”命令继续进行多线编辑。编辑的最终结果如图 5-48 所示。

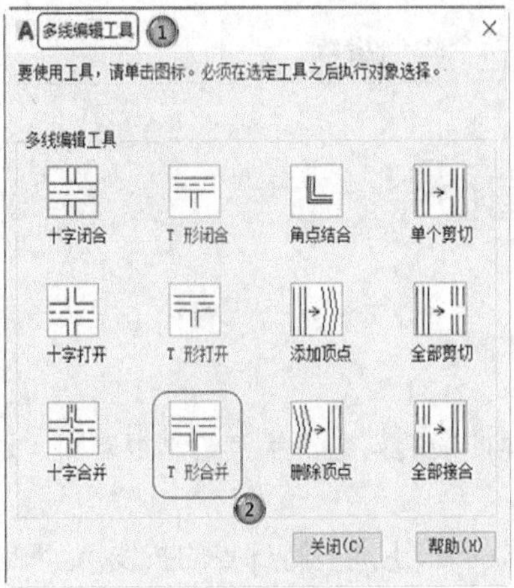

图 5-47　“多线编辑工具”对话框

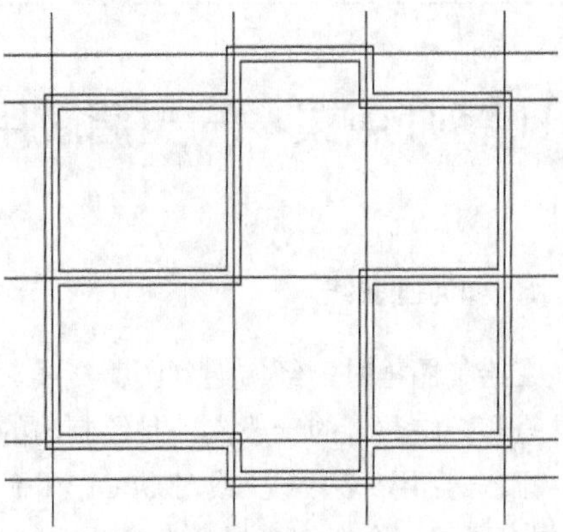

图 5-48　墙体

（7）选择菜单栏中的“格式”→“多线样式”命令，打开“多线样式”对话框，新建“台阶”的多线样式，在“新建多线样式：台阶”对话框中，将“偏移量”分别设置为 300、0 和–300，并将该多线样式置为当前图层，绘制台阶。

（8）选择菜单栏中的“绘图”→“多线”命令，将对正方式设置为上、比例设置为 1，绘制台阶。

（9）单击“默认”选项卡“绘图”面板中的“直线”按钮 ╱，将右侧的台阶补全。结果如图 5-49 所示。

（10）按 Delete 键，删除绘制的构造线。结果如图 5-50 所示。

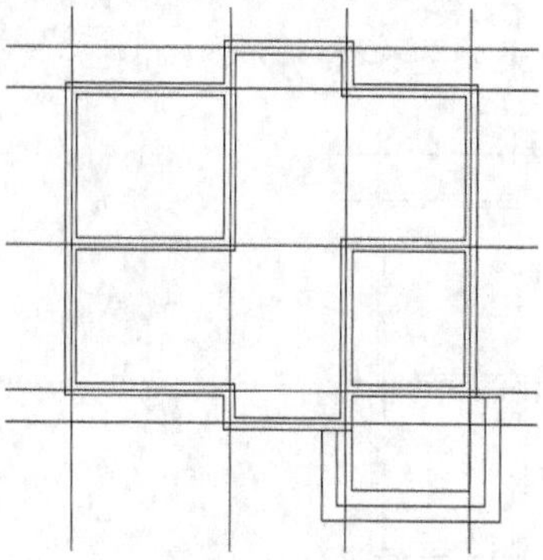

图 5-49　绘制台阶

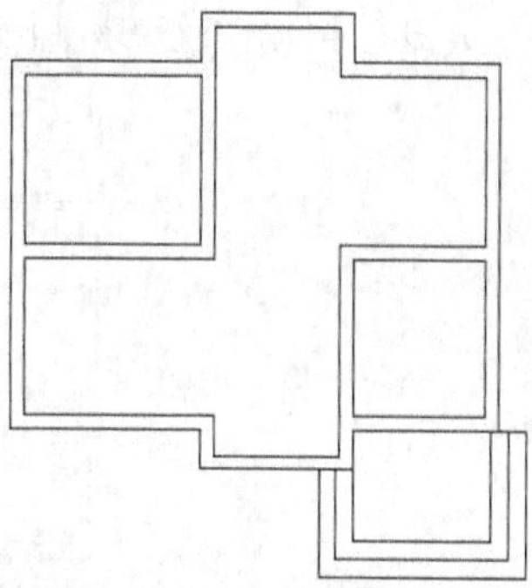

图 5-50　删除构造线

贴心小帮手

在建筑平面图中，墙体用双线表示，绘制时一般采用轴线定位的方式，以轴线为中心，具有很强的对称关系。因此绘制墙线通常有 3 种方法。

（1）使用“偏移”命令直接偏移轴线，将轴线向两侧偏移一定距离，得到双线，然后将所得双线转移至墙线图层。

（2）选择菜单栏中的“绘图”→“多线”命令，直接绘制墙线。

（3）当要求墙体填充成实体颜色时，也可以采用“多段线”命令直接绘制，将线宽设置为墙厚即可。

笔者推荐选用第（2）种方法，即采用“多线”命令绘制墙线。

5.5 名师点拨——灵活应用复杂绘图命令

1. 如何画曲线

在绘制图样时，经常遇到画截交线、相贯线及其他曲线的问题。手工绘制很麻烦，还要找特殊点和一定数量的一般点，且绘制出的曲线误差大。

方法一：用“多段线”或“3DPOLY”命令绘制 2D、3D 图形上通过特殊点的折线，经“PEDIT”（编辑多段线）命令中“拟合”选项或“样条曲线”选项，可将其变成光滑的平面、空间曲线。

方法二：用 SOLIDS 命令创建三维基本实体（长方体、圆柱、圆锥、球等），再经“布尔”组合运算（交、并、差和干涉等）获得各种复杂实体，然后利用菜单栏中的“视图”→“三维视图”→“视点”命令，选择不同视点来产生标准视图，得到曲线的不同视图投影。

2．填充无效时怎么办

有时，填充图案会出现填充无效，可以从下面两个方面检查。

（1）系统变量。

（2）选择菜单栏中的“工具”→“选项”命令，弹出“选项”对话框，选择“显示”选项卡，在右侧“显示性能”选项组中选中“应用实体填充”复选框。

5.6 上机实验

【练习 1】绘制图 5-51 所示的小房子。

【练习 2】绘制图 5-52 所示的鼠标。

【练习 3】绘制图 5-53 所示的墙体。

【练习 4】绘制图 5-54 所示的壁灯。

图 5-51　小房子

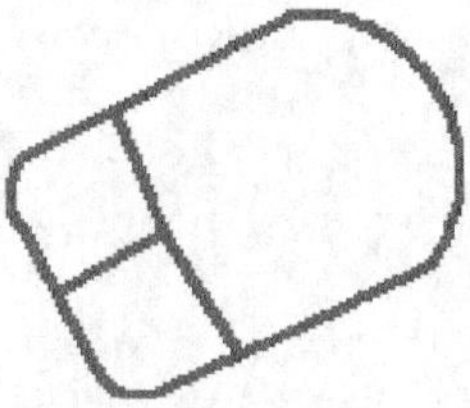

图 5-52　鼠标

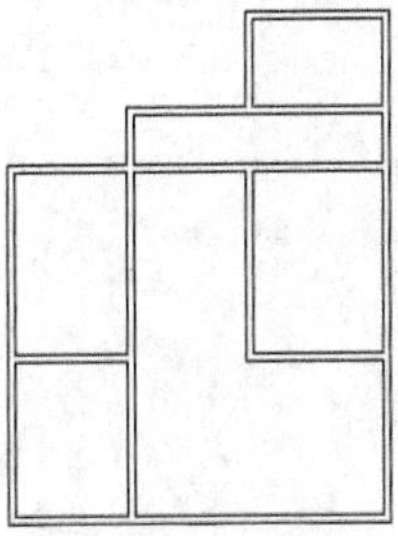

图 5-53　墙体

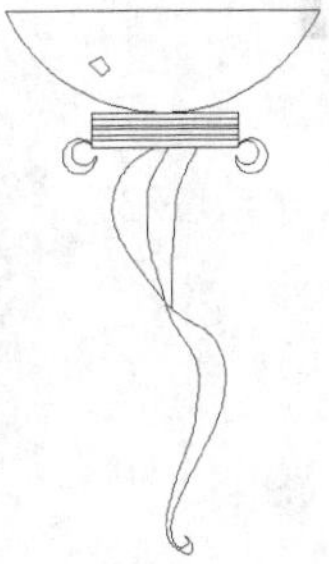

图 5-54　壁灯

5.7 模拟考试

1．同时填充多个区域，如果修改一个区域的填充图案而不影响其他区域，则（　　）。

A．将图案分解

B．在创建图案填充时选择“关联”

C．删除图案，重新对该区域进行填充

D．在创建图案填充时选择“创建独立的图案填充”

2．若需要编辑已知多段线，使用“多段线”命令的（　　）选项可以创建宽度不等的对象。

A．样条（S）　　B．锥形（T）　　C．宽度（W）　　D．编辑顶点（E）

3．根据图案填充创建边界时，边界类型不可能是（　　）。

A．多段线　　B．样条曲线　　C．三维多段线　　D．螺旋线

4．可以有宽度的线有（　　）。

A．构造线　　B．多段线　　C．直线　　D．样条曲线

5．绘制图 5-55 所示的图形 1。

6．绘制图 5-56 所示的图形 2。

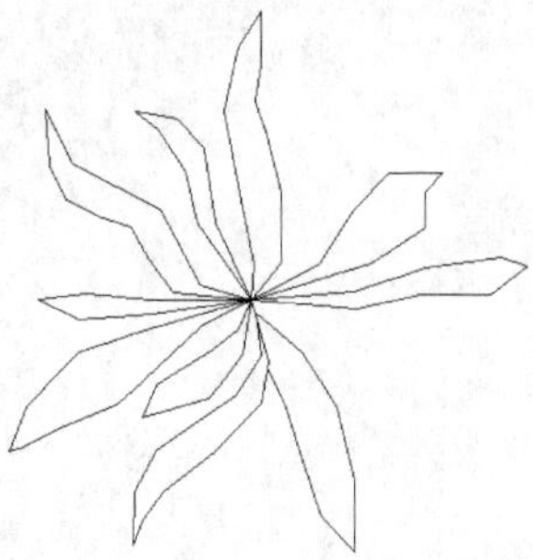

图 5-55　图形 1

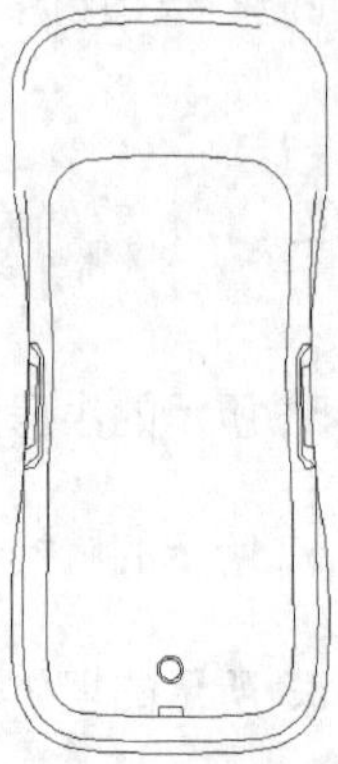

图 5-56　图形 2

第6章

文字与标注

用户进行各种设计时，通常不仅要绘出图形，还要在图形中标注尺寸与添加文字注释，如技术要求、注释说明等，对图形对象加以解释。AutoCAD 提供了多种写入文字的方法，本章将介绍文本的注释和编辑功能。图表在 AutoCAD 图形中也有大量的应用，如明细表、参数表和标题栏等，对此本章也有相关介绍。

【内容要点】

☑ 文本样式
☑ 文本标注
☑ 文本编辑
☑ 表格
☑ 尺寸标注

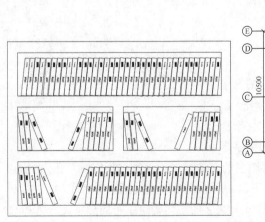

【案例欣赏】

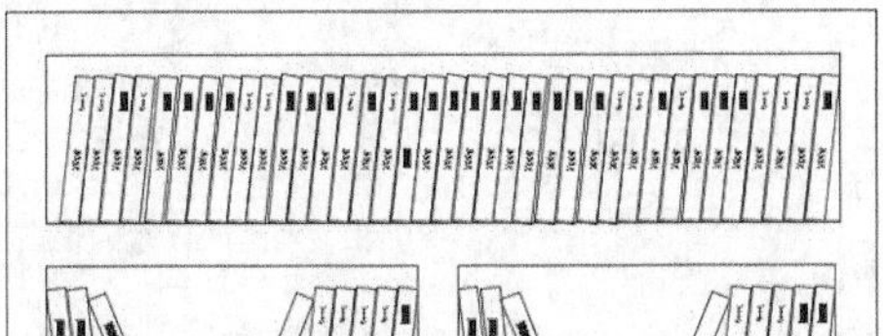

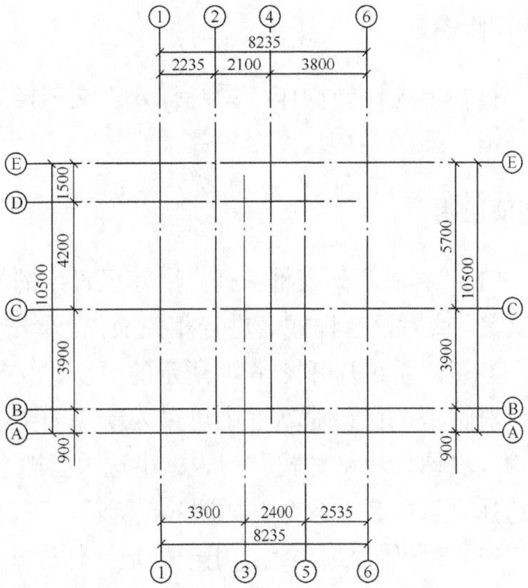

6.1 文本样式

文本样式是用来控制文字基本形状的一组设置。所有 AutoCAD 图形中的文字都有与其相对应的文本样式。当输入文字对象时，AutoCAD 使用当前设置的文本样式。

【预习重点】

☑ 打开“文本样式”对话框。

☑ 设置新样式参数。

【执行方式】

☑ 命令行：STYLE（快捷命令为 ST）或 DDSTYLE。

☑ 菜单栏：选择菜单栏中的“格式”→“文字样式”命令。

☑ 工具栏：单击“文字”工具栏中的“文字样式”按钮A。

☑ 功能区：单击“默认”选项卡“注释”面板中的“文字样式”按钮A（如图 6-1 所示），或单击“注释”选项卡“文字”面板“文字样式”下拉列表中的“管理文字样式”选项（如图 6-2 所示），或单击“注释”选项卡“文字”面板中的“对话框启动器”按钮↘。

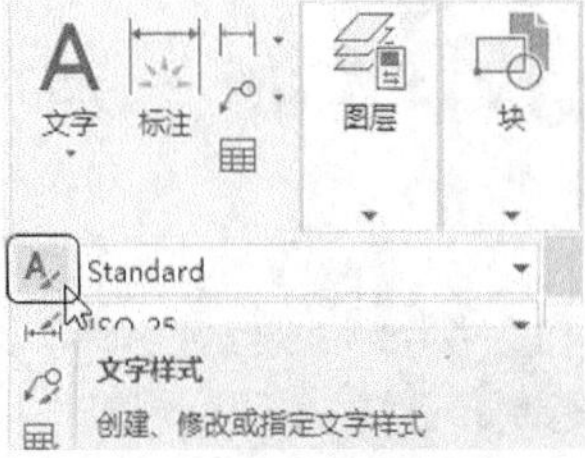

图 6-1 “注释”面板

图 6-2 “文字”面板

【操作步骤】

执行上述任一操作，系统打开“文字样式”对话框，如图 6-3 所示。

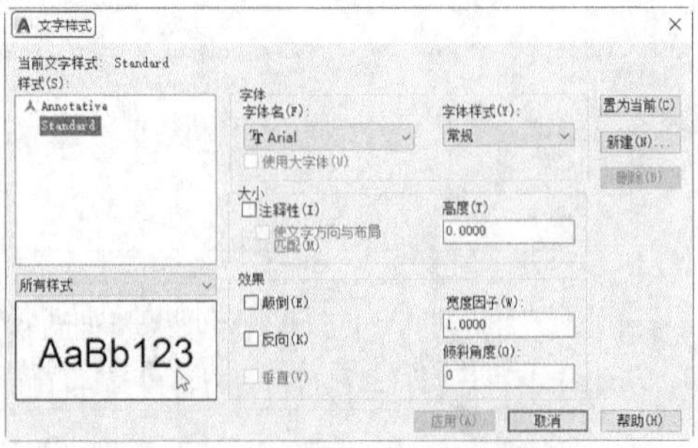

图 6-3 “文字样式”对话框

【选项说明】

（1）“样式”列表框：列出所有已设定的文字样式名，或对已有样式名进行相关操作。单击“新建”按钮，系统打开图 6-4 所示的“新建文字样式”对话框。在该对话框中可以为新建的文字样式输入名称。从“样式”列表框中选中要改名的文本样式，单击鼠标右键，在弹出的快捷菜单中选择“重命名”命令，如图 6-5 所示，可以为所选文本样式设置新的名称。

（2）“字体”选项组：用于确定字体样式。文字的字体确定字符的形状，在 AutoCAD 中，除了它固有的 SHX 形状字体文件，还可以使用 TrueType 字体（如宋体、楷体等）。一种字体可以设置不同的效果，从而被多种文本样式使用。图 6-6 所示就是同一种字体（宋体）的不同样式。

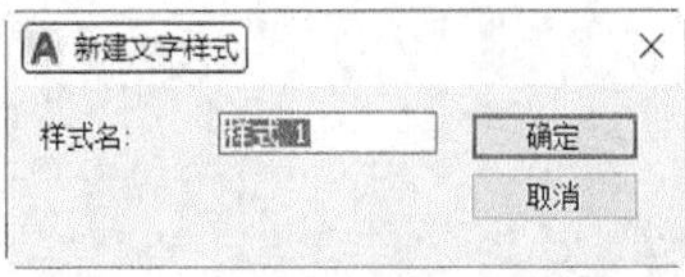

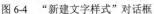

图 6-4 “新建文字样式”对话框

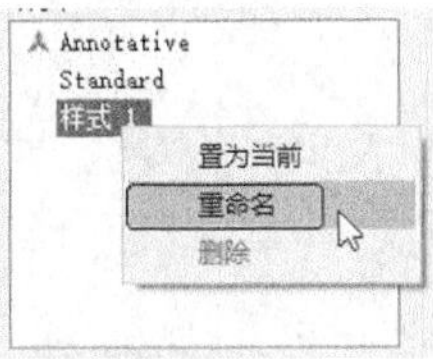

图 6-5 快捷菜单

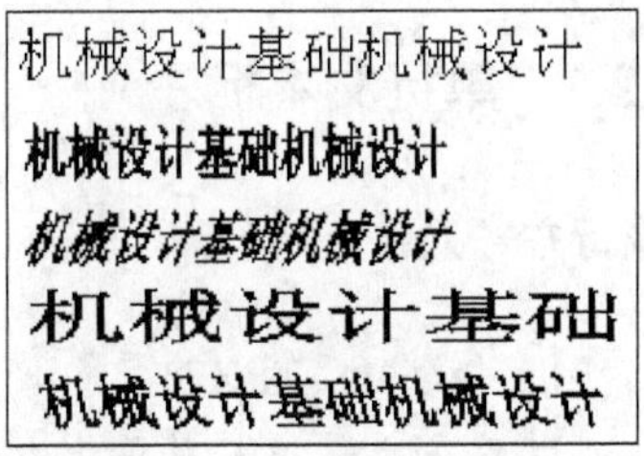

图 6-6 同一字体的不同样式

（3）“大小”选项组：指定文字为注释性，注释性对象和样式用于控制对象显示的尺寸和比例。“高度”文本框用来设置创建文字时的固定字高。在用 TEXT 命令输入文字时，AutoCAD 不再提示输入字高参数。如果在此文本框中设置字高为 0，系统会在每一次创建文字时提示输入字高，所以，如果不想固定字高，就可以把“高度”文本框中的数值设置为 0。

（4）“效果”选项组。

① “颠倒”复选框：选中该复选框，表示将文本文字倒置标注，如图 6-7（a）所示。

② “反向”复选框：确定是否将文本文字反向标注，标注效果如图 6-7（b）所示。

③ “垂直”复选框：确定文本是水平标注还是垂直标注。选中该复选框时为垂直标注，否则为水平标注。文字垂直标注效果如图 6-8 所示。

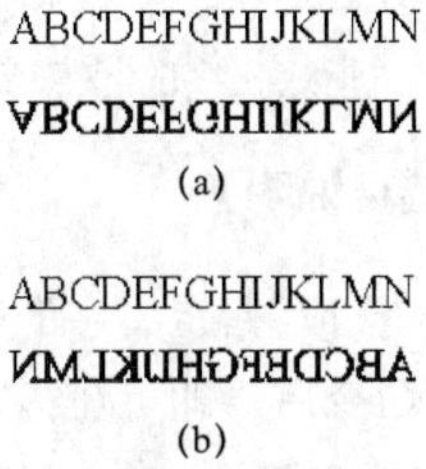

图 6-7 文字颠倒标注与反向标注

④ “宽度因子”文本框：设置宽度系数，确定文本字符的宽高比。当比例系数为 1 时，表示将按字体文件中定义的宽高比标注文字。当此系数小于 1 时，字会变窄；反之，变宽。图 6-6 所示是在不同比例系数下标注的文本文字。

⑤ “倾斜角度”文本框：用于确定文字的倾斜角度。角度为 0° 时不倾斜，为正数时向右倾斜，为负数时向左倾斜，效果如图 6-6 所示。

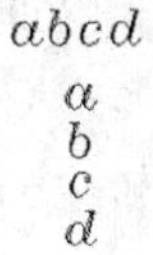

图 6-8 垂直标注

（5）“应用”按钮：确认对文字样式的设置。当创建新的文字样式或对现有文字样式的某些特征进行修改后，都需要单击该按钮，系统才会确认所做的改动。

6.2 文本标注

在绘制图形的过程中，文字传递了很多设计信息，它可能是一个很复杂的说明，也可能是一个简短的文字信息。当需要文字标注的文本不太长时，可以利用 TEXT 命令创建单行文本；当需要标注很长、很复杂的文字信息时，可以利用 MTEXT 命令创建多行文本。

【预习重点】

☑ 对比单行与多行文本的区别。

☑ 练习多行文本的应用。

6.2.1 单行文本标注

【执行方式】

☑ 命令行：TEXT。

☑ 菜单栏：选择菜单栏中的“绘图”→“文字”→“单行文字”命令。

☑ 工具栏：单击“文字”工具栏中的“单行文字”按钮A。

☑ 功能区：单击“默认”选项卡“注释”面板中的“单行文字”按钮A或单击“注释”选项卡“文字”面板中的“单行文字”按钮A。

【操作步骤】

```
命令: TEXT
当前文字样式:“Standard”  文字高度: 2.5000  注释性:否  对正: 左
指定文字的起点或[对正(J)/样式(S)]:
```

【选项说明】

（1）指定文字的起点：在此提示下直接在绘图区选择一点作为输入文本的起始点。执行上述命令后，即可在指定位置输入文本文字，输入后按 Enter 键，文本文字另起一行，可继续输入文本文字，待全部输入完后按两次 Enter 键，退出 TEXT 命令。可见，TEXT 命令也可创建多行文本，只是这种多行文本每一行是一个对象，不能对多行文本同时进行操作。

注意 只有当前文本样式中设置的字符高度为 0，在使用 TEXT 命令时，系统才出现要求用户确定字符高度的提示。AutoCAD 允许将文本行倾斜排列，图 6-9 所示为倾斜角度分别是 0°、45° 和−45° 时的排列效果。在“指定文字的旋转角度 <0>”提示下输入文本行的倾斜角度，或在绘图区拉出一条直线来指定倾斜角度。

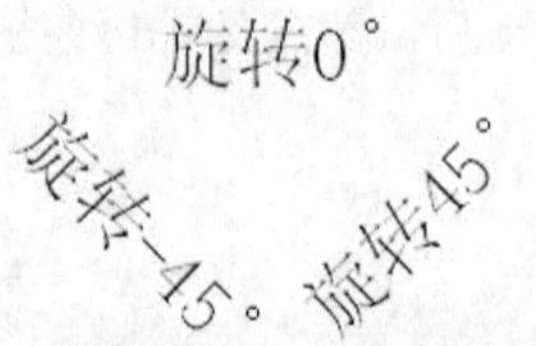

图 6-9 文本行倾斜排列的效果

（2）对正（J）：在“指定文字的起点或[对正(J)/样式(S)]”提示下输入“J”，用来确定文本的对齐方式，对齐方式决定文本的哪部分与所选插入点对齐。执行该选项，命令行提示如下。

```
输入选项[左(L)/居中(C)/右(R)/对齐(A)/中间(M)/布满(F)/左上(TL)/中上(TC)/右上(TR)/左中(ML)/正中(MC)/右中(MR)/左下(BL)/中下(BC)/右下(BR)]:
```

在此提示下选择一个选项作为文本的对齐方式。当文本文字水平排列时，AutoCAD 为标注文本的文字定义了如图 6-10 所示的顶线、中线、基线和底线。各种对齐方式如图 6-11 所示，图中大写字母对应提示中各命令。

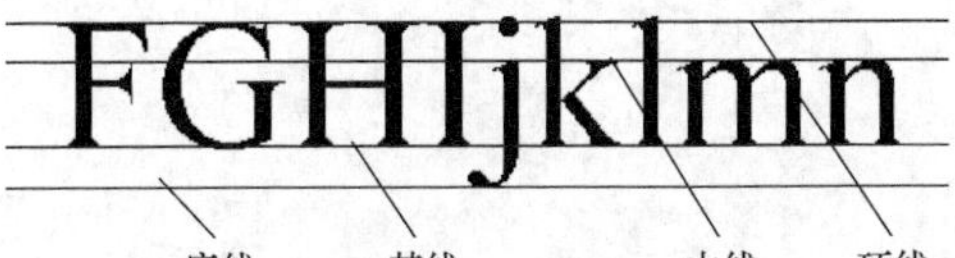

图 6-10　文本行的底线、基线、中线和顶线

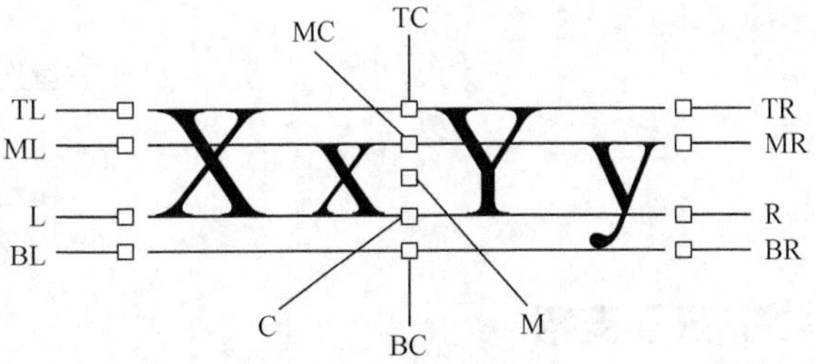

图 6-11　文本的对齐方式

选择“对齐（A)”选项，要求用户指定文本行基线的起始点与终止点的位置，命令行提示如下。

```
指定文字基线的第一个端点:（指定文本行基线的起点位置）
指定文字基线的第二个端点:（指定文本行基线的终点位置）
输入文字:（输入一行文本后按Enter键）
输入文字:（继续输入文本或直接按Enter键结束命令）
```

输入的文本文字均匀地分布在指定的两点之间，如果两点间的连线不水平，则文本行倾斜放置，倾斜角度由两点间的连线与 *X* 轴的夹角确定；字高、字宽根据两点间的距离、字符的多少以及文本样式中设置的宽度系数自动确定。指定了两点之后，每行输入的字符越多，字宽和字高越小。

其他选项与“对齐”类似，此处不再赘述。

实际绘图时，有时需要标注一些特殊字符，例如直径符号、上划线或下划线、温度符号等，由于这些符号不能直接使用键盘输入，AutoCAD 提供了一些控制码，用来实现这些功能。控制码用两个百分号（%%）加一个字符构成，常用的控制码及功能如表 6-1 所示。

表 6-1　AutoCAD 常用的控制码及功能

控制码	标注的特殊字符	控制码	标注的特殊字符
%%O	上划线	\u+0278	电相位
%%U	下划线	\u+E101	流线
%%D	“度”符号（°）	\u+2261	标识
%%P	正负符号（±）	\u+E102	界碑线
%%C	直径符号（Φ）	\u+2260	不相等（≠）
%%%	百分号（%）	\u+2126	欧姆（Ω）
\u+2248	约等于（≈）	\u+03A9	欧米加（Ω）
\u+2220	角度（∠）	\u+214A	低界线
\u+E100	边界线	\u+2082	下标 2
\u+2104	中心线	\u+00B2	上标 2
\u+0394	差值		

其中，%%O 和%%U 分别是上划线和下划线的开关，第一次出现此符号时开始画上划线和下划线，第二次出现此符号，上划线和下划线终止。例如，输入“I want to %%U go to Beijing%%U.”，则得到图 6-12（a）所示的文本行；输入“50%%D+%%C75%%P12”，则得到如图 6-12（b）所示的文本行。

I want to go to Bei jing

（a）

50°+ϕ75±12

（b）

图 6-12　文本行

高手支招

用 TEXT 命令创建文本时，在命令行输入的文字同时显示在绘图区，而且在创建过程中可以随时改变文本的位置，只要移动光标到新的位置并单击鼠标，则当前命令结束，随后输入的文字在新的文本位置出现。用这种方法可以把多行文本标注到绘图区的不同位置。

6.2.2　多行文本标注

【执行方式】

☑ 命令行：MTEXT（快捷命令为 T 或 MT）。

☑ 菜单栏：选择菜单栏中的“绘图”→“文字”→“多行文字”命令。

☑ 工具栏：单击“绘图”工具栏中的“多行文字”按钮 A，或单击“文字”工具栏中的“多行文字”按钮 A。

☑ 功能区：单击“默认”选项卡“注释”面板中的“多行文字”按钮 A，或单击“注释”选项卡“文字”面板中的“多行文字”按钮 A。

【操作步骤】

执行上述任一操作，命令行提示与操作如下。

```
命令:MTEXT
当前文字样式:“Standard”  文字高度: 1571.5998  注释性:  否
指定第一角点:(指定矩形框的第一个角点)
指定对角点或[高度(H)/对正(J)/行距(L)/旋转(R)/样式(S)/宽度(W)/栏(C)]:
```

【选项说明】

（1）指定对角点：在绘图区选择两个点作为矩形框的两个角点，系统以这两个点为对角点构成一个矩形区域，其宽度作为将来要标注的多行文本的宽度，第一个点作为第一行文本顶线的起点。响应命令后，系统打开“文字编辑器”选项卡和多行文字编辑器，可利用此编辑器输入多行文本文字并对其格式进行设置。

（2）对正（J）：用于确定所标注文本的对齐方式。选择该选项，命令行提示如下。

输入对正方式[左上(TL)/中上(TC)/右上(TR)/左中(ML)/正中(MC)/右中(MR)/左下(BL)/中下(BC)/右下(BR)] <左上(TL)>:

这些对齐方式与 TEXT 命令中的对齐方式相同。选择一种对齐方式后按 Enter 键，系统回到上一级提示。

（3）行距（L）：用于确定多行文本的行间距。这里的行间距是指相邻两文本行基线之间的垂直距离。选择该选项，命令行提示如下。

输入行距类型 [至少(A)/精确(E)] <至少(A)>:

在此提示下有“至少”和“精确”两种方式来确定行间距。

① 在“至少”方式下，系统根据每行文本中最大的字符自动调整行间距。

② 在“精确”方式下，系统为多行文本赋予一个固定的行间距，可以直接输入一个确切的间距值，也可以输入“nx”的形式。其中，n 是一个具体数，表示行间距设置为单行文本高度的 n 倍。而单行文本高度是本行文本字符高度的 1.66 倍。

（4）旋转（R）：用于确定文本行的倾斜角度。选择该选项，命令行提示如下。

指定旋转角度<0>:（输入倾斜角度）

输入角度值后按 Enter 键，系统返回到“指定对角点或[高度(H)/对正(J)/行距(L)/旋转(R)/样式(S)/宽度(W)/栏(C)]:”的命令行提示。

（5）样式（S）：用于确定当前的文本文字样式。

（6）宽度（W）：用于指定多行文本的宽度。可在绘图区选择一点，与前面确定的第一个角点组成一个矩形框的宽作为多行文本的宽度；也可以输入一个数值，精确设置多行文本的宽度。

高手支招

在创建多行文本时，只要指定文本行的起始点和宽度后，系统就会打开“文字编辑器”选项卡和多行文字编辑器，如图 6-13 和图 6-14 所示。该编辑器与 Microsoft Word 编辑器界面相似，事实上该编辑器与 Word 编辑器在某些功能上趋于一致。这样既增强了多行文字的编辑功能，又能使用户更熟悉和方便地使用。

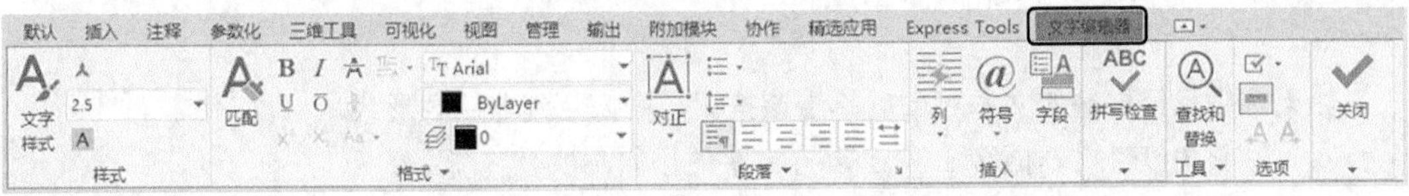

图 6-13　“文字编辑器”选项卡

图 6-14　多行文字编辑器

（7）栏（C）：根据栏宽、栏间距宽度和栏高指定矩形框。

（8）“文字编辑器”选项卡：用来控制文本文字的显示特性。可以在输入文本文字前设置文本的特性，也可以改变已输入的文本文字特性。要改变已有文本文字的显示特性，首先应选择要修改的文本文字。选择方式有以下 3 种。

① 将光标定位到文本文字的开始处，按住鼠标左键，将其拖到要修改的文本文字的末尾即可。

② 使用鼠标光标双击某个文字，则该文字被选中。

③ 使用鼠标光标单击 3 次，则选中全部内容。

下面介绍选项卡中部分选项的功能。

① “文字高度”下拉列表框：用于确定文本的字符高度，可在文本编辑器中设置输入新的字符高度值，也可从此下拉列表框中选择已设定过的高度值。

② “加粗”**B**和“斜体”*I*按钮：用于设置加粗或斜体效果，但这两个按钮只对 TrueType 字体有效，如图 6-15 的前两行所示。

③ “删除线”按钮：用于在文字上添加水平删除线，如图 6-15 中的第 3 行所示。

④ “下划线”U和“上划线”O按钮：用于设置或取消文字的上、下划线，如图 6-15 的最后两行所示。

⑤ “堆叠”按钮：层叠或非层叠文本按钮，用于层叠所选的文本文字，也就是创建分数形式。当文本中某处出现“/”“^”或“#”3 种层叠符号之一时，选中需层叠的文字，才可层叠文本，二者缺一不可。将符号左边的文字作为分子，右边的文字作为分母进行层叠。

标准基础教程

标准基础教程

~~标准基础教程~~

<u>标准基础教程</u>

标准基础教程

图 6-15　文本样式

AutoCAD 提供了 3 种分数形式。

☑ 如果选中“abcd/efgh”后单击该按钮，得到如图 6-16（a）所示的分数形式。

☑ 如果选中“abcd^efgh”后单击该按钮，得到如图 6-16（b）所示的形式。此形式多用于标注极限偏差。

☑ 如果选中“abcd # efgh”后单击该按钮，则创建斜排的分数形式，如图 6-16（c）所示。

$\frac{abcd}{efgh}$　　abcd efgh　　abcd/efgh

(a)　(b)　(c)

图 6-16　文本层叠

如果选中已经层叠的文本对象后单击该按钮，则恢复到非层叠形式。

⑥“倾斜角度”文本框0/：用于设置文字的倾斜角度。

举一反三

倾斜角度与斜体是两个不同的概念，前者可以设置任意倾斜角度，后者是在任意倾斜角度的基础上设置斜体效果，如图 6-17 所示。第一行的倾斜角度为 0°，非斜体效果；第二行的倾斜角度为 12°，非斜体效果；第三行的倾斜角度为 12°，斜体效果。

都市农夫

都市农夫

都市农夫

图 6-17　倾斜角度与斜体

⑦ “符号”按钮@：用于输入各种符号。单击该按钮，系统打开符号列表，如图 6-18 所示，可以从中选择符号输入文本中。

⑧ “插入字段”按钮：用于插入一些常用或预设字段。单击该按钮，系统打开“字段”对话框，如图 6-19 所示，用户可从中选择字段，插入标注文本中。

⑨ “追踪”下拉列表框：用于增大或减小选定字符之间的间距。1.0 表示设置常规间距，大于 1.0 表示增大间距，小于 1.0 表示减小间距。

⑩ “宽度因子”下拉列表框：用于扩展或收缩选定字符。1.0 表示设置代表此字体中字母的常规宽度，大于 1.0 表示增大该宽度，小于 1.0 表示减小该宽度。

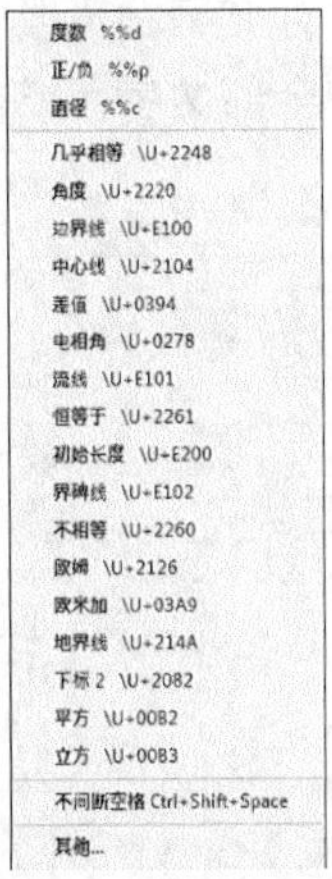

图 6-18　符号列表

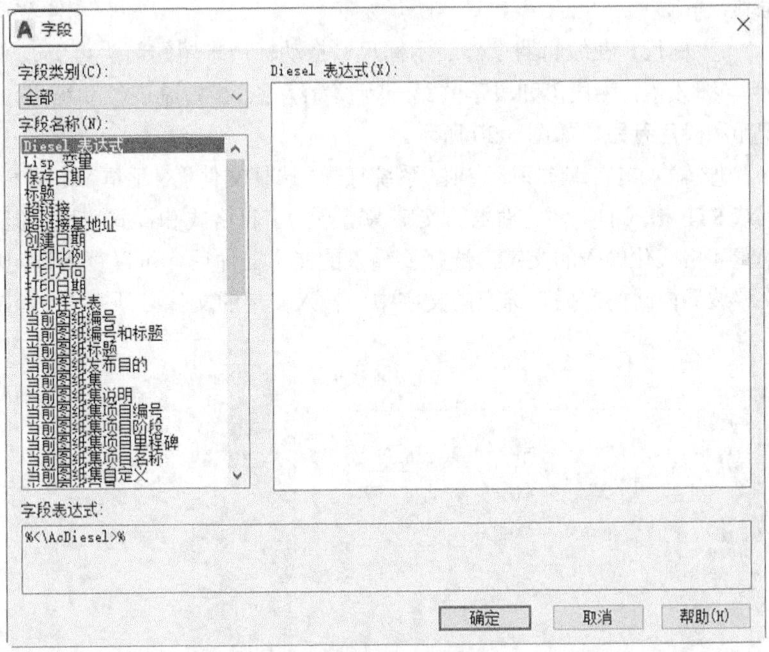

图 6-19　“字段”对话框

⑪ “上标”按钮：将选定的文字转换为上标，即在输入线的上方设置稍小的文字。

⑫ “下标”按钮：将选定的文字转换为下标，即在输入线的下方设置稍小的文字。

⑬ “清除格式”下拉列表：删除选定字符的字符格式，或删除选定段落的段落格式，或删除选定段落中的所有格式。

⑭ “项目符号和编号”下拉列表介绍如下。

☑ 关闭：如果选择该选项，将从应用了列表格式的选定文字中删除字母、数字和项目符号，不更改缩进状态。

☑ 以数字标记：将带有句点的数字用于列表中的项的列表格式。

☑ 以字母标记：将带有句点的字母用于列表中的项的列表格式。如果列表中含有的项多于字母中含有的字母，可以使用双字母继续序列。

☑ 以项目符号标记：将项目符号用于列表中的项的列表格式。

☑ 启动：在列表格式中启动新的字母或数字序列。如果选定的项位于列表中间，则选定项下面的未选定的项也将成为新列表的一部分。

☑ 连续：将选定的段落添加到上面最后一个列表继续序列。如果选择了列表项而非段落，选定项下面未选定的项将继续序列。

☑ 允许自动项目符号和编号：在输入时应用列表格式。以下字符可以用作字母和数字后的标点但不能用作项目符号，如句点（.）、逗号（,）、右括号（)）、右尖括号（>）、右方括号（]）和右花括号（}）。

☑ 允许项目符号和列表：如果选择该选项，列表格式将应用到外观类似列表的多行文字对象中的所有纯文本。

⑮ 拼写检查：确定输入时拼写检查处于打开还是关闭状态。

⑯ 编辑词典：显示“词典”对话框，从中可添加或删除在拼写检查过程中使用的自定义词典。

⑰ 标尺：在编辑器顶部显示标尺。拖动标尺末尾的箭头可更改文字对象宽度。

⑱ 段落：为段落和段落的第一行设置缩进。指定制表位和缩进，控制段落对齐方式、段落间距和段落行距，如图 6-20 所示。

⑲ 输入文字：选择该选项，系统打开“选择文件”对话框，如图 6-21 所示。选择任意 ASCII 码或 RTF 格式的文件。输入的文字保留原始字符格式和样式特性，但可以在多行文字编辑器中编辑和格式化输入的文字。选择要输入的文本文件后，可以替换选定的文字或全部文字，或在文字边界内将文字插入选定的文字中。输入文字的文件必须小于 32kB。

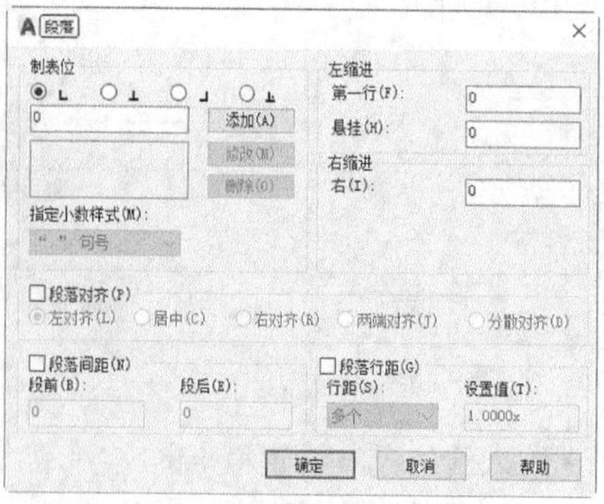

图 6-20 “段落”对话框

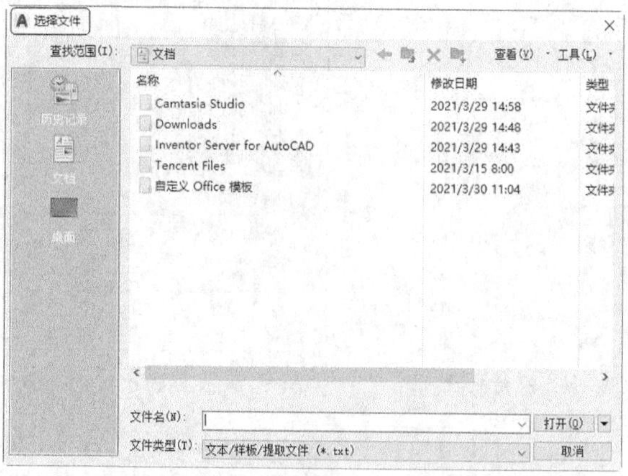

图 6-21 “选择文件”对话框

⑳ 编辑器设置：显示“文字格式”工具栏的选项列表。有关详细信息请参见“编辑器设置”下拉列表中的内容。

高手支招

多行文字是由任意数目的文字行或段落组成的，布满指定的宽度，还可以沿垂直方向无限延伸。多行文字中，无论行数是多少，单个编辑任务中创建的每个段落集将构成单个对象，用户可对其进行移动、旋转、删除、复制、镜像或缩放操作。

6.2.3 操作实例——绘制多层书柜

绘制图 6-22 所示的多层书柜，操作步骤如下。

（1）单击“默认”选项卡“绘图”面板中的“矩形”按钮▭，绘制书柜。指定矩形的左下角点为（0,0)，长度为 1260，宽度为 960，将鼠标光标放置在原点的右上侧，单击鼠标，确定矩形的方向。结果如图 6-23 所示。

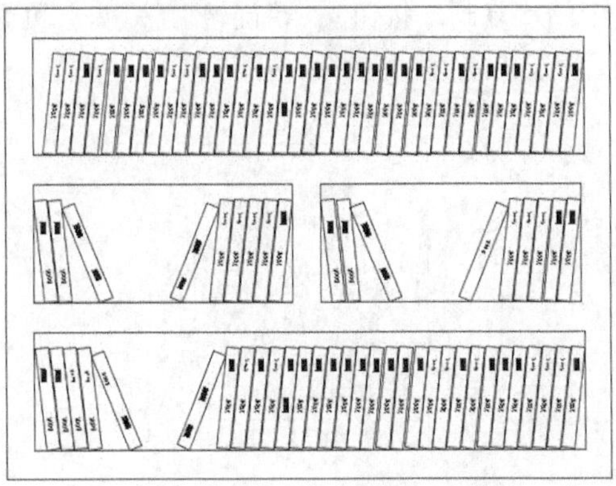

图 6-22　多层书柜

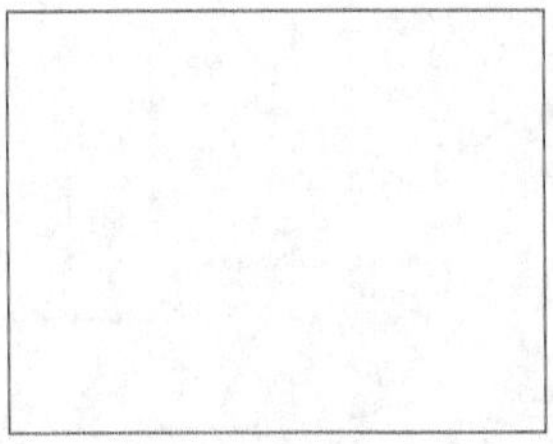

图 6-23　绘制外框

（2）单击“默认”选项卡“修改”面板中的“分解”按钮，将矩形分解。

（3）单击“默认”选项卡“修改”面板中的“偏移”按钮，将水平直线分别向下偏移 60、240、60、240、60、240，将左侧竖直直线分别向右偏移 60、540、60、540。结果如图 6-24 所示。

（4）单击“默认”选项卡“修改”面板中的“修剪”按钮，进行修剪操作。结果如图 6-25 所示。

（5）单击“默认”选项卡“绘图”面板中的“直线”按钮╱，绘制直线作为书。其坐标分别为[（60,264.67)、(86.4,270.91)、(123.6,63.19)、(96.31,60)、c]。结果如图 6-26 所示。

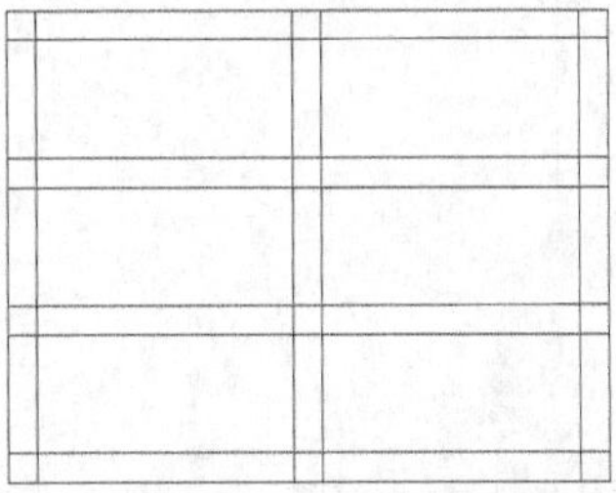

图 6-24　偏移直线

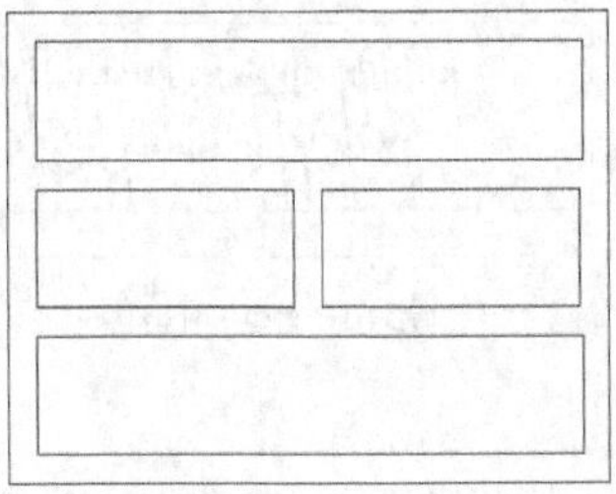

图 6-25　修剪图形

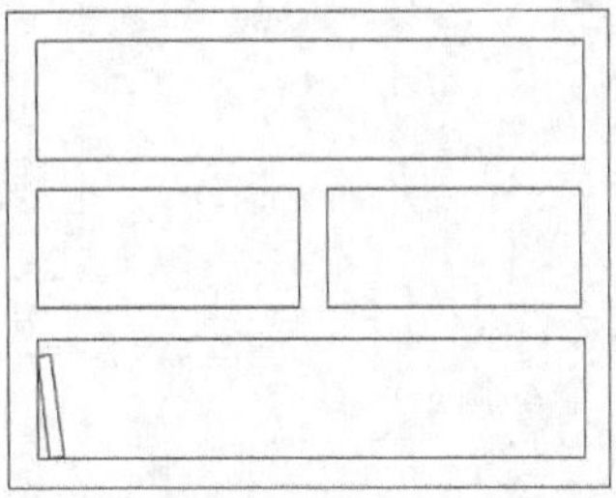

图 6-26　绘制书图形

（6）多行文字标注。单击“默认”选项卡“注释”面板中的“多行文字”按钮 A，①打开“文字编辑器”选项卡，如图 6-27 所示，②用鼠标光标在书中合适位置处拉出一个矩形框，输入文字 BOOK，③设置文字高度为 10，④单击“关闭”按钮。然后单击“默认”选项卡“修改”面板中的“旋转”按钮，调整文字的方向。结果如图 6-28 下部文字所示。

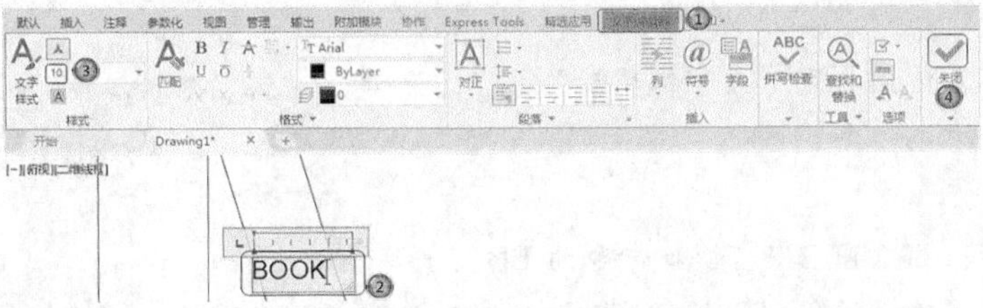

图 6-27　多行文字标注

（7）继续单击“默认”选项卡“注释”面板中的“多行文字”按钮 A，用鼠标光标在书中合适位置处拉出一个矩形框，输入文字 book，设置文字高度为 10，单击“关闭”按钮。然后单击“默认”选项卡“修改”面板中的“旋转”按钮，调整文字的方向。结果如图 6-28 所示。

（8）单击“默认”选项卡“修改”面板中的“复制”按钮、“旋转”按钮和“移动”按钮，绘制其他位置的书图形，如图 6-29 所示。

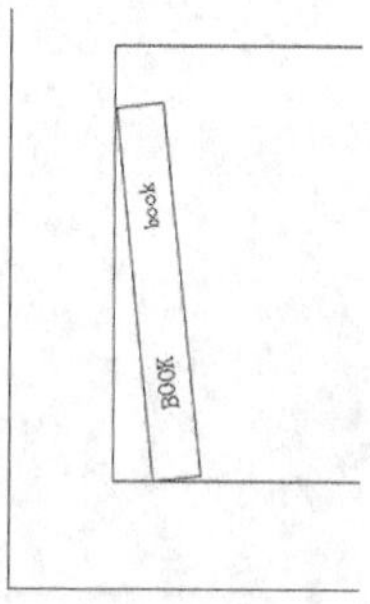

图 6-28　添加文字

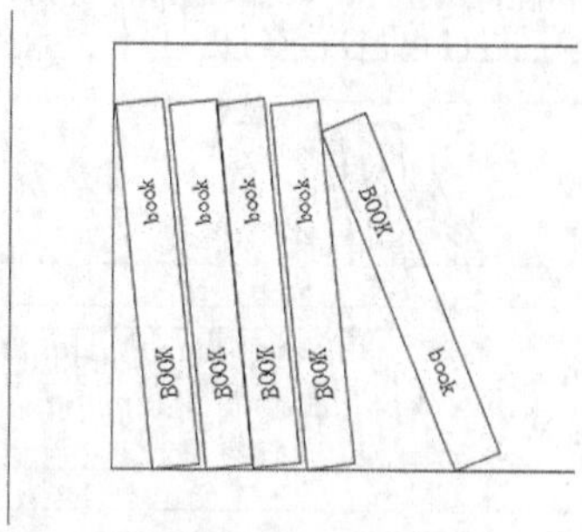

图 6-29　绘制书图形

（9）使用同样的方法绘制剩余的图形，结果如图 6-30 所示。

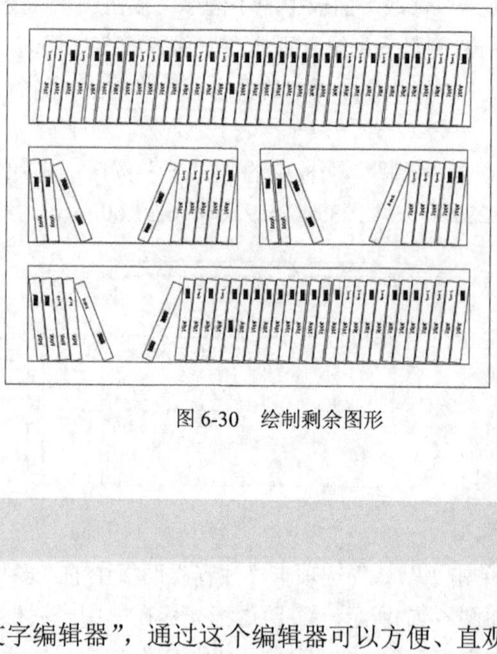

图 6-30　绘制剩余图形

6.3 文本编辑

AutoCAD 提供了“文字编辑器”，通过这个编辑器可以方便、直观地设置需要的文本样式，或是对已有样式进行修改。

【预习重点】

☑ 利用不同方法打开“文字编辑器”。

【执行方式】

☑ 命令行：TEXTEDIT（快捷命令为 ED）。

☑ 菜单栏：选择菜单栏中的“修改”→“对象”→“文字”→“编辑”命令。

☑　工具栏：单击“文字”工具栏中的“编辑”按钮。

【操作步骤】

执行上述任一操作，命令行提示与操作如下。

```
命令: TEXTEDIT
当前设置: 编辑模式=Multiple
选择注释对象或[放弃(U)/模式(M)]:
```

【选项说明】

选择注释对象：选择想要修改的文本，同时光标变为拾取框。用拾取框选择对象时注意如下。

（1）如果选择的文本是用 TEXT 命令创建的单行文本，则深显该文本，可对其进行修改。

（2）如果选择的文本是用 MTEXT 命令创建的多行文本，选择对象后则打开“文字编辑器”选项卡和多行文字编辑器，可根据前面的介绍进行设置，或对内容进行修改。

6.4 表格

在 AutoCAD 2022 之前的版本中，要绘制表格必须采用绘制图线或结合偏移、复制等编辑命令来完成，这样的操作过程烦琐而复杂，不利于提高绘图效率。AutoCAD 2022 新增加了“表格”绘图功能，创建表格就变得非常容易，用户可以直接插入设置好样式的表格。随着版本的不断升级，表格功能也在精益求精、日趋完善。

【预习重点】

☑　练习如何定义表格样式。

☑　观察“插入表格”对话框中各选项的设置。

☑　练习插入表格文字。

6.4.1　定义表格样式

和文字样式一样，所有 AutoCAD 图形中的表格都有与其相对应的表格样式。当插入表格对象时，系统使用当前设置的表格样式。表格样式是用来控制表格基本形状和间距的一组设置。模板文件“ACAD.DWT”和“ACADISO.DWT”中定义了名为“Standard”的默认表格样式。

【执行方式】

☑　命令行：TABLESTYLE。

☑　菜单栏：选择菜单栏中的“格式”→“表格样式”命令。

☑　工具栏：单击“样式”工具栏中的“表格样式管理器”按钮。

☑　功能区：单击“默认”选项卡“注释”面板中的“表格样式”按钮（如图 6-31 所示），或单击“注释”选项卡“表格”面板“表格样式”下拉菜单中的“管理表格样式”命令（如图

6-32 所示）或单击“注释”选项卡“表格”面板中的“对话框启动器”按钮↘。

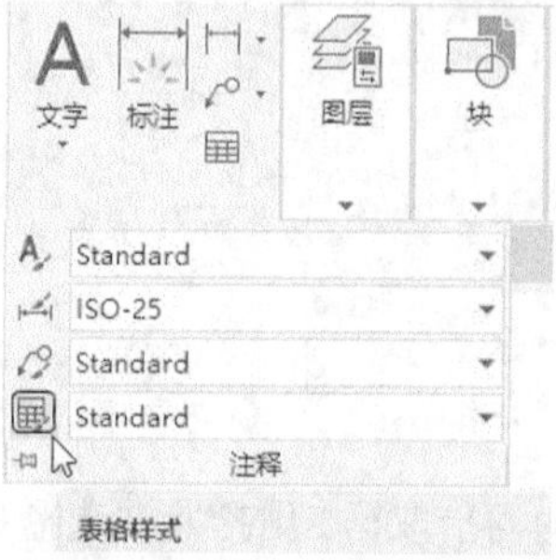

图 6-31 “注释”面板中的“表格样式”按钮

图 6-32 “管理表格样式”命令

【操作步骤】

执行上述任一操作，系统打开“表格样式”对话框，如图 6-33 所示。

【选项说明】

（1）“新建”按钮：单击该按钮，系统打开“创建新的表格样式”对话框，如图 6-34 所示。输入“新样式名”后，单击“继续”按钮，系统打开“新建表格样式：×××”对话框（×代表新样式名），如图 6-35 所示，在其中可以定义新的表格样式。

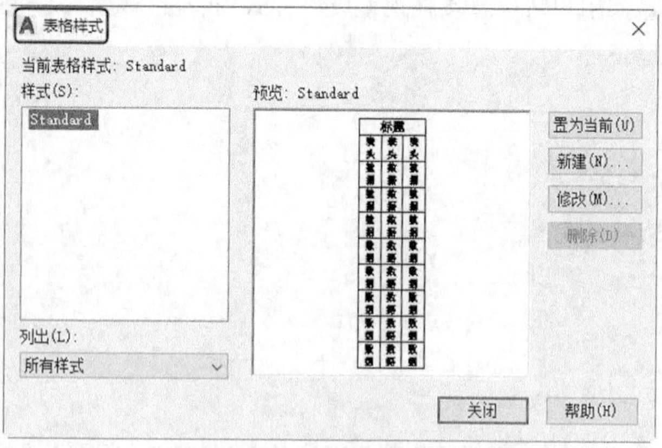

图 6-33 “表格样式”对话框

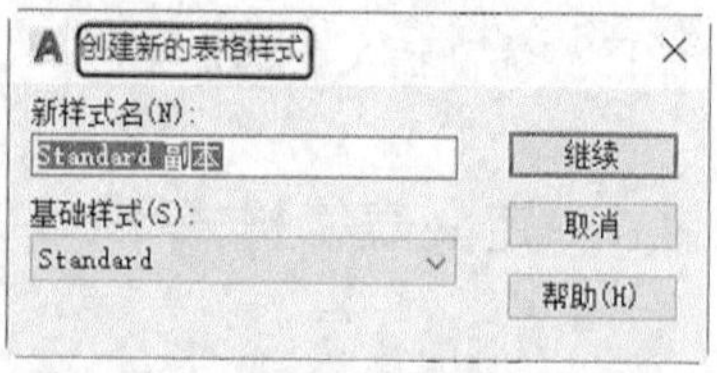

图 6-34 “创建新的表格样式”对话框

“新建表格样式：×××”对话框的“单元样式”下拉列表框中有 3 个重要的选项，即“数据”“表头”和“标题”，分别控制表格中数据、列标题和总标题的有关参数，如图 6-36 所示。在“新建表格样式：×××”对话框中有 3 个重要的选项卡，分别介绍如下。

① “常规”选项卡：用于控制数据栏格与标题栏格的上下位置关系。

② “文字”选项卡：用于设置文字属性。选择该选项卡，在“文字样式”下拉列表框中可以选择已定义的文字样式并应用数据文字，也可以单击右侧的按钮…重新定义文字样式。其中，“文字高度”“文字颜色”和“文字角度”各选项设定的相应参数格式可供用户选择。

③ “边框”选项卡：用于设置表格的边框属性，控制数据边框线的各种形式，如绘制所有数据边框线、只绘制数据边框的外部边框线、只绘制数据边框的内部边框线、无边框线、只绘

制底部边框线等。选项卡中的“线宽”“线型”和“颜色”下拉列表框则控制边框线的线宽、线型和颜色；选项卡中的“间距”文本框用于控制单元边界和内容之间的间距。

如图 6-37 所示，数据文字样式为 Standard，文字高度为 4.5，文字颜色为红色，对齐方式为“右下”；标题文字样式为 Standard，文字高度为 6，文字颜色为蓝色，对齐方式为“正中”；表格方向为“向下”，水平页边距和垂直页边距都为 1.5。

（2）“修改”按钮：用于修改当前表格样式，方式与新建表格样式相同。

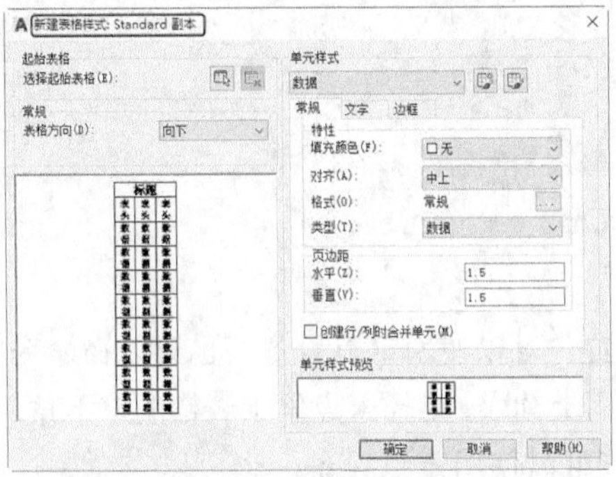

图 6-35 “新建表格样式：×××”对话框

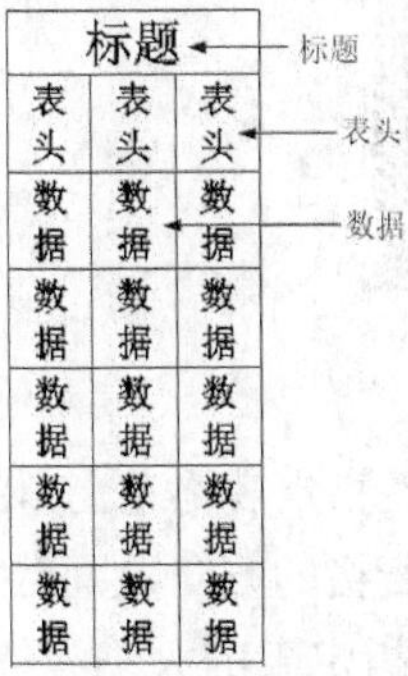

图 6-36 单元样式

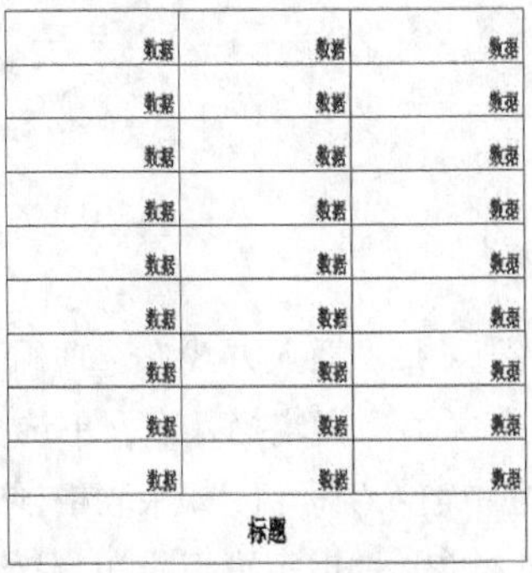

图 6-37 表格示例

6.4.2 创建表格

在设置好表格样式后，用户可以利用 TABLE 命令创建表格。

【执行方式】

☑ 命令行：TABLE。

☑ 菜单栏：选择菜单栏中的“绘图”→“表格”命令。

☑ 工具栏：单击“绘图”工具栏中的“表格”按钮。

☑ 功能区：单击“默认”选项卡“注释”面板中的“表格”按钮，或单击“注释”选项卡“表格”面板中的“表格”按钮。

【操作步骤】

执行上述任一操作，系统打开“插入表格”对话框，如图 6-38 所示。

【选项说明】

（1）“表格样式”选项组：可以在“表格样式”下拉列表框中选择一种表格样式，也可以通过单击其后面的按钮来新建或修改表格样式。

（2）“插入选项”选项组：指定插入表格的方式。

① “从空表格开始”单选按钮：创建可以手动填充数据的空表格。

② “自数据链接”单选按钮：通过启动数据链接管理器来创建表格。

③ “自图形中的对象数据（数据提取）”单选按钮：通过启动“数据提取”向导来创建表格。

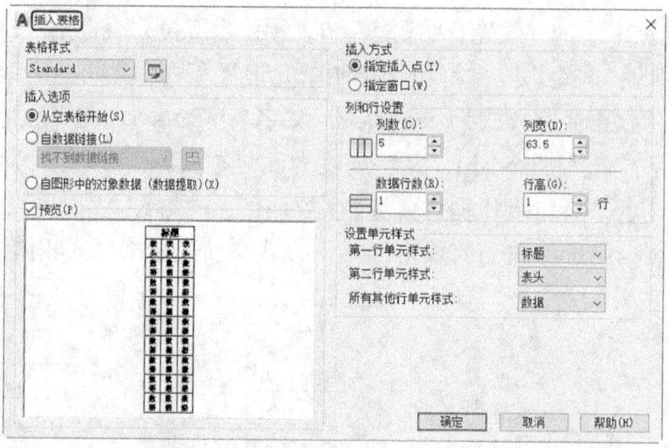

图 6-38　“插入表格”对话框

（3）“插入方式”选项组。

① “指定插入点”单选按钮：指定表格左上角的位置。可以使用定点设备，也可以在命令行中输入坐标值。如果表格样式将表格的方向设置为由下而上读取，则插入点位于表格的左下角。

② “指定窗口”单选按钮：指定表的大小和位置。可以使用定点设备，也可以在命令行中输入坐标值。选中该单选按钮时，行数、列数、列宽和行高取决于窗口的大小以及“列和行设置”。

（4）“列和行设置”选项组：指定列和数据行的数目以及列宽与行高。

（5）“设置单元样式”选项组：指定“第一行单元样式”“第二行单元样式”和“所有其他行单元样式”分别为标题、表头或者数据。

高手支招

在“插入方式”选项组中选中“指定窗口”单选按钮后，“列和行设置”的两个参数中只能指定一个，另外一个由指定窗口的大小自动等分来确定。

在“插入表格”对话框中进行相应设置后，单击“确定”按钮，系统在指定的插入点或窗口自动插入一个空表格，并显示“文字编辑器”选项卡，用户可以逐行、逐列地输入相应的文字或数据，如图 6-39 所示。

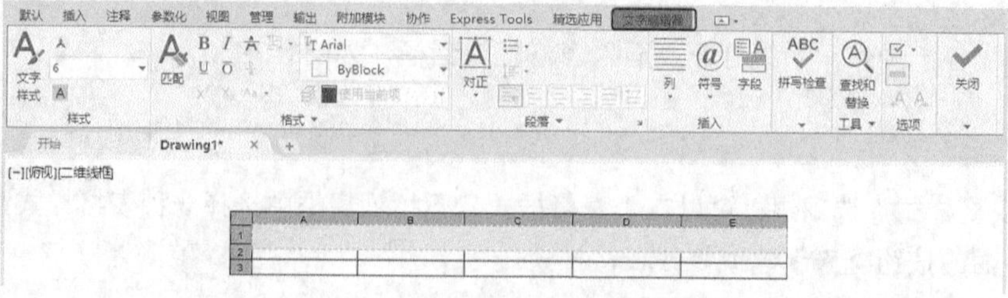

图 6-39　插入表格

举一反三

在插入后的表格中选择某一个单元格，单击后出现钳夹点，通过移动钳夹点可以改变单元格的大小，如图 6-40 所示。

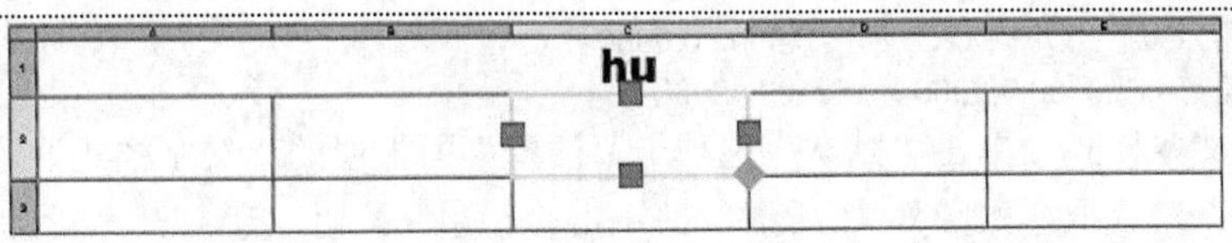

图 6-40　改变单元格大小

6.4.3　表格文字编辑

【执行方式】

☑　命令行：TABLEDIT。

☑　快捷菜单：选择表中一个或多个单元后，单击鼠标右键，在弹出的快捷菜单中选择“编辑文字”命令。

☑　定点设备：在表单元内双击。

6.4.4　操作实例——绘制建筑 A2 样板图

绘制图 6-41 所示的 A2 样板图，操作步骤如下。

（1）设置单位和图形边界。

① 打开 AutoCAD，则系统自动建立新图形文件。

② 选择菜单栏中的“格式”→“单位”命令，系统打开“图形单位”对话框，如图 6-42 所示。设置“长度”选项组中的“类型”为“小数”，“精度”为 0；“角度”选项组中的“类型”为“十进制度数”，“精度”为 0，系统默认逆时针方向为正，单击“确定”按钮。

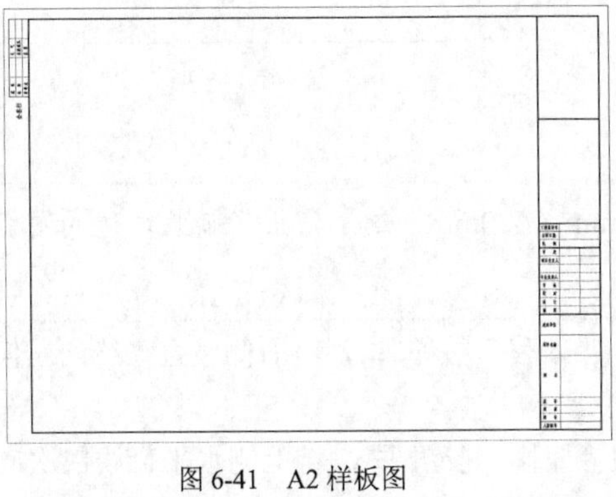

图 6-41　A2 样板图

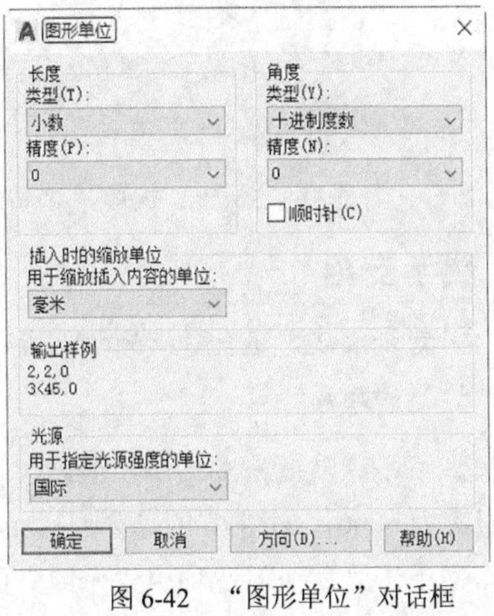

图 6-42　“图形单位”对话框

③ 设置图形边界。国家标准对图纸的幅面大小做了严格规定，在这里，按国家标准 A2 图纸幅面设置图形边界。A2 图纸的幅面（宽×长）为 420mm×594mm。选择菜单栏中的“格式”→“图形界限”命令，命令行提示与操作如下。

```
命令: LIMITS
重新设置模型空间界限:
```

```
指定左下角点或[开(ON)/关(OFF)] <0.0000,0.0000>：↙
指定右上角点<12.0000,9.0000>：59400,42000
```

（2）设置文本样式。单击“默认”选项卡“注释”面板中的“文字样式”按钮，①打开“文字样式”对话框，如图 6-43 所示；②单击“新建”按钮，③打开“新建文字样式”对话框，如图 6-44 所示；④在“样式名”文本框中输入“样式 1”，⑤单击“确定”按钮，返回“文字样式”对话框；⑥将“字体名”设置为 txt.shx，⑦高度不设置；⑧单击“应用”按钮，⑨然后单击“关闭”按钮，关闭对话框。

（3）绘制图框。单击“默认”选项卡“绘图”面板中的“多段线”按钮，将线宽设置为 100，绘制长为 56 000、宽为 40 000 的矩形，结果如图 6-45 所示。

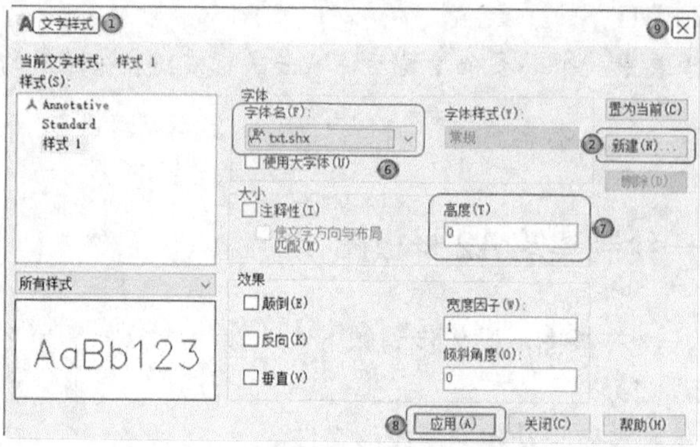

图 6-43 “文字样式”对话框

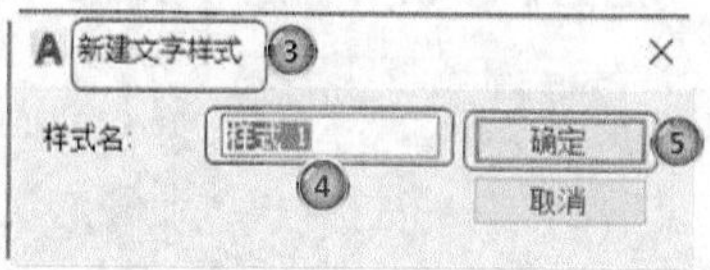

图 6-44 “新建文字样式”对话框

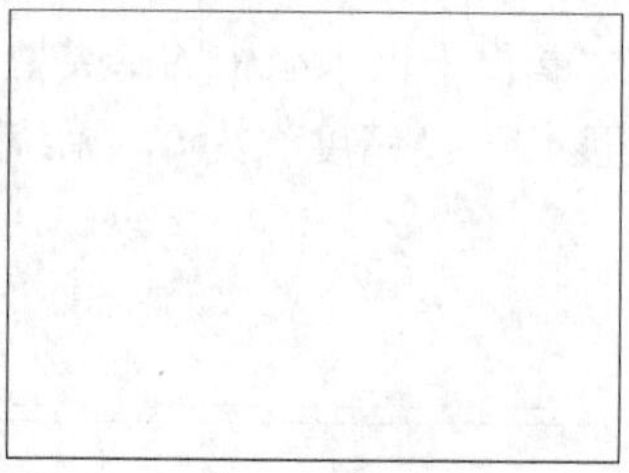

图 6-45 绘制矩形

高手支招

国家标准规定 A2 图纸的幅面大小是 594mm × 420mm，这里留出了带装订边的图框到图纸边界的距离。

（4）单击“默认”选项卡“修改”面板中的“偏移”按钮，将右侧竖直直线向左偏移，偏移距离为 6000，如图 6-46 所示。

（5）单击“默认”选项卡“修改”面板中的“偏移”按钮，将上侧水平直线依次向下偏移，偏移距离分别为 9950、10050、800、800、800、800、800、800、800、800、800、800、800、2000、2000、4000、800、800 和 800。然后，单击“默认”选项卡“绘图”面板中的“直线”按钮和“修改”面板中的“分解”按钮，绘制竖直直线，并将部分多段线分解。结果如图 6-47 所示。

（6）单击“默认”选项卡“绘图”面板中的“多行文字”按钮，在合适的位置处绘制文字。结果如图 6-48 所示。

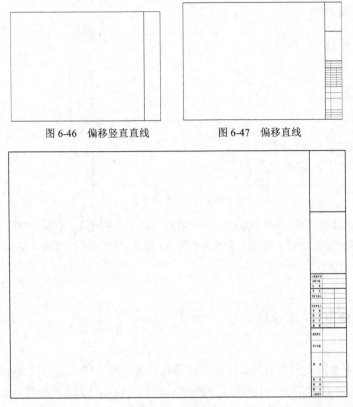

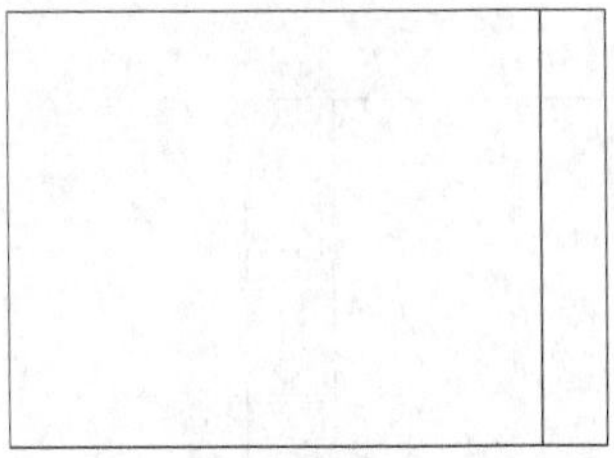

图 6-46　偏移竖直直线

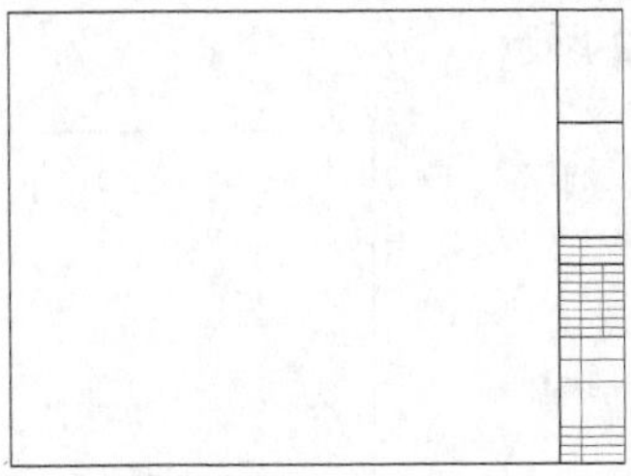

图 6-47　偏移直线

图 6-48　绘制文字

（7）绘制会签栏。单击“默认”选项卡“绘图”面板中的“多段线”按钮，绘制长为 7500、宽为 2100 的矩形，如图 6-49 所示。

（8）单击“默认”选项卡“修改”面板中的“偏移”按钮，将左侧竖直直线向右依次偏移 1875、1875 和 1875；将上侧水平直线依次向下偏移，偏移距离分别为 700、700 和 700。单击“默认”选项卡“修改”面板中的“分解”按钮和“修剪”按钮，将偏移的多段线分解和修剪。结果如图 6-50 所示。

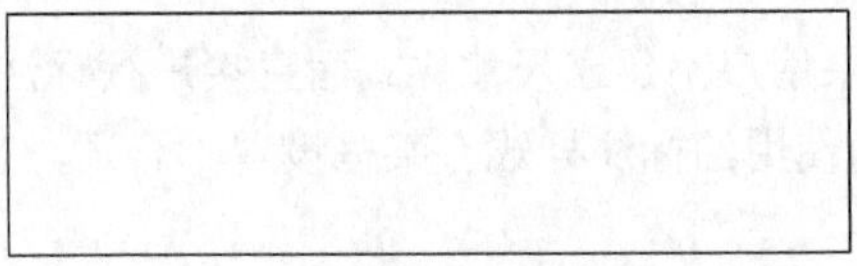

图 6-49　绘制多段线

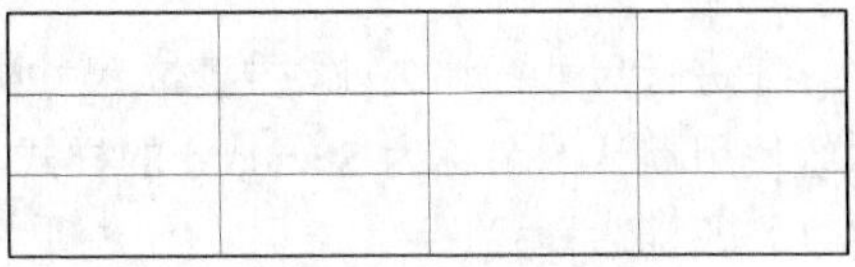

图 6-50　偏移直线

（9）单击“默认”选项卡“绘图”面板中的“多行文字”按钮A，在表内输入文字，如图 6-51 所示。

建 筑		电 气	
结 构		采暖通风	
给排水		总 图	

图 6-51　输入文字

（10）单击“默认”选项卡“修改”面板中的 “旋转”按钮和“移动”按钮，布置会签栏，如图 6-52 所示。

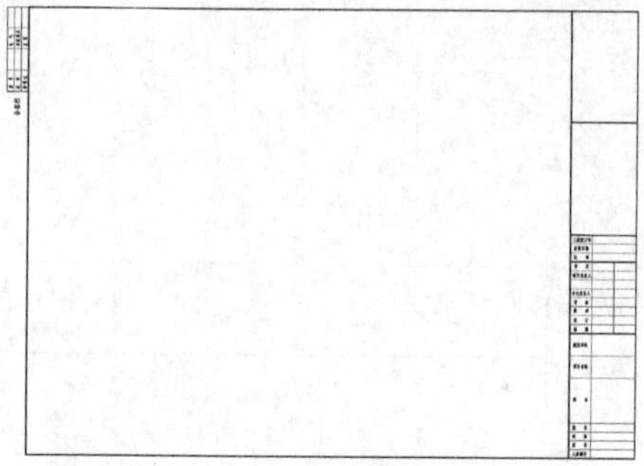

图 6-52　布置会签栏

（11）单击 “默认”选项卡“绘图”面板中的“矩形”按钮 ，以大矩形的左上角点为基点，相对偏移量为（@-2500,1000），绘制长度为 59 400、宽度为 42 000 的矩形。最终结果如图 6-41 所示。

6.5 尺寸标注

尺寸标注的形态取决于当前所采用的尺寸标注样式。标注样式决定尺寸标注的形式，包括尺寸线、尺寸界线、尺寸箭头和中心标记的形式、尺寸文本的位置、特性等。在 AutoCAD 2022 中，用户可以利用“标注样式管理器”对话框方便地设置所需尺寸标注样式。

【预习重点】

☑　了解如何设置尺寸样式。

☑　了解尺寸样式参数。

6.5.1 尺寸样式

在进行尺寸标注之前，要建立尺寸标注的样式。如果用户不建立尺寸样式而直接进行标注，系统使用默认的名称为 Standard 的样式。用户如果认为使用的标注样式有某些设置不合适，也可以修改标注样式。

【执行方式】

☑　命令行：DIMSTYLE（快捷命令为 D）。

☑　菜单栏：选择菜单栏中的“格式”→“标注样式”命令或“标注”→“标注样式”命令。

☑　工具栏：单击“标注”工具栏中的“标注样式”按钮。

☑　功能区：单击“注释”选项卡“标注”面板“标注样式”下拉菜单中的“管理标注样式”命令（如图 6-53 所示），或单击“注释”选项卡“标注”面板中的“对话框启动器”按钮。

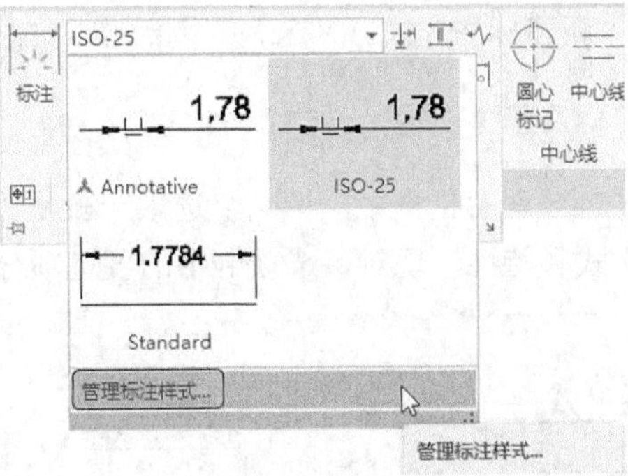

图 6-53　“管理标注样式”命令

【操作步骤】

执行上述任一操作，弹出“标注样式管理器”对话框，如图 6-54 所示。利用该对话框可方便、直观地设置和浏览尺寸标注样式，包括建立新的标注样式、修改已存在的样式、设置当前尺寸标注样式、重命名样式，以及删除一个已存在的样式等。

【选项说明】

（1）“置为当前”按钮：单击该按钮，把在“样式”列表框中选中的样式设置为当前样式。

（2）“新建”按钮：定义一个新的尺寸标注样式。单击该按钮，弹出“创建新标注样式”对话框（如图 6-55 所示），利用该对话框可创建一个新的尺寸标注样式。

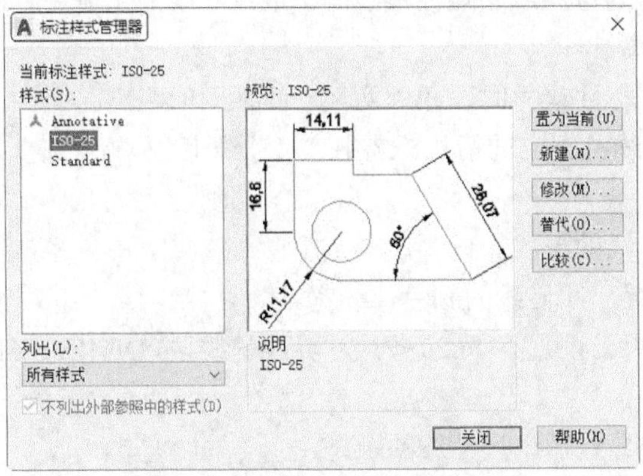

图 6-54　“标注样式管理器”对话框

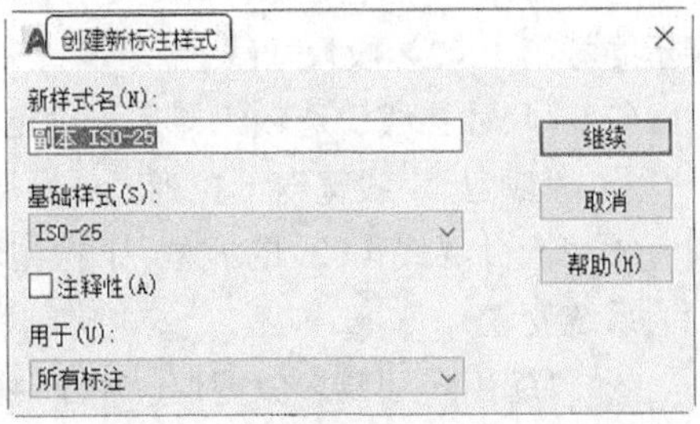

图 6-55　“创建新标注样式”对话框

（3）“修改”按钮：修改一个已存在的尺寸标注样式。单击该按钮，弹出“修改标注样式”对话框。该对话框中的各选项与“创建新标注样式”对话框中的完全相同，用户可以对已有标注样式进行修改。

（4）“替代”按钮：设置临时覆盖尺寸标注样式。单击该按钮，弹出“新建标注样式：×××”对话框，如图 6-56 所示。用户可改变选项的设置并覆盖原来的标注样式。但这种修改只对指定的尺寸标注起作用，而不影响当前尺寸变量的设置。

（5）“比较”按钮：比较两个尺寸标注样式在参数上的区别，或浏览一个尺寸标注样式的参数设置。单击该按钮，弹出“比较标注样式”对话框，如图 6-57 所示。可以把比较结果复制到剪贴板上，再粘贴到其他的 Windows 应用软件上。

下面对图 6-56 所示的“新建标注样式：×××”对话框中的主要选项卡进行简要说明。

1．“线”选项卡

在“新建标注样式：×××”对话框中，第一个选项卡就是“线”选项卡。该选项卡用于设置尺寸线、尺寸界线的形式和特性。现对该选项卡中的各选项分别说明如下。

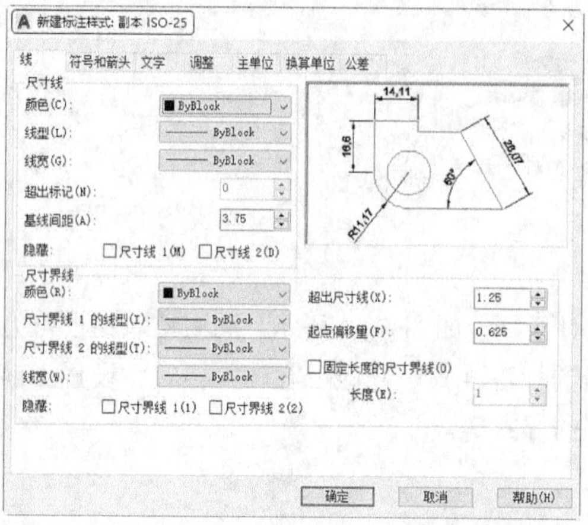

图 6-56 “新建标注样式：×××”对话框

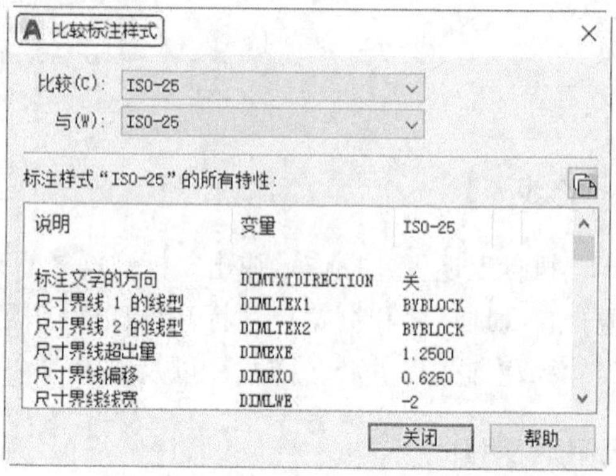

图 6-57 “比较标注样式”对话框

（1）“尺寸线”选项组：用于设置尺寸线的特性。

① “颜色”“线型”和“线宽”下拉列表框：用于设置尺寸线的颜色、线型和线宽。

② “超出标记”微调框：当尺寸箭头设置为短斜线、短波浪线等，或尺寸线上无箭头时，可利用该微调框设置尺寸线超出尺寸界线的距离。

③ “基线间距”微调框：设置以基线方式标注尺寸时，相邻两尺寸线之间的距离。

④ “隐藏”复选框组：确定是否隐藏尺寸线及相应的箭头。选中“尺寸线 1（2）”复选框，表示隐藏第 1（2）段尺寸线。

（2）“尺寸界线”选项组：用于确定尺寸界线的形式。

① “颜色”“线宽”下拉列表框：用于设置尺寸界线的颜色、线宽。

②“尺寸界线 1(2)的线型”下拉列表框：用于设置第 1(2)条尺寸界线的线型（DIMLTEX1（2）系统变量）。

③ “超出尺寸线”微调框：用于确定尺寸界线超出尺寸线的距离。

④ “起点偏移量”微调框：用于确定尺寸界线的实际起始点相对于指定尺寸界线起始点的偏移量。

⑤ “隐藏”复选框组：确定是否隐藏尺寸界线。

⑥ “固定长度的尺寸界线”复选框：选中该复选框，系统以固定长度的尺寸界线标注尺寸，可以在其下面的“长度”文本框中输入长度值。

（3）尺寸样式显示框：在“新建标注样式：×××”对话框的右上方，有一个尺寸样式显示框，该显示框以样例的形式显示用户设置的尺寸样式。

2．“符号和箭头”选项卡

在“新建标注样式”对话框中，第二个选项卡是“符号和箭头”选项卡，如图 6-58 所示。

该选项卡用于设置箭头、圆心标记、弧长符号和半径折弯标注的形式和特性。现对该选项卡中的各选项说明如下。

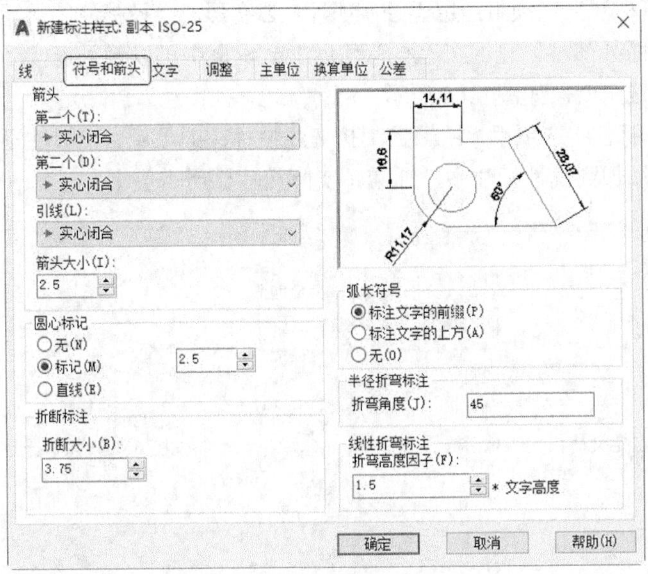

图 6-58　“符号和箭头”选项卡

(1)“箭头”选项组：用于设置尺寸箭头的形式。AutoCAD 提供了多种箭头形状，列在“第一个”和“第二个”下拉列表框中。另外，还允许采用用户自定义的箭头形状。两个尺寸箭头可以采用相同的形式，也可采用不同的形式。

①“第一（二）个”下拉列表框：用于设置第一（二）个尺寸箭头的形式。单击下拉列表框，打开各种箭头形式，其中列出了各类箭头的名称。一旦选择了第一个箭头的类型，第二个箭头则自动与其匹配；要想第二个箭头取不同的形状，可在“第二个”下拉列表框中设定。

如果在列表框中选择了“用户箭头”选项，则打开图 6-59 所示的“选择自定义箭头块”对话框。可以事先把自定义的箭头存为一个图块，在该对话框中输入该图块名即可。

②“引线”下拉列表框：确定引线箭头的形式，与“第一个”设置类似。

③“箭头大小”微调框：用于设置尺寸箭头的大小。

(2)“圆心标记”选项组：用于设置半径标注、直径标注和中心标注中的中心标记和中心线形式。

①“无”单选按钮：选中该单选按钮，既不产生中心标记，也不产生中心线。

②“标记”单选按钮：选中该单选按钮，中心标记为一个点记号。

③“直线”单选按钮：选中该单选按钮，中心标记采用中心线的形式。

④“大小”微调框：用于设置中心标记和中心线的大小和粗细。

(3)“折断标注”选项组：用于控制折断标注的间距宽度。

(4)“弧长符号”选项组：用于控制弧长标注中圆弧符号的显示，对其中的 3 个单选按钮含义介绍如下。

①“标注文字的前缀”单选按钮：选中该单选按钮，将弧长符号放在标注文字的左侧，如图 6-60（a）所示。

②“标注文字的上方”单选按钮：选中该单选按钮，将弧长符号放在标注文字的上方，如

图 6-60（b）所示。

③ “无”单选按钮：选中该单选按钮，不显示弧长符号，如图 6-60（c）所示。

（5）“半径折弯标注”选项组：用于控制折弯（Z 字形）半径标注的显示。折弯半径标注通常在中心点位于页面外部时创建。在“折弯角度”文本框中可以输入连接半径标注的尺寸界线和尺寸线的横向直线角度，如图 6-61 所示。

（6）“线性折弯标注”选项组：用于控制折弯线性标注的显示。当标注不能精确表示实际尺寸时，常将折弯线添加到线性标注中。通常，实际尺寸比所需值小。

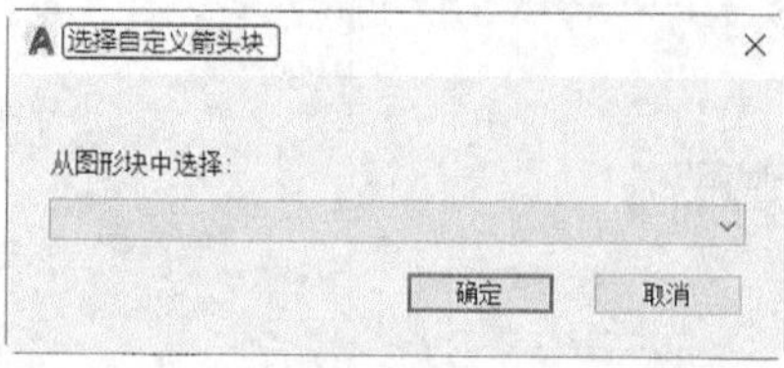

图 6-59 “选择自定义箭头块”对话框

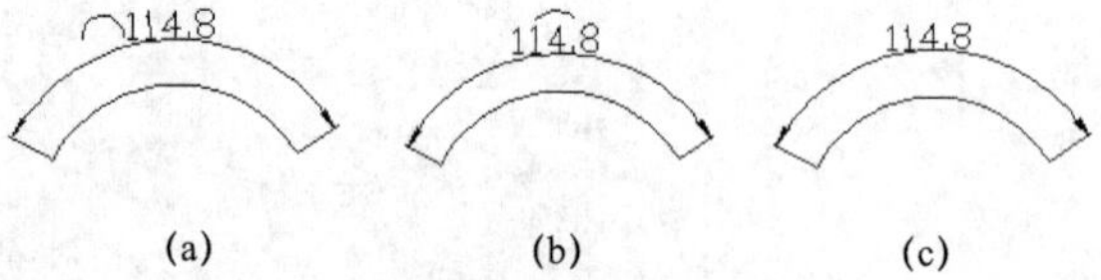

图 6-60 弧长符号

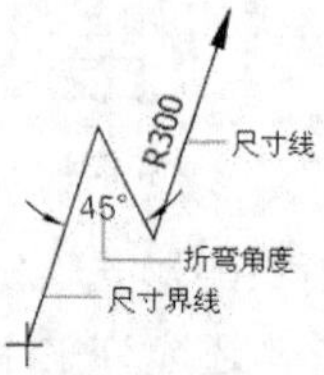

图 6-61 折弯角度

3. “文字”选项卡

在“新建标注样式：×××”对话框中，第 3 个选项卡是“文字”选项卡，如图 6-62 所示。该选项卡用于设置尺寸文本文字的外观、位置、对齐方式等。

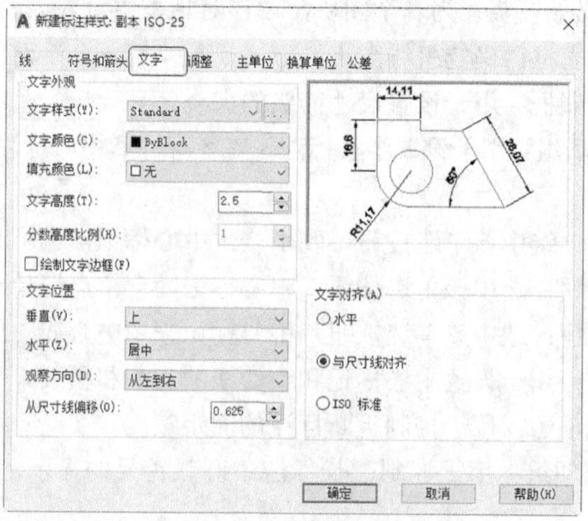

图 6-62 “文字”选项卡

（1）“文字外观”选项组。

① “文字样式”下拉列表框：用于选择当前尺寸文本采用的文字样式。

② “文字颜色”下拉列表框：用于设置尺寸文本的颜色。

③ “填充颜色”下拉列表框：用于设置标注中文字背景的颜色。

④ “文字高度”微调框：用于设置尺寸文本的字高。如果选用的文本样式中已设置了具体的字高（不是 0），则此处的设置无效；如果文本样式中设置的字高为 0，则以此处设置为准。

⑤ “分数高度比例”微调框：用于确定尺寸文本的比例系数。

⑥ “绘制文字边框”复选框：选中该复选框，AutoCAD 在尺寸文本的周围加上边框。

（2）“文字位置”选项组。

① “垂直”下拉列表框：用于确定尺寸文本相对于尺寸线在垂直方向的对齐方式，如图 6-63 所示。

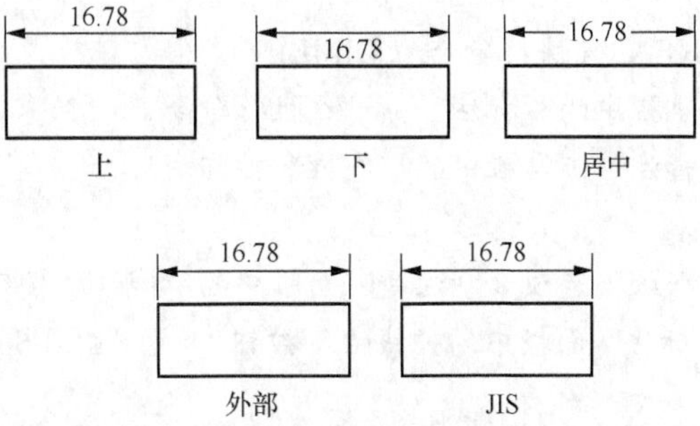

图 6-63　尺寸文本在垂直方向的对齐方式

② “水平”下拉列表框：用于确定尺寸文本相对于尺寸线和尺寸界线在水平方向的对齐方式。单击该下拉列表框，可从中选择的对齐方式有 5 种：居中、第一条尺寸界线、第二条尺寸界线、第一条尺寸界线上方和第二条尺寸界线上方，如图 6-64 所示。

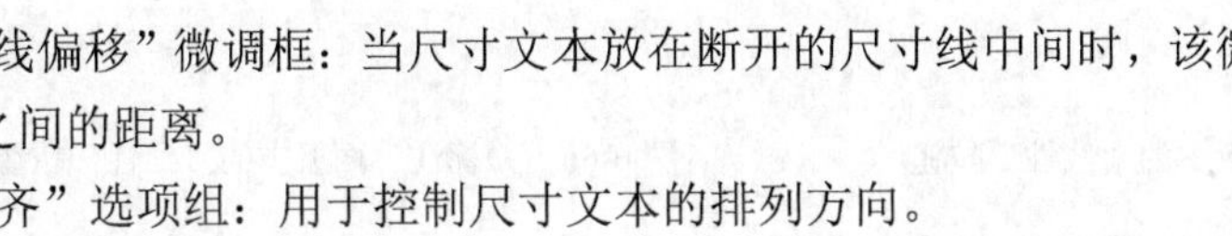

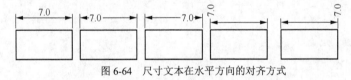

图 6-64　尺寸文本在水平方向的对齐方式

③ “观察方向”下拉列表框：用于控制标注文字的观察方向（可用 DIMTXTDIRECTION 系统变量设置）。

④ “从尺寸线偏移”微调框：当尺寸文本放在断开的尺寸线中间时，该微调框用来设置尺寸文本与尺寸线之间的距离。

（3）“文字对齐”选项组：用于控制尺寸文本的排列方向。

① “水平”单选按钮：选中该单选按钮，尺寸文本沿水平方向放置。不论标注什么方向的尺寸，尺寸文本总保持水平。

② “与尺寸线对齐”单选按钮：选中该单选按钮，尺寸文本沿尺寸线方向放置。

③ “ISO 标准”单选按钮：选中该单选按钮，当尺寸文本在尺寸界线之间时，尺寸文本沿尺寸线方向放置；在尺寸界线之外时，沿水平方向放置。

6.5.2　尺寸标注类型

正确地进行尺寸标注是设计绘图工作中非常重要的一个环节。AutoCAD 提供了方便、快捷的尺寸标注方法，可通过执行命令实现，也可利用菜单或工具按钮来实现。本节将重点介绍如何对各种类型的尺寸进行标注。

【预习重点】

- ☑ 了解尺寸标注类型。
- ☑ 练习不同类型尺寸标注应用。

1. 线性标注

【执行方式】

- ☑ 命令行：DIMLINEAR（快捷命令为 DIMLIN）。
- ☑ 菜单栏：选择菜单栏中的“标注”→“线性”命令。
- ☑ 工具栏：单击“标注”工具栏中的“线性”按钮。
- ☑ 快捷命令：DLI。
- ☑ 功能区：单击“默认”选项卡“注释”面板中的“线性”按钮（如图 6-65 所示），或单击“注释”选项卡“标注”面板中的“线性”按钮（如图 6-66 所示）。

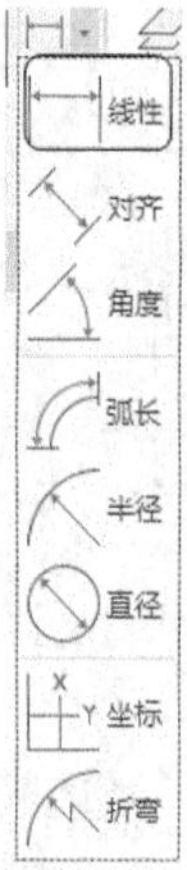

图 6-65 “注释”面板中的“线性”按钮

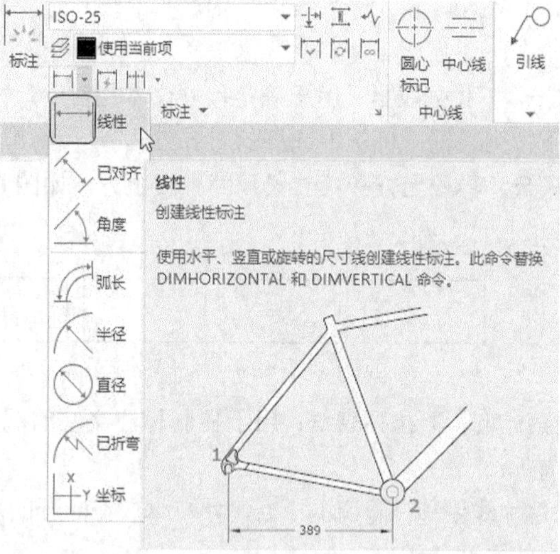

图 6-66 “标注”面板中的“线性”按钮

【操作步骤】

执行上述任一操作，命令行提示与操作如下。

```
命令: DIMLINEAR
指定第一个尺寸界线原点或<选择对象>:
```

在此提示下有两种选择，直接按 Enter 键选择要标注的对象或确定尺寸界线的起始点，命令行提示如下。

```
指定尺寸线位置或[多行文字(M)/文字(T)/角度(A)/水平(H)/垂直(V)/旋转(R)]:
```

【选项说明】

（1）指定尺寸线位置：用于确定尺寸线的位置。用户可移动鼠标选择合适的尺寸线位置，然后按 Enter 键或单击鼠标，AutoCAD 则自动测量要标注线段的长度并标注出相应的尺寸。

（2）多行文字（M）：用多行文本编辑器确定尺寸文本。

（3）文字（T）：用于在命令行提示下输入或编辑尺寸文本。选择该选项后，命令行提示如下。

```
输入标注文字<默认值>:
```

其中的默认值是 AutoCAD 自动测量得到的被标注线段的长度，直接按 Enter 键即可采用此长度值，也可输入其他数值代替默认值。当尺寸文本中包含默认值时，可使用尖括号“< >”表示默认值。

（4）角度（A）：用于确定尺寸文本的倾斜角度。

（5）水平（H）：水平标注尺寸，不论标注什么方向的线段，尺寸线总保持水平放置。

（6）垂直（V）：垂直标注尺寸，不论标注什么方向的线段，尺寸线总保持垂直放置。

（7）旋转（R）：输入尺寸线旋转的角度值，旋转标注尺寸。

2．对齐标注

【执行方式】

☑　命令行：DIMALIGNED（快捷命令为 DAL）。

☑　菜单栏：选择菜单栏中的“标注”→“对齐”命令。

☑　工具栏：单击“标注”工具栏中的“对齐”按钮。

☑　功能区：单击“默认”选项卡“注释”面板中的“对齐”按钮，或单击“注释”选项卡“标注”面板中的“对齐”按钮。

【操作步骤】

执行上述任一操作，命令行提示与操作如下。

```
命令: DIMALIGNED
指定第一个尺寸界线原点或<选择对象>:
指定第二条尺寸界线原点:
指定尺寸线位置或[多行文字(M)/文字(T)/角度(A)]:
```

【选项说明】

使用对齐方式标注的尺寸线与所标注轮廓线平行，标注的是起始点到终点之间的距离尺寸。

3．基线标注

基线标注用于产生一系列基于同一尺寸界线的尺寸标注，适用于长度尺寸、角度和坐标标注。在使用基线标注方式之前，应该先标注出一个相关的尺寸作为基线标准。

【执行方式】

☑　命令行：DIMBASELINE（快捷命令为 DBA）。

☑ 菜单栏：选择菜单栏中的“标注”→“基线”命令。

☑ 工具栏：单击“标注”工具栏中的“基线”按钮。

☑ 功能区：单击“注释”选项卡“标注”面板中的“基线”按钮。

【操作步骤】

执行上述任一操作，命令行提示与操作如下。

```
命令: DIMBASELINE
指定第二个尺寸界线原点或 [选择(S) /放弃(U)] <选择>:
```

【选项说明】

（1）指定第二个尺寸界线原点：直接确定另一个尺寸的第二条尺寸界线的起点，AutoCAD 以上次标注的尺寸为基准标注，标注出相应尺寸。

（2）选择（S）：在上述提示下直接按 Enter 键，命令行提示如下。

```
选择基准标注:（选取作为基准的尺寸标注）
```

高手支招

线性标注有水平、垂直和对齐放置。使用对齐标注时，尺寸线将平行于两尺寸界线原点之间的直线（想象或实际）。基线（或平行）和连续（或链）标注是一系列基于线性标注的连续标注，连续标注是首尾相连的多个标注。在创建基线或连续标注之前，必须创建线性、对齐或角度标注。可从当前任务最近创建的标注中以增量方式创建基线标注。

4．连续标注

连续标注又叫尺寸链标注，用于产生一系列连续的尺寸标注，后一个尺寸标注均把前一个标注的第二条尺寸界线作为它的第一条尺寸界线。该标注适用于长度型尺寸、角度型和坐标标注。在使用连续标注方式之前，应该先标注出一个相关的尺寸。

【执行方式】

☑ 命令行：DIMCONTINUE（快捷命令为 DCO）。

☑ 菜单栏：选择菜单栏中的“标注”→“连续”命令。

☑ 工具栏：单击“标注”工具栏中的“连续”按钮。

☑ 功能区：单击“注释”选项卡“标注”面板中的“连续”按钮。

【操作步骤】

执行上述任一操作，命令行提示与操作如下。

```
命令: DIMCONTINUE
指定第二条尺寸界线原点或[选择(S) /放弃(U)] <选择>:
```

此提示下的各选项与基线标注中的完全相同，此处不再赘述。

高手支招

AutoCAD 允许用户利用基线标注方式和连续标注方式进行角度标注，如图 6-67 所示。

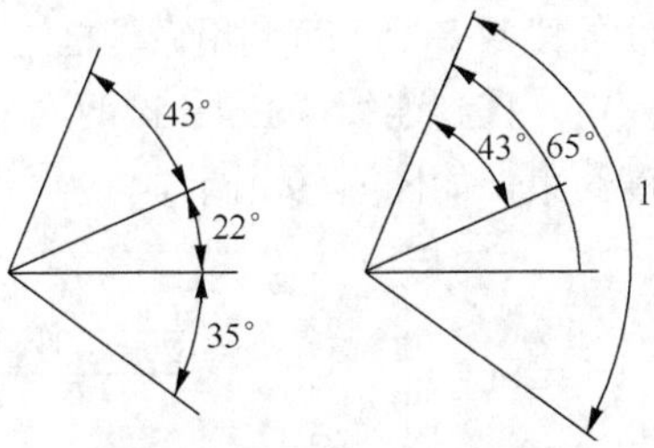

图 6-67　连续标注和基线标注

5. 引线标注

利用 QLEADER 命令可快速生成指引线及注释，而且可以通过命令行优化对话框进行用户自定义，由此可以消除不必要的命令行提示，提高工作效率。

【执行方式】

☑　命令行：QLEADER。

【操作步骤】

命令行提示与操作如下。

```
命令: QLEADER
指定第一个引线点或[设置(S)] <设置>:
```

【选项说明】

（1）指定第一个引线点：在上面的提示下确定一点作为指引线的第一点。命令行提示如下。

```
指定下一点:（输入指引线的第二点）
指定下一点:（输入指引线的第三点）
```

系统提示用户输入的点的数目由“引线设置”对话框（如图 6-68 所示）确定。指定引线点后，命令行提示如下。

```
指定文字宽度<0.0000>:（输入多行文本的宽度）
输入注释文字的第一行<多行文字(M)>:
```

此时，有两种命令输入选择，含义如下。

① 输入注释文字的第一行：在命令行输入第一行文本。

② 多行文字（M）：打开多行文字编辑器，输入多行文字。

直接按 Enter 键，结束 QLEADER 命令并把多行文本标注在指引线的末端附近。

（2）设置（S）：直接按 Enter 键或输入“S”，打开图 6-68 所示的“引线设置”对话框，允许对引线标注进行设置。该对话框包含“注释”“引线和箭头”和“附着”3 个选项卡，下面分别进行介绍。

① “注释”选项卡：用于设置引线标注中注释文本的类型、多行文本的格式，并确定注释文本是否多次使用，如图 6-68 所示。

② “引线和箭头”选项卡：用于设置引线标注中指引线和箭头的形式。其中，“点数”选项组设置执行 QLEADER 命令时系统提示用户输入的点的数目。例如，设置点数为 3，执行 QLEADER 命令时，当用户在提示下指定 3 个点后，系统自动提示用户输入注释文本。注意：设置的点数要比用户希望的指引线的段数多 1。可利用微调框进行设置。如果选中“无限制”复选框，系统会一直提示用户输入点，直到连续按 Enter 键两次为止。“角度约束”选项组用于设置第一段和第二段指引线的角度约束，如图 6-69 所示。

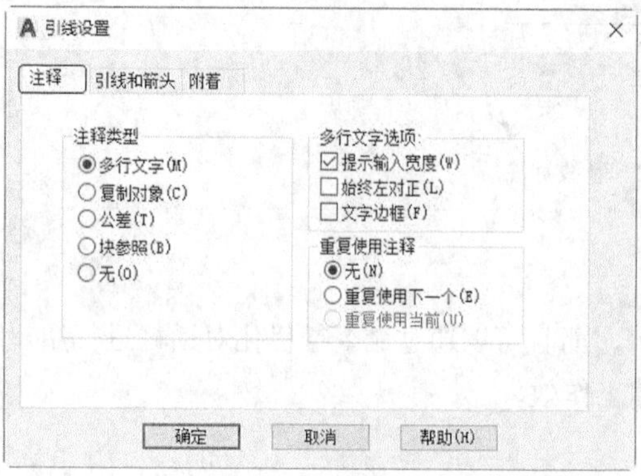

图 6-68 “引线设置”对话框的“注释”选项卡

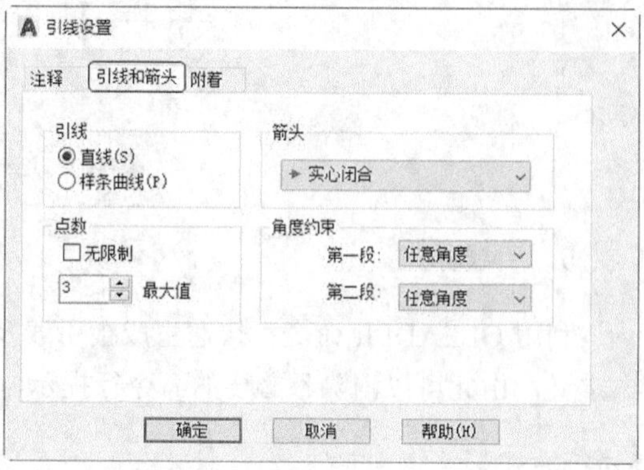

图 6-69 “引线设置”对话框的“引线和箭头”选项卡

③ “附着”选项卡：设置注释文本和指引线的相对位置。如果最后一段指引线指向右边，系统自动把注释文本放在右侧；反之，放在左侧。利用该选项卡左侧和右侧的单选按钮分别设置位于左侧和右侧的注释文本与最后一段指引线的相对位置，二者可相同也可不相同，如图 6-70 所示。

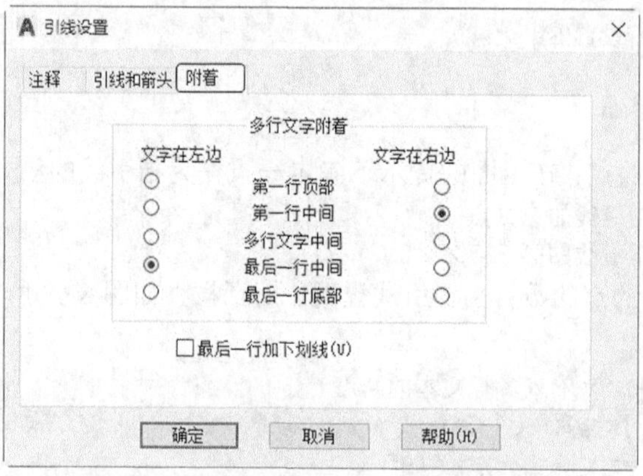

图 6-70 “引线设置”对话框的“附着”选项卡

6.6 综合演练——标注轴线

标注图 6-71 所示的居室平面图尺寸轴线。

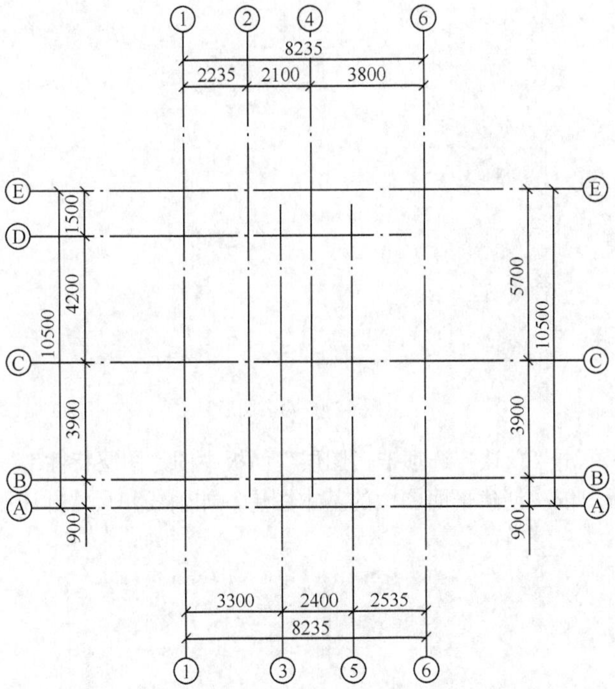

图 6-71 标注居室平面图尺寸轴线

6.6.1 设置绘图环境

（1）创建图形文件。启动 AutoCAD 2022，选择菜单栏中的“格式”→“单位”命令，在打开的“图形单位”对话框中设置“角度”的“类型”为“十进制度数”、“精度”为 0，如图 6-72 所示。单击“方向”按钮，系统打开“方向控制”对话框。将“基准角度”设置为“东”，如图 6-73 所示。

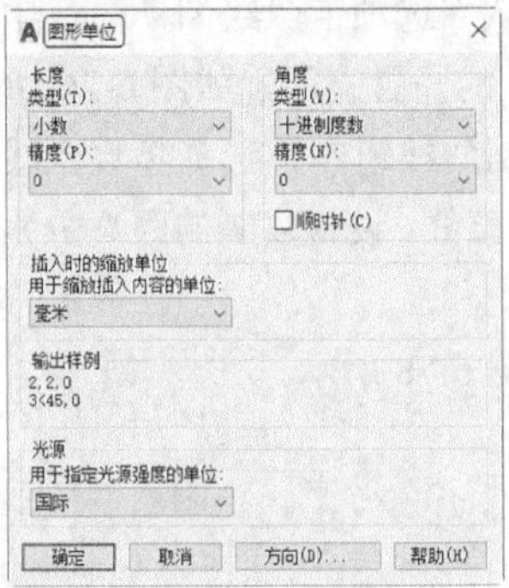

图 6-72 “图形单位”对话框

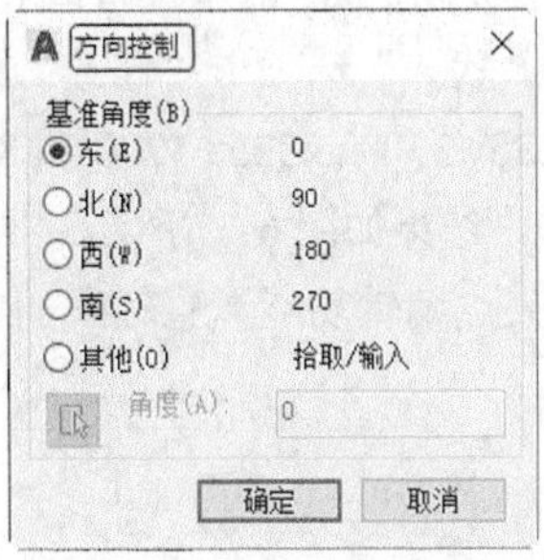

图 6-73 “方向控制”对话框

（2）命名图形。单击“快速访问”工具栏中的“保存”按钮，打开“图形另存为”对话框。①在“文件名”下拉列表框中输入图形名称“建筑平面图”，如图 6-74 所示。②单击“保存”按钮，完成对新建图形文件的保存。

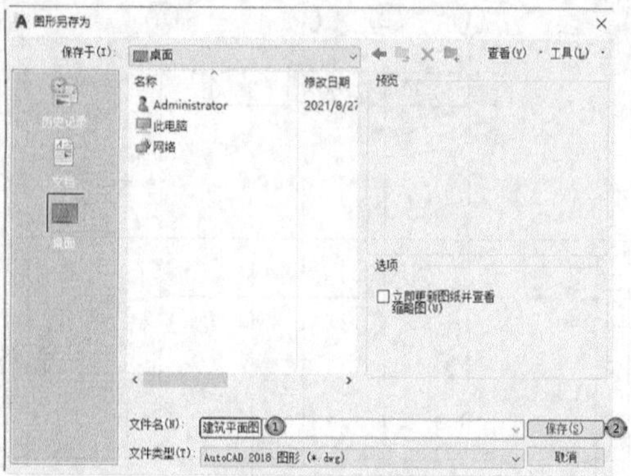

图 6-74　命名图形

（3）设置图层。单击“默认”选项卡“图层”面板中的“图层特性”按钮，打开”图层特性管理器”选项板，依次创建平面图中的基本图层，如轴线和尺寸标注等，如图 6-75 所示。

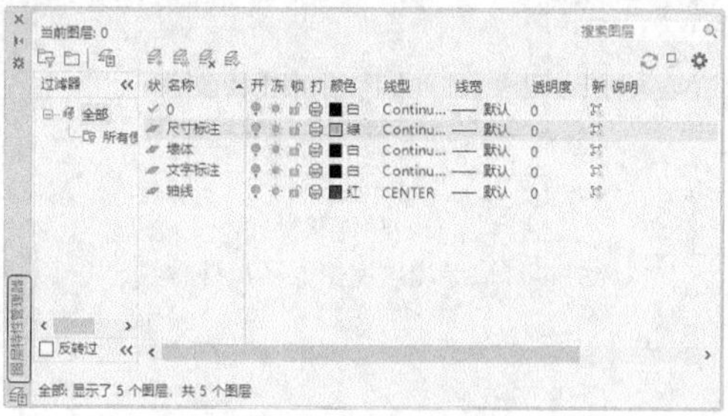

图 6-75　设置图层

6.6.2　绘制建筑轴线

（1）将“轴线”图层设置为当前图层。单击“默认”选项卡“绘图”面板中的“直线”按钮，绘制长度为 10 000 的水平直线和长度为 12 000 的竖直直线，如图 6-76 所示。

（2）单击“默认”选项卡“修改”面板中的“复制”按钮，选择竖直直线，设置复制的距离分别为 2235、3300、4335、5700 和 8235；选择水平直线，设置复制的距离分别为 900、4800、9000 和 10 500。结果如图 6-77 所示。

（3）利用夹点编辑功能调整轴线的长度，结果如图 6-78 所示。

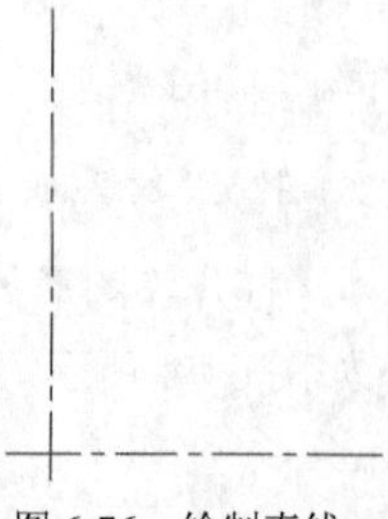

图 6-76　绘制直线

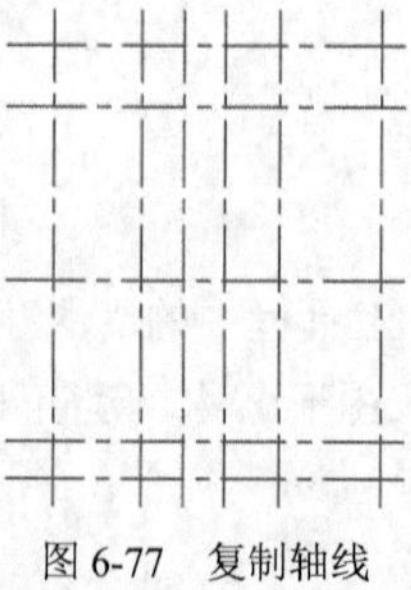

图 6-77　复制轴线

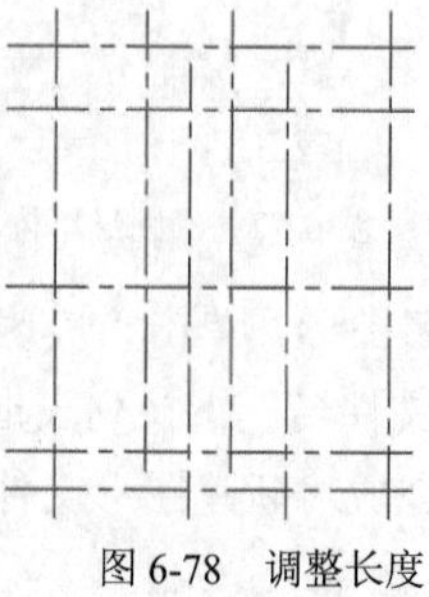

图 6-78　调整长度

6.6.3 标注尺寸

（1）将“尺寸标注”图层设置为当前图层。单击“默认”选项卡“注释”面板中的“标注样式”按钮，①系统打开“标注样式管理器”对话框，如图6-79所示。②单击“新建”按钮，③打开“创建新标注样式”对话框，如图6-80所示。④设置“新样式名”为“标注”，⑤单击“继续”按钮，⑥打开“新建标注样式：标注”对话框。⑦选择“线”选项卡，⑧在“基线间距”微调框中输入200，⑨在“超出尺寸线”微调框中输入200，在“起点偏移量”微调框中输入300，如图6-81所示。

（2）⑩选择“符号和箭头”选项卡，⑪在“箭头”选项组中的“第一个”和“第二个”下拉列表框中均选择“建筑标记”选项，在“引线”下拉列表框中选择“实心闭合”选项，⑫在“箭头大小”微调框中输入250，如图6-82所示。

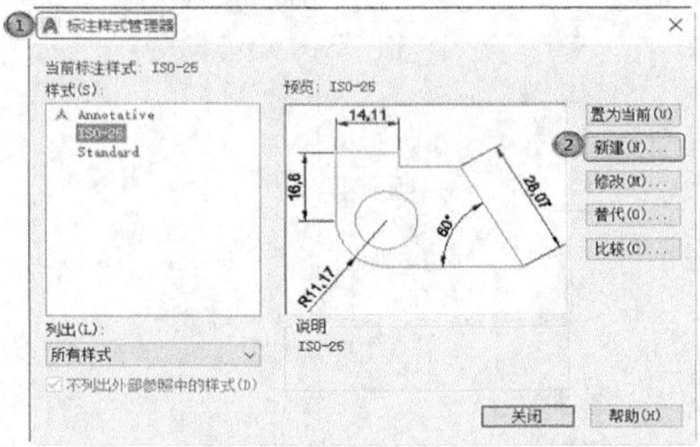

图6-79 “标注样式管理器”对话框

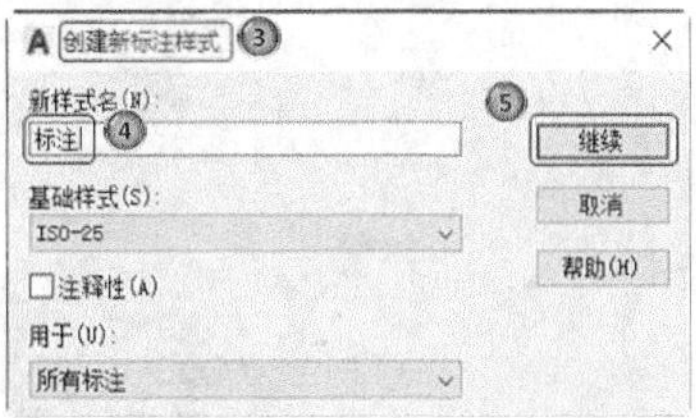

图6-80 “创建新标注样式”对话框

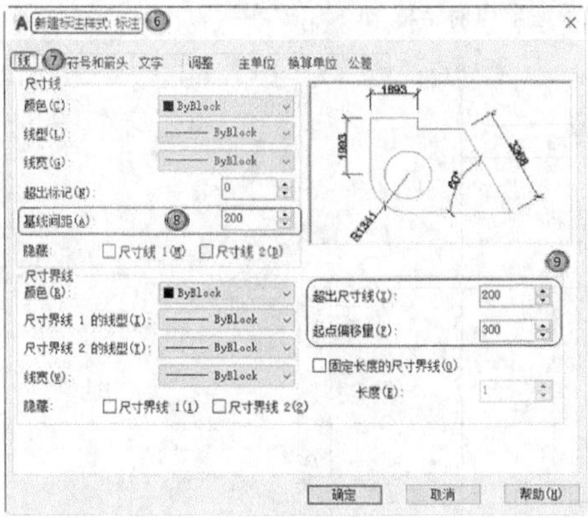

图6-81 “线”选项卡

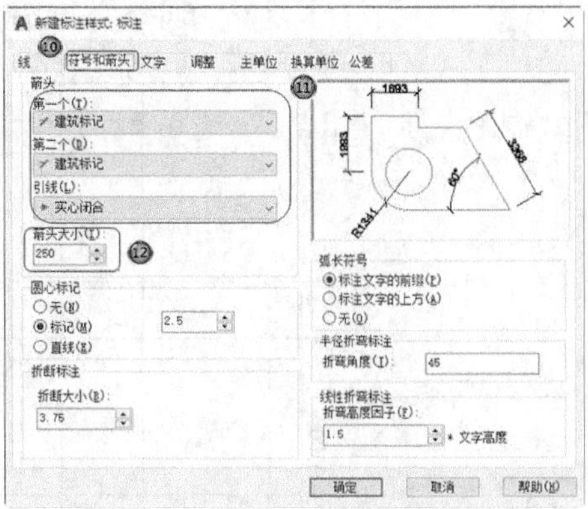

图6-82 “符号和箭头”选项卡

（3）⑬选择“文字”选项卡，⑭在“文字高度”微调框中输入300，如图6-83所示。

（4）⑮选择“主单位”选项卡，⑯在“单位格式”下拉列表框中选择“小数”选项，“精度”下拉列表框中选择“0”选项，其他选项默认，如图6-84所示。

（5）⑰单击“确定”按钮，回到“标注样式管理器”对话框，如图6-85所示。在“样式”列表框中激活“标注”样式，⑱单击“置为当前”按钮，⑲再单击“关闭”按钮，完成标注样式的设置。

（6）单击“默认”选项卡“注释”面板中的“线性”按钮和“连续”按钮，标注相邻两轴线之间的距离。

（7）单击“默认”选项卡“注释”面板中的“线性”按钮，在已绘制的尺寸标注的外侧，对建筑平面横向和纵向的总长度进行尺寸标注，标注尺寸结果如图 6-86 所示。

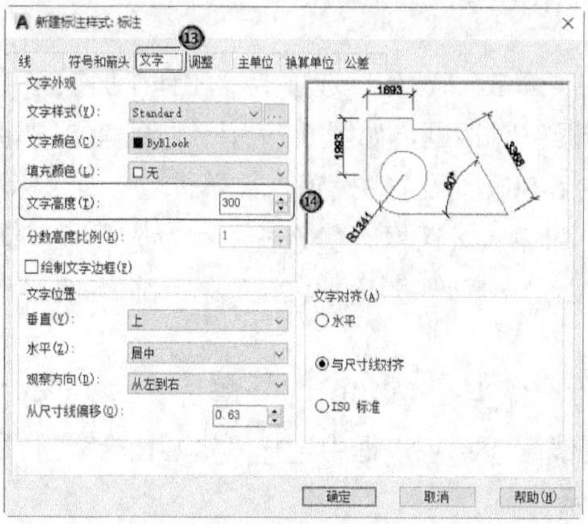

图 6-83 “文字”选项卡

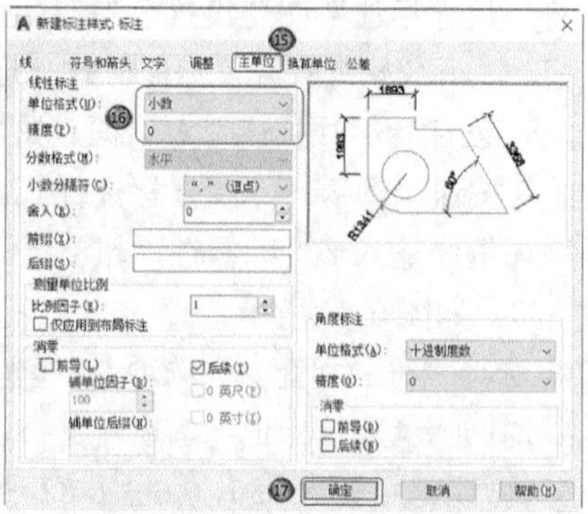

图 6-84 “主单位”选项卡

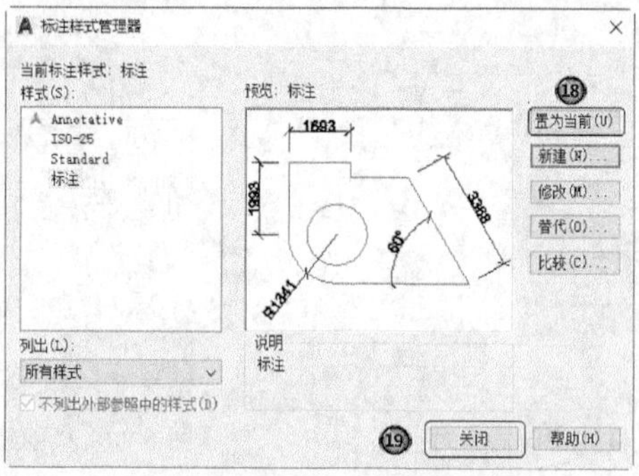

图 6-85 “标注样式管理器”对话框

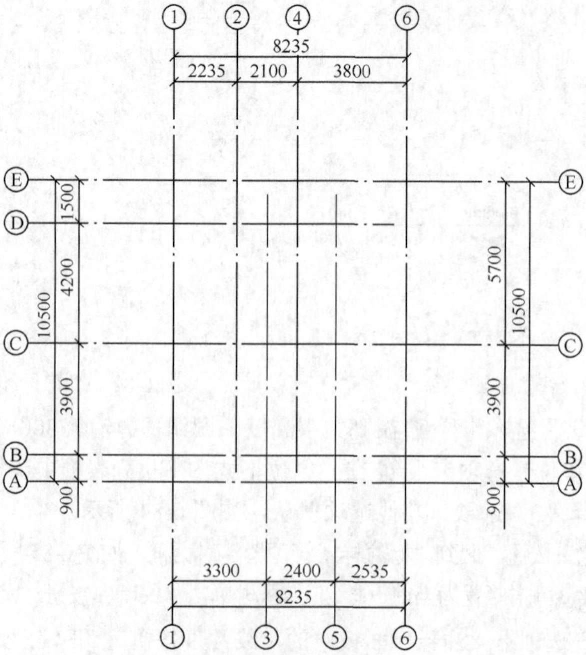

图 6-86 标注尺寸

6.6.4　轴号标注

图 6-87　绘制轴线的延长线及圆

（1）将“文字标注”设置为当前图层，单击“默认”选项卡“绘图”面板中的“直线”按钮╱，以轴线端点为绘制直线的起点，竖直向下绘制长为 3000 的短直线，完成第一条轴线延长线的绘制。

（2）单击“默认”选项卡“绘图”面板中的“圆”按钮⊙，以已绘制的轴线延长线端点作为圆心，绘制半径为 350mm 的圆。然后，单击“默认”选项卡“修改”面板中的“移动”按钮✥，向下移动所绘制的圆，移动距离为 350mm，如图 6-87 所示。

（3）重复上述步骤，完成其他轴线延长线及编号圆的绘制。

（4）单击“默认”选项卡“注释”面板中的“多行文字”按钮 A，设置文字“样式”为“仿宋 GB2312”、“文字高度”为 300。在每个轴线端点处的圆内输入相应的轴线编号。

6.7　上机实验

【练习 1】绘制图 6-88 所示的石壁。

【练习 2】绘制图 6-89 所示的电梯厅。

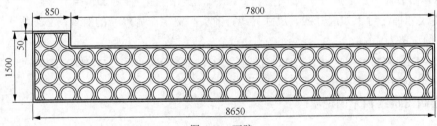

图 6-88　石壁

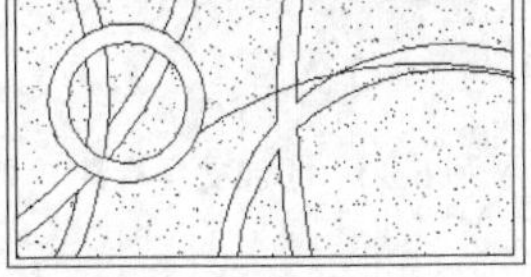

图 6-89　电梯厅

6.8 模拟考试

1．尺寸公差中的上下偏差可以在线性标注的（　　）选项中堆叠起来。

A．多行文字　　B．文字　　C．角度　　D．水平

2．在表格中不能插入（　　）。

A．块　　B．字段　　C．公式　　D．点

3．在设置文字样式时，设置了文字的高度，其效果是（　　）。

A．在输入单行文字时，可以改变文字高度

B．在输入单行文字时，不可以改变文字高度

C．在输入多行文字时，不能改变文字高度

D．都能改变文字高度

4．在正常输入汉字时却显示“？”，是（　　）造成的。

A．因为文字样式没有设定好　　B．输入错误

C．堆叠字符　　D．字高太高

5．在插入字段的过程中，如果显示####，则表示该字段（　　）。

A．没有值　　B．无效

C．字段太长，溢出　　D．字段需要更新

6．以下（　　）不是表格的单元格式数据类型。

A．百分比　　B．时间　　C．货币　　D．点

7．将尺寸标注对象如尺寸线、尺寸界线、箭头和文字作为单一的对象，必须将（　　）尺寸标注变量设置为ON。

A．DIMASZ　　B．DIMASO　　C．DIMON　　D．DIMEXO

8．试用MTEXT命令输入图6-90所示的文字标注。

9．绘制图6-91所示的说明。

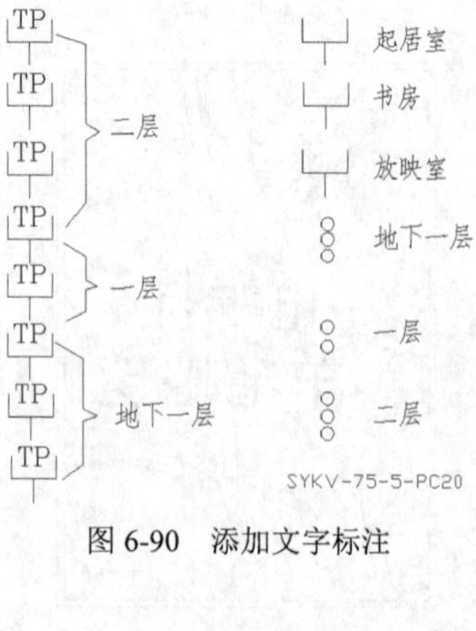

图6-90　添加文字标注

说明:

1. 钢筋等级：HPB235(φ)HRB335(φ)。

2. 板厚均为150mm，钢筋φ12@150双层双向。

   屋顶起坡除注明者外均从外墙外边开始，起坡底标高为6.250M，顶标高为7.350M。

   屋顶角度以施工放大样为准。

3. 过梁图集选用 02G05.120墙过梁选用SGLA12081，陶粒混凝土墙过梁选用TGLA20092。

   预制钢筋混凝土过梁不能正常放置时采用现浇。

4. 混凝土选用C20.板主筋保护层厚度分别为30mm、20mm。

5. 挑檐阳角处均放置9φ10放射筋，锚入圈梁内500mm。

6. 屋面梁板钢筋均按抗拉来计算锚固长度。

7. A-A和B-B剖面见结施-06。

图 6-91　标注文字

第7章

辅助工具

在绘图设计过程中，用户经常会遇到一些重复出现的图形（例如，建筑设计中的桌椅、门窗等），如果每次都重新绘制这些图形，不仅会造成大量的重复工作，而且存储这些图形及其信息也会占据相当大的磁盘空间。AutoCAD 2022 图块与设计中心提出了模块化绘图的方法，这样不仅避免了大量的重复工作，提高了绘图速度和工作效率，而且还可以大大节省磁盘空间。本章介绍图块和设计中心的功能，主要内容包括查询工具、图块及其属性、设计中心与工具选项板、出图等知识。

【内容要点】

- ☑ 查询工具
- ☑ 图块及其属性
- ☑ 设计中心与工具选项板

【案例欣赏】

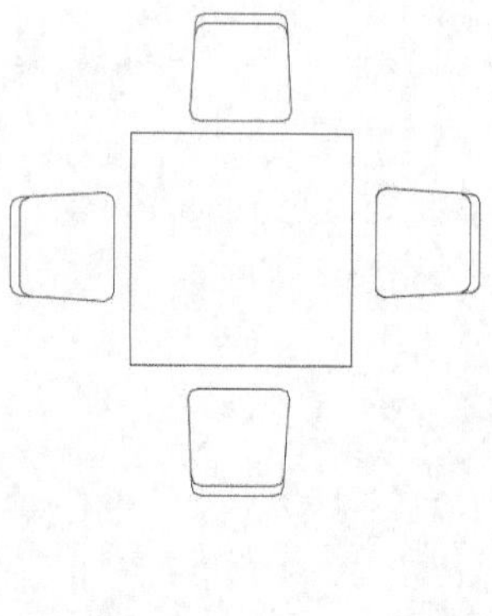

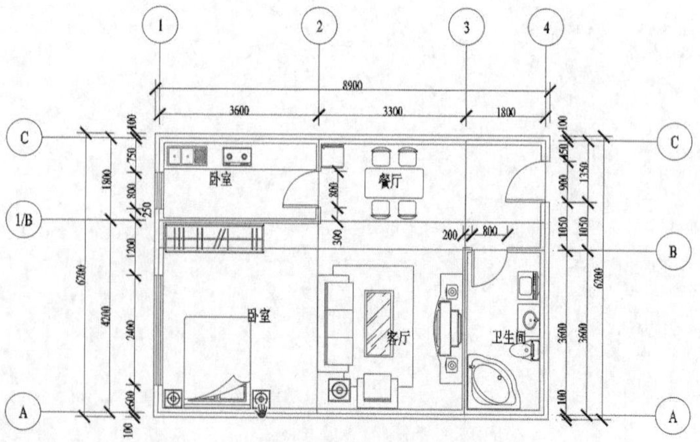

居室室内设计平面图 1:50

7.1 查询工具

为了方便用户及时了解图形信息，AutoCAD 2022 提供了很多查询工具，本节将对其进行简要介绍。在绘制图形或审阅图形的过程中，有时需要即时查询图形对象的相关数据，例如对象之间的距离、建筑平面图室内面积等。

【预习重点】

☑ 打开查询菜单。
☑ 练习查询距离命令。
☑ 练习其他查询命令。

7.1.1 查询距离

【执行方式】

☑ 命令行：MEASUREGEOM。
☑ 菜单栏：选择菜单栏中的“工具”→“查询”→“距离”命令。
☑ 工具栏：单击“查询”工具栏中的“距离”按钮。
☑ 功能区：单击“默认”选项卡“实用工具”面板“测量”下拉菜单中的“距离”按钮（如图 7-1 所示）。

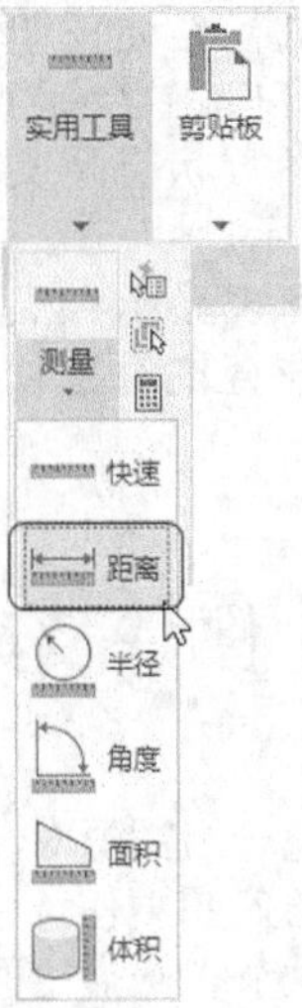

图 7-1 “测量”下拉菜单

【操作步骤】

执行上述任一操作，命令行提示与操作如下。

命令: MEASUREGEOM
移动光标或 [距离(D)/半径(R)/角度(A)/面积(AR)/体积(V) /快速(Q)/模式(M)/退出(X)] <退出>: D
指定第一点:（指定点）
指定第二点或 [多个点(M)]:（指定第二点或输入*m*表示多个点）
距离=1.2964，XY 平面中的倾角=0，与 XY 平面的夹角=0
X 增量=1.2964，Y 增量=0.0000， Z 增量=0.0000
输入一个选项 [距离(D)/半径(R)/角度(A)/面积(AR)/体积(V)/快速(Q)/模式(M)/退出(X)] <距离>: X

【选项说明】

（1）距离（D）：两点之间的三维距离。
（2）*XY* 平面中的倾角：两点之间连线在 *XOY* 平面上的投影与 *X* 轴的夹角。
（3）与 *XY* 平面的夹角：两点之间连线与 *XOY* 平面的夹角。
（4）*X* 增量：第 2 点 *X* 坐标相对于第 1 点 *X* 坐标的增量。
（5）*Y* 增量：第 2 点 *Y* 坐标相对于第 1 点 *Y* 坐标的增量。
（6）*Z* 增量：第 2 点 *Z* 坐标相对于第 1 点 *Z* 坐标的增量。

7.1.2 查询对象状态

【执行方式】

☑ 命令行：STATUS。

☑ 菜单栏：选择菜单栏中的“工具”→“查询”→“状态”命令。

【操作步骤】

执行上述任一操作后，系统自动切换到文本显示窗口，显示当前文件的状态，包括文件中的各种参数状态及文件所在磁盘的使用状态，如图7-2所示。

列表显示、点坐标、时间、系统变量等查询工具与查询对象状态方法及功能相似，这里不再赘述。

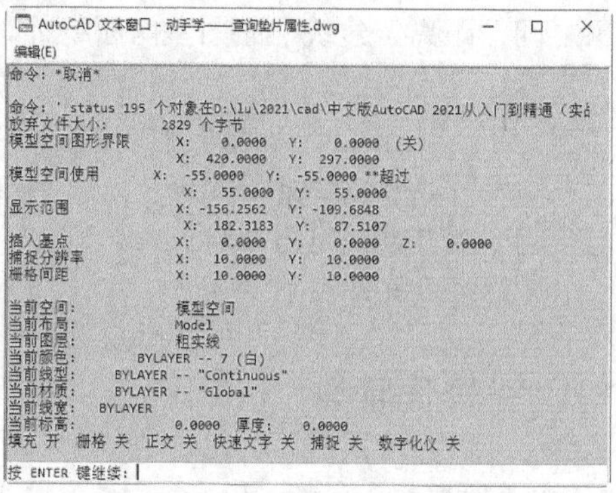

图7-2 文本显示窗口

7.2 图块及其属性

把一组图形对象组合成图块加以保存，需要时可以把图块作为一个整体以任意比例和旋转角度插入图中任意位置，这样不仅避免了大量的重复工作，提高了绘图速度和工作效率，而且可大大节省磁盘空间。

【预习重点】

☑ 了解图块定义。

☑ 练习图块应用操作。

7.2.1 图块操作

1. 图块定义

【执行方式】

☑ 命令行：BLOCK（快捷命令为B）。

☑ 菜单栏：选择菜单栏中的“绘图”→“块”→“创建”命令。

☑ 工具栏：单击“绘图”工具栏中的“创建块”按钮。

☑ 功能区：单击“插入”选项卡“定义块”面板中的“创建块”按钮。

【操作步骤】

执行上述任一操作，系统打开“块定义”对话框，利用该对话框可定义图块并为其命名。

2. 图块保存

【执行方式】

☑ 命令行：WBLOCK（快捷命令为 W）。

3. 图块插入

【执行方式】

☑ 命令行：INSERT（快捷命令为 I）。

☑ 菜单栏：选择菜单栏中的“插入”→“块选项板”命令。

☑ 工具栏：单击“插入”工具栏中的“插入块”按钮或“绘图”工具栏中的“插入块”按钮。

☑ 功能区：单击“默认”选项卡的“块”面板中的“插入”下拉菜单，或单击“插入”选项卡的“块”面板中的 “插入”按钮①，②在其下拉菜单中，选择相应的选项，如图 7-3 所示。

7.2.2 图块的属性

图块除了包含图形对象以外，还可以具有非图形信息。例如，把一个椅子的图形定义为图块后，还可把椅子的号码、材料、重量、价格以及说明等文本信息一并加入图块。图块的这些非图形信息叫作图块的属性，它是图块的组成部分，与图形对象一起构成一个整体。在插入图块时，AutoCAD 把图形对象连同属性一起插入图形中。

1. 定义图块属性

【执行方式】

☑ 命令行：ATTDEF（快捷命令为 ATT）。

☑ 菜单栏：选择菜单栏中的“绘图”→“块”→“定义属性”命令。

☑ 功能区：单击“插入”选项卡“块定义”面板中的“定义属性”按钮。

【操作步骤】

执行上述任一操作，打开“属性定义”对话框，如图 7-4 所示。

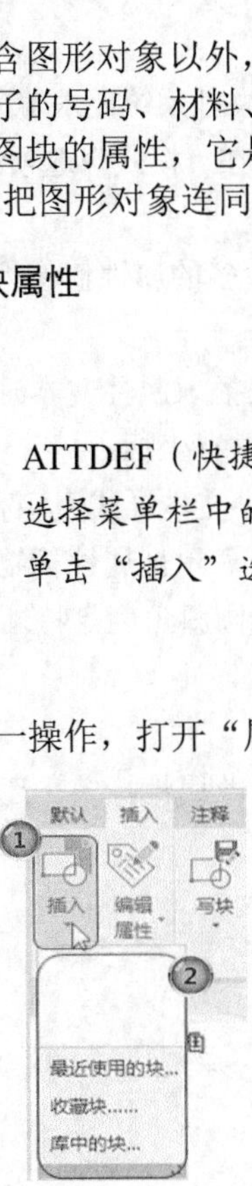

图 7-3　“插入”下拉菜单

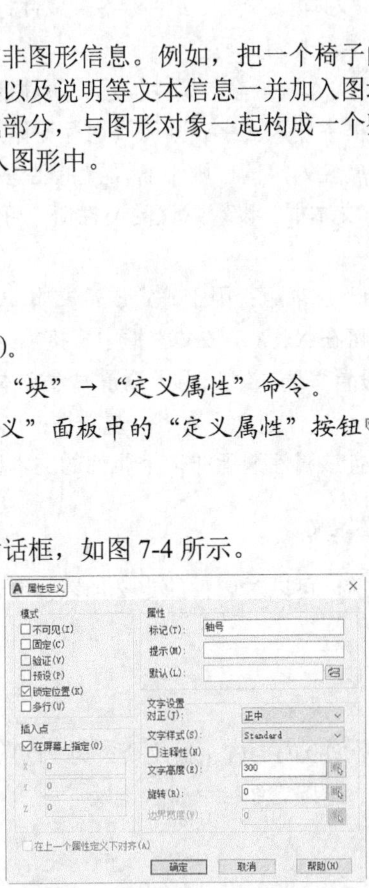

图 7-4　“属性定义”对话框

【选项说明】

（1）“模式”选项组：用于确定属性的模式。

① “不可见”复选框：选中该复选框，属性为不可见显示方式，即插入图块并输入属性值后，属性值在图中并不显示出来。

② “固定”复选框：选中该复选框，属性值为常量，即属性值在属性定义时给定，在插入图块时系统不再提示输入属性值。

③ “验证”复选框：选中该复选框，当插入图块时，系统重新显示属性值，提示用户验证该值是否正确。

④ “预设”复选框：选中该复选框，当插入图块时，系统自动把预先设置好的默认值赋予属性，而不再提示输入属性值。

⑤ “锁定位置”复选框：锁定块参照中属性的位置。解锁后，属性可以相对于使用夹点编辑块的其他部分移动，并且可以调整多行文字属性的大小。

⑥ “多行”复选框：选中该复选框，可以指定属性值包含多行文字，可以指定属性的边界宽度。

（2）“属性”选项组：用于设置属性值。在每个文本框中，AutoCAD 允许输入不超过 256 个字符。

① “标记”文本框：输入属性标签。属性标签可由除空格和感叹号以外的所有字符组成，系统自动把小写字母改为大写字母。

② “提示”文本框：输入属性提示。属性提示是插入图块时系统要求输入属性值的提示，如果不在该文本框中输入文字，则以属性标签作为提示。如果在“模式”选项组中选中“固定”复选框，即设置属性为常量，则不需设置属性提示。

③ “默认”文本框：设置默认的属性值。可把使用次数较多的属性值作为默认值，也可不设默认值。

（3）“插入点”选项组：用于确定属性文本的位置。可以在插入属性文本时由用户在图形中确定其位置，也可在 X、Y、Z 文本框中直接输入属性文本的位置坐标。

（4）“文字设置”选项组：用于设置属性文本的对齐方式、文本样式、字高和倾斜角度。

（5）“在上一个属性定义下对齐”复选框：选中该复选框，表示把属性标签直接放在前一个属性的下面，而且该属性继承前一个属性的文本样式、字高和倾斜角度等特性。

2. 修改属性定义

在定义图块前，可以对属性的定义加以修改，不仅可以修改属性标签，还可以修改属性提示和属性默认值。

【执行方式】

☑ 命令行：TEXTEDIT（快捷命令为 ED）。

☑ 菜单栏：选择菜单栏中的“修改”→“对象”→“文字”→“编辑”命令。

【操作步骤】

执行上述任一操作，选择定义的图块，打开“编辑属性定义”对话框，如图 7-5 所示。该对话框表示要修改属性的“标记”“提示”及“默认”选项，可在各文本框中对其进行修改。

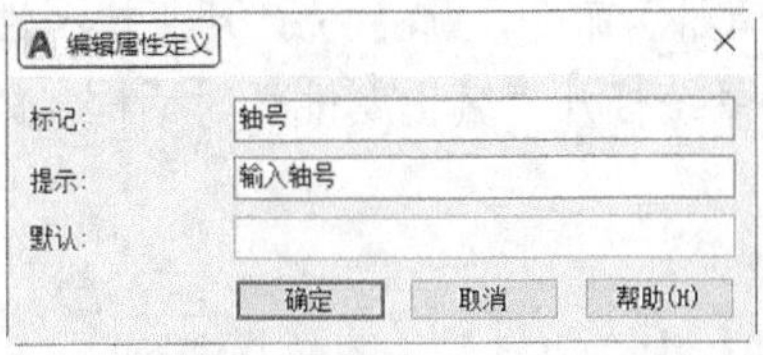

图 7-5　“编辑属性定义”对话框

3．图块属性编辑

当属性被定义到图块中，甚至图块被插入图形中之后，用户还可以对图块属性进行编辑。利用 ATTEDIT 命令可以通过“编辑属性”对话框对指定图块的属性值进行修改。利用 ATTEDIT 命令不仅可以修改属性值，而且可以对属性的位置、文本等其他设置进行编辑。

【执行方式】

- ☑ 命令行：ATTEDIT（快捷命令为 ATE）。
- ☑ 菜单栏：选择菜单栏中的“修改”→“对象”→“属性”→“单个”命令。
- ☑ 工具栏：单击“修改 II”工具栏中的“编辑属性”按钮。
- ☑ 功能区：单击“默认”选项卡“块”面板中的“编辑属性”按钮。

【操作步骤】

执行上述任一操作，系统打开“编辑属性”对话框，如图 7-6 所示。在该对话框中显示所选图块中包含的多个属性的值，用户可对这些属性值进行修改。如果该图块中还有其他的属性值，可单击“上一个”和“下一个”按钮对它们进行观察和修改。

当用户双击创建的图块，系统打开“增强属性编辑器”对话框，如图 7-7 所示。在该对话框中不仅可以编辑属性值，还可以编辑属性的文字选项和图层、线型、颜色等特性值。

图 7-6　“编辑属性”对话框

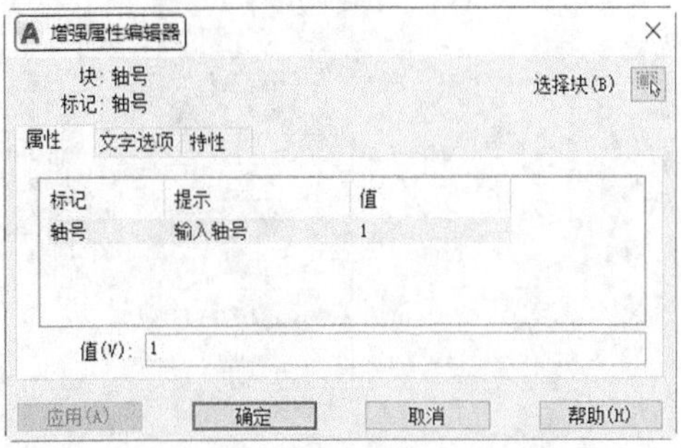

图 7-7　“增强属性编辑器”对话框

另外，还可以通过“块属性管理器”对话框来编辑属性。选择菜单栏中的“修改”→“对象”→“属性”→“块属性管理器”命令，①系统打开“块属性管理器”对话框，如图 7-8 所示。②单击“编辑”按钮，③系统打开“编辑属性”对话框，如图 7-9 所示，可以通过该对话框编辑属性。

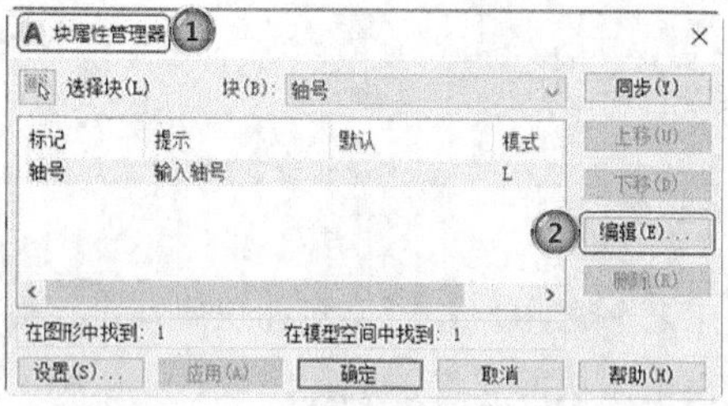

图 7-8 “块属性管理器”对话框

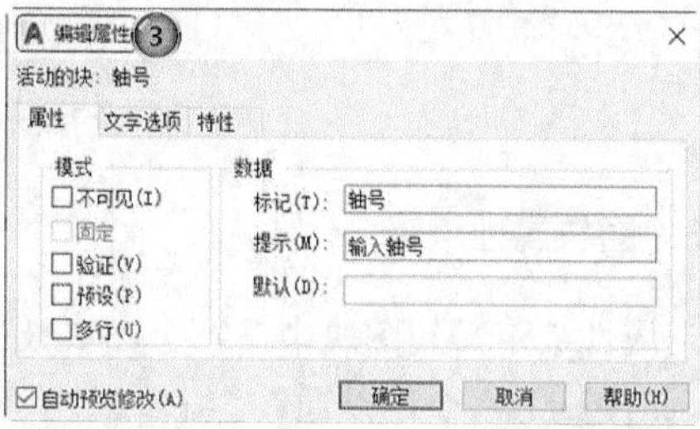

图 7-9 “编辑属性”对话框

7.2.3 操作实例——定义餐桌组合

本实例定义一个餐桌组合图块，如图 7-10 所示，操作步骤如下。

（1）单击“默认”选项卡“绘图”面板中的“矩形”按钮 ▭，绘制矩形作为桌子。指定矩形的长度为 1800、宽度为 1800，如图 7-11 所示。

（2）单击“快速访问”工具栏中的“打开”按钮，打开本书源文件中的椅子图形，然后单击“默认”选项卡“修改”面板中的“复制”按钮，将椅子复制到当前图形中，结果如图 7-12 所示。

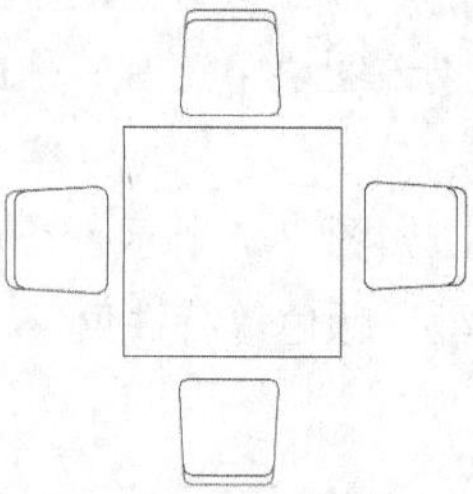

图 7-10 定义餐桌组合图块

图 7-11 绘制矩形

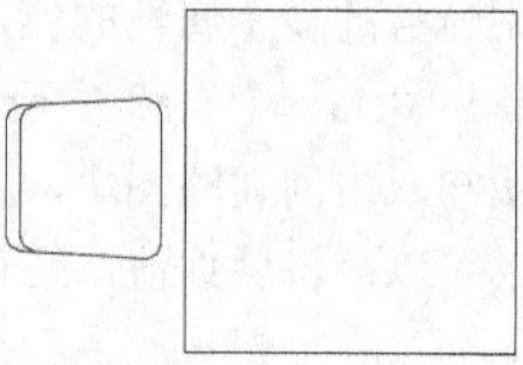

图 7-12 绘制椅子

（3）单击“默认”选项卡“块”面板中的“创建”按钮，①打开“块定义”对话框，如图 7-13 所示。

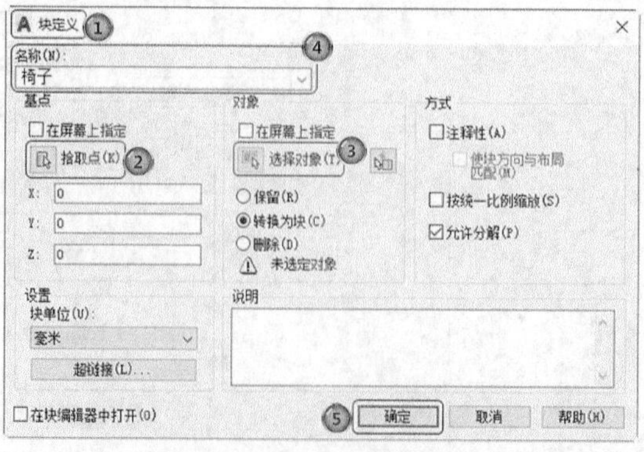

图 7-13 “块定义”对话框

（4）②单击“拾取点”按钮，用鼠标光标捕捉椅子的左下角点作为基点；③再单击“选择对象”按钮，框选图形，④在“名称”下拉列表框中输入“椅子”，⑤然后单击“确定”按钮。

（5）单击“默认”选项卡“块”面板中的“插入”按钮，将“椅子”图块插入图形中。最终结果如图 7-10 所示。

7.3 设计中心与工具选项板

使用 AutoCAD 设计中心可以很容易地组织设计内容，并把它们拖动到当前图形中。工具选项板用于设置组织内容，并将设计中心存储的图元创建为工具选项板。设计中心与工具选项板的使用大大方便了绘图工作，提高了绘图的效率。

【预习重点】

☑ 打开设计中心与工具选项板。

☑ 利用设计中心与工具选项板操作图形。

7.3.1 设计中心

可以通过鼠标拖动边框的方法来改变 AutoCAD 设计中心资源管理器和内容显示区以及 AutoCAD 绘图区的大小，但内容显示区的最小尺寸应能显示两列大图标。

1．启动设计中心

【执行方式】

☑ 命令行：ADCENTER（快捷命令为 ADC）。

☑ 菜单栏：选择菜单栏中的“工具”→“选项板”→“设计中心”命令。

☑ 工具栏：单击“标准”工具栏中的“设计中心”按钮。

☑ 功能区：单击“视图”选项卡“选项板”面板中的“设计中心”按钮。

☑ 快捷组合键：Ctrl+2。

【操作步骤】

执行上述任一操作，系统打开“设计中心”选项板。第一次启动设计中心时，默认打开的选项卡为“文件夹”选项卡。内容显示区采用大图标显示，左边的资源管理器采用树状显示方式显示系统的树形结构，浏览资源的同时，在内容显示区显示所浏览资源的有关细目或内容，如图 7-14 所示。

2．利用设计中心插入图形

设计中心的最大优点是可以将系统文件夹中的“.dwg”图形文件当成图块插入当前图形中，操作步骤如下。

（1）从查找结果列表框中选择要插入的对象，使用鼠标双击对象。

（2）弹出“插入”对话框，如图 7-15 所示。

（3）在对话框中设置插入点、比例和旋转角度等参数值。

被选择的对象根据指定的参数插入图形中。

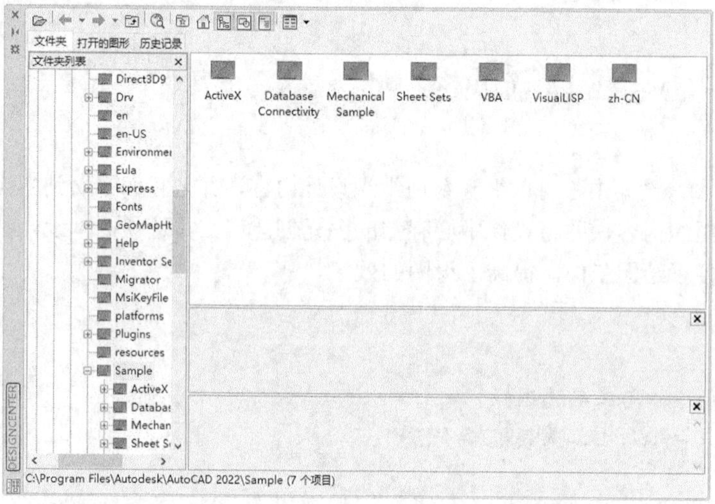

图 7-14　AutoCAD 设计中心的资源管理器和内容显示区

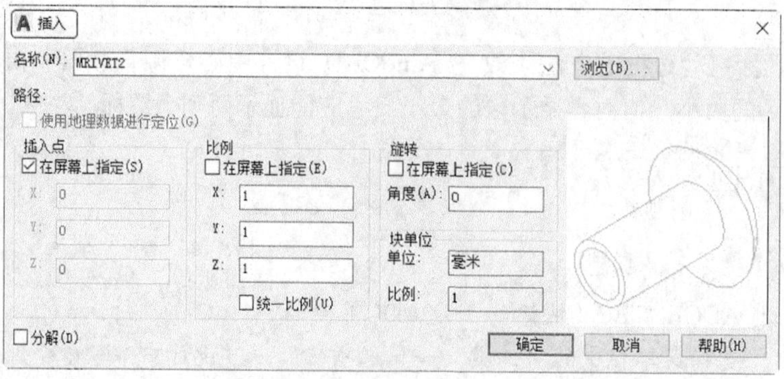

图 7-15　“插入”对话框

7.3.2　工具选项板

工具选项板中的选项卡提供了组织、共享和放置块及填充图案的有效方法。工具选项板还可以包含由第三方开发人员提供的自定义工具。

1. 打开工具选项板

【执行方式】

☑　命令行：TOOLPALETTES（快捷命令为 TP）。

☑　菜单栏：选择菜单栏中的“工具”→“选项板”→“工具选项板”命令。

☑　工具栏：单击“标准”工具栏中的“工具选项板”按钮。

☑ 功能区：单击“视图”选项卡“选项板”面板中的“工具选项板”按钮。
☑ 快捷组合键：Ctrl+3。

【操作步骤】

执行上述操作之一，系统自动打开工具选项板，如图 7-16 所示。

在工具选项板中，系统设置了一些常用图形选项卡，这些常用图形可以方便用户绘图。

2．将设计中心内容添加到工具选项板

单击“视图”选项卡“选项板”面板中的“设计中心”按钮，①打开“DESIGNCENTER”（设计中心）选项板。将鼠标光标放置在“DesignCenter”文件夹上，单击鼠标右键，系统打开快捷菜单，②从中选择“创建块的工具选项板”命令，如图 7-17 所示。设计中心中存储的图形单元就出现在③工具选项板中新建的④“DesignCenter”选项卡中，如图 7-18 所示。这样就可以将设计中心与工具选项板结合起来，建立一个快捷、方便的工具选项板。

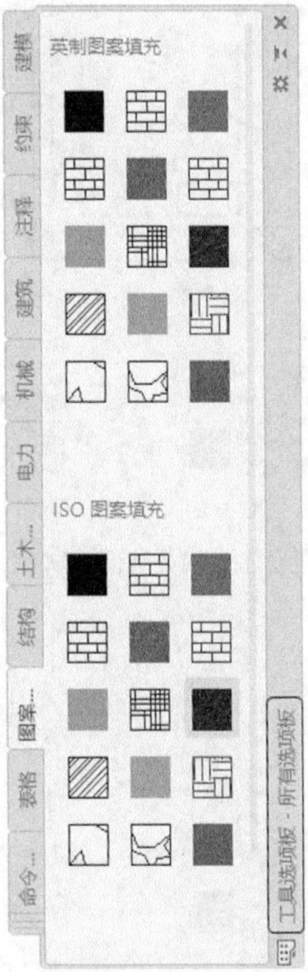

图 7-16　工具选项板

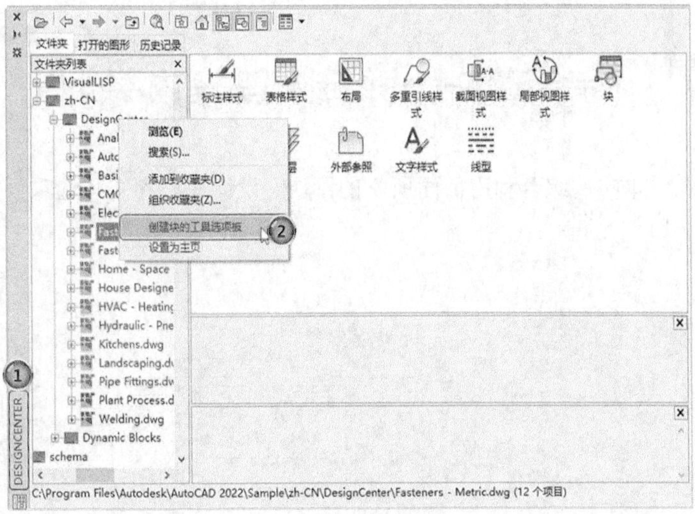

图 7-17　快捷菜单

3．利用工具选项板绘图

只需要将工具选项板中的图形单元拖动到当前图形中，则该图形单元就以图块的形式插入当前图形中。如图 7-19 和图 7-20 所示为将工具选项板中“建筑”选项卡中的“门标高-英制”图形单元拖到当前图形中。

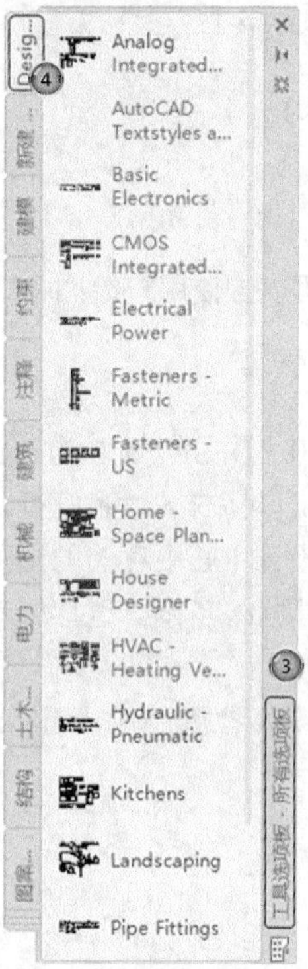

图 7-18　新建选项卡

图 7-19　“门标高-英制”图形单元

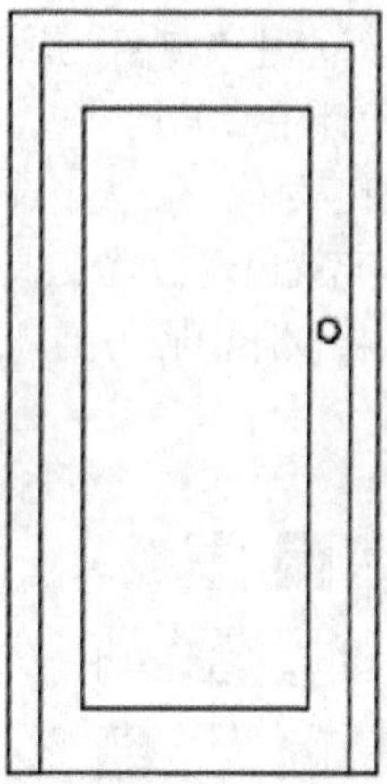

图 7-20　门

7.4 综合演练——绘制居室室内平面图

本实例综合利用前面所学的图块、设计中心和工具选项板等功能，绘制图 7-21 所示的居室室内平面图。

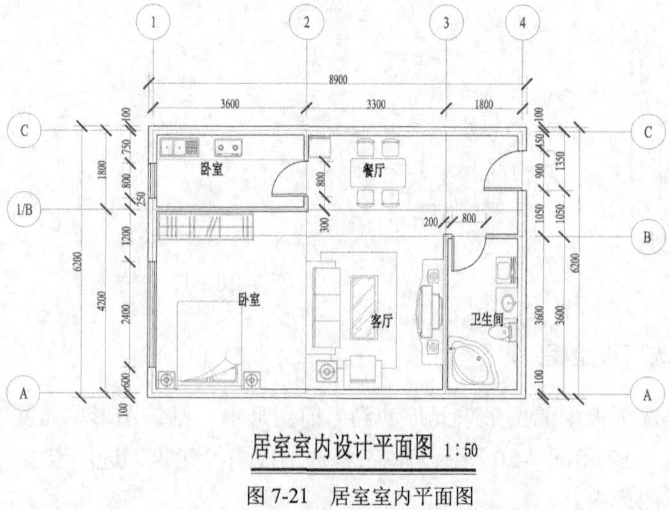

图 7-21　居室室内平面图

手把手教你学

墙线是建筑制图中最基本的图元。平面墙体一般用平行的双线表示，双线间距表示墙体厚度，因此如何绘制出平行双线成为绘制墙线的关键。利用 AutoCAD 提供的基本绘制命令通过最便捷的途径将建筑图元绘制完成。本节首先绘制一个简单而规整的居室平面墙线，如图 7-22 所示。

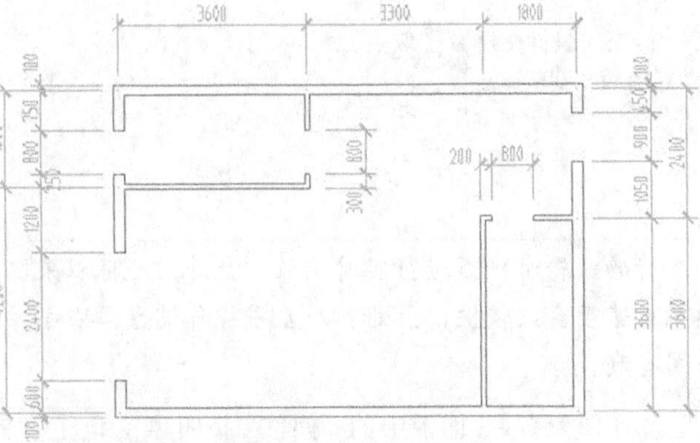

图 7-22　居室平面墙线

7.4.1　绘制平面墙线

1. 图层设置

为了方便图线的管理，建立“轴线”“墙线”“文字”和“尺寸”等图层。单击“默认”选项卡“图层”面板中的“图层特性”按钮，打开“图层特性管理器”选项板，建立一个新图层，将其命名为“轴线”并设置为当前图层，设置“颜色”为红色，“线型”为 Continuous，“线宽”为默认，如图 7-23 所示。

采用同样的方法建立“墙线”“文字”和“尺寸”图层，参数设置如图 7-24 所示。确认后回到绘图状态。

图 7-23　“轴线”图层参数

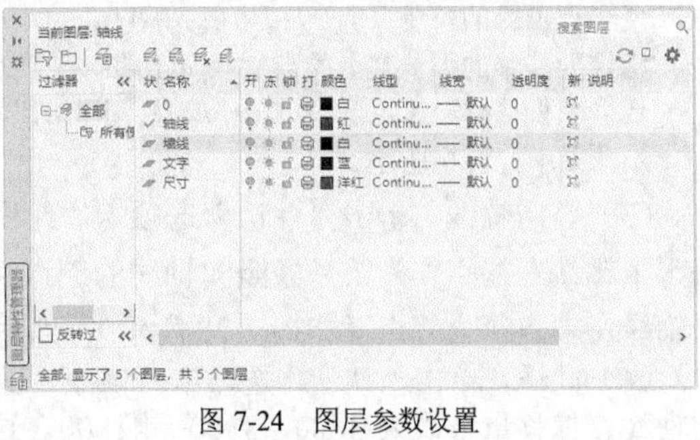

图 7-24　图层参数设置

2. 绘制定位轴线

在“轴线”图层为当前层状态下绘制定位轴线。

（1）水平轴线。单击“默认”选项卡“绘图”面板中的“直线”按钮 ╱，在绘图区左下角适当位置选取直线的初始点，然后输入第二点的相对坐标（@8700,0），按 Enter 键后绘制第一条长 8700 的水平轴线。处理后的效果如图 7-25 所示。

图 7-25　第一条水平轴线

命令行提示与操作如下。

```
命令:LINE指定第一个点:（鼠标在屏幕上取点）
指定下一点或[放弃(U)]:@8700,0
指定下一点或[放弃(U)]: ↙
```

高手支招

用户可以采用鼠标的滚轮对轴线进行实时缩放。此外，还可以采取在命令行中输入命令的方式绘图，熟练后速度会比较快，最好养成左手操作键盘，右手操作鼠标的习惯，这样对以后的大量作图有利。

（2）单击“默认”选项卡“修改”面板中的“偏移”按钮 ⊆，向上复制其他 3 条水平轴线，偏移量依次为 3600、600 和 1800。命令行提示与操作如下。

```
命令:OFFSET
当前设置: 删除源=否  图层=源OFFSETGAPTYPE=0
指定偏移距离或[通过(T)/删除(E)/图层(L)]<通过>: 3600
选择要偏移的对象，或[退出(E)/放弃(U)]<退出>:（鼠标选取第一条直线）
指定要偏移的那一侧上的点，或[退出(E)/多个(M)/放弃(U)]<退出>:（在直线上方任意选取一点）
选择要偏移的对象，或[退出(E)/放弃(U)]<退出>:↙
命令: OFFSET（重复“偏移”命令）
当前设置: 删除源=否  图层=源OFFSETGAPTYPE=0
指定偏移距离或[通过(T)/删除(E)/图层(L)]<3600>: 600
选择要偏移的对象，或[退出(E)/放弃(U)]<退出>:（鼠标选取第二条直线）
指定要偏移的那一侧上的点，或[退出(E)/多个(M)/放弃(U)]<退出>:（在直线上方任意选取一点）
选择要偏移的对象，或[退出(E)/放弃(U)]<退出>:↙
命令: OFFSET（重复“偏移”命令）
当前设置: 删除源=否  图层=源OFFSETGAPTYPE=0
指定偏移距离或[通过(T)/删除(E)/图层(L)]<600>: 1800
选择要偏移的对象，或[退出(E)/放弃(U)]<退出>:（鼠标选取第三条直线）
指定要偏移的那一侧上的点，或[退出(E)/多个(M)/放弃(U)]<退出>:（在直线上方任意选取一点）
选择要偏移的对象，或[退出(E)/放弃(U)]<退出>:↙
```

结果如图 7-26 所示。

（3）竖向轴线。单击“默认”选项卡“绘图”面板中的“直线”按钮 ╱，用鼠标捕捉第一条水平轴线左端点作为第一条竖向轴线的起点（如图 7-27 所示），移动鼠标并单击最后一条水平轴线左端点作为终点（如图 7-28 所示），然后按 Enter 键完成操作。

（4）同样，单击“默认”选项卡“修改”面板中的“偏移”按钮 ⊆，向右复制其他 3 条竖向轴线，偏移量依次为 3600、3300 和 1800。这样，就完成了整个轴线的绘制，结果如图 7-29 所示。

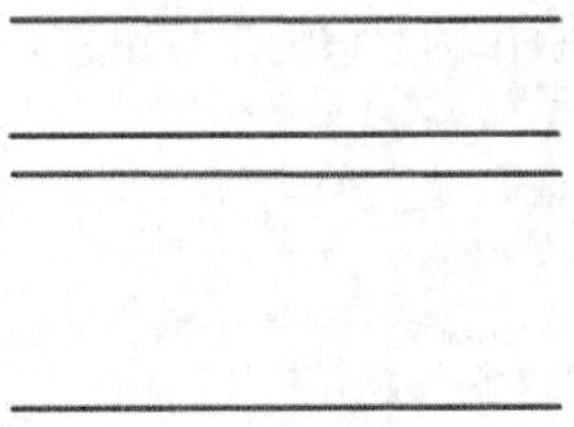

图 7-26 全部水平轴线

图 7-27 选取竖向轴线的起点

图 7-28 选取竖向轴线的终点

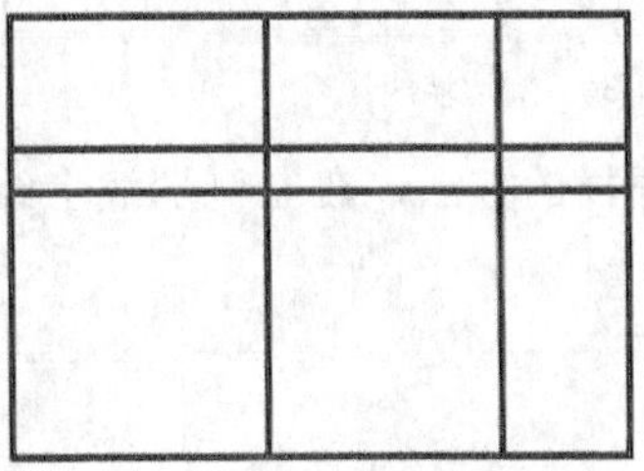

图 7-29 完成轴线绘制

3．绘制墙线

本实例外墙厚 200mm、内墙厚 100mm。绘制墙线的方法一般有两种：一种是应用“多线”（MLINE）命令绘制，另一种是通过整体复制定位轴线来形成墙线。下面分别进行介绍。

（1）应用“多线”（MLINE）命令绘制

① 将“墙线”图层置为当前图层。

② 设置“多线”的参数。选择菜单栏中的“绘图”→“多线”命令，命令行提示与操作如下。

```
命令:MLINE
当前设置: 对正=上，比例=20.00，样式=STANDARD（初始参数）
指定起点或[对正(J)/比例(S)/样式(ST)]: J（选择对正设置）
输入对正类型[上(T)/无(Z)/下(B)]<上>: Z（选择两线之间的中点作为控制点）
当前设置: 对正=无，比例=20.00，样式=STANDARD
指定起点或[对正(J)/比例(S)/样式(ST)]: S（选择比例设置）
输入多线比例<20.00>: 200（输入墙厚）
当前设置: 对正=无，比例=200.00，样式=STANDARD
指定起点或[对正(J)/比例(S)/样式(ST)]:（按Enter键完成设置）
```

③ 重复“多线”命令，当命令行提示“指定起点或[对正(J)/比例(S)/样式(ST)]:”时，用鼠标选取左下角轴线交点为多线起点，将周边墙体的厚度定义为 200 绘出周边墙线，如图 7-30 所示。

④ 重复“多线”命令，按照前面“多线”参数设置方法将墙体的厚度定义为 100，也就是将多线的比例设为 100。然后绘出剩下的内部墙线，结果如图 7-31 所示。

⑤ 单击“默认”选项卡“修改”面板中的“分解”按钮，先将周边墙线分解开，然后结合“修改”面板中的“倒角”按钮和“修剪”按钮对每个节点进行处理，使其内部连通，搭接正确。

⑥ 参照门洞位置尺寸绘制出门洞边界线。

操作方法是：由轴线“偏移”出门洞边界线，如图 7-32 所示。然后，将这些线条全部选中，置换到“墙线”图层中，单击“默认”选项卡“修改”面板中的“修剪”按钮，将多余的线条修剪掉，绘制的门洞如图 7-33 所示。

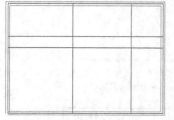

图 7-30　周边墙线

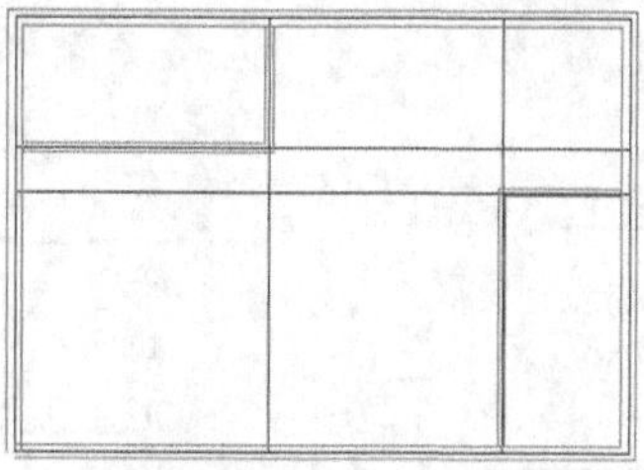

图 7-31　内部墙线

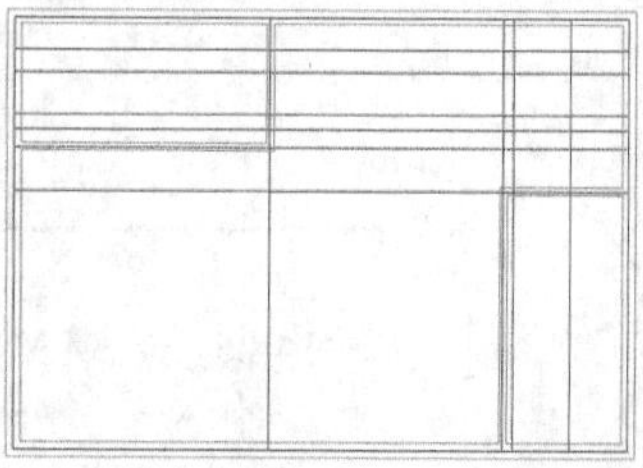

图 7-32　轴线“偏移”出门洞边界线

采用同样的方法，在左侧墙线上绘制出窗洞，这样整个墙线就绘制结束了，如图 7-34 所示。

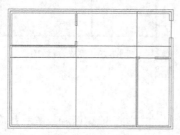

图 7-33　绘制门洞

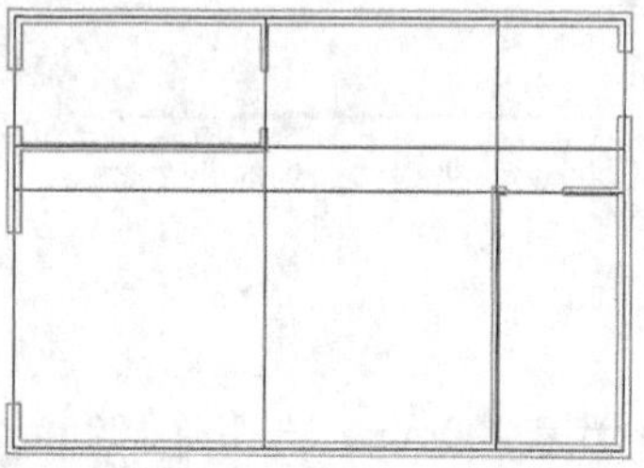

图 7-34　完成墙线绘制

（2）由轴线绘制墙线

鉴于内外墙厚度不一样，内外墙分两步进行绘制。

① 绘制外墙。单击“默认”选项卡“修改”面板中的“复制”按钮，选中周边 4 条轴线，先后输入相对坐标（@100,100）和（@-100,-100），在轴线两侧复制出新的线条作为墙线。将这些线条置换到“墙线”图层。命令行提示与操作如下。

```
命令: COPY
选择对象: 指定对角点: 找到1个
选择对象: 指定对角点: 找到1个，总计2个
选择对象: 指定对角点: 找到1个，总计3个
选择对象: 指定对角点: 找到1个，总计4个
选择对象: ↙
指定基点或 [位移(D)]<位移>: 指定第二个点或<使用第一个点作为位移>: @100,100
指定第二个点或[退出(E)/放弃(U)]<退出>: @-100,-100
指定第二个点或[退出(E)/放弃(U)]<退出>:↙
```

结果如图 7-35 所示。

单击“默认”选项卡“修改”面板中的“倒角”按钮，依次将四角进行倒角处理，结果如图 7-36 所示。

② 绘制内墙。采用前面讲述的方法绘制内墙。余下的门洞口操作与前面讲解的内容相同，这里不再赘述。

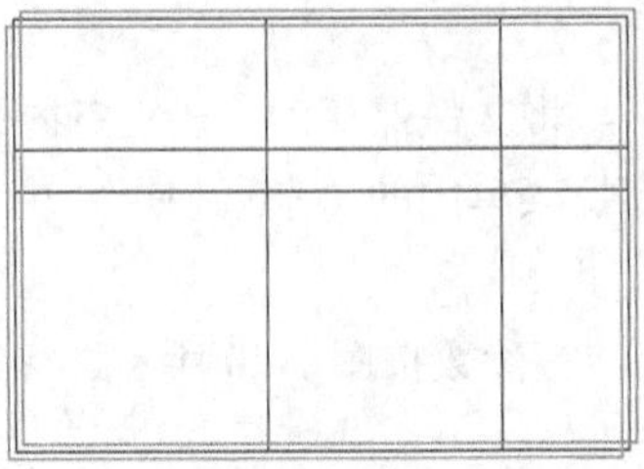

图 7-35 由轴线复制出墙线

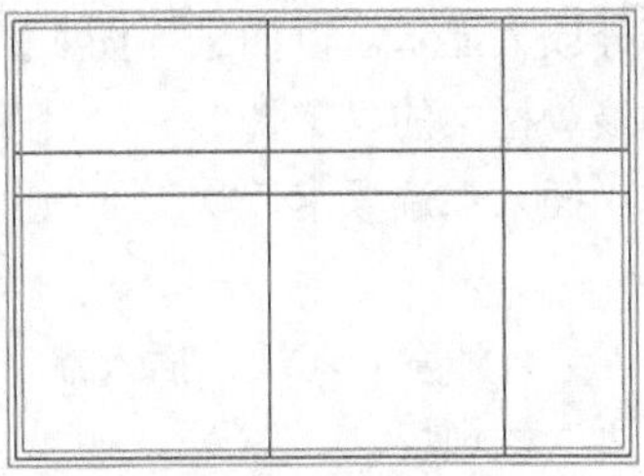

图 7-36 连通外墙线

7.4.2 绘制平面门窗

利用二维绘图命令和编辑命令绘制本实例中的平面门窗，结果如图 7-37 所示。

7.4.3 绘制家具平面

对于家具，可以自己动手绘制，也可以调用现有的家具图块。AutoCAD 中自带有少量的图块（路径为 X:\Program.Files\AutoCAD 2022\Sample\DesignCenter），但是，学会绘制这些图形仍然是一项基本技能。图 7-38 所示为相关的家具图元，具体绘制方法可参照前面章节讲述的方法，这里不再赘述。绘制完毕后，按第 7.2.1 小节中图块操作的方法将图元制作成图块。

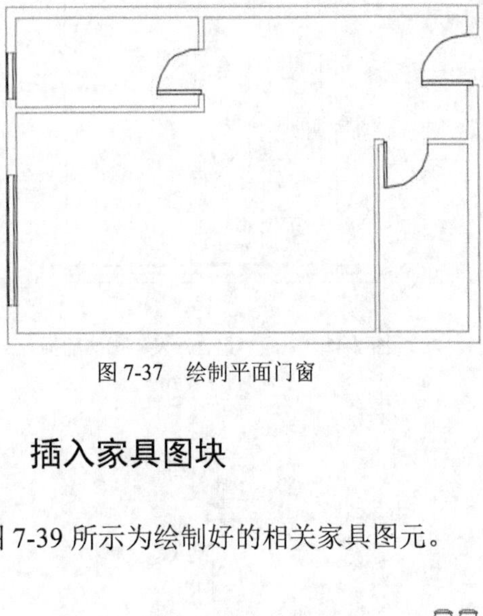

图 7-37 绘制平面门窗

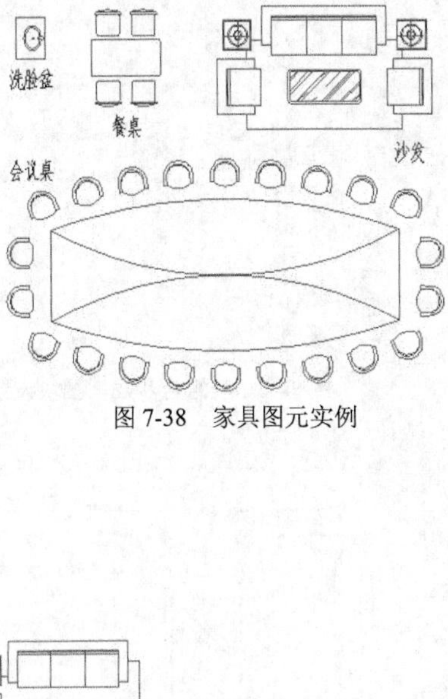

图 7-38 家具图元实例

7.4.4 插入家具图块

图 7-39 所示为绘制好的相关家具图元。

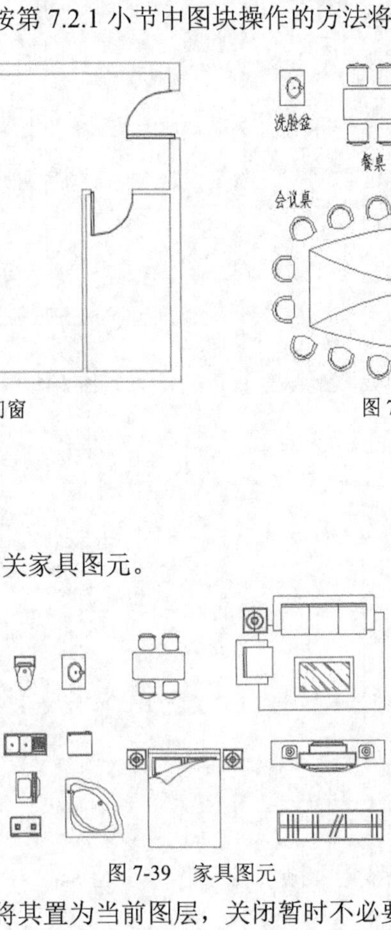

图 7-39 家具图元

（1）新建“家具”图层并将其置为当前图层，关闭暂时不必要的“文字”和“尺寸”图层。

将居室客厅部分放大显示，以便进行插入操作。

（2）选择菜单栏中的“文件”→“另存为”命令，将文件保存为“居室室内平面图.dwg”。

（3）单击“插入”选项卡“块”面板“插入”下拉菜单中的“最近使用的块”选项，打开“块”选项板。

（4）找到“组合沙发”图块，插入点、比例、旋转等参数按图 7-40 所示进行设置，单击图块，并关闭“块”选项板。

（5）移动鼠标捕捉插图点，完成插入操作，如图 7-41 所示。

（6）由于客厅较小，沙发上端小茶几和单人沙发应该去掉。操作方法是：单击“默认”选项卡“修改”面板中的“分解”按钮，将沙发分解开，删除这两部分，然后将地毯部分补全，结果如图 7-42 所示。

也可以将“块”选项板中的 “分解”复选框选中，插入图块时将图形自动分解，从而省去分解的步骤。

（7）重新将修改后的沙发图形定义为图块，完成沙发布置。

（8）重复“插入”命令，单击“块”选项板中的“...”按钮，选择“第 7 章\图块\餐桌.dwg”文件，插入“餐桌”图块，如图 7-43 所示，将它放置在餐厅位置，结果如图 7-44 所示。

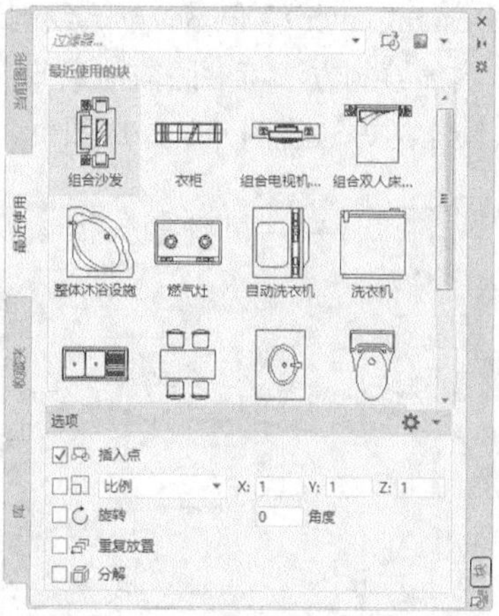

图 7-40 “组合沙发”图块设置

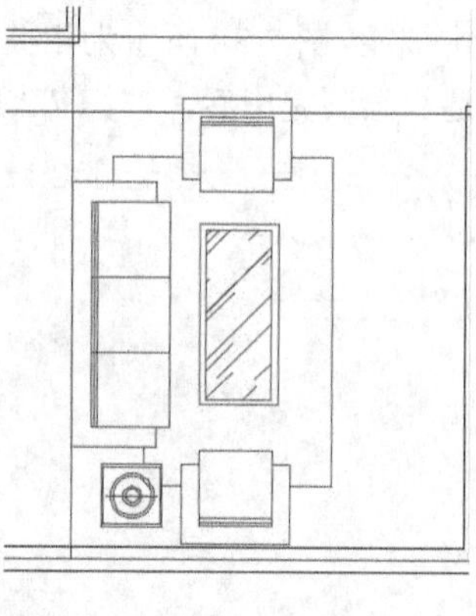

图 7-41 完成“组合沙发”图块的插入

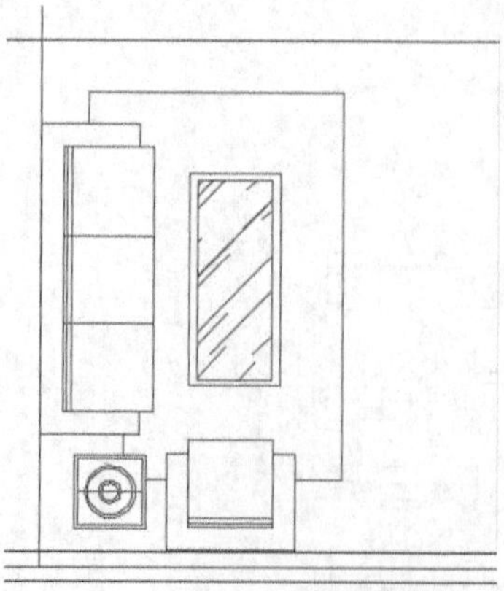

图 7-42 修改“组合沙发”图块

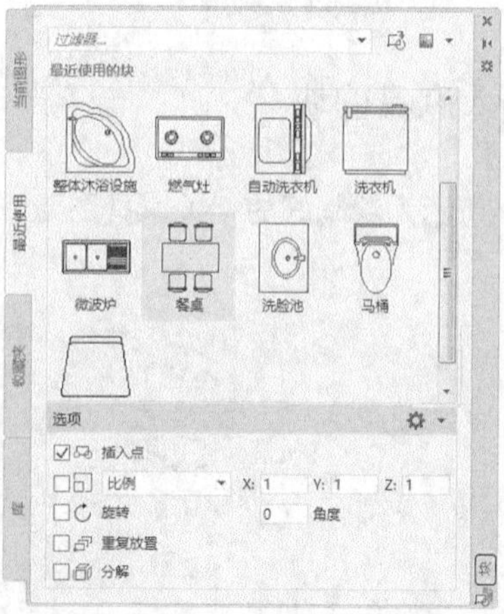

图 7-43 插入“餐桌”图块设置

（9）重复“插入”命令，依次插入室内的其他家具图块，最终结果如图 7-45 所示。

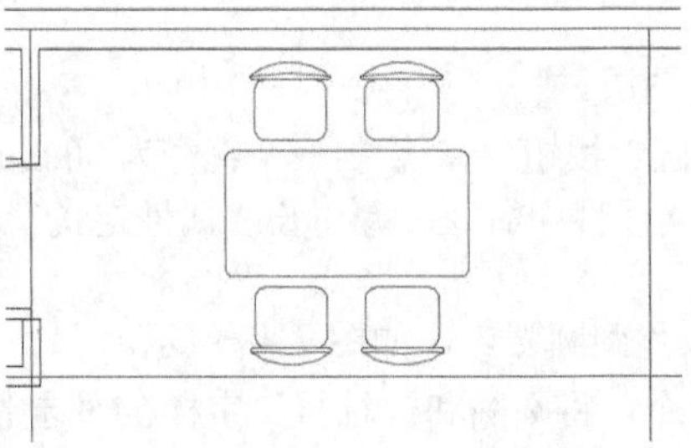

图 7-44 完成“餐桌”图块的插入

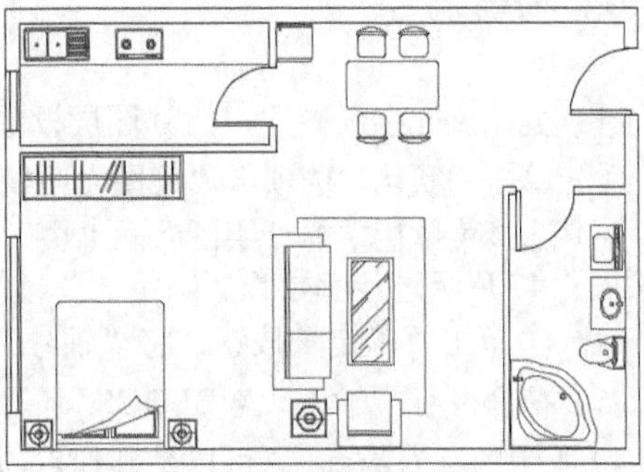

图 7-45 居室室内布置

高手支招

（1）创建图块之前，宜将待创建图形放置到 0 图层上，这样生成的图块插入其他图层时，其图层特性跟随当前图层自动转化，如本例中的“餐桌”图块。如果图形不放置在 0 图层，制作的图块插入其他图形文件时，将携带原有图层信息。

（2）建议将图块图形按 1 : 1 的比例绘制，便于插入图块时的比例缩放。

7.4.5 尺寸标注

在尺寸标注前，可关闭“家具”图层，以使图面显得更简洁。

具体尺寸标注方法参照第 6 章，结果如图 7-46 所示。

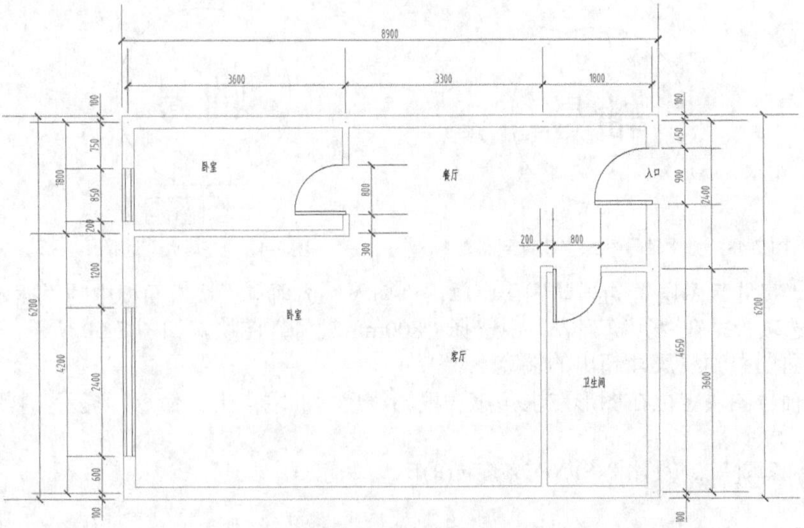

图 7-46 标注居室平面图尺寸

7.4.6 轴线编号

（1）关闭“文字”图层，将 0 图层设置为当前图层。

（2）单击“默认”选项卡“绘图”面板中的“圆”按钮，绘制一个直径为 800mm 的圆。

（3）选择菜单栏中的“绘图”→“块”→“定义属性”命令，①弹出“属性定义”对话框，②按图 7-47 所示进行参数设置。

（4）③单击“确定”按钮，将“轴号”二字放置到圆圈内，如图 7-48 所示。

（5）在命令行中输入“WBLOCK”（写块）命令，将圆圈和“轴号”字样全部选中，选取图 7-49 所示的点为基点（也可以是其他点，以便于为图块定位），保存图块，文件命名为“800mm 轴号.dwg”。

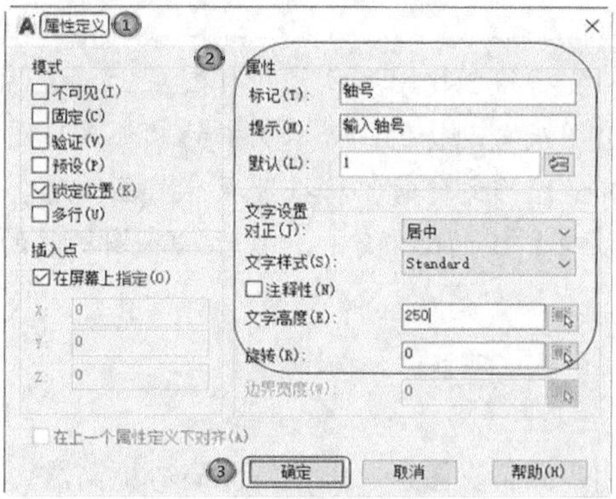

图 7-47 “属性定义”对话框

图 7-48 将“轴号”二字放置到圆圈内

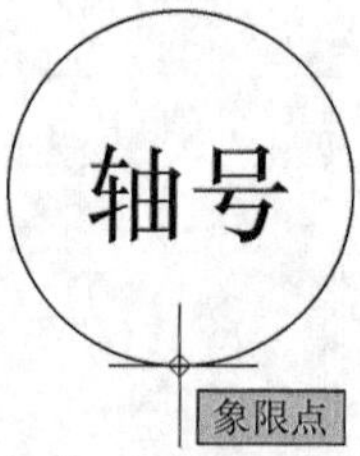

图 7-49 “基点”选择

（6）将“尺寸”图层置为当前图层，单击“插入”选项卡“块”面板中的“插入”按钮，弹出“块”选项板，在“预览列表”中选择“800mm 轴号”图块，如图 7-50 所示，将轴号图块插入居室平面图中轴线尺寸超出的端点上。

（7）将轴号图块定位在图形左上角第一根轴线尺寸的端点上。命令行提示与操作如下。

```
命令: INSERT
指定插入点或[基点(B)/比例(S)/X/Y/Z/旋转(R)]:
输入属性值
请输入轴号: 1
```

结果如图 7-51 所示。

按照同样的方法，标注其他轴号。

图 7-50　“块”选项板

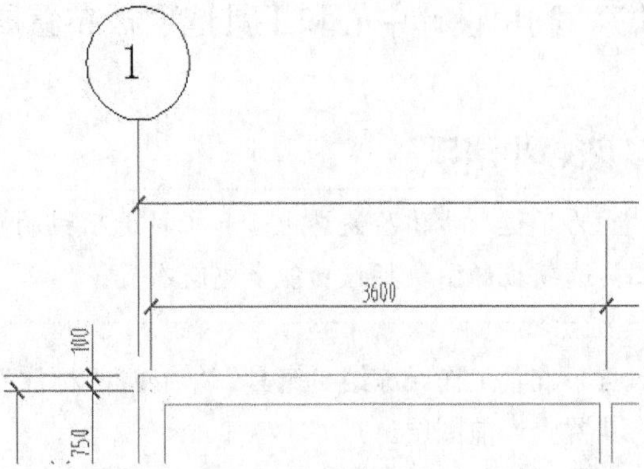

图 7-51　①号轴线

举一反三

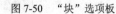

标注其他轴号时，可以继续利用“插入”块的方法，也可以复制轴号①到其他位置，通过属性编辑来完成。下面介绍第二种方法。

（8）单击“默认”选项卡“修改”面板中的“复制”按钮，将轴号①逐个复制到其他轴线尺寸端部。

（9）双击轴号，打开“增强属性编辑器”对话框，修改相应的属性值，完成所有轴线编号。打开“轴线”图层，结果如图 7-52 所示。

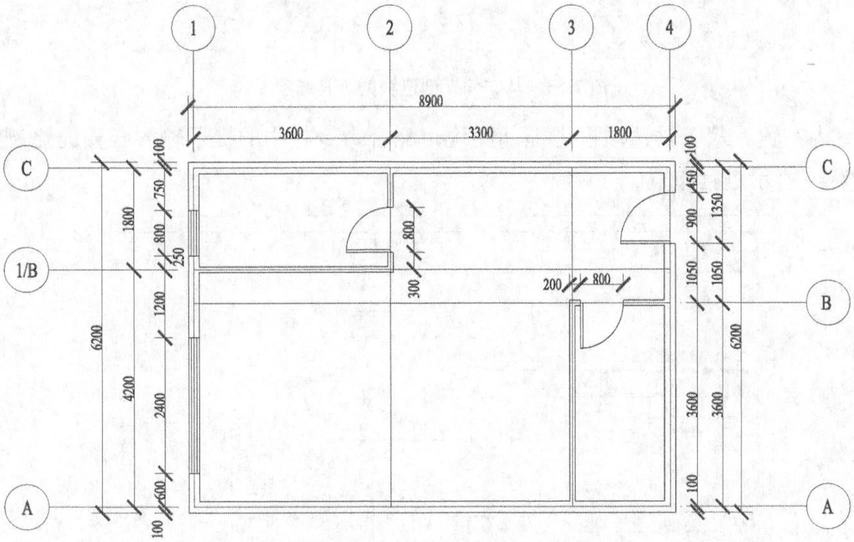

图 7-52　完成轴线编号

（10）单击“默认”选项卡“注释”面板中的“多行文字”按钮A，标注图名为“居室室内设计平面图 1 : 50”。打开关闭的图层。最终结果如图 7-46 所示。

7.4.7 利用设计中心和工具选项板布置居室

贴心小帮手

为了进一步体验设计中心和工具选项板的功能，现将前面绘制的居室室内平面图通过工具选项板的图块插入功能来重新布置。

（1）准备工作。冻结“家具”“轴线”“标注”和“文字”图层，新建一个“家具 2”图层，并将其置为当前图层。

（2）加入家具图块。从设计中心找到源文件下的家具图元图形，选中文件后单击鼠标右键，在弹出的快捷菜单中选择“创建工具选项板”命令，如图 7-53 所示，将这个文件中的图块加入工具选项板中。

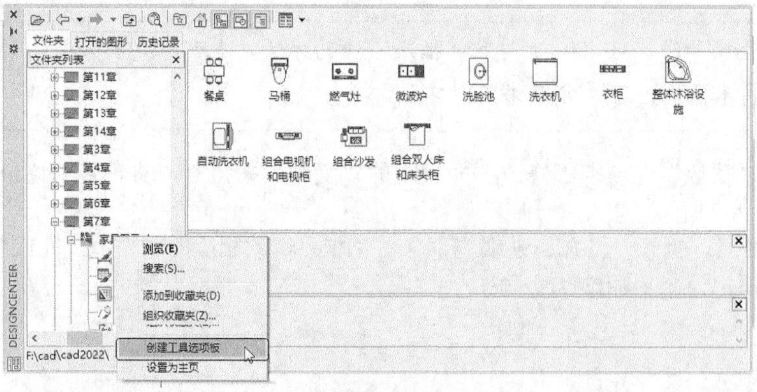

图 7-53 从文件夹创建块的工具选项板

（3）室内布置。从工具选项板中拖动图块，配合命令行中的提示输入必要的比例和旋转角度，按图 7-54 所示进行布置。

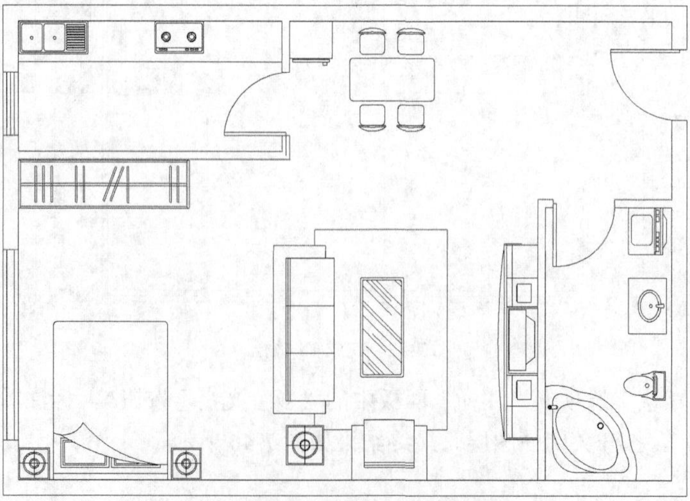

图 7-54 通过工具选项板布置居室

注意 如果源块或目标图形中的“拖放比例”设置为“无单位”，则需通过“选项”对话框“用户系统配置”选项卡中的“源内容单位”和“目标图形单位”对其进行设置。

7.5 名师点拨——设计中心的操作技巧

通过设计中心，用户可以组织对图形、块、图案填充和其他图形内容的访问，可以将源图形中的任何内容拖动到当前图形中，可以将图形、块和图案填充拖动到工具选项板上。源图形可以位于用户的计算机、网络位置或网站上。另外，如果打开了多个图形，则可以通过设计中心在图形之间复制和粘贴其他内容（如图层定义、布局和文字样式）来简化绘图过程。AutoCAD 制图人员一定要运用好设计中心的功能优势。

7.6 上机实验

【练习 1】 标注图 7-55 所示的穹顶展览馆立面图的尺寸和轴号。

【练习 2】 通过设计中心创建一个常用建筑图块工具选项板，并利用该选项板绘制图 7-56 所示的底层平面图。

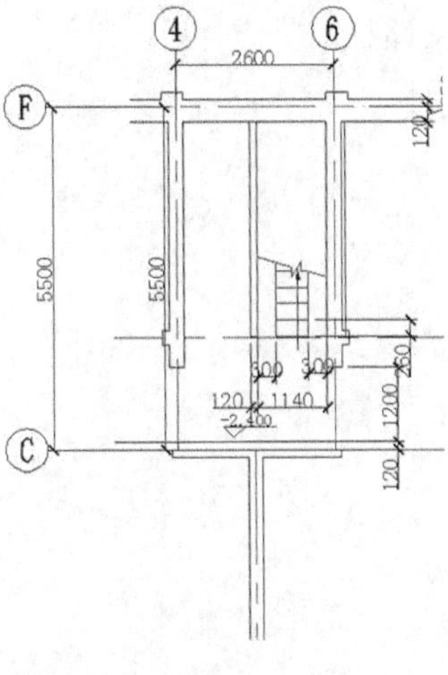

图 7-55 穹顶展览馆立面图

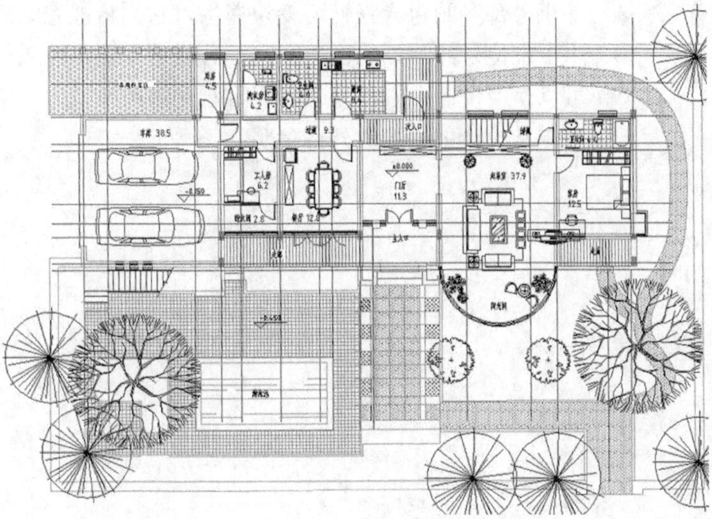

图 7-56 底层平面图

7.7 模拟考试

1. 在标注样式设置中，将“使用全局比例”值增大，将（　　）。

A．使所有标注样式设置增大

B．使标注的测量值增大

C．使全图的箭头增大

D．使尺寸文字增大

2．在模型空间中如果有多个图形，只需打印其中一张，最简单的方法是（　　）。

A．在“打印范围”下选择显示选项

B．在“打印范围”下选择图形界限选项

C．在“打印范围”下选择窗口选项

D．在“打印选项”下选择后台打印选项

3．下列关于块的说法正确的是（　　）。

A．块只能在当前文档中使用

B．只有用 WBLOCE 命令写到盘上的块才可以插入另一图形文件中

C．任何一个图形文件都可以作为块插入另一幅图中

D．用 BLOCK 命令定义的块可以直接通过 INSERT 命令插入任何图形文件中

4．如果要合并两个视口，这两个视口必须（　　）。

A．是模型空间视口并且共享长度相同的公共边

B．在“模型”选项卡下进行设置

C．在“布局”选项卡下进行设置

D．一样大小

5．关于外部参照说法错误的是（　　）。

A．如果外部参照包含任何可变块属性，它们将被忽略

B．用于定位外部参照的已保存路径只能是完整路径或相对路径

C．可以使用设计中心将外部参照附着到图形

D．可以从设计中心拖动外部参照

第8章

建筑设计基本知识

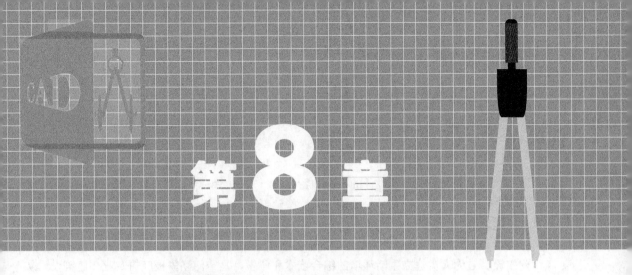

本章主要介绍建筑设计的基本理论和建筑制图的基本概念、规范和特点，根据建筑制图常见的错误辨析，进一步加深读者对建筑知识的理解。

【内容要点】

☑ 建筑设计基本理论
☑ 建筑设计基本方法
☑ 建筑制图基本知识
☑ 建筑制图常见错误辨析

【案例欣赏】

8.1 建筑设计基本理论

本节将简要介绍有关建筑设计的概念和特点。

8.1.1 建筑设计概述

建筑设计是为人类建立生活环境的综合艺术和科学，是一门涵盖极广的专业。建筑设计从总体上说由三大阶段构成，即方案设计、初步设计和施工图设计。方案设计主要是构思建筑的总体布局，包括各个功能空间的设计、高度、层高、外观造型等内容；初步设计是对方案设计的进一步细化，确定建筑的具体尺度和大小，包括建筑平面图、建筑剖面图和建筑立面图等；施工图设计则是将建筑构思变成图纸的重要阶段，是建造建筑的主要依据，除包括建筑平面图、建筑剖面图和建筑立面图等，还包括各个建筑大样图、建筑构造节点图，以及其他专业设计图纸，如结构施工图、电气设备施工图、暖通空调设备施工图等。总的来说，建筑施工图越详细越好，要准确无误。

在建筑设计中，要确保建筑的安全、经济、适用等，需按照国家规范及标准进行设计，相关规范及标准如下。

（1）《房屋建筑制图统一标准》（GB/T 50001-2017）。

（2）《建筑制图标准》（GB/T 50104-2010）。

（3）《建筑内部装修设计防火规范 》（GB 50222-2017）。

（4）《建筑工程建筑面积计算规范》（GB/T 50353-2013）。

（5）《〈民用建筑设计统一标准〉 图示》（20J813）。

（6）《建筑设计防火规范》(2018 年版)（GB 50016-2014）。

（7）《建筑采光设计标准》（GB 50033-2013）。

（8）《建筑照明设计标准》（GB 50034-2013）。

（9）《汽车库、修车库、停车场设计防火规范》（GB 50067-2014）。

（10）《自动喷水灭火系统设计规范 》（GB 50084-2017）。

（11）《公共建筑节能设计标准》（GB 50189-2015）。

提示：建筑设计规范中 GB 是国家标准，此外还有行业规范、地方标准等。

建筑设计与人们的日常生活息息相关，从住宅到商场大楼，从写字楼到酒店，从教学楼到体育馆，无处不与建筑设计紧密联系。图 8-1 和图 8-2 所示为两种不同风格的建筑。

建筑设计根据设计的进程，通常可以分为 4 个阶段，即准备阶段、方案阶段、施工图阶段和实施阶段。

（1）准备阶段。设计准备阶段主要是接受委托任务书，签订合同，或者根据标书要求参加投标；明确设计任务和要求，如建筑的使用性质、功能特点、设计规模、等级标准、总造价，以及根据使用性质所需创造的建筑室内外空间环境氛围、文化内涵或艺术风格等。

图 8-1 高层商业建筑

图 8-2 别墅建筑

（2）方案阶段。方案设计阶段是在设计准备阶段的基础上，进一步收集、分析、运用与设计任务有关的资料与信息，构思立意，进行初步方案设计，对方案进行分析与比较；确定初步设计方案，提供设计文件，如平面图、立面图、透视效果图等。图 8-3 所示为某个项目建筑设计方案效果图。

（3）施工图阶段。施工图设计阶段是提供有关平面、立面、构造节点大样，以及设备管线图等施工图纸，满足施工的需要。图 8-4 所示为某个项目建筑平面施工图。

（4）实施阶段。设计实施阶段也就是工程的施工阶段。建筑工程在施工前，设计人员应向施工单位进行设计意图说明及图纸的技术交底；工程施工期间，需按图纸要求核对施工实况，有时还需根据现场实况提出对图纸的局部修改或补充；施工结束时，会同质检部门和建设单位进行工程验收。图 8-5 所示为正在施工中的建筑。

注意 为了使设计取得预期效果，建筑设计人员必须抓好设计各阶段、各环节，充分重视设计、施工、材料、设备等各个方面，协调好与建设单位和施工单位之间的相互关系，在设计意图和构思方面进行沟通并达成共识，以期取得理想的设计工程成果。

图 8-3 建筑设计方案效果图

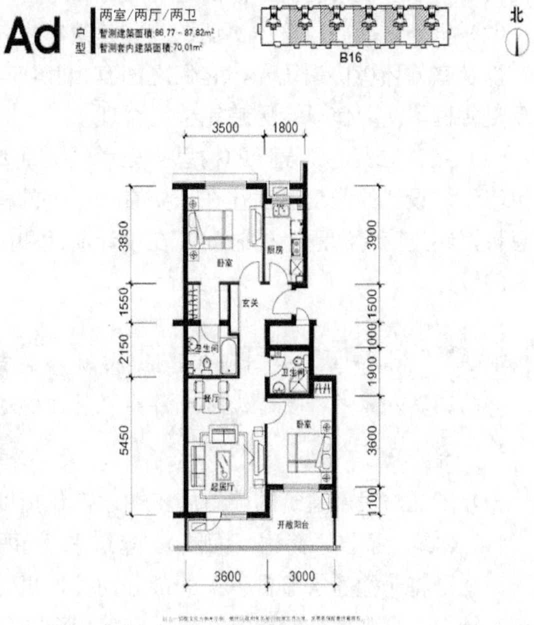

图 8-4 建筑平面施工图

图 8-5　施工中的建筑

8.1.2　建筑设计特点

建筑设计是根据建筑物的使用性质、所处环境和相应标准，运用物质技术手段和建筑美学原理，创造功能合理、舒适优美、满足人们物质和精神生活需要的室内外空间环境。设计构思时，需要运用物质技术手段，如各类装饰材料和设施设备等，还需要遵循建筑美学原理，综合考虑使用功能、结构施工、材料设备、造价标准等多种因素。

从设计者的角度来分析建筑设计的方法，主要有以下几点。

（1）总体推敲与细部深入。总体推敲是建筑设计应考虑的几个基本观点之一，是指有一个设计的全局观念。细部深入是指具体进行设计时，必须根据建筑的使用性质，深入调查、收集信息，掌握必要的资料和数据，从最基本的人体尺度、人流动线、活动范围和特点、家具与设备的尺寸，以及使用它们必需的空间等方面考虑。

（2）里外、局部与整体协调统一。建筑室内外空间环境需要与建筑整体的性质、标准、风格，以及室外环境协调统一，它们之间有相互依存的密切关系。设计时需要从里到外、从外到里反复协调，从而使设计更趋完善、合理。

（3）立意与表达。设计的构思、立意至关重要。可以说，一项设计，没有立意就等于没有“灵魂”，设计的难度也往往在于要有一个好的构思。一个较为成熟的构思，往往需要足够的信息量，经过商讨和思考的时间，在设计前期和出方案过程中使立意、构思逐步明确，形成一个好的设计。

注意　对于建筑设计来说，正确、完整又有表现力地表达出建筑室内外空间环境设计的构思和意图，使建设者和评审人员能够通过图纸、模型、说明等，全面地了解设计意图，也是非常重要的。

一套工业与民用建筑的建筑施工图通常包括以下几大类。

（1）建筑平面图（简称平面图）。建筑平面图是按一定比例绘制的建筑的水平剖切图。通俗地讲，就是将一幢建筑窗台以上的部分切掉，再将切面以下部分用直线和各种图例、符号直接绘制在纸上，直观地表示建筑在设计和使用上的基本要求和特点。建筑平面图一般比较详细，通常采用较大的比例，如 1 : 200、1 : 100 和 1 : 50，并标出实际的详细尺寸。图 8-6 所示为某建筑标准层平面图。

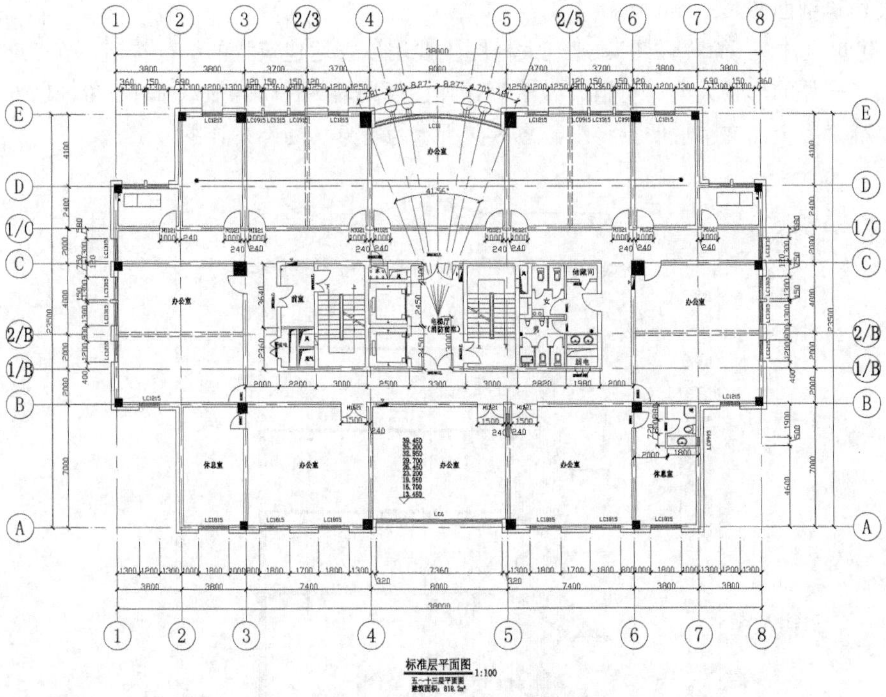

图 8-6　某建筑标准层平面图

（2）建筑立面图（简称立面图）。建筑立面图主要用来表达建筑物各个立面的形状和外墙面的装修等，是按照一定比例绘制建筑物的正面、背面和侧面的形状图。它表示的是建筑物的外部形式，说明建筑物长、宽、高的尺寸，表现楼地面标高、屋顶的形式、阳台位置和形式、门窗洞口的位置和形式、外墙装饰的设计形式、材料及施工方法等。图 8-7 所示为某建筑立面图。

图 8-7　某建筑立面图

（3）建筑剖面图（简称剖面图）。建筑剖面图是按一定比例绘制的建筑竖直方向剖切前视图，它表示建筑内部的空间高度、室内立面布置、结构和构造等情况。在绘制剖面图时，应包括：各层楼面的标高、窗台、窗上口、室内净尺寸等，剖切楼梯应表明楼梯分段与分级数量；建筑主要承重构件的相互关系，画出房屋从屋面到地面的内部构造特征，如楼板构造、隔墙构造、内门高度、各层梁和板位置、屋顶的结构形式与用料等；注明装修方法，楼、地面做法，对所用材料加以说明，标明屋面做法及构造；各层的层高与标高，标明各部位高度尺寸等。图 8-8 所示为某建筑剖面图。

（4）建筑大样图（简称详图）。建筑大样图主要用以表达建筑物的细部构造、节点连接形式，以及构件、配件的形状大小、材料、做法等。详图要用较大比例绘制（如 1 : 20、1 : 5 等），尺寸标注要准确齐全，文字说明要详细。图 8-9 所示为墙身（局部）详图。

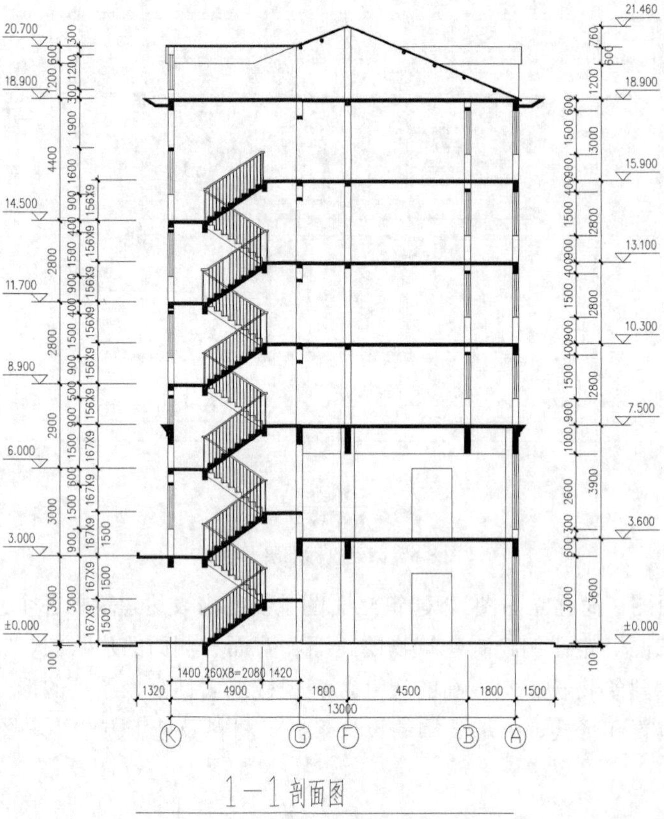

图 8-8　某建筑剖面图

（5）建筑透视效果图。除上述类型图外，在实际工程实践中，还经常需要绘制建筑透视图。尽管其不是施工图所要求的，但由于建筑透视图表示建筑物内部空间或外部形体与实际所能看到的建筑本身相类似的主体图像，它具有强烈的三度空间透视感，非常直观地表现了建筑的造型、空间布置、色彩和外部环境等多方面内容。可见，建筑透视图常在建筑设计和销售时作为辅助使用。从高处往下看的透视图又称作“鸟瞰图”或“俯视图”。建筑透视图一般要严格地按比例绘制，并进行艺术加工，这种图通常被称为建筑表现图或建筑效果图。一幅绘制精美的建筑表现图就是一件艺术作品，具有很强的艺术感染力。图 8-10 所示为某建筑透视效果图。

提示：目前普遍采用计算机绘制效果图，其特点是透视效果逼真，可以复制多份。

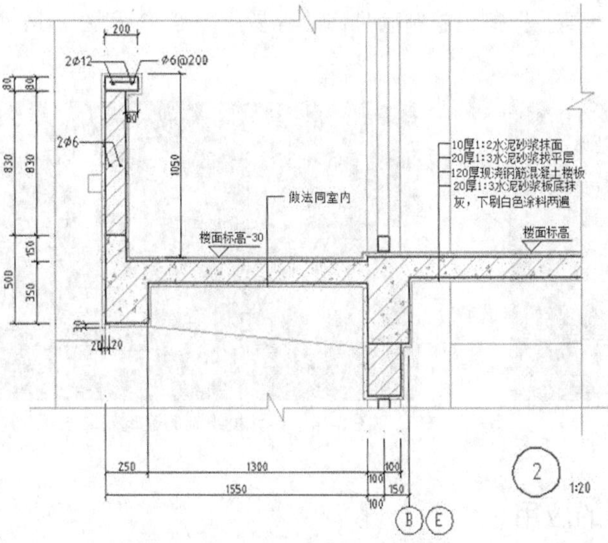

图 8-9　墙身（局部）详图

图 8-10　建筑透视效果图

8.2　建筑设计基本方法

本节将介绍建筑设计的两种基本方法和其特点。

8.2.1　手工绘制建筑图

在计算机普及之前，绘制建筑图最为常用的方式是手工绘制。手工绘制方法的最大优点是自然，随机性较大，容易体现个性和不同的设计风格，使人们领略到其所带来的真实性、实用性和趣味性的效果；其缺点是比较费时且不容易被修改。图 8-11 和图 8-12 所示为手工绘制的建筑效果图。

图 8-11　手工绘制的效果图（一）

图 8-12　手工绘制的效果图（二）

8.2.2　计算机绘制建筑图

随着计算机技术的飞速发展，建筑设计已逐步摆脱传统的图板和三角尺，步入了计算机辅助设计（CAD）时代。计算机绘图效率高，图案工整精确且修改容易，图 8-13 和图 8-14 所示为计算机绘制的建筑效果图。

图 8-13　计算机绘制的建筑效果图（一）

图 8-14　计算机绘制的建筑效果图（二）

8.2.3　CAD 技术在建筑设计中的应用

1. CAD 技术及 AutoCAD 软件

CAD 即“计算机辅助设计”（Computer Aided Design），是指发挥计算机的潜力，使它在各类工程设计中起辅助设计作用的技术总称，不单指哪一个软件。CAD 技术一方面可以在工程设计中协助完成计算、分析、综合、优化、决策等工作，另一方面可以协助技术人员绘制设计图纸，完成一些归纳、统计工作。在此基础上，还有 CAAD 技术，即“计算机辅助建筑设计”（Computer Aided Architectural Design），它是专门用于建筑设计的计算机技术。由于建筑设计工作的复杂性和特殊性（不像结构设计，它属于纯技术工作），就国内目前建筑设计实践状况来看，CAD 技术的大量应用主要还是在工程图的绘制上，但也有一些具有三维功能的软件，在方案设计阶段用来协助推敲方案的可行性。

AutoCAD 软件是美国 Autodesk 公司开发与研制的计算机辅助软件，它在工程设计领域使用相当广泛，目前已成功应用于建筑、机械、服装、气象、地理等领域。自 1982 年推出第一个版本以来，现已升级了 20 多个版本，本书使用 AutoCAD 2022，界面如图 8-15 所示。AutoCAD 是我国建筑设计领域最早接受的 CAD 软件，几乎成了默认的绘图软件，主要用于绘制二维建筑图。此外，AutoCAD 为客户提供了良好的二次开发平台，便于用户自行定制适于其专业的绘图格式和附加功能。目前，国内专门研制开发基于 AutoCAD 的建筑设计软件的公司有好几家。

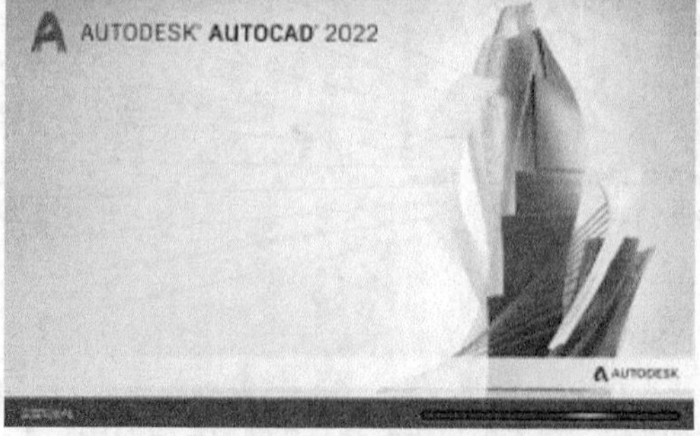

图 8-15　AutoCAD 2022

2. CAD 软件在建筑设计各阶段的应用情况

建筑设计应用到的 CAD 软件较多，主要包括二维矢量图形绘制软件、方案设计推敲软件、建模及渲染软件、效果图后期制作软件等。

（1）二维矢量图形绘制。二维图形绘制包括总图、平立剖面图、大样图、节点详图等。AutoCAD 因其优越的矢量绘图功能，被广泛用于方案设计、初步设计和施工图设计全过程的二维图形绘制。在方案阶段，可用它生成扩展名为“.dwg”的矢量图形文件，导入 3DS MAX、Autodesk VIZ 等软件协助建模，如图 8-16 和图 8-17 所示；还可以输出位图文件，导入 Photoshop 等图像处理软件进一步制作平面表现图。

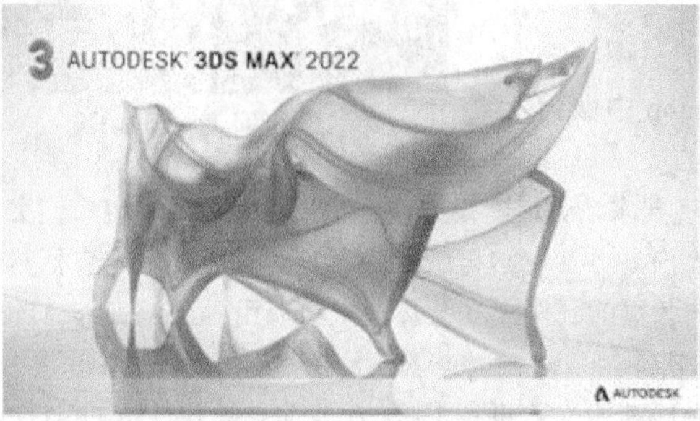

图 8-16　3DS MAX 2022

图 8-17　Autodesk VIZ

（2）方案设计推敲。AutoCAD、3DS MAX、3D VIZ 的三维功能可以用来协助体块分析和空间组合分析。此外，一些能够较为方便、快捷地建立三维模型，便于在方案推敲时快速处理平、立、剖及空间之间关系的 CAD 软件正逐渐被设计者了解和接受，比如 SketchUp Pro、ARCHICAD 等，如图 8-18 和图 8-19 所示，它们兼具二维、三维和渲染功能。

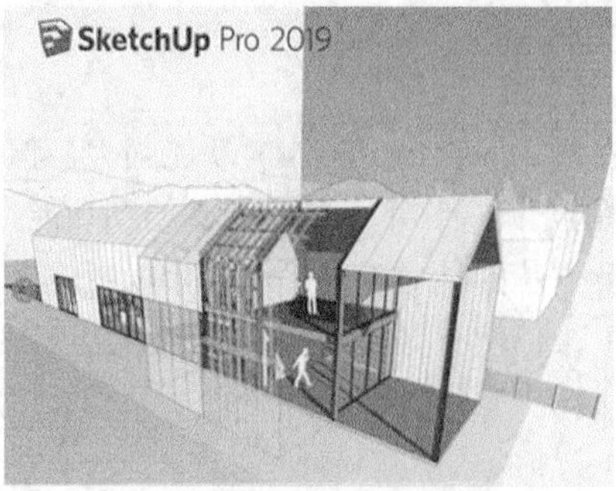

图 8-18　SketchUp Pro 2019

图 8-19　ARCHICAD 22

（3）建模及渲染。这里所说的建模是指为制作效果图准备的精确模型。常见的建模软件有 AutoCAD、3DS MAX、3DS VIZ 等。应用 AutoCAD 可以进行准确建模，但是它的渲染效果较差，一般需要导入 3DS MAX、3DS VIZ 等软件，附材质，设置灯光，最后渲染，同时需要处理好导入前后的接口问题。3DS MAX 和 3DS VIZ 都是功能强大的三维建模软件，二者的界面基本相同。不同的是，3DS MAX 面向普遍的三维动画制作，而 3DS VIZ 是 AutoDesk 公司专门为建筑、机械等行业定制的三维建模及渲染软件，取消了建筑、机械行业不必要的功能，增加了门窗、楼梯、栏杆、树木等造型模块和环境生成器，3DS VIZ 4.2 以上的版本还集成了 Lightscape 的灯光技术，弥补了 3DS MAX 灯光技术的欠缺。3DS MAX、3DS VIZ 具有良好的渲染功能，是建筑效果图制作的首选软件。

就目前的状况来看，3DS MAX、3DS VIZ 建模仍然需要借助 AutoCAD 绘制的二维平、立、剖面图为参照来完成。

（4）后期制作。

① 效果图后期处理。模型渲染以后，图像一般不十分完美，需要进行后期处理，包括修改、调色、配景、添加文字等。在此环节上，Adobe 公司开发的 Photoshop 是一个首选的图像后期处理软件，如图 8-20 所示。

图 8-20　Photoshop CC

此外，方案阶段用 AutoCAD 绘制的总图，平、立、剖面图及各种分析图也常在 Photoshop 中做套色处理。

② 方案文档排版。为了满足设计深度要求，满足建设方或标书的要求，同时也希望突出自己方案的特点，使自己的方案能够脱颖而出，方案文档排版工作是相当重要的。它包括封面、目录、设计说明制作以及方案设计图所在各页的制作。在此环节上可以用 Adobe PageMaker，也可以直接用 Photoshop 或其他平面设计软件。

③ 演示文稿制作。若需将设计方案做成演示文稿进行汇报，比较简单的软件是 PowerPoint，还可以使用 Flash、Authware 等。

（5）其他软件。在建筑设计过程中还可能用到其他软件，如文字处理软件Word、数据统计分析软件 Excel 等。至于一些计算程序，如节能计算、日照分析等，则根据具体需要采用。

8.3 建筑制图基本知识

建筑设计图纸是交流设计思想、传达设计意图的技术文件。尽管 AutoCAD 功能强大，但它毕竟不是专门为建筑设计定制的软件，一方面需要在用户的正确操作下才能实现其绘图功能，另一方面需要用户遵循统一制图规范，在正确的制图理论及方法的指导下来操作，才能生成合格的图纸。可见，即使在当今大量采用计算机绘图的形势下，仍然有必要掌握基本绘图知识。基于此，本节将对必备的制图知识做简单介绍。

8.3.1 建筑制图概述

1. 建筑制图的概念

建筑图纸是方案投标、技术交流和建筑施工的要件。建筑制图是根据正确的制图理论及方法，按照国家统一的建筑制图规范，将设计思想和技术特征清晰、准确地表现出来。建筑图纸包括方案图、初设图、施工图等类型。国家标准，如《房屋建筑制图统一标准》（GB/T50001—2010）、《总图制图标准》（GB/T50103—2010）、《建筑制图标准》（GB/T50104—2010）等是建筑专业手工制图和计算机制图的依据。

2．建筑制图程序

建筑制图的程序是与建筑设计的程序相对应的。从整个设计过程来看，是按照设计方案图、初设图、施工图的顺序来进行的。后面阶段的图纸在前一阶段的基础上做深化、修改和完善。就每个阶段来看，一般遵循平面、立面、剖面、详图的过程来绘制。至于每种图样的制图程序，将在后面章节结合 AutoCAD 操作来讲解。

8.3.2　建筑制图的要求及规范

1．图幅、标题栏及会签栏

图幅即图面的大小，分为横式和立式两种。根据国家标准的规定，按图面的长和宽的大小确定图幅的等级。建筑常用的图幅有 A0（也称 0 号图幅，依次类推）、A1、A2、A3 及 A4。每种图幅的长、宽尺寸如表 8-1 所示，表中的尺寸代号意义如图 8-21 和图 8-22 所示。

表 8-1　图幅标准

单位：mm

	图幅代号				
尺寸代号	A0	A1	A2	A3	A4
$b \times l$	841×1189	594×841	420×594	297×420	210×297
c	10			5	
a	25				

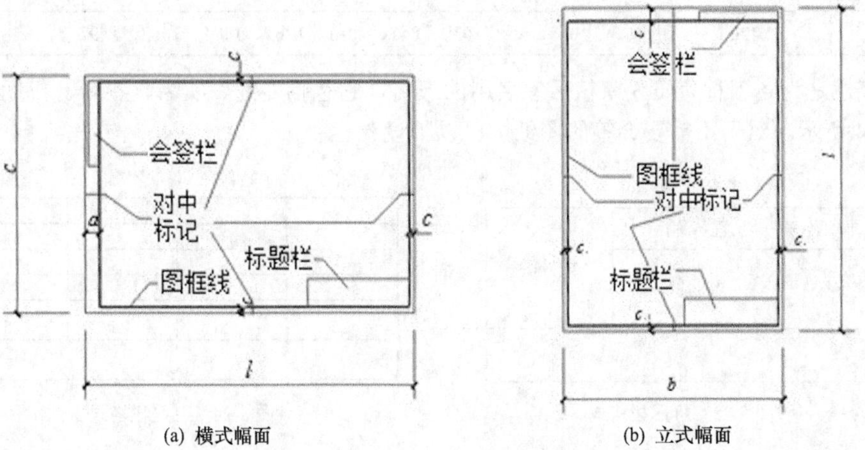

(a) 横式幅面　　(b) 立式幅面

图 8-21　A0～A3 图幅格式

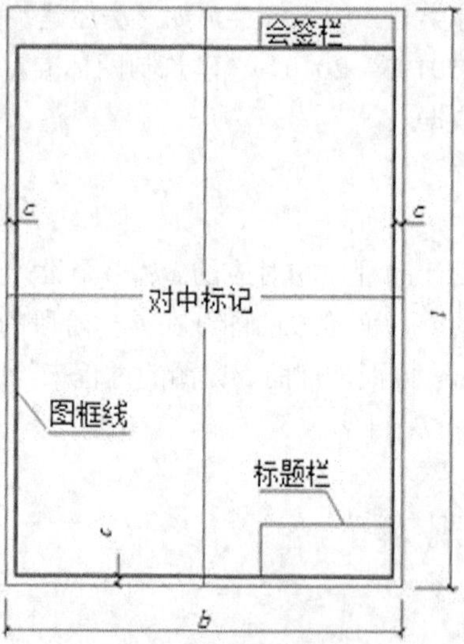

图 8-22　A4 立式图幅格式

A0~A3 图纸可以在长边加长，但短边一般不应加长，长边加长尺寸如表 8-2 所示。如有特殊需要，可采用 $b \times l$=841mm×891mm 或 1189mm×1261mm 的幅面。

标题栏包括设计单位名称、工程名称区、签字区、图名区及图号区等内容。一般标题栏格式如图 8-23 所示。如今不少设计单位采用自己个性化的标题栏格式，但是仍必须包括这几项内容。

表 8-2　图纸长边加长尺寸

单位：mm

图幅	长边尺寸	长边加长后尺寸
A0	1189	1486、1635、1783、1932、2080、2230、2378
A1	841	1051、1261、1471、1682、1892、2102
A2	594	743、891、1041、1189、1338、1486、1635、1783、1932、2080
A3	420	630、841、1051、1261、1471、1682、1892

会签栏是为各工种负责人审核后签名用的表格，它包括专业、实名、签名、日期等内容，如图 8-24 所示。对于不需要会签的图纸，可以不设此栏。

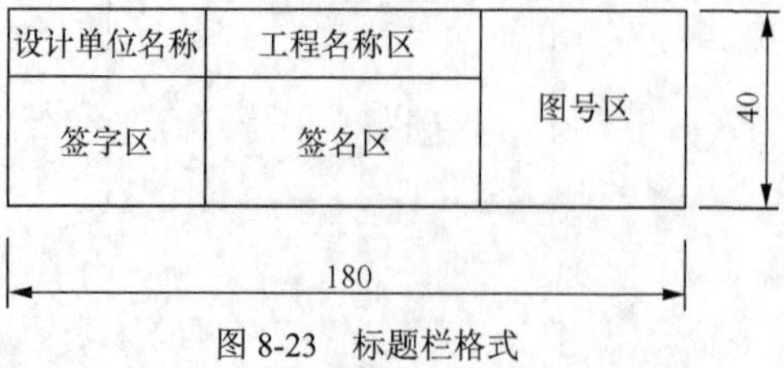

图 8-23　标题栏格式

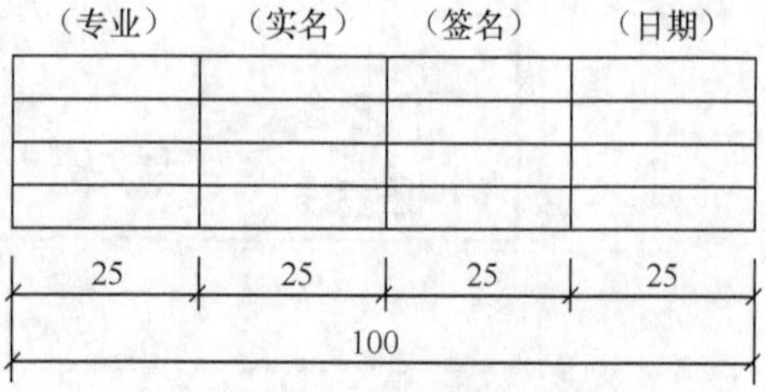

图 8-24　会签栏格式示例

此外，需要微缩复制的图纸，其一边应附有一段准确米制尺度，4 个边上均附有对中标志。米制尺度的总长应为 100mm，分格长应为 10mm；对中标志应画在图纸各边长的中点处，线宽应为 0.35mm。

2．线型要求

建筑图纸主要由各种线条构成，不同的线型表示不同的对象和不同的部位，代表着不同的含义。为了使图面能够清晰、准确、美观地表达设计思想，工程实践中采用了一套常用的线型，并规定了它们的使用范围，如表 8-3 所示。

图线宽度 *b*，宜从下列线宽中选取：2.0、1.4、1.0、0.7、0.5、0.35。不同的 *b* 值，产生不同的线宽组。在同一张图纸内，各不同线宽组中的细线，可以统一采用较细的线宽组中的细线。对于需要微缩的图纸，线宽不宜小于或等于 0.18mm。

表 8-3　常用线型

名称	线型		线宽	适用范围
实线	粗		*b*	建筑平面图、剖面图、构造详图的被剖切主要构件截面轮廓线；建筑立面图外轮廓线、图框线、剖切线；总图中的新建建筑物轮廓
	中		0.5*b*	建筑平、剖面图中被剖切的次要构件的轮廓线；建筑平、立、剖面图构配件的轮廓线；详图中的一般轮廓线
实线	细		0.25*b*	尺寸线、图例线、索引符号、材料线及其他细部刻画用线等
虚线	中		0.5*b*	主要用于构造详图中不可见的实物轮廓线；平面图中的起重机轮廓；拟扩建的建筑物轮廓线
	细		0.25*b*	其他不可见的次要实物轮廓线
点划线	细		0.25*b*	轴线、构配件的中心线、对称线等
折断线	细		0.25*b*	省略画图样时的断开界线
波浪线	细		0.25*b*	构造层次的断开界线，有时也表示省略画出的断开界线

3．标注尺寸

标注尺寸的一般原则有以下几点。

（1）标注尺寸应力求准确、清晰、美观、大方。同一张图纸中，标注风格应保持一致。

（2）尺寸线应尽量标注在图样轮廓线以外，从内到外依次标注从小到大的尺寸，不能将大尺寸标在内、小尺寸标在外，如图 8-25 所示。

（3）最内一道尺寸线与图样轮廓线之间的距离不应小于10mm，两道尺寸线之间的距离一般为 7～10mm。

（4）尺寸界线朝向图样的端头距图样轮廓的距离大于或等于 2mm，不宜直接与之相连。

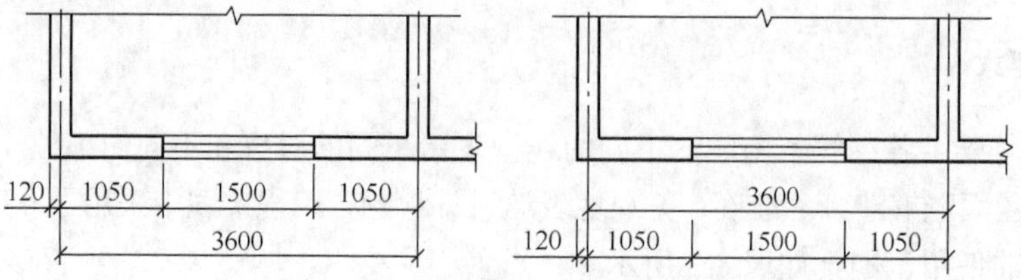

（a）正确　　　　（b）错误

图 8-25　尺寸标注正误对比

（5）在图线拥挤的地方，应合理安排尺寸线的位置，但不宜与图线、文字及符号相交；可以考虑将轮廓线用作尺寸界线，但不能作为尺寸线。

（6）对于室内设计图中连续重复的构配件等，当不容易标明定位尺寸时，可在总尺寸的控制下，定位尺寸不用数值而用“均分”或“EQ”字样表示，如图 8-26 所示。

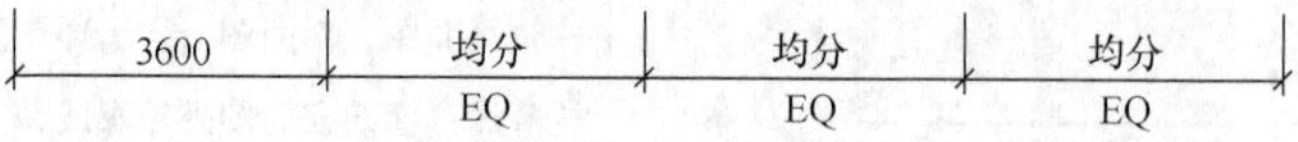

图 8-26　均分尺寸

4．文字说明

在一幅完整的图纸中用图线方式表现得不充分和无法用图线表示的地方，就需要进行文字说明。例如，设计说明、材料名称、构配件名称、构造做法、统计表及图名等。文字说明是图纸内容的重要组成部分，制图规范对文字说明中的字体、字号及两者的搭配等方面做了一些具体规定。

（1）一般原则。字体端正，排列整齐，清晰准确，美观大方，避免过于个性化的文字标注。

（2）字体。一般标注推荐采用仿宋字体，大标题、图册封面、地形图等，也可书写成其他字体，但应易于辨认。

字型示例如下。

仿宋：

室内设计（小四）

室内设计（四号）

室内设计（二号）

黑体：

室内设计（四号）

室内设计（小二）

楷体：

室内设计（四号）

室内设计（二号）

隶书：

室内设计（三号）

室内设计（一号）

字母、数字及符号：

0123456789abcdefghijk％@

（3）字号。标注的文字高度要适中。同一类型的文字采用同一大小的字。较大的字用于概括性的说明内容，较小的字用于细致的说明内容。文字的字高，应从如下系列中选用：3.5、5、7、10、14、20。如需书写更大的字，其高度应按 2 的比值递增。注意：字体及字号的搭配要有层次感。

5．常用图示标志

（1）详图索引符号及详图符号。平、立、剖面图中，在需要另设详图表示的部位，标注一个索引符号，以表明该详图的位置，这个索引符号即详图索引符号。详图索引符号采用细实线绘制，圆圈直径为 10mm。如图 8-27 所示，当详图就在本张图纸上时，采用图 8-27（a）中的形式；详图不在本张图纸上时，采用图 8-27（b）～（h）中形式，图 8-27（d）～（g）中形式用于索引剖面详图。

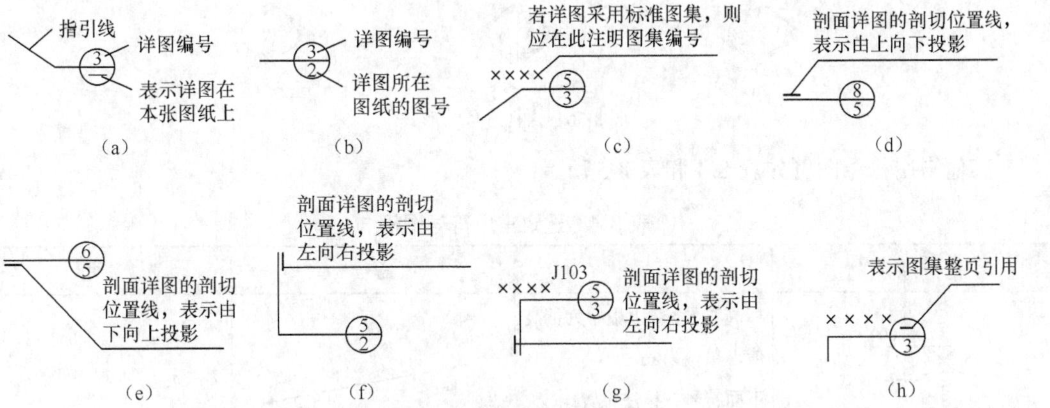

图 8-27 图索引符号

详图符号即详图的编号，用粗实线绘制，圆圈直径为 14mm，如图 8-28 所示。

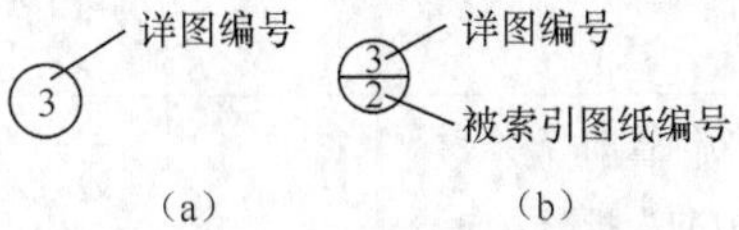

图 8-28 详图符号

（2）引出线。由图样引出一条或多条线段指向文字说明，该线段就是引出线。引出线与水平方向的夹角一般采用 0º、30º、45º、60º、90º。常见的引出线形式如图 8-29 所示。图 8-29（a）～（d）所示为普通引出线，图 8-29（e）～（h）所示为多层构造引出线。使用多层构造引出线时，注意构造分层的顺序应与文字说明的分层顺序一致。文字说明可以放在引出线的端头，如图 8-29（a）～（h）所示；也可放在引出线水平段之上，如图 8-29（i）所示。

（3）内视符号。内视符号标注在平面图中，用于表示室内立面图的位置及编号，建立平面图和室内立面图之间的联系。内视符号的形式如图 8-30 所示。图中，立面图编号可用英文字母或阿拉伯数字表示，黑色的箭头表示立面方向。图 8-30（a）为四向内视符号，图 8-30（b）为双向内视符号。图 8-30（c）为单向内视符号，A、B、C、D 顺时针标注。

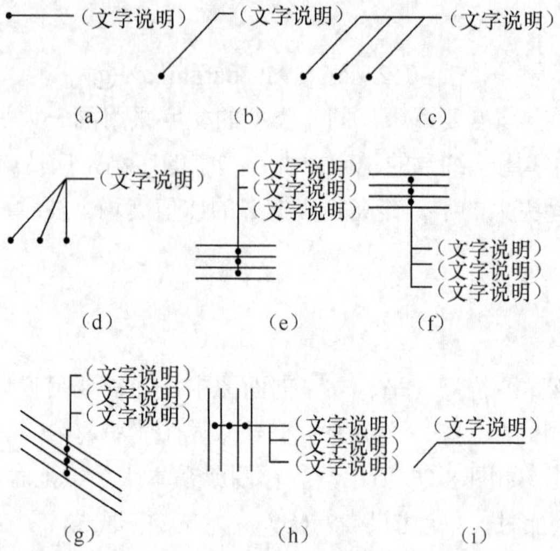

图 8-29　引出线的形式

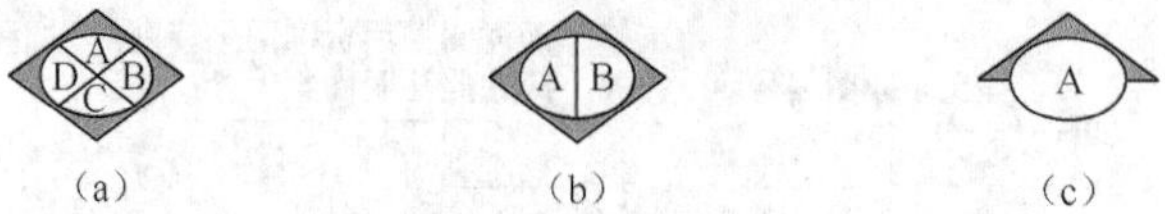

图 8-30　内视符号的形式

其他常用符号图例如表 8-4 和表 8-5 所示。

表 8-4　建筑常用符号图例

符号	说明	符号	说明
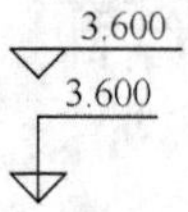	标高符号，线上数字为标高值，单位为 m 下面符号在标注位置比较拥挤时采用	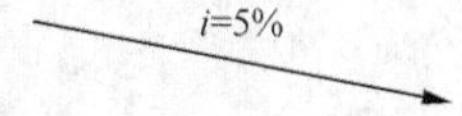	表示坡度
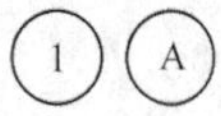	轴线号	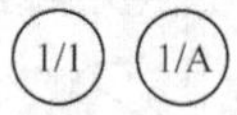	附加轴线号
	标注剖切位置的符号，标数字的方向为投影方向，“1”与剖面图的编号“1-1”对应		标注绘制断面图的位置，标数字的方向为投影方向，“2”与断面图的编号“2-2”对应
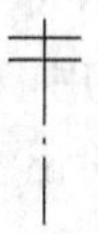	对称符号。在对称图形的中轴位置画此符号，可以省画另一半图形	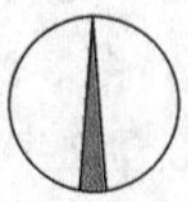	指北针
	方形坑槽	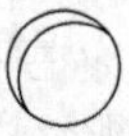	圆形坑槽
@	表示重复出现的固定间隔，例如“双向木格栅@500”	Ø	表示直径，如 Ø30

续表

符号	说明	符号	说明
平面图　1:100	图名及比例	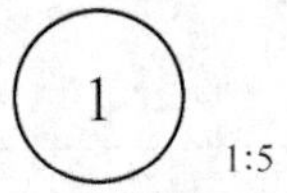	索引详图名及比例
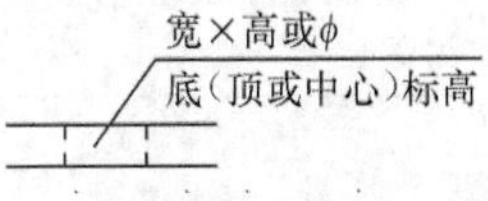	墙体预留洞	×	墙体预留槽
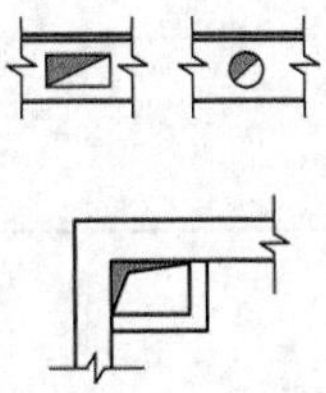	烟道	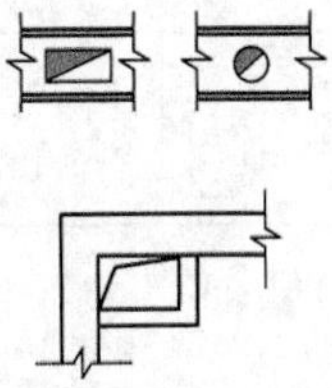	通风道

表 8-5　总图常用符号图例

符号	说明	符号	说明
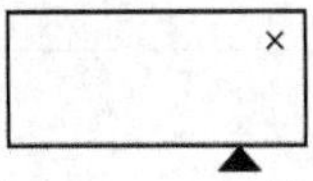	新建建筑物。用粗线绘制 需要时，表示出/入口位 ▲及层数 X 轮廓线以±0.00 处外墙定位轴线或外墙皮线为准 需要时，地上建筑用中实线绘制，地下建筑用细虚线绘制	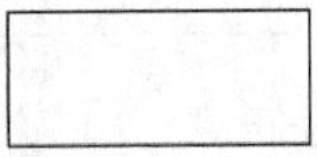	原有建筑。用细线绘制
	拟扩建的预留地或建筑物。用中虚线绘制		新建地下建筑或构筑物。用粗虚线绘制
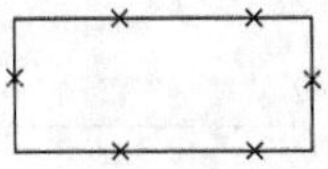	拆除的建筑物。用细实线表示	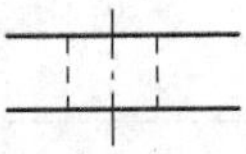	建筑物下面的通道
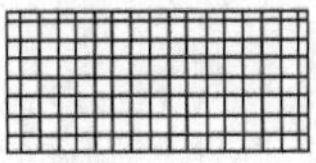	广场铺地	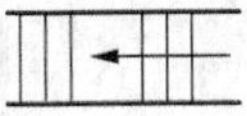	台阶，箭头指向表示向上
	烟囱。实线为下部直径，虚线为基础 必要时，可注写烟囱高度和上、下口直径	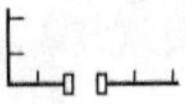	实体性围墙

续表

符号	说明	符号	说明
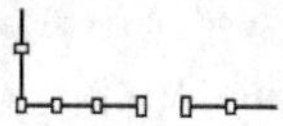	通透性围墙		挡土墙。被挡土在“突出”的一侧
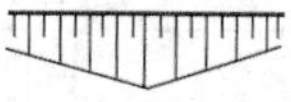	填挖边坡。边坡较长时，可在一端或两端局部表示	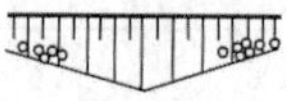	护坡。边坡较长时，可在一端或两端局部表示
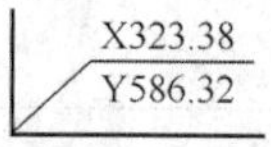	测量坐标	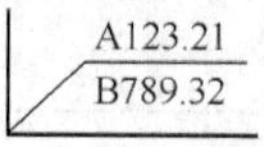	建筑坐标
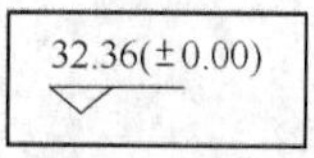	室内标高		室外标高

6．常用材料符号

建筑图中经常应用材料图例来表示材料，在无法用图例表示的地方，也采用文字说明。为了方便读者，我们将常用的图例汇集，如表 8-6 所示。

表 8-6 常用材料图例

材料图例	说明	材料图例	说明
	自然土壤	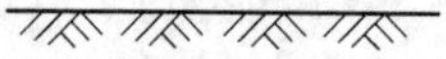	夯实土壤
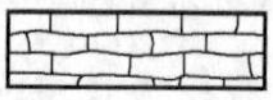	毛石砌体	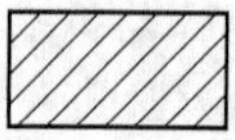	普通砖
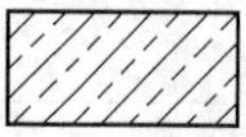	石材	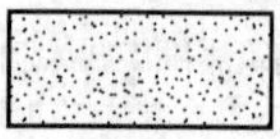	砂、灰土
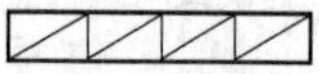	空心砖	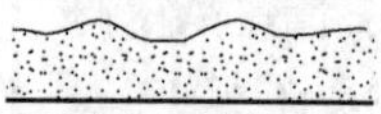	松散材料
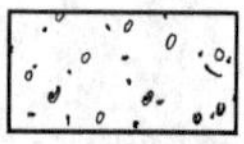	混凝土		钢筋混凝土
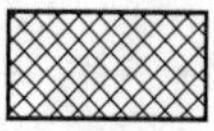	多孔材料	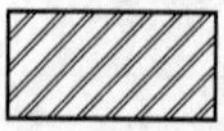	金属
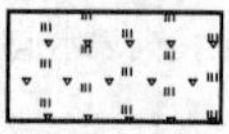	矿渣、炉渣		玻璃
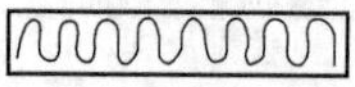	纤维材料		防水材料，上下两种根据绘图比例大小选用
	木材	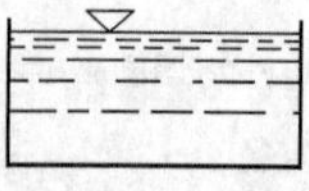	液体，需注明液体名称

7．常用绘图比例

下面列出的常用绘图比例，读者根据实际情况灵活使用。

（1）总图：1 : 500、1 : 1000、1 : 2000。

（2）平面图：1 : 50、1 : 100、1 : 150、1 : 200、1 : 300。

（3）立面图：1 : 50、1 : 100、1 : 150、1 : 200、1 : 300。

（4）剖面图：1 : 50、1 : 100、1 : 150、1 : 200、1 : 300。

（5）局部放大图：1 : 10、1 : 20、1 : 25、1 : 30、1 : 50。

（6）配件及构造详图：1 : 1、1 : 2、1 : 5、1 : 10、1 : 15、1 : 20、1 : 25、1 : 30、1 : 50。

8.3.3　建筑制图的内容及编排顺序

1．建筑制图的内容

建筑制图的内容包括总图、平面图、立面图、剖面图、构造详图和透视图、设计说明、图纸封面、图纸目录等。

2．图纸的编排顺序

图纸编排顺序一般应为图纸目录、总图、建筑图、结构图、给水排水图、暖通空调图、电气图等。对于建筑专业，一般顺序为目录、施工图设计说明、附表（装修做法表、门窗表等）、平面图、立面图、剖面图、详图等。

8.4　建筑制图常见错误辨析

在建筑制图的过程中，有些人由于经验的欠缺或疏忽，容易出现一些错误。下面以一个简单的平面图为例，讲解一下一些容易出现的错误，以引起读者的注意。

图 8-31 所示为错误的建筑平面图，图 8-32 所示为对应的正确图形。对比分析如下。

（1）①处的问题是表示轴线序号的字母与数字位置出现错误。一般轴线序号的表示方法是纵向用字母，横向用数字。

（2）②处的问题是尺寸标注终端出现错误，建筑制图中尺寸标注终端一般用斜线而不用箭头。

（3）③处的问题是尺寸放置顺序错误。一般小尺寸在里，大尺寸在外。

（4）④处的问题是尺寸线间隔不均匀。一般在建筑制图中，平行尺寸线之间的距离要大约相等。

（5）⑤处的问题是漏标尺寸，结构长度表达不清楚。

（6）⑥处的问题是结构图线遗漏。在建筑平面图中，假想剖切平面下的可见轮廓要完整绘制出来。

（7）⑦处的问题是文字和示意图线没有绘制。在建筑制图中，有时一些必要的示意画法配合文字说明能够表达视图很难表达清楚的结构。

（8）⑧处的问题是没有标注标高。标高是一种重要的尺寸，表达建筑结构的高度尺寸。

（9）⑨处的问题是墙体宽度绘制错误。一般情况下，建筑外墙的宽度都是标准值（通常为240mm），并且各处宽度相等，只是有些不重要的内部隔墙的宽度可以相对小一些。

（10）⑩处的问题是建筑设备和建筑单元的尺寸与整体大小不协调，电视柜相对整个房间和床而言，尺寸过大，显得不真实。

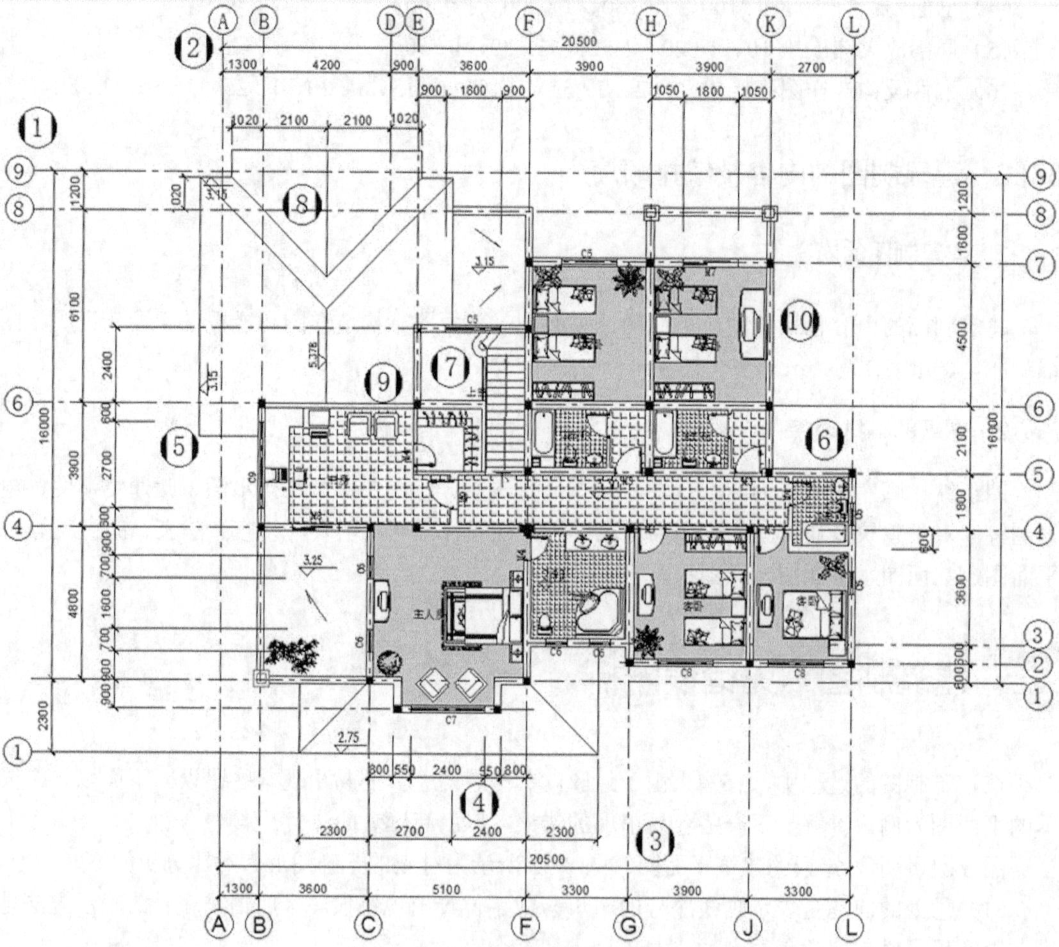

图 8-31　错误的建筑平面图

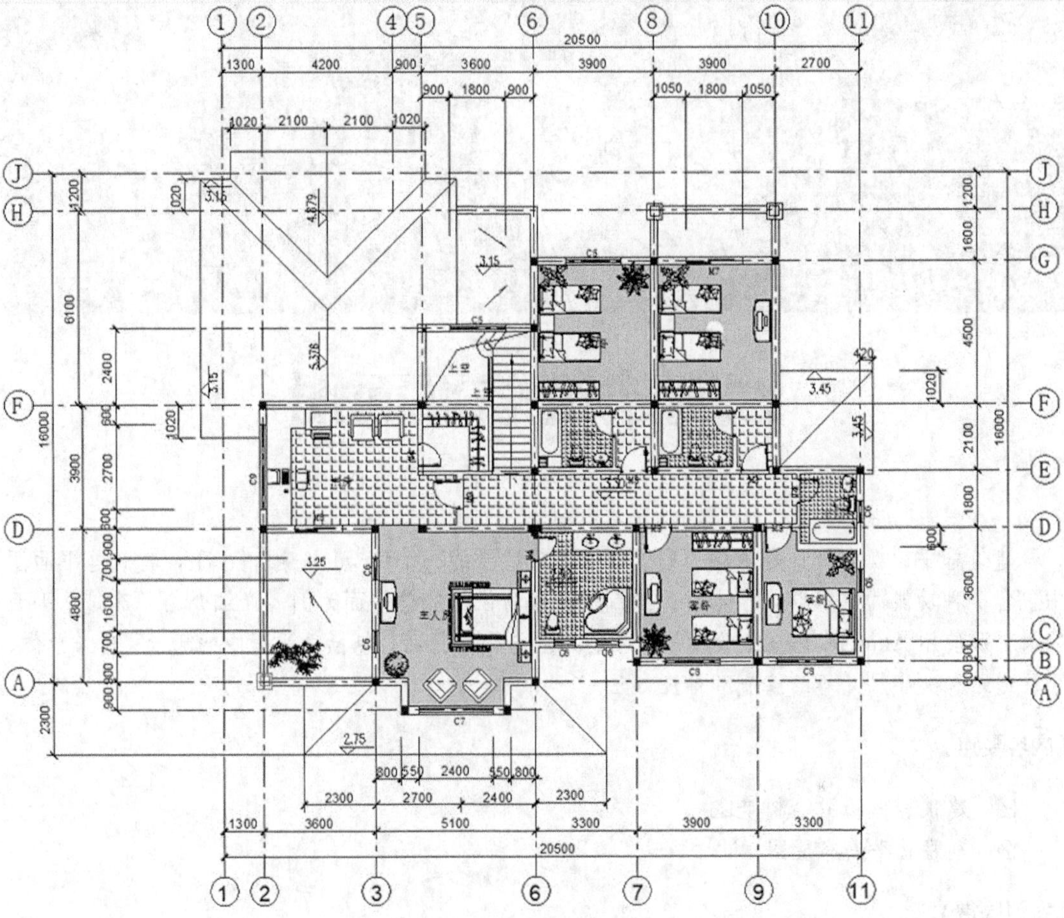

图 8-32　正确的建筑平面图

第9章

绘制建筑总平面图

建筑总平面规划设计是建筑工程设计中比较重要的一个环节。一般情况下，建筑总平面图中包含多种功能的建筑群体。本章以绘制别墅和商住楼的总平面为例，详细介绍了建筑总平面的设计及使用 AutoCAD 2022 绘制平面图的方法与相关技巧，包括总平面中的场地、建筑单体、小区道路和文字尺寸等的绘制和标注方法。

【内容要点】

☑ 建筑总平面图绘制概述
☑ 别墅总平面布置图

【案例欣赏】

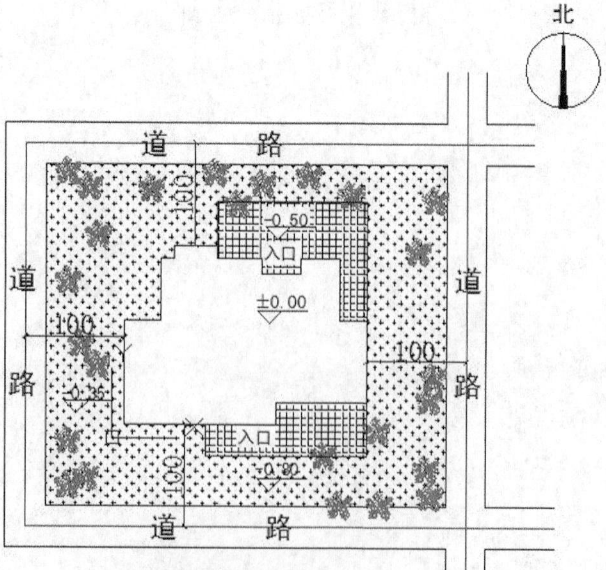

总平面图 1:500

9.1 建筑总平面图绘制概述

将拟建工程四周一定范围内的新建、拟建、原有的和拆除的建筑物、构筑物连同其周围的地形和地物情况，用水平投影的方法和相应的图例所画出的图样，称为总平面图或是总平面布置图。

下面介绍一下有关总平面图的理论基础知识。

9.1.1 总平面图概述

总平面图用来表达整个建筑基地的总体布局，新建建筑物及构筑物的位置、朝向及周边环境关系，这也是总平面图的基本功能。总平面专业设计成果包括设计说明书、设计图纸以及合同规定的鸟瞰图、模型等。总平面图只是其中的设计图纸部分。在不同的设计阶段，总平面图除了具备其基本功能，还表达了设计意图的不同深度和倾向。

在方案设计阶段，总平面图着重体现新建建筑物的体积大小、形状及周边道路、房屋、绿地、广场和红线之间的空间关系，同时传达室外空间的设计效果。因此，方案图在具有必要的技术性的基础上，还应强调艺术性的体现。就目前情况来看，除了绘制 CAD 线条图外，还需对线条图进行套色、渲染处理或制作鸟瞰图、模型等。

在初步设计阶段，需要推敲总平面设计中涉及的各种因素和环节（如道路红线、建筑红线或用地界线、建筑控制高度、容积率、建筑密度、绿地率、停车位数及总平面布局、周围环境、空间处理、交通组织、环境保护、文物保护、分期建设等），以及方案的合理性、科学性和可实施性，从而进一步准确落实各项技术指标，深化竖向设计，为施工图设计做准备。

9.1.2 建筑总平面图中的图例说明

（1）新建建筑物。采用粗实线来表示，如图 9-1 所示。需要时，可以在右上角用点数或是数字来表示建筑物的层数，如图 9-2 和图 9-3 所示。

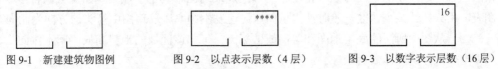

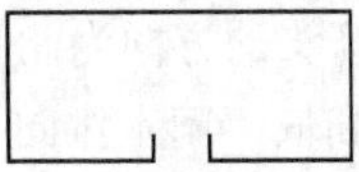

图 9-1 新建建筑物图例

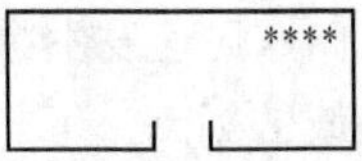

图 9-2 以点表示层数（4 层）

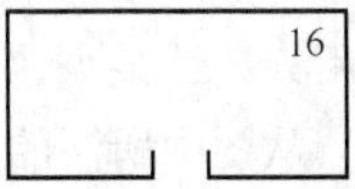

图 9-3 以数字表示层数（16 层）

（2）旧有建筑物。采用细实线来表示，如图 9-4 所示。同新建建筑物图例一样，也可以采用在右上角用点数或是数字来表示建筑物的层数。

（3）计划扩建的预留地或建筑物。采用虚线来表示，如图 9-5 所示。

（4）拆除的建筑物。采用打上叉号的细实线来表示，如图 9-6 所示。

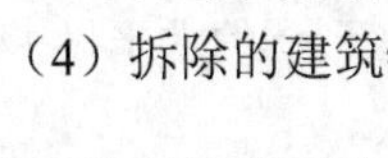

图 9-4 旧有建筑物图例

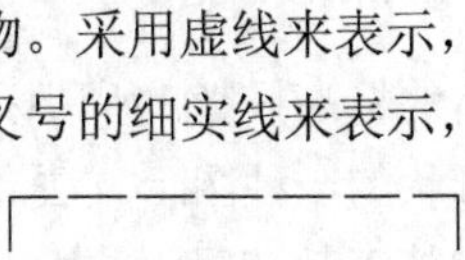

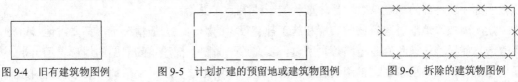

图 9-5 计划扩建的预留地或建筑物图例

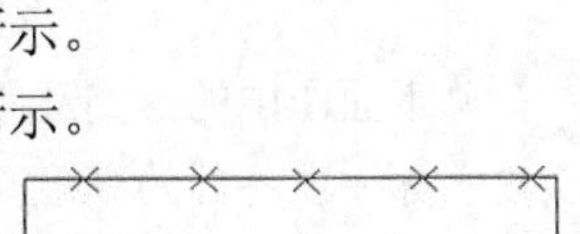

图 9-6 拆除的建筑物图例

（5）坐标。测量坐标图例如图 9-7 所示，施工坐标图例如图 9-8 所示。注意两种不同的坐标表示方法。

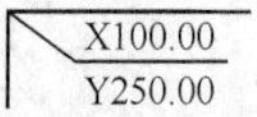

图 9-7　测量坐标图例

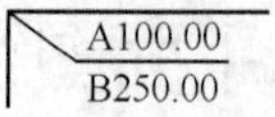

图 9-8　施工坐标图例

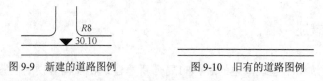

（6）新建的道路。新建的道路图例如图 9-9 所示。其中，“*R*8”表示道路的转弯半径为 8m，“30.10”为路面中心的标高。

（7）旧有的道路。旧有的道路图例如图 9-10 所示。

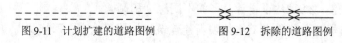

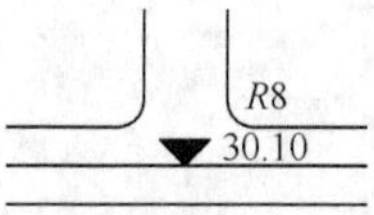

图 9-9　新建的道路图例

图 9-10　旧有的道路图例

（8）计划扩建的道路。计划扩建的道路图例如图 9-11 所示。

（9）拆除的道路。拆除的道路图例如图 9-12 所示。

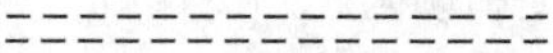

图 9-11　计划扩建的道路图例

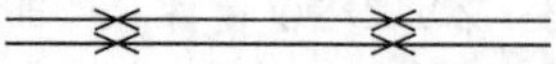

图 9-12　拆除的道路图例

9.1.3　详解阅读建筑总平面图

（1）了解图样比例、图例和文字说明。总平面图所体现的范围一般都比较大，所以要采用比较小的比例。一般情况下，对于总平面图来说，1∶500 算是很大的比例，可以使用 1∶1000 或是 1∶2000 的比例。总平面图上的尺寸标注，要以“m”为单位。

（2）了解工程的性质和地形地貌。例如，从等高线的变化可以知道地势的走向。

（3）了解建筑物周围的情况。例如，建筑物南边有池塘，其他方向有旧有的建筑物，还要了解道路的走向等。

（4）明确建筑物的位置和朝向。房屋的位置可以用定位尺寸或坐标来确定。定位尺寸应注出其与原建筑物或道路中心线的距离。当采用坐标来表示建筑物的位置时，宜注出房屋的 3 个角的坐标。建筑物的朝向可以根据图中所画的风玫瑰图来确定。风玫瑰图是气象科学专业统计图表，用来统计某个地区一段时期内风向、风速发生频率风玫瑰图中箭头的方向为北向。

（5）从图中所注的底层地面和等高线的标高，可知该区域的地势高低、雨水排向，并可以计算挖填土方的具体数量。

9.1.4　标高投影

总平面图中的等高线就是一种立体的标高投影。所谓标高投影，就是在形体的水平投影上，以数字标注出各处的高度来表示形体形状的一种图示方法。

众所周知，地形对建筑物的布置和施工都有很大的影响。一般情况下，都要对地形进行人工改造，如平整场地和修建道路等。所以，要在总平面图上把建筑物周围的地形表示出来。如果还是采用原来的正投影、轴测投影等方法来表示，则无法表示出复杂地形的形状。因此，需要采用标高投影法来表示这种复杂的地形。

总平面图中的标高是绝对标高。所谓绝对标高，就是以我国青岛市外的黄海海平面作为零点来测定的高度尺寸。在标高投影中，一般通过画出立体上的平面或曲面上的等高线来表示该立体。山地一般都是不规则的曲面，以一系列整数标高水平面与山地相截，把等高截交线正投影到水平面上，在所得的一系列不规则形状的等高线上标注相应的标高值即可。所得的图形一般称为地形图。

9.1.5　绘制建筑总平面图的步骤

一般情况下，使用 AutoCAD 绘制总平面图的步骤如下。

1．地形图的处理

地形图的处理包括地形图的插入、描绘、整理、应用等。地形图是总平面图绘制的基础，包括 3 个方面的内容：一是图廓处的各种标记；二是地物和地貌；三是用地范围。对此本书不做详细介绍，读者可参看相关书籍。

2．布置总平面

布置总平面包括建筑物、道路、广场、停车场、绿地、场地出入口等的布置，需要着重处理它们之间的空间关系及其与四邻、水体、地形之间的关系。本章主要以某别墅的方案设计总平面图为例进行介绍。

3．添加各种文字及标注

添加各种文字及标注包括标注文字、尺寸、标高、坐标、图表、图例等。

4．布图

布图包括插入图框、调整图面等。

9.2　别墅总平面布置图

就绘图工作而言，整理完地形图后，接下来就可以进行总平面图的布置。本节介绍在 AutoCAD 中布置这些内容的操作方法和注意事项。在讲解中，主要以某别墅总平面图为例，如图 9-13 所示。

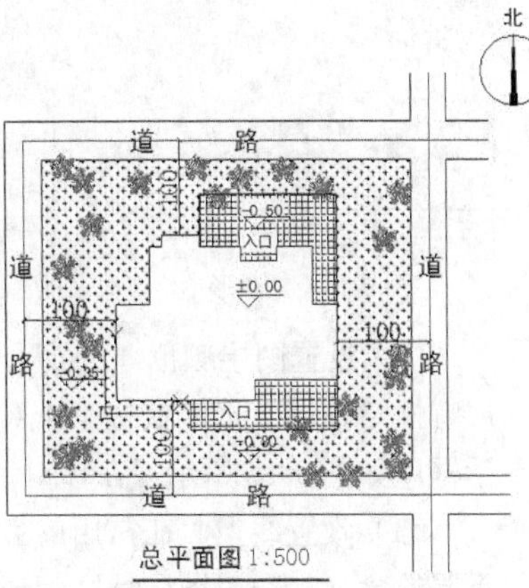

图 9-13　别墅总平面布置图

9.2.1　设置绘图参数

参数设置是绘制任何一幅建筑图形都要进行的预备工作，这里主要设置单位、图形边界、图层等。有些具体参数可以在绘制过程中根据需要再设置。

1. 设置单位

选择菜单栏中的“格式/单位”命令，系统打开“图形单位”对话框，如图 9-14 所示。设置“长度”的“类型”为“小数”，“精度”为 0；“角度”的“类型”为“十进制度数”，“精度”为 0；系统默认逆时针方向为正；缩放单位设置为“无单位”。

2. 设置图形边界

（1）在命令行提示“指定左下角点或[开(ON)/关(OFF)] <0.0000,0.0000>:”后输入“0,0”。
（2）在命令行提示“指定右上角点<12.0000,9.0000>:”后输入“420000,297000”。

3. 设置图层

（1）设置图层名。单击“默认”选项卡“图层”面板中的“图层特性”按钮，打开“图层特性管理器”选项板。单击“新建图层”按钮，生成一个名为“图层 1”的图层，修改图层名称为“轴线”，如图 9-15 所示。

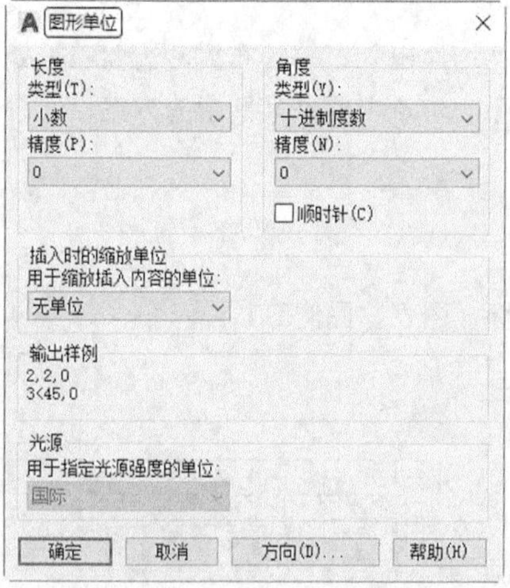

图 9-14 “图形单位”对话框

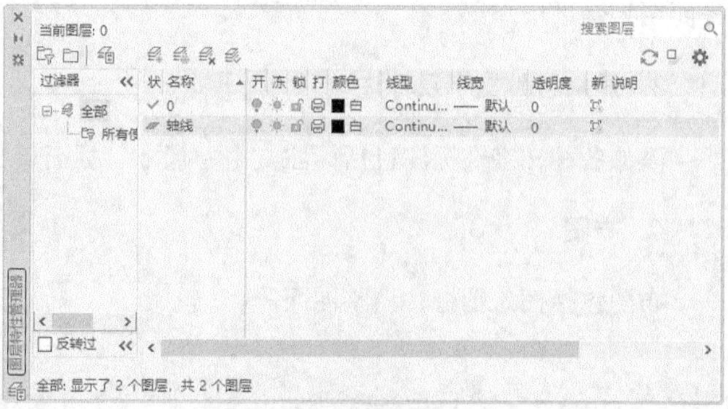

图 9-15 新建图层

（2）设置图层颜色。为了区分不同图层上的图线，增加图形不同部分的对比性，可以在“图层特性管理器”选项板中单击对应图层“颜色”标签下的颜色色块，系统打开“选择颜色”对话框，如图 9-16 所示，在该对话框中选择需要的颜色即可。

（3）设置线型。在常用的工程图纸中，通常要用到不同的线型，这是因为不同的线型表示不同的含义。在“图层特性管理器”选项板中单击“线型”标签下的线型选项，系统打开“选择线型”对话框，如图 9-17 所示，在该对话框中选择需要的线型。如果在“已加载的线型”列表框中没有需要的线型，可以单击“加载”按钮，打开“加载或重载线型”对话框加载线型，如图 9-18 所示。

（4）设置线宽。在工程图纸中，不同的线宽表示不同的含义，因此要对不同图层的线宽进行设置。单击“图层特性管理器”选项板中“线宽”标签下的选项，系统打开“线宽”对话框，如图 9-19 所示。在该对话框中选择适当的线宽，完成轴线图层的设置。结果如图 9-20 所示。

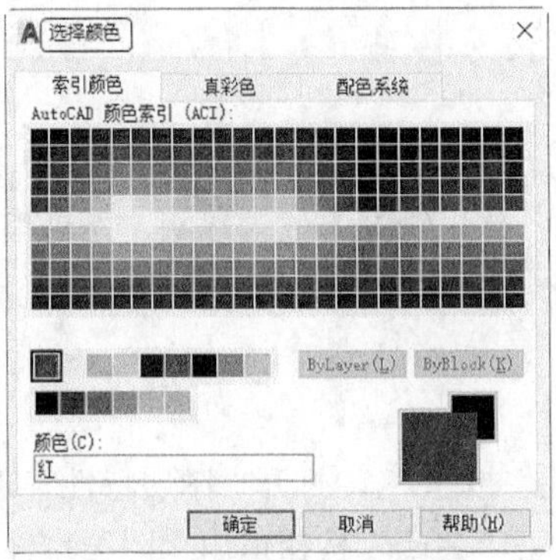

图 9-16　“选择颜色”对话框

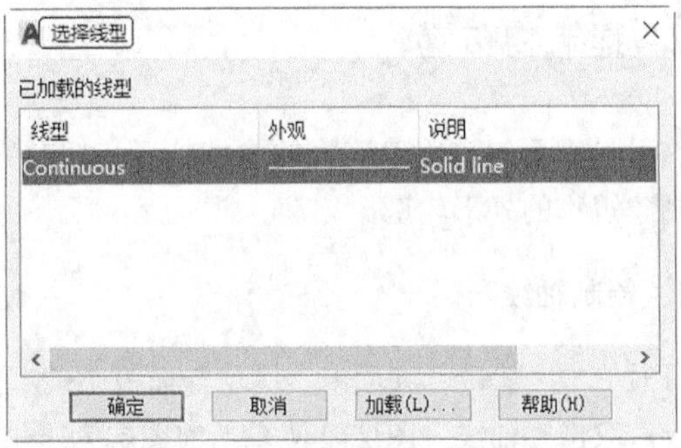

图 9-17　“选择线型”对话框

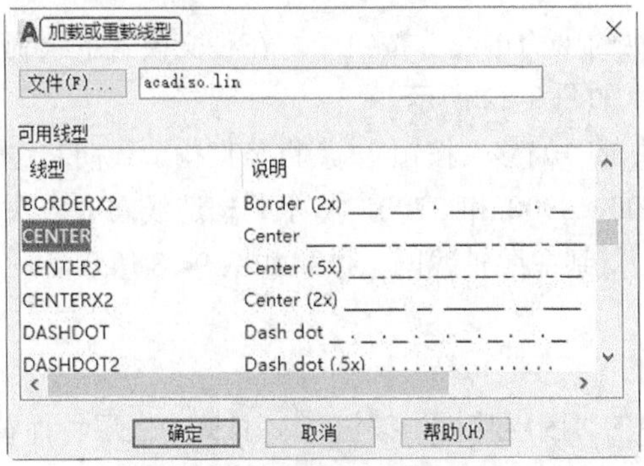

图 9-18　“加载或重载线型”对话框

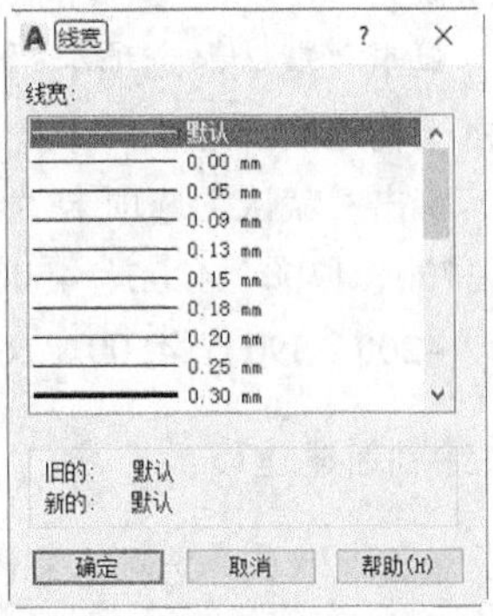

图 9-19　“线宽”对话框

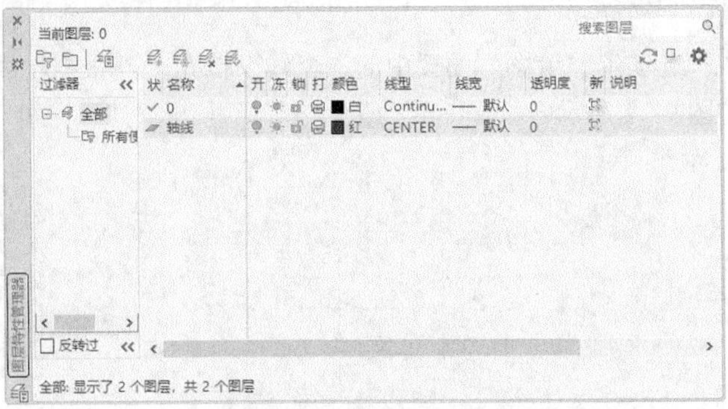

图 9-20　轴线图层的设置

（5）按照上述步骤，完成其他图层的设置，结果如图 9-21 所示。

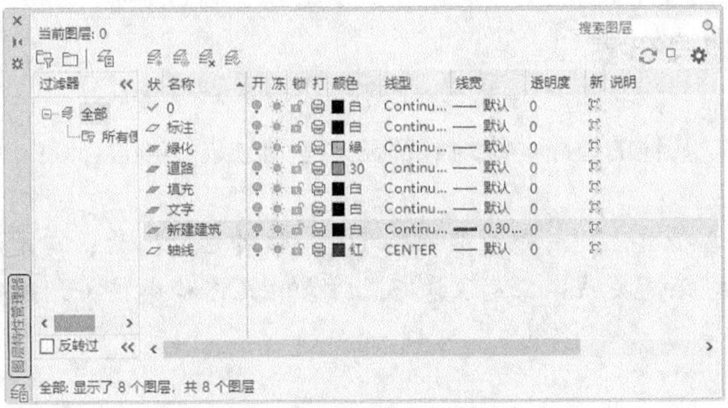

图 9-21　所有图层的设置

9.2.2 建筑物布置

这里只需要勾勒出建筑物的大体外形和相对位置即可。首先绘制定位轴线网，然后根据轴线绘制建筑物的外形轮廓。

1．绘制轴线网

（1）单击“默认”选项卡“图层”面板中的“图层特性”按钮，打开“图层特性管理器”选项板，双击“轴线”图层，使得当前图层为“轴线”。单击“关闭”按钮退出“图层特性管理器”选项板。

（2）单击“默认”选项卡“绘图”面板中的“构造线”按钮，在正交模式下绘制竖直构造线和水平构造线，组成“十”字辅助线网，如图 9-22 所示。

（3）单击“默认”选项卡“修改”面板中的“偏移”按钮，将竖直构造线向右边依次分别偏移 3700、1300、4200、4500、1500、2400、3900 和 2700，将水平构造线向上依次分别偏移 2100、4200、3900、4500、1600 和 1200，得到主要轴线网。结果如图 9-23 所示。

2．绘制新建建筑

（1）单击“默认”选项卡“图层”面板中的“图层特性”按钮，打开“图层特性管理器”选项板，双击“新建建筑”图层，使得当前图层是“新建建筑”。单击“关闭”按钮退出“图层特性管理器”选项板。

（2）单击“默认”选项卡“绘图”面板中的“直线”按钮，根据轴线网绘制出新建建筑的主要轮廓。结果如图 9-24 所示。

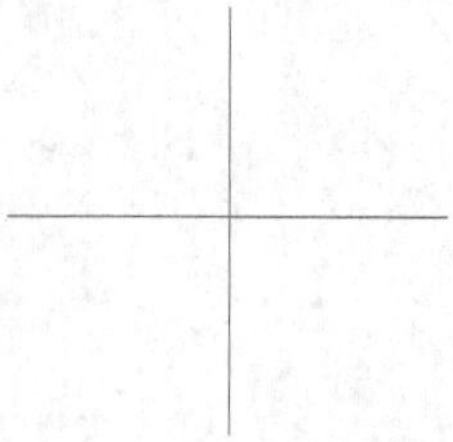

图 9-22 绘制十字辅助线网

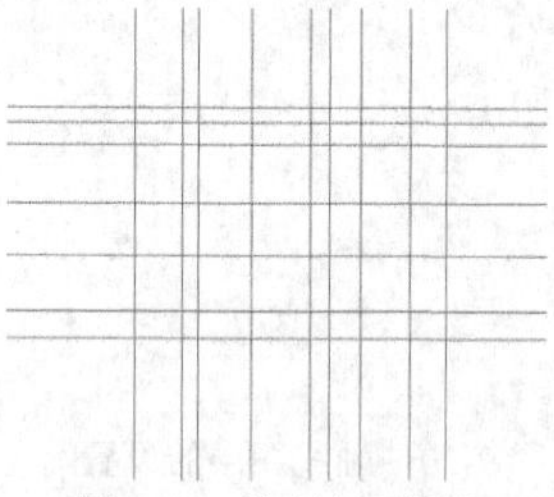

图 9-23 绘制主要轴线网

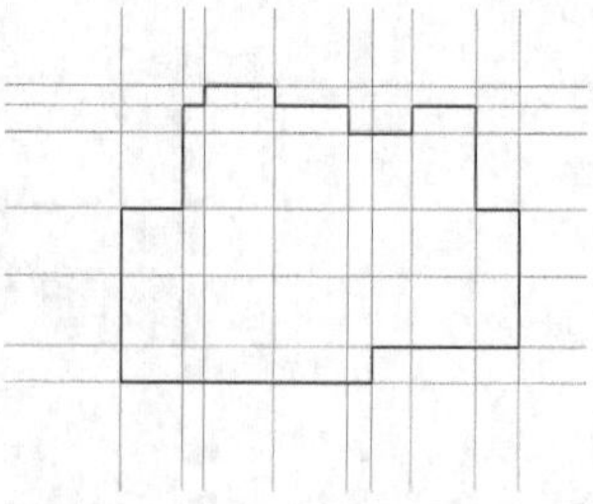

图 9-24 绘制新建建筑的主要轮廓

9.2.3 道路、绿地等布置

完成建筑布置后，其他的道路、绿地等都在此基础上进行布置。

提示：布置时抓住 3 个要点，一是找准场地及其控制作用的因素；二是注意布置对象的必要尺寸及其相对距离关系；三是注意布置对象的几何构成特征，充分利用绘图功能。

1．绘制道路

（1）单击“默认”选项卡“图层”面板中的“图层特性”按钮，打开“图层特性管理器”选项板，双击“道路”图层，使得当前图层为“道路”。单击“确定”按钮退出“图层特性管理器”选项板。

（2）单击“默认”选项卡“修改”面板中的“偏移”按钮，让所有最外围轴线都向外偏移 10 000，然后将偏移后的轴线分别向两侧偏移 2000。选择所有的道路，然后单击鼠标右键，在弹出的快捷菜单中选择“特性”命令，在弹出的“特性”选项板中选择“图层”，把所选对象的图层改为“道路”，得到主要的道路。单击“默认”选项卡“修改”面板中的“修剪”按钮，修剪掉道路中多余的线条，使得道路整体连贯。结果如图 9-25 所示。

2．布置绿化

（1）将“绿化”图层设置为当前图层，然后单击“视图”选项卡“选项板”面板中的“工具选项板”按钮，打开图 9-26 所示的工具选项板，选择“建筑”中的“树-英制”图例，把“树”图例放在一个空白处，然后单击“默认”选项卡“修改”面板中的“缩放”按钮，把“树”图例放大到合适尺寸，结果如图 9-27 所示。

（2）单击“默认”选项卡“修改”面板中的“复制”按钮，把“树”图例复制到各个位置。完成植物的绘制和布置。结果如图 9-28 所示。

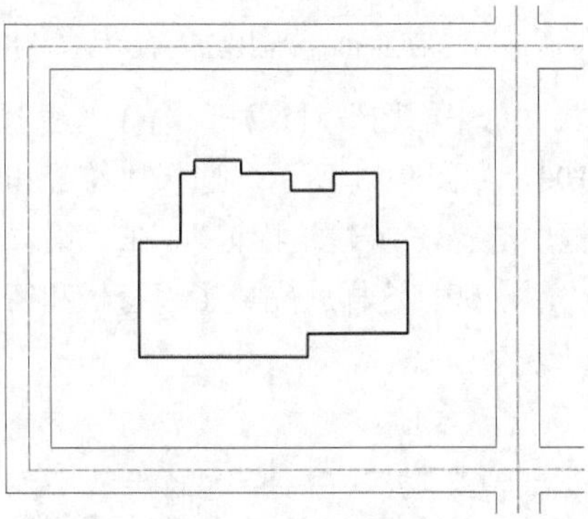

图 9-25　绘制道路

图 9-26　工具选项版

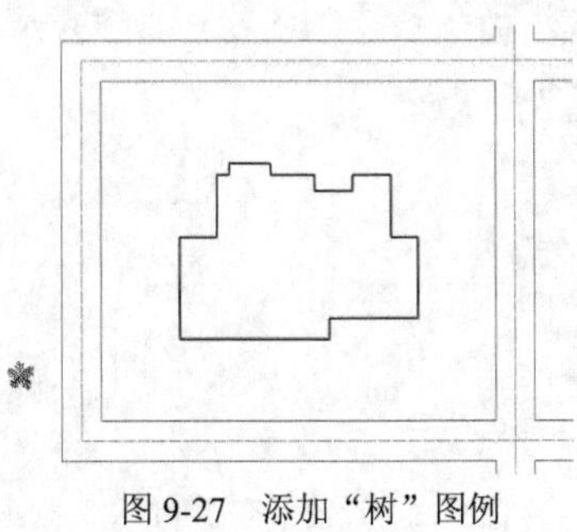

图 9-27　添加“树”图例

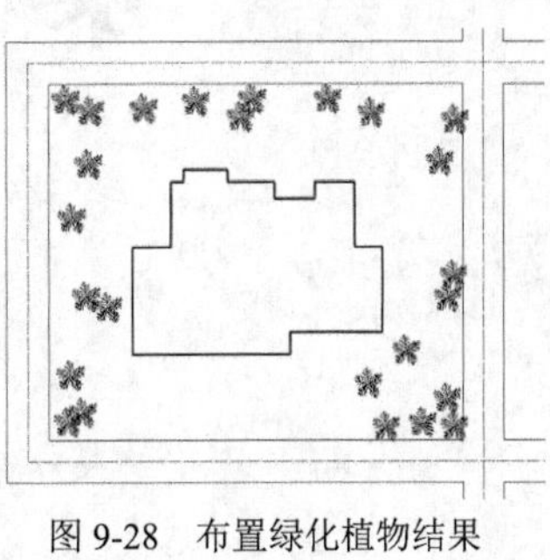

图 9-28　布置绿化植物结果

9.2.4 尺寸及文字标注

总平面图的标注内容包括尺寸、标高、文字标注、指北针、文字说明等，是总图中不可或缺的部分。完成总平面图的图线绘制后，最后的工作就是进行各种标注，对图形进行完善。

1. 尺寸标注

总平面图上的尺寸应标注新建建筑房屋的总长、总宽及与周围建筑物、构筑物、道路、红线之间的距离。

（1）尺寸样式设置。

① 选择菜单栏中的“格式/标注样式”命令，系统弹出“标注样式管理器”对话框，如图 9-29 所示。

② 单击“新建”按钮，进入“创建新标注样式”对话框，在“新样式名”文本框中输入“总平面图”，如图 9-30 所示。

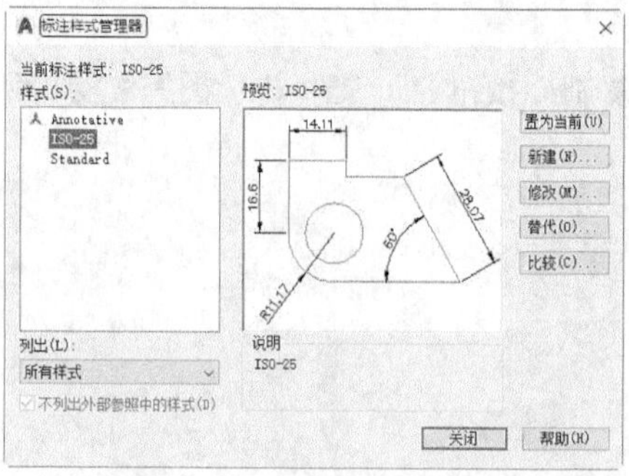

图 9-29 “标注样式管理器”对话框

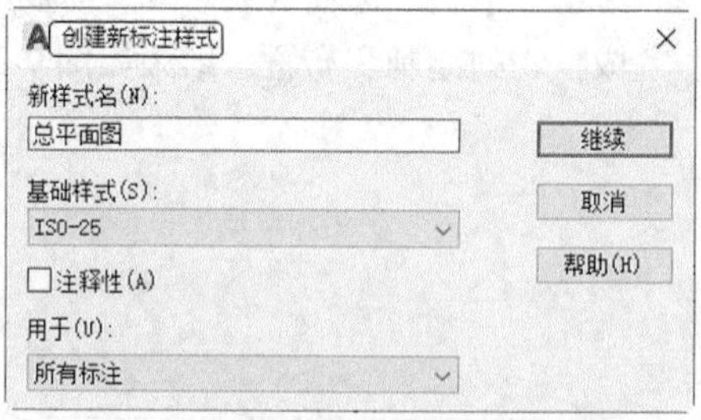

图 9-30 “创建新标注样式”对话框

③ 单击“继续”按钮，进入“新建标注样式：总平面图”对话框，选择“线”选项卡，设定“尺寸界线”选项组中的“超出尺寸线”为 100，如图 9-31 所示。选择“符号和箭头”选项卡，在“箭头”选项组中“第一个”下拉列表框中选择“建筑标记”，在“第二个”下拉列表框中选择“建筑标记”，并设置“箭头大小”为 400，这样就完成了“符号和箭头”选项卡的设置，如图 9-32 所示。

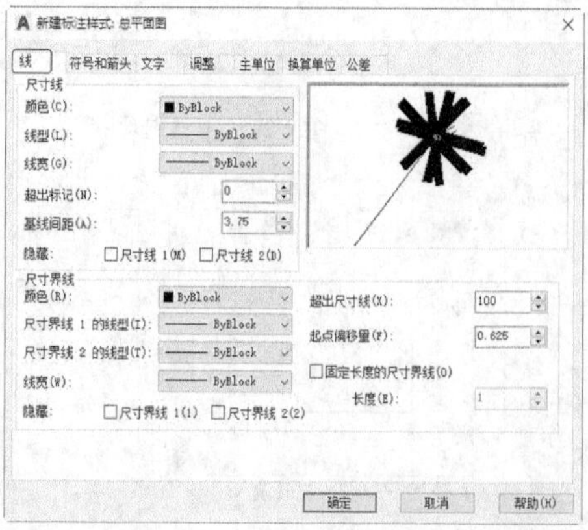

图 9-31 设置“线”选项卡

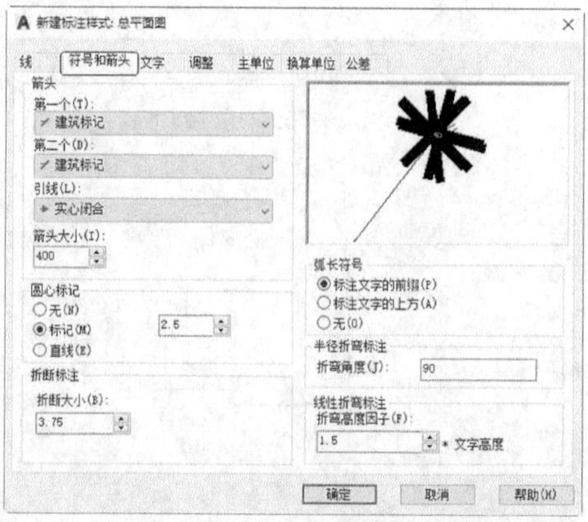

图 9-32 设置“符号和箭头”选项卡

④ 选择“文字”选项卡，单击“文字样式”后面的按钮[...]，弹出“文字样式”对话框，单击“新建”按钮，建立新的文字样式“米单位”，取消选中“使用大字体”复选框，然后在“字体名”下拉列表框中选择“黑体”，设置“高度”为 2000，如图 9-33 所示。最后，单击“关闭”按钮关闭“文字样式”对话框。

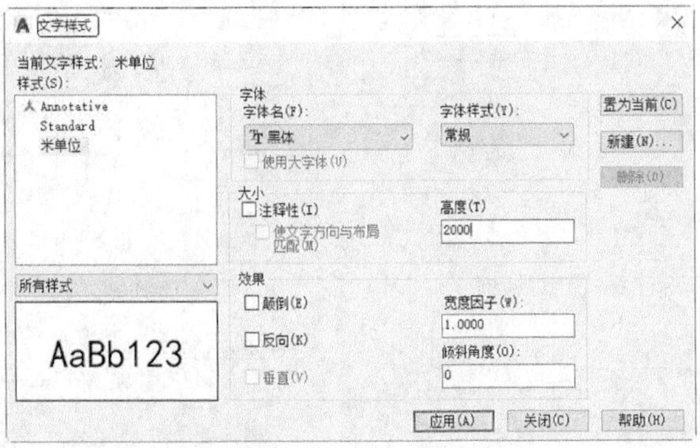

图 9-33　“文字样式”对话框

⑤ 回到“新建标注样式：总平面图”对话框的“文字”选项卡，将“文字样式”设置为“米单位”，在“文字位置”选项组的“从尺寸线偏移”数值框中输入 200。这样，就完成了“文字”选项卡的设置，如图 9-34 所示。

⑥ 选择“主单位”选项卡，在“测量单位比例”选项组的“比例因子”数值框中输入 0.01，将以“米”为单位为图形标注尺寸，这样就完成了“主单位”选项卡的设置，如图 9-35 所示。单击“确定”按钮返回“标注样式管理器”对话框，选择“总平面图”样式，单击右边的“置为当前”按钮，最后单击“关闭”按钮返回绘图区。

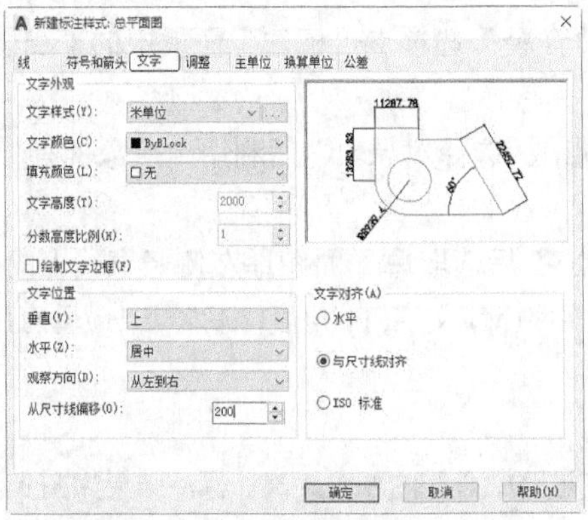

图 9-34　设置“文字”选项卡

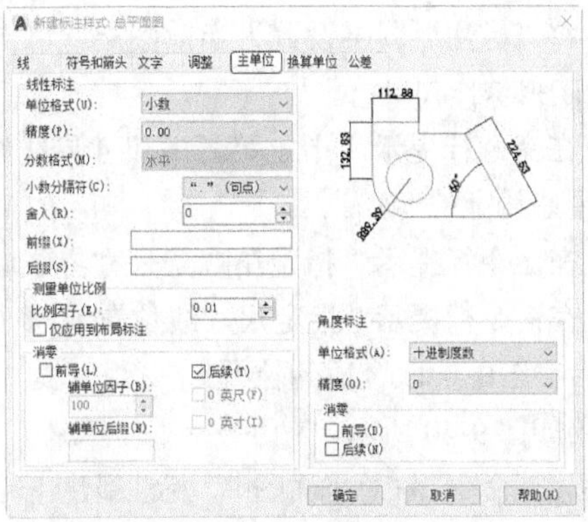

图 9-35　设置“主单位”选项卡

⑦ 选择菜单栏中的“格式/标注样式”命令，系统弹出“标注样式管理器”对话框，单击“新建”按钮，进入“创建新标注样式”对话框。以“总平面图”为“基础样式”，将“用于”下拉列表框设置为“半径标注”，如图 9-36 所示，建立“总平面图：半径”样式。单击“继续”按钮，进入“新建标注样式：总平面图：半径”对话框，在“符号和箭头”选项卡中，将“第二个”箭头选为“实心闭合”箭头，如图 9-37 所示。单击“确定”按钮，完成半径标注样式的设置。

⑧ 采用与半径标注样式设置相同的操作方法，分别建立角度和引线标注样式，如图 9-38 和图 9-39 所示。最终完成尺寸样式设置。

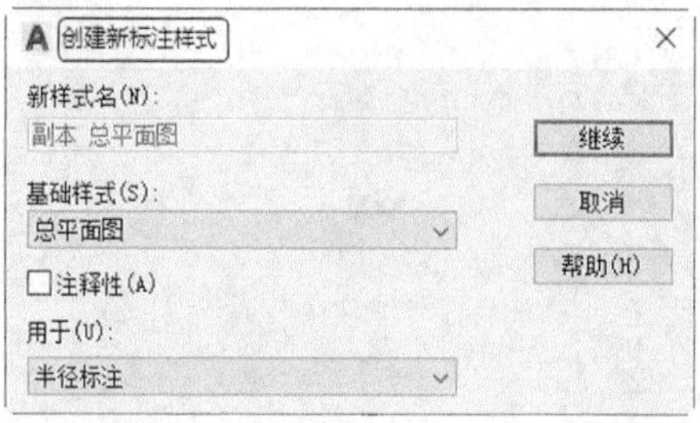

图 9-36 “创建新标注样式”对话框

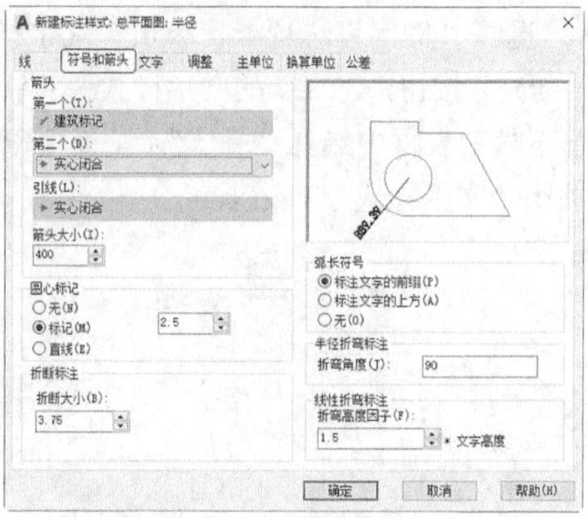

图 9-37 设置半径标注样式

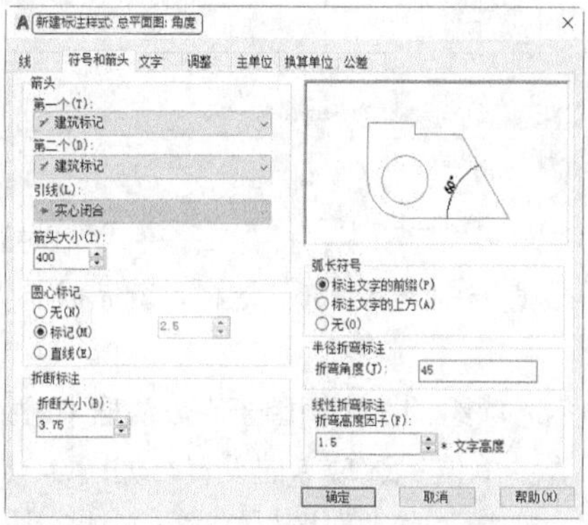

图 9-38 角度标注样式设置

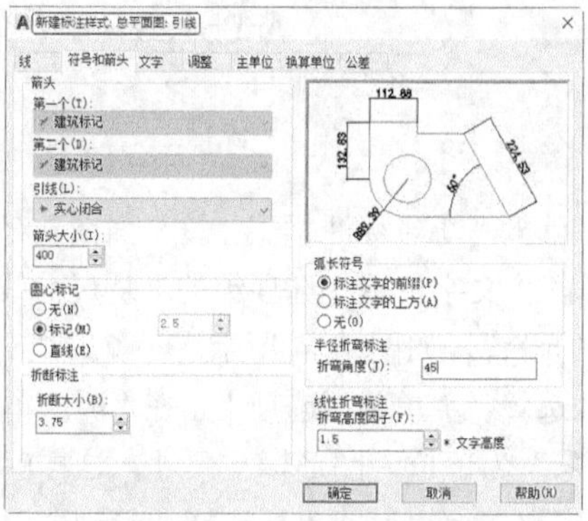

图 9-39 引线标注样式设置

（2）标注尺寸。

① 将“标注”图层设置为当前图层，单击“注释”选项卡“标注”面板中的“线性”按钮 ，为图形标注尺寸。

② 在命令行提示“指定第一条尺寸界线原点或<选择对象>:”后利用“对象捕捉”选取左侧道路中心线上的一点。

③ 在命令行提示“指定第二条尺寸界线原点:”后选取总平面图最左侧竖直线上的一点。

④ 在命令行提示“指定尺寸线位置或[多行文字(M)/文字(T)/角度(A)/水平(H)/垂直(V)/旋转(R)]:”后在图中选取合适的位置。

结果如图 9-40 所示。

重复上述命令，在总平面图中，标注新建建筑到道路中心线的相对距离。标注结果如图 9-41 所示。

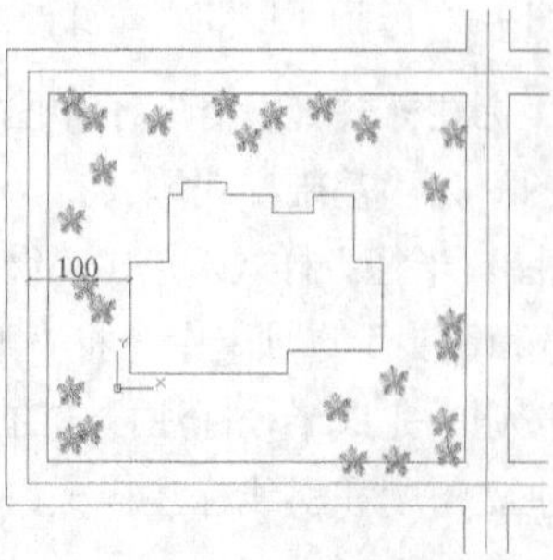

图 9-40 线性标注

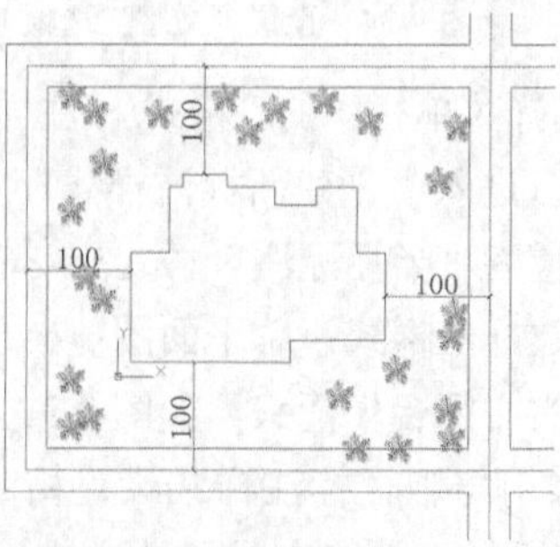

图 9-41 标注尺寸

2. 标高标注

单击“插入”选项卡“块”面板中的“插入”按钮，打开“块”选项板，如图9-42所示。在“最近使用”选项卡中选择“标高”图块，将图块插入总平面图中。再单击“默认”选项卡“注释”面板中的“多行文字”按钮A，输入相应的标高值。结果如图9-43所示。

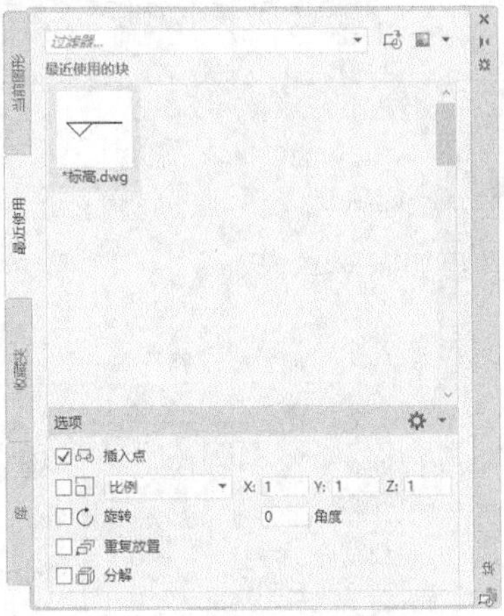

图9-42　“块”选项板

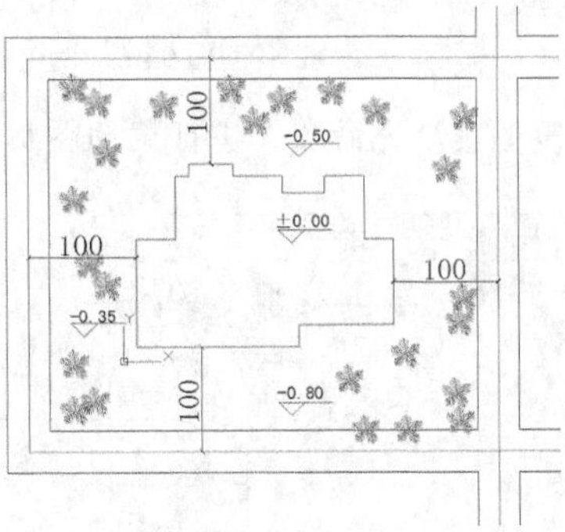

图9-43　标高标注

3. 文字标注

(1) 单击“默认”选项卡“图层”面板中的“图层特性”按钮，打开“图层特性管理器”选项板。双击“文字”图层，使得当前图层为“文字”。

(2) 单击“默认”选项卡“注释”面板中的“多行文字”按钮A，标注“入口”和“道路”等文字。结果如图9-44所示。

4. 图案填充

(1) 单击“默认”选项卡“图层”面板中的“图层特性”按钮，打开“图层特性管理器”选项板。双击“填充”图层，使得当前图层为“填充”。

(2) 单击“默认”选项卡“绘图”面板中的“直线”按钮，绘制出铺地砖的主要范围轮廓。绘制结果如图9-45所示。

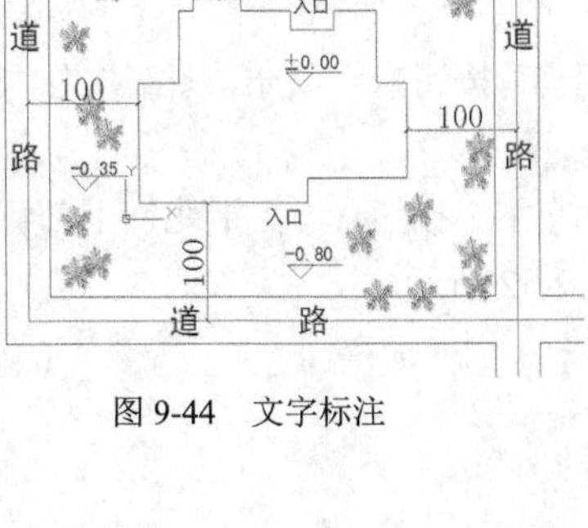

图9-44　文字标注

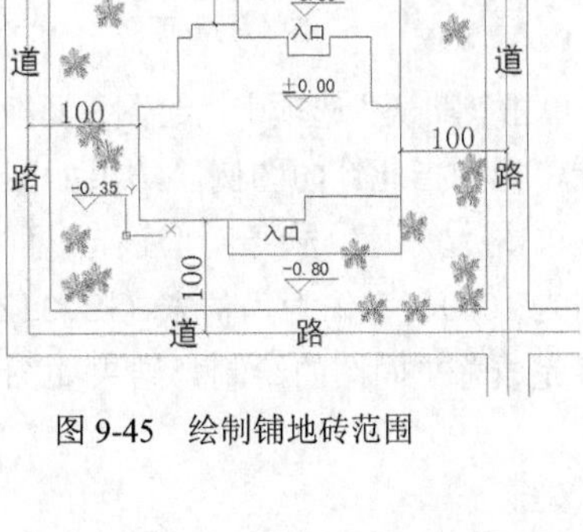

图9-45　绘制铺地砖范围

（3）单击“默认”选项卡“绘图”面板中的“图案填充”按钮▦，打开“图案填充创建”选项卡，选择填充“图案”为 ANGLE，设置“比例”为 100，如图 9-46 所示。选择填充区域后按 Enter 键，完成图案的填充，填充结果如图 9-47 所示。

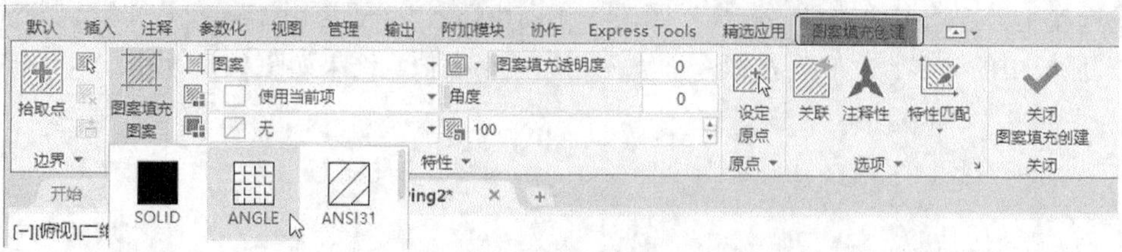

图 9-46 设置“图案填充创建”选项卡

（4）重复图案填充命令，进行草地图案填充，结果如图 9-48 所示。

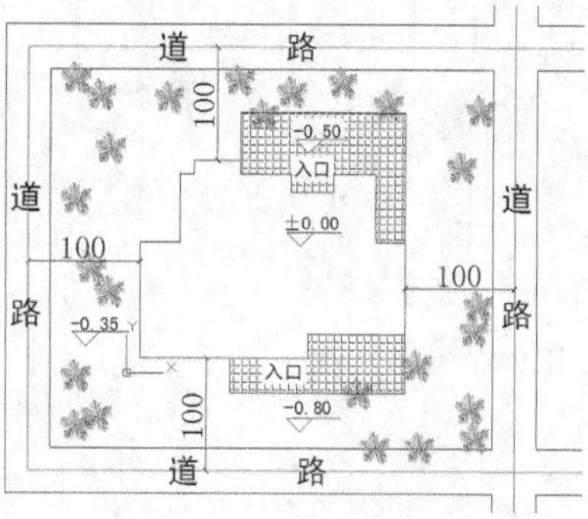

图 9-47 地砖图案填充结果

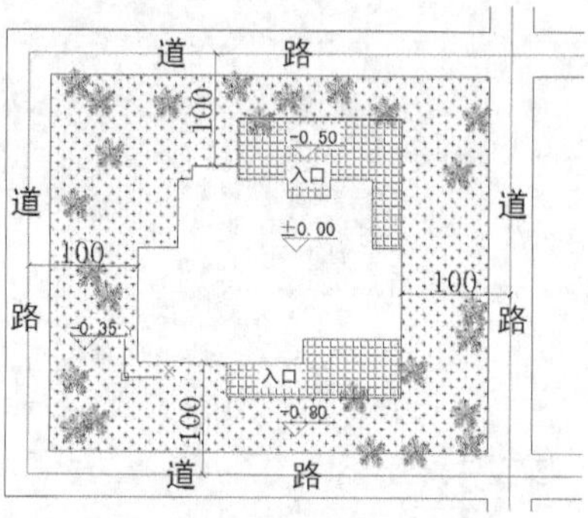

图 9-48 草地图案填充结果

5. 图名标注

单击“默认”选项卡“注释”面板中的“多行文字”按钮A和“绘图”面板中的“多段线”按钮，标注图名，结果如图 9-49 所示。

6. 绘制指北针

（1）单击“默认”选项卡“绘图”面板中的“圆”按钮，绘制一个圆；然后单击“默认”选项卡“绘图”面板中的“直线”按钮，绘制圆的竖直直径和另外两条弦。结果如图 9-50 所示。

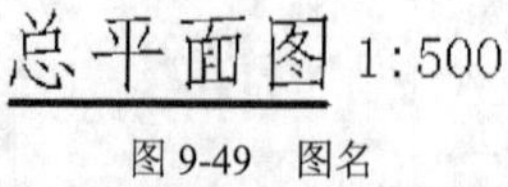

图 9-49 图名

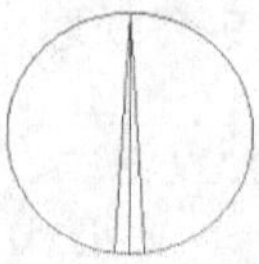

图 9-50 绘制圆和直线

（2）单击“默认”选项卡“绘图”面板中的“图案填充”按钮▦，填充“图案”为“SOLID”，填充指针，得到指北针的图例。结果如图 9-51 所示。

（3）单击“默认”选项卡“注释”面板中的“多行文字”按钮A，在指北针上部标注“北”字，字高为 1000、字体为“仿宋_GB2312”。结果如图 9-52 所示。

最终完成总平面图的绘制，结果如图 9-53 所示。

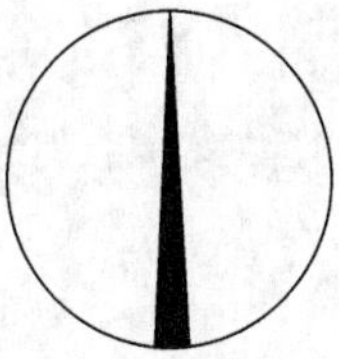

图 9-51　图案填充

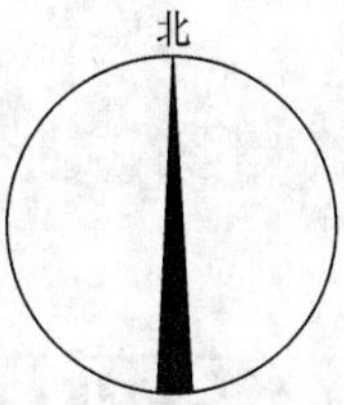

图 9-52　绘制指北针

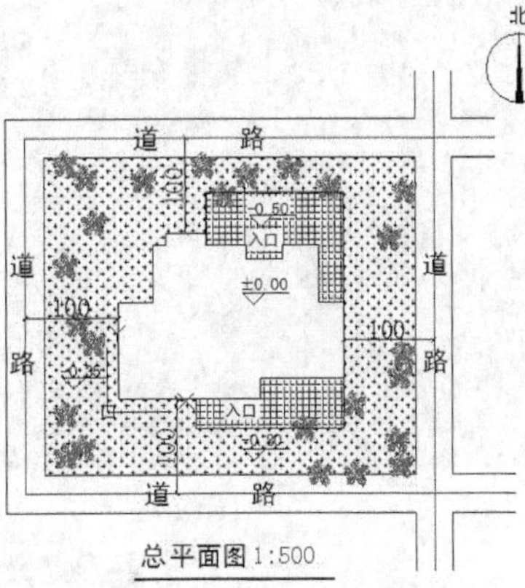

图 9-53　总平面图

9.3 上机实验

【练习】绘制图 9-54 所示的信息中心总平面图。

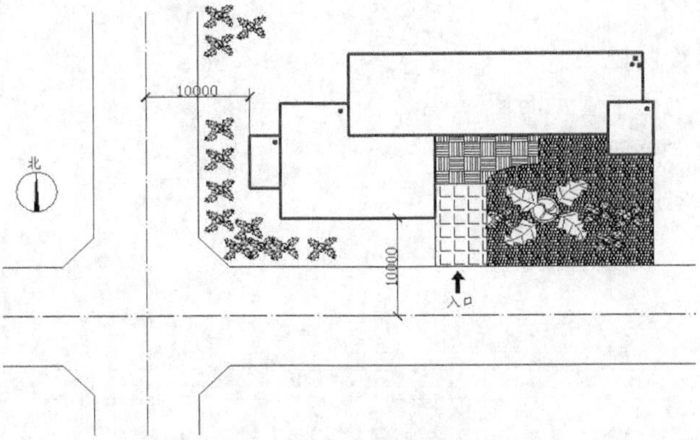

图 9-54　信息中心总平面图

第10章

绘制建筑平面图

本章以某低层住宅的平面图设计为例，详细叙述了建筑平面图的绘制方法与相关技巧，包括建筑平面图中的轴线网、墙体、柱子、楼梯和文字等的绘制与标注方法。

【内容要点】

- ☑ 建筑平面图绘制概述
- ☑ 绘制低层住宅地下室平面图
- ☑ 绘制低层住宅中间层平面图
- ☑ 绘制低层住宅屋顶平面图

【案例欣赏】

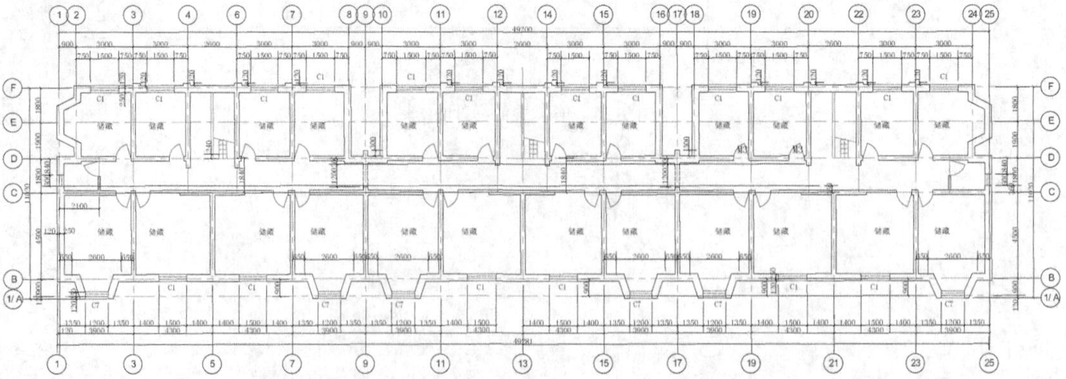

10.1 建筑平面图绘制概述

建筑平面图是表达建筑物的基本图样之一，它主要反映建筑物的平面布局情况。

10.1.1　建筑平面图概述

建筑平面图是假想在门窗洞口之间用一水平剖切面将建筑物剖切成两部分，下半部分在水平面（H 面）上的正投影图。

平面图中的主要图形包括剖切到的墙、柱、门窗、楼梯，以及看到的地面、台阶、楼梯等的剖切面以下的部分的构建轮廓。因此，从平面图中可以看到建筑的平面大小、形状、空间平面布局、内外交通及联系、建筑构配件大小及材料等内容。除了按制图知识和规范绘制建筑构配件的平面图形，还需标注尺寸及文字说明、设置图面比例等。

由于建筑平面图能突出地表达建筑的组成和功能关系等方面的内容，所以一般建筑设计都从平面设计入手。在平面设计中应从建筑整体出发，考虑建筑空间组合的效果，照顾建筑剖面和立面的效果和体型关系，在设计的各个阶段中，都应有建筑平面图样，但表达的深度不同。

一般的建筑平面图可以使用粗、中、细 3 种线来绘制。被剖切到的墙、柱断面的轮廓线用粗线来绘制；被剖切到的次要部分的轮廓线（如墙面抹灰、轻质隔墙）以及没有剖切到的可见部分的轮廓线（如窗台、墙身、阳台、楼梯段等），均用中实线绘制；没有剖切到的高窗、墙洞和不可见部分的轮廓线都用中虚线绘制；引出线、尺寸标注线等用细实线绘制；定位轴线、中心线和对称线等用细点画线绘制。

10.1.2　建筑平面图的图示要点

（1）每个平面图对应一个建筑物楼层，并注有相应的图名。

（2）可以表示多层的平面图称为标准层平面图。标准层平面图中的各层的房间数量、大小和布置都必须一样。

（3）建筑物左右对称时，可以将两层的平面图绘制在同一张图纸上，图纸左边一半和右边一半分别绘制出各层的一半，同时中间要注上对称符号。

（4）如果建筑平面较大，可以进行分段绘制。

10.1.3　建筑平面图的图示内容

建筑平面图主要包括以下内容。

（1）表示墙、柱、门、窗等的位置和编号，房间的名称或编号，轴线编号等。

（2）标注室内外的有关尺寸及室内楼层轴号、地面的标高。如果本层是建筑物的底层，则标高为±0.000。

（3）表示电梯、楼梯的位置及楼梯的上、下方向和主要尺寸。

（4）表示阳台、雨篷、踏步、斜坡、雨水管道、排水沟等的具体位置及尺寸。

（5）画出卫生器具、水池、工作台及其他的重要设备的位置。

（6）画出剖面图的剖切符号以及编号。根据绘图习惯，一般只在底层平面图绘制。

（7）标注有关部位上节点详图的索引符号。

（8）标注指北针。根据绘图习惯，一般只在底层平面图中绘制指北针。

10.1.4　绘制建筑平面图的步骤

绘制建筑平面图的一般步骤如下。

（1）设置绘图环境。

（2）绘制轴线。

（3）绘制墙线。

（4）绘制柱。

（5）绘制门窗。

（6）绘制阳台。

（7）绘制楼梯、台阶。

（8）布置室内。

（9）布置室外周边景观（底层平面图）。

（10）标注尺寸、文字。

10.1.5　本案例设计思想

本案例设计的是一栋 7 层住宅楼，由于属于低层，所以按照相关国家标准，不需要布置电梯。由于现在城市化进程日益加快，城市用地高度紧张，一般大中城市普遍采用高层建筑的形式，这种低层建筑只适合于小城市或小城镇。本案例的设计背景正是某江南小城。每栋楼设地下层，一至五层为标准层，六、七层为跃层。由于江南多雨，屋顶设计成坡形。

10.2　绘制低层住宅地下室平面图

本节将逐步介绍砖混住宅地下室平面图的绘制。在讲述过程中，将循序渐进地介绍室内设计的基本知识及 AutoCAD 的基本操作方法。

砖混低层住宅地下室平面图的最终绘制结果如图 10-1 所示。

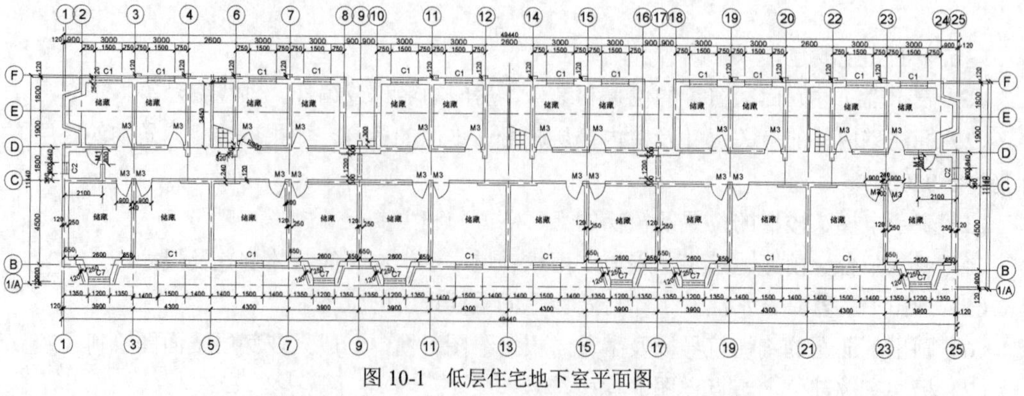

图 10-1　低层住宅地下室平面图

10.2.1　绘图准备

（1）打开 AutoCAD 应用程序，单击“快速访问”工具栏中的“新建”按钮，弹出“选择样板”对话框，如图 10-2 所示。以“acadiso. dwt”为样板文件，建立新文件并保存到适当的位置。

（2）设置单位。选择菜单栏中的“格式”→“单位”命令，系统打开“图形单位”对话框，如图 10-3 所示。在“长度”选项组中设置“类型”为“小数”，“精度”为“0”；在“角度”选项组中设置“类型”为“十进制度数”，“精度”为“0”；系统默认逆时针方向为正；插入时的缩放单位设置为“毫米”。

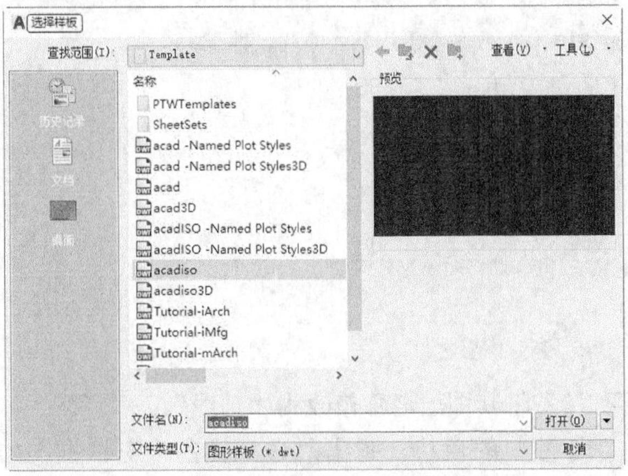

图 10-2　“选择样板”对话框

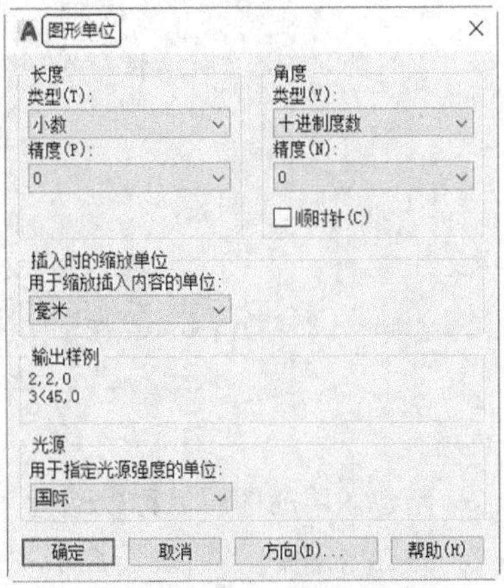

图 10-3　“图形单位”对话框

（3）在命令行中输入 LIMITS 命令，设置图幅为 420 000×297 000。命令行提示与操作如下。

```
命令: LIMITS
重新设置模型空间界限:
指定左下角点或[开(ON)/关(OFF)]<0.0000, 0.0000>: ↙
指定右上角点<12.0000,9.0000>: 420000,297000
```

注意　新建文件时，可以选用样板文件，这样可以省去很多设置。

（4）新建图层。

① 单击“默认”选项卡“图层”面板中的“图层特性”按钮，打开“图层特性管理器”对话框，如图 10-4 所示。

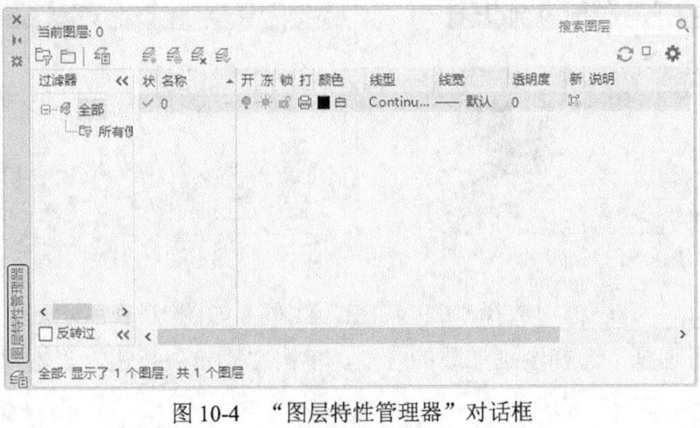

图 10-4　“图层特性管理器”对话框

提示：在绘图过程中，往往有不同的绘图内容，如轴线、墙线、装饰、布置图块、地板、标注、文字等，如果将这些内容放置在一起，绘图之后如果要删除或编辑某一类型图形，将带来选取上的困难。AutoCAD 提供了图层功能，为编辑操作带来了极大的方便。在绘图初期可以建立不同的图层，将不同类型的图形绘制在不同的图层当中，在编辑时可以利用图层的显示和隐藏功能、锁定功能来操作图层中的图形，十分方便。

② 单击“图层特性管理器”选项板中的“新建图层”按钮，新建图层，如图 10-5 所示。

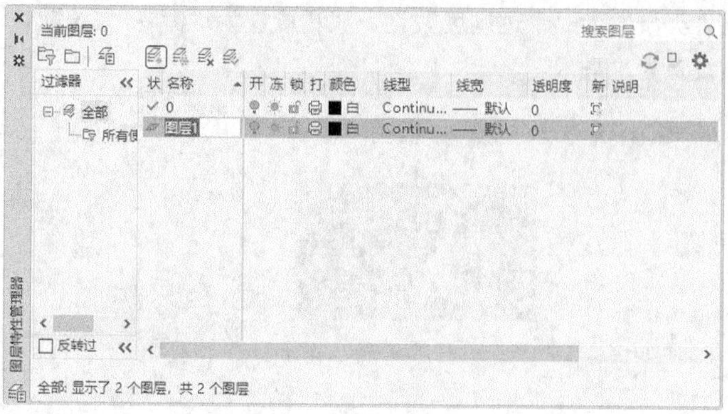

图 10-5　新建图层

③ 新建图层的图层名称默认为“图层 1”，将其图层名称修改为“轴线”。

④ 单击新建的“轴线”图层“颜色”标签中的色块，弹出“选择颜色”对话框，如图 10-6 所示，选择红色为“轴线”图层的默认颜色。单击“确定”按钮，返回“图层特性管理器”选项板。

⑤ 单击“线型”标签中的选项，弹出“选择线型”对话框，如图 10-7 所示。轴线一般在绘图中应用点画线进行绘制，因此应将“轴线”图层的默认线型设为中心线。单击“加载”按钮，弹出“加载或重载线型”对话框，如图 10-8 所示。

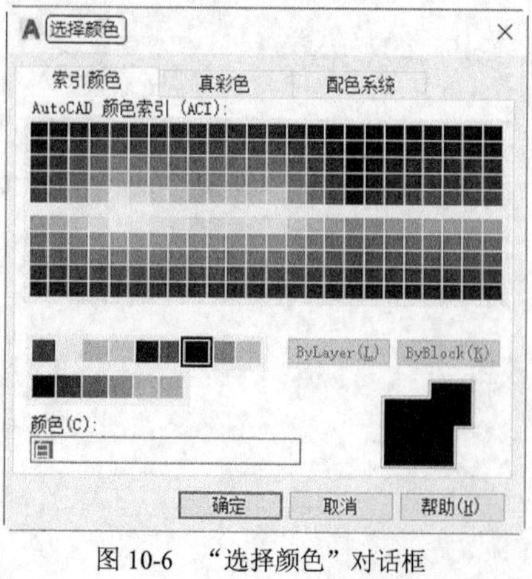

图 10-6　“选择颜色”对话框

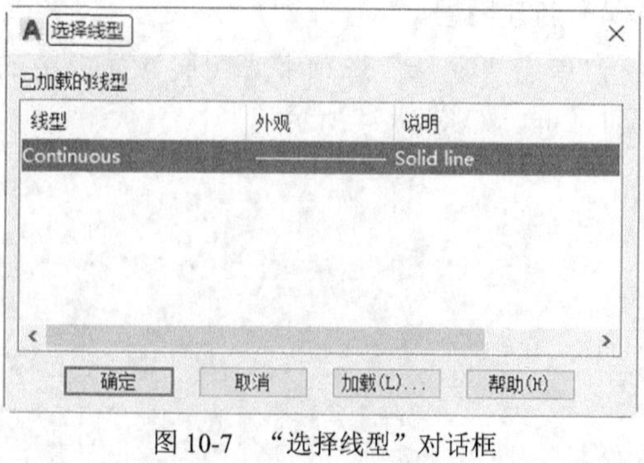

图 10-7　“选择线型”对话框

⑥ 在“可用线型”列表框中选择“CENTER”线型，如图 10-9 所示。单击“确定”按钮，返回“选择线型”对话框。选择刚刚加载的线型，单击“确定”按钮，“轴线”图层设置完毕。

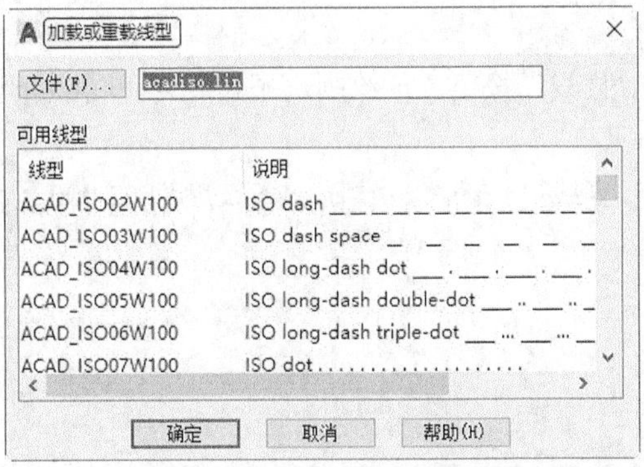

图 10-8　“加载或重载线型”对话框

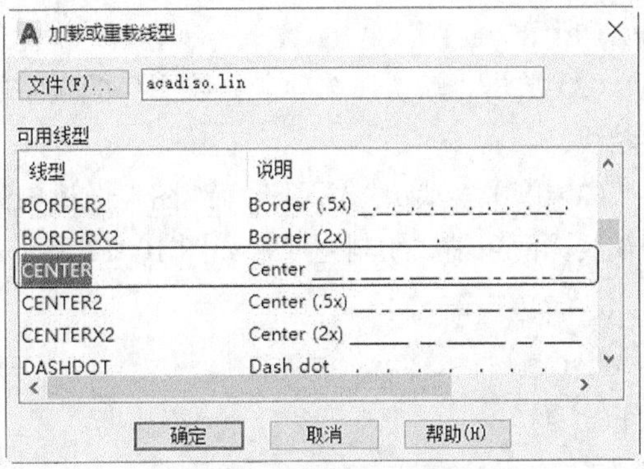

图 10-9　加载 CENTER 线型

⑦ 采用相同的方法按照以下说明，新建其他 5 个图层。

a. “墙线”图层。颜色为白色，线型为实线，线宽为 0.3mm。

b. “门窗”图层。颜色为蓝色，线型为实线，线宽为默认。

c. “装饰”图层。颜色为蓝色，线型为实线，线宽为默认。

d. “文字”图层。颜色为白色，线型为实线，线宽为默认。

e. “尺寸标注”图层。颜色为绿色，线型为实线，线宽为默认。

在绘制的平面图中，包括轴线、墙线、门窗、装饰、文字和尺寸标注几项内容，分别按照上面所介绍的方法设置图层。其中，颜色可以依照读者的绘图习惯自行设置，并没有具体的要求。设置完成后的“图层特性管理器”选项板如图 10-10 所示。

提示：有时在绘制过程中需要删除使用不到的图层，我们可以将无用的图层关闭，全选图层；将其复制并粘贴至一新文件中，那些无用的图层就不会被复制。如果曾经在这个准备删除的图层中定义过块，又在另一图层中插入了这个块，那么这个准备删除的图层是不能用这种方法删除的。

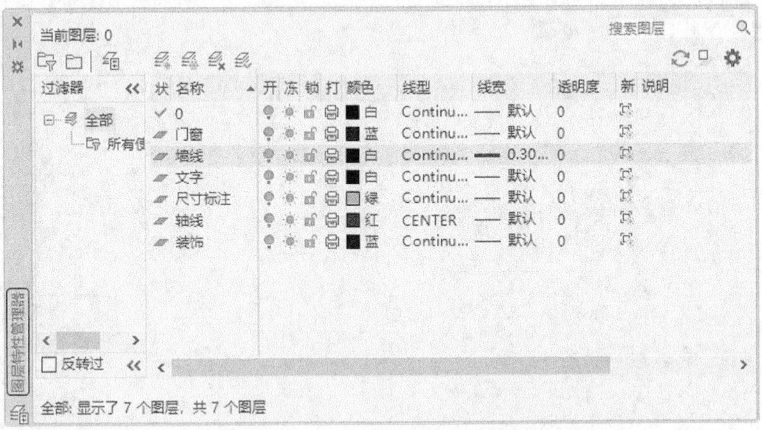

图 10-10　设置图层

10.2.2　绘制轴线

（1）打开“默认”选项卡“图层”面板的下拉列表，选择“轴线”图层为当前图层，如图

10-11 所示。

（2）单击“默认”选项卡“绘图”面板中的“直线”按钮╱，绘制一条长度为 13 000 的竖直轴线。

（3）单击“默认”选项卡“绘图”面板中的“直线”按钮╱，绘制一条长度为 52 000 的水平轴线。两条轴线绘制完成，如图 10-12 所示。

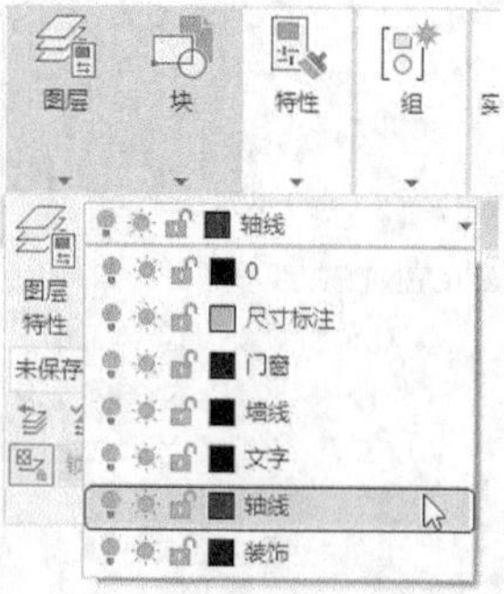

图 10-11　设置当前图层

图 10-12　绘制轴线

注意　使用“直线”命令绘制轴线时，若为正交轴网，可单击“正交”按钮，根据正交方向提示，直接输入下一点的距离即可，而不需要输入@符号；若为斜线，则可单击“极轴”按钮，设置斜线角度，此时，图形进入自动捕捉所需角度的状态，可大大提高制图时直线输入距离值的速度。注意：两者不能同时使用。

（4）此时，轴线的线型虽然为中心线，但是由于比例太小，显示出来还是实线的形式。选择刚刚绘制的轴线并单击鼠标右键，在弹出的快捷菜单中选择“特性”命令（如图 10-13 所示），弹出“特性”选项板，如图 10-14 所示。将“线型比例”设置为 50，轴线显示如图 10-15 所示。

图 10-13　下拉菜单

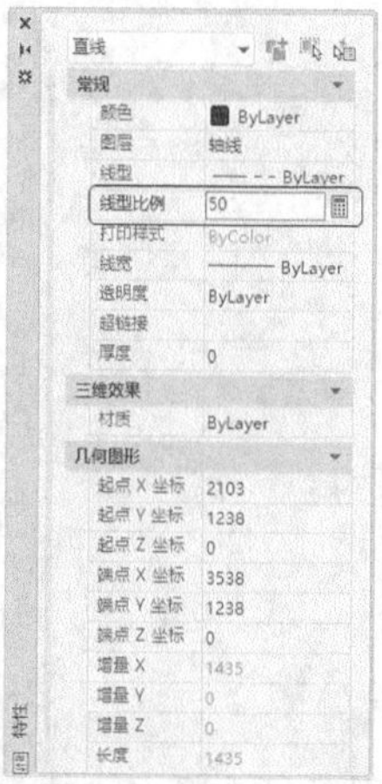

图 10-14　“特性”选项板

图 10-15　修改轴线比例

提示：通过全局修改或单个修改每个对象的线型比例因子，可以以不同的比例使用同一个线型。默认情况下，全局线型和单个线型比例均设置为 1.0。比例越小，每个绘图单位中生成的重复图案就越多。例如，设置为 0.5 时，每一个图形单位在线型定义中重复两次显示同一图案。此时短线段不能显示完整线型图案，其显示为连续线。对于太短，甚至不能显示一个虚线小段的线段，可以使用更小的线型比例。

（5）单击“默认”选项卡“修改”面板中的“偏移”按钮，然后在“偏移距离”提示行后面输入 900，按 Enter 键确认后选择水平直线，在直线上侧单击鼠标，将直线向上偏移 900 的距离。命令行提示与操作如下。

命令: OFFSET
当前设置: 删除源=否 图层=源 OFFSETGAPTYPE=0
指定偏移距离或[通过(T)/删除(E)/图层(L)]<通过>: 900
选择要偏移的对象或[退出(E)/ 放弃(U)]<退出>:（选择水平直线）
指定要偏移的那一侧上的点或[退出(E)/多个(M)/放弃(U)]<退出>: (在水平直线上侧单击)选择要偏移的对象或[退出(E)/放弃(U)]<退出>:↙

（6）按照上述方法，继续偏移其他轴线，将上一步偏移的水平直线依次向上偏移 4500、1800、1900、1800，如图10-16所示；垂直直线向右依次偏移 900、3000、3000、1300、1300、3000、3000、900、900、3000、3000、1300、1300、3000、3000、900、900、3000、3000、2600、3000、3000、900，如图 10-17 所示。

图 10-16　偏移水平直线

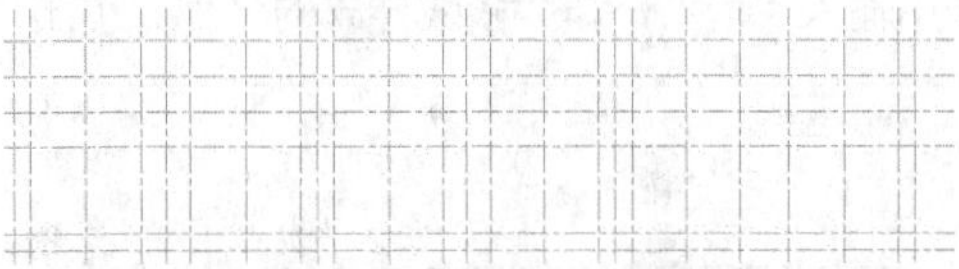

图 10-17　偏移竖直直线

（7）单击“默认”选项卡“修改”面板中的“偏移”按钮，选取左侧第三根竖直直线连续向右偏移，偏移距离为 4300、16 400、16 400，如图 10-18 所示。

（8）单击“默认”选项卡“修改”面板中的“修剪”按钮，对第（7）步偏移后的轴线进行修剪。命令行提示与操作如下。

命令: TRIM
当前设置:投影=UCS，边=无选择剪切边 ...
选择对象或<全部选择>:（选择边界）
选择要修剪的对象，或按住 Shift 键选择要延伸的对象，或[栏选(F)/窗交(C)/投影(P)/边(E)/删除(R)/放弃(U)]:（选择要修剪的对象）

修剪结果如图 10-19 所示。

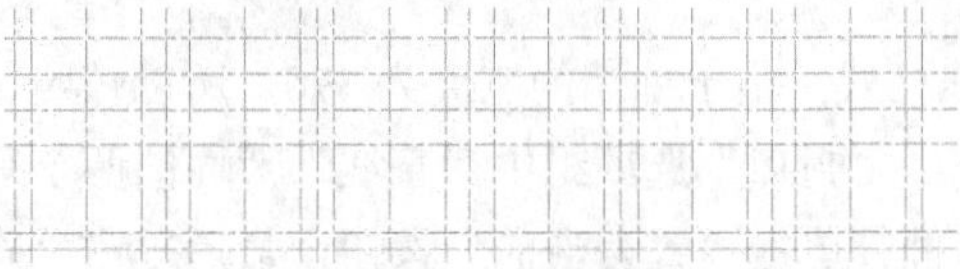

图 10-18　偏移直线

图 10-19　修剪轴线

（9）单击“默认”选项卡“修改”面板中的“删除”按钮，选取第（8）步修剪轴线后的多余线段进行删除，结果如图 10-20 所示。

（10）单击“默认”选项卡“绘图”面板中的“直线”按钮，在图形适当位置绘制多段斜向直线，如图 10-21 所示。

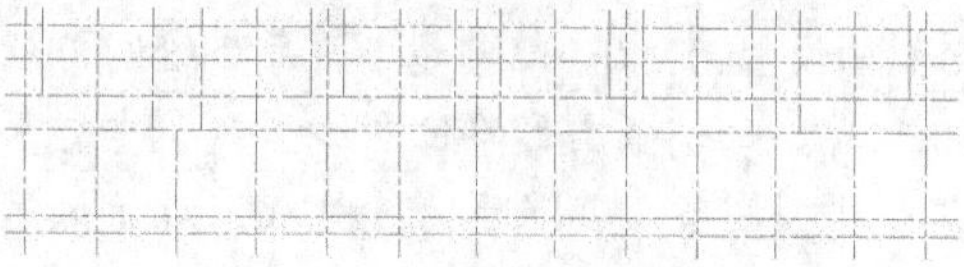

图 10-20　删除多余线段

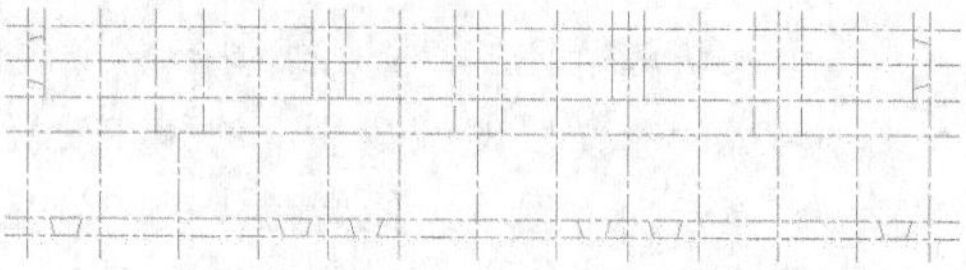

图 10-21　绘制斜向直线

10.2.3　绘制外部墙线

一般建筑结构的墙线均是通过单击“多线”命令按钮绘制的。本例中将利用“多线”“修剪”和“偏移”命令完成绘制。

（1）单击“默认”选项卡“图层”面板中的“图层特性”按钮，打开“图层特性管理器”对话框，选择“墙线”图层为当前图层。

（2）设置多线样式。

在建筑结构中，墙分为承载受力的承重结构和用来分割空间、美化环境的非承重墙。

① 选取菜单栏“格式”→“多线样式”命令，打开“多线样式”对话框，如图 10-22 所示。

② 可以看到，在“多线样式”对话框中，样式列表框中只有系统自带的 STANDARD 样式，单击右侧的“新建”按钮，打开“创建新的多线样式”对话框，如图 10-23 所示。在“新样式名”文本框中输入“墙”，作为多线样式的名称。单击“继续”按钮，打开“新建多线样式：墙”对话框。

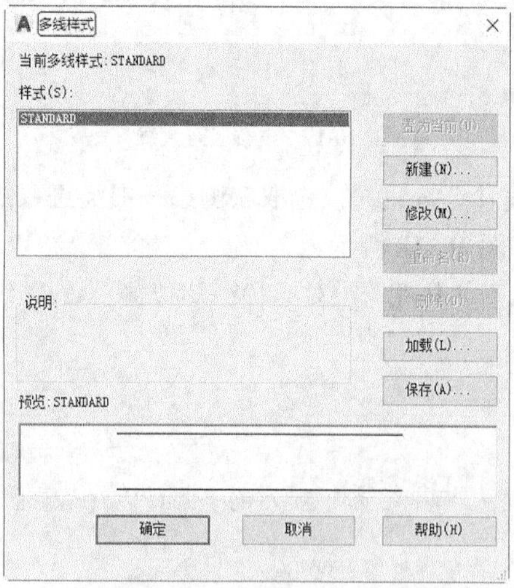

图 10-22　“多线样式”对话框

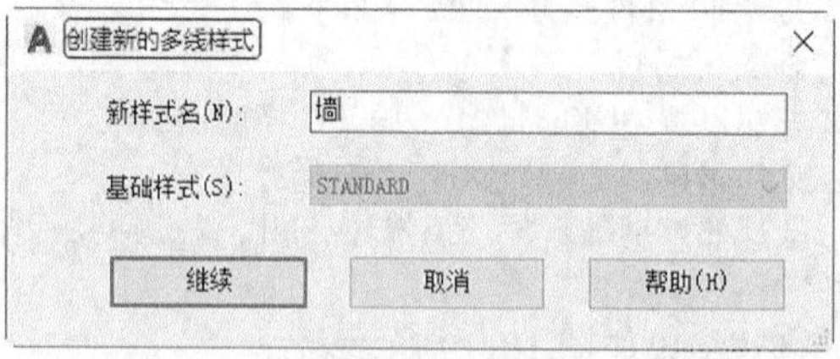

图 10-23　创建新的多线样式——墙

③ “墙”图线的样式为绘制外墙时应用的多线样式，由于外墙的宽度为 370，所以按照图 10-24 所示，将偏移分别修改为 120 和-250，并选中“封口”选项组中“直线”后面的两个复选框，单击“确定”按钮，返回“多线样式”对话框。单击“置为当前”按钮，最后单击“确定”按钮返回绘图状态。

（3）绘制墙线。

① 选择菜单栏中的“绘图”→“多线”命令，绘制砖混住宅地下室平面图中所有370厚的墙体。命令行提示与操作如下。

命令: MLINE
当前设置: 对正=上，比例=20.00，样式=STANDARD
指定起点或[对正(J)/比例(S)/样式(ST)]: ST（设置多线样式）
输入多线样式名或[?]: 墙（多线样式为墙1）
当前设置: 对正=上，比例=20.00，样式=墙
指定起点或[对正(J)/比例(S)/样式(ST)]: J
输入对正类型[上(T)/无(Z)/下(B)]<上> :Z（设置对中模式为无）
当前设置: 对正=无，比例=20.00，样式=墙
指定起点或[对正(J)/比例(S)/样式(ST)]: S
输入多线比例<20.00>: 1（设置线型比例为1）
当前设置: 对正=无，比例=1.00，样式=墙
指定起点或[对正(J)/比例(S)/样式(ST)]:（选择左侧竖直直线下端点）
指定下一点或[放弃(U)]: ↙

逐个绘制墙线，完成后的结果如图 10-25 所示。

需要注意的是，在绘制墙体时，由于墙体厚度不同，要对多线样式进行修改。

提示：目前，国内对建筑 CAD 制图开发了多套适合我国规范的专业软件，如天正、广厦等。这些以 AutoCAD 为平台开发的制图软件，通常根据建筑制图的特点，对许多图形进行模块化、参数化，故在使用这些专业软件时，大大提高了 CAD 制图的速度，而且 CAD 制图格式规范、统一，大大降低了一些单靠 CAD 制图易出现的小错误，给制图人员带来了极大的方便，节约了大量的制图时间。感兴趣的读者可试一试相关软件。

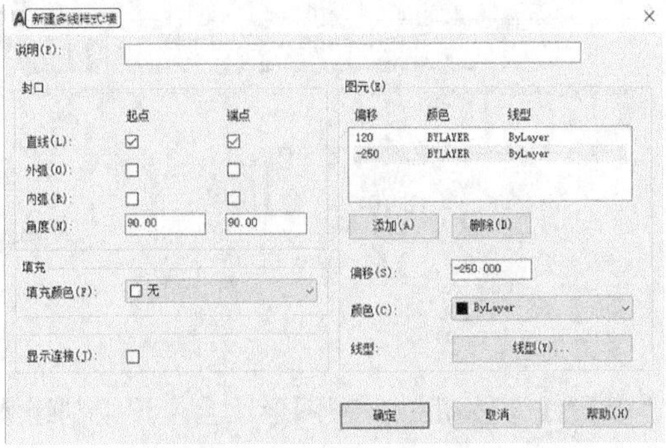

图 10-24　编辑新建多线样式—墙

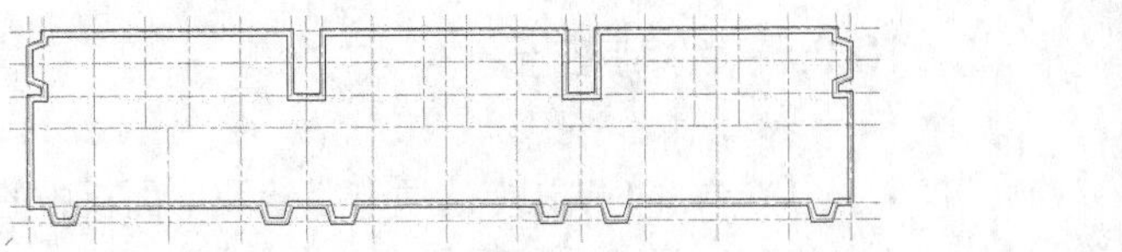
图 10-25　绘制外墙线

② 选择菜单栏中的“格式”→“多线样式”命令，打开“多线样式”对话框，如图 10-22 所示。

③ 单击右侧的“新建”按钮，打开“创建新的多线样式”对话框，如图 10-26 所示。在“新样式名”文本框中输入“内墙”，作为多线样式的名称。单击“继续”按钮，打开“新建多线样式：内墙”对话框。

④ “内墙”为绘制非承重墙时应用的多线样式，由于非承重墙的厚度为 240，所以按照图 10-27 所示，将偏移分别修改为 120 和-120。单击“确定”按钮，返回“多线样式”对话框。单击“确定”按钮，返回绘图状态。

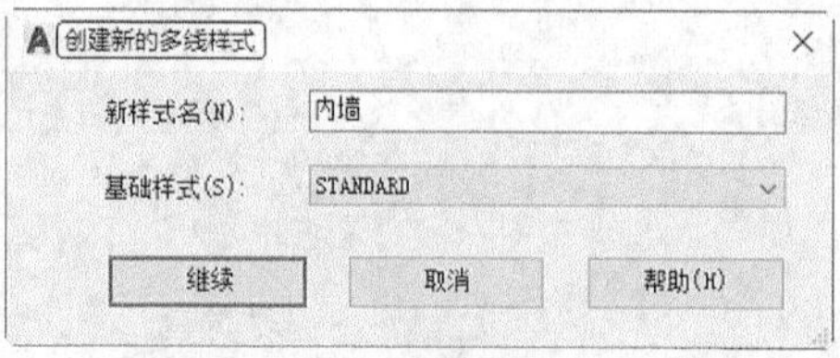

图 10-26　创建新的多线样式——内墙

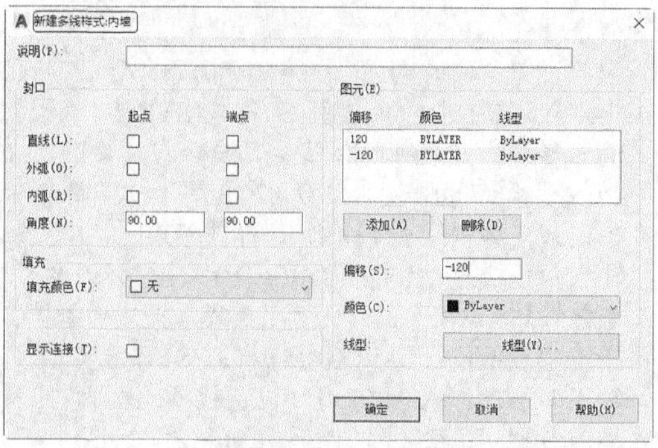

图 10-27　编辑新建多线样式——内墙

10.2.4　绘制非承重墙

（1）单击“默认”选项卡“修改”面板中的“偏移”按钮，选取最左侧竖直轴线向右偏移，偏移距离为 2100、45 000，选择菜单栏中的“绘图”→“多线”命令，绘制图形中的非承重墙。绘制结果如图 10-28 所示。

（2）单击“默认”选项卡“修改”面板中的“分解”按钮，选取第（1）步已经绘制完的墙体，按 Enter 键，确认对墙体进行分解。

（3）单击“默认”选项卡“修改”面板中的“修剪”按钮，对墙体相交线段进行修剪，结果如图 10-29 所示。

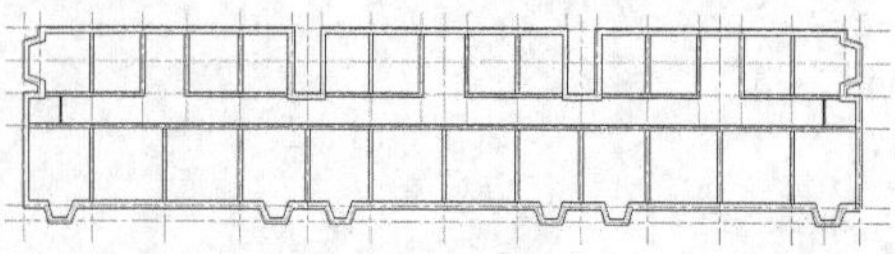

图 10-28　绘制内墙线

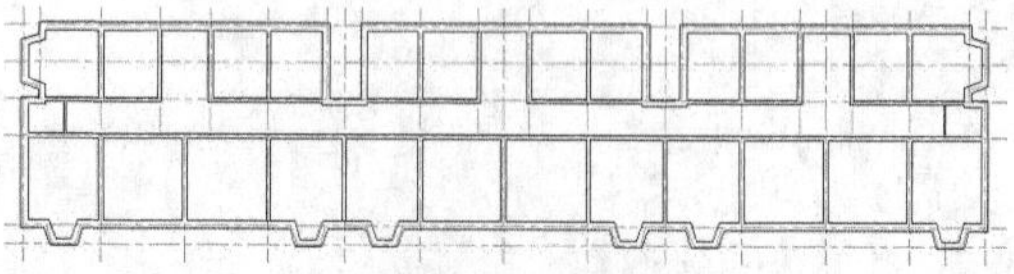

图 10-29　修剪墙线

10.2.5　绘制柱子

（1）单击“默认”选项卡“绘图”面板中的“多段线”按钮，在图形适当位置绘制连续多段线，如图 10-30 所示。

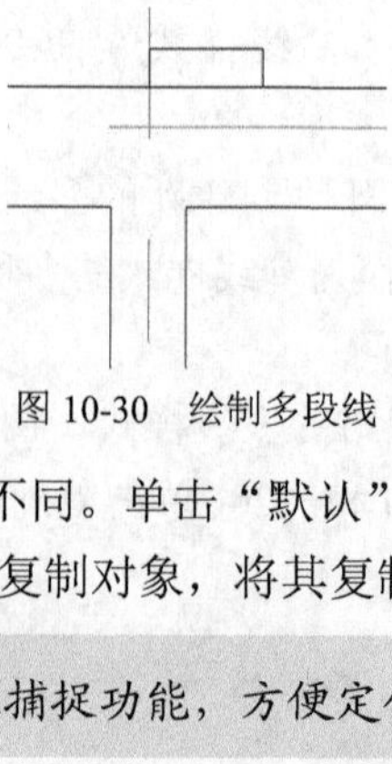

图 10-30　绘制多段线

（2）其他柱子的大小相同，位置不同。单击“默认”选项卡“修改”面板中的“复制”按钮，选取第（1）步绘制的多段线为复制对象，将其复制到适当位置，如图 10-31 所示。

注意　复制时，灵活应用对象捕捉功能，方便定位。

（3）单击“默认”选项卡“修改”面板中的“修剪”按钮，对柱子和墙体交接处进行修剪，如图 10-32 所示。

注意　由于一些多线并不适合利用“多线修改”命令进行修改，可以先将多线分解，直接利用“修剪”命令进行修剪。

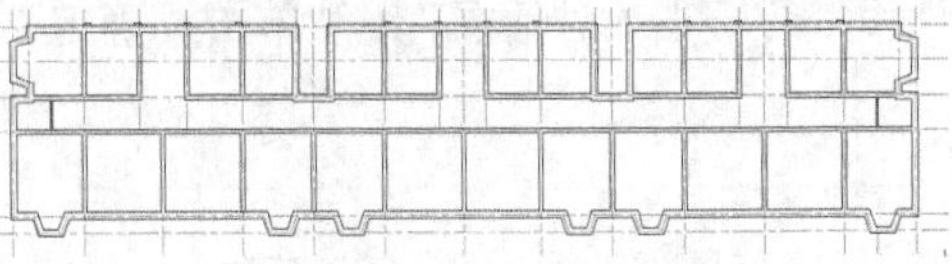

图 10-31　复制柱子图形

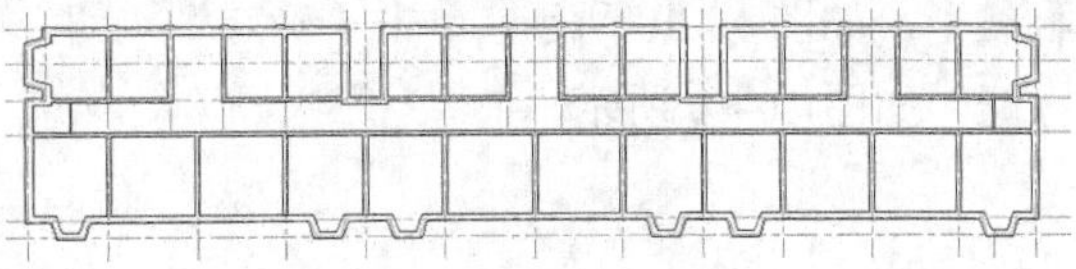

图 10-32　修剪柱子

10.2.6　绘制窗户

（1）修剪窗洞。

① 绘制洞口时，常以邻近的墙线或轴线作为距离参照来帮助确定洞口位置。现以客厅北侧的窗洞为例，拟画洞口宽 1500，位于该段墙体的中部，因此洞口两侧剩余墙体的宽度均为 750（到轴线）。打开“轴线”图层，将“墙体”图层设置为当前图层。单击“默认”选项卡“修改”面板中的“偏移”按钮，将左侧墙的轴线向右偏移，偏移距离为 750，将右侧轴线向左偏移，偏移距离为 750，如图 10-33 所示。

② 单击“默认”选项卡“修改”面板中的“修剪”按钮，按 Enter 键选择自动修剪模式，然后修剪窗洞。绘制结果如图 10-34 所示。

③ 单击“默认”选项卡“绘图”面板中的“直线”按钮，绘制两段竖直直线封闭第②步修剪的窗洞口，如图 10-35 所示。

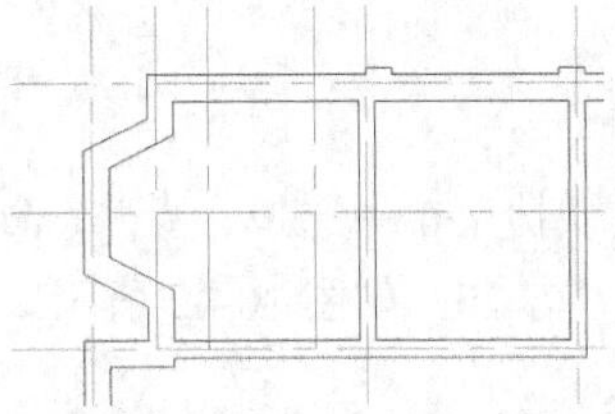

图 10-33　绘制窗洞线

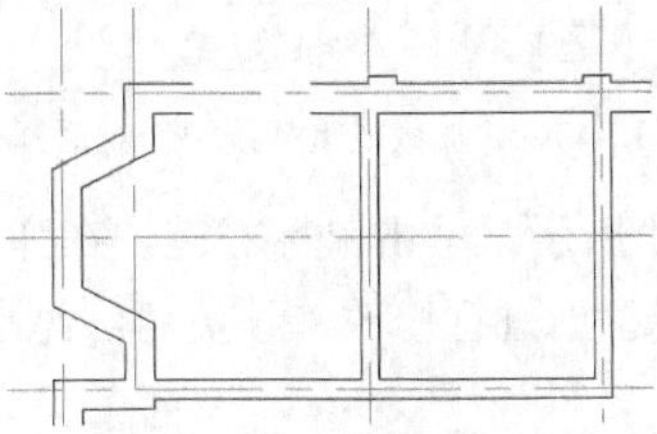

图 10-34　修剪窗洞

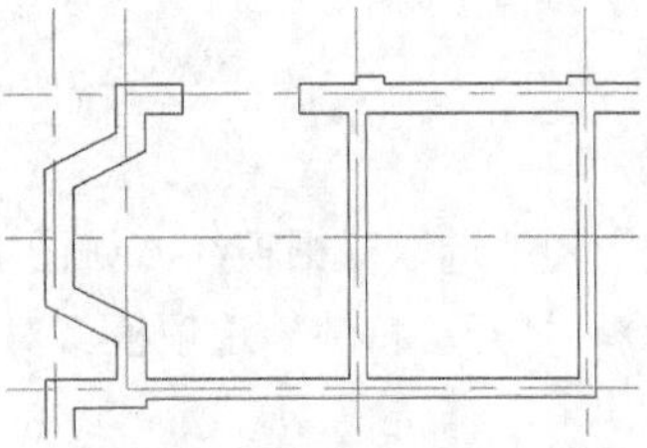

图 10-35　封闭窗洞口

④ 利用上述方法绘制出图形中所有窗洞，如图 10-36 所示。

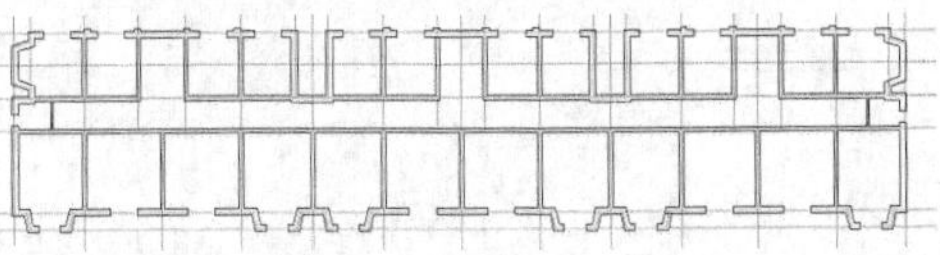

图 10-36　绘制出所有窗洞

（2）绘制窗线。

① 单击“默认”选项卡“图层”面板中的“图层特性”按钮，打开“图层特性管理器”选项板，选择“门窗”图层为当前图层。

② 单击“默认”选项卡“绘图”面板中的“直线”按钮，绘制一条水平直线封闭窗

洞，如图 10-37 所示。

③ 单击“默认”选项卡“修改”面板中的“偏移”按钮⊆，选取第②步绘制的窗线向上偏移，偏移距离为 123. 33，连续偏移 3 次，如图 10-38 所示。

④ 选择菜单栏中的“格式”→“线型”命令，弹出“线型管理器”对话框，单击“加载”按钮，打开“加载或重载线型”对话框，如图 10-39 所示。选择“可用线型”列表框中的第一种线型，如图 10-40 所示，单击“确定”按钮，返回“线型管理器”对话框。继续单击“确定”按钮，如图 10-40 所示。

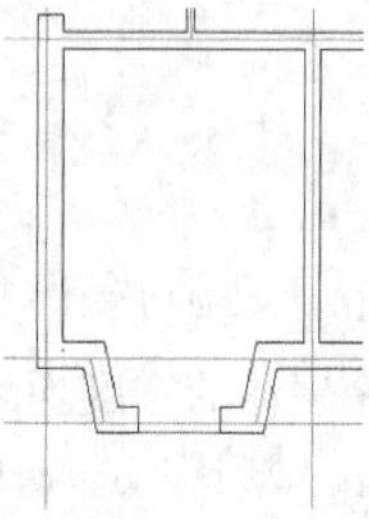

图 10-37　绘制窗线

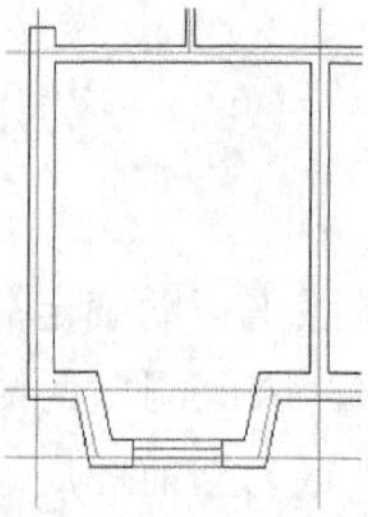

图 10-38　偏移窗线

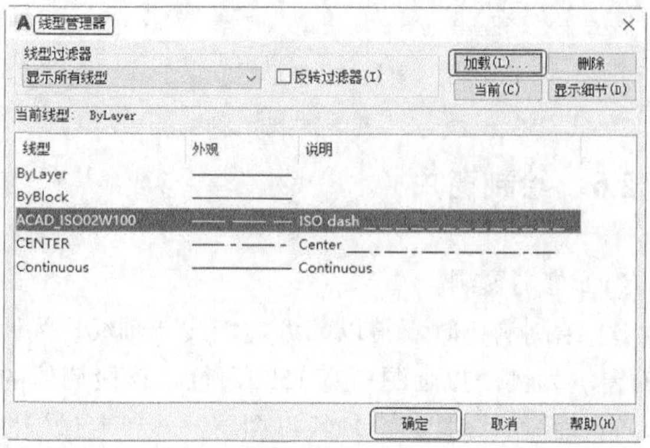

图 10-39　“线型管理器”对话框

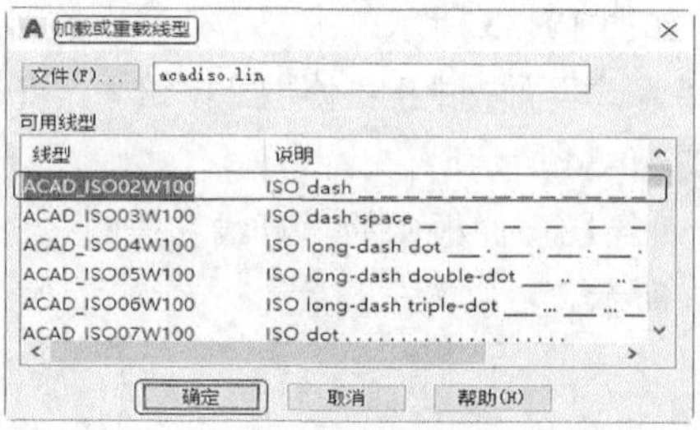

图 10-40　“加载或重载线型”对话框

⑤ 选取一根窗线，如图 10-41 所示。单击鼠标右键，在弹出的快捷菜单中选择“特性”命令，打开“特性”选项板。对“线型”进行修改，设置“线型比例”为 20，如图 10-42 所示。

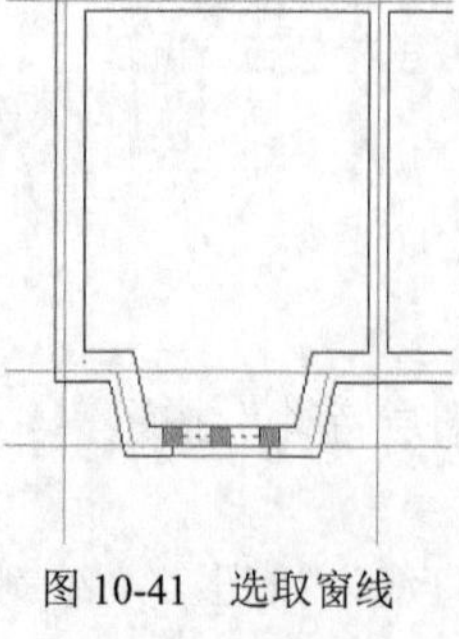

图 10-41　选取窗线

图 10-42　“特性”选项板

⑥ 完成线型的修改，如图 10-43 所示。

⑦ 利用上述方法完成所有窗线的线型修改，如图 10-44 所示。

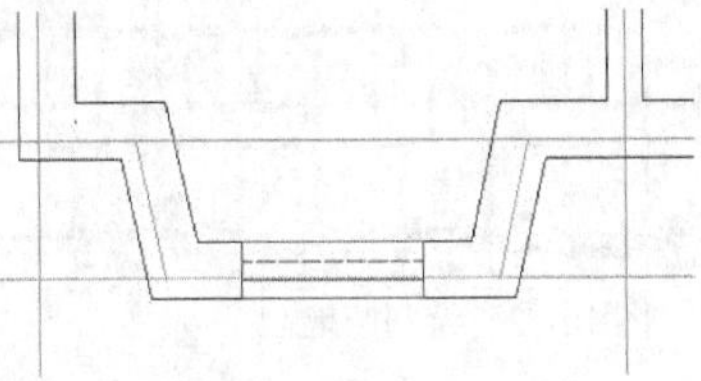

图 10-43　修改窗线线型

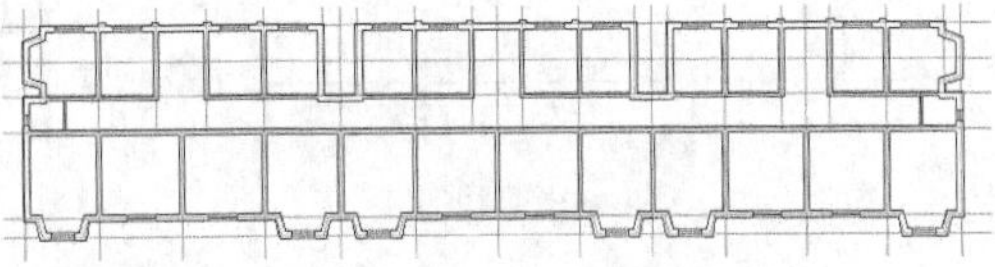

图 10-44　窗线绘制结果

10.2.7　绘制门

（1）修剪门洞。

① 打开“默认”选项卡“图层”面板的下拉列表，选择“墙线”图层为当前图层。

② 单击“默认”选项卡“绘图”面板中的“直线”按钮 ⁄，在墙线的适当位置绘制一段竖直直线，如图 10-45 所示。

③ 单击“默认”选项卡“修改”面板中的“偏移”按钮 ⊆，选取竖直直线向左偏移，偏移距离为 900，如图 10-46 所示。

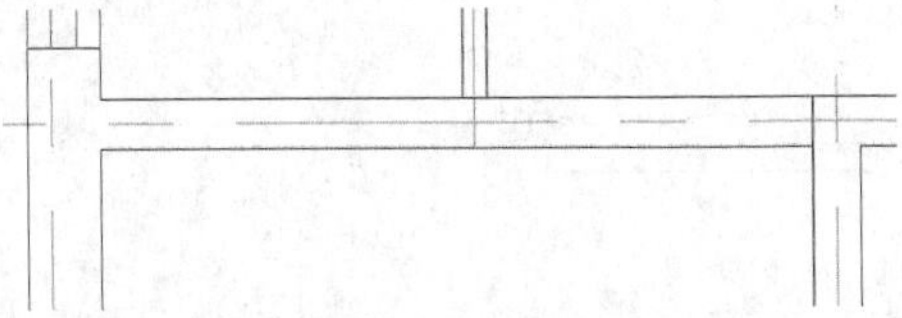

图 10-45　绘制竖直直线

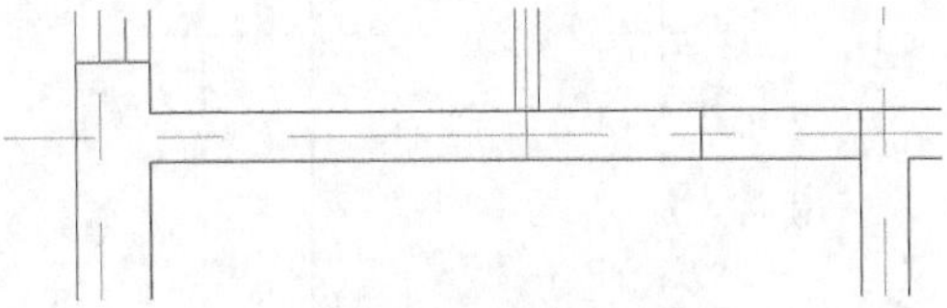

图 10-46　偏移竖直直线

④ 单击“默认”选项卡“修改”面板中的“修剪”按钮，对第③步偏移的直线进行修剪处理，如图 10-47 所示。

⑤ 利用上述方法，修剪出图形中所有的门洞口，结果如图 10-48 所示。

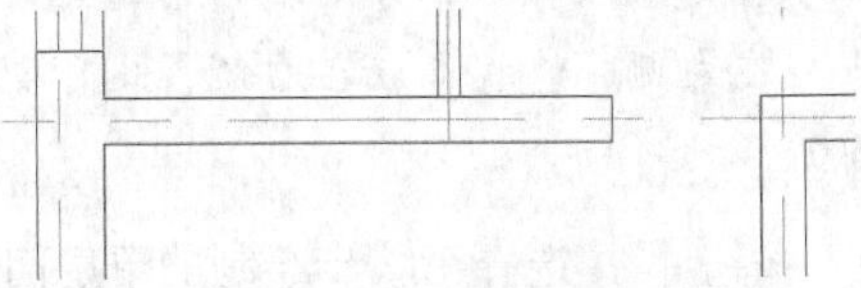

图 10-47　修剪线段

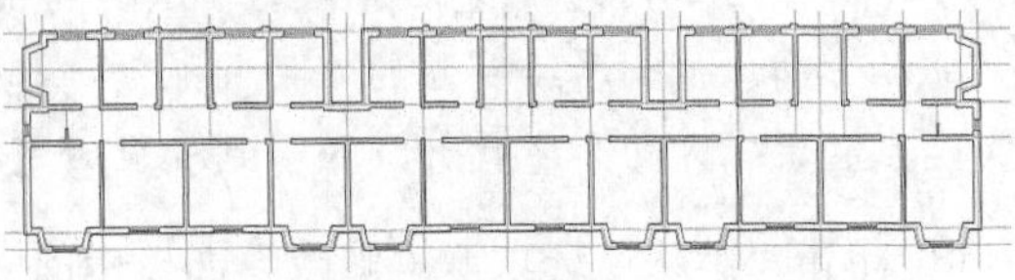

图 10-48　修剪门洞

⑥ 单击“默认”选项卡“修改”面板中的“偏移”按钮 ⊆，选取上边水平直线向下偏移，偏移距离为 5500，将偏移后轴线切换到“墙线”图层，如图 10-49 所示。

⑦ 单击“默认”选项卡“绘图”面板中的“直线”按钮 ⁄，在偏移后的轴线下方绘制一条竖直直线，如图 10-50 所示。

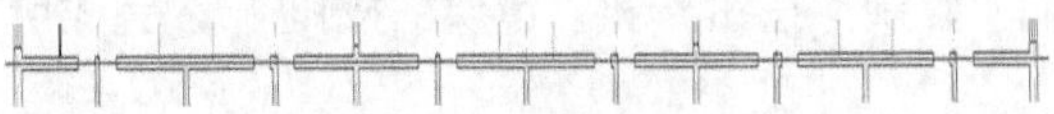

图 10-49　偏移直线

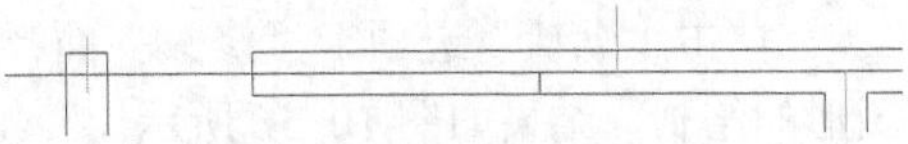

图 10-50　绘制竖直直线

⑧ 单击“默认”选项 卡“修改”面板中的“修剪”按钮，修剪掉偏移后的线段，如图

10–51 所示。

⑨ 利用上述方法绘制剩余的凹陷墙体，结果如图 10–52 所示。

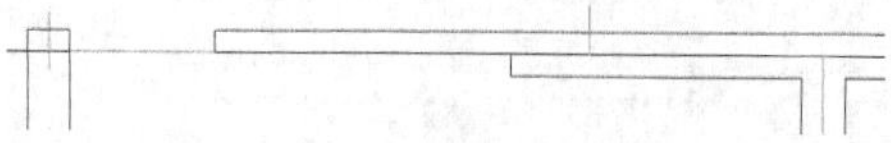

图 10-51　修剪线段

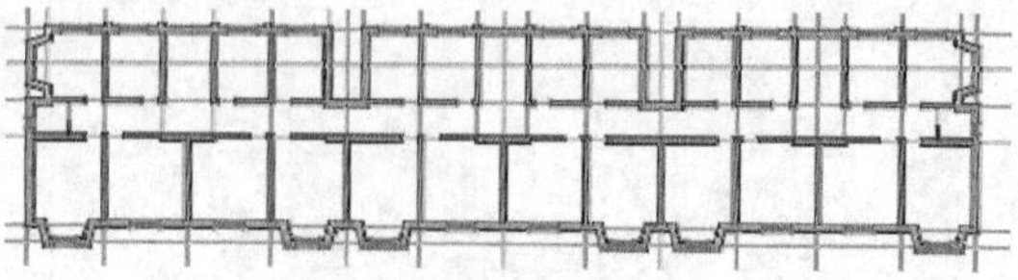

图 10-52　绘制凹墙

（2）绘制门图形。

① 单击“默认”选项卡“绘图”面板中的“直线”按钮╱，绘制一条斜向直线，如图 10–53 所示。

② 单击“默认”选项卡“绘图”面板中的“圆弧”按钮◜，利用“圆心、起点、端点”的方式绘制一段圆弧。命令行提示与操作如下。

```
命令: ARC
指定圆弧的起点或[圆心(C)]: C
指定圆弧的圆心:（指定圆心如图10-53所示）
指定圆弧的起点:（指定起点如图10-53所示）
指定圆弧的端点(按住Ctrl键以切换方向)或 [角度(A)/弦长(L)]:（指定端点如图10-53所示）
```

结果如图 10–54 所示。

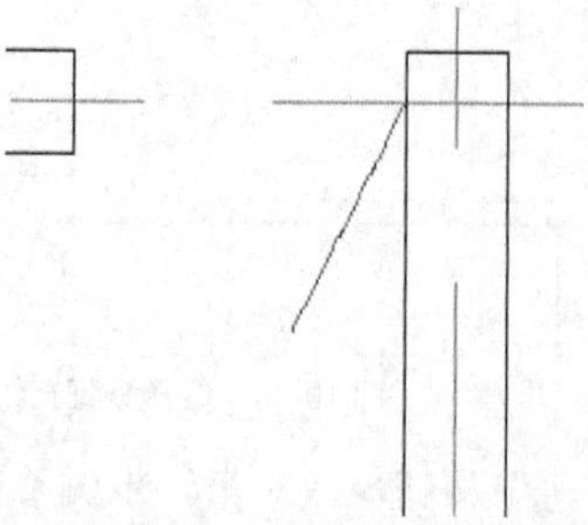

图 10-53　绘制斜向直线

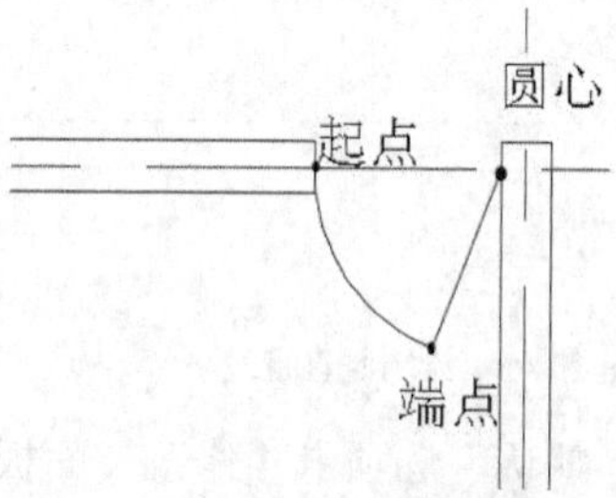

图 10-54　绘制圆弧

注意　绘制圆弧时，注意指定合适的端点或圆心，指定端点的时针方向即为绘制圆弧的方向。例如要绘制圆的下半圆弧，则起始端点应在左侧，终端点应在右侧，此时端点的时针方向为逆时针，即得到相应的逆时针圆弧。

③ 单击“默认”选项卡“修改”面板中的“镜像”按钮⚠，选择第②步绘制的单扇门，按 Enter 键后选择矩形的中轴线作为基准线，镜像单扇门，如图 10-55 所示。

注意　为了绘图简单，如果绘制图形中有对称图形，可以创建表示半个图形的对象，选择这些对象并沿指定的线进行镜像，以创建另一半图形。

④ 双扇门的绘制方法与单扇门的基本相同，这里不再详细阐述。

⑤ 单击“默认”选项卡“修改”面板中的“复制”按钮೫和“镜像”按钮⚠，完成所有门图形的绘制，结果如图 10–56 所示。

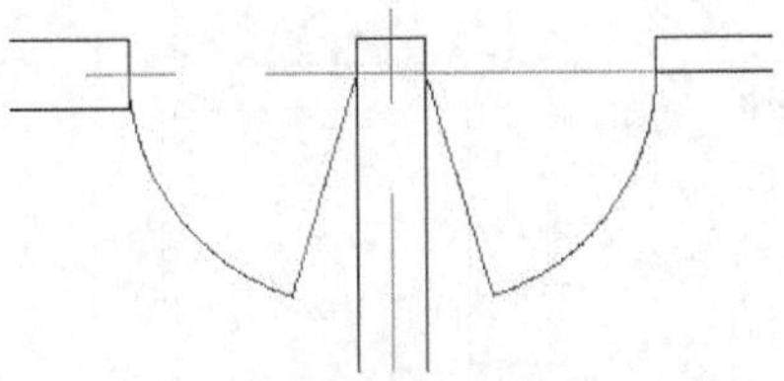

图 10-55　镜像门图形

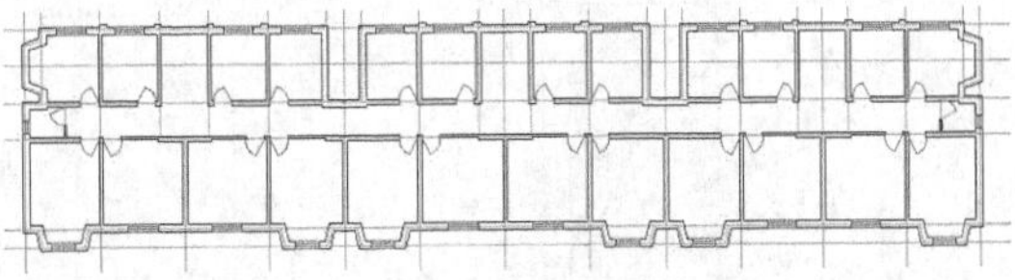

图 10-56　绘制剩余门图形

10.2.8　绘制楼梯

绘制楼梯时需要以下参数。

（1）楼梯形式（单跑、双跑、直行、弧形等）。

（2）楼梯各部位长、宽、高 3 个方向的尺寸，包括楼梯总宽、总长、楼梯宽度、踏步宽度、踏步高度、平台宽度等。

（3）楼梯的安装位置。

绘制步骤如下。

（1）新建“楼梯”图层，颜色为“蓝色”，其他属性默认。并将楼梯层设为当前图层。

（2）单击“默认”选项卡“绘图”面板中的“直线”按钮，在适当位置绘制一条长 3450 的竖直直线，如图 10-57 所示。

（3）单击“默认”选项卡“修改”面板中的“偏移”按钮，选取第（2）步绘制的直线分别向两侧偏移，偏移距离为 60，如图 10-58 所示。

（4）单击“默认”选项卡“修改”面板中的“删除”按钮，将偏移前的竖直直线进行删除，如图 10-59 所示。

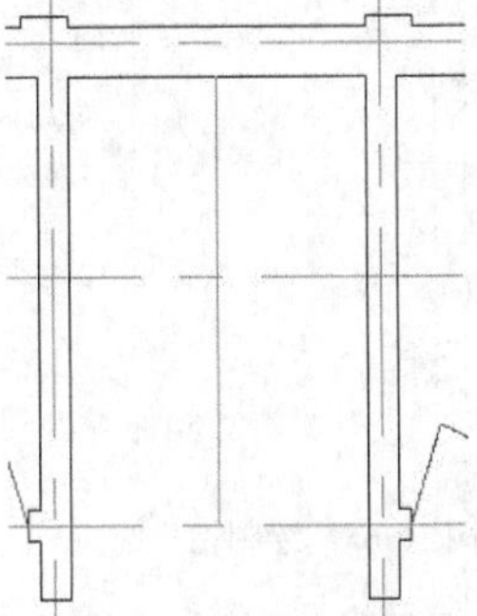

图 10-57　绘制竖直直线

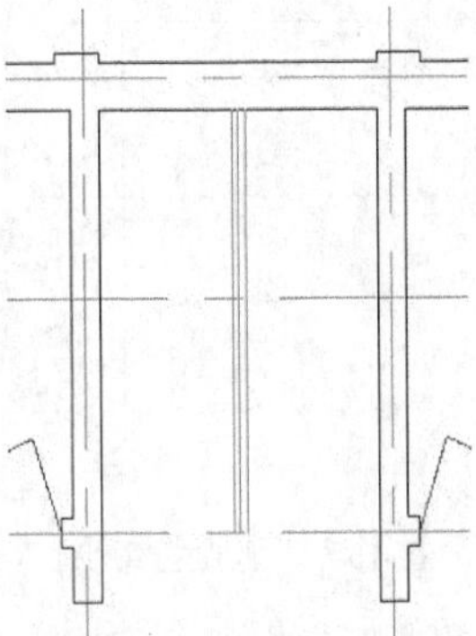

图 10-58　偏移直线

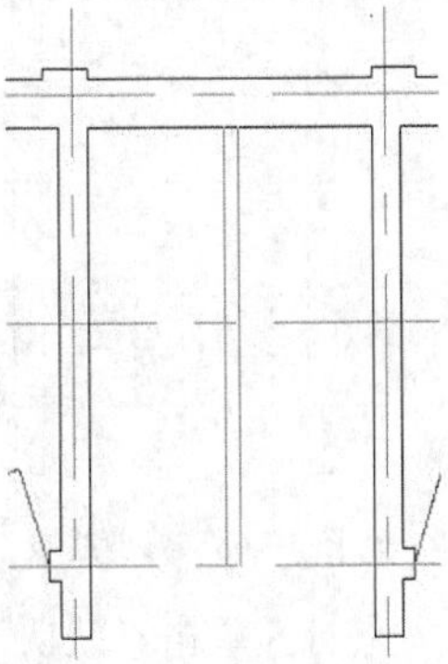

图 10-59　删除直线

（5）单击“默认”选项卡“绘图”面板中的“直线”按钮，以第（4）步偏移的外侧竖直直线下端点为起点向右绘制一条水平直线，如图 10-60 所示。

（6）单击“默认”选项卡“修改”面板中的“偏移”按钮，选取第（5）步绘制的水平直线向上偏移 5 次，偏移距离为 260，如图 10-61 所示。

（7）单击“默认”选项卡“绘图”面板中的“直线”按钮，在适当位置绘制两条竖直直线，如图 10-62 所示。

（8）单击“默认”选项卡“修改”面板中的“修剪”按钮，修剪掉多余线段，如图 10-63 所示。

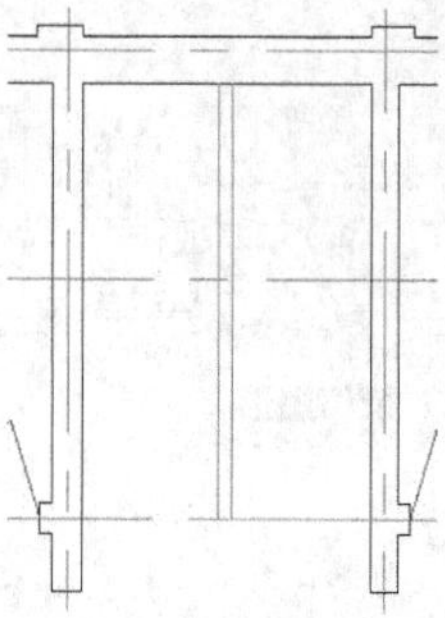

图 10-60　绘制水平直线

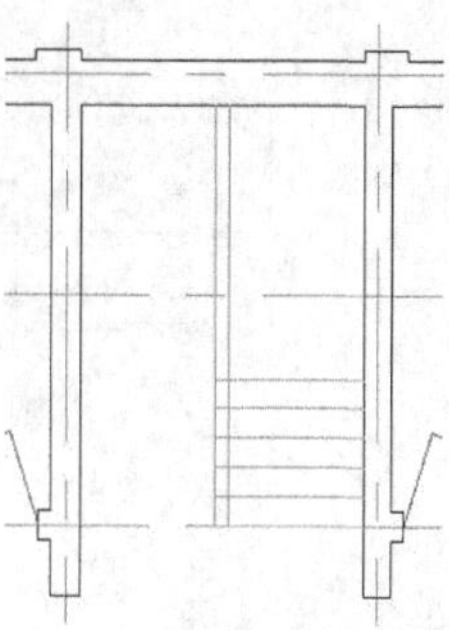

图 10-61　偏移水平直线

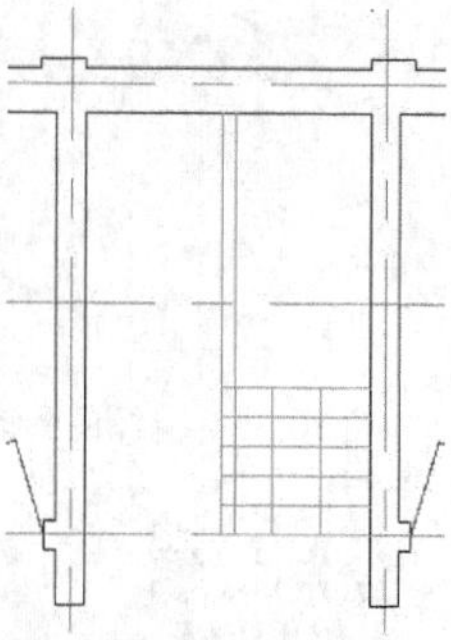

图 10-62　绘制竖直直线

（9）单击“默认”选项卡“绘图”面板中的“直线”按钮╱和“修剪”按钮，绘制楼梯折弯线，如图 10-64 所示。

（10）单击“默认”选项卡“绘图”面板中的“多段线”按钮，绘制一段多段线作为楼梯的指引箭头，如图 10-65 所示。命令行提示与操作如下。

```
命令: PLINE
指定起点:（指定一点）
当前线宽为0.0000
指定下一个点或[圆弧(A)/半宽(H)/长度(L)/放弃(U)/宽度(W)]:（向上指定一点）
指定下一点或[圆弧(A)/闭合(C)/半宽(H)/长度(L)/放弃(U)/宽度(W)]:W
指定起点宽度<0.0000>: 50
指定端点宽度<50.0000>: 0
指定下一点或[圆弧(A)/闭合(C)/半宽(H)/ 长度 (L)/放弃(U)/宽度(W)]:（向上指定一点）
指定下一点或[圆弧(A)/闭合(C)/半宽(H)/长度(L)/放弃(U)/宽度(W)]: ↙
```

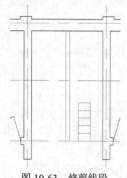

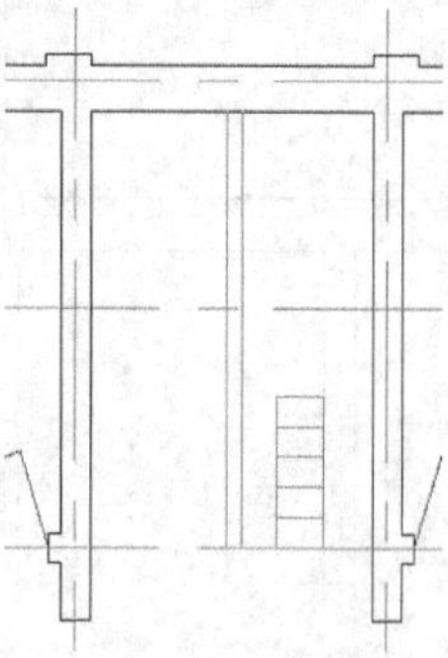

图 10-63　修剪线段

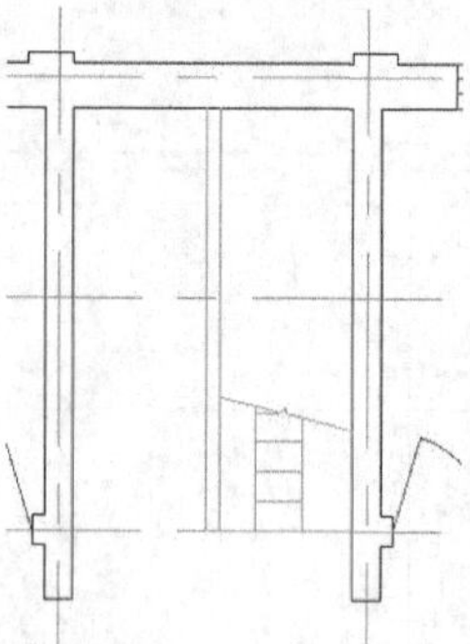

图 10-64　绘制折弯线

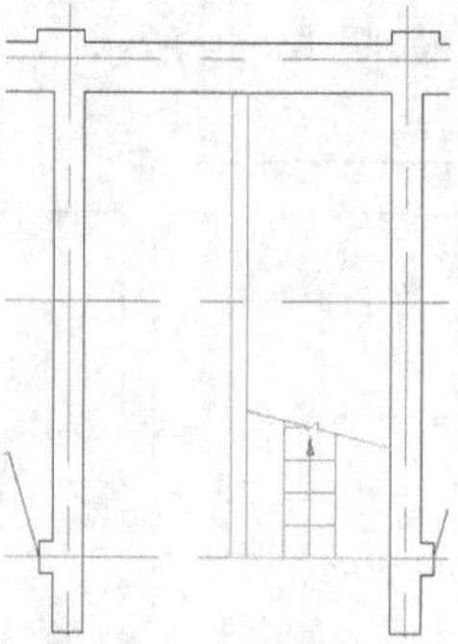

图 10-65　绘制指引箭头

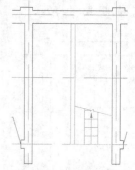

（11）单击“默认”选项卡“修改”面板中的“复制”按钮，选取已经绘制的楼梯图形，复制图形作为其他楼梯间，并结合所学知识完成剩余图形的绘制，如图 10-66 所示。

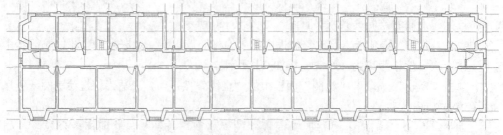

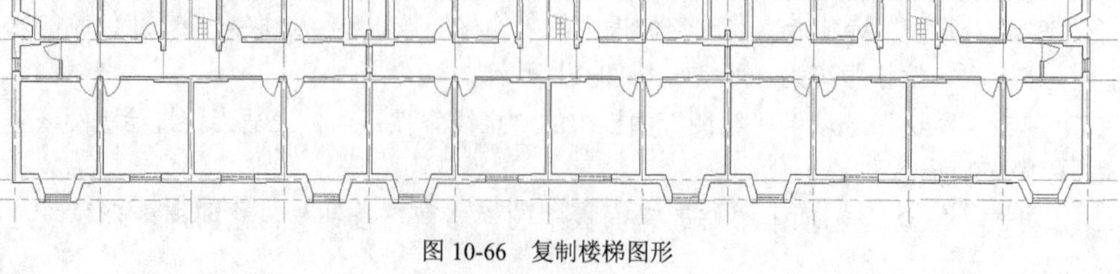

图 10-66　复制楼梯图形

10.2.9　绘制内墙

绘制步骤如下。

（1）单击“默认”选项卡“修改”面板中的“偏移”按钮⊆，选取最上边水平直线向下偏移，偏移距离分别为 3280、420、300、1200、300，如图 10-67 所示。

（2）选择菜单栏中的“绘图”→“多线”命令，将“内墙”多线样式置为当前，根据第（1）步偏移的轴线确定的位置绘制多线，如图 10-68 所示。

（3）单击“默认”选项卡“修改”面板中的“删除”按钮，删除偏移轴线。

（4）单击“默认”选项卡“绘图”面板中的“直线”按钮╱，绘制水平线段，封闭第（2）步绘制的多线，如图 10-69 所示。

（5）单击“默认”选项卡“修改”面板中的“修剪”按钮，修剪绘制图形，如图 10-70 所示。

（6）利用上述方法绘制另外一处内墙，如图 10-71 所示。

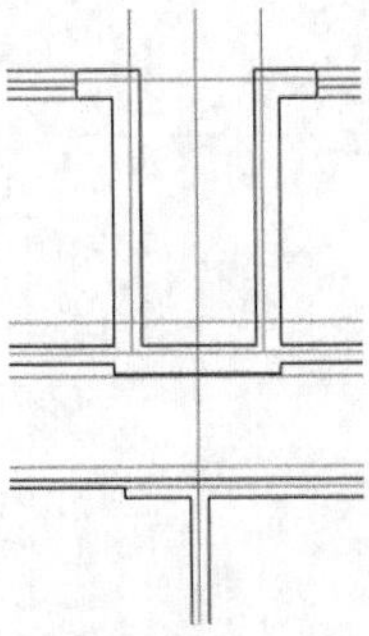

图 10-67　偏移直线

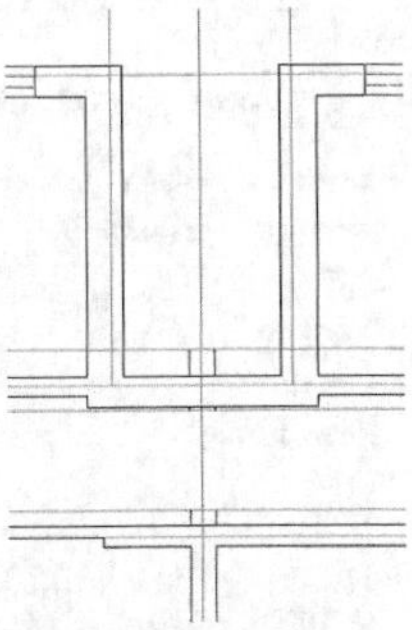

图 10-68　绘制多线

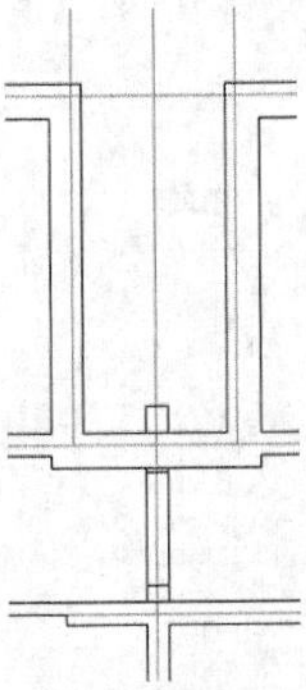

图 10-69　封闭线段

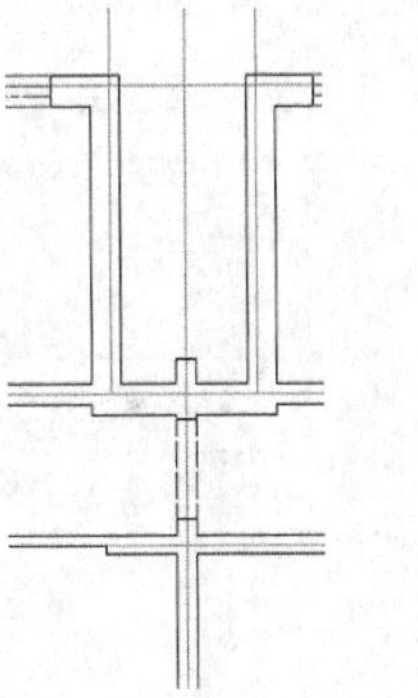

图 10-70　修改线型

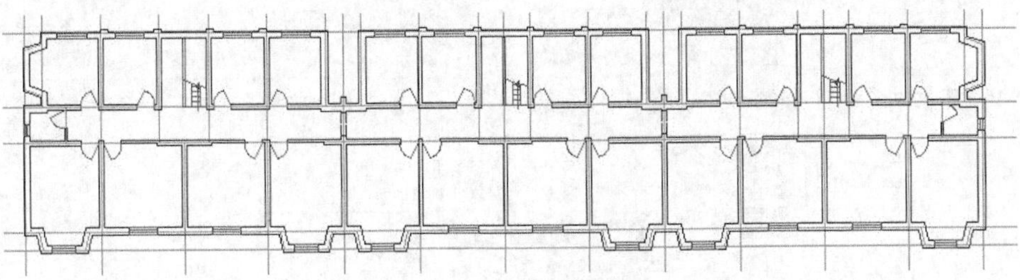

图 10-71　绘制内墙图形

10.2.10　标注尺寸

绘制步骤如下。

（1）打开“默认”选项卡“图层”面板的下拉列表，选择“尺寸标注”图层为当前图层。

（2）选择菜单栏中的“标注”→“标注样式”命令，弹出“标注样式管理器”对话框，如图 10-72 所示。

（3）选中“ISO-25”标注样式，单击“修改”按钮，弹出“修改标注样式：ISO-25”对话框。单击“线”选项卡，按照图 10-73 所示的设置修改标注样式；单击“符号和箭头”选项卡，按照图 10-74 所示的设置进行修改，设置“箭头”样式为“建筑标记”，“箭头大小”为 400；在“文字”选项卡中设置“文字高度”为 450，如图 10-75 所示；“主单位”选项卡的设置如图 10-76 所示。

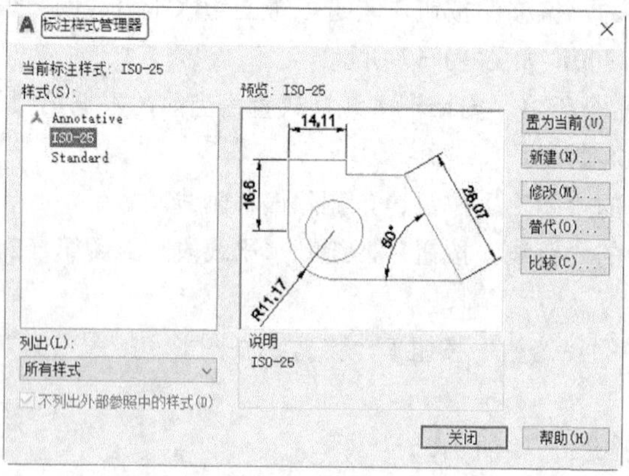

图 10-72　“标注样式管理器”对话框

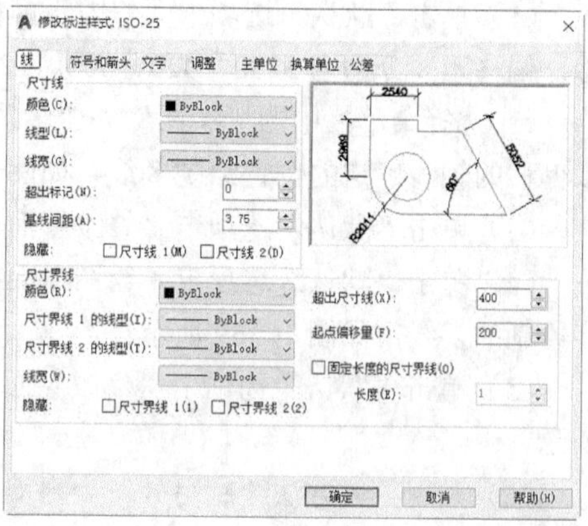

图 10-73　“线”选项卡

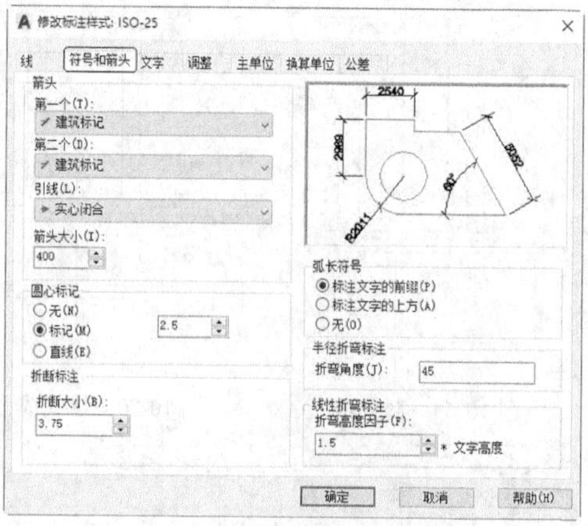

图 10-74　“符号和箭头”选项卡

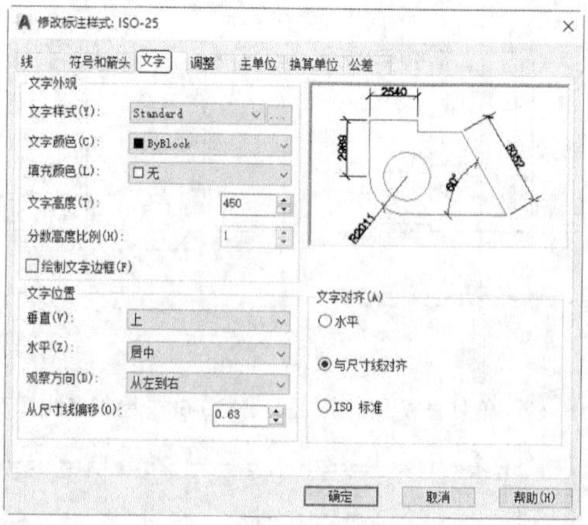

图 10-75　“文字”选项卡

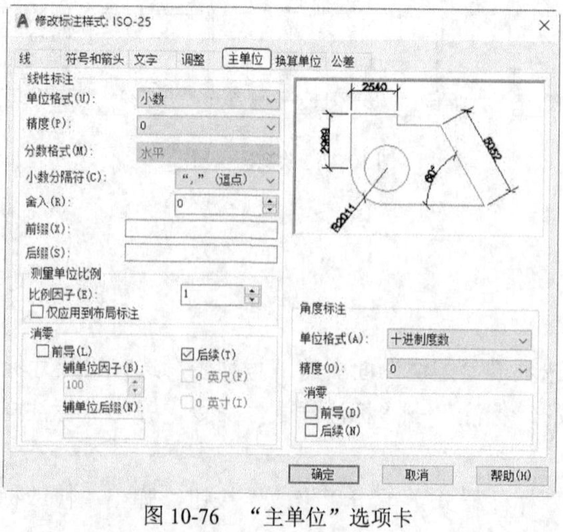

图 10-76　“主单位”选项卡

（4）将“尺寸标注”图层设为当前图层，单击“注释”选项卡“标注”面板中的“线性”按钮和“连续”按钮，对图形细部进行尺寸标注。命令行提示与操作如下。

命令: DIMLINEAR
指定第一个尺寸界线原点或<选择对象>:（选择标注起点）
指定第二个尺寸界线原点: <正交开>（选择标注终点）
指定尺寸线位置或[多行文字(M)/文字(T)/角度(A)/水平(H)/垂直(V)/旋转(R)]:（指定适当位置）

重复执行线性标注，结果如图 10-77 所示。

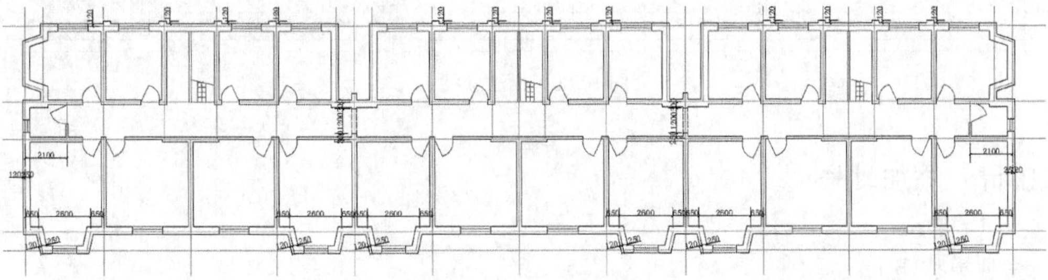

图 10-77　细部尺寸标注

（5）单击“注释”选项卡“标注”面板中的“线性”按钮和“连续”按钮，标注第一道尺寸，如图 10-78 所示。

（6）单击“注释”选项卡“标注”面板中的“线性”按钮和“连续”按钮，标注第二道尺寸，如图 10-79 所示。

（7）单击“注释”选项卡“标注”面板中的“线性”按钮和“连续”按钮，标注图形总尺寸，如图 10-80 所示。

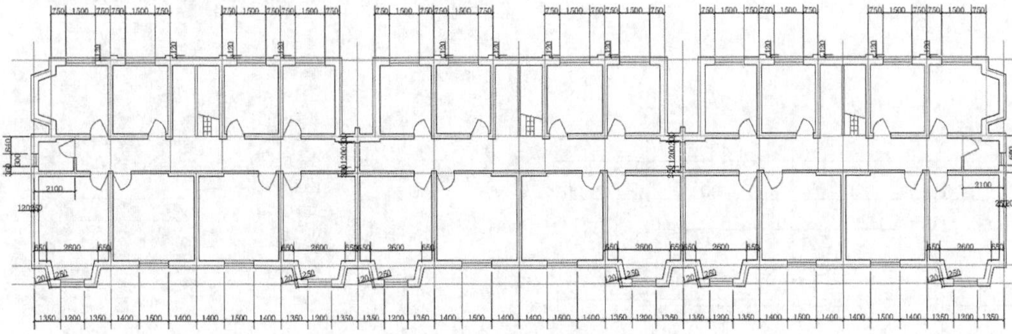

图 10-78　标注第一道尺寸

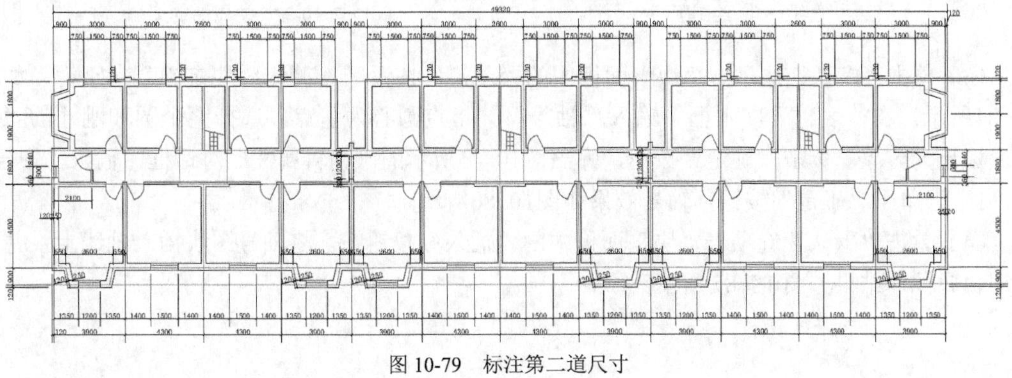

图 10-79　标注第二道尺寸

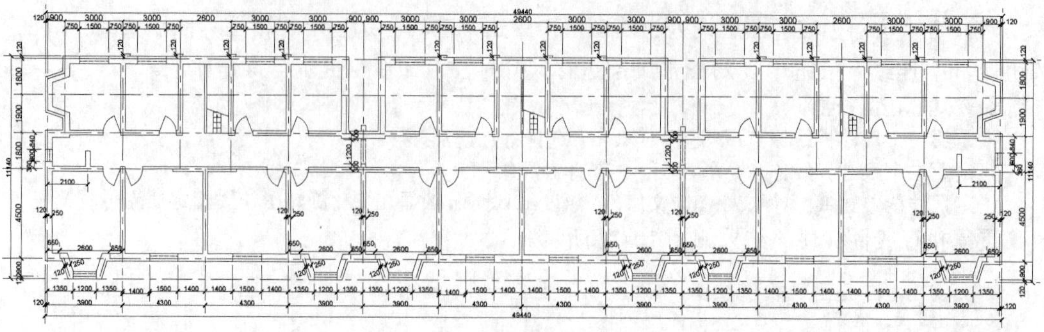

图 10-80　标注总尺寸

10.2.11　添加轴号

绘制步骤如下。

（1）单击“默认”选项卡“绘图”面板中的“圆”按钮，在适当位置绘制一个半径为 500 的圆，如图 10-81 所示。

（2）选择菜单栏中的“绘图”→“块”→“定义属性”命令，弹出“属性定义”对话框，如图 10-82 所示。单击“确定”按钮，在圆心位置输入一个块的属性值。设置完成后的效果如图 10-83 所示。

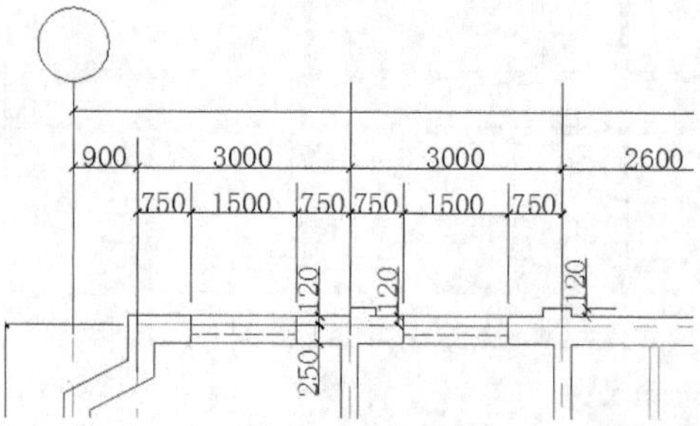

图 10-81　绘制圆

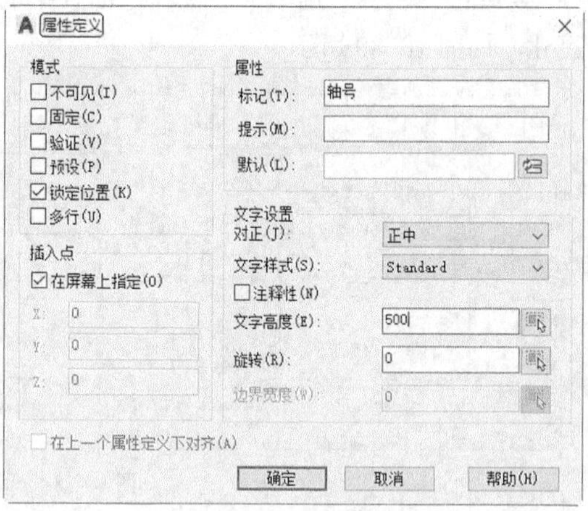

图 10-82　块属性定义

（3）单击“默认”选项卡“块”面板中的“创建”按钮，弹出“块定义”对话框，如图 10-84所示。在“名称”文本框中输入“轴号”，指定圆心为基点，选择整个圆和刚才的“轴号”标记为对象。单击“确定”按钮，弹出图10-85所示的“编辑属性”对话框，输入“轴号”为“1”。单击“确定”按钮，轴号效果如图10-86所示。

（4）单击“默认”选项卡“块”面板中的“插入”按钮，将轴号图块插入轴线上，并修改图块属性，结果如图 10-87 所示。

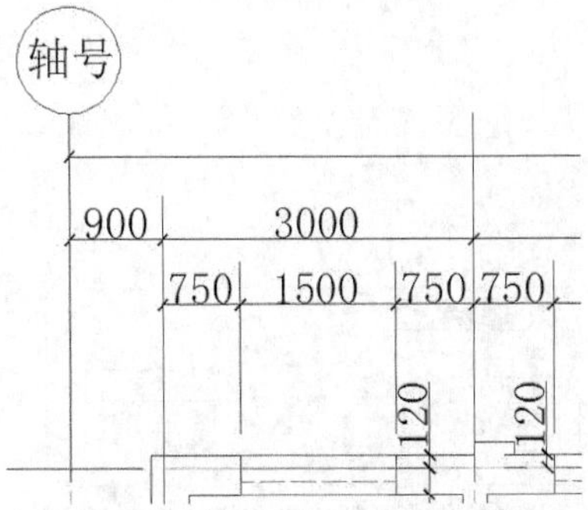

图 10-83　在圆心位置写入属性值

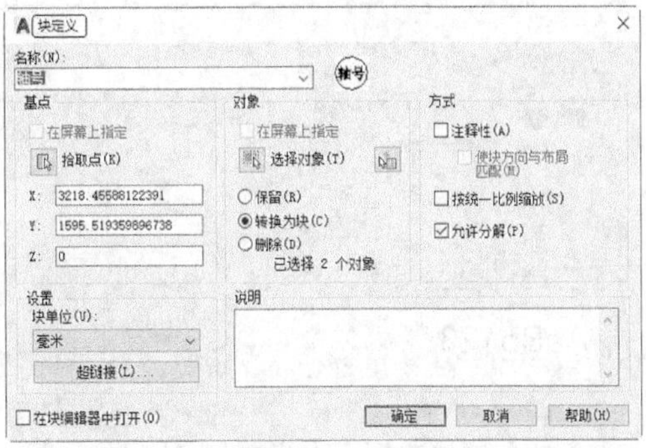

图 10-84　创建块

图 10-85　“编辑属性”对话框

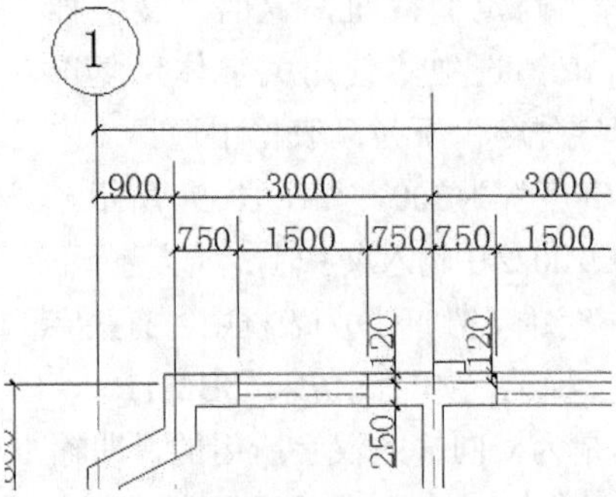

图 10-86　输入轴号

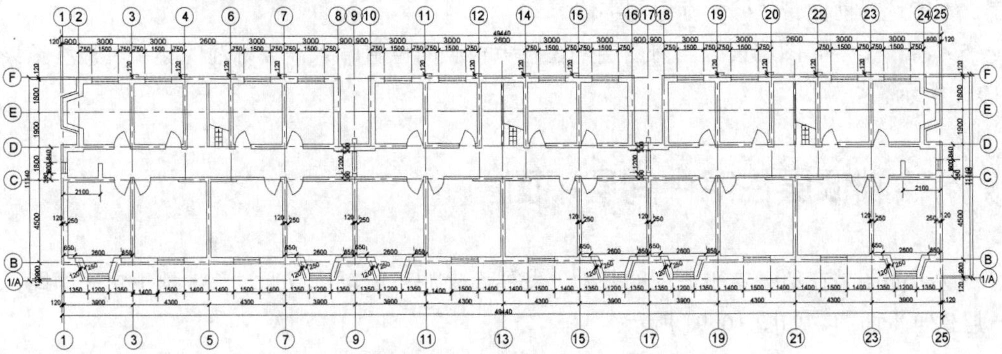

图 10-87　标注轴号

10.2.12　标注文字

绘制步骤如下。

（1）打开“默认”选项卡“图层”面板的下拉列表，选择“文字”图层为当前图层。

（2）选择菜单栏中的“格式”→“文字样式”命令，弹出“文字样式”对话框，如图 10-88 所示。

（3）单击“新建”按钮，弹出“新建文字样式”对话框，将文字“样式名”命名为“说明”，如图 10-89 所示。

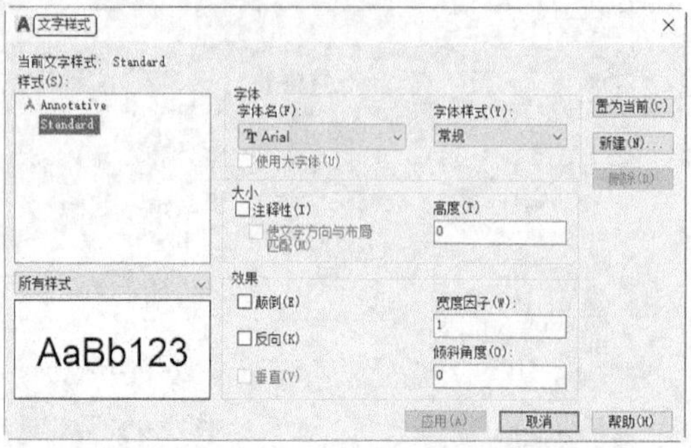

图 10-88 “文字样式”对话框

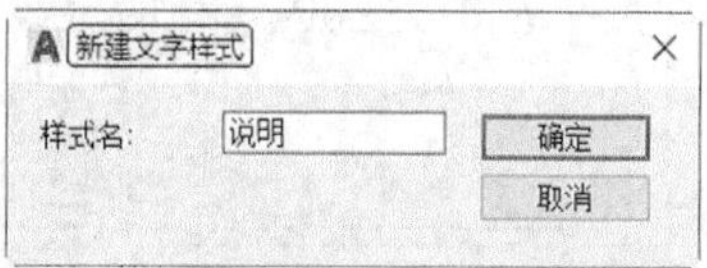

图 10-89 “新建文字样式”对话框

（4）单击“确定”按钮，返回“文字样式”对话框，取消选中“使用大字体”复选框，然后在“字体名”下拉列表框中选择“宋体”，设置“高度”为300，如图10-90所示。

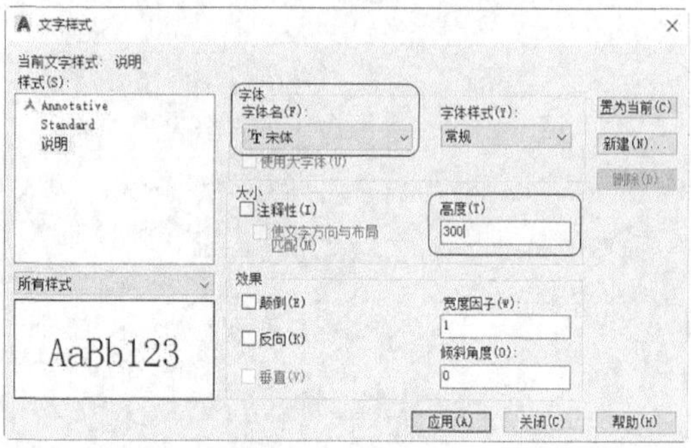

图 10-90 修改文字样式

在AutoCAD 2022中输入汉字时，可以选择不同的字体，在“字体名”下拉列表框中，有些字体前面有“@”标记，如“@仿宋_GB2312”，这说明该字体是为横向输入汉字所用的，即输入的汉字逆时针旋转 90°。如果要输入正向的汉字，不能选择前面带“@”标记的字体。

（5）将“文字”图层设为当前图层，在图中相应的位置输入需要标注的文字。最终结果如图 10-1 所示。

10.3 绘制低层住宅中间层平面图

一层平面图是在地下室平面图的基础上发展而来的，所以可以通过修改地下室平面图，获得一层建筑平面图，如图 10-91 所示。

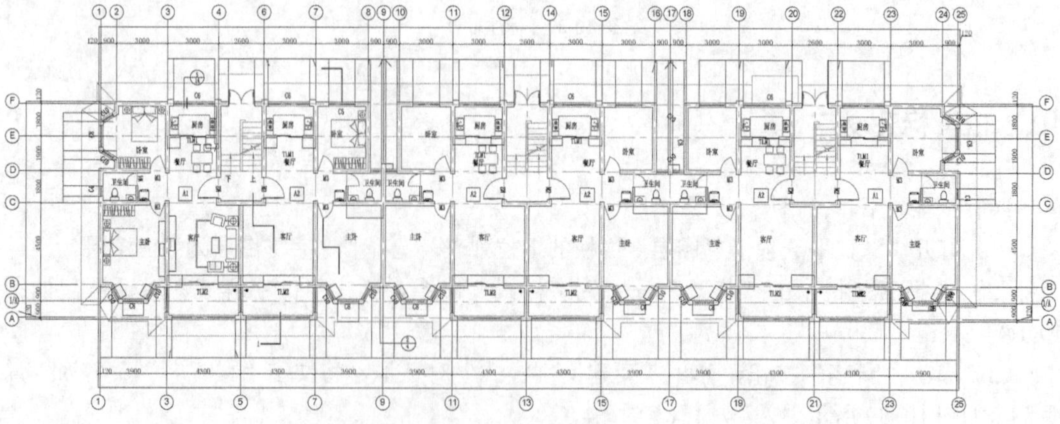

说明：卫生间、厨房、阳台比同楼层标高低20mm

图 10-91 低层住宅一层平面图

利用上述方法绘制二～五层平面图，如图 10-92 所示。

利用上述方法绘制六层平面图，如图 10-93 所示。

利用上述方法绘制夹层平面图，如图 10-94 所示。

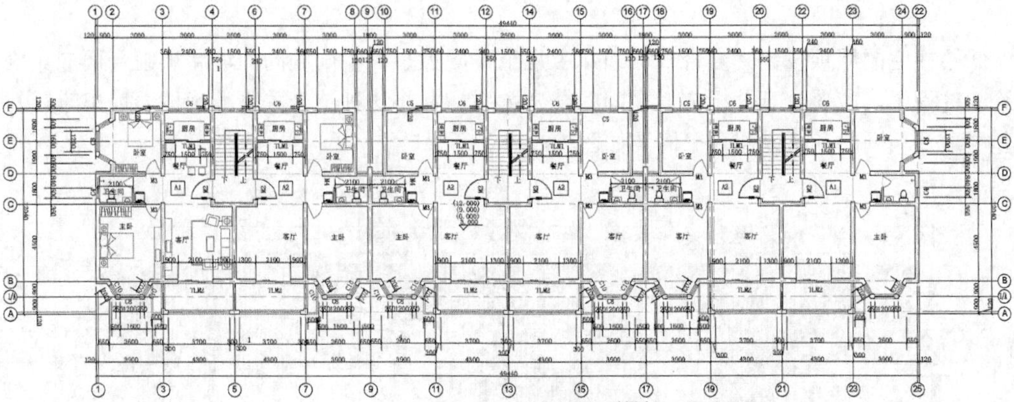

二～五层平面图 1:100

图 10-92 低层住宅二～五层平面图

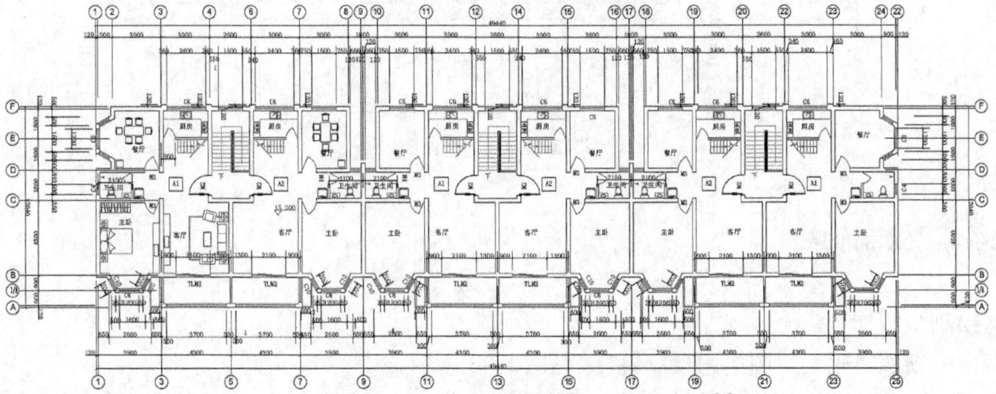

六层平面图 1:100

图 10-93 低层住宅六层平面图

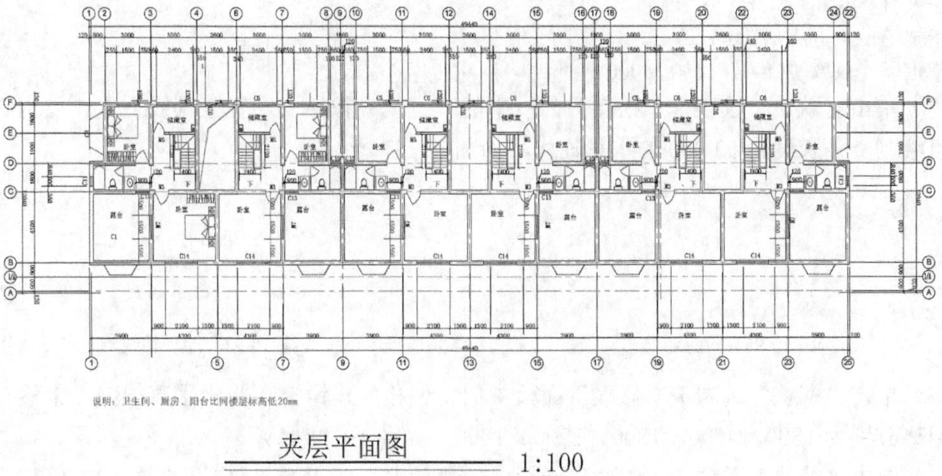

说明：卫生间、厨房、阳台比同楼层标高低20mm

夹层平面图 1:100

图 10-94 低层住宅夹层平面图

10.4 绘制低层住宅屋顶平面图

低层住宅的屋顶设计为复合式坡顶，由几个不同大小、不同朝向的坡屋顶组合而成。因此在绘制过程中，应该认真分析它们之间的结合关系，并将这种结合关系准确地表现出来。每个单元屋顶是相同的，所以屋顶平面图如图 10-95 所示。

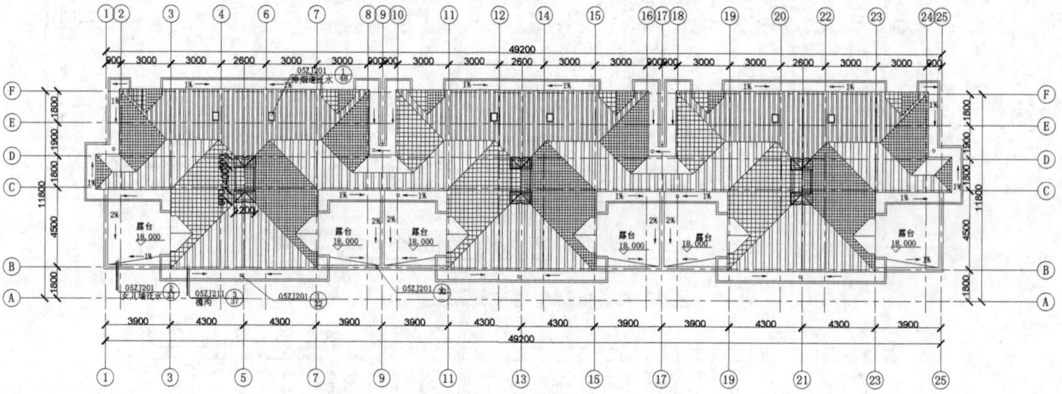

屋顶平面图　1:100

图 10-95　屋顶平面图

10.4.1　绘制轴线

绘制步骤如下。

（1）新建“轴线”图层为当前层，如图 10-96 所示。

（2）单击“默认”选项卡“绘图”面板中的“直线”按钮，在空白区域任选一起点，绘制一条长度为 13 500 的竖直轴线。命令行提示与操作如下。

```
命令: LINE
指定第一个点:（任选起点）
指定下一点或[放弃(U)]: @0,14000
```

（3）单击“默认”选项卡“绘图”面板中的“直线”按钮，竖直直线上选一点为起点，过该点绘制一条长度为 52 000 的水平轴线，如图 10-97 所示。

图 10-96　设置当前图层

图 10-97　绘制轴线

（4）单击“默认”选项卡“修改”面板中的“偏移”按钮，将水平直线向上偏移，依次偏移距离分别为 1800、4500、1800、1900、1800，如图 10-98 所示。

（5）单击“默认”选项卡“修改”面板中的“偏移”按钮，将竖直直线向右偏移，依次偏移距离分别为 900、3000、3000、2600、3000、3000、900、900、3000、3000、2600、3000、3000、900、900、3000、3000、2600、3000、3000、900，如图 10-99 所示。

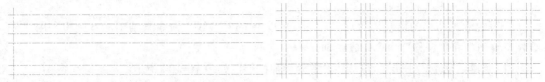

图 10-98　偏移水平直线

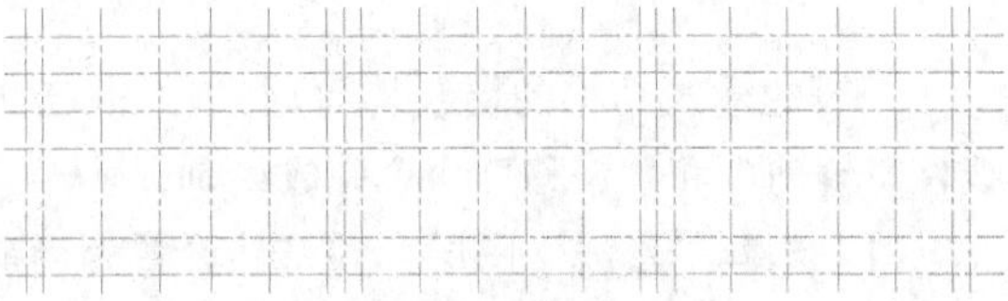

图 10-99　偏移竖直直线

（6）单击“默认”选项卡“修改”面板中的“偏移”按钮，选取部分轴线进行偏移，偏移距离为 120，如图 10-100 所示。

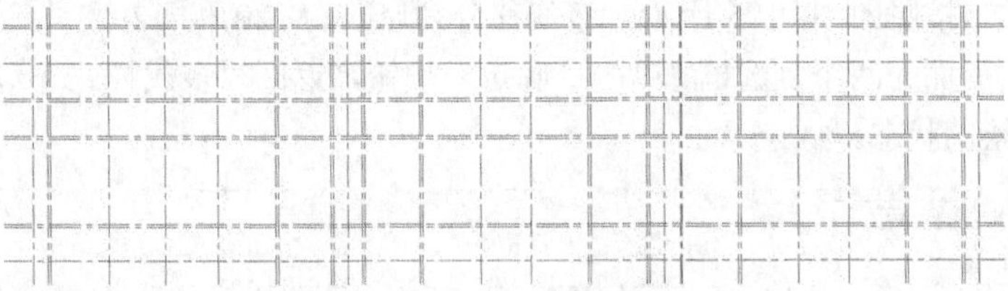

图 10-100　偏移轴线

10.4.2　绘制外部轮廓线

绘制步骤如下。

（1）新建“屋顶线”图层为当前图层，如图 10-101 所示。

图 10-101　设置“屋顶线”图层为当前图层

（2）单击“默认”选项卡“绘图”面板中的“多段线”按钮，沿着偏移轴线绘制连续多段线，如图 10-102 所示。

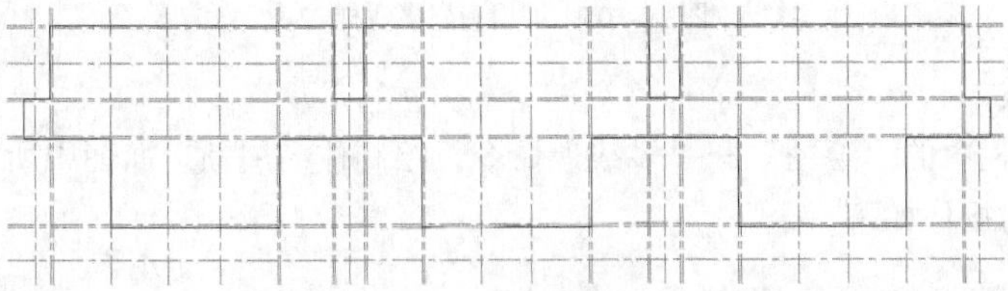

图 10-102　绘制多段线

（3）单击“默认”选项卡“修改”面板中的“删除”按钮，删除 10. 4. 1 节中第（6）步偏移的轴线，如图 10-103 所示。

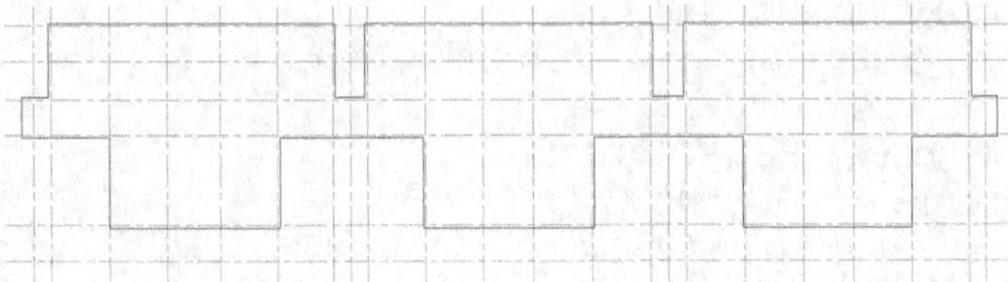

图 10-103　删除轴线

10.4.3 绘制露台墙线

一般的建筑结构的墙线均可通过 AutoCAD 中的“多线”命令来绘制。本例将利用“多线”“修剪”和“偏移”命令完成绘制。

（1）新建“墙线”图层，并将其设置为当前图层，如图 10-104 所示。

图 10-104 设置“墙线”图层为当前图层

（2）选择菜单栏中的“格式”→“多线样式”命令，打开“多线样式”对话框，新建“240”多线样式。按照图 10-105 所示，将偏移分别修改为 120 和-120，并选中左端“封口”选项组中“直线”后面的两个复选框。单击“确定”按钮，返回“多线样式”对话框。单击“确定”按钮，返回绘图状态。

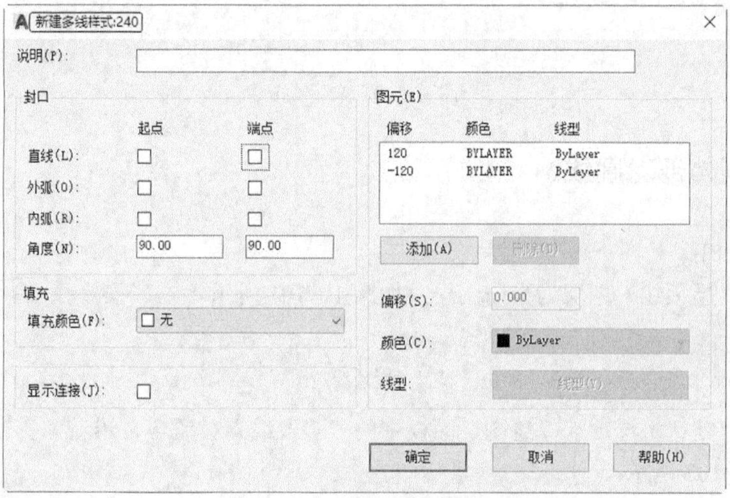

图 10-105 编辑新建多线样式

（3）绘制墙线。

① 选择菜单栏中的“绘图”→“多线”命令，绘制住宅屋顶平面图中所有 240mm 厚的墙体。命令行提示与操作如下。

```
命令: MLINE
当前设置: 对正=上，比例=20.00，样式=STANDARD
指定起点或[对正(J)/比例(S)/样式(ST)]: ST（设置多线样式）
输入多线样式名或[?]: 240（多线样式为 240）
当前设置: 对正=上，比例=20.00，样式=墙
指定起点或[对正(J)/比例(S)/样式(ST)]: J
输入对正类型[上(T)/无(Z)/下(B)]<上>: Z（设置对中模式为无）
当前设置: 对 =无，比例=20.00，样式=240
指定起点或[对正(J)/比例(S)/样式(ST)]: S
输入多线比例<20.00>: 1（设置线型比例为1）
当前设置: 对正=无，比例=1.00，样式=240
指定起点或[对正(J)/比例(S)/样式(ST)]:（选择左侧竖直直线下端点）
指定下一点: 指定下一点或[放弃\(U)]: ↙
```

逐个点进行绘制，完成后的结果如图 10-106 所示。

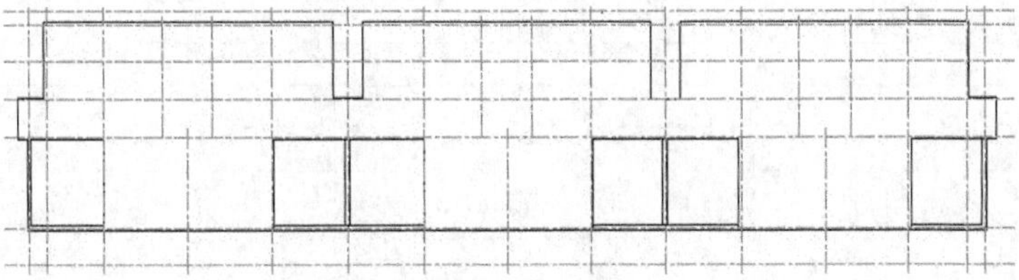

图 10-106　绘制墙线

② 选择菜单栏中的“修改”→“对象”→“多线”命令，弹出“多线编辑工具”对话框，如图 10-107 所示。选中“T 形打开”图标，选取相交多线进行多线处理，如图 10-108 所示。

③ 利用上述方法完成其他多线编辑，如图 10-109 所示。

图 10-107　“多线编辑工具”对话框

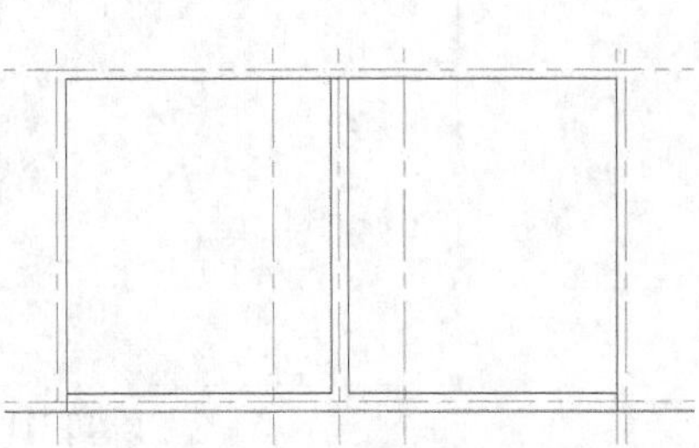

图 10-108　多线处理

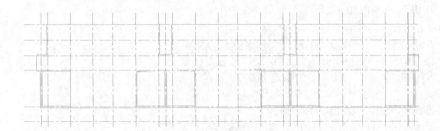

图 10-109　编辑剩余多线

10.4.4　绘制外部多线

绘制步骤如下。

（1）单击“默认”选项卡“修改”面板中的“偏移”按钮⊆，将屋顶线向外侧偏移，偏移距离为 600；继续利用“偏移”命令，将图 10-110 所示的水平轴线作为偏移对象继续进行偏移，偏移距离为 720 和 1350；将下侧的水平轴线向上侧偏移 650，结果如图 10-110 所示。

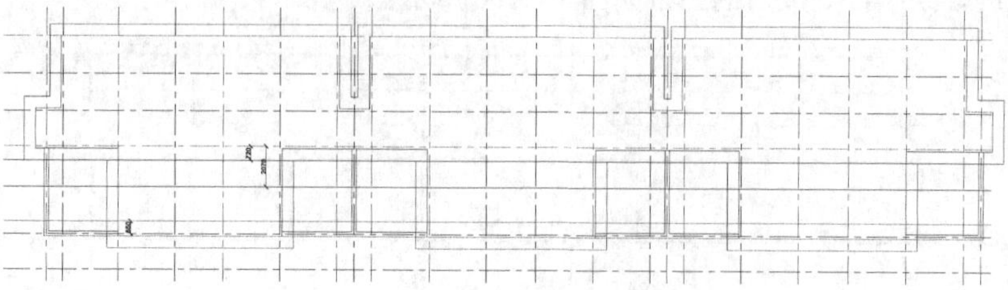

图 10-110　偏移轴线

（2）选择菜单栏中的“格式”→“多线样式”命令，打开“多线样式”对话框，新建“100”多线样式。按照图 10-111 所示，将偏移分别修改为 50 和−50，并选中左端“封口”选项组中直线后面的两个复选框。单击“确定”按钮，回到“多线样式”对话框。单击“确定”按钮，返回绘图状态。

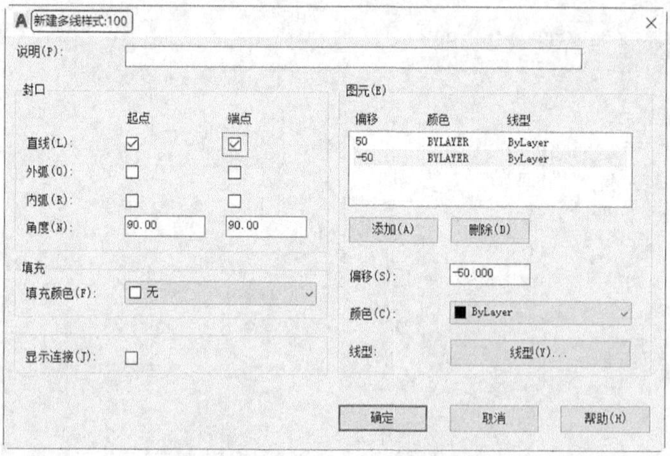

图 10-111　编辑“100”多线样式

（3）选择菜单栏中的“绘图”→“多线”命令，绘制住宅屋顶平面图中所有 100mm 厚的墙体。命令行提示与操作如下。

```
命令: MLINE
当前设置: 对正=上，比例=20.00，样式= STANDARD
指定起点或[对正(J)/比例(S)/样式(ST)]: ST（设置多线样式）
输入多线样式名或[?]: 100（多线样式为100）
当前设置: 对正=上，比例=20.00，样式=墙
指定起点或[对正(J)/比例(S)/样式(ST)]: J
输入对正类型[上(T)/无(Z)/下(B)]<上>: Z（设置对中模式为无）
当前设置: 对正=无，比例=20.00，样式=100
指定起点或[对正(J)/比例(S)/样式(ST)]: S
输入多线比例<20.00>: 1（设置线型比例为1）
当前设置: 对正=无，比例=1.00，样式=100
指定起点或[对正(J)/比例(S)/样式(ST)]:（选择左侧竖直直线下端点）
指定下一点: 指定下一点或[放弃(U)]: ↙
```

逐个点进行绘制，完成外部线条的绘制。

（4）单击“默认”选项卡“修改”面板中的“删除”按钮 和“偏移”按钮 ，修整轴线，如图 10-112 所示。

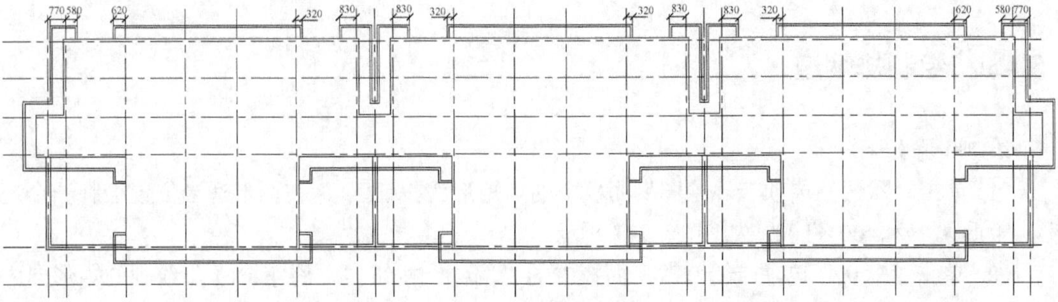

图 10-112　修整轴线

10.4.5　绘制屋顶线条

绘制步骤如下。

（1）选择菜单栏中的“工具”→“绘图设置”命令，在打开的“草图设置”对话框中，选中“启用极轴追踪”复选框，设置“增量角”为 45，如图 10-113 所示。

（2）单击“默认”选项卡“绘图”面板中的“直线”按钮 ╱，利用追踪线向左移动鼠标，绘制斜线如图 10-114 所示。

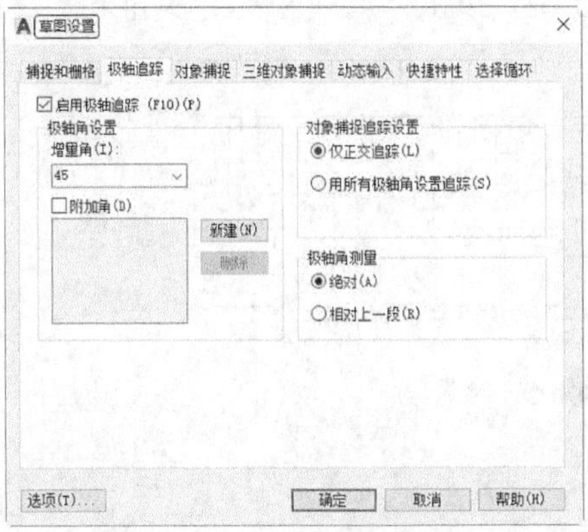

图 10-113　“草图设置”对话框

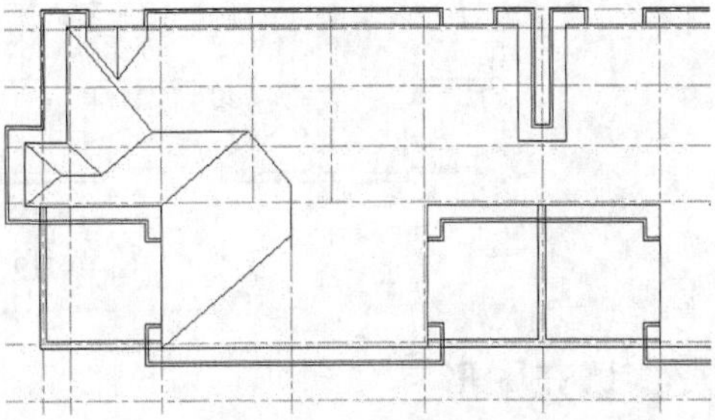

图 10-114　绘制斜线

（3）单击“默认”选项卡“修改”面板中的“镜像”按钮 ⚠，选取第（2）步绘制的斜线，以左侧第 5 根轴线为镜像轴进行镜像处理，如图 10-115 所示。

（4）重复执行“镜像”命令，选取图形进行镜像，并结合所学知识完成剩余相同图形的绘制。结果如图 10-116 所示。

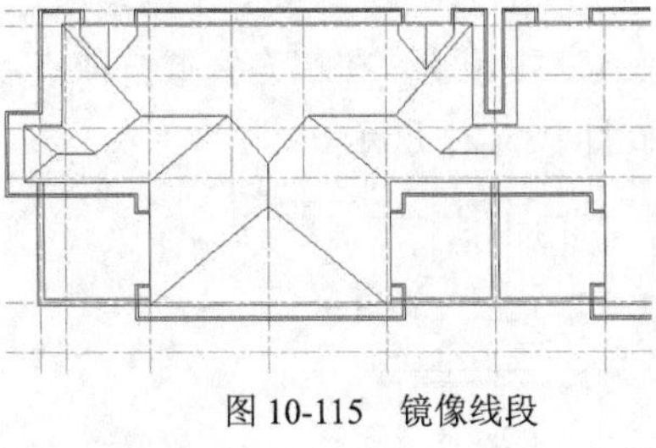

图 10-115　镜像线段

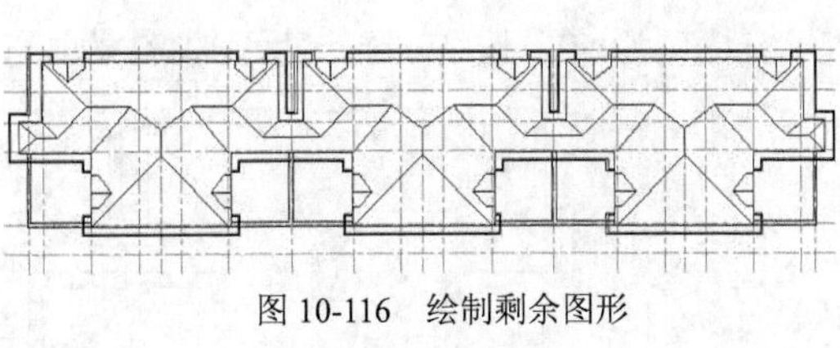

图 10-116　绘制剩余图形

10.4.6 绘制排烟道

绘制步骤如下。

(1) 单击“默认”选项卡“绘图”面板中的“矩形”按钮▭，在图形适当位置绘制一个矩形，矩形大小为400×500，如图10-117所示。

(2) 单击“默认”选项卡“修改”面板中的“偏移”按钮⊆，将第（1）步绘制的矩形向内偏移，偏移距离为50，如图10-118所示。

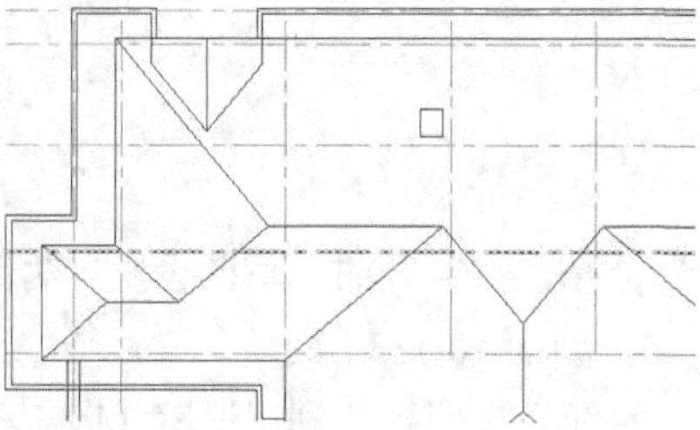

图 10-117 绘制矩形

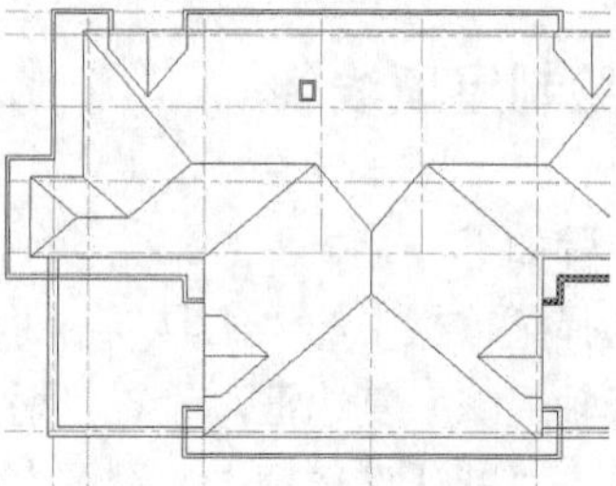

图 10-118 偏移矩形

(3) 单击“默认”选项卡“修改”面板中的“复制”按钮，将第（1）步和第（2）步绘制的矩形复制到适当位置，如图10-119所示。

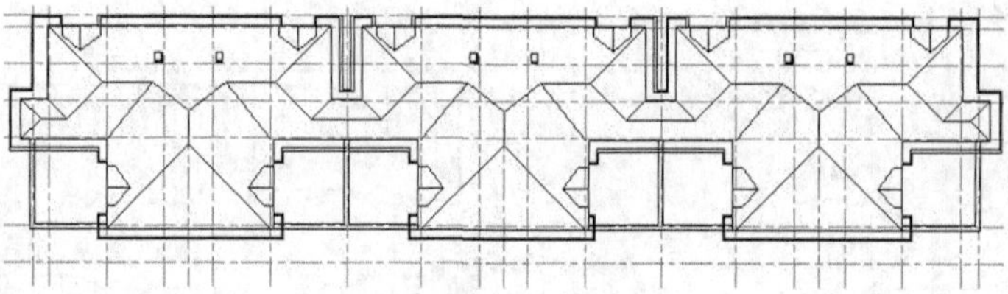

图 10-119 复制矩形

10.4.7 填充图形

绘制步骤如下。

(1) 单击“默认”选项卡“图层”面板中的“图层特性”按钮，弹出“图层特性管理器”对话框，关闭“轴线”图层，结果如图10-120所示。

(2) 填充图案。单击“默认”选项卡“绘图”面板中的“图案填充”按钮，系统打开“图案填充创建”选项卡。单击“图案填充图案”面板，选择如图10-121所示的图案类型。在“图案填充创建”选项卡左侧的“边界”面板中单击“拾取点”按钮，在填充区域拾取点后，修改填充比例为50。按 Enter 键后完成图案填充，效果如图10-122所示。

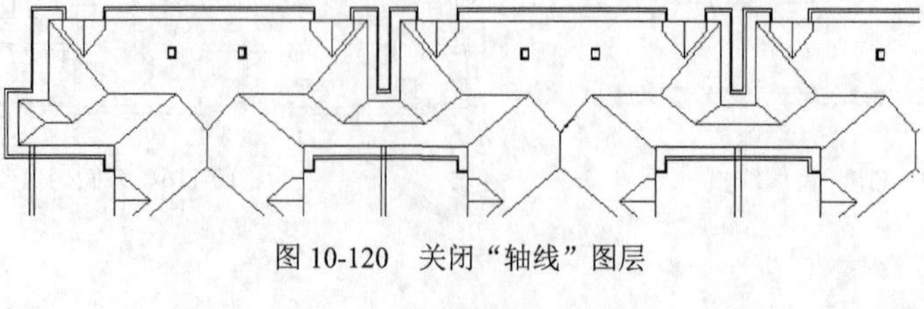

图 10-120 关闭“轴线”图层

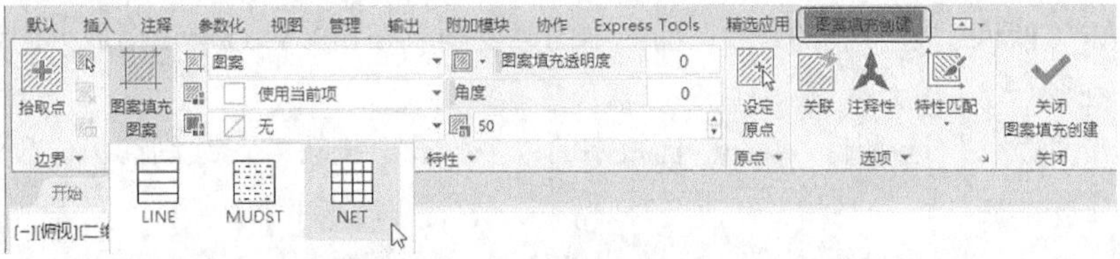

图 10-121　“图案填充创建”选项卡

（3）单击“默认”选项卡“绘图”面板中的“图案填充”按钮▦，系统打开“图案填充创建”选项卡，继续填充剩余相同图案，如图 10-123 所示。

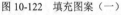

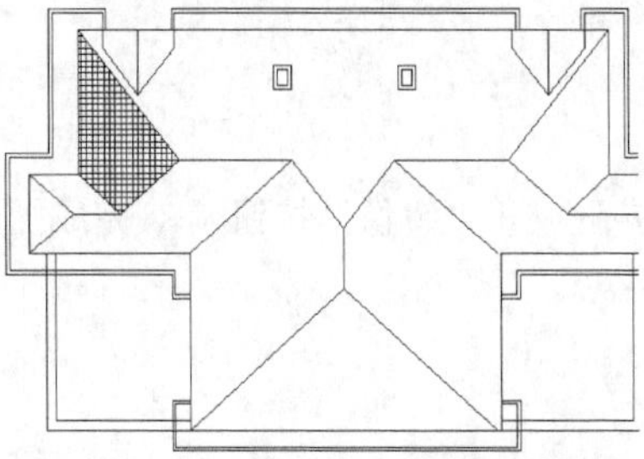

图 10-122　填充图案（一）

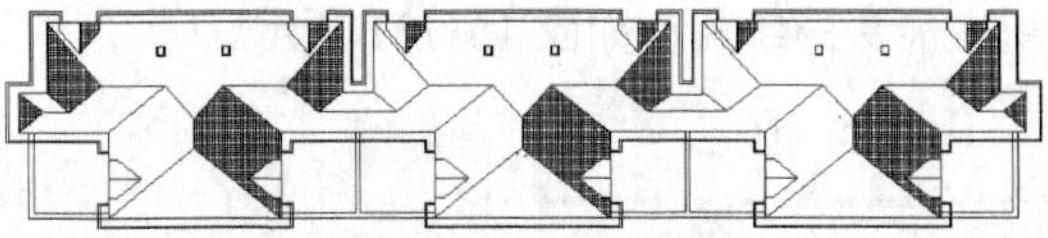

图 10-123　填充图案（二）

（4）单击“默认”选项卡“绘图”面板中的“图案填充”按钮▦，系统打开“图案填充创建”选项卡，继续填充图案“NET”，修改填充比例为 80，如图 10-124 所示。

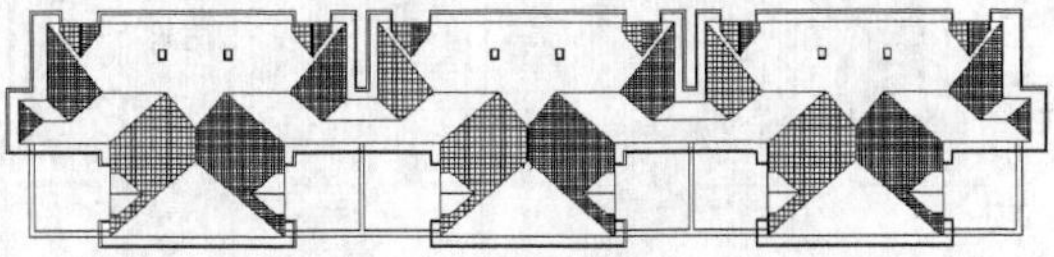

图 10-124　填充图案（三）

（5）单击“默认”选项卡“绘图”面板中的“图案填充”按钮▦，系统打开“图案填充创建”选项卡，按图 10-125 所示进行设置。选取填充区域，填充图案如图 10-126 所示。

（6）利用上述方法完成剩余图案的填充，如图 10-127 所示。

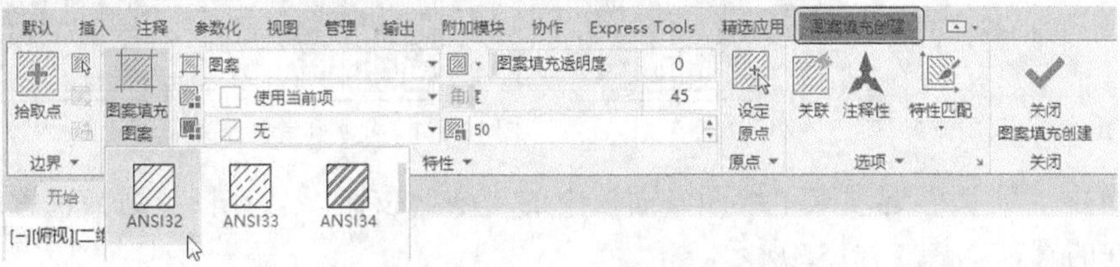

图 10-125　设置“图案填充创建”选项卡

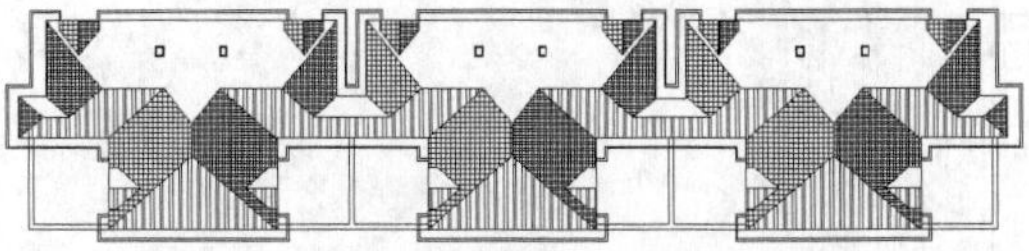

图 10-126　填充图案（四）

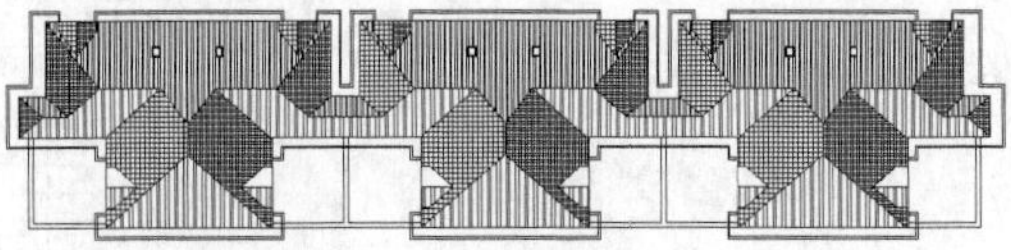

图 10-127　填充剩余图案

10.4.8　绘制屋顶烟囱

（1）结合前面所学命令，按照图 10-128 所示的尺寸，绘制屋顶烟囱放大图。

（2）单击“默认”选项卡“修改”面板中的“复制”按钮，选取烟囱放大图进行复制，如图 10-129 所示。

（3）单击“默认”选项卡“绘图”面板中的“多段线”按钮，绘制箭头。命令行提示与操作如下。

```
命令: PLINE
指定起点:
当前线宽为0.0000
指定下一个点或[圆弧(A)/半宽(H)/长度(L)/放弃(U)/宽度(W)]: 600
指定下一点或[圆弧(A)/闭合(C)/半宽(H)/长度(L)/放弃(U)/宽度(W)]:W
指定起点宽度<0.0000>: 100
指定端点宽度<100.0000>: 0
```

结果如图 10-130 所示。

（4）单击“默认”选项卡“修改”面板中的“复制”按钮和“镜像”按钮，完成图形中所有箭头的绘制，如图 10-131 所示。

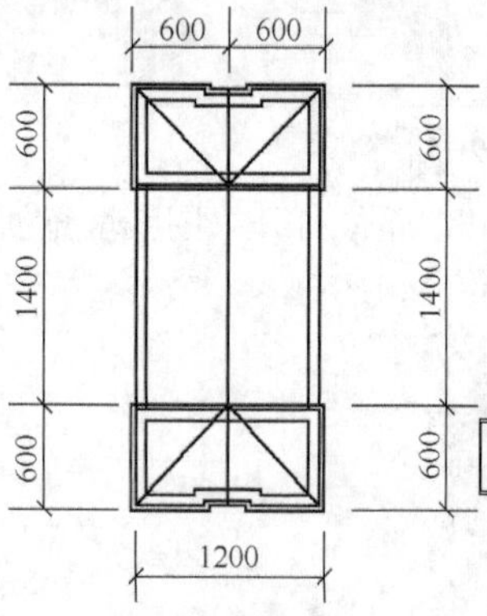

图 10-128　屋顶烟囱放大图

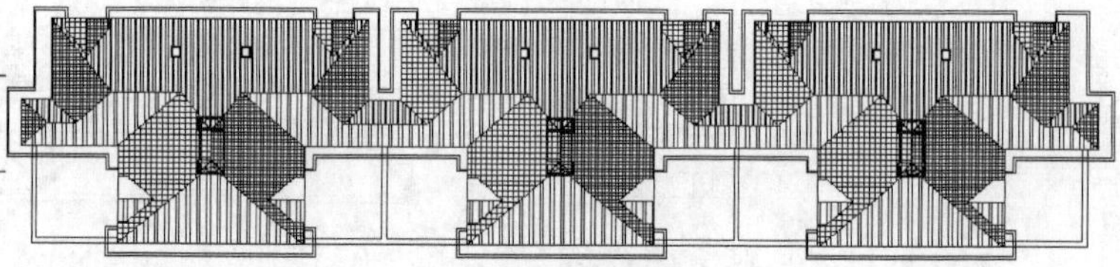
图 10-129　复制图形

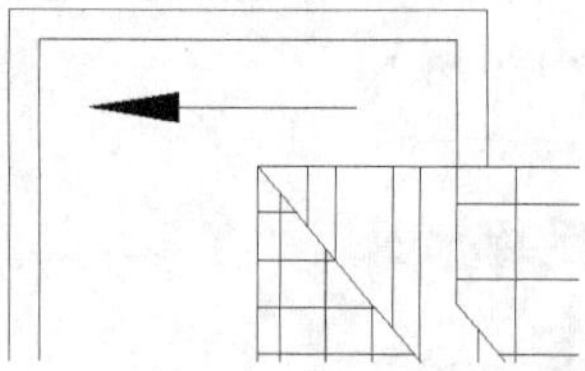
图 10-130　绘制箭头

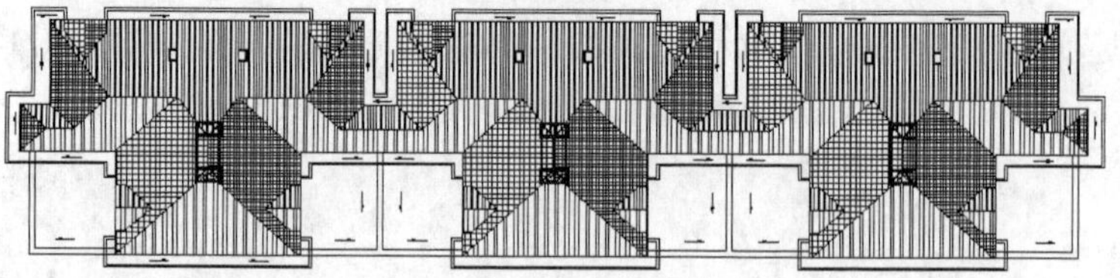
图 10-131　复制和镜像箭头

（5）单击“默认”选项卡“绘图”面板中的“圆”按钮，在图形适当位置绘制一个半径为 80 的圆，如图 10-132 所示。

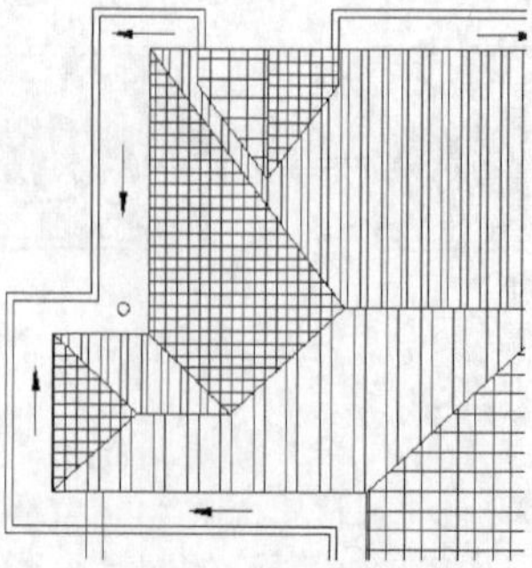
图 10-132　绘制圆

（6）单击“默认”选项卡“修改”面板中的“复制”按钮，将第（4）步绘制的圆复制到适当位置，如图 10-133 所示。

（7）单击“默认”选项卡“绘图”面板中的“直线”按钮，在图形适当位置绘制多条斜向直线，如图 10-134 所示。

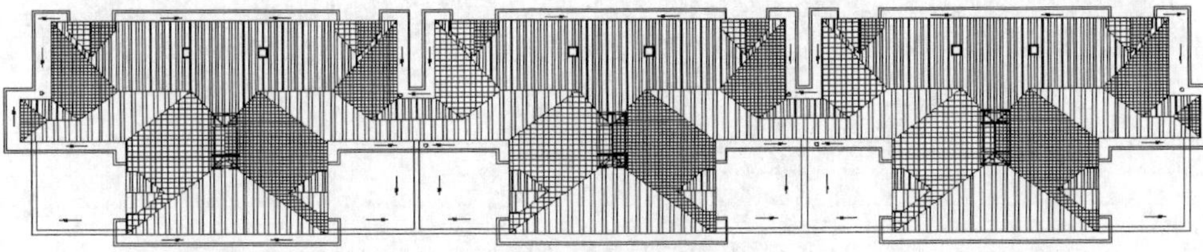

图 10-133　复制圆

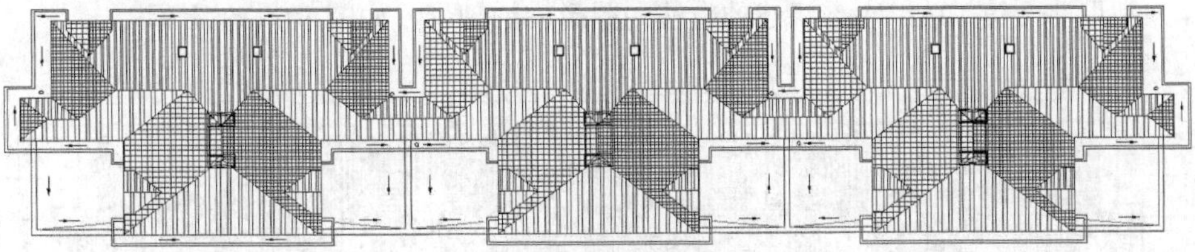

图 10-134　绘制斜向直线

10.4.9　标注尺寸

绘制步骤如下。

（1）单击“默认”选项卡“注释”面板中的“线性”按钮，标注图形细部尺寸，如图 10-135 所示。

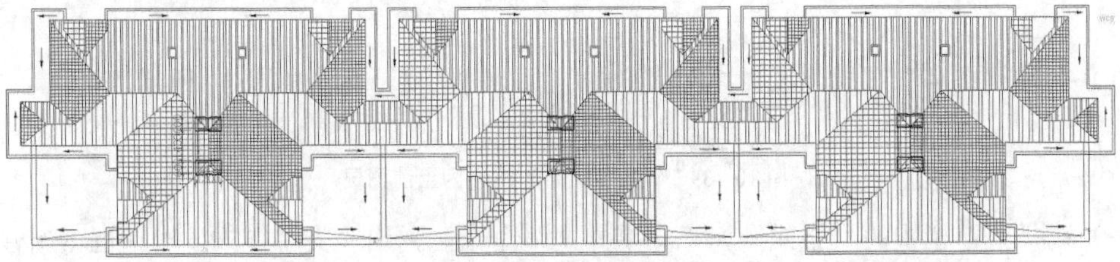

图 10-135　标注图形细部

（2）打开“轴线”层并将“尺寸标注”图层设为当前层，并单击“默认”选项卡“注释”面板中的“线性标注”按钮，标注第一道尺寸，如图 10-136 所示。

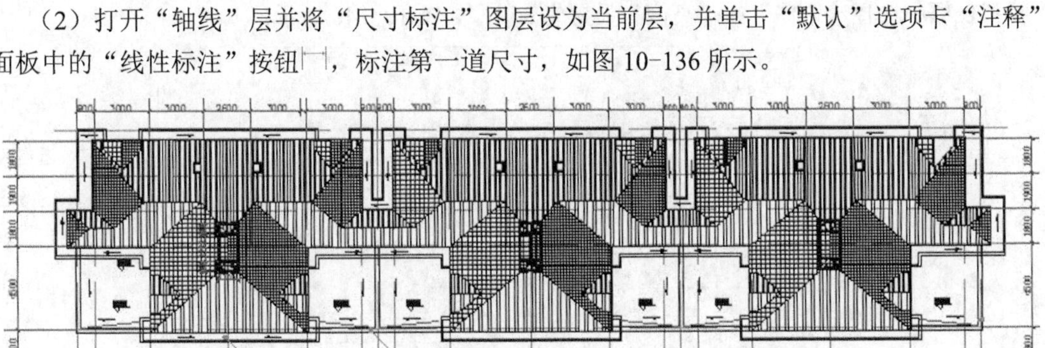

图 10-136　标注第一道尺寸

（3）单击“默认”选项卡“注释”面板中的“线性”按钮，标注总尺寸，如图 10-137 所示。

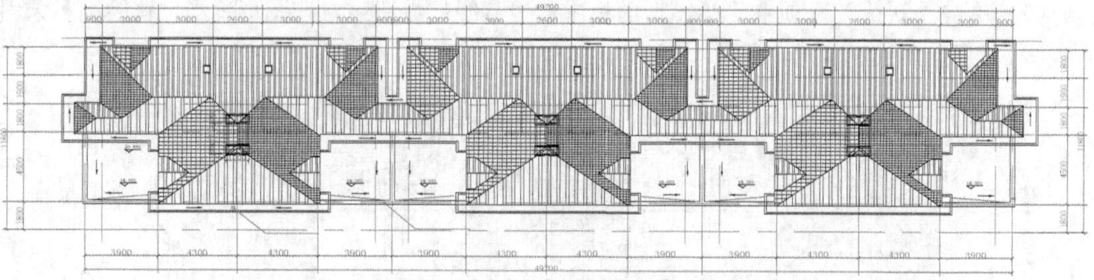

图 10-137　标注总尺寸

（4）利用前面第 10. 2. 11 节讲述的方法为图形添加轴号，如图 10-138 所示。

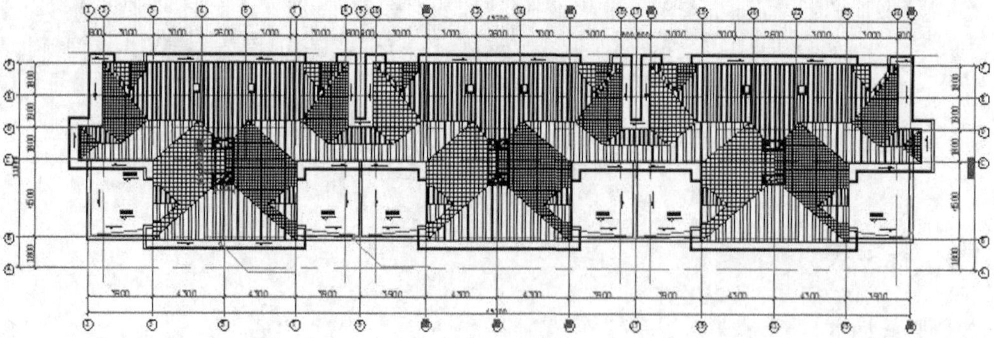

图 10-138　添加轴号

10.4.10　标注文字

（1）新建“文字”图层，选择“文字”图层为当前图层，如图 10-139 所示。

图 10-139　设置“文字”图层为当前图层

（2）选择菜单栏中的“格式”→“文字样式”命令，弹出“文字样式”对话框。新建“屋顶平面”样式。在“文字样式”对话框中，取消选中“使用大字体”复选框，然后在“字体名”下拉列表框中选择“宋体”，“高度”设置为 350，如图 10-140 所示。

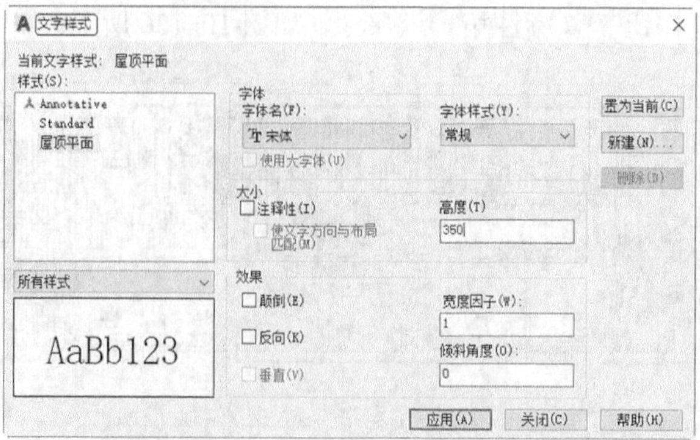

图 10-140　修改文字样式

（3）单击“默认”选项卡“注释”面板中的“多行文字”按钮A和“直线”按钮⁄以及“圆”按钮⊙，完成图形中文字的标注，如图 10-141 所示。

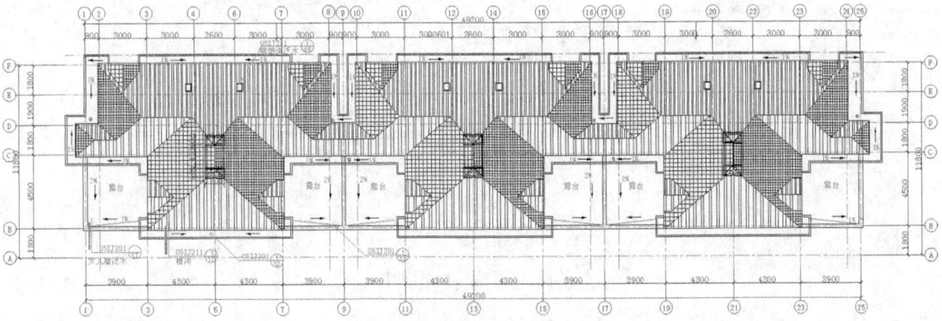

图 10-141 添加文字说明

（4）单击“默认”选项卡“绘图”面板中的“多段线”按钮，在图形适当位置绘制多段线。

（5）单击“默认”选项卡“块”面板中的“插入”按钮，选择“源文件/图块/标高符号”图块，将其插入图中适当位置，如图 10-142 所示。

（6）利用上述方法完成所有标高的绘制，如图 10-143 所示。

（7）单击“默认”选项卡“绘图”面板中的“多段线”按钮，指定起点宽度和终点宽度为 100，在绘制图形下方绘制一段多段线。最终结果如图 10-95 所示。

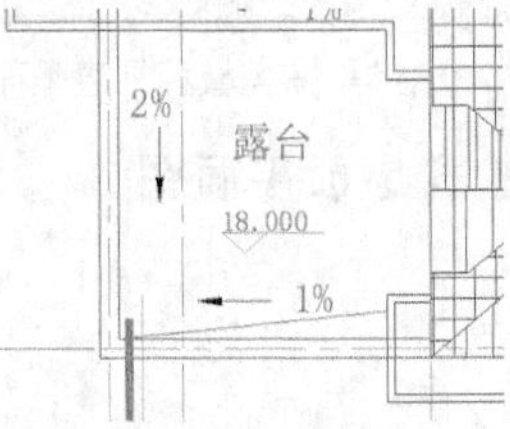

图 10-142 插入标高

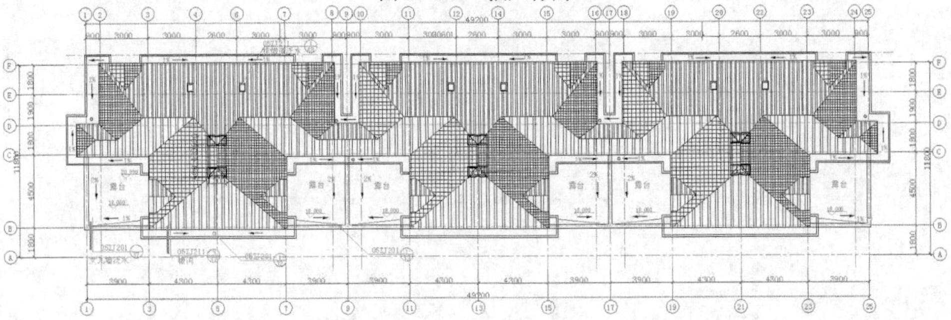

图 10-143 插入所有标高

10.5 上机实验

【练习 1】绘制图 10-144 所示的宿舍楼底层平面图。

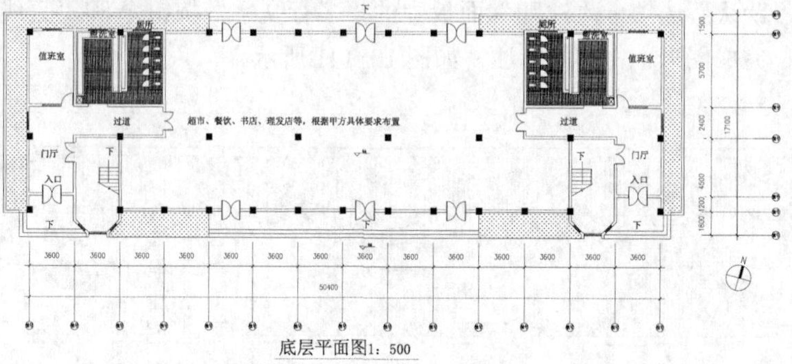

图 10-144　宿舍楼底层平面图

【练习 2】绘制图 10-145 所示的宿舍楼标准层平面图。

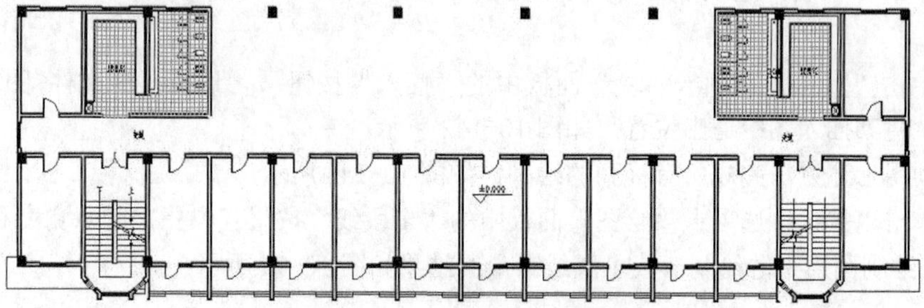

图 10-145　宿舍楼标准层平面图

【练习 3】绘制图 10-146 所示的宿舍楼屋顶平面图。

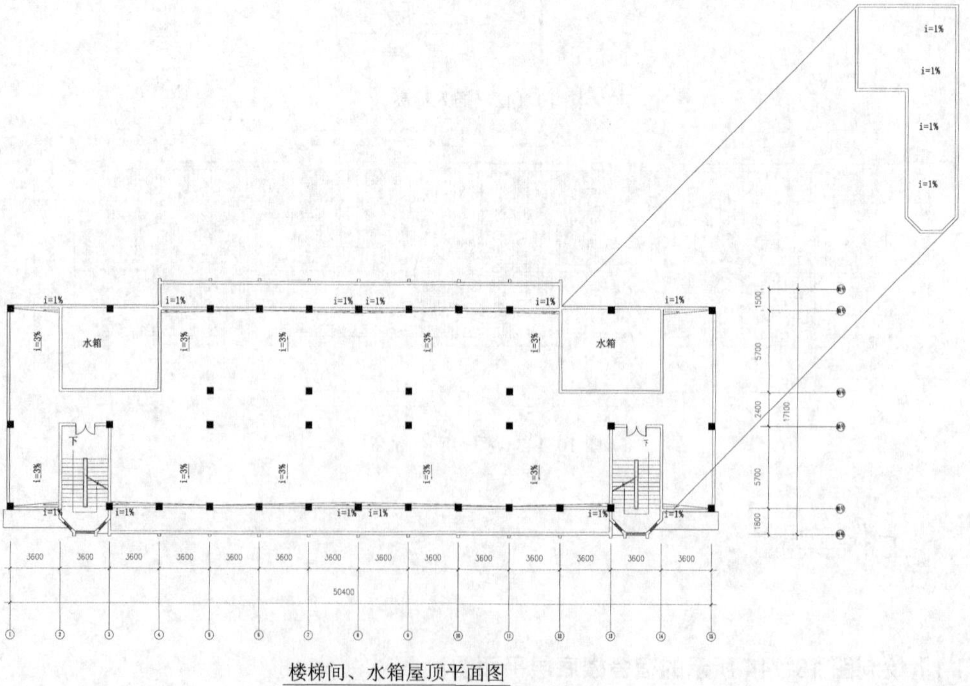

图 10-146　宿舍楼屋顶平面图

第 11 章

绘制建筑立面图

立面图是用直接正投影法将建筑各个墙面进行投影所得到的正投影图。本章以低层住宅楼立面图为例，详细叙述了建筑立面图的 CAD 绘制方法与相关技巧。

【内容要点】

☑ 建筑立面图绘制概述

☑ 绘制某低层住宅楼立面图

【案例欣赏】

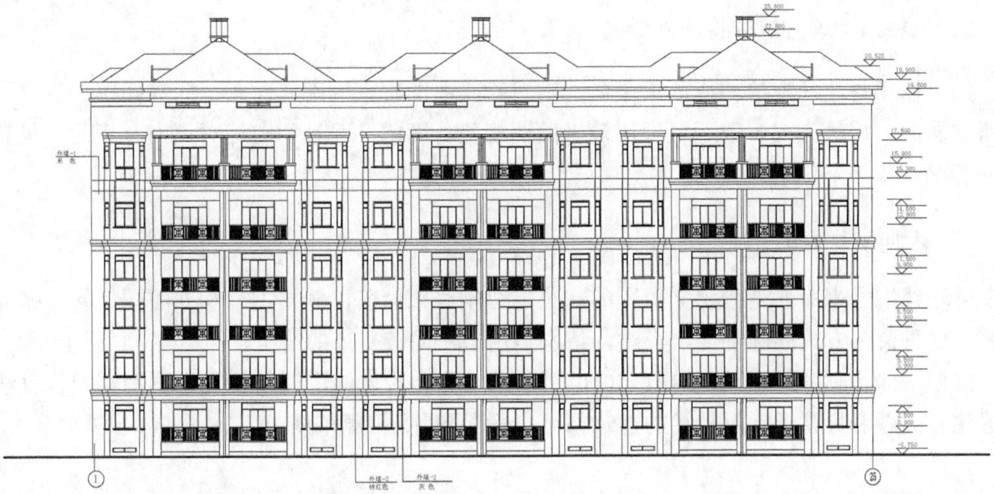

11.1 建筑立面图绘制概述

建筑立面图是用来研究建筑立面的造型和装修的图样。立面图主要反映建筑物的外貌和立面装修的做法，这是因为建筑物给人的美感主要来自其立面的造型和装修。

11.1.1 建筑立面图的概念及图示内容

立面图是用直接正投影法将建筑各个墙面进行投影所得到的正投影图。一般情况下，立面图上的图示内容包括墙体外轮廓及内部凹凸轮廓、门窗（幕墙）、入口台阶及坡道、雨篷、窗台、窗楣、壁柱、檐口、栏杆、外露楼梯等，各种小的细部可以简化或用比例来代替，例如门窗的立面、踢脚线。从理论上讲，所有建筑配件的正投影图均要反映在立面图上。一些比较有代表性的位置需要详细绘制时，可以绘制展开的立面图。圆形或多边形平面的建筑物可通过分段展开来绘制立面图窗扇、门扇等细节，因此同类门窗可采用相同轮廓表示。

此外，当立面转折、曲折较复杂，如果门窗不是引用有关门窗图集，则其细部构造需要通过绘制大样图来表示，这就弥补了在施工图中立面图的不足。为了图示明确，在图名上均应注明“展开”二字，在转角处应准确标明轴线号。

11.1.2 建筑立面图的命名方式

建筑立面图命名的目的在于能够使人一目了然地识别其立面的位置。因此，各种命名方式都是围绕“明确位置”这一主题来实施的。至于采取哪种方式，则视具体情况而定。

1. 以相对主入口的位置特征来命名

如果以相对主入口的位置特征来命名，则建筑立面图称为正立面图、背立面图和侧立面图。这种方式一般适用于建筑平面方正、简单，入口位置明确的情况。

2. 以相对地理方位的特征来命名

如果以相对地理方位的特征来命名，则建筑立面图常称为南立面图、北立面图、东立面图和西立面图。这种方式一般适用于建筑平面图规整、简单，而且朝向相对正南、正北，偏转不大的情况。

3. 以轴线编号来命名

以轴线编号来命名是指用立面图的起止定位轴线来命名，例如①～⑥立面图、Ⓐ～Ⓔ立面图等。这种命名方式准确，便于查对，特别适用于平面较复杂的情况。

根据《建筑制图标准》（GB/T 50104-2010），有定位轴线的建筑物宜根据两端定位轴线号来标注立面图名称。无定位轴线的建筑物可按平面图各面的朝向来确定名称。

11.1.3 绘制建筑立面图的一般步骤

从总体上来说，立面图是通过在平面图的基础上引出定位辅助线确定立面图样的水平位置及大小，然后根据高度方向的设计尺寸来确定立面图样的竖向位置及尺寸，从而绘制出一系列图样。因此，立面图绘制的一般步骤如下。

（1）设置绘图环境。

（2）设置线型和线宽。

（3）确定定位辅助线，包括墙、柱定位轴线，楼层水平定位辅助线及其他立面图样的辅助线。

（4）绘制立面图样，包括墙体外轮廓及内部凹凸轮廓、门窗（幕墙）、入口台阶及坡道、雨篷、窗台、窗楣、壁柱、檐口、栏杆、外露楼梯、各种脚线等。

（5）绘制配景，包括植物、车辆、人物等。

（6）标注尺寸、文字。

11.2 绘制某低层住宅楼立面图

本例绘制某低层住宅楼的南立面图，先确定定位辅助线，再根据辅助线运用“直线”“偏移”“多行文字”命令完成绘制。绘制的立面图如图11-1所示。

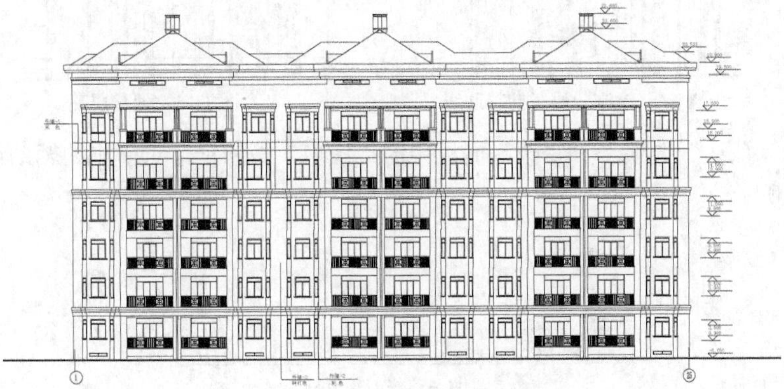

图 11-1 某低层住宅楼立面图

11.2.1 绘制定位辅助线

绘制步骤如下。

（1）单击“快速访问”工具栏中的“打开”按钮，打开“源文件/第11章/一层平面”文件。

（2）单击“默认”选项卡“修改”面板中的“删除”按钮，删除图形中不需要的部分，整理图形如图11-2所示。

（3）单击“默认”选项卡“修改”面板中的“复制”按钮，选取整理过的一层平面图，将其复制到新样板图中。

（4）将当前图层设置为“立面”图层。单击“默认”选项卡“绘图”面板中的“多段线”按钮，指定起点宽度为200、终点宽度为200，在一层平面图下方绘制一条地坪线。地坪线上方需留出足够的绘图空间，如图11-3所示。

（5）单击“默认”选项卡“绘图”面板中的“直线”按钮，由一层平面图向下引出定位辅助线，结果如图11-4所示。

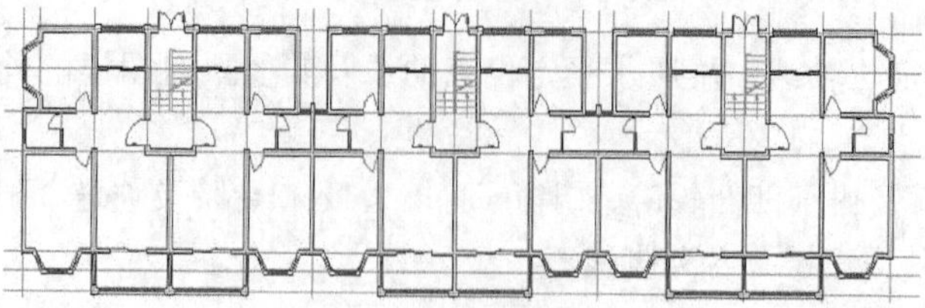

图 11-2 整理图形

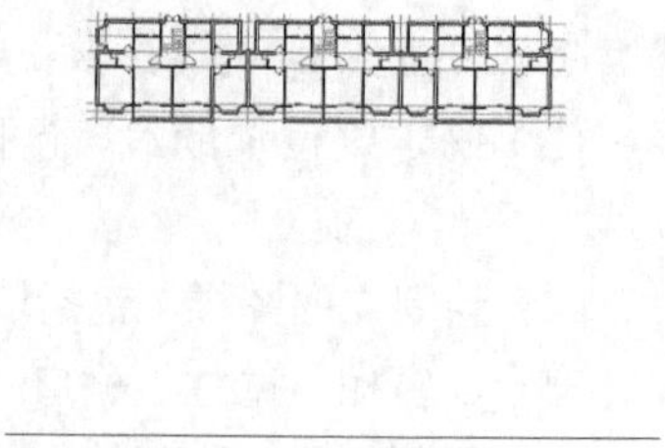

图 11-3 绘制地坪线

（6）单击“默认”选项卡“修改”面板中的“偏移”按钮⊆，根据室内外高差、各层层高、屋面标高等确定楼层定位辅助线，如图11-5所示。

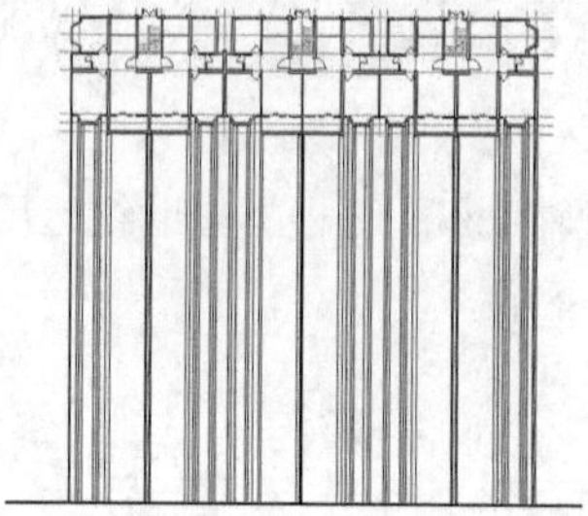

图 11-4 绘制一层竖向辅助线

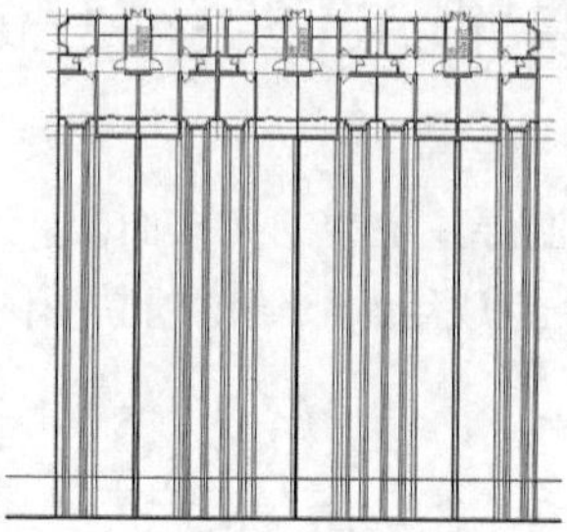

图 11-5 偏移层高

（7）单击“默认”选项卡“修改”面板中的“修剪”按钮，对引出的辅助线进行修剪，结果如图11-6所示。

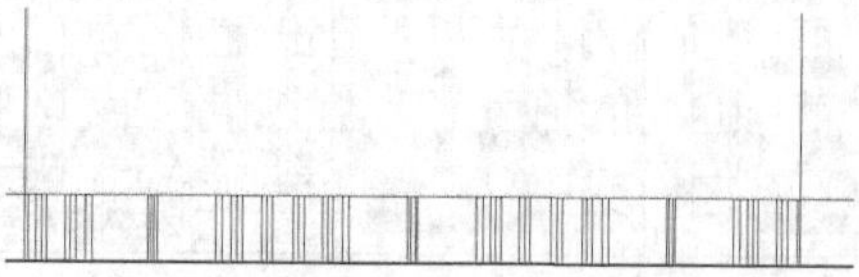

图 11-6 修剪辅助线

11.2.2 绘制地下层立面图

绘制步骤如下。

（1）单击“默认”选项卡“修改”面板中的“偏移”按钮⊆，将前面偏移的层高线连续向上偏移，偏移距离为3000，如图11-7所示。

（2）单击“默认”选项卡“修改”面板中的“偏移”按钮⊆，将地坪线向上偏移，偏移距离为300。单击“默认”选项卡“修改”面板中的“分解”按钮，选择第（1）步偏移的线段为分解对象，按Enter键确认进行分解，如图11-8所示。

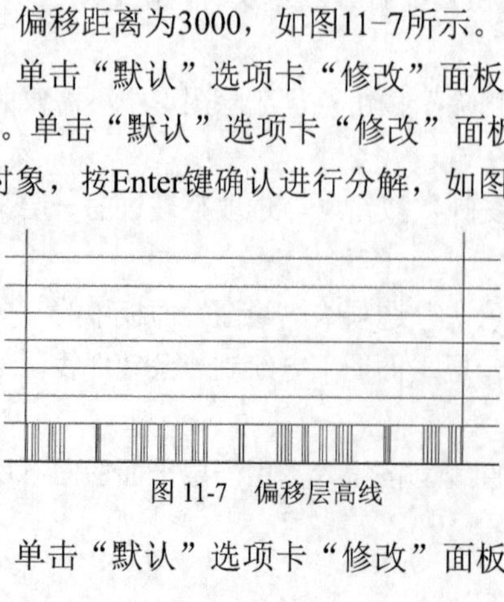

图 11-7 偏移层高线

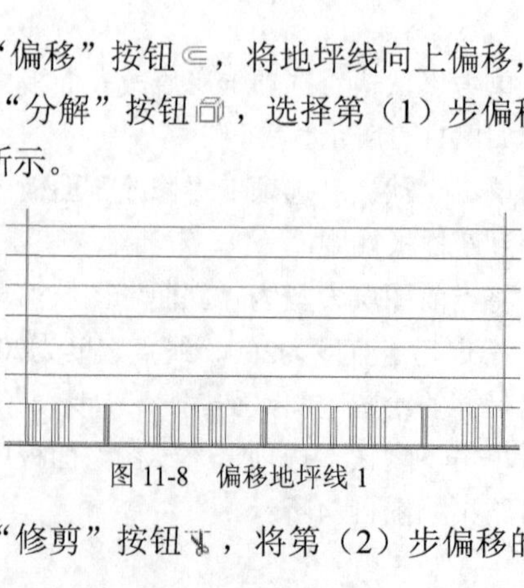

图 11-8 偏移地坪线 1

（3）单击“默认”选项卡“修改”面板中的“修剪”按钮，将第（2）步偏移的线段进行修剪，如图11-9所示。

（4）单击“默认”选项卡“绘图”面板中的“矩形”按钮 ，在立面图的左下边适当位置绘制一个1500×250的矩形，如图11-10所示。

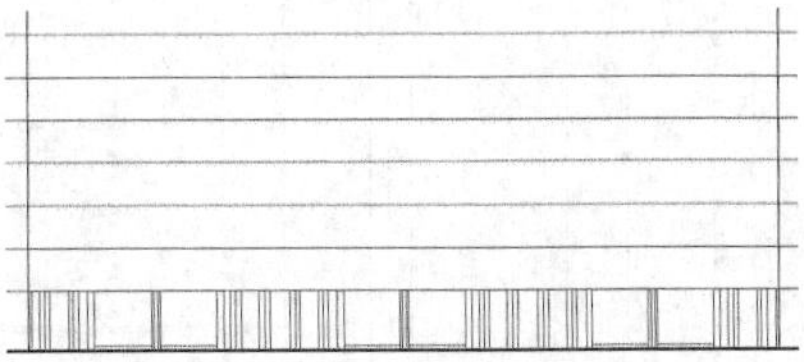

图 11-9 修剪偏移线段

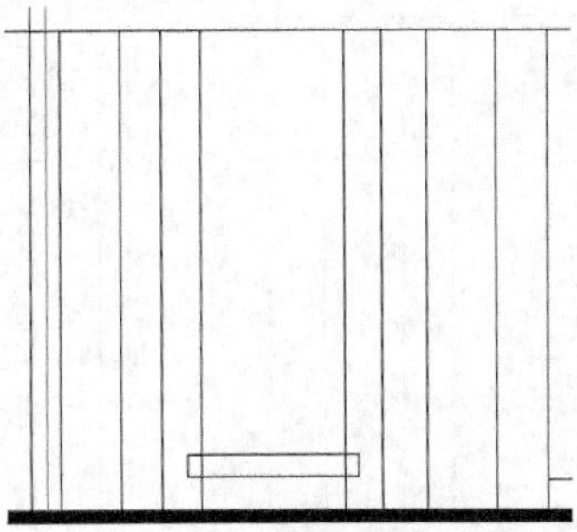

图 11-10 绘制矩形

（5）单击“默认”选项卡“修改”面板中的“偏移”按钮，选取第（4）步绘制的矩形向内偏移，偏移距离为30，如图11-11所示。

（6）单击“默认”选项卡“绘图”面板中的“直线”按钮，在偏移后的矩形内中间位置绘制两段竖直直线，距离大约为30，如图11-12所示。

（7）单击“默认”选项卡“修改”面板中的“修剪”按钮，对图形进行修剪，如图11-13所示。

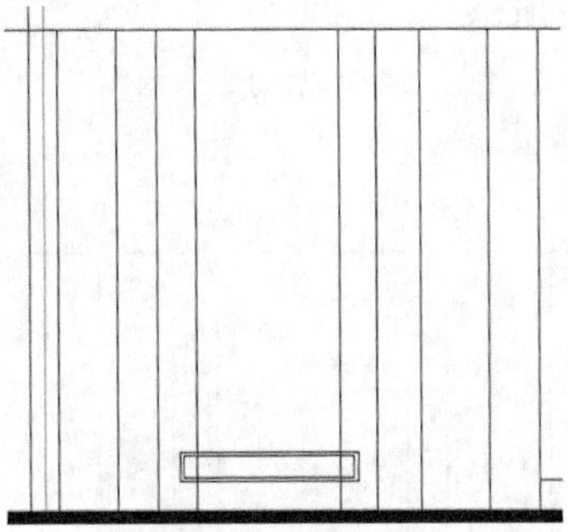

图 11-11 偏移矩形

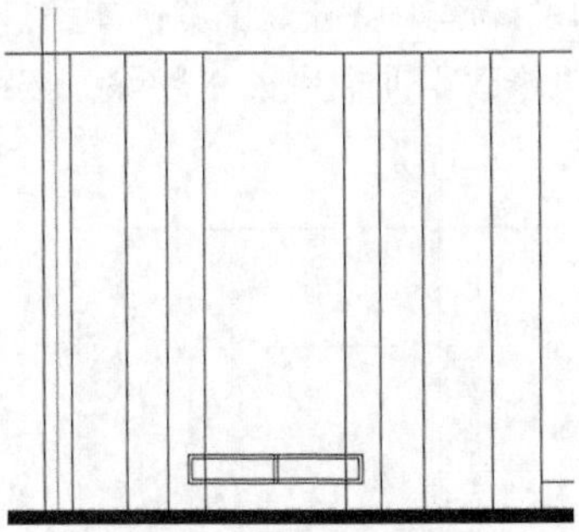

图 11-12 绘制直线

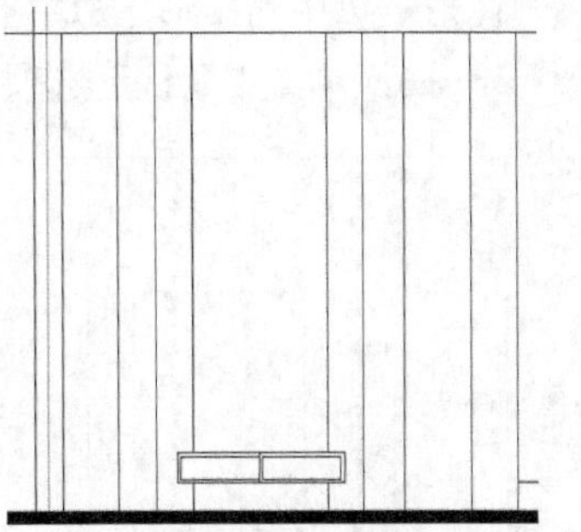

图 11-13 修剪图形

（8）单击“默认”选项卡“修改”面板中的“偏移”按钮，将地坪线向上偏移，偏移距离分别为1650、1600，并将其分解，如图11-14所示。

（9）单击“默认”选项卡“修改”面板中的“修剪”按钮，将偏移后的地坪线进行修剪，如图11-15所示。

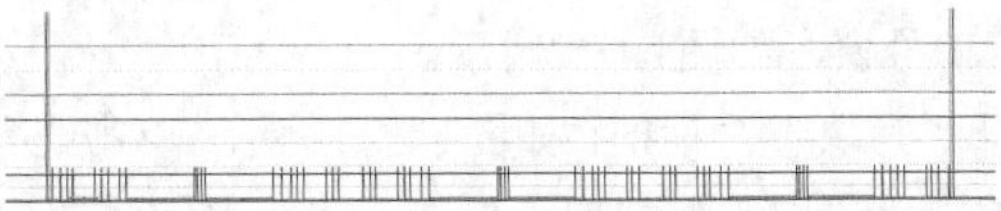

图 11-14 偏移地坪线 2

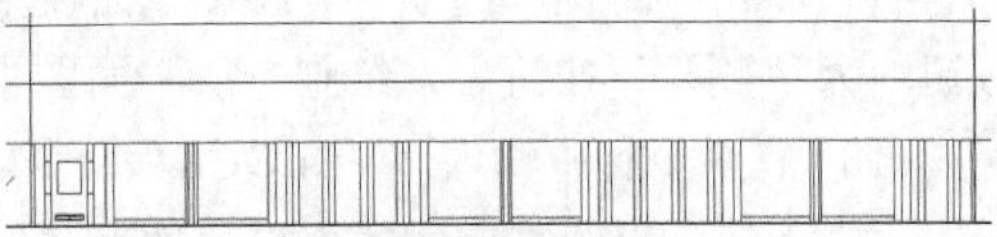

图 11-15 修剪地坪线

（10）单击“默认”选项卡“修改”面板中的“偏移”按钮，将修剪后左侧竖直直线向右偏移，偏移距离分别为10、30、20，如图11-16所示。

（11）单击“默认”选项卡“修改”面板中的“偏移”按钮，将修剪后最下端水平直线向上偏移，偏移距离分别为30、50、1120、20、20、20、260、30、50，如图11-17所示。

（12）单击“默认”选项卡“修改”面板中的“修剪”按钮，将偏移后的线段进行修剪，如图11-18所示。

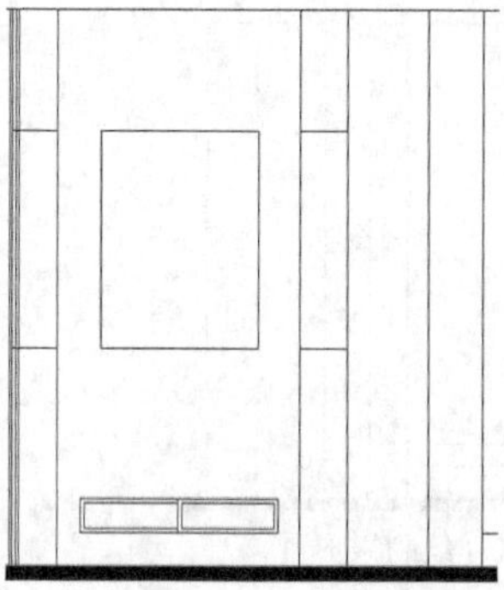

图 11-16 偏移竖直直线

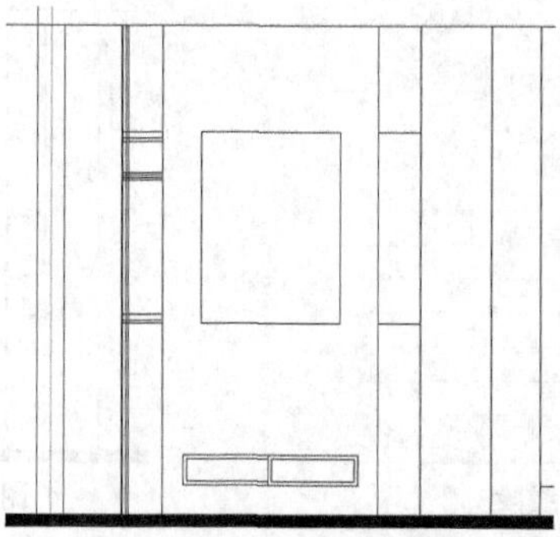

图 11-17 偏移水平直线

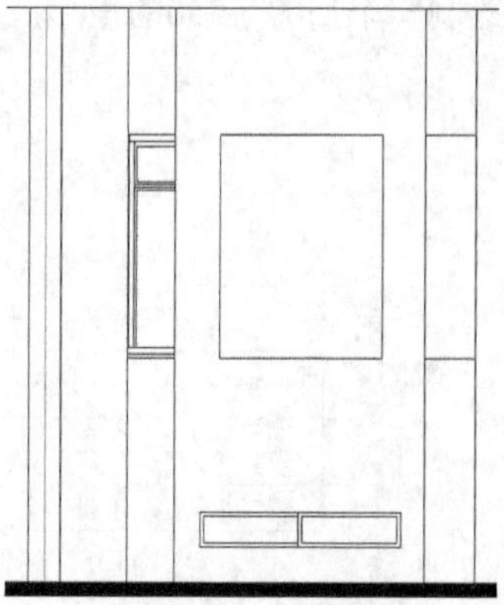

图 11-18 修剪线段

（13）单击“默认”选项卡“修改”面板中的“偏移”按钮，将右侧竖直线向左偏移，偏移距离分别为50、15、15、300，如图11-19所示。

（14）单击“默认”选项卡“修改”面板中的“修剪”按钮，对偏移直线进行修剪，如图11-20所示。

（15）单击“默认”选项卡“修改”面板中的“镜像”按钮，将第（14）步中绘制的窗户图形，以中间矩形上边中点为镜像起始点进行镜像，如图11-21所示。

（16）单击“默认”选项卡“修改”面板中的“删除”按钮，删除多余线段。

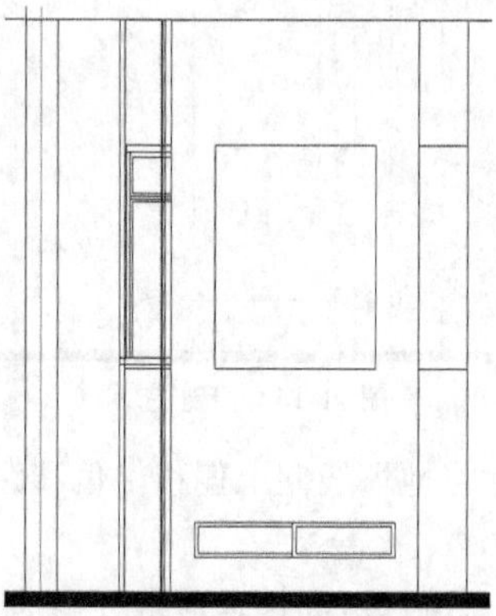

图 11-19 偏移直线

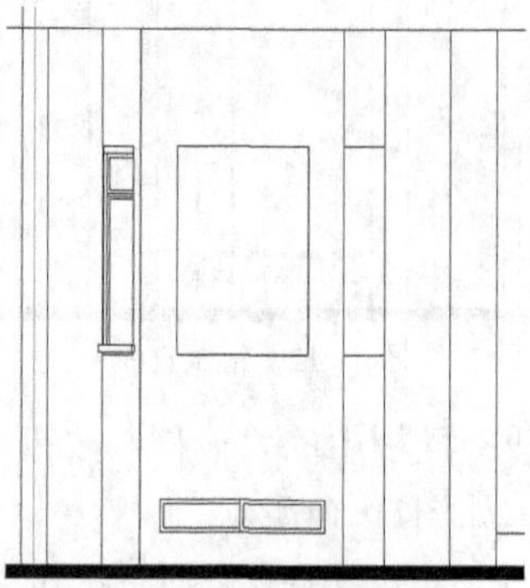

图 11-20 修剪图形

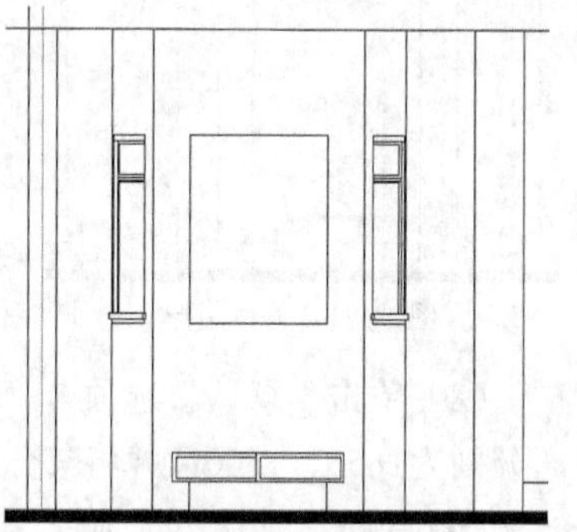

图 11-21 镜像窗户

（17）单击“默认”选项卡“绘图”面板中的“直线”按钮和“修改”面板中的“偏移”按钮及“删除”按钮，绘制一层平面图中的C10号窗，如图11-22所示。

（18）在命令行中输入“WBLOCK”命令，打开“写块”对话框，如图11-23所示。单击“选择对象”按钮，以绘制完成的窗户图形为对象；单击“拾取点”按钮，任选一点为基点；设置保存的路径和图块的名称，保存为“C10窗户”；单击“确定”按钮，保存图块。

（19）单击“默认”选项卡“块”面板中的“插入”按钮，打开“插入”下拉菜单，如图11-24所示。选择“C10窗户”图块，将其插入图中适当位置，如图11-25所示。

利用上述方法插入图形中的小窗户，如图11-26所示。

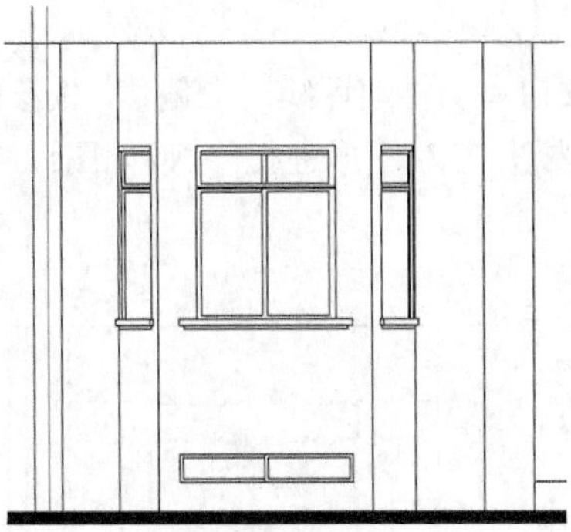
图 11-22　绘制窗户

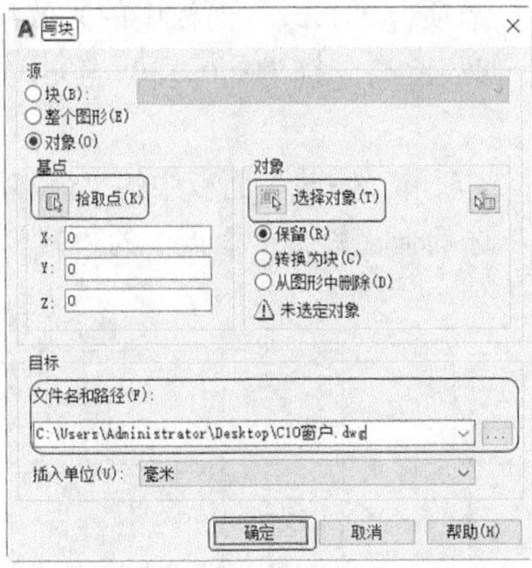

图 11-23　“写块”对话框

11-24　“插入”按钮

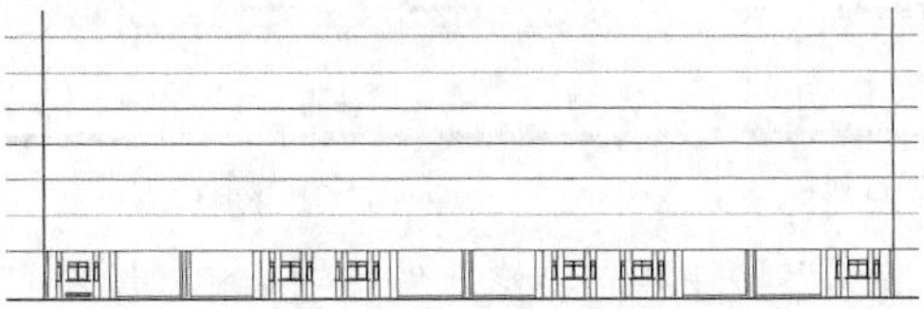
图 11-25　“插入”窗户 1

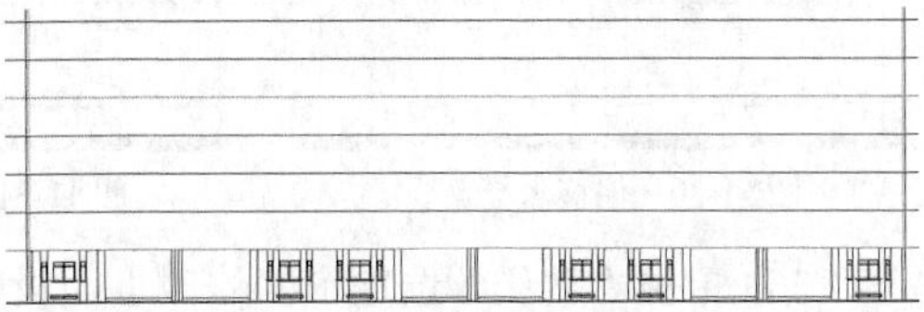
图 11-26　“插入”窗户 2

（20）单击“默认”选项卡“修改”面板中的“删除”按钮，删除多余的线段，如图11-27所示。

（21）单击“默认”选项卡“修改”面板中的“偏移”按钮，将地坪线向上偏移，偏移距离为910，如图11-28所示。

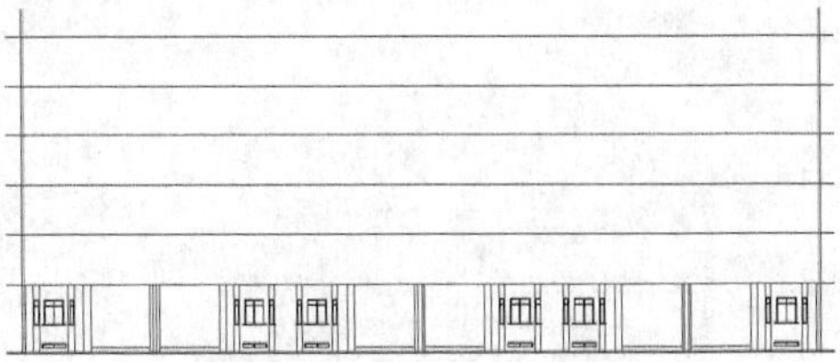
图 11-27　删除多余线段

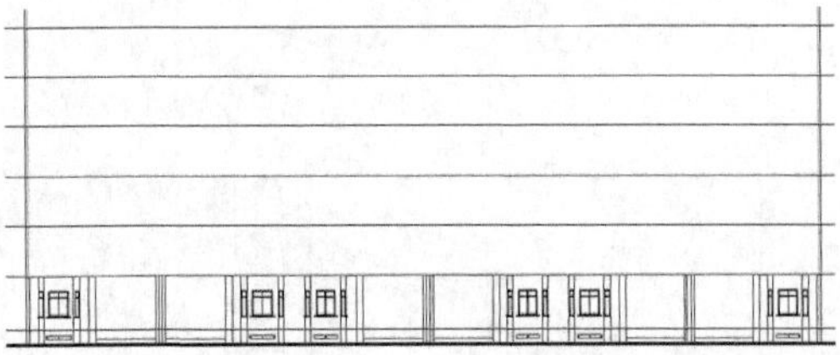
图 11-28　偏移地坪线

（22）单击“默认”选项卡“修改”面板中的“修剪”按钮，对偏移后的地坪线进行修剪，如图11-29所示。

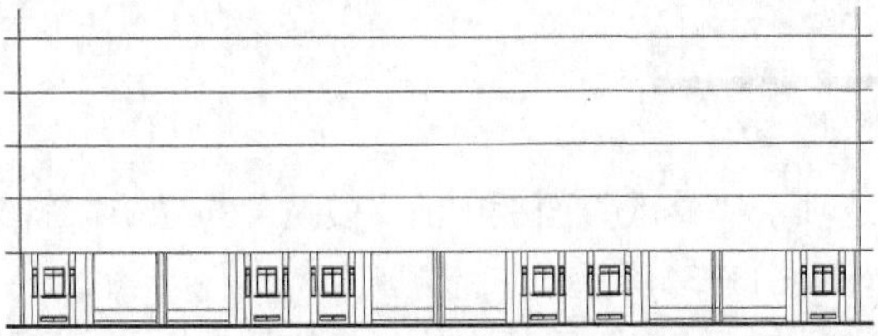
图 11-29　修剪地坪线

（23）单击“默认”选项卡“修改”面板中的“偏移”按钮，将第（22）步中修剪的水平直线向上偏移，偏移距离分别为50、30、130、20、470、20、147、30、1110、30、370、30，如图11-30所示。

（24）单击“默认”选项卡“修改”面板中的“偏移”按钮，将第（23）步中图形的左侧竖直直线向右偏移，偏移距离分别为800、30、495、30、480、30、480、30、495、30，如图11-31所示。

（25）单击“默认”选项卡“修改”面板中的“偏移”按钮，将地坪线向上偏移，偏移距离为2887。单击“默认”选项卡“修改”面板中的“修剪”按钮，对图形进行修剪，如图11-32所示。

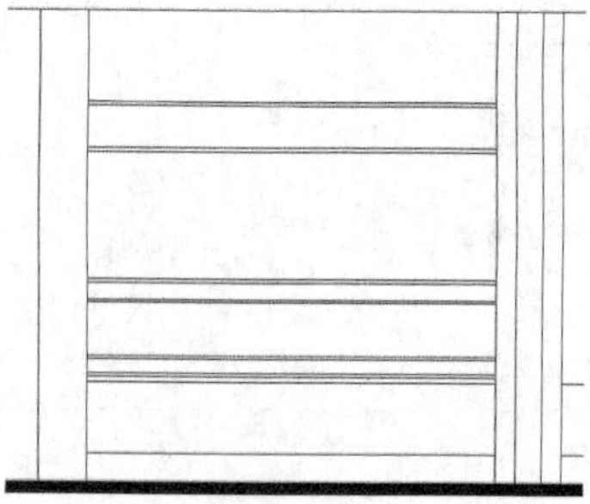
图 11-30　偏移水平直线

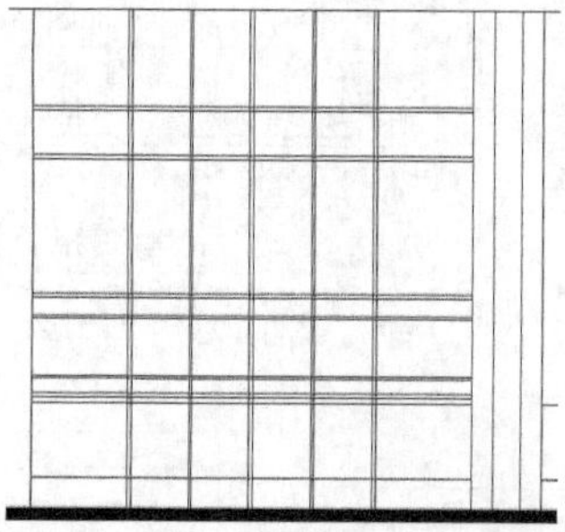
图 11-31　偏移竖直直线

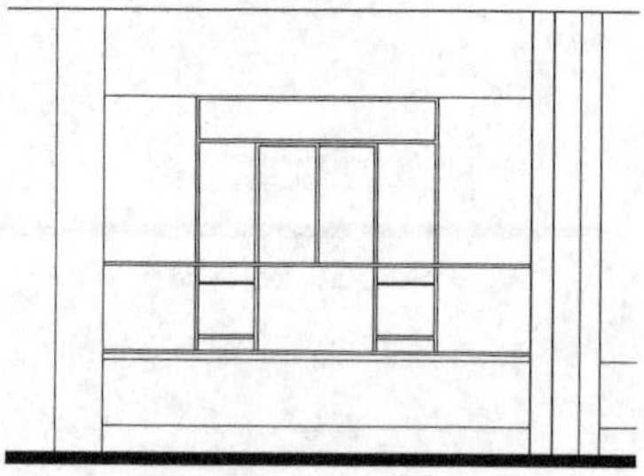
图 11-32　修剪图形

（26）单击“默认”选项卡“修改”面板中的“偏移”按钮、“修剪”按钮和“绘图”面板中的“直线”按钮、“圆”按钮，细化图形，如图11-33所示。

（27）在命令行中输入“WBLOCK”命令，打开“写块”对话框，以绘制完成的窗户图形为对象，选一点为基点，定义“阳台门”图块，如图11-34所示。

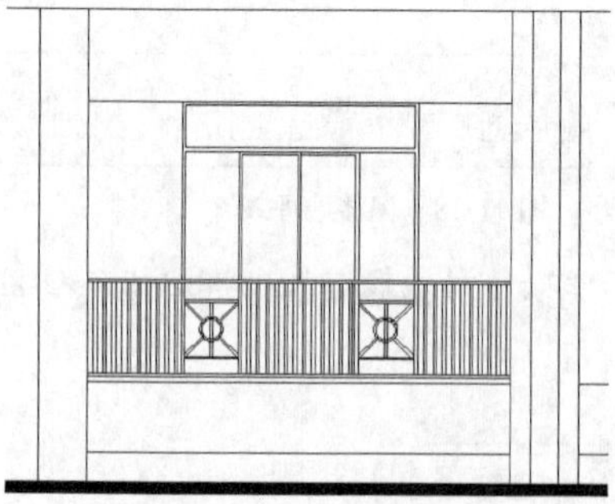
图 11-33　细化图形

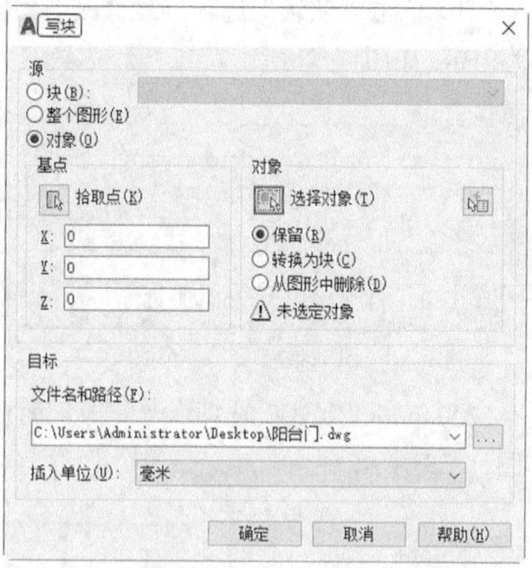

图 11-34　定义“阳台门”图块

（28）单击“默认”选项卡“修改”面板中的“复制”按钮，将第（27）步中定义成块的阳台门复制到适当位置，如图11-35所示。

（29）单击“默认”选项卡“修改”面板中的“偏移”按钮，将阳台与阳台之间的左右两侧竖直直线分别向内偏移，偏移距离为240，如图11-36所示。

（30）单击“默认”选项卡“修改”面板中的“删除”按钮，删除多余线段，如图11-37所示。

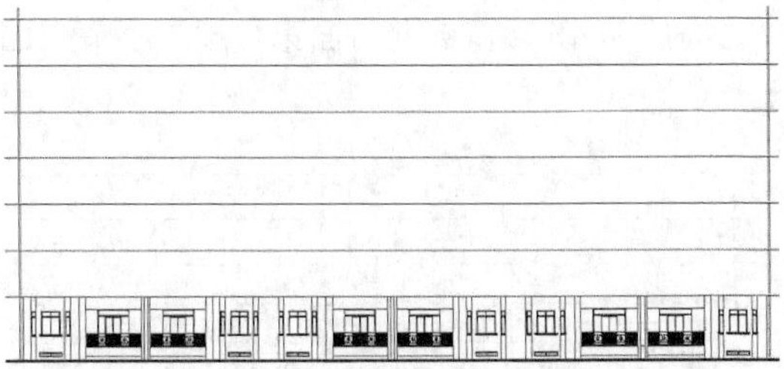

图 11-35　复制阳台门

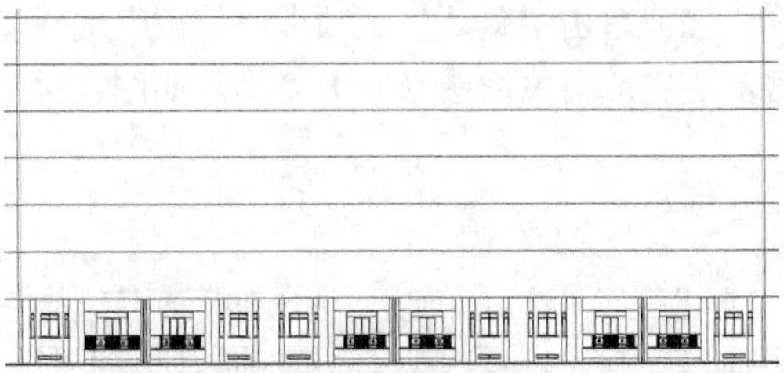

图 11-36　偏移竖直直线

11.2.3　绘制屋檐

绘制步骤如下。

（1）单击“默认”选项卡“修改”面板中的“偏移”按钮⊆，首先将地坪线向上偏移，然后将左右两侧竖直直线分别向外偏移，如图11-38所示。

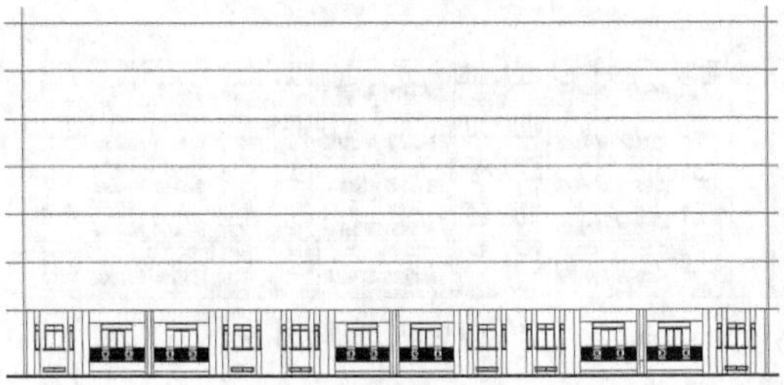

图 11-37　删除多余线段

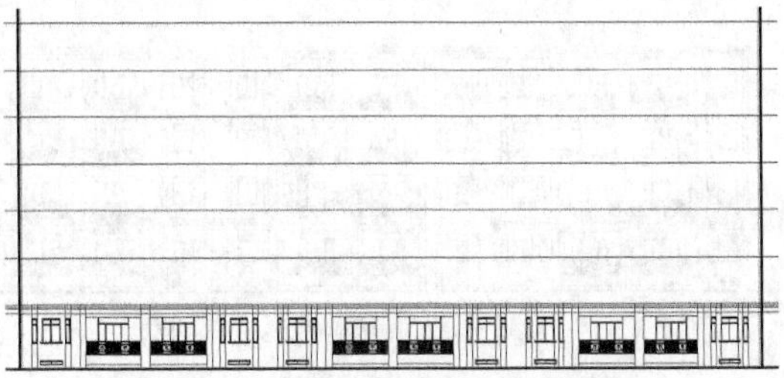

图 11-38　偏移水平直线和竖直直线

（2）单击“默认”选项卡“修改”面板中的“修剪”按钮，对偏移后线段进行修剪，完成屋檐线的绘制，如图11-39所示。

（3）单击“默认”选项卡“绘图”面板中的“直线”按钮╱，在屋檐线条上绘制多条不垂直直线，如图11-40所示。

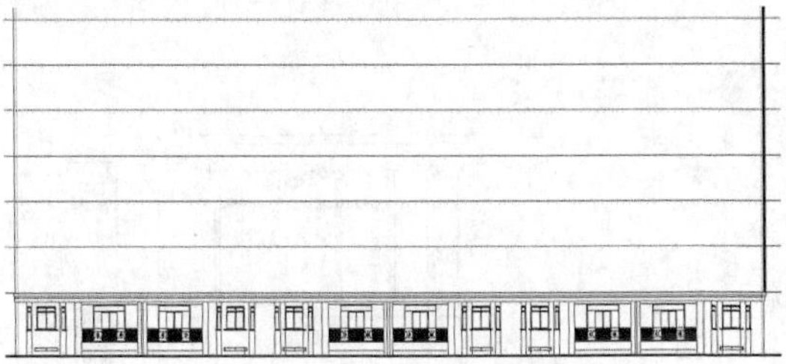

图 11-39　绘制屋檐线

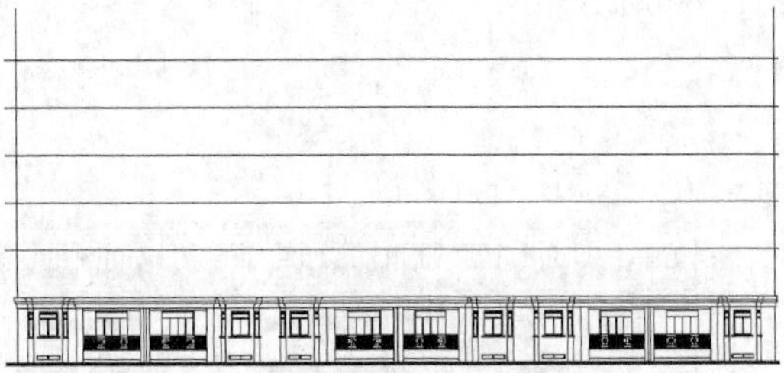

图 11-40　绘制多段直线

11.2.4　复制图形

绘制步骤如下。

（1）单击“默认”选项卡“修改”面板中的“复制”按钮，选取底层窗户图形并将其向其他层复制。单击“默认”选项卡“绘图”面板中的“直线”按钮╱，补充图形，如图11-41所示。

（2）单击“默认”选项卡“修改”面板中的“复制”按钮，选取前面第11.2.3小节中已经绘制完成的屋檐图形向上复制，如图11-42所示。

图 11-41　复制窗户图形

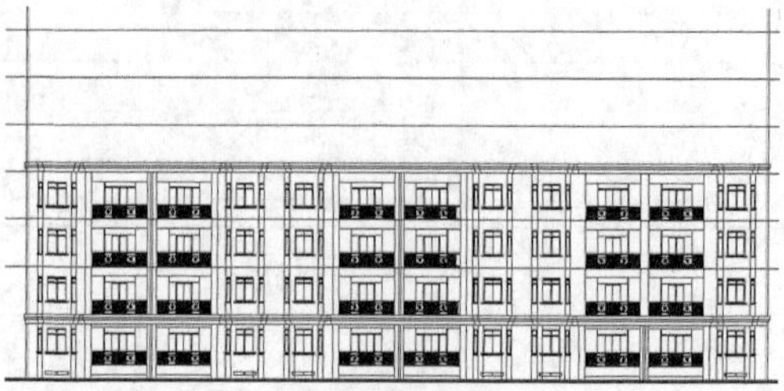

图 11-42　复制屋檐图形

（3）单击“默认”选项卡“修改”面板中的“删除”按钮，删除多余的水平辅助线，如图11-43所示。

（4）单击“默认”选项卡“修改”面板中的“复制”按钮，选取窗户图形，继续向上复制，如图11-44所示。

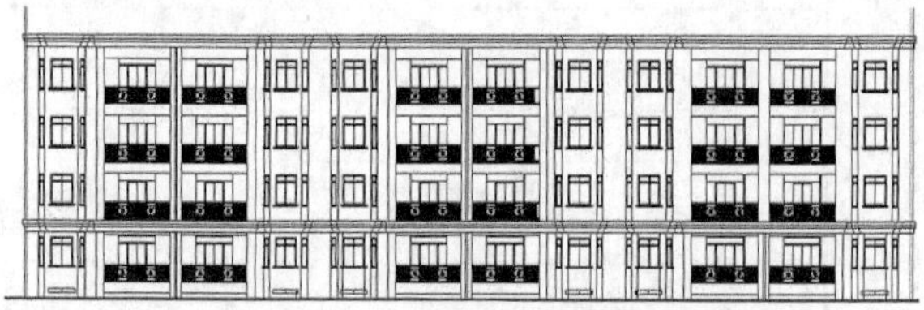

图 11-43　删除多余水平辅助线

图 11-44　复制图形

（5）单击“默认”选项卡“绘图”面板中的“直线”按钮和“修改”面板中的“偏移”按钮，绘制屋檐，如图11-45所示。

（6）单击“默认”选项卡“修改”面板中的“复制”按钮，选取相同窗户图形并将其向上复制。单击“默认”选项卡“绘图”面板中的“直线”按钮，在复制的窗户图形上方绘制水平直线。单击“默认”选项卡“修改”面板中的“修剪”按钮，修剪过长线段，如图11-46所示。

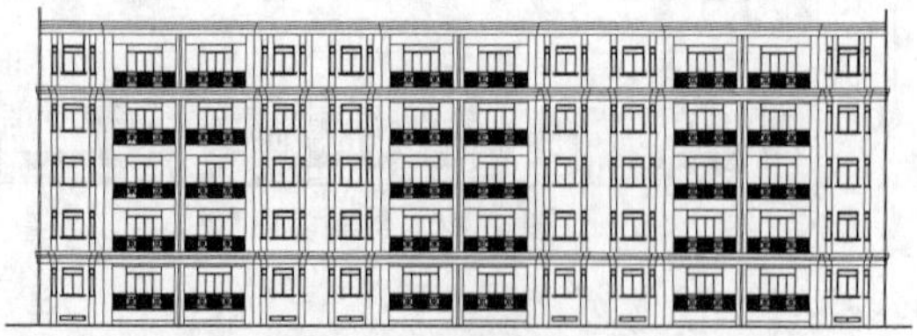

图 11-45　绘制屋檐

图 11-46　绘制短屋檐

（7）单击“默认”选项卡“修改”面板中的“复制”按钮，选取第（6）步中绘制的短屋檐图形进行复制，如图11-47所示。

（8）利用绘制短屋檐的方法绘制剩余长屋檐，如图11-48所示。

（9）单击“默认”选项卡“绘图”面板中的“直线”按钮和“修改”面板中的“修剪”按钮，对窗户图形进行修剪，完成图形绘制，如图11-49所示。

（10）单击“默认”选项卡“绘图”面板中的“直线”按钮╱，在图形上方绘制一条水平直线，如图11-50所示。

图 11-47　复制屋檐

图 11-48　绘制长屋檐

图 11-49　修剪图形

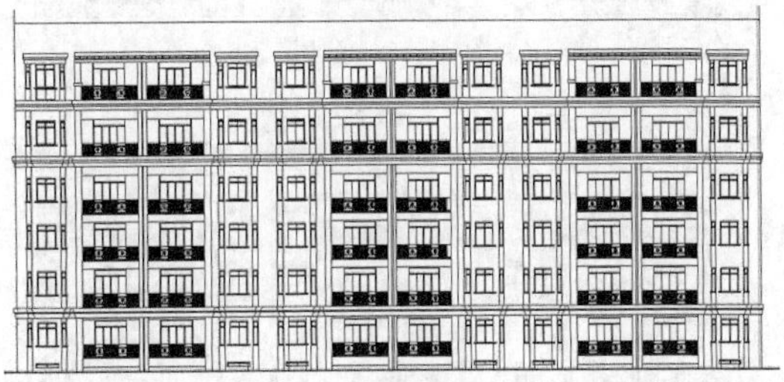

图 11-50　绘制直线

（11）单击“默认”选项卡“绘图”面板中的“矩形”按钮□，单击“默认”选项卡“修改”面板中　的“修剪”按钮✂和“偏移”按钮⊆，绘制顶部窗户，如图11-51所示。

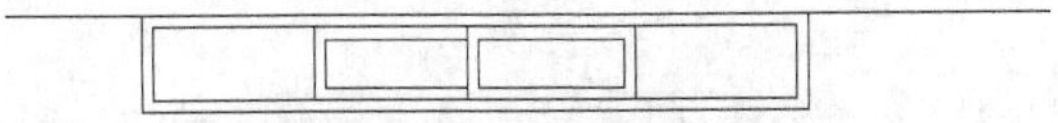

图 11-51　绘制顶部窗户

（12）单击“默认”选项卡“修改”面板中的“复制”按钮⁸⁸，选取第（11）步中绘制的顶部窗户图形向右复制，如图11-52所示。

（13）单击“默认”选项卡“绘图”面板中的“直线”按钮╱，绘制连续直线，如图11-53所示。

图 11-52　复制顶部窗户

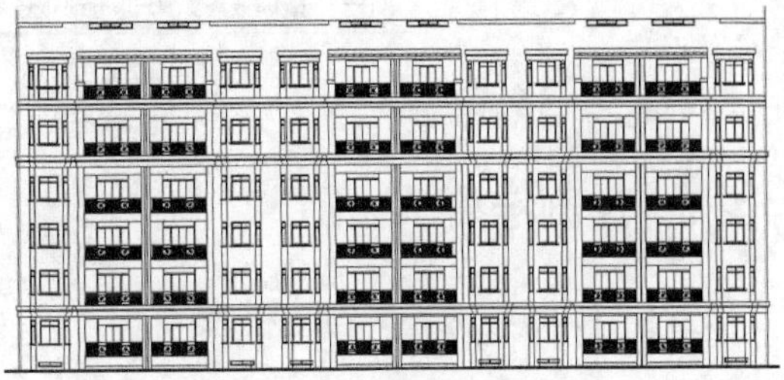

图 11-53　绘制连续直线

（14）单击“默认”选项卡“修改”面板中的“偏移”按钮⊆，选取第（10）步中绘制的水平直线向上偏移，如图11-54所示。

（15）单击“默认”选项卡“绘图”面板中的“直线”按钮╱和“修改”面板中的“偏移”按钮⊆，绘制多段平面屋顶，如图11-55所示。

（16）单击“默认”选项卡“绘图”面板中的“直线”按钮╱，在第（15）步中绘制的直线段上绘制斜向屋顶，如图11-56所示。

（17）利用前面所学知识，绘制剩余图形，如图11-57所示。

（18）单击“默认”选项卡“修改”面板中的“修剪”按钮，修剪过长线段，如图11-58所示。

图 11-54　绘制屋檐

图 11-55　绘制多段平面屋顶

图 11-56　绘制斜向屋顶

图 11-57　绘制剩余图形

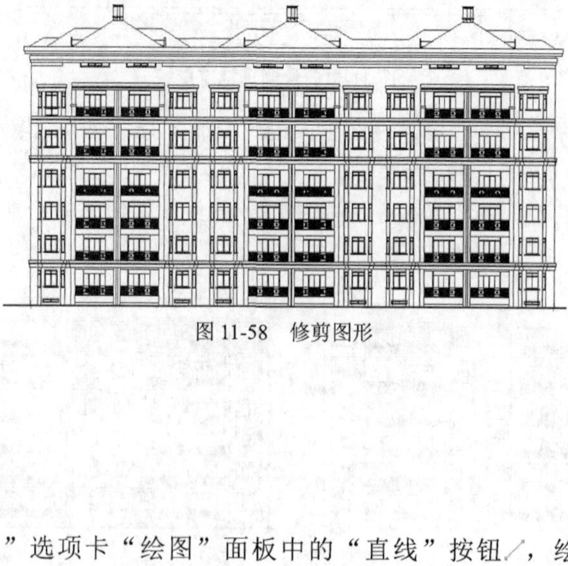
图 11-58　修剪图形

11.2.5　绘制标高

绘制步骤如下。

（1）单击“默认”选项卡“绘图”面板中的“直线”按钮，绘制标高，如图11-59所示。

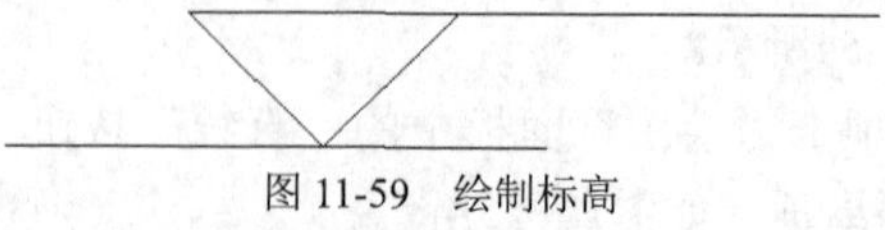
图 11-59　绘制标高

（2）单击“默认”选项卡“注释”面板中的“多行文字”按钮A，在标高上添加文字，最终完成标高的绘制。

（3）单击“默认”选项卡“修改”面板中的“复制”按钮，选取已经绘制完成的标高进行复制。使用鼠标光标双击标高上的文字，修改文字。完成所有标高的绘制，如图11-60所示。

图 11-60　绘制所有标高

11.2.6　添加文字说明

绘制步骤如下。

（1）在命令行中输入“QLEADER”命令，为图形添加引线。单击“默认”选项卡“注释”面板中的“多行文字”按钮A，为图形添加文字说明，如图11-61所示。

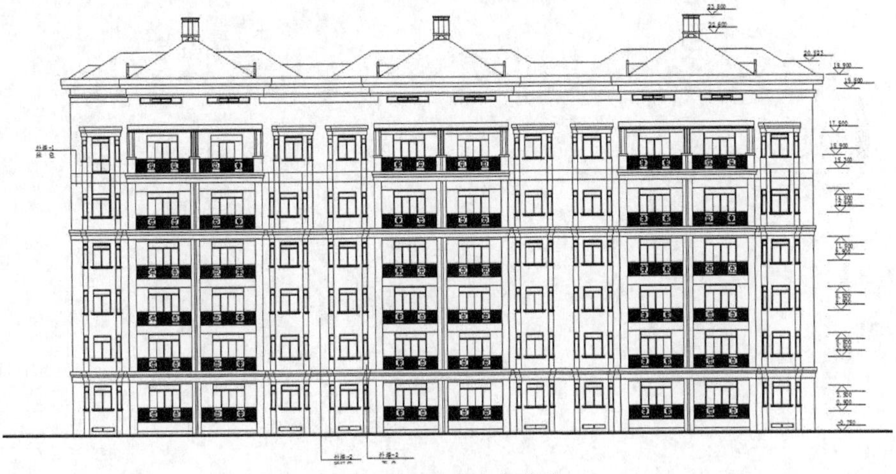

图 11-61　添加文字说明

（2）单击“默认”选项卡“绘图”面板中的“直线”按钮、“圆”按钮及“多行文字”按钮A，绘制轴号。最终结果如图11-1所示。

11.3　上机实验

【练习】绘制图 11-62 所示的宿舍楼立面图。

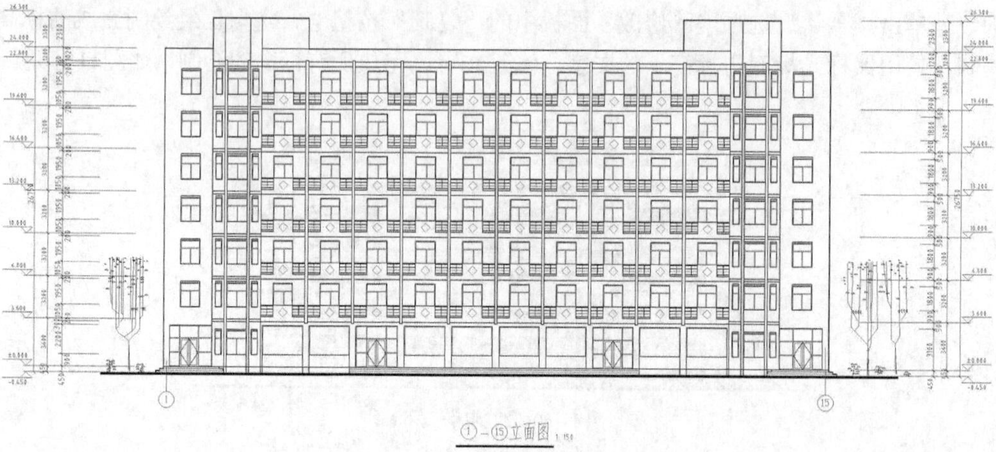

图 11-62　某宿舍楼立面图

第12章

绘制建筑剖面图

建筑剖面图主要反映建筑物的结构形式、垂直空间利用、各层构造做法和门窗洞口高度等。本章以某低层住宅楼剖面图为例，详细介绍建筑剖面图的绘制方法与相关技巧。

【内容要点】

☑ 建筑剖面图绘制概述

☑ 绘制某低层住宅楼剖面图

【案例欣赏】

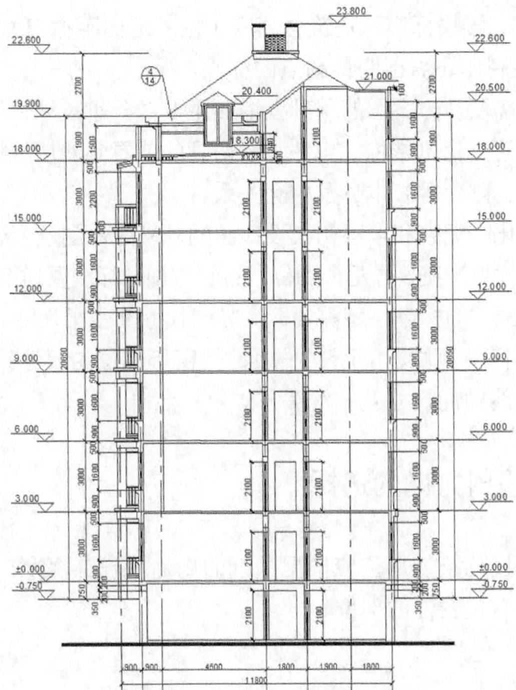

12.1 建筑剖面图绘制概述

假想用一个或多个垂直于外墙轴线的铅垂剖切面，将房屋剖开，所得的投影图称为建筑剖面图，简称剖面图。剖面图用以表示房屋内部的结构或构造形式、分层情况和各部位的联系、材料及其高度等，是与平面图、立面图相互配合的不可缺少的重要图样之一。

12.1.1 建筑剖面图的概念及图示内容

剖面图是指用一剖切面将建筑物的某一位置剖开，移去一侧后，剩下的一侧沿剖视方向的正投影图。根据工程的需要，绘制一个剖面图可以选择 1 个剖切面、2 个平行的剖切面或 2 个相交的剖切面，如图 12-1 所示。剖面图与断面图的区别在于，剖面图除了能表示剖切的部位，还应表示出在投射方向看到的构配件轮廓（即所谓的“看线”）；而断面图只需要表示剖切的部位。

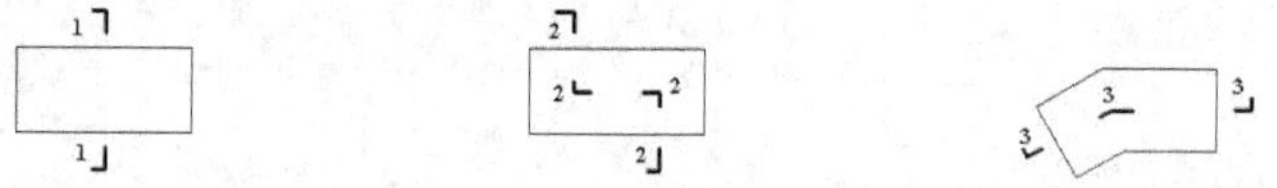

1 个剖切面　　2 个平行剖切面　　2 个相交剖切面

图 12-1　剖切面形式

对于不同的设计深度，剖面图的图示内容也有所不同。

方案阶段重点在于表达剖切部位的空间关系、建筑层数、高度、室内外高度差等。剖面图中应注明室内外地坪标高、楼层标高、建筑总高度（室外地面至檐口）、剖面标号、比例或比例尺等。如果有建筑高度控制，还需标明最高点的标高。

建筑物初步设计阶段需要在方案图的基础上增加主要内外承重墙、柱的定位轴线和编号，更加详细、清晰、准确地表达出建筑结构、构件（剖切到的或看到的墙、柱、门窗、楼板、地坪、楼梯、台阶、坡道、雨篷、阳台等）本身及相互关系。

建筑物施工阶段在优化、调整和丰富初级设计图的基础上，图示内容最为详细。一方面，剖切到的和看到的构配件图样要准确、详尽、到位，另一方面，标注要详细。除了标注室内外地坪、楼层、屋面突出物、各构配件的标高，还需要标注竖向尺寸和水平尺寸。竖向尺寸包括外部 3 道尺寸（与立面图类似）和内部地坑、隔断、吊顶、门窗等部位的尺寸；水平尺寸包括两端和内部剖切到的墙、柱定位轴线间的尺寸及轴线编号。

12.1.2 剖切位置及投射方向的选择

根据规范规定，剖面图的剖切部位应根据图纸的用途或设计深度，选择空间复杂且能反映建筑全貌、构造特征以及有代表性的部位。

投射方向一般宜向左、向上，当然也要根据工程情况而定。剖切符号在底层平面图中，短线指向为投射方向。剖面图编号标注在投射方向一侧，剖切线若有转折，应在转角的外侧加注与该符号相同的编号。

12.1.3　绘制建筑剖面图的一般步骤

建筑剖面图一般在平面图、立面图的基础上进行绘制。绘制剖面图的一般步骤如下。

（1）设置绘图环境。

（2）确定剖切位置和投射方向。

（3）绘制定位辅助线，包括墙、柱定位轴线，楼层水平定位辅助线及其他剖面图样的辅助线。

（4）绘制剖面图样及看线，包括剖切到的和看到的墙柱、地坪、楼层、屋面、门窗（幕墙）、楼梯、台阶及坡道、雨篷、窗台、窗楣、檐口、阳台、栏杆、各种脚线等。

（5）绘制配景，包括植物、车辆、人物等。

（6）标注尺寸、文字。

12.2　绘制某低层住宅楼剖面图

本节以低层住宅楼剖面图绘制为例，如图 12-2 所示，深入讲解剖面图的绘制方法与技巧。

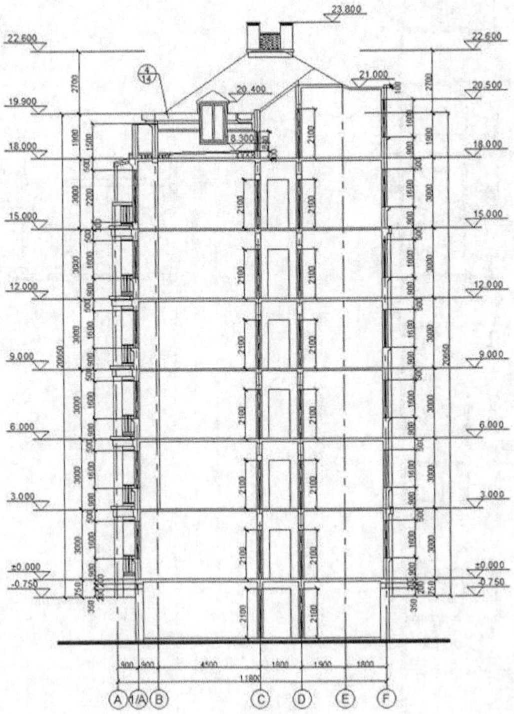

图 12-2　某低层住宅楼的剖面图

12.2.1 图形整理

绘制步骤如下。

（1）利用“LAYER”命令创建“剖面”图层。单击“默认”选项卡“图层”面板中的“图层特性”按钮，将当前图层设置为“剖面”图层。

（2）复制一层平面图并将暂时不用的图层关闭。单击“默认”选项卡“修改”面板中的“旋转”按钮，选取复制的一层平面图进行旋转，旋转角度为90°，如图12-3所示。

12.2.2 绘制辅助线

绘制步骤如下。

（1）单击“默认”选项卡“绘图”面板中的“直线”按钮，在立面图左侧同一水平线上绘制室外地平线。

（2）采用绘制立面图定位辅助线的方法绘制剖面图的定位辅助线，结果如图12-4所示。

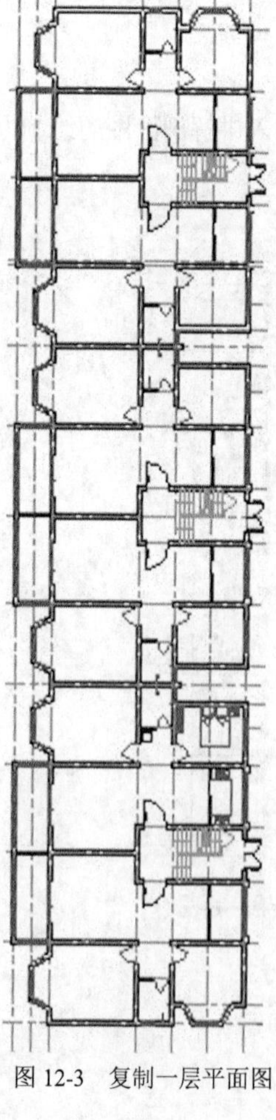

图 12-3 复制一层平面图

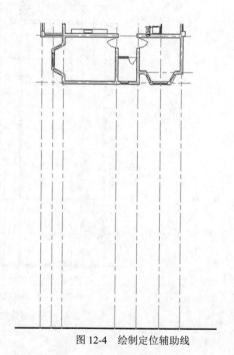

图 12-4 绘制定位辅助线

12.2.3　绘制墙线

绘制步骤如下。

（1）单击“默认”选项卡“修改”面板中的“偏移”按钮，选取左右两侧竖直轴线分别向外偏移 120，并将偏移后的轴线切换到墙线层，如图 12-5 所示。

提示：在绘制建筑剖面图中的门窗或楼梯时，除了利用前面介绍的方法直接绘制，也可借助图库中的图形模块。例如，对一些未被剖切的可见门窗或一组楼梯栏杆等进行绘制。在常见的室内图库中，有很多不同种类和尺寸的门窗和栏杆立面可供选择，绘图者只需找到合适的图形模块进行复制，然后粘贴到自己的图形中即可。如果图库中提供的图形模块与实际需要的图形之间存在尺寸或角度上的差异，可利用“分解”命令先将模块进行分解，然后利用“旋转”或“缩放”命令进行修改，将其调整到满意的结果后，插入图中的相应位置即可。

（2）单击“默认”选项卡“修改”面板中的“偏移”按钮，选取最左侧竖直直线向右偏移，偏移距离分别为 370、530、240、130、650、120、4260、240、1560、240、3330、130、240，如图 12-6 所示。

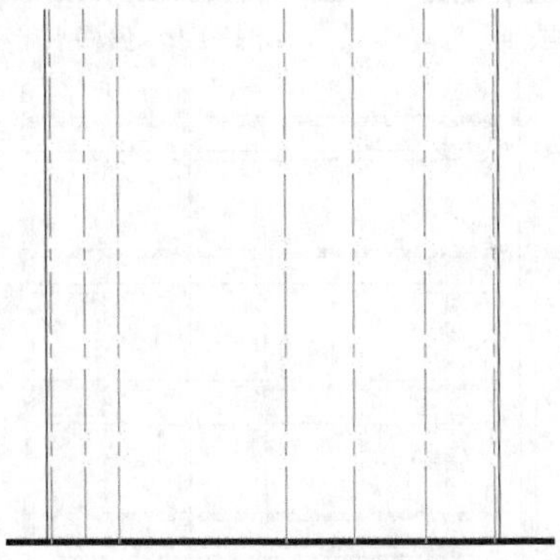

图 12-5　切换图层

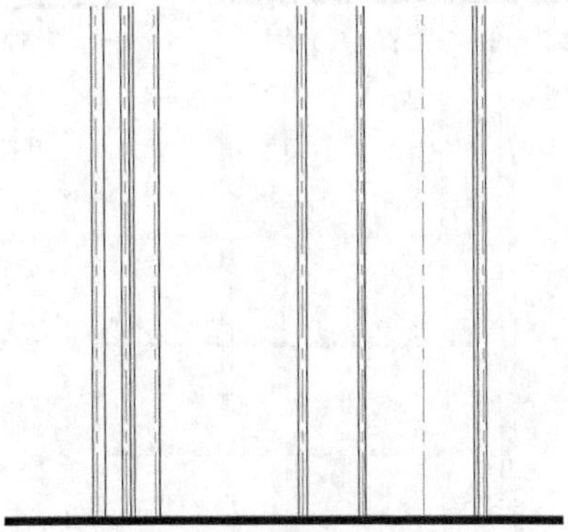

图 12-6　偏移线段

12.2.4　绘制楼板

绘制步骤如下。

（1）单击“默认”选项卡“修改”面板中的“偏移”按钮，选取地坪线向上偏移，偏移距离分别为 2700、3000、3000、3000、3000、3000、3000、4600。单击“默认”选项卡“修改”面板中的“分解”按钮，将图形进行分解，如图 12-7 所示。

（2）单击“默认”选项卡“修改”面板中的“修剪”按钮，对偏移后的水平线进行修剪，如图 12-8 所示。

（3）单击“默认”选项卡“修改”面板中的“偏移”按钮，选取除两顶端外中间部分的水平直线向下偏移，偏移距离分别为 100、400、1600、900。重复“偏移”命令，选取最下端水平线向下偏移，偏移距离分别为 100、300，如图 12-9 所示。

（4）单击“默认”选项卡“修改”面板中的“修剪”按钮，对偏移后的线段进行修剪，如图 12-10 所示。

（5）单击“默认”选项卡“修改”面板中的“偏移”按钮，选取最上端水平直线连续向下偏移，偏移距离分别为 4800、500、200、2300、500、200、2300、500、200、2300、500、200、2300、500、200、2300、500、200，如图 12-11 所示。

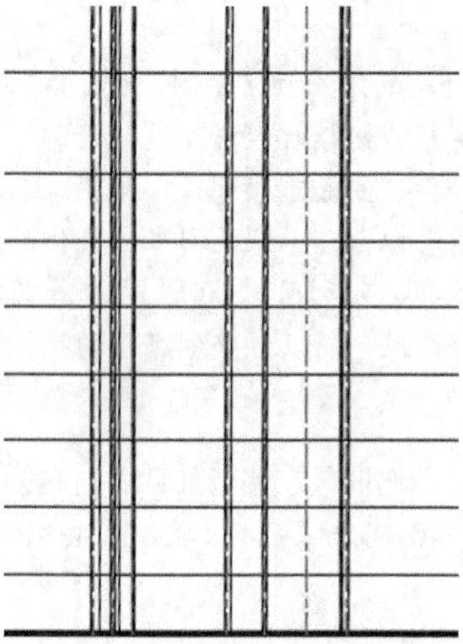

图 12-7　偏移地坪线并分解

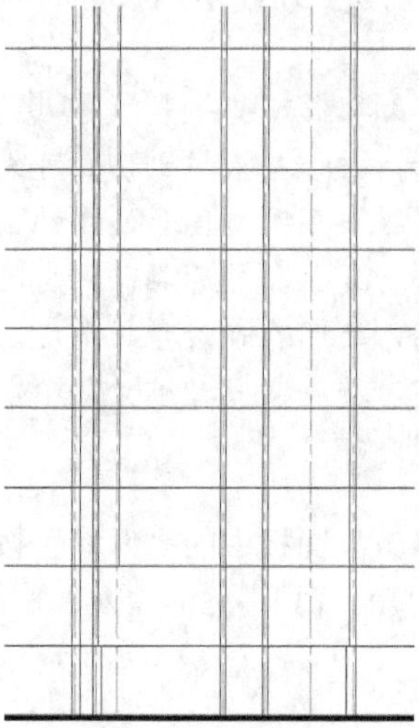

图 12-8　修剪线段 1

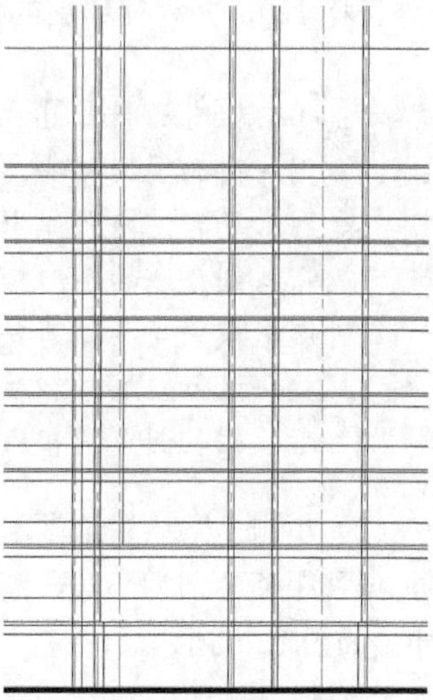

图 12-9　偏移水平直线

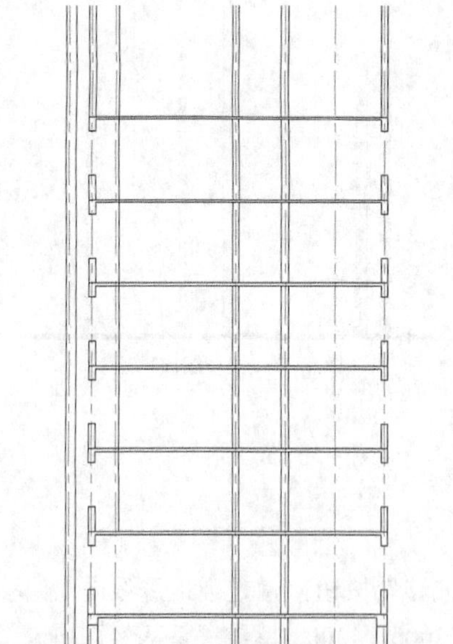

图 12-10　修剪线段 2

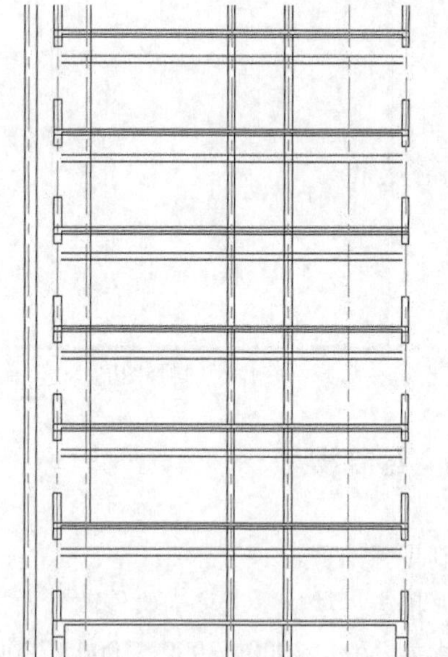

图 12-11　偏移线段

（6）单击“默认”选项卡“修改”面板中的“修剪”按钮，对偏移线段进行修剪，如图 12-12 所示。

（7）六层的窗户高度为 2200，利用所学知识修改窗高，如图 12-13 所示。

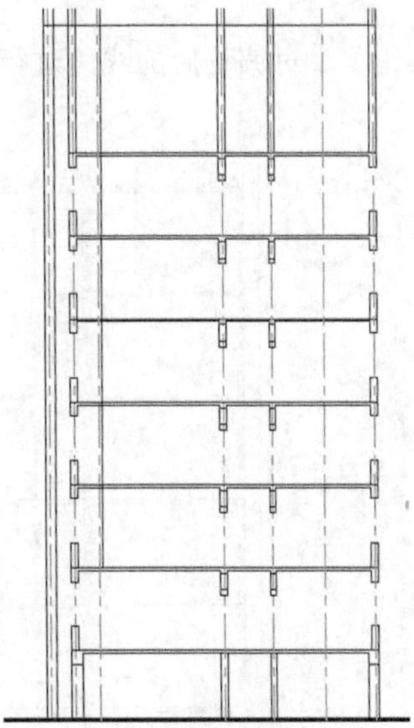

图 12-12　修剪偏移线段 1

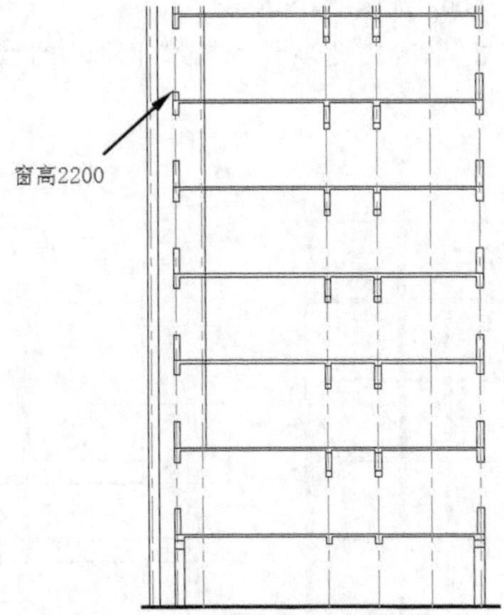

图 12-13　修改窗高

12.2.5　绘制门窗

绘制步骤如下。

（1）单击“默认”选项卡“修改”面板中的“偏移”按钮，选取地坪线向上偏移，偏移距离分别为 200、2300。单击“默认”选项卡“修改”面板中的“修剪”按钮，进行修剪，如图 12-14 所示。

（2）单击“默认”选项卡“绘图”面板中的“直线”按钮，在修剪的窗洞口处绘制一条竖直直线，如图 12-15 所示。

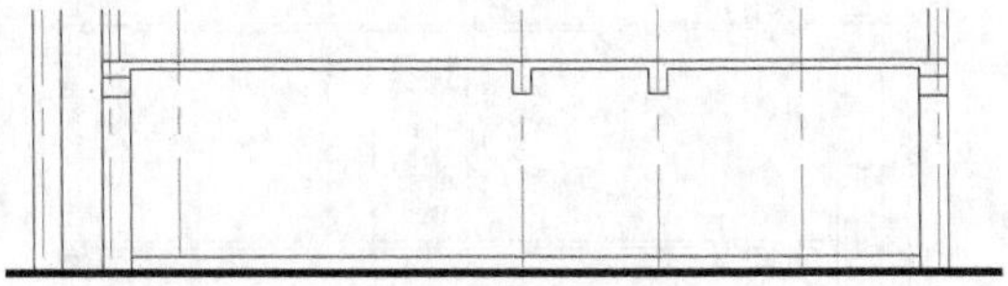

图 12-14　修剪偏移线段 2

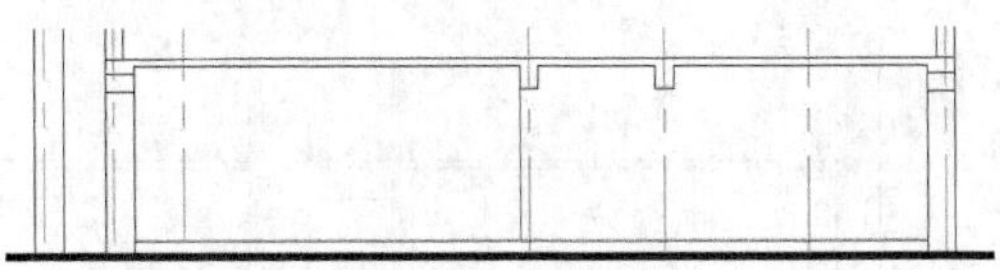

图 12-15　绘制直线

（3）单击“默认”选项卡“修改”面板中的“偏移”按钮，选取第（2）步绘制的竖直直线向右偏移，偏移距离分别为 80、80、80，如图 12-16 所示。

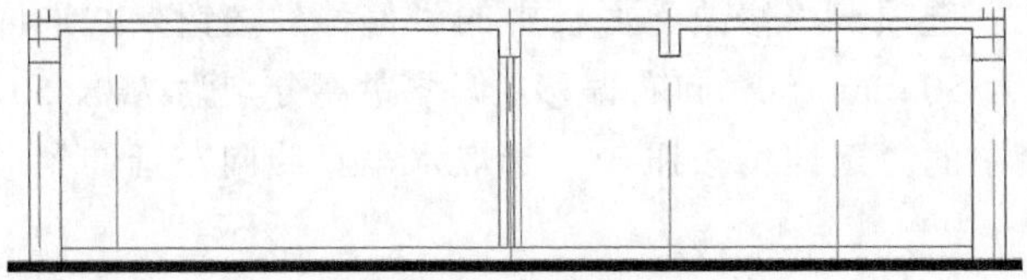

图 12-16　偏移直线

（4）利用上述绘制窗线的方法绘制剖面图中的其他窗线，如图 12-17 所示。

（5）单击“默认”选项卡“修改”面板中的“偏移”按钮，选取地坪线向上偏移，偏移距离分别为 2300、2500、3000、3000、3000、3000。选取左侧竖直轴线向右偏移，偏移距离分别为 6720、900，如图 12-18 所示。

（6）单击“默认”选项卡“修改”面板中的“修剪”按钮，对偏移后的线段进行修剪，如图 12-19 所示。

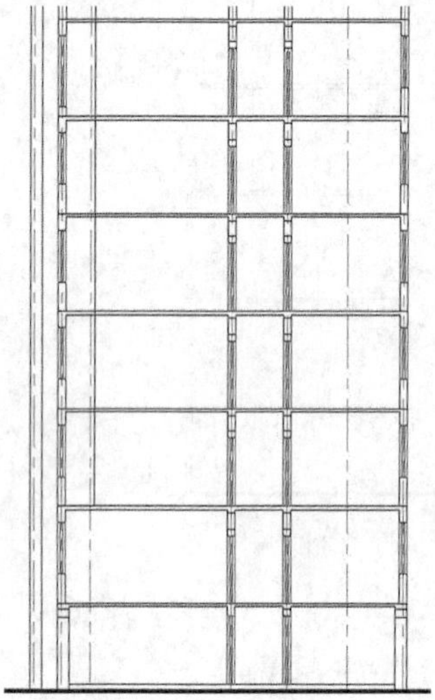

图 12-17　绘制窗线

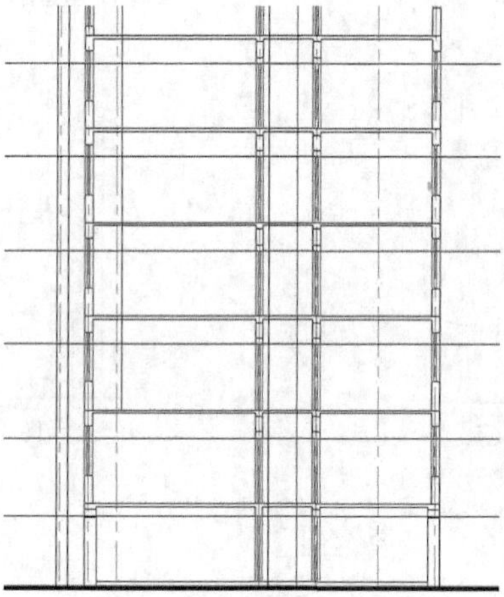

图 12-18　偏移竖直直线

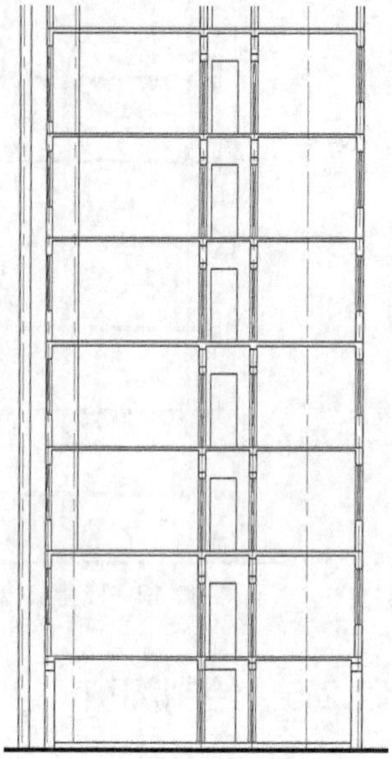

图 12-19　修剪偏移线段 3

（7）单击“默认”选项卡“绘图”面板中的“直线”按钮，在左侧适当位置绘制一条水平直线，使其在一层楼板线下方 750，如图 12-20 所示。

（8）单击“默认”选项卡“修改”面板中的“偏移”按钮，选取第（7）步绘制的水平线向上偏移，偏移距离分别为 900、100、50、700、50、1480、150、300、40、100，如图 12-21 所示。

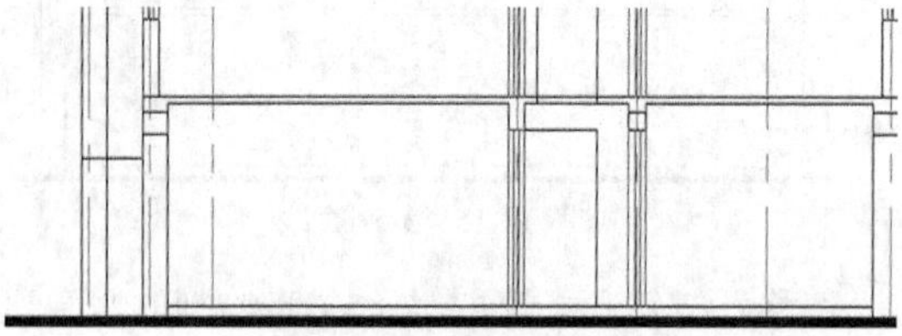

图 12-20　绘制水平直线

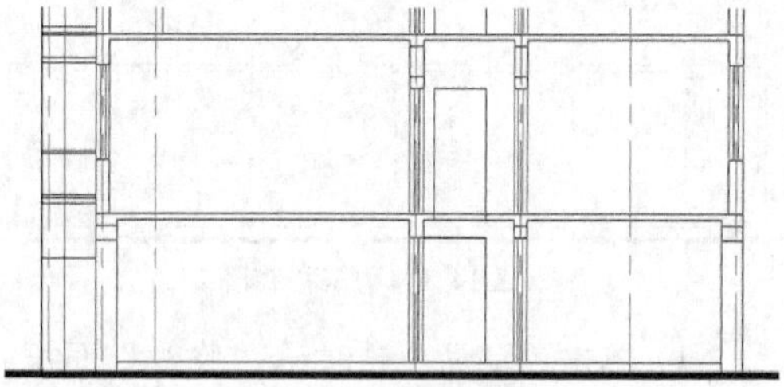

图 12-21　偏移水平直线

（9）单击“默认”选项卡“修改”面板中的“偏移”按钮，选取左侧竖直直线向左偏移，偏移距离分别为 50、50、50；向右偏移，偏移距离分别为 750、50、50。单击“默认”选项卡“修改”面板中的“延伸”按钮，选取水平直线向左延伸到最左侧竖直直线，如图 12-22 所示。

（10）单击“默认”选项卡“修改”面板中的“修剪”按钮，对偏移直线进行修剪，如图 12-23 所示。

（11）单击“默认”选项卡“绘图”面板中的“直线”按钮，绘制内部图形，如图 12-24 所示。

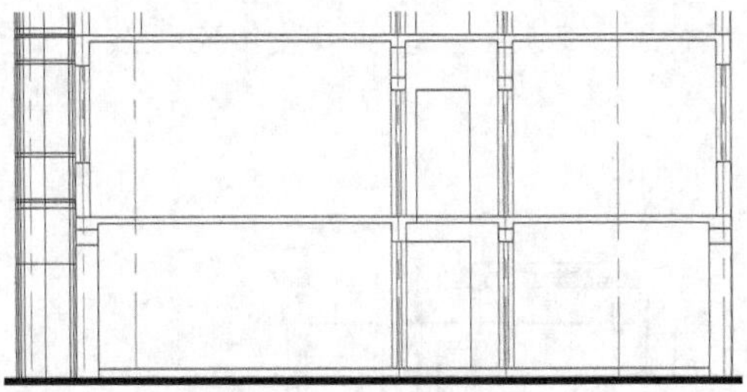

图 12-22　延伸直线

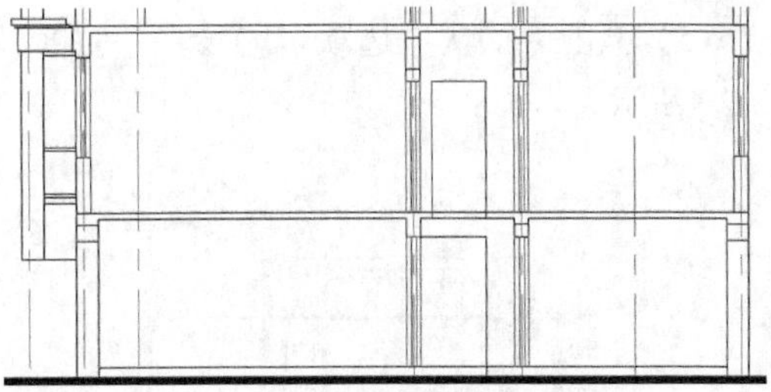

图 12-23　修剪偏移线段 4

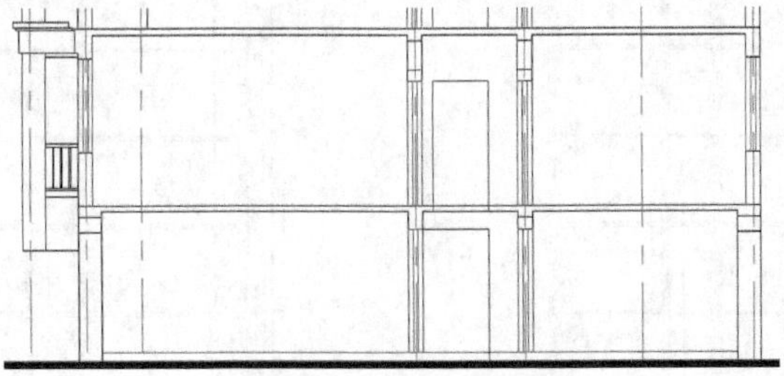

图 12-24　绘制内部图形

12.2.6　绘制剩余图形

绘制步骤如下。

（1）利用“复制”等命令完成左侧图形的绘制，如图 12-25 所示。

（2）利用上述方法绘制右侧图形，如图 12-26 所示。

（3）单击“默认”选项卡“修改”面板中的“偏移”按钮⊆，选取最上端水平直线并向上偏移，偏移距离为 1200，如图 12-27 所示。

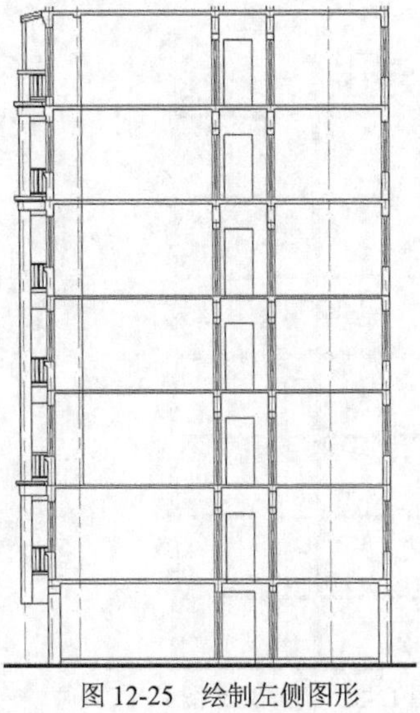

图 12-25　绘制左侧图形

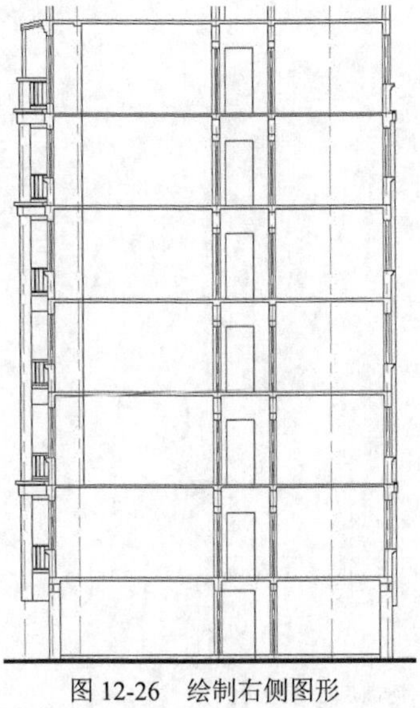

图 12-26　绘制右侧图形

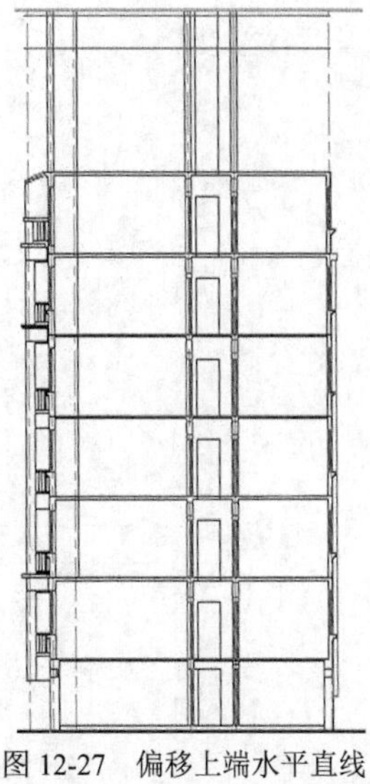

图 12-27　偏移上端水平直线

（4）单击“默认”选项卡“绘图”面板中的“直线”按钮╱，单击“默认”选项卡“修改”面板中的“偏移”按钮⊆，补充顶层墙体和窗线，如图 12-28 所示。

（5）单击“默认”选项卡“绘图”面板中的“直线”按钮╱，绘制多段斜向直线，如图 12-29 所示。

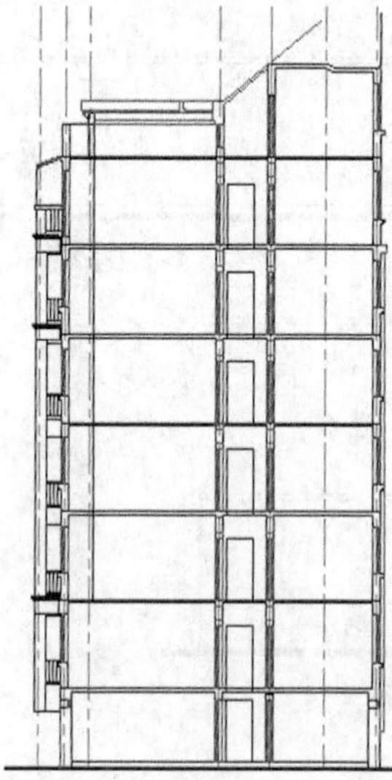

图 12-28　补充顶层墙线和窗线

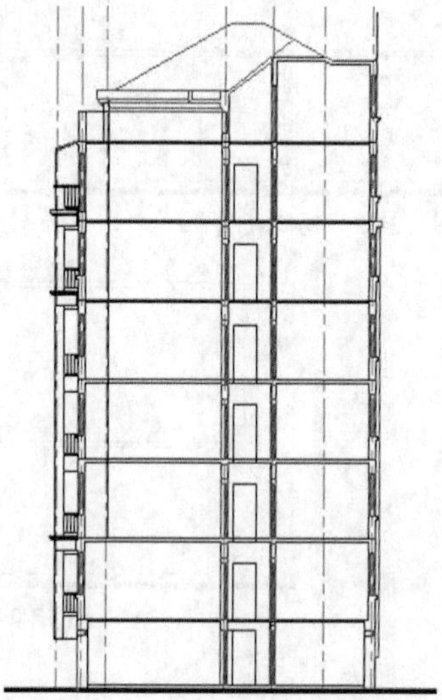

图 12-29　绘制多段斜向直线

（6）单击“默认”选项卡“绘图”面板中的“直线”按钮╱和“矩形”按□，绘制顶层小屋窗户的轮廓。

（7）单击“默认”选项卡“修改”面板中的“修剪”按钮✂和“偏移”按钮⊆，细化窗户图形，如图 12-30 所示。

（8）利用上述方法完成剩余图形的绘制，如图 12-31 所示。

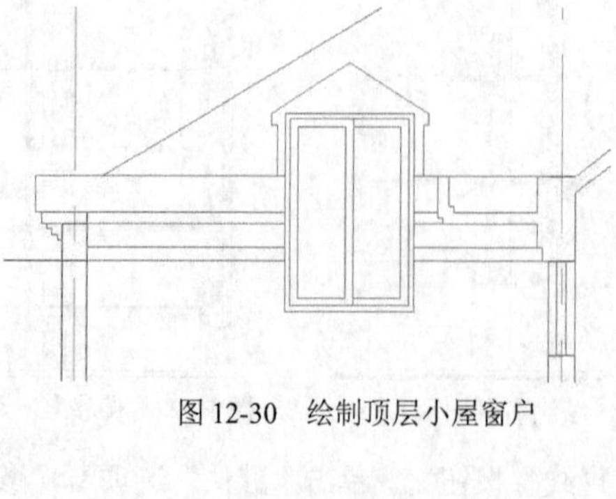

图 12-30　绘制顶层小屋窗户

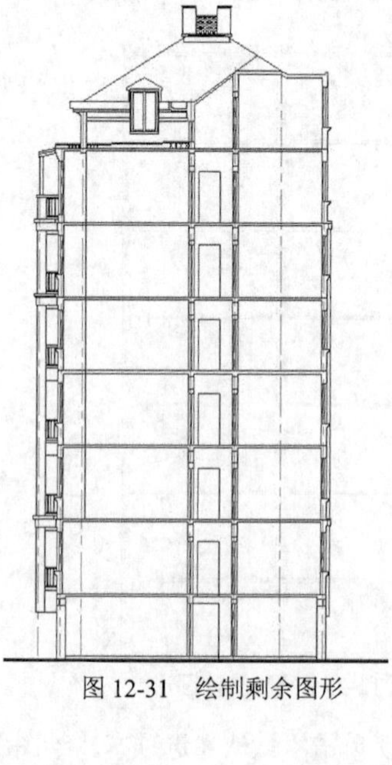

图 12-31　绘制剩余图形

12.2.7　添加文字说明和标注

（1）单击“默认”选项卡“注释”面板中的“线性”按钮和“注释”选项卡“标注”面板中的“连续”按钮，标注细部尺寸，如图 12-32 所示。

（2）单击“默认”选项卡“注释”面板中的“线性”按钮和“注释”选项卡“标注”面板中的“连续”按钮，标注第一道尺寸，如图 12-33 所示。

（3）单击“默认”选项卡“注释”面板中的“线性”按钮和“注释”选项卡“标注”面板中的“连续”按钮，标注剩余尺寸，如图 12-34 所示。

（4）单击“默认”选项卡“绘图”面板中的“直线”按钮和“多行文字”按钮，进行标高标注，如图 12-35 所示。

（5）单击“默认”选项卡“绘图”面板中的“圆”按钮、“多行文字”按钮和“修改”面板中的“复制”按钮，标注轴线号和文字说明。最终完成剖面图的绘制，如图 12-2 所示。

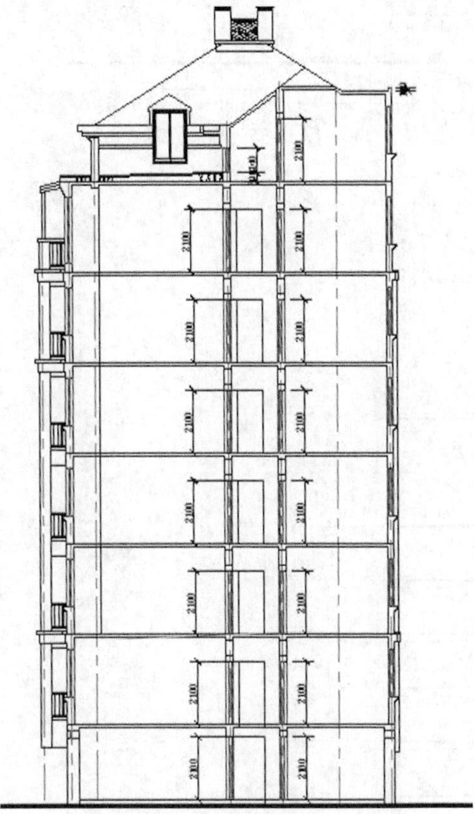

图 12-32　标注细部尺寸

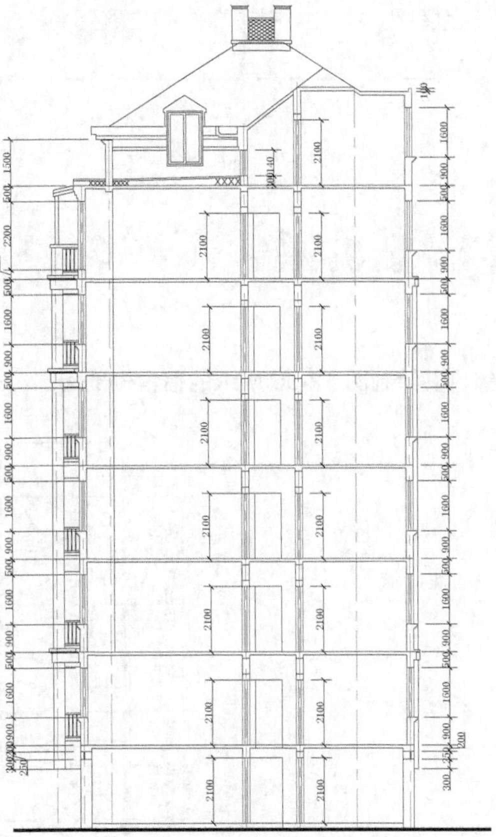

图 12-33　标注第一道尺寸

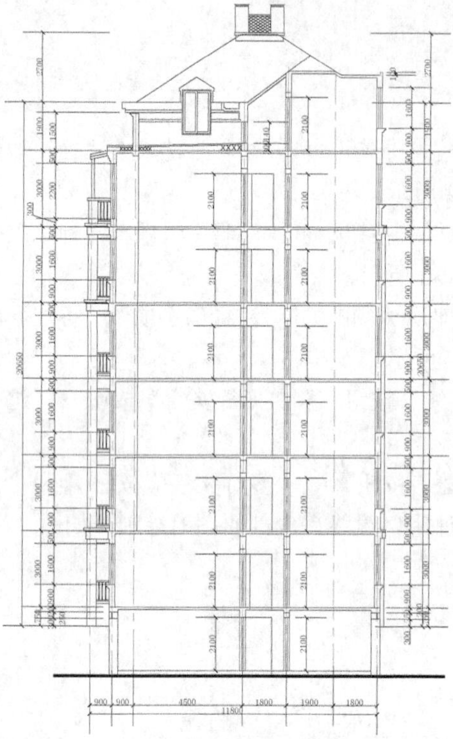

图 12-34　标注剩余尺寸

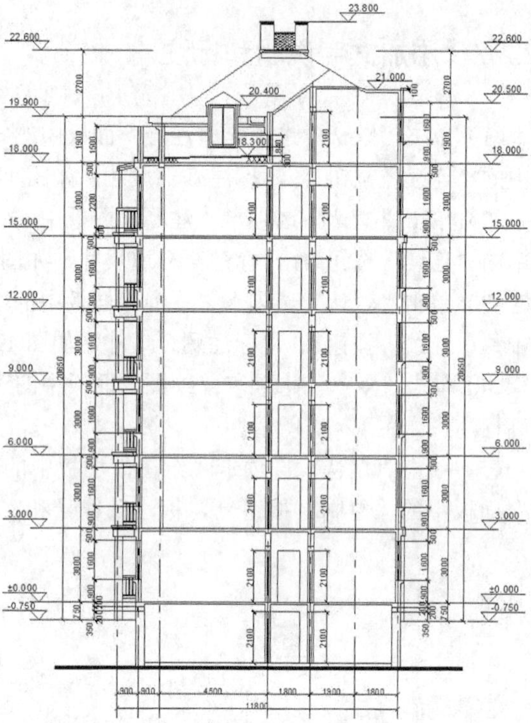

图 12-35　标注标高

12.3 上机实验

【练习】绘制图 12-36 所示的宿舍楼剖面图。

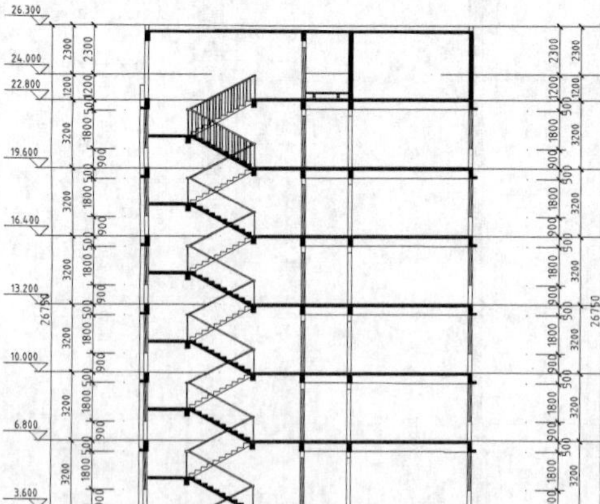

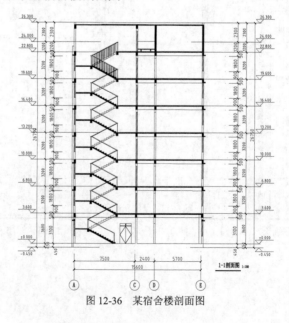

图 12-36　某宿舍楼剖面图

第13章

绘制建筑详图

建筑详图设计是建筑施工图绘制过程中的一项重要内容，与建筑构造设计息息相关。本章首先介绍建筑详图的基本知识，然后结合实例讲解在AutoCAD中绘制详图的方法和技巧。

【内容要点】

☑ 建筑详图绘制概述
☑ 绘制楼梯放大图
☑ 绘制卫生间放大图
☑ 绘制节点大样图

【案例欣赏】

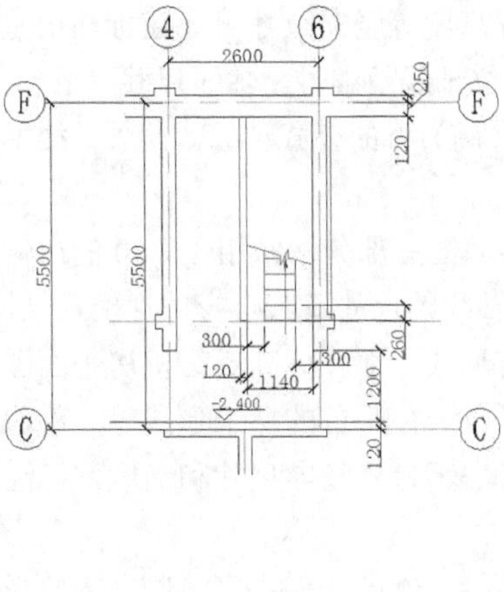

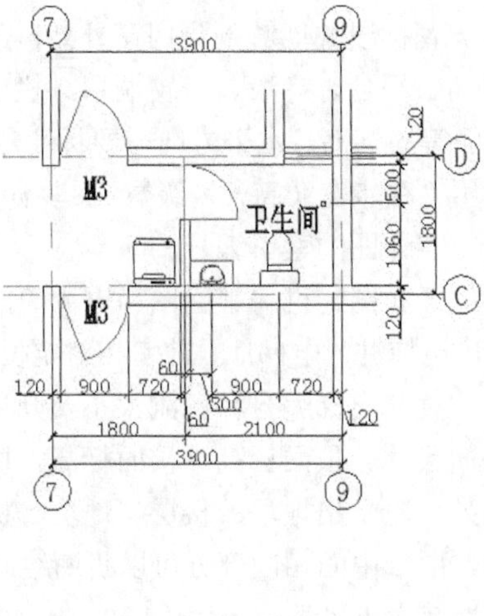

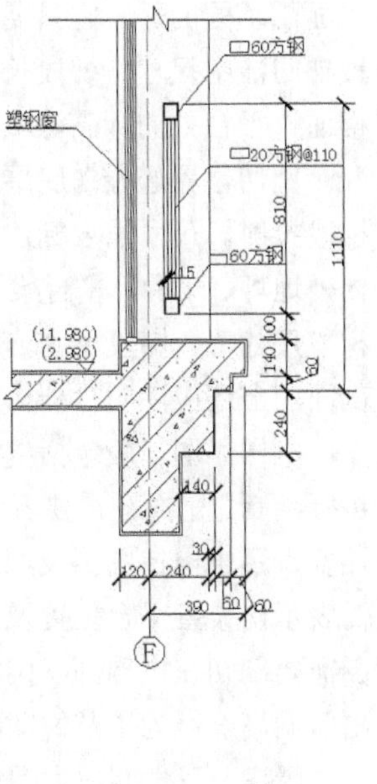

13.1 建筑详图绘制概述

本节简要介绍建筑详图绘制的基本知识和绘制步骤。

13.1.1 建筑详图的概念

前面介绍的平面图、立面图、剖面图均是全局性的图，由于比例的限制，不可能将一些复杂的细部或局部做法表示清楚，因此需要将这些细部、局部的构造、材料及相互关系用较大的比例详细绘制出来，以指导施工。这样的建筑图称为建筑详图，简称详图。对局部平面（如厨房、卫生间）进行放大绘制的图形，被称为放大图。需要绘制详图的位置一般包括室内外墙节点、楼梯、电梯、厨房、卫生间、门窗、室内外装饰等。

13.1.2 建筑详图的图示内容

内外墙节点一般用平面和剖面表示，常用比例为1∶20。平面节点详图表示墙、柱或构造柱的材料和构造关系。剖面节点详图即常说的墙身详图，用来表示墙体与室内外地坪、楼面、屋面的关系，同时也表示相关的门窗洞口、梁或圈梁、雨篷、阳台、女儿墙、檐口、散水、防潮层、屋面防水、地下室防水等构造的做法。墙身详图可以从室内外地坪、防潮层处开始一直画到女儿墙压顶。为了节省图纸，图所可以在门窗洞口处断开，也可以重点绘制地坪、中间层和屋面处的几个节点，而将中间层重复使用的节点集中到一个详图中表示。节点一般由上到下进行编号。

楼梯详图包括平面、剖面及节点三部分。平面、剖面详图常用1∶50的比例来绘制，而楼梯中的节点详图则可以根据对象大小酌情采用1∶5、1∶10、1∶20 等比例。建筑平面图与楼梯平面图不同的是，它只需绘制出楼梯及其四面相接的墙体；而且楼梯平面图需要准确地表示出楼梯间净空尺寸、梯段长度、梯段宽度、踏步宽度和级数、栏杆（栏板）的大小和位置，以及楼面、平台处的标高等。楼梯剖面图只需绘制出与楼梯相关的部分，其相邻部分可用折断线断开。剖切位置选择在底层第一跑梯段并能够剖到门窗外处，剖切方向从剖切位置向底层另一跑梯段投射。尺寸需要标注层高、平台、梯段、门窗洞口、栏杆高度等竖向尺寸，还应标注出室内外地坪、平台、平台梁底面等的标高。水平方向需要标注定位轴线及编号、轴线尺寸、平台、梯段尺寸等。梯段尺寸一般用“踏步宽（高）×级数=梯段宽（高）”的公式计算。此外，楼梯剖面图上还应注明栏杆构造节点详图的索引编号。

电梯详图一般包括电梯间平面图、机房平面图和电梯间剖面图三部分，常用1∶50的比例进行绘制。平面图需要表示出电梯井、电梯厅、前室相对定位轴线的尺寸及其自身的净空尺寸，还要表示出电梯图例及配重位置、电梯编号、门洞大小及开启形式、地坪标高等。机房平面图需表示出设备平台位置及平面尺寸、顶面标高、楼面标高，以及通往平台的梯子形式等。剖面图需要剖切在电梯井、门洞处，表示出地坪、楼层、地坑、机房平台等竖向尺寸和高度，标注出门洞高度。为了节约图纸，图纸中间相同部分可以折断绘制。

厨房、卫生间放大图根据其大小可酌情采用1∶30、1∶40、1∶50的比例进行绘制。需要详细表示出各种设备的形状、大小、位置、地面设计标高、地面排水方向以及坡度等，对于需要进一步说明的构造节点，其应标明详图索引符号、绘制节点详图或引用图集。

门窗详图包括立面图、断面图、节点详图等。立面图常用 1∶20 的比例进行绘制，断面图常用 1∶5 的比例进行绘制，节点详图常用 1∶10 的比例进行绘制。标准化的门窗可以引用有关标准图集，说明其门窗图集编号和所在位置。根据《民用建筑工程设计常见问题分析及图示——建筑专业》，非标准的门窗、幕墙需绘制详图，如委托加工门窗时，需绘制出立面分格图，标明开启扇、开启方向，说明材料、颜色及其与主体结构的连接方式等。

就图形而言，详图兼有平面图、立面图、剖面图的特征，它综合了平面图、立面图、剖面图绘制的基本操作方法，并具有自己的特点，只要掌握一定的绘图程序，绘图难度不大。真正的难度在于对建筑构造、建筑材料、建筑规范等相关知识的掌握。

13.1.3　建筑详图的特点

1．比例较大

建筑平面图、立面图、剖面图互相配合，反映房屋的全局，而建筑详图是建筑平面图、立面图和剖面图的补充。在详图中，尺寸标注齐全，图文说明详尽、清晰，因此详图常用较大比例。

2．图示详尽清楚

建筑详图是建筑细部的施工图，根据施工要求，将建筑平面图、立面图和剖面图中的某些建筑构、配件（如门、窗、楼梯、阳台、各种装饰等）或某些建筑剖面节点（如檐口、窗台、明沟或散水，以及楼地面层、屋顶层等）的详细构造（包括样式、层次、做法、用料等）用较大比例清楚地表达出来的图样。详图表示合理构造、用料及做法事宜，因而其图示应该详尽、清楚。

3．尺寸标注齐全

建筑详图的作用在于指导现场人员具体施工，使其更为清楚地了解该局部的详细构造及做法、用料、尺寸等，因此具体的尺寸标注必须齐全。

4．数量灵活

数量的选择与建筑的复杂程度，以及平面图、立面图、剖面图的内容及比例有关。建筑详图的图示方法，视细部的构造复杂程度而定。一般来说，墙身剖面图只需要一个剖面详图就能表示清楚，而楼梯间、卫生间可能需要增加平面详图，门窗玻璃隔断等可能需要增加立面详图。

13.1.4　建筑详图的具体识别分析

1．外墙身详图

图 13-1 所示为外墙身详图，根据剖面图的编号 3-3，对照平面图上 3-3 剖切符号，可知该剖面图的剖切位置和投影方向。绘图所用的比例是 1 : 20。图中轴线标注的两个编号，表示这个详图适用于Ⓐ、Ⓔ两个轴线的墙身。在详图中，屋面楼层和地面的构造采用多层构造说明方法来表示。

如图 13-2 所示，将其局部放大，从檐口部分来看，可知屋面的承重层是预制钢筋混凝土空芯板，按 3%来砌坡，上面有油毡防水层和架空层，以加强屋面的隔热和防漏。檐口外侧做一个天沟，并通过女儿墙所留孔洞（雨水口兼通风孔）使雨水沿雨水管集中流到地面。雨水管的位置和数量可从立面图或平面图中查阅。

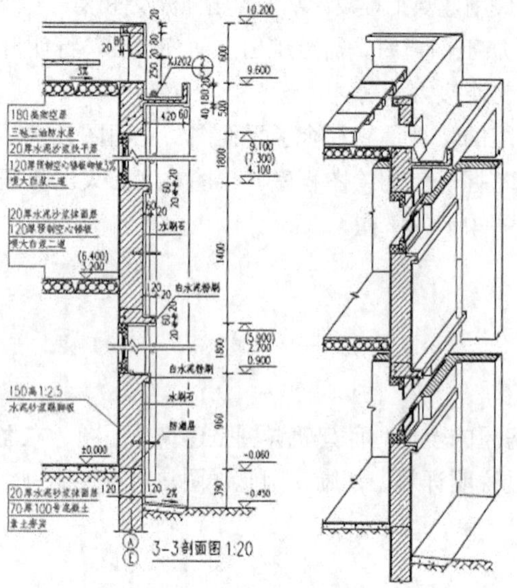

图 13-1　外墙身详图

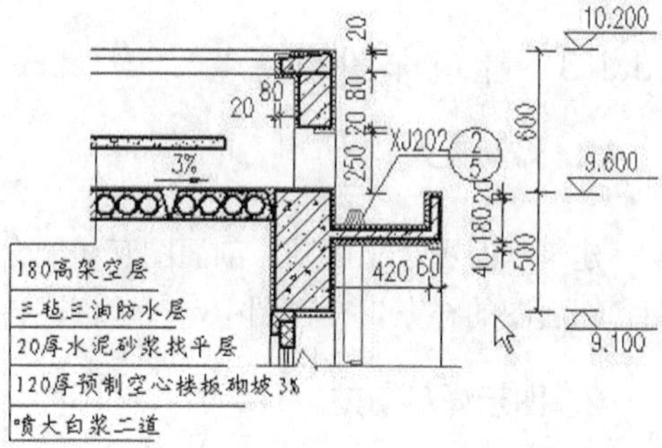

图 13-2　屋面详图

从楼板与墙身连接部分来看，可了解各层楼板（或梁）的搁置方向及它们与墙身的关系。在本例中，预制钢筋混凝土空心板是平行纵向布置的，因而它们是搁置在两端的横墙上的。在每层的室内墙脚处需做一踢脚板以保护墙壁，从图中的说明可看到其构造做法。踢脚板的厚度可大于或等于内墙面的粉刷层。如果它们厚度一样，在立面图中可不画出分界线。从图 13-3 中还可看到窗台、窗过梁（或圈梁）的构造情况。窗框和窗扇的形状和尺寸需另用详图表示。

如图 13-4 所示，从勒脚部分可知房屋外墙的防潮、防水和排水的做法。外（内）墙身的防潮层，一般是在底层室内地面下方 60mm 左右（指一般刚性地面）处，以防地下水对墙身的侵蚀。在外墙面，离室外地面 300～500mm 高度范围内（或窗台以下），用坚硬防水的材料做成勒脚。在勒脚的外地面，用 1∶2 的水泥砂浆抹面，做出 2%坡度的散水，以防雨水或地面水对墙基础的侵蚀。

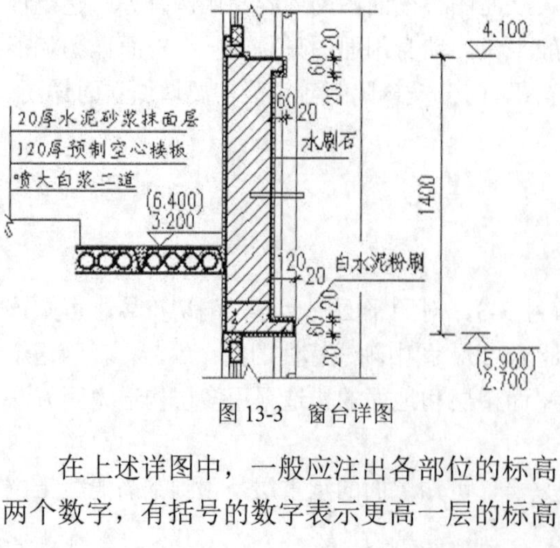

图 13-3　窗台详图

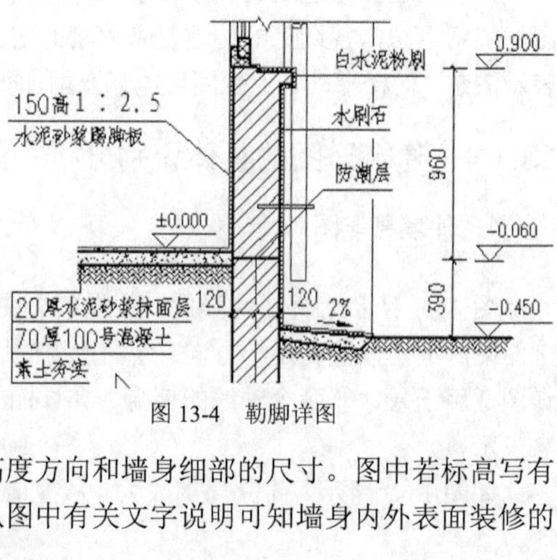

图 13-4　勒脚详图

在上述详图中，一般应注出各部位的标高、高度方向和墙身细部的尺寸。图中若标高写有两个数字，有括号的数字表示更高一层的标高。从图中有关文字说明可知墙身内外表面装修的断面形式、厚度及所用的材料等。

2．楼梯详图

楼梯是多层房屋上下交通的主要设施。楼梯是由楼梯段（简称梯段，包括踏步和斜梁）、平台（包括平台板和梁）和栏板（或栏杆）等组成。楼梯详图主要表示楼梯的类型、结构形式、各部位的尺寸及装修做法。楼梯详图包括平面图、剖面图及踏步、栏板详图等，并尽可能画在同一张图纸内。平、剖面图比例要一致，以便对照阅读。踏步、栏板详图比例要大些，以便表达清楚该部分的构造情况，如图 13-5 所示。

假想用一铅垂面 4—4，其通过各层的一个梯段和门窗洞将楼梯剖开，向另一未剖到的梯段方向投影，所做的剖面图即为楼梯剖面详图，如图 13-6 所示。

从图中的索引符号可知，踏步、扶手和栏板都另有详图，用更大的比例画出它们的形式、大小、材料及构造情况，如图 13-7 所示。

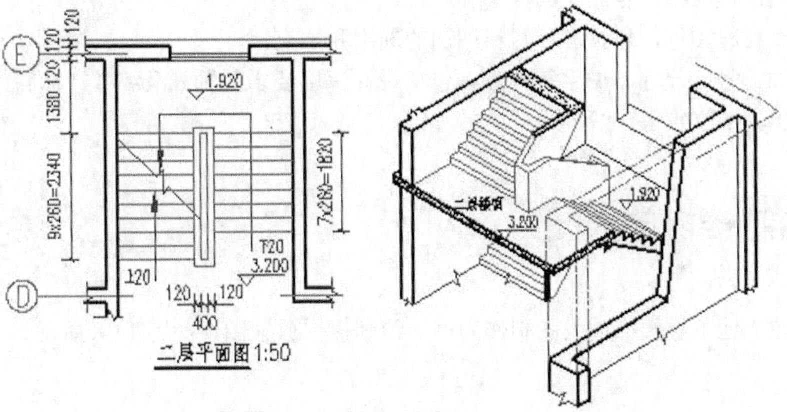

图 13-5　楼梯详图（一）

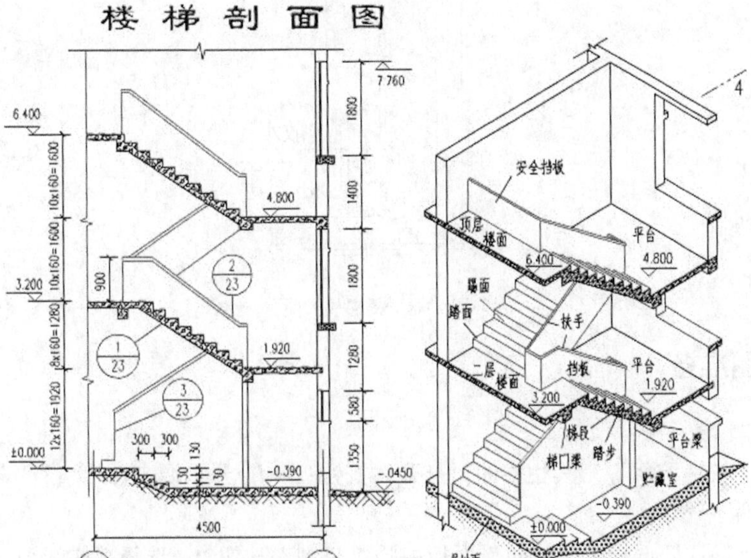

图 13-6　楼梯详图（二）

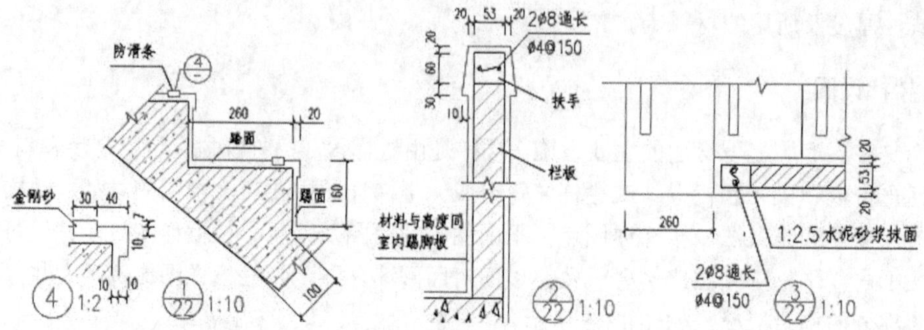

图 13-7　楼梯详图（三）

13.1.5　绘制建筑详图

绘制详图的一般步骤如下。

（1）绘制图形轮廓，包括断面轮廓和看线。

（2）填充材料图例，包括各种材料图例的选用和填充。

（3）添加符号、尺寸、文字等标注，包括设计深度要求的轴线及编号、标高、索引、折断符号和尺寸、说明文字等。

13.2　绘制楼梯放大图

以砖混住宅地下层楼梯放大图制作为例，绘制楼梯放大图，如图 13-8 所示。

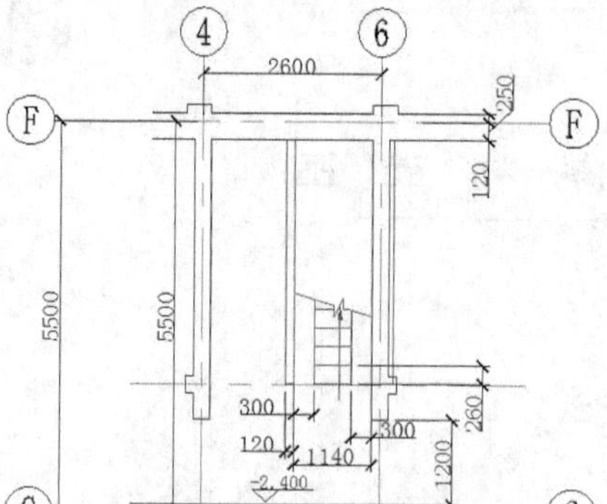

图 13-8　楼梯放大图

13.2.1　绘图准备

绘制步骤如下。

（1）单击“快速访问”工具栏中的“打开”按钮，打开“源文件/第 13 章/砖混住宅地下层平面图”文件。

（2）单击“默认”选项卡“修改”面板中的“复制”按钮，选择楼梯间图，复制图样（包含轴线），然后检查楼梯的位置，如图 13-9 所示。

13.2.2 添加标注

楼梯平面标注尺寸包括定位轴线尺寸及编号、墙柱尺寸、门窗洞口尺寸、楼梯长和宽、平台尺寸等。符号、文字包括地面、楼面、平台标高、楼梯上下指引线及踏步级数、图名、比例等。

（1）单击“默认”选项卡“注释”面板中的“线性标注”按钮和“注释”选项卡“标注”面板中的“连续”按钮，标注楼梯间放大平面图，如图 13-10 所示。

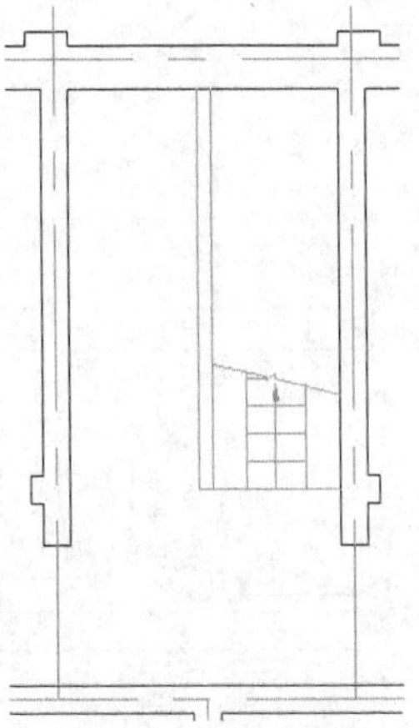

图 13-9 楼梯间图

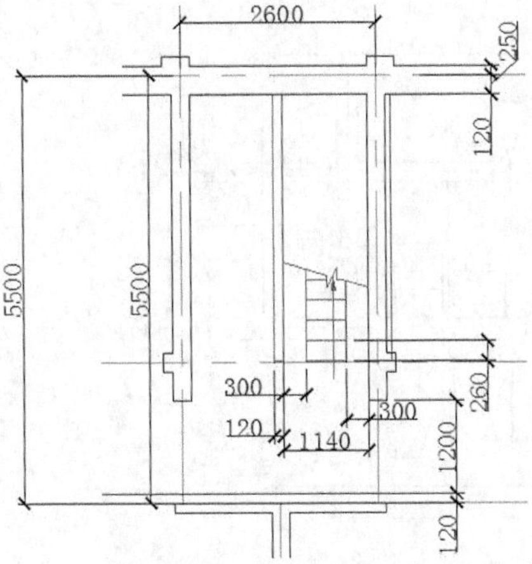

图 13-10 标注楼梯间放大平面图

（2）单击“默认”选项卡“绘图”面板中的“圆”按钮和“注释”面板中的“多行文字”按钮，绘制轴号，如图 13-11 所示。

（3）单击“默认”选项卡“修改”面板中的“复制”按钮，选取第（2）步中已经绘制完成的轴号进行复制，并修改轴号内文字。完成图内轴号的绘制，如图 13-12 所示。

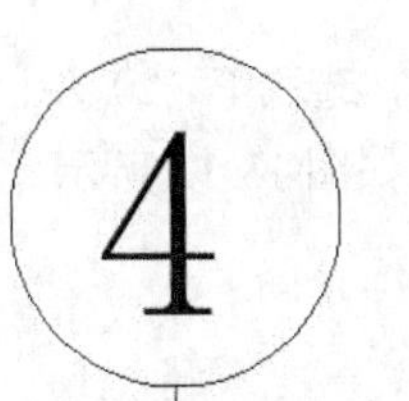

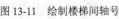

图 13-11 绘制楼梯间轴号

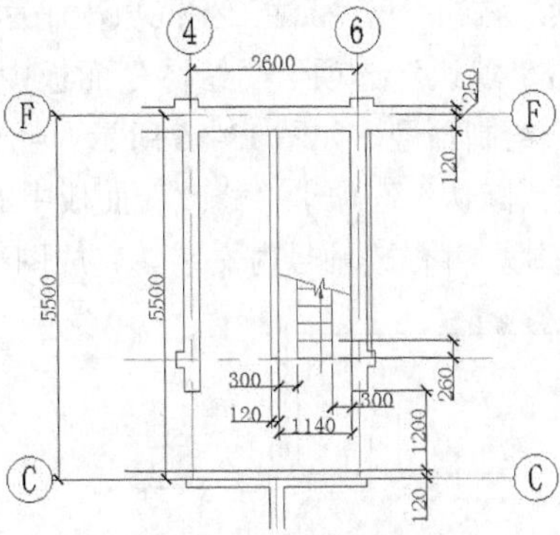

图 13-12 绘制其他轴号

（4）单击“默认”选项卡“绘图”面板中的“直线”按钮和“注释”面板中的“多行文字”按钮，绘制楼梯间详图标高符号，如图 13-8 所示。

13.3 绘制卫生间放大图

绘制卫生间放大图，如图 13-13 所示。

13.3.1 绘图准备

以某砖混住宅卫生间放大图制作为例，首先单击“默认”选项卡“修改”面板中的“复制”按钮，将卫生间图样连同轴线复制出来，然后检查平面墙体、门窗位置及尺寸的正确性，调整内部洗脸盆、坐便器等设备，使它们的位置、形状与设计意图和规范要求相符。接着确定地面排水方向和地漏位置，如图 13-14 所示。

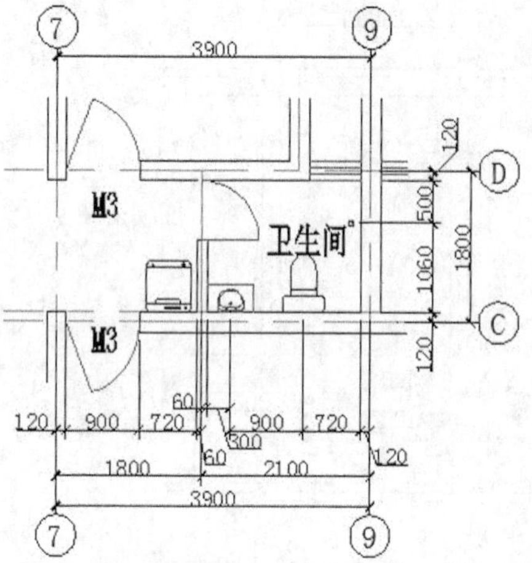

图 13-13　卫生间放大图

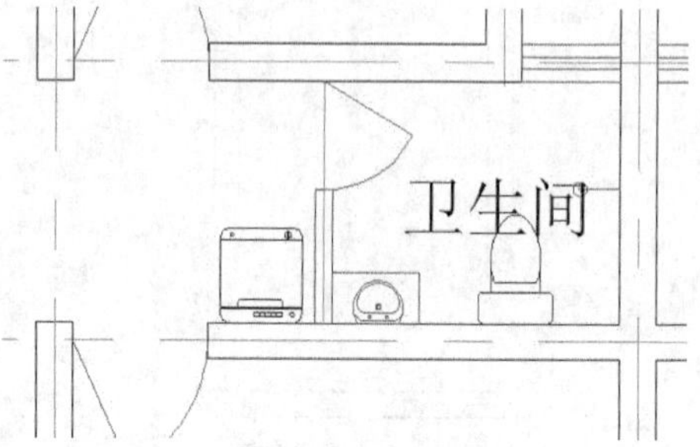

图 13-14　卫生间图

13.3.2 添加标注

绘制步骤如下。

（1）单击“默认”选项卡“注释”面板中的“线性”按钮和“注释”选项卡“标注”面板中的“连续”按钮，标注卫生间放大平面图，如图 13-15 所示。

（2）单击“默认”选项卡“绘图”面板中的“圆”按钮和“注释”面板中的“多行文字”按钮 A，绘制轴号，如图 13-16 所示。

（3）单击“默认”选项卡“修改”面板中的“复制”按钮，选取第（2）步已经绘制完成的轴号进行复制，并修改轴号内文字。完成图形内轴号的绘制，如图 13-13 所示。

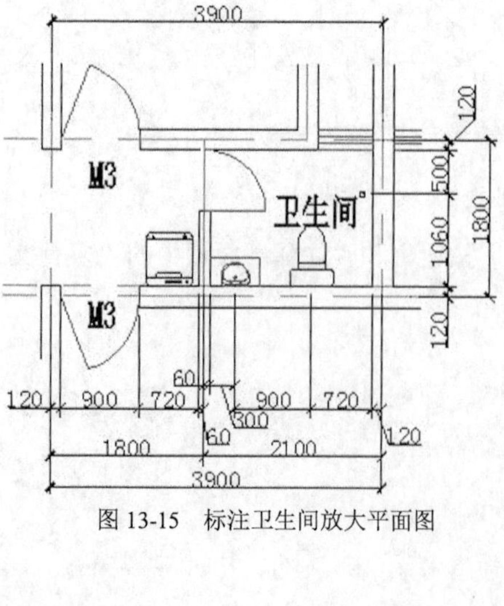

图 13-15　标注卫生间放大平面图

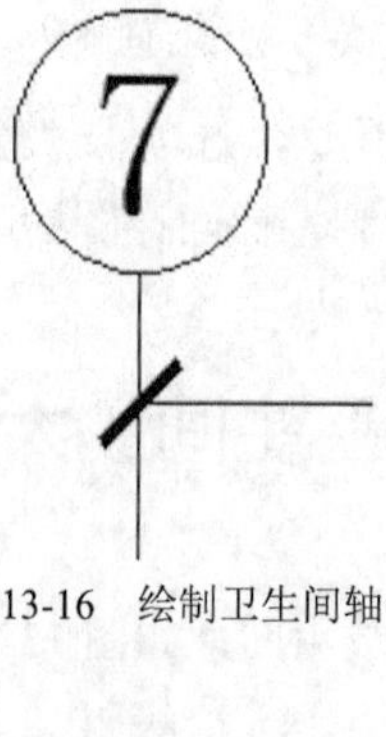

图 13-16　绘制卫生间轴号

13.4 绘制节点大样图

下面绘制节点大样图，如图 13-17 所示。

13.4.1　绘制节点大样轮廓

绘制步骤如下。

（1）单击“默认”选项卡“绘图”面板中的“直线”按钮和“修改”面板中的“偏移”按钮，绘制节点大样图的墙体轮廓线，如图 13-18 所示。

（2）单击“默认”选项卡“绘图”面板中的“直线”按钮和“修改”面板中的“修剪”按钮，绘制节点大样图折弯线，如图 13-19 所示。

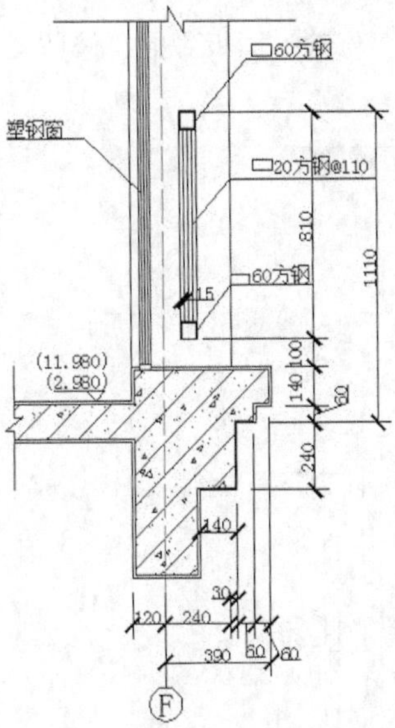

图 13-17　节点大样图

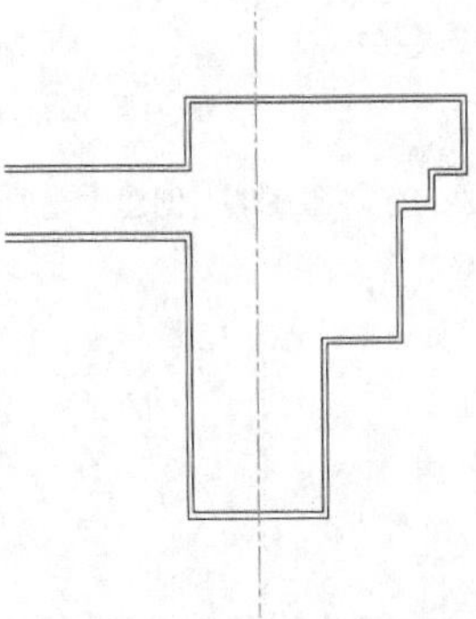

图 13-18 绘制节点大样图轮廓线

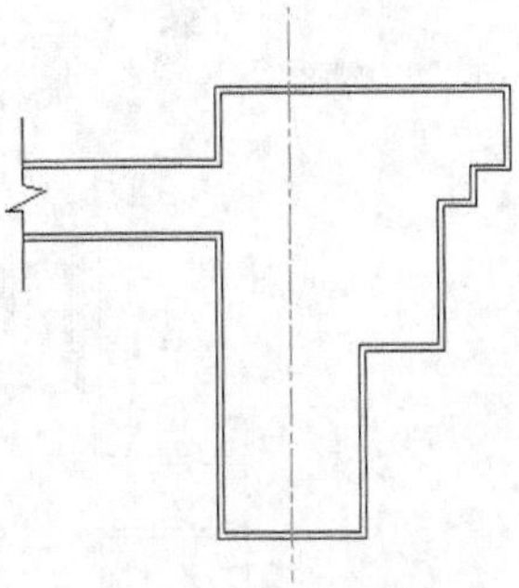

图 13-19 绘制折弯线

（3）单击“默认”选项卡“绘图”面板中的“直线”按钮，在图形上边绘制两段竖直直线，如图 13-20 所示。

（4）单击“默认”选项卡“绘图”面板中的“多段线”按钮，指定起点宽度为 5，端点宽度为 5，绘制两个大小为 60mm×60mm 的矩形，如图 13-21 所示。

（5）单击“默认”选项卡“绘图”面板中的“矩形”按钮，在图形的适当位置绘制一个 40mm×20mm 的矩形。

（6）单击“默认”选项卡“修改”面板中的“修剪”按钮，对图形进行修剪，如图 13-22 所示。

（7）单击“默认”选项卡“绘图”面板中的“直线”按钮，在矩形上端绘制直线，如图 13-23 所示。

（8）单击“默认”选项卡“绘图”面板中的“图案填充”按钮，打开“图案填充创建”

选项卡，选择“ANSI31”图案，设置比例为25，如图13-24所示。单击在“图案填充创建”选项卡左侧的“拾取点”按钮，选中某一个矩形的中心，单击鼠标，按Enter键确认完成。

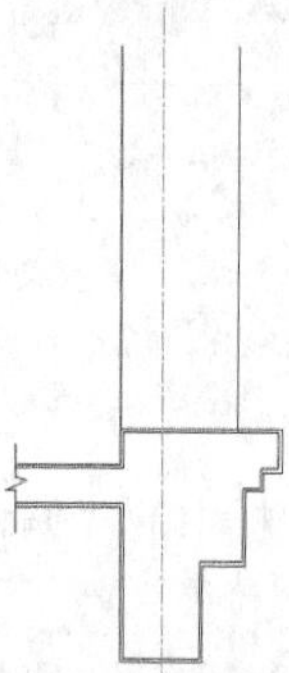

图13-20　绘制竖直直线

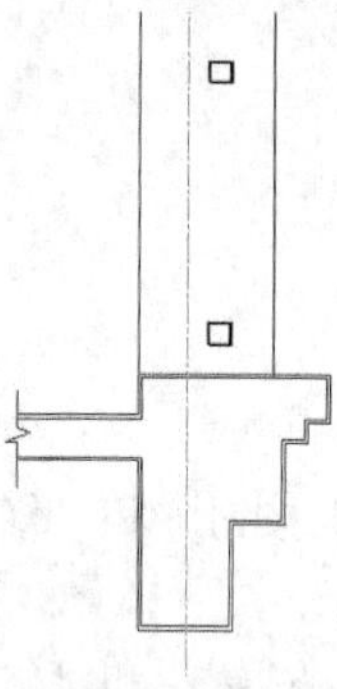

图13-21　绘制矩形

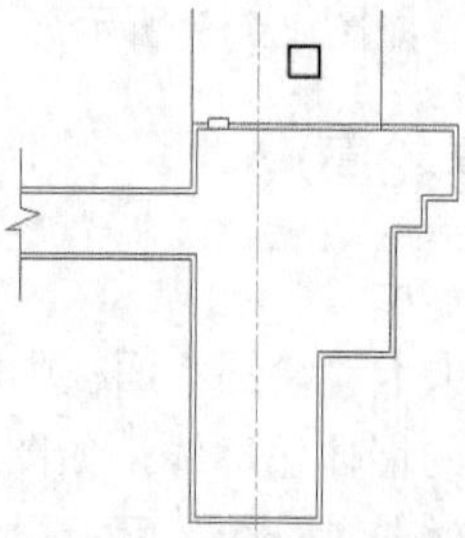

图13-22　修剪图形

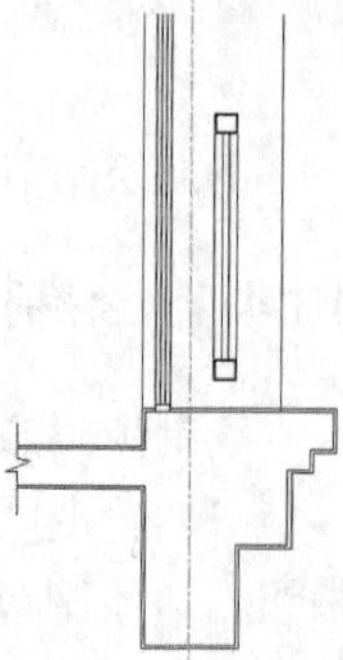

图13-23　绘制直线

（9）继续选择填充区域填充图形“AR-CONC”，比例为1，如图13-25所示。

（10）单击“默认”选项卡“绘图”面板中的“直线”按钮和“修改”面板中的“修剪”按钮，绘制折弯线，如图13-26所示。

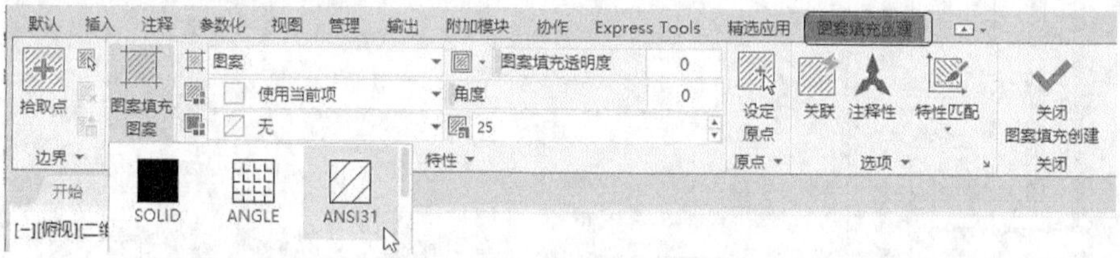

图13-24　“图案填充创建”选项卡

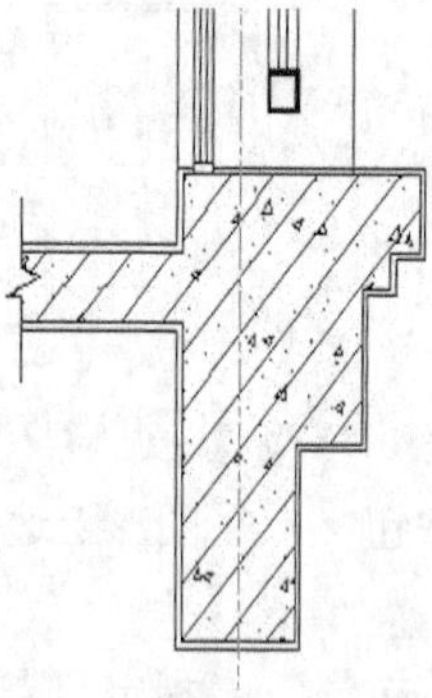

图13-25　填充图案

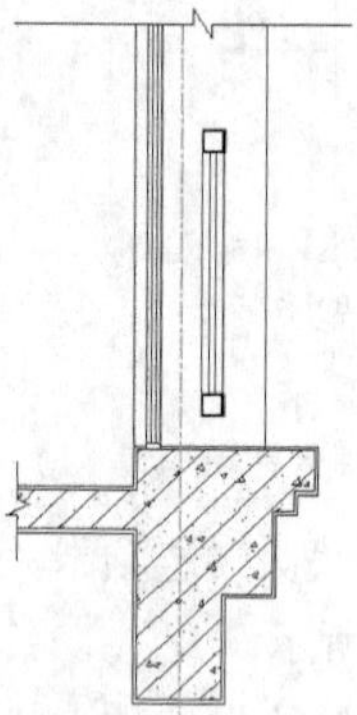

图13-26　绘制折弯线

13.4.2　添加标注

绘制步骤如下。

（1）单击“默认”选项卡“注释”面板中的“线性”按钮和“注释”选项卡“标注”面板中的“连续”按钮，标注节点大样图的尺寸，如图13-27所示。

（2）在命令行中输入“QLEADER”命令，结合“默认”选项卡“注释”面板中的“多行文字”按钮A，为图形添加文字说明，如图13-28所示。

（3）单击“默认”选项卡“绘图”面板中的“圆”按钮和“注释”面板中的“多行文

字”按钮A，为图形添加轴号并标注文字，如图 13-17 所示。

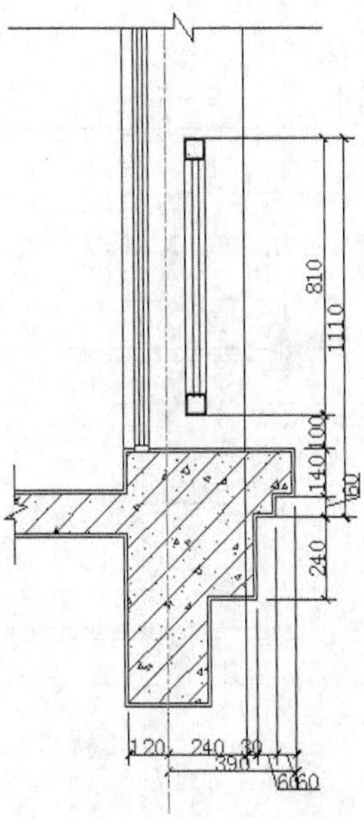

图 13-27　标注尺寸

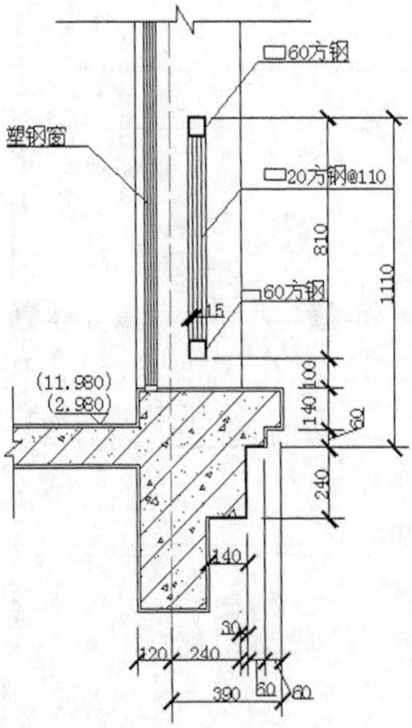

图 13-28　添加轴号并标注文字

13.5 上机实验

【练习 1】绘制图 13-29 所示的外墙身详图。

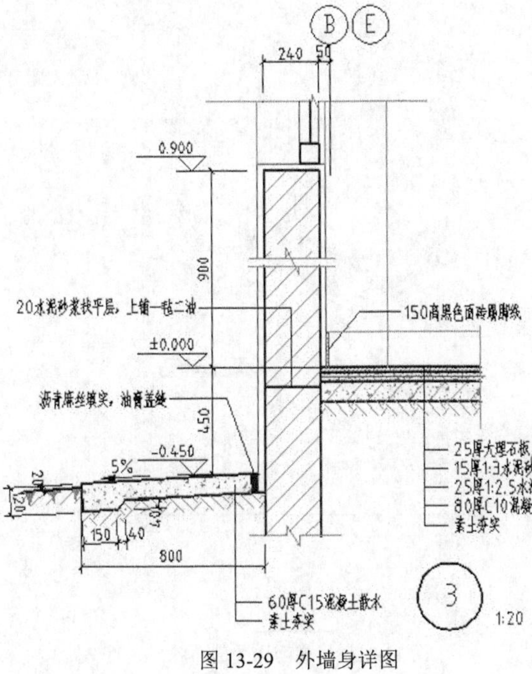

图 13-29　外墙身详图

【练习 2】绘制图 13-30 所示的楼梯间详图平面图。

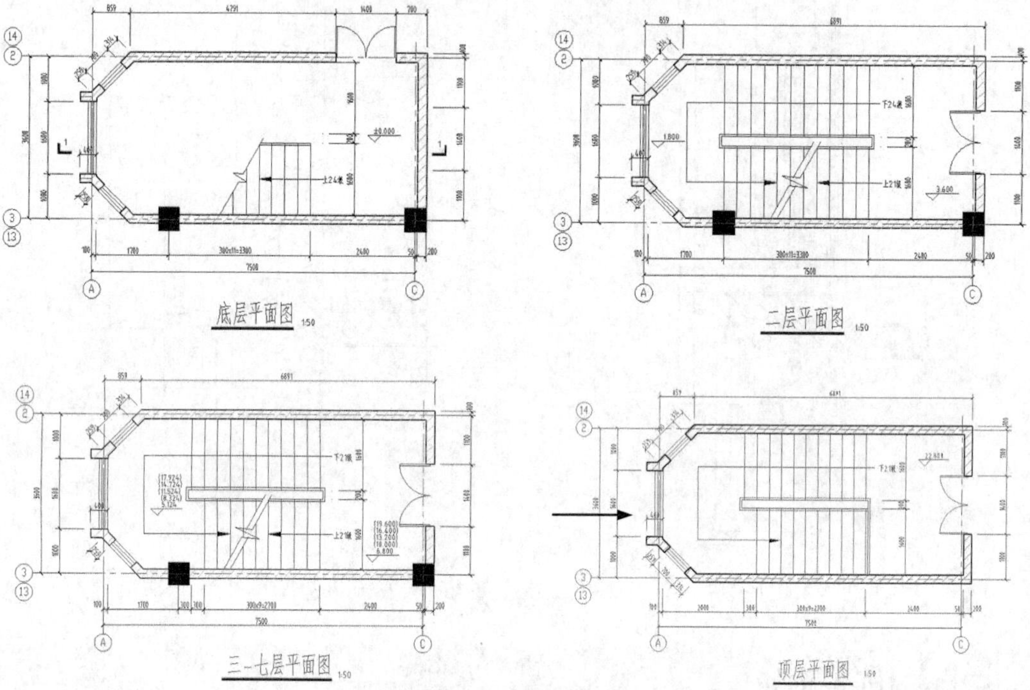

图 13-30　楼梯间详图平面图

【练习 3】绘制图 13-31 所示的楼梯间详图剖面图。

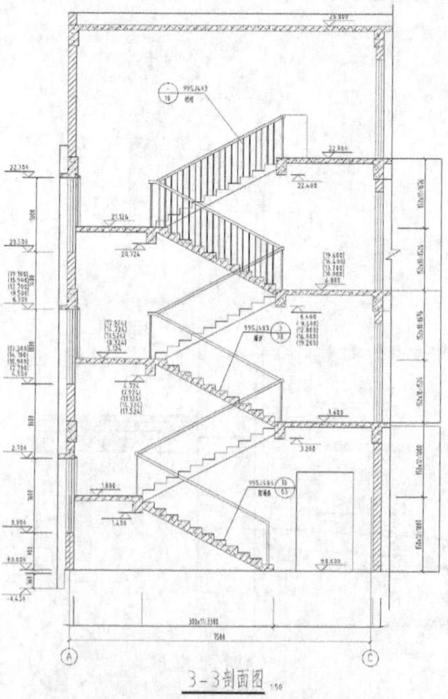

图 13-31　楼梯间详图剖面图

【练习 4】绘制图 13-32 所示的卫生间放大图。

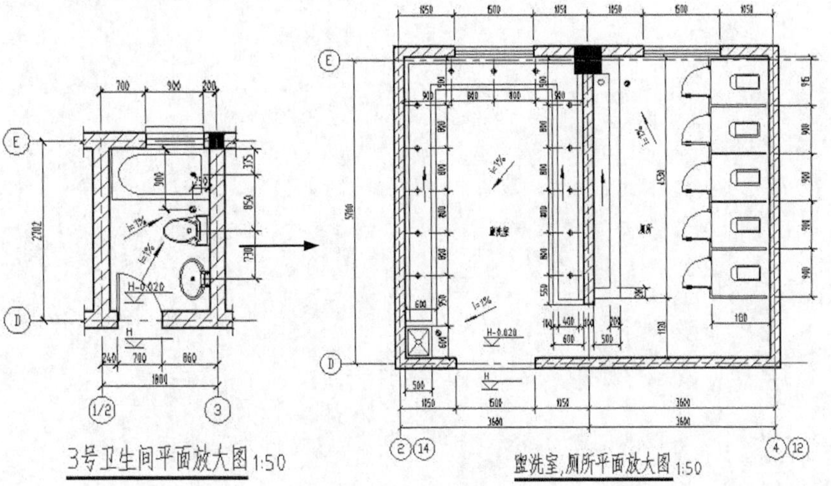

图 13-32　卫生间放大图